Witterung und Klima

Eine allgemeine Klimatologie

Von Prof. Dr. Ernst Heyer

9. Auflage
Unveränderter Nachdruck der 8. Auflage 1988

Mit 247 Abbildungen und 71 Tabellen

B. G. Teubner Verlagsgesellschaft
Stuttgart · Leipzig 1993

Die Deutsche Bibliothek – CIP-Einheitsaufnahme

Heyer, Ernst:
Witterung und Klima : eine allgemeine Klimatologie ; mit 71 Tabellen /
von Ernst Heyer. - 9. Aufl., unveränd. Nachdr. der 8. Aufl. -
Stuttgart ; Leipzig : Teubner, 1993
   ISBN-13: 978-3-8154-3016-3   e-ISBN-13: 978-3-322-83746-2
   DOI: 10.1007/ 978-3-322-83746-2

Satz: Druckerei „G. W. Leibniz" GmbH, Gräfenhainichen
Umschlaggestaltung: E. Kretschmer, Leipzig

Vorwort zur achten Auflage

Als vor mehr als 20 Jahren die erste Auflage von „Witterung und Klima" erschien, wurde damit eine Reihe von Darstellungen aus dem Bereich der Geowissenschaften fortgesetzt, die mit „Die Oberflächenformen des festen Landes" begann und über „Gewässer und Wasserhaushalt des Festlandes" führte. Nachdem bei den bisher erschienenen weiteren Auflagen nur geringfügige Veränderungen und Ergänzungen vorgenommen wurden, ergab die in neuer Form erscheinende sechste Auflage die Möglichkeit, größere Veränderungen vorzunehmen. Das betrifft insbesondere die erweiterte Darstellung der Klimate, wobei an anderen Stellen Kürzungen eintraten.

„Witterung und Klima" entstand als Übersicht über die allgemeine Klimatologie aus Vorlesungen vor Studierenden der Geographie. Es will insbesondere diesen Studierenden eine Zusammenfassung dessen geben, was sie auf dem Gebiet der Klimatologie benötigen. Diese Zielstellung bestimmte Auswahl und Zusammenstellung des gebotenen Stoffes.

Aus den genannten Gründen wird im vorliegenden Buch einerseits eine Darstellung der klimatologischen Elemente und Erscheinungen in ihrer Verteilung, zum anderen aber auch eine Übersicht über eine Reihe von Klimaklassifikationen gegeben. Gleichzeitig war eine Einführung in die synoptische Meteorologie erforderlich, deren Grundtatsachen an Hand der Wetterkarte dargestellt werden. Die Tatsache, daß die Klimatologie, die Wissenschaft vom Klima, eng mit Fragen der Praxis verbunden ist, führte dazu, auf Anwendungen der Klimatologie in der Praxis wenigstens hinzuweisen. Der Umfang der Klimatologie als Teil der Geowissenschaften hatte zur Folge, daß die vorliegende Darstellung im wesentlichen auf das Makroklima beschränkt blieb, andere Teilgebiete der Klimatologie dagegen nur mehr oder weniger angedeutet wurden, wobei allerdings Fragen der Geländeklimatologie eine stärkere Hervorhebung erfuhren.

Die Zielstellung von „Witterung und Klima" wurde auch in der vorliegenden achten Auflage beibehalten. Infolge der Neugestaltung des Buches konnten die neueren Ergebnisse der Klimatologie weitgehend dargestellt werden. Auch der Tabellenteil – Klimadaten für die Periode 1931 bis 1960 – konnte ergänzt werden.

Bei der Auswahl der Literatur wurde – wie bisher – auf Vollständigkeit verzichtet, da eine vollständige Zusammenstellung der klimatologischen Literatur eine besondere Bearbeitung erfordert hätte. Nach Möglichkeit wurden solche Werke in das Literaturverzeichnis aufgenommen, die ihrerseits umfangreiche Literaturzusammenstellungen enthalten.

Der Verfasser spricht allen, die durch Anregungen und Hinweise an der Gestaltung des Buches mitwirkten, seinen Dank aus; dieser Dank gebührt insbesondere dem Meteorologischen Dienst der Deutschen Demokratischen Republik für die Überlassung von Bild- und Zahlenmaterial. Ein ganz besonderer Dank des Verfassers gilt dem Verlag und seinen Mitarbeitern für die stets verständnisvolle Zusammenarbeit.

Potsdam, am 29. April 1987   Ernst Heyer

Inhalt

1. Einführung, Klimadefinition

Das Wort Klima tritt bereits bei HIPPO-KRATES (460–375 v. u. Z.) auf. Es steht mit dem Wort $\varkappa\lambda i\nu\varepsilon\iota\nu$ = neigen in Verbindung und weist somit darauf hin, daß die Erscheinungen, die im Begriff Klima zusammengefaßt werden, auf die Neigung der Sonnenstrahlen, also auf deren Einfallswinkel zurückzuführen sind.

Eine erste genauere Definition fand der Klimabegriff durch A. VON HUMBOLDT im Jahre 1831: „Das Wort Klima umfaßt in seiner allgemeinen Bedeutung alle Veränderungen in der Atmosphäre, von denen unsere Organe merklich affiziert werden; solche sind: die Temperatur, die Feuchtigkeit, die Veränderungen des barometrischen Druckes, der ruhige Luftzustand oder die Wirkungen ungleichnamiger Winde, die Ladung oder die Größe der elektrischen Spannung, die Reinheit der Atmosphäre oder ihre Vermengung mit mehr oder minder ungesunden Gasaushauchungen, endlich der Grad eigentümlicher Durchsichtigkeit oder die Heiterkeit des Himmels, welche durch den Einfluß, den sie nicht allein auf die Ausstrahlung des Bodens, auf die Entwicklung des pflanzlichen Organismus und die Zeitigung der Früchte, sondern auch auf sämtliche Eindrücke ausübt, die die Seele vermittels der Sinne in den verschiedensten Zonen aufnimmt, so wichtig ist." (Zitiert nach K. SCHNEIDER-CARIUS, 1961).

In dieser Definition sind alle Elemente und Erscheinungen zusammengestellt, die das Klima kennzeichnen, und es wird eine zahlenmäßige Beschreibung und Feststellung von Größen gefordert, die physikalisch definiert sind. Wenn dabei der Mensch sehr stark in den Vordergrund der Betrachtung gerückt wird, so ergibt sich in der Definition die Blickrichtung der Bioklimatologie, eines Zweiges der Klimatologie. Es sei bemerkt, daß die Hereinnahme der Luftverunreinigungen, also des Aerosols, in die Klimadefinition durchaus modern anmutet.

Eine andere Klimadefinition, die etwa aus der gleichen Zeit stammt, wurde 1827 von

J. F. SCHOUW gegeben: „Die Meteorologie ist die Lehre von den Beschaffenheiten der Atmosphäre im allgemeinen. Die Klimatologie ist die geographische Meteorologie oder die Lehre von den Beschaffenheiten der Atmosphäre in den verschiedenen Erdteilen. Die letztere ist auch ein Teil der physischen Geographie." (Zitiert nach K. SCHNEIDER-CARIUS, 1961).

An dieser Definition ist interessant, daß das Zusammenwirken von Meteorologie und Geographie in der Klimatologie dargestellt wird, wobei gewissermaßen eine Abgrenzung der Aufgaben beider Wissenschaften gegeben wird. Die Stellung der Klimatologie in Meteorologie und Geographie wird späterhin noch Gegenstand einer besonderen Betrachtung sein müssen.

Eine Klimadefinition, die weite Verbreitung gefunden hat, wurde 1883 durch J. HANN gegeben und in späteren Jahren mehrfach wiederholt: „Unter Klima verstehen wir die Gesamtheit der meteorologischen Erscheinungen, die den mittleren Zustand der Atmosphäre an irgendeiner Stelle der Erdoberfläche kennzeichnen. Was wir *Witterung* nennen, ist nur eine Phase, ein einzelner Akt aus der Aufeinanderfolge der Erscheinungen, deren voller, Jahr für Jahr mehr oder minder gleichartiger Ablauf das Klima eines Ortes bildet. Das Klima ist die Gesamtheit der Witterungen eines längeren oder kürzeren Zeitabschnittes, wie sie durchschnittlich zu dieser Zeit des Jahres einzutreten pflegen." (Zitiert nach K. SCHNEIDER-CARIUS, 1961.)

Auch W. KÖPPEN wiederholt seine 1906 gegebene Klimadefinition mehrfach: „Unter Klima verstehen wir den mittleren Zustand und gewöhnlichen Verlauf der Witterung an einem gegebenen Orte. Die Witterung ändert sich, während das Klima bleibt." (Zitiert nach K. SCHNEIDER-CARIUS, 1961).

Schließlich sei eine Klimadefinition aus neuerer Zeit angeführt, die – in Erweiterung der Definition W. KÖPPENS – auch den Zeitfaktor, also das Auftreten von Klimaänderungen und

Klimaschwankungen, berücksichtigt. V. Conrad (1936) definiert: „Unter Klima verstehen wir den mittleren Zustand der Atmosphäre über einem bestimmten Erdort, bezogen auf eine bestimmte Zeitepoche, mit Rücksicht auf die mittleren und extremen Veränderungen, denen die zeitlich und örtlich definierten atmosphärischen Zustände unterworfen sind."

In den bisher genannten Klimadefinitionen trat neben dem Begriff Klima mehrfach der Begriff Witterung auf, mit dem seinerseits wieder der Begriff Wetter in enger Verbindung steht. Es wird somit notwendig, diese drei Begriffe gegeneinander abzugrenzen bzw. die zwischen ihnen bestehenden Verbindungen festzustellen.

Als Wetter bezeichnet man den augenblicklichen Zustand der Atmosphäre, wie er durch die Größe der meteorologischen Elemente – wie Luftdruck, Temperatur, Wind, Bewölkung, Niederschlag – und ihr Zusammenwirken gekennzeichnet ist. Damit verstehen wir unter dem Wetter ein Augenblicksbild aus einem Vorgang, dem Wettergeschehen. Wenn dabei häufig das Wort Wetter auch für das Wettergeschehen oder den Wetterverlauf gebraucht wird, so ergibt das eine Mehrdeutigkeit des Wortes Wetter, die im einzelnen beachtet werden muß.

Der Begriff Witterung bringt gegenüber dem Wetter eine Verallgemeinerung, die darin besteht, daß die Witterung als allgemeiner Charakter des Wetterablaufes zu verstehen ist. Damit wird durch die Witterung der mittlere oder aber auch der vorherrschende – fälschlich manchmal auch der auffallendste – Charakter des Wetterablaufs eines bestimmten Zeitraumes gekennzeichnet. Die Größe des betrachteten Zeitraumes hängt von der Fragestellung ab und kann sich von wenigen Tagen bis zu Jahreszeiten, in einzelnen Fällen auch noch darüber hinaus erstrecken. Als Beispiel für die Verwendung des Begriffes Witterung sei folgendes erwähnt: Ein milder Winter wird dadurch gekennzeichnet, daß seine Temperaturen im Mittel verhältnismäßig hoch liegen; der Charakter des milden Winters wird aber nicht durch kurze Frostperioden, selbst wenn diese sehr tiefe Temperaturen aufweisen, beeinflußt. Somit kennzeichnet man durch die Witterung den Gesamtcharakter einer bestimmten Zeit bezüglich des Wetterablaufes.

Das Klima stellt entsprechend den vorher angeführten Definitionen eine weitere Verallgemeinerung dar. Durch das Klima wird ein mittlerer Witterungsablauf gekennzeichnet und beschrieben.

Die Begriffe Wetter, Witterung und Klima enthalten zunächst keine räumliche Beschränkung. Allerdings wird man beim Wetter zuerst nur an einen Ort, in zweiter Linie an ein größeres Gebiet denken. Man kann also die erwähnten Begriffe im allgemeinen sowohl auf einzelne Orte wie auf größere Gebiete, schließlich auf Erdteile oder noch größere Gebiete der Erdoberfläche anwenden. Dabei hat die Größe des betrachteten Gebietes insofern einen Einfluß auf die Genauigkeit der Angaben, als die Darstellungen um so eingehender sein werden, je kleiner das betrachtete Gebiet ist, während große Gebiete zu Verallgemeinerungen Anlaß geben.

Der in der Klimadefinition genannte mittlere Zustand der Atmosphäre wird durch Mittelwerte der meteorologischen Elemente und Erscheinungen gekennzeichnet. Dabei ist zu beachten, daß ein mittlerer Wert nicht auch zugleich der häufigste Wert zu sein braucht, so daß man bei Verwendung des Mittelwertes gewisse Fehler begeht. Diese Fehler werden um so größer sein, je weiter der Mittelwert vom häufigsten Wert entfernt ist; in den meisten Fällen bleibt jedoch der entstehende Fehler verhältnismäßig gering. Weiter ist zu berücksichtigen, daß das Klima letzten Endes im Zusammenspiel aller meteorologischen bzw. klimatologischen Elemente und Erscheinungen besteht, wenn auch vielfach ein Element oder eine Gruppe von Elementen stärker hervortritt. Daraus ergibt sich die Forderung, daß man nach Möglichkeit zur Kennzeichnung des Klimas die Mittelwerte aller klimatologischen Elemente und Erscheinungen gemeinsam betrachten muß. Hier tritt erschwerend in Erscheinung, daß man das Klima nicht durch eine einzige Zahl kennzeichnen kann; das hat zur Folge, daß man doch von Fall zu Fall unter den klimatologischen Elementen eine Auswahl treffen muß, wobei selbstverständlich charakteristische Elemente zu wählen sind.

Bei der Bildung der Mittelwerte, also bei den für die Mittelwerte zu verwendenden Zeiträumen, ist darauf zu achten, daß diese nicht zu kurz, aber auch nicht zu lang gewählt werden. Es ist dabei zu berücksichtigen, daß der

„mittlere Zustand" der Atmosphäre kein Dauerzustand ist, sondern Veränderungen unterliegt. Man darf daher das Klima nicht als konstant, sondern höchstens als quasikonstant auffassen. In der älteren Klimatologie stand – entsprechend dem ersten Teil der Klimadefinition nach J. HANN – der Mittelwert im Vordergrund der Betrachtung. Man spricht daher auch manchmal von der Mittelwertsklimatologie, der man die auf dem zweiten Teil der Klimadefinition beruhende Witterungsklimatologie gegenüberstellt. Diese Gegenüberstellung ist insofern nicht sehr glücklich, als man bei der zusammenfassenden Betrachtung des Witterungsablaufes – und das ist letzten Endes die Witterungsklimatologie – auch nicht ohne das Hilfsmittel des Mittelwertes auskommen kann. Ein Unterschied in der Betrachtungsweise besteht darin, daß bei der Mittelwertsklimatologie einzelne Elemente und Erscheinungen den Ausgangspunkt bilden, während bei der Witterungsklimatologie im „Wetter" und in der „Witterung" bereits das Zusammenwirken der klimatologischen Elemente und Erscheinungen berücksichtigt wird. In der Witterungsklimatologie werden also die Mittelwerte bereits von bestimmten Komplexen klimatologischer Elemente und Erscheinungen gebildet. Es zeigt sich – und das entspricht auch der Klimadefinition –, daß Mittelwertsklimatologie und Witterungsklimatologie zwei sich ergänzende Betrachtungsweisen derselben Sache darstellen. Das besagt aber gleichzeitig, daß die Konstruktion eines Gegensatzes zwischen Mittelwertsklimatologie und Witterungsklimatologie, die in diesem Zusammenhang als „klassische" und „moderne" Klimatologie bezeichnet werden, am Kern der Sache vorbeigeht und daher verfehlt ist. Im Verlaufe der Geschichte klimatologischer Untersuchungen hat es sich gezeigt, daß es nicht möglich ist, alle auftretenden Fragen nach einheitlichen Methoden zu bearbeiten. Das gilt sowohl für die instrumentelle Beobachtung als auch für die Bearbeitung der Beobachtungsergebnisse, also beispielsweise für die Mittelwertbildung. Es kommt hinzu, daß man in manchen Fällen die Untersuchungsmethoden auch nach der Größe der zu untersuchenden Gebiete einrichten muß. Dabei ist selbstverständlich, daß die Übersicht um so weniger Einzelheiten bringen kann, je ausgedehnter das betrachtete Gebiet ist.

Die angedeuteten Unterschiede in der Betrachtungsweise haben dazu geführt, daß man eine Dreiteilung des Klimas in Makro-, Meso- und Mikroklima durchführt bzw. vom makro-, meso- und mikroklimatischen Bereich spricht. Es muß allerdings bemerkt werden, daß diese Einteilung noch keine allgemeine Anerkennung gefunden hat, was darauf beruht, daß eine exakte Abgrenzung nicht in allen Fällen möglich ist. Ein äußerliches Kennzeichen des Makroklimas, auch als Großklima oder schlechthin Klima bezeichnet, ist, daß die Temperaturmessungen in etwa 2 m Höhe über dem Erdboden durchgeführt werden. Damit werden die in Bodennähe oft sehr beträchtlichen Unterschiede und Schwankungen der klimatologischen Elemente, z. B. der Temperatur- und Feuchteverhältnisse, die auf der verschiedenen Beschaffenheit der Bodenoberfläche beruhen, bewußt außerhalb der Betrachtung gelassen. Nur wenn man die besonderen Verhältnisse der bodennahen Luftschicht zunächst nicht berücksichtigt, ist es möglich, einen Überblick über das Klima größerer Gebiete zu geben. Das Gegenstück zum Makroklima bildet das Mikroklima, das „Klima der bodennahen Luftschicht" (R. GEIGER, 1950). Denn das Mikroklima bezieht sich auf die Verhältnisse in der Schicht, die im Makroklima bewußt vernachlässigt wird. Für viele Fragen des Mikroklimas müssen völlig andere Meßmethoden verwendet werden als im Makroklima. (Man denke nur an die Temperaturmessung unmittelbar an der Erdoberfläche, die einen besonders kleinen Meßkörper erfordert.) Da die **Mikroklimate sehr stark von der Beschaffen**heit der Bodenoberfläche abhängig sind, bleibt ihre räumliche Ausdehnung sehr gering. Daher hält auch R. GEIGER (1950) für die beste Definition des Begriffes Mikroklima die Übersetzung „Klima auf kleinstem Raum". Zwischen dem Makro- und Mikroklima steht das Mesoklima, oft auch als Lokalklima bezeichnet. Die beim Mesoklima betrachteten Räume sind in sich geschlossen und unterscheiden sich deutlich von ihrer Umgebung (z. B. Stadt, Talkessel), beschränken sich aber nicht mehr nur auf die bodennahe Luftschicht. Das hat zur Folge, daß man sich zur Betrachtung des Mesoklimas sowohl der im Makroklima als auch der im Mikroklima angewandten Methoden bedient.

Es mag auffallen, daß die Abgrenzungen zwischen Makro-, Meso- und Mikroklima zahlenmäßig nicht genau zu definieren sind. Das hängt damit zusammen, daß das Klima des jeweils kleineren Raumes in das des größeren eingefügt ist, so daß das Mikroklima in ein Mesoklima und mit diesem wieder in ein Makroklima eingebettet ist. Dabei ist eine scharfe Abgrenzung schon deshalb zweifelhaft, weil die einzelnen Klimate nicht unabhängig voneinander bestehen, sondern gegenseitig aufeinander einwirken. Trotzdem bleibt den einzelnen Klimaten eine gewisse Selbständigkeit, so daß man also nicht etwa das Mesoklima als Summe von Mikroklimaten auffassen kann.

Die Unterteilung in Makro-, Meso- und Mikroklima hat Sinn, solange der Einteilung nicht nur die Größe des betrachteten Gebietes, sondern auch die spezifische Verteilung der das Klima beeinflussenden Faktoren, die letzten Endes die unterschiedlichen Meßmethoden bedingt, zugrunde gelegt wird. Eine Unterteilung aber, die ausschließlich nach der Größe der betrachteten Gebiete erfolgt, kann den an sie gestellten Forderungen nicht gerecht werden, da das Klima in seinen Grundzügen nicht von der Größe des betrachteten Gebietes abhängt.

Im Makroklima werden in der Hauptsache allgemeine Faktoren wirksam, die durch örtliche Gegebenheiten modifiziert werden. Demgegenüber treten die örtlichen Faktoren beim Mikroklima ausschlaggebend in den Vordergrund. Auch unter diesem Gesichtspunkt nimmt das Mesoklima eine Zwischenstellung ein. Da das Zusammenwirken der verschiedenen Faktoren, die das Klima bedingen, sehr mannigfaltig sein kann, ergibt sich, daß die Grenzen zwischen Makro-, Meso- und Mikroklima nicht scharf ausgeprägt, sondern durch verschiedenartige Übergänge gegeben sind. Besonders vielfältig erscheinen diese Übergänge zwischen Mikro- und Mesoklima, was zur Folge hat, daß diese gewöhnlich in der Betrachtung nicht getrennt werden.

Weitere Unterteilungen innerhalb der Klimatologie richten sich nach der Fragestellung, die im Einzelfall zu untersuchen ist und aus der sich auch mehr oder weniger differenzierte Untersuchungsmethoden ergeben. Hier sind Bioklimatologie, Kurortklimatologie und Agrarklimatologie zu nennen. Die Bioklimatologie, als deren Teilgebiet sich die Kurortklimatologie erweist, befaßt sich mit der Wirkung des Klimas auf den Menschen; sie stellt somit ein Gebiet der Klimatologie dar, in dem sich eine Zusammenarbeit mit der Medizin ergibt. In entsprechender Weise befaßt sich die Agrarklimatologie mit den Fragen, die Land- und Forstwirtschaft betreffen, wobei die wechselseitigen Beziehungen zwischen Klima und Vegetation einen wesentlichen Bestandteil der Untersuchungen bilden. Daß Fragen der Klimatologie auch noch in weiteren Gebieten eine Rolle spielen, sei hier nur erwähnt; über Einzelheiten wird bei der Anwendung klimatologischer Ergebnisse zu sprechen sein.

Die bisher genannten Klimadefinitionen legten das Schwergewicht der Betrachtung meist auf die meteorologische Fragestellung. Es darf aber nicht verkannt und übersehen werden, daß die Klimatologie auch der Geographie angehört, und zwar nicht nur als „Hilfswissenschaft". Dazu bemerkt W. KÖPPEN (1931): „Die Klimakunde oder Klimatologie ist ein Zweig der Meteorologie im weiteren Sinne, der zwar ebenso, wie diese überhaupt, sich auf der Experimentalphysik und der Geographie aufbaut, in dem aber das geographische Moment über das physikalische überwiegt."

Es ist wohl unwesentlich, zu untersuchen, welche Betrachtungsweise, die physikalische oder die geographische, in der Klimatologie vorherrscht. Im einzelnen dürfte die stärkere Betonung der einen oder der anderen Betrachtungsweise von der gegebenen Fragestellung abhängen. Die geographische Fragestellung wird im allgemeinen auf die geographische Verbreitung der wesentlichen atmosphärischen Erscheinungen ausgerichtet sein. Da aber eine solche geographische Verbreitung kaum darzustellen ist, ohne auf die Ursachen einzugehen, ergibt sich die Frage nach der „Physik der Atmosphäre".

Mag im Einzelfall bei der Betrachtung der Klimate die geographische Fragestellung nach der Verbreitung etwas mehr im Vordergrund stehen, so bedarf doch eine eingehende Darstellung auch der Aufdeckung der physikalischen Zusammenhänge und Ursachen der Klimate. Daraus ergibt sich, daß die Klimatologie in Geographie und Meteorologie Heimatrecht hat, daß in ihr die Geographie und die Meteorologie in enge Beziehungen zueinander treten. Es folgt weiterhin, daß sich der

Klimatologe meteorologischer und geographischer Arbeitsmethoden bedienen muß, wobei je nach Fragestellung bald die eine, bald die andere Betrachtungsweise stärker betont sein wird.

Daraus folgt, daß die Darstellung einer Klimatologie nicht auf eine Einführung in die Meteorologie, also in die Physik der Atmosphäre, verzichten kann. In der vorliegenden Übersicht wird der Versuch unternommen, diese Einführung an Hand der Betrachtung der synoptischen Wetterkarte zu geben. Daraus ergibt sich ein Überblick über die Fragen der Synoptik, die für klimatologische Betrachtungen insbesondere in der Witterungsklimatologie wichtig werden.

Dieser zugleich einführenden und in gewisser Weise zusammenfassenden Darstellung folgt die Betrachtung der meteorologischen bzw. klimatologischen Elemente und Erscheinungen. Dabei wird insbesondere auf die Verteilung der einzelnen Elemente und Erscheinungen eingegangen. Die Meßtechnik, die für die Beobachtungen erforderlich ist, wird nur angedeutet; bezüglich der eingehenden Beschreibung der Instrumente, ihrer Wirkungsweise und ihrer Fehler muß auf die Spezialliteratur verwiesen werden, z. B. E. KLEINSCHMIDT (1935).

Über die Betrachtung der allgemeinen Zirkulation der Atmosphäre sowie die Erörterung verschiedener Möglichkeiten der Klimaklassifikation geht die Darstellung zur Beschreibung der Klimate über. An die Übersicht über die Verteilung der Klimate auf der Erde schließt

sich eine Betrachtung der zeitlichen Veränderungen des Klimas, also der Klimaänderungen und Klimaschwankungen an.

Wenn auch die gesamte Darstellung im wesentlichen makroklimatologischen Fragen gewidmet ist, so muß doch wenigstens kurz auf Fragen des Mikro- und Mesoklimas eingegangen werden. Das ist erforderlich, weil – wie bereits angedeutet – wechselseitige Beziehungen zwischen Makro-, Meso- und Mikroklima bestehen.

Schließlich sollen auch einige Anwendungsgebiete der Klimatologie berücksichtigt werden. Dabei kann es sich allerdings nur um mehr oder weniger ausführliche Andeutungen handeln, da jede eingehende Darstellung den Rahmen der allgemeinen Klimabetrachtung sprengen würde.

Den Abschluß sollen einige Bemerkungen aus der Geschichte der Klimatologie bilden.

In der gesamten Darstellung wird darauf Wert gelegt, daß die geographische Seite der Klimatologie deutlich wird, was selbstverständlich nicht zur Vernachlässigung der meteorologischen Fragen führen darf. Es ist daher das Ziel der vorliegenden Darstellung, dem Geographen eine Zusammenstellung der Klimate zur Verfügung zu stellen, die gleichzeitig auf die eng mit den geographischen Fragen in Verbindung stehenden meteorologischen Fragen eingeht. Damit soll der Forderung Genüge getan werden, daß der Geograph bei seiner klimatologischen Arbeit die meteorologischen Arbeitsweisen und deren Ergebnisse nicht nur kennen, sondern auch anwenden muß.

2. Zusammensetzung und Aufbau der Atmosphäre

Die Vorgänge des Wetters, die gleichzeitig die Grundlagen für das Klima darstellen, spielen sich in der Lufthülle der Erde, in der Atmosphäre, ab. Demnach sind die im Wetter zutage tretenden Erscheinungen die Auswirkungen physikalischer Gesetze innerhalb des Luftmeeres. Es ist daher erforderlich, einer Betrachtung der Wettervorgänge und des Klimas einige Bemerkungen über den Schauplatz des Wettergeschehens, die Atmosphäre, vorauszuschicken.

2.1. Bestandteile der Atmosphäre

In der Nähe der Erdoberfläche besteht die Atmosphäre aus einem Gemisch von Gasen, dessen Hauptbestandteile Stickstoff und Sauerstoff sind. Diese beiden Bestandteile machen zusammen bereits 99,03 Volumprozent der Luft, falls sie staubfrei und trocken ist, aus (Abb. 1). Rund 78% Stickstoff und 21% Sauerstoff stellen fast das gesamte Gasgemisch der

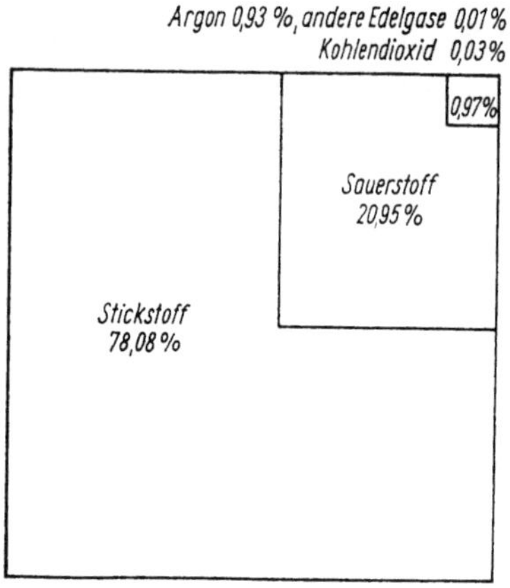

Abb. 1. Hauptbestandteile trockener Luft

Luft; der Rest setzt sich im wesentlichen aus Edelgasen, Wasserstoff, Ozon und Kohlendioxid zusammen. Dabei ist Argon mit 0,93%, Kohlendioxid mit 0,03% vertreten.

Von den angegebenen Bestandteilen der Luft unterliegen Sauerstoff und Kohlendioxid kleineren Schwankungen. Die jahreszeitlichen Unterschiede des Sauerstoffgehaltes, dessen Maximum im Sommer und dessen Minimum im Winter gefunden wurde, bleiben unter 0,1%. Auch im Wald und im Gebirge zeigt die Luft keinen vermehrten Sauerstoffgehalt. Insgesamt erweist sich der Sauerstoffgehalt der Luft in Bodennähe als recht konstant; aus einer großen Zahl von Messungen ergaben sich als Extremwerte 21,0% und 20,86%; diese Werte wurden jeweils im April in Tromsö bzw. Pará gemessen. An diese Konstanz des Sauerstoffgehaltes ist der Mensch derart gewöhnt, daß er bereits auf ein Absinken des Sauerstoffgehaltes unter 20%, wie es in geschlossenen, mit Menschen gefüllten Räumen auftritt, anspricht.

Der Kohlendioxidgehalt zeigt, obwohl sein Anteil im Mittel wesentlich geringer ist, verhältnismäßig etwas größere Schwankungen. Bei einem mittleren Gehalt von 0,03% CO_2 wurden im Freien Werte von 0,02 bis 0,05% gemessen; demgegenüber steigt der CO_2-Gehalt in schlecht ventilierten Wohnräumen auf 0,1 bis 0,2% an. Über See und Land sowie im Wald und im Freiland zeigen sich keine Unterschiede bezüglich des CO_2-Gehaltes der Luft. Ein schwacher Jahresgang des CO_2-Gehaltes ergibt ein Maximum im Winter und Frühjahr; ein schwacher Tagesgang bringt ein Maximum in der Nacht, ein Minimum am Tage. Eine Verstärkung des CO_2-Gehaltes zeigt sich bei Niederschlag und Nebel; sie ist besonders in Industriestädten ausgeprägt, wo Werte bis zu 0,11% erreicht worden sind.

Als wichtige Beimengung der Luft tritt der Wasserdampf auf, der in stark wechselnder Menge besonders in den unteren Luftschichten vorhanden ist. Sein Anteil kann bis zu 4 Volumprozent betragen. Das Wasser nimmt in der Atmosphäre insofern eine Sonderstellung ein, als die vorkommenden Temperaturen das Auftreten des Wassers in allen drei Aggregatzuständen zulassen. Die Phasenänderungen des Wassers bilden einen wesentlichen Bestandteil der meteorologischen und klimatologischen Prozesse. Die ausschlaggebende Bedeutung des Wasserdampfes für das Wettergeschehen und damit für das Klima kommt in der besonderen Behandlung des Wasserdampfes im Zusammenhang mit den klimatologischen Elementen und Erscheinungen zum Ausdruck.

Als weitere Beimengungen enthält die Luft, ebenfalls besonders in den unteren Schichten, in wechselnder Menge verschiedene feste und gasförmige Bestandteile, die man zusammenfassend als Aerosol bezeichnet. Es handelt sich dabei um Staubteilchen verschiedener Größe, Industrieabgase, Verbrennungsrückstände und Salzteilchen, und je nach Herkunft der Teilchen weist das Aerosol eine recht unterschiedliche Zusammensetzung auf. Selbstverständlich sind die verschiedenen Teilchen in der Nähe ihres Entstehungsortes am stärksten vertreten. Andererseits werden leichte Teilchen in hohe Atmosphärenschichten verfrachtet und können sich dort längere Zeit aufhalten, wie das beispielsweise von vulkanischen Aschen, aber auch von Rauchteilchen bei Waldbränden bekannt ist.

Besondere Bedeutung für das Wettergeschehen erlangen die Beimengungen, die dem Wasserdampf als Kondensations- oder Sublimationskerne dienen. Diese Kerne begünstigen den Übergang des dampfförmigen Wassers in den flüssigen oder festen Aggregatzustand. Das gemeinsame Vorhandensein von Kondensations- bzw. Sublimationskernen und Wasserdampf schafft die Vorbedingungen für die Bildung der Wolken und Niederschläge, worauf noch im einzelnen einzugehen sein wird.

Durch besondere Einwirkungen sind die Beimengungen der Luft teilweise elektrisch geladen. Diese elektrisch geladenen Teilchen werden als Ionen bezeichnet; sie spielen in den höher gelegenen Schichten der Atmosphäre eine besondere Rolle, wo sie einem Teil der Lufthülle den Namen gegeben haben.

Ohne Vertikalbewegungen innerhalb der Atmosphäre müßten sich die einzelnen Bestandteile der Lufthülle nach ihrer Schwere absetzen. Das bedeutet, daß der Sauerstoff mit zunehmender Höhe abnehmen, der Stickstoff aber zunehmen müßte. Demgegenüber ergaben Messungen, daß das Mischungsverhältnis der beiden Gase bis in Höhen von rund 20 km dem an der Erdoberfläche entspricht. Erst oberhalb von etwa 20 km Höhe scheint sich eine stärkere Abnahme des Sauerstoffs bemerkbar zu machen. Dieses Verhalten des Mischungsverhältnisses deutet auf die Durchmischung der Gase nicht nur in Bodennähe, sondern auch in höheren Luftschichten hin.

Das bis in große Höhen gleichbleibende Mischungsverhältnis zwischen Sauerstoff und Stickstoff darf nicht darüber hinwegtäuschen, daß mit zunehmender Höhe über dem Erdboden die absoluten Mengen der in der Volumeinheit vorhandenen Gase abnehmen. Diese Abnahme der Gasmenge ist aus der Abnahme des Partialdrucks der einzelnen Gase ohne weiteres ersichtlich. Die Abnahme des Gasdruckes beim Sauerstoff hat als fühlbare Auswirkung die Höhenkrankheit im Gefolge, deren Beschwerden sich im allgemeinen in Höhen um 5000 m bemerkbar machen.

Auch der Anteil an CO_2 zeigt zumindest bis in Höhen von etwa 4000 m keine wesentlichen Änderungen. Erst in größerer Höhe setzt eine geringe Abnahme ein. Einem Anteil von 0,03% am Boden steht ein solcher von 0,027% in 9 km Höhe gegenüber.

Eine besondere Verteilung ergibt sich beim Ozon. Dieses ist an der Erdoberfläche nur in geringer Menge vorhanden, erreicht aber innerhalb der Stratosphäre ein Maximum, so daß man hier von einer besonderen Ozonschicht sprechen kann. Die Wirkung dieser Ozonschicht, auf die noch einzugehen sein wird, besteht darin, daß sie den kurzwelligen Anteil des Sonnenspektrums sehr stark abschwächt.

Mit der Veränderung der Luftzusammensetzung bei zunehmender Höhe über dem Erdboden ergibt sich die Frage nach der Grenze der Atmosphäre. Die Abnahme von Luftdruck und Luftdichte mit der Höhe führt zu einem Übergang in den interstellaren Raum. Man kann die Grenze der Erdatmosphäre dort ansetzen, wo die Ionenzahl des interstellaren Raumes erreicht wird; das dürfte nach neuesten Forschungsergebnissen in Höhen von 2000 bis 3000 km der Fall sein.

2.2. Erkundung der Atmosphäre

Nur ein recht geringer Teil der Atmosphäre ist der direkten Beobachtung und Messung von der Erde aus zugänglich. Für den weitaus größten Teil der Atmosphäre bleiben nur indirekte Methoden der Beobachtung, wenn diese auch mehr und mehr durch direkte Messungen zunächst ergänzt, späterhin wahrscheinlich ersetzt werden können.

Den ersten Aufschluß über die Verhältnisse in der Atmosphäre gaben Messungen auf Bergstationen. Obwohl man in neuerer Zeit mit Meßgeräten weit über die Bergstationen hinaus in die Atmosphäre vorgedrungen ist, haben die Bergstationen doch ihre große Bedeutung für meteorologische und klimatologische Beobachtungen behalten. Denn die Bergstationen gestatten es, Dauerbeobachtungen ebenso durchzuführen wie in tieferen Lagen, so daß eine unmittelbare Vergleichbarkeit gegeben ist.

Fessel- und Freiballone gaben dann die Möglichkeit, die Beobachtungen der Atmosphäre vom Erdboden zu lösen. Bemannte Ballone erreichten zu Beginn unseres Jahrhunderts Höhen von über 10 km, später von mehr als 23 km. Weitere Erkundungsmöglichkeiten der Atmosphäre ergaben sich durch das Flugzeug.

Ein großer Fortschritt wurde durch die Radiosonde erzielt, die vermittels eines Senders die Meßwerte unmittelbar einer Bodenstation weitergibt, so daß sie sofort ausgewertet werden können. Mit Radiosonden werden regelmäßig Messungen bis in Höhen von 20 km durchgeführt; es wurden auch bereits Höhen von mehr als 30 km erreicht.

Je größer die Höhe über dem Erdboden ist, um so mehr nehmen die aufgeführten Messungen den Charakter von Stichproben an. Das gilt auch noch für die mehr und mehr zunehmende Anzahl von Messungen, die mit Raketen und schließlich mit Satelliten durchgeführt werden. Derartige Messungen dienen zur Zeit noch weitgehend der Überprüfung der auf indirektem Wege erzielten Beobachtungsergebnisse, sind aber noch nicht so zahlreich, um völlig an die Stelle der indirekten Beobachtungsmethoden treten zu können. Andererseits gestatten die Wettersatelliten eine synoptische Übersicht über große Gebiete der Erdoberfläche; die beobachtete Verteilung der Bewölkung findet ihre Anwendung für die Wettervorhersage (vgl. Bild 31).

Wegen der Wichtigkeit der indirekten Beobachtungsmethoden für die Erkundung der Atmosphäre ist es erforderlich, ein paar Bemerkungen über die Erscheinungen zu machen, die Aufschluß über das Verhalten der Atmosphäre in höheren Schichten geben. In der Hauptsache sind es optische und elektrische Erscheinungen, die Schlüsse auf die Eigenschaften der Atmosphäre zulassen.

Der Übergang vom Tage zur Nacht oder umgekehrt vollzieht sich nach Sonnenuntergang bzw. vor Sonnenaufgang in mehreren Phasen. Die im einzelnen durch eine Reihe von Faktoren, unter denen Extinktion und Zerstreuung des Lichtes besonders hervortreten, bedingten Dämmerungserscheinungen geben Hinweise auf Unstetigkeitsschichten in der hohen Atmosphäre. Aus dem Ablauf der Dämmerungserscheinungen kann auf die Trübungsverhältnisse innerhalb der Atmosphäre geschlossen werden, wobei den Trübungen in der Hochatmosphäre eine besondere Bedeutung für die Beobachtung der Eigenschaften dieser Schichten zukommt.

Perlmutterwolken wurden in Höhen zwischen 23 und 26 km beobachtet. Sie deuten darauf hin, daß in diesen Höhen die Vorbedingungen für die Wolkenbildung noch gegeben sein können.

Leuchtende Nachtwolken wurden in höheren Breiten – über 45° – in Höhen von etwa 80 km festgestellt. Nach der Analyse der von der Besatzung der sowjetischen Orbitalstation Salut 4 aufgenommenen Spektrogramme bestehen die leuchtenden Nachtwolken aus Eiskristallen, die sich an Meteoritenstaubpartikeln bilden. Kosmischer Staub und Wasserdampf sind demnach Voraussetzungen für diese Wolken.

Weitere Hinweise auf die höheren Atmosphärenschichten geben die Leuchterscheinungen, die mit dem Eindringen von Sternschnuppen und Meteoren in die Atmosphäre verbunden sind. Bei den Sternschnuppen beginnt der Leuchtvorgang in etwa 120 km und endet bei etwa 80 km Höhe; demgegenüber leuchten größere Meteore bei etwa 150 km auf und erlöschen in etwa 50 km Höhe. Die von großen Meteoren häufig am Himmel zurückbleibenden Leuchtschweife (bei Nacht) bzw. Rauchstreifen (am Tage) lassen Beobachtungen über die Luftbewegung in 30 bis 150 km Höhe zu.

Das Polarlicht, das dadurch entsteht, daß durch geladene Teilchen, die von der Sonne in die Atmosphäre eindringen und in das Magnetfeld der Erde geraten, die Atmosphäre zum Leuchten angeregt wird, gibt Hinweise auf verschiedene Schichten der Atmosphäre. Die Erscheinungen des Polarlichtes wurden in Höhen von 80 bis zu 400 km, in einzelnen Fällen bis zu 1000 km, festgestellt, wobei sich der Schwerpunkt bei 100 bis 120 km Höhe ergab. Infolge der Wirkung des Magnetfeldes der Erde bleibt die Erscheinung des Polarlichtes im wesentlichen auf die Polargebiete beschränkt. In Europa werden Polarlichter (Nordlichter) im allgemeinen bis zu Breiten von etwa 50° beobachtet. Dabei nehmen Häufigkeit und Intensität der Erscheinung äquatorwärts ab. In Einzelfällen sind allerdings Nordlichter bis nach Indien hinein beobachtet worden.

Das Polarlicht, bei dem Ionisation eine wesentliche Rolle spielt, leitet bereits über zu

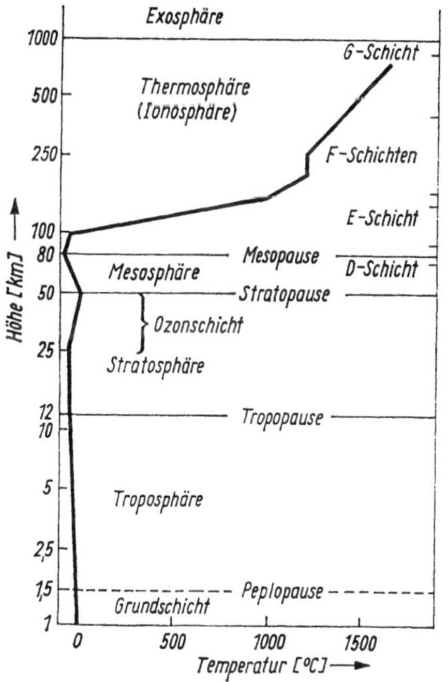

Abb. 2. Aufbau der Atmosphäre

den Erscheinungen, deren Ursache die Ionisation ausgedehnter Luftschichten ist. Die Ionisation der höheren Atmosphärenschichten ist

einmal auf Korpuskularstrahlung, zum anderen auf die kurzwellige UV-Strahlung der Sonne zurückzuführen. Das geht daraus hervor, daß ein Teil der ionisierten Schichten dauernd vorhanden ist, während andere Schichten eine deutliche Tagesperiode zeigen bzw. nur episodisch stärker ausgebildet sind. Die Ionisation der höheren Atmosphärenschichten spielt für die Ausbreitung elektrischer Wellen eine bedeutende Rolle und hat den betreffenden Schichten den Namen Ionosphäre gegeben. Auf die einzelnen Schichten der Ionosphäre wird bei der Betrachtung des Aufbaus der Atmosphäre noch näher einzugehen sein.

Ähnlich wie die Ausbreitung elektrischer Wellen den Hinweis auf ionisierte Atmosphärenschichten gibt, so folgt aus der Ausbreitung von Schallwellen das Vorhandensein einer bestimmten Temperaturschichtung. Denn es wurde festgestellt, daß für die Schallwellen einer Zone der Hörbarkeit eine Zone folgt, in der der Schall nicht wahrzunehmen ist, während sich daran wieder eine Hörbarkeitszone anschließt. Demnach muß eine Reflexion der Schallwellen an höheren Luftschichten stattfinden, was auf eine erhöhte Temperatur in diesen Schichten zurückgeführt werden kann. Es ergibt sich für die reflektierende Schicht eine Höhenlage von 30 bis 50 km, die mit der Anreicherungsschicht von Ozon übereinstimmt.

2.3. Stockwerke der Atmosphäre

Die Ergebnisse direkter und indirekter Methoden lassen erkennen, daß die Atmosphäre aus verschiedenen Stockwerken aufgebaut ist, deren Eigenschaften jeweils verschieden sind. Dabei ist zu bemerken, daß die Abgrenzung der verschiedenen Stockwerke gegeneinander Übergangsschichten ergibt, die aber gegenüber den Schichten, die sie voneinander trennen, vergleichsweise geringe Mächtigkeiten aufweisen (Abb. 2).

Als unterstes Stockwerk erscheint die Troposphäre, die Mischungszone. Sie ist, worauf die Bezeichnung hinweist, durch ausgeprägte Vertikalbewegungen, die zur Durchmischung der Luft führen, gekennzeichnet. Da in der Troposphäre praktisch der gesamte Wasserdampfgehalt der Atmosphäre enthalten ist, ist dieses

Stockwerk der Atmosphäre der Sitz der Wettervorgänge, was die Bezeichnung „Wettersphäre" rechtfertigt. Ein weiteres Kennzeichen für die Troposphäre besteht darin, daß in ihr die Temperatur bei zunehmender Höhe im Mittel um etwa 5 bis 6 K je 1000 m abnimmt. Der Luftdruck, am Grunde der Atmosphäre im Mittel mit 1013 hPa angesetzt, nimmt innerhalb der Troposphäre auf rund 225 hPa – für die gemäßigten Breiten gerechnet – ab.

Die Obergrenze der Troposphäre, als Tropopause bezeichnet, ist dadurch gekennzeichnet, daß hier die Temperaturabnahme bei zunehmender Höhe aufhört; an die Stelle der Temperaturabnahme tritt mit weiter zunehmender Höhe Isothermie bzw. Temperaturzunahme. Die Höhenlage der Tropopause ist abhängig von der geographischen Breite, mit der sich die zugestrahlten Energiemengen verändern, und von der Verteilung des Wasserdampfes. Von den Polen zum Äquator nimmt damit die vertikale Ausdehnung der Troposphäre und mit ihr die Temperaturdifferenz zwischen Boden und Tropopause zu. Im Mittel liegt die Höhe der Tropopause über den Polen bei 8 km, am Äquator bei 17 km, in den gemäßigten Breiten bei etwa 12 km. Dementsprechend ergeben sich als ungefähre Temperaturwerte der Tropopause an den Polen −45°C, am Äquator −80°C und in den gemäßigten Breiten −50 bis −60°C. Die Änderung der Höhenlage der Tropopause vom Äquator zum Pol erfolgt nicht stetig; vielmehr zeigt sich die stärkste Höhenänderung, die in einem Sprung in Erscheinung tritt, in mittleren Breiten – im Mittel bei 30 bis 40°, teilweise bis etwa 50° verschoben. Die Abhängigkeit der Tropopausenlage von der geographischen Breite und der Verteilung des Wasserdampfes führt zu einem jährlichen Gang in der Höhenlage der Tropopause. Dieser Jahresgang der Tropopausenhöhe ist am Äquator gering, an den Polen dagegen recht stark ausgeprägt. Im allgemeinen liegt die Tropopause im Winter oder Frühjahr am tiefsten, während sie ihre höchste Lage im Sommer bzw. Herbst erreicht. Neben den jahreszeitlichen Schwankungen in der Höhenlage der Tropopause treten auch kurzfristige Änderungen auf, die mit dem Wettergeschehen in Zusammenhang stehen. Der Wechsel von Luftmassen kann in den gemäßigten Breiten in kurzer Zeit zu Höhenänderungen der Tropopause von mehreren Kilometern führen, wobei an der Tropopause Temperaturänderungen von 20 K im Laufe eines Tages eintreten können.

Innerhalb der Troposphäre lassen sich noch mehrere Schichten unterscheiden, deren Eigenschaften eine Abgrenzung zweckmäßig erscheinen lassen. So bleibt allgemein zunächst eine dünne Lufthaut bis zu 2 m über dem Erdboden außerhalb der makroklimatologischen Betrachtungen. In dieser Luftschicht kommen die Einflüsse des Bodens so stark zum Ausdruck, daß ihre Beobachtung besondere Arbeitsmethoden erfordert, weshalb für diese Lufthaut ein Spezialzweig der Meteorologie entstanden ist.

Bis zu einer Höhe von etwa 1,5 km rechnet man die Grundschicht der Troposphäre. In dieser Schicht spielt die Reibung eine hervorragende Rolle, die ihrerseits vertikale Luftbewegungen zur Folge hat. Dadurch ergeben sich innerhalb dieser Schicht charakteristische Verteilungen von Temperatur, Feuchte, Wolken bzw. Dunst und Windverhältnissen, so daß sie sich von der darüberliegenden Schicht der Troposphäre abhebt. Die verschiedenen Typen der Grundschicht ergeben eine mehr oder weniger deutliche Abgrenzung der Grundschicht von der übrigen Troposphäre.

Die Obergrenze der Grundschicht ist – ähnlich wie die Obergrenze der Troposphäre – durch Isothermie bzw. Temperaturzunahme bei weiterer Höhenzunahme gekennzeichnet. Aus diesem Grunde erhielt diese Grenzschicht den Namen Peplopause (Mantelschicht). Die Peplopause macht sich meist als Dunstobergrenze mehr oder weniger deutlich bemerkbar.

Oberhalb der Grundschicht treten die Vertikalbewegungen zurück, wenn sie auch keineswegs völlig fehlen. In der oberen Schicht der Troposphäre überwiegt die Horizontalbewegung aber bereits deutlich gegenüber der Vertikalbewegung. Deshalb wird dieser Teil der Troposphäre als Advektionsschicht bezeichnet. Die Obergrenze der Advektionsschicht, gleichzeitig die Obergrenze der Troposphäre, ist die Tropopause.

Oberhalb der Tropopause, die als mehr oder weniger mächtige Schicht ausgebildet ist, folgt die Stratosphäre (Schichtenzone), in der vertikale Luftbewegungen praktisch weitgehend verschwinden. Die Obergrenze der Stratosphäre wird an der Obergrenze der Ozonschicht, bei etwa 50 km Höhe, angenommen. Die mit der Tropopause einsetzende Isothermie geht bei etwa 25 bis 30 km, der Untergrenze der Ozonschicht, in eine Temperaturzunahme über, die in etwa 50 km Höhe zu einem Maximum von 20 bis 50 °C führt. Diese Erwärmung ist eine Folge der Ozonkonzentration in etwa 25 bis 50 km Höhe (Ozonschicht, auch Ozonosphäre). Die Absorption des Hauptteils der UV-Strahlung führt zu der angegebenen Erwärmung, die sich an der Obergrenze des Ozons einstellt. Es zeigt sich, daß das in der Stratosphäre vorhandene Ozon in höheren Breiten einen ausgesprochenen Jahresgang mit einem Frühjahrsmaximum und einem Herbstminimum aufweist; mit abnehmender Breite nimmt die Jahresamplitude des Ozongehaltes ab. Weiterhin ergibt sich, daß die Höhenlage des Ozonmaximums polwärts abnimmt. Die Ozonschicht ist nicht nur für die Temperaturverteilung in der Stratosphäre, sondern auch für die Verteilung der Strahlung an der Erdoberfläche (UV-Sperre) wichtig.

Abgegrenzt durch die Stratopause, folgt oberhalb der Stratosphäre bis zu einer Höhe von 80 km die Mesosphäre, in der die Temperatur mit zunehmender Höhe abnimmt. An der Obergrenze der Mesosphäre, der Mesopause, beträgt die Temperatur etwa —50 °C, der Luftdruck 0,01 hPa. In der Mesosphäre besteht die Möglichkeit zur Ausbildung vertikaler Durchmischung (obere Konvektionsschicht). Die Mesosphäre wurde früher ohne besondere Benennung zur Stratosphäre gerechnet.

Oberhalb der Mesopause nimmt die Temperatur mit zunehmender Höhe zu, was für diese bis zu Höhen von etwa 1000 km reichende Schicht den Namen Thermosphäre rechtfertigt. Die sehr hohen Temperaturen in der Thermosphäre sind insofern irreführend, als bei der geringen Gasdichte in den hohen Atmosphärenschichten die Temperaturwerte nicht unmittelbar mit den Temperaturen dichterer Atmosphärenschichten vergleichbar sind. Absorption der Sonnenstrahlung (Wellenstrahlung) und Zusammenstöße mit Teilchen der Korpuskularstrahlung führen in mehreren Höhen der Thermosphäre zur Ausbildung ionisierter Schichten, worauf der Name Iono-

sphäre zurückgeht. In der Thermosphäre (Ionosphäre) spielt der Plasmazustand eine merkliche Rolle, so daß außer den Gesetzmäßigkeiten der Thermo- und Hydrodynamik auch die der Elektrodynamik wirksam werden.

Die unterste der ionisierten Schichten, die D-Schicht, reicht noch in die Mesosphäre hinein. Sie verdankt ihre Ausbildung den besonders tief in die Atmosphäre eindringenden UV-Strahlen. Daraus folgt, daß diese Schicht besonders am Tage ausgebildet ist; die stärkste Ausbildung erfährt die D-Schicht bei sehr starker UV-Strahlung (Ultraviolett-Ausbruch) der Sonne. An der D-Schicht werden lange elektrische Wellen reflektiert, während Mittel- und Kurzwellen absorbiert werden. Da nachts infolge des Fehlens der UV-Strahlung die D-Schicht meist verschwindet, ergibt sich in den Nachtstunden ein besserer Rundfunkempfang. Andererseits kann bei UV-Eruptionen der Sonne die D-Schicht so stark werden, daß die damit verbundene Absorption den Kurzwellenverkehr schlagartig lahmlegt.

Die zweite ionisierte Schicht befindet sich im Mittel bei 90 bis 140 km Höhe; sie wird als E-Schicht oder als Kenelly-Heaviside-Schicht bezeichnet. Sie reflektiert den Mittel- und Langwellenbereich der Radiowellen. Auch diese Schicht ist nur am Tage vorhanden und weist darauf hin, daß sie ihre Entstehung der UV-Strahlung der Sonne verdankt.

Die dritte ionisierte Schicht, die F-Schicht oder Appleton-Schicht, umfaßt die Höhen von 160 bis 400 km. Sie besteht aus zwei Schichten, der unteren F_1-Schicht und der oberen F_2-Schicht, die nachts zusammenlaufen. Die F-Schicht verdankt ihre Entstehung der Korpuskularstrahlung; das hat zur Folge, daß sie im Gegensatz zu den anderen ionisierten Schichten nachts nicht verschwindet. Bei magnetischen Störungen zeigt die F-Schicht eine sprunghafte Änderung. Die F-Schicht reflektiert kurze Radiowellen, und zwar besonders nachts, wenn die darunterliegenden ionisierten Schichten aufgelöst sind.

Eine weitere ionisierte Schicht, als G-Schicht oder auch Atomschicht bezeichnet, wird neuerdings bei etwa 800 km Höhe angegeben.

Oberhalb von etwa 1000 km Höhe folgt der Thermosphäre die auch als Dissipationssphäre bezeichnete Exosphäre. In der Exosphäre ergibt sich als Gürtel intensiver Röntgenstrahlung in etwa 2000 km Höhe der Van-Allen-Gürtel. Einer raschen Zunahme der Elektronenkonzentration mit der Höhe in der Ionosphäre steht eine langsame Abnahme in der Exosphäre gegenüber. Das Kennzeichen der Exosphäre ist demnach eine langsame Abnahme der Elektronen und der positiven Ionen mit zunehmender Höhe. Im Grenzbereich der Erdatmosphäre ergeben sich Elektronenkonzentrationen von einigen hundert Elektronen pro Kubikzentimeter. Der Übergang der Exosphäre in den interstellaren Raum erfolgt ohne scharfe Begrenzung, da die Exosphäre mit dem interstellaren Raum im Austausch steht. In Höhen zwischen 2000 und 3000 km entspricht die Elektronenkonzentration der Exosphäre der des interstellaren Raumes, so daß man in diesem Höhenbereich die Grenze der Atmosphäre ansetzen kann.

3. Einführung in die synoptische Meteorologie

Wenn in einer Darstellung der allgemeinen Klimatologie eine Einführung in die Fragen der synoptischen Meteorologie an den Anfang gestellt wird, so deshalb, weil die im Wetter ablaufenden Vorgänge der unmittelbaren Beobachtung unterliegen. Erst eine Zusammenfassung und eine Abstraktion führt vom Wetter über die Witterung zum Klima. Die Elemente und Erscheinungen, die das Wetter zusammensetzen (meteorologische Elemente), sind dieselben, die wir im Klima wiederfinden (klimatologische Elemente); daher sind auch die Bezeichnungen meteorologische sowie klimatologische Elemente und Erscheinungen als identisch aufzufassen. Etwaige kleine Unterschiede können sich allerdings daraus ergeben, daß die Elemente und Erscheinungen in der synoptischen Meteorologie und in der Klimatologie teilweise unter verschiedenen Blickwinkeln betrachtet werden. Besonders hervorzuheben ist in diesem Zusammenhang eine gewisse Schwerpunktverlagerung von der Lufttemperatur in der Klimatologie zum Luftdruck in der synoptischen Meteorologie, die letzten Endes ihren Ausdruck in den Beobachtungszeiten findet. Während nämlich die Beobachtungen der Klimatologie zur Erzielung vergleichbarer Temperaturwerte nach mittlerer Sonnenzeit, also bei gleicher mittlerer Sonnenhöhe, stattfinden (vgl. Kap. 5), wird in der synoptischen Meteorologie auf die Vergleichbarkeit des Luftdrucks Wert gelegt. Aus den gleichzeitigen Luftdruckmessungen ergibt sich die Möglichkeit, Linien gleichen Luftdrucks (Isobaren) zu zeichnen, die nicht nur das Bild der Luftdruckverteilung, sondern damit auch die Strömungsverteilung darstellen. Diese Darstellung erfordert aber eine Gleichzeitigkeit der Beobachtungen; daher werden die synoptischen Beobachtungen nach Weltzeit (Greenwich-Zeit, GMT) angestellt, was selbstverständlich einen Verzicht auf die unmittelbare Vergleichbarkeit der Temperaturangaben bedeutet.

Es sei bemerkt, daß die folgenden Betrachtungen über Fragen der synoptischen Meteorologie im wesentlichen auf Europa beschränkt werden sollen. Es soll also in diesem Rahmen keineswegs eine allgemeine Meteorologie gegeben werden; vielmehr sollen die für klimatologische Betrachtungen wichtigen Tatsachen aus der synoptischen Meteorologie wiedergegeben werden.

3.1. Wetterkarte

Es kann nicht genügen, das Wetter nur an einem Ort zu beobachten. Es ist vielmehr erforderlich, eine gleichzeitige Überschau über das Wetter an zahlreichen Stellen zu geben, wenn man die Wettervorgänge kennzeichnen will. Diesen Überblick über das Wetter in einem großen Gebiet gibt die Wetterkarte, die eine kartenmäßige Zusammenstellung von beobachteten Einzelheiten erlaubt. Die Gleichzeitigkeit der Beobachtungen hat zur Folge, daß die Wetterkarte gewissermaßen eine Momentaufnahme aus dem Wettervorgang, dem Wetterprozeß, darstellt. Die in der Wetterkarte verwirklichte gleichzeitige Übersicht über die meteorologischen Elemente und Erscheinungen an vielen Orten hat dem Zweig der Meteorologie, dessen wesentliches Arbeitsmittel die Wetterkarte ist, den Namen Synoptik oder synoptische Meteorologie gebracht. Die Ergebnisse der Synoptik finden ihre unmittelbare praktische Anwendung in der Wettervorhersage.

Die Wetterkarten haben verschiedene Aufgaben, nach denen sich der jeweilige Inhalt zu richten hat. In einem Falle geben sie dem Meteorologen einen Überblick über die Wettererscheinungen in einem großen Gebiet zu einem bestimmten Zeitpunkt; diese Karte, die auch als Arbeitswetterkarte bezeichnet wird, muß möglichst viele Einzelheiten enthalten, ohne daß diese die Gesamtübersicht stören dürfen. Im anderen Fall soll eine Wetterkarte zur Erläuterung und Ergänzung von Wetterlagenbeschreibungen für Nichtmeteorologen dienen; hier wird man besonderen Wert auf die Übersichtlichkeit legen müssen und Einzelheiten nur insoweit anbringen, als sie für das Verständnis erforderlich sind. Die für die Öffentlichkeit bestimmten Wetterkarten stellen somit eine mehr oder weniger starke Vereinfachung der Arbeitswetterkarten dar, aus denen sie entstehen.

Entsprechend der Aufgabenstellung, die Wettervorgänge nicht nur in Bodennähe, sondern auch in höheren Schichten der Atmosphäre zu erfassen, werden Wetterkarten für verschiedene Niveaus der Atmosphäre notwendig. Es wird unterschieden zwischen Boden- und Höhenwetterkarten, wobei die Höhenwetterkarten für verschiedene Niveaus gezeichnet werden können. Der Inhalt der einzelnen Karten ergibt sich aus den Beobachtungs- und Meßmöglichkeiten und ist an Einzelheiten naturgemäß bei der Bodenwetterkarte besonders reichhaltig.

3.1.1. Bodenwetterkarte

Die Bodenwetterkarte dient der Zusammenstellung von Wettermeldungen, die an verschiedenen Stationen gleichzeitig erarbeitet wurden. Der Kartenmaßstab und damit der Gebietsausschnitt der Karte ergibt sich aus der Aufgabenstellung; Übersichtskarten über weite Gebiete werden in kleinem Maßstab gehalten sein und· verhältnismäßig wenig Einzelheiten geben können, während kleinere Gebiete in größerem Maßstab dargestellt werden können, wobei die Angabe zahlreicher Einzelheiten möglich ist. Als Beispiel sei erwähnt, daß die in Mitteleuropa als Arbeitswetterkarten verwendeten „Europakarten" im Maßstab 1 : 10 Mill. gehalten sind; sie reichen vom östlichen Nordamerika bis zum Ural sowie von Grönland und Spitzbergen bis Nordafrika. Für Veröffentlichungen wird bei etwa gleichem Kartenausschnitt vielfach der Maßstab 1 : 20 Mill. verwendet, der auch für besondere Darstellungen als Arbeitswetterkarte Verwendung findet.

Die Grundlage für die Darstellungen der Wetterkarte ist eine große Zahl gleichzeitiger Beobachtungen. Die Einzelbeobachtungen müssen in möglichst kurzer Form das Wetter zur Zeit der Beobachtung und den Wetterablauf während der letzten Stunden vor der Beobachtung kennzeichnen und international

Tabelle 1. Wetterschlüssel für Landstationen (Wettertelegramm)

Allgemeine Form: $IIiii \quad Nddf_mf_m \quad VVwwW \quad PPPTT \quad N_hC_LbC_MC_H \quad T_dT_daapp$

Beispiel: $\quad$ 09 379 $\quad$ 6 32 07 $\quad$ 97 25 9 $\quad$ 125 20 $\quad$ 4 8 5 3 2 $\quad$ 18 312

Bedeutung der Schlüsselbuchstaben		Bedeutung der Zahlen des Beispiels	
II	Blockzahl des Landes	09	DDR
iii	Kennzahl der Station	379	Potsdam
N	Himmelsbedeckung mit Wolken	6	$^6/_8$ (stark bewölkt)
dd	Windrichtung	32	Wind aus 320° (Nordwest)
f_mf_m	Windgeschwindigkeit	07	$7 \text{ m} \cdot \text{s}^{-1}$
VV	Sichtweite (nach Stufenwerten)	97	Sicht über 10 km
ww	Wetter während der Beobachtung	25	nach Regenschauer (in der letzten Stunde vor der Beobachtung ging ein Regenschauer nieder)
W	wichtigste Wettererscheinung in den letzten drei Stunden	9	Gewitter
PPP	Luftdruck, reduziert auf 0°C, Normalschwere und Meeresspiegel	125	1012,5 hPa
TT	Lufttemperatur	20	20°C
N_h	Bedeckung mit tiefen Wolken	4	$^4/_8$
C_L	Art der tiefen Wolken	8	Cumulus und Stratocumulus (Schauerwolken)
b	Untergrenze der tiefen Wolken über der Station	5	600 bis 1 000 m
C_M	Art der mittelhohen Wolken	3	Altocumulus (grobe Schäfchenwolken)
C_H	Art der hohen Wolken	2	dichte Cirren
T_dT_d	Taupunkttemperatur	18	18°C
a	Art der Luftdruckänderung in den letzten drei Stunden	3	erst fallend, dann stärker steigend
pp	Luftdruckänderung in den letzten drei Stunden	12	$^{12}/_{10}$ hPa

verständlich – also von der Sprache unabhängig – sein. Diesen Anforderungen genügt ein international vereinbarter Zahlenschlüssel, der für die Beobachtungen an Landstationen durch

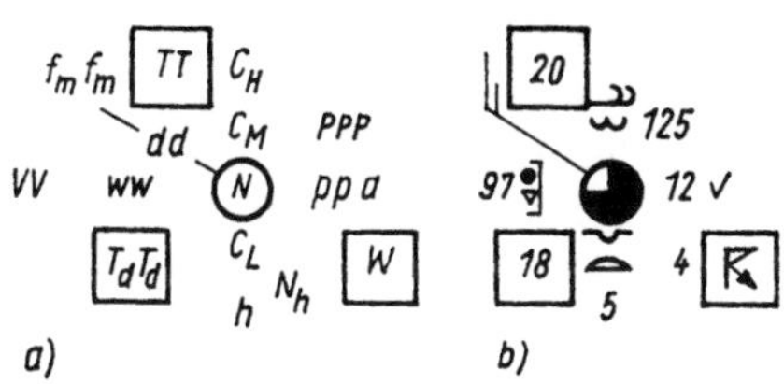

Abb. 3. Eintragungsschema der Wettermeldungen.
a) Allgemeine Form;
b) Wettermeldung von Potsdam (vgl. Tab. 1).
Die Windgeschwindigkeit wird in km/h eingetragen, wobei eine lange Fieder am Windpfeil 20 km/h, eine kurze 10 km/h bedeutet. Die Eintragungen der einzelnen Wetterkomponenten erfolgen z. T. durch besondere Symbole (Wolken, Wetter).
□ Eintragungen in Rot

ein Beispiel erläutert sei (Tab. 1). Aus nachrichtentechnischen Gründen werden die Zahlen des Zahlenschlüssels zu Gruppen von je fünf Zahlen zusammengefaßt.

Das angeführte Beispiel möge einen Eindruck von der z. T. sehr breiten Aussagemöglichkeit des Wetterschlüssels geben. So ergeben sich beispielsweise für die Kennzeichnung des Wetters zur Zeit der Beobachtung (ww) 100 verschiedene Möglichkeiten. Andererseits muß bemerkt werden, daß die für die Bewölkung verfügbaren Charakterisierungsmöglichkeiten oft nicht ausreichen, um das Wetterbild vollständig zu kennzeichnen. Wenn auch in manchen Fällen eine Erweiterung des Wetterschlüssels wünschenswert wäre, so ist dabei zu bedenken, daß die Erweiterung einer Einzelmeldung die Zahl der in einer bestimmten Zeit zu verbreitenden Stationsmeldungen verringern muß.

Der zweite Schritt zur Entstehung der Wetterkarte besteht in der Übermittlung der Wettermeldungen. Diese erfolgt auf den verschiedenen Wegen der Nachrichtentechnik nach internationalen Vereinbarungen. Das sichert eine schnelle Verbreitung der Wettermeldungen; eine eintretende Verzögerung kann dazu führen, daß Meldungen für die termingebundene Wettervorhersage ausfallen.

Schließlich müssen die Wettermeldungen zahlreicher Stationen in der Arbeitswetterkarte zu einem übersichtlichen Bild vereinigt werden. Auch die Umsetzung der im Zahlenschlüssel gegebenen Wetterbeobachtung in das Kartenbild erfolgt nach einem international vereinbarten Schema. Das hat zur Folge, daß auch die Arbeitswetterkarten in ihren wesentlichen Zügen unabhängig von der Sprache verständlich sind. Das Schema, nach dem die Eintragung der Wettermeldungen erfolgt, veranschaulicht Abb. 3. Die Angaben des Zahlenschlüssels erscheinen in einer bestimmten Gruppierung um den Stationskreis, wobei nur der Windpfeil, dessen Spitze im Stationskreis zu denken ist, seine Lage entsprechend der Windrichtung verändert. Der Übersichtlichkeit dient die Eintragung in zwei Farben, Schwarz und Rot; dabei erscheinen rot die Temperaturangaben und die wichtigste Wettererscheinung der letzten drei Stunden, außerdem bei fallendem Luftdruck Art und Betrag der dreistündigen Druckänderung (dreistündige Luftdrucktendenz).

Eine Europakarte, wie sie oben bereits als Arbeitswetterkarte erwähnt wurde, enthält etwa 600 bis 700 Beobachtungsstationen. Da solche Arbeitskarten zur Überwachung der Wetterentwicklung mehrmals am Tage gezeichnet werden, ergibt sich, daß für die Ausarbeitung einer Wetterkarte nur eine kurze Zeit zur Verfügung steht. Die Eintragung der 600 bis 700 Wettermeldungen muß in drei bis vier Stunden beendet sein.

Nach der Eintragung der einzelnen Wettermeldungen erfolgt die zusammenfassende Darstellung des Wetterbildes. Dieser Zusammenfassung dienen vor allem die Isobaren, die Linien gleichen Luftdrucks, und die damit zusammenhängende Kennzeichnung von Gebieten hohen und tiefen Luftdrucks. Niederschlags- und Nebelgebiete, vielfach auch Gebiete mit geschlossener tiefer Bewölkung, werden in der Arbeitswetterkarte farbig angelegt. Weiterhin erfolgt die farbige Kennzeichnung der wetterwirksamen Begrenzungen von Luftmassen, sogenannten Fronten.

In neuester Zeit gestatten die Wettersatelliten den Überblick über große Gebiete der Erde (vgl. Bild 31). Die von den Wettersatelliten aufgenommenen und zur Erde übermittelten Bilder lassen die großräumige Verteilung der Wolkenfelder erkennen und geben damit Hinweise auf die Luftdruck- und Strömungsanordnung. Die Satellitenaufnahme stellt eine sehr wesentliche Ergänzung der Wetterkarte dar, kann sie aber selbstverständlich nicht ersetzen.

Den kurzen Andeutungen über die Entstehung der Arbeitswetterkarte, aus denen die veröffentlichten Wetterkarten mehr oder weniger detaillierte Auszüge darstellen, möge nun ein Überblick über den Inhalt der Wetterkarte folgen (Abb. 4).

Besonders auffallend im Bild einer Wetterkarte sind die Luftdruckgebilde, die Hoch- und Tiefdruckgebiete. Die verschiedenen Druckgebilde treten teilweise mehr oder weniger ineinander verzahnt auf; Gebiete hohen Luftdrucks schieben sich zwischen Tiefdruckgebiete, während andererseits Gebiete tiefen Luftdrucks zwischen Hochdruckgebieten auftreten. Je nach der gegenseitigen Lage der Gebiete hohen und tiefen Druckes ergeben sich für die einzelnen Gebilde verschiedene Bezeichnungen, die aus Abb. 5 ersichtlich sind.

Als besonders eng erweist sich in der Wetterkarte der Zusammenhang zwischen dem Ver-

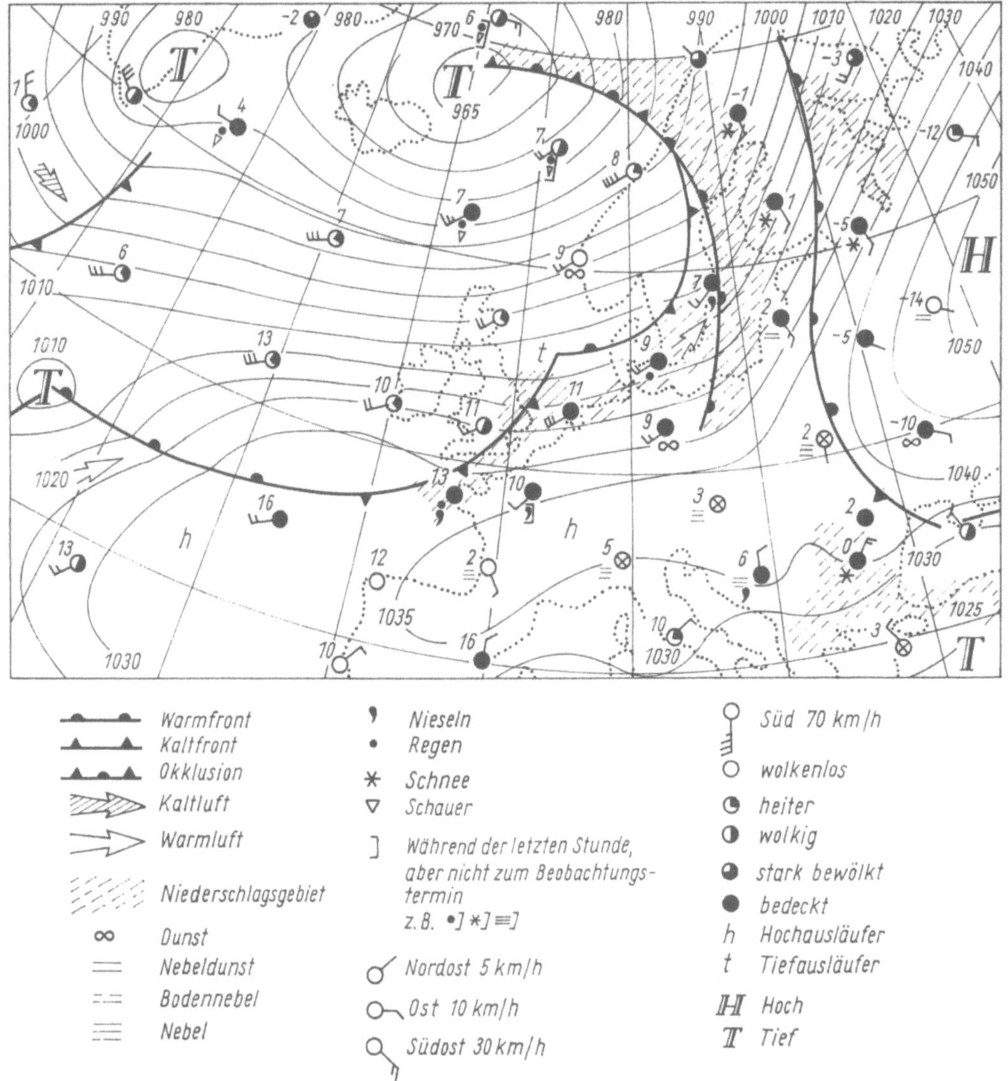

Abb. 4. Vereinfachte Wetterkarte (Wetterkarte vom 3. 12. 1951, 07 Uhr MEZ)

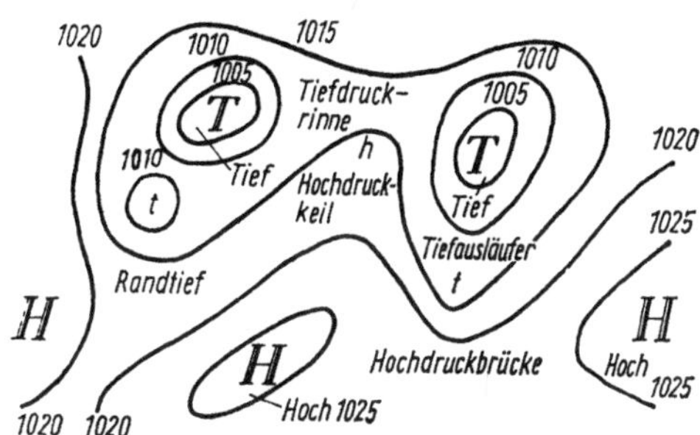

Abb. 5. Druckgebilde der Bodenwetterkarte

lauf der Isobaren und dem Wind. Dabei zeigen sich die Wirkungen der Luftdruckverhältnisse auf den Wind in zweifacher Weise. Erstens sind die Windgeschwindigkeiten dort hoch, wo die Isobaren geringe Abstände voneinander haben; je größer also in einem bestimmten Gebiet die Luftdruckgegensätze sind, um so höher ist die Windgeschwindigkeit. Andererseits ergibt sich, daß die Windrichtung durch den Verlauf der Isobaren bestimmt wird. Der Wind weht nahezu isobarenparallel, wobei sich eine Abweichung zum tiefen Druck hin zeigt. Somit liegt auf der Nordhalbkugel der tiefe Druck links, der hohe Druck rechts der Strömungsrichtung, während auf der Südhalbkugel das Umgekehrte gilt.

Es zeigt sich, daß mit den Tiefdruckgebieten Begrenzungen zwischen verschiedenen Luftmassen verbunden sind. Werden diese Luftmassenbegrenzungen wetterwirksam, so werden sie als Fronten bezeichnet. Die Bezeichnung der Front richtet sich nach der vordringenden Luftmasse; dringt Warmluft gegen kalte Luft vor, so spricht man von einer Warmfront, im umgekehrten Falle von einer Kaltfront.

Mit den Fronten sind Wolken- und Niederschlagsgebiete verschiedener Art verbunden. Während im Bereich einer Warmfront häufig geschlossene Bewölkung bei ausgedehnten Niederschlägen auftritt, zeigt sich im Einflußgebiet der Kaltfront aufgelockerte, z. T. rasch wechselnde Bewölkung mit Schauerniederschlägen.

Eine gewisse Beziehung läßt sich aus den Wetterkarten über den Zusammenhang zwischen Luftdruck und Bewölkung ableiten. Während im Bereich der Tiefdruckgebiete meist stärkere Bewölkung auftritt, bleibt in Hochdruckgebieten – mit Ausnahme winter-

licher Hochdruckgebiete, in denen vielfach tiefe Schichtbewölkung auftritt – die Bewölkung gering oder fehlt großenteils völlig. Dabei ist zu beachten, daß dieser Zusammenhang nicht vom Absolutwert des Luftdrucks abhängig ist, vielmehr stehen die Bewölkungsverhältnisse mit den relativen Luftdruckwerten in Zusammenhang.

Auf einzelne Karten, die neben der hier beschriebenen Wetterkarte als Arbeitswetterkarten gezeichnet, teilweise aber auch veröffentlicht werden, sei nur hingewiesen. Zu diesen Karten gehören Darstellungen der Luftdruckänderung (Tendenzkarten). In den Tendenzkarten wird entweder die Luftdruckänderung der letzten drei oder die der letzten 24 Stunden dargestellt. Zwischen der Verlagerung der Druckänderungsgebiete – dargestellt durch Linien gleicher Druckänderung, Isallobaren – und der Druckgebilde bestehen enge Zusammenhänge; denn ein Hochdruckgebiet folgt einem Drucksteiggebiet, während das Tiefdruckgebiet einem Druckfallgebiet folgt.

3.1.2. Höhenwetterkarte

Die Höhenwetterkarte bringt eine Darstellung des Wetterzustandes in der Schicht der Atmosphäre, für die sie gezeichnet wird. Es ist zu bemerken, daß diese Höhenwetterkarten nicht die Luftdruckwerte in einer bestimmten Höhe über NN, sondern die Höhenlage einer bestimmten Druckfläche angeben. Diese Karten werden auch, da die wechselnde Höhenlage einer bestimmten Druckfläche dargestellt wird, als absolute Topographie der betreffenden Druckfläche bezeichnet. Die Grundlage für die absolute Topographie ist gegeben durch die Messungen, die meist von Radiosonden durchgeführt werden. Unter Radiosonden verstehen wir Geräte, die Luftdruck, Temperatur und relative Feuchtigkeit messen und die Meßwerte vermittels eines Senders der Bodenbeobachtungsstelle zustrahlen; Meßgeräte und Sender werden an einem mit Wasserstoff gefüllten Ballon aufgelassen. Aus der Radiosondenmessung ergibt sich die Temperatur- und Feuchteverteilung innerhalb der Atmosphäre in Abhängigkeit vom Luftdruck und damit von der Höhe.

Ein ausgedehntes Netz von Radiosondenstationen erlaubt es, mehrmals am Tage Höhenwetterkarten zu entwerfen. Diese Karten enthalten neben der Höhe der gewählten Druckfläche Angaben über die Temperatur und den Wind in dem betrachteten Niveau. Die Karten werden für verschiedene Niveaus entworfen, wobei die absolute Topographie der 500-hPa-Fläche eine gewisse Sonderstellung einnimmt. Denn die 500-hPa-Fläche teilt die Atmosphäre in der Weise, daß etwa die Hälfte der Masse der Lufthülle unterhalb dieser Fläche liegt.

Der Zusammenhang zwischen dem Luftdruck und der Höhe über NN führt dazu, daß die Isohypsen der Höhenwetterkarte ein der Isobarenverteilung analoges Bild zeigen. Auch in der Höhenwetterkarte ergeben sich Hoch- und Tiefdruckgebiete, deren Bezeichnung im einzelnen aus Abb. 6 hervorgeht. Der Wind

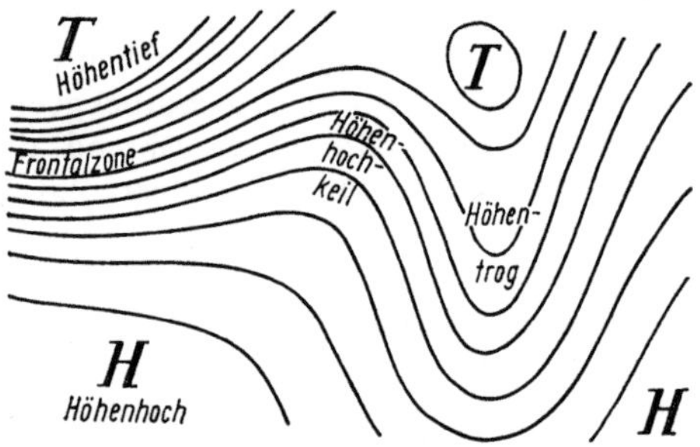

Abb. 6. Druckgebilde der Höhenwetterkarte

weht parallel zu den Isohypsen; die Windstärke zeigt die Abhängigkeit der Strömung vom gegenseitigen Abstand der Isohypsen (Verstärkung des Gradienten hat Erhöhung der Windgeschwindigkeit zur Folge).

Die in den absoluten Topographien der Druckflächen angegebenen Höhenlagen sind breiten- und jahreszeitenabhängig. In niederen Breiten liegen entsprechende Druckflächen höher als in höheren Breiten, im Sommer liegen sie höher als im Winter. Als Beispiel mögen die Werte der Tab. 2 dienen.

Der Ergänzung der absoluten Topographien dienen die sogenannten relativen Topographien. Diese Karten stellen die Differenzen der Höhen zweier Druckflächen dar und kennzeichnen somit die Schichtdicke, die einer bestimmten Druckabnahme entspricht. So wird beispielsweise die relative Topographie 500/1000 mbar dargestellt, die angibt, welches Ausmaß die Luftschicht hat, in der der Druck von 1000 auf 500 mbar absinkt. Die zu einer gegebenen Druckänderung erforderliche Schichtdicke ist abhängig von der Temperatur, und zwar in der Weise, daß für die Druckänderung in warmer Luft eine verhältnismäßig dicke, in kalter Luft dagegen eine verhältnismäßig dünne Schicht erforderlich ist. Somit geben die Linien einer relativen Topographie Auskunft über die Temperaturverhältnisse der Luft zwischen den verglichenen Druckflächen.

Die Bedeutung der Höhenwetterkarten liegt darin, daß sie es erlauben, den durch die Bodenwetterkarte gegebenen Überblick in die Atmosphäre hinein zu erweitern; damit wird die dreidimensionale Betrachtung der Wettervorgänge möglich. Zusammenhänge zwischen der Höhen- und Bodendruckverteilung bringen die Möglichkeit, die Höhenwetterkarte für die Wetterprognose zu verwerten. Bei einer späteren Betrachtung (s. Kap. 4) wird gezeigt werden, daß die Höhenwetterkarten auch für klimatologische Untersuchungen von großer Bedeutung sind.

3.2. Hochdruckgebiete

Gebiete hohen Luftdrucks bzw. hoher Lage einer Isobarenfläche erscheinen sowohl in der Boden- als auch in der Höhenwetterkarte. Dabei zeigen sich zwei Arten von Hochdruckgebieten:

1. Dem Hochdruckgebiet am Boden entspricht kein Hochdruckgebiet in der Troposphäre, z. B. in der 500-mbar-Fläche. Ein derartiges Hochdruckgebiet ist aus Kaltluft („kaltes Hoch") aufgebaut und verlagert sich mit der Höhenströmung. Oftmals treten solche Hochdruckgebiete als nur kurzfristig wirksame Erscheinungen zwischen zwei Tiefdruckgebieten auf; in diesem Falle ergibt sich zwanglos die Bezeichnung Zwischenhoch.

Tabelle 2. Mittlere Höhenlage von Druckflächen über Berlin (nach R. SCHERHAG, 1948)

Druckfläche in hPa	800	500	225	96	41
Höhe in m	2 000	5 500	11 000	16 000	22 000

2. Dem Hochdruckgebiet am Boden entspricht ein Hochdruckgebiet in der Troposphäre, wie es beispielsweise in den subtropischen Hochdruckgebieten der Fall ist. Wie bei der Betrachtung der allgemeinen Zirkulation der Atmosphäre (Kap. 6) noch gezeigt werden wird, sind für die Bildung derartiger Hochdruckgebiete dynamische Vorgänge maßgebend, weshalb sie auch als dynamische Hochdruckgebiete bezeichnet werden. Da hoher Luftdruck in höheren Luftschichten mit Warmluft in Zusammenhang steht, werden diese Hochdruckgebiete auch als „warme Hochdruckgebiete" bezeichnet. Im Gegensatz zu den kalten Hochdruckgebieten verlagern sich die warmen Hochdruckgebiete nur langsam. Die Ausdehnung der dynamischen Hochdruckgebiete in große Höhen führt dazu, daß die Höhenströmung und damit auch die mit der Höhenströmung wandernden Druckgebilde um das Hochdruckgebiet herumgeführt werden. Damit tritt das dynamische Hoch als „steuerndes Hochdruckgebiet" auf.

Die wichtigste Eigenschaft der Hochdruckgebiete ist dadurch gekennzeichnet, daß die Luft am Boden aus dem Hochdruckgebiet ausfließt, und zwar geschieht das Ausfließen über Land schneller als über dem Meer. Die ausfließende Luft wird durch aus höheren Schichten absinkende Luft ersetzt. Da mit diesem Absinken der Luft Erwärmung verbunden ist, kommt es zur Austrocknung der Luft und damit zur Auflösung der Bewölkung. Allerdings kann sich die Absinkbewegung nicht in jedem Falle bis zur Erdoberfläche hin durchsetzen, so daß es unter bestimmten Voraussetzungen im **Hochdruckgebiet zu ausgedehnter flacher** Schichtbewölkung kommen kann.

Im Sommer werden die kalten Hochdruckgebiete über dem Festland besonders rasch verändert, da eine Erwärmung infolge Einstrahlung erfolgt. Im Winter dagegen kann die Kaltluft im Hoch wegen der stark wirksamen Ausstrahlung weiter ausgekühlt werden. Es ist allerdings zu berücksichtigen, daß die kalten Hochdruckgebiete wandern, in einem eng begrenzten Gebiet daher nicht sehr lange wirksam bleiben. Starke Auskühlung der Luft in Bodennähe kann zur Ausbildung einer Temperaturinversion führen, an der es zu flacher Schichtbewölkung kommt.

Das dynamische Hoch zeigt in seinem Erscheinungsbild Unterschiede zwischen den Jahreszeiten, aber auch zwischen Land und Meer. Über dem Meer ergibt sich vielfach eine Abkühlung der unteren Luftschicht durch das verhältnismäßig kalte Wasser, was zu einer Inversion und im Zusammenhang damit zu ausgedehnter flacher Schichtbewölkung führt. Diese Erscheinung tritt sowohl im Sommer als auch im Winter auf, so daß sich auf dem Meer keine wesentlichen jahreszeitlichen Unterschiede des Wetterbildes im dynamischen Hoch ergeben. Anders ist es auf dem Lande, wo es im Winter an einer Inversion zu ausgedehnter Schichtbewölkung kommen kann, die die höheren Lagen der Mittelgebirge sowie die Hochgebirge wolkenfrei läßt. Findet unterhalb der Inversion eine Anreicherung von Kondensationskernen – z. B. durch Industrieabgase – statt, so kann Dunst- und Nebelbildung die Folge sein. Im Sommer dagegen wird über dem Festland die Absinkbewegung bis zum Boden hin wirksam, so daß vollkommen wolkenloses bzw. wolkenarmes Wetter mit den dynamischen Hochdruckgebieten verbunden ist.

Geringe Windgeschwindigkeiten im Hoch sowie langsame Verlagerung des dynamischen Hochs führen dazu, daß die Luft unter der Einwirkung dynamischer Hochdruckgebiete längere Zeit in einem Gebiet verweilt, also nahezu ortsfest bleibt. Das hat zur Folge, daß die Luft besonders stark von der Unterlage her beeinflußt werden und dabei kennzeichnende Eigenschaften annehmen kann. Die durch eine Reihe charakteristischer Eigenschaften bestimmte Luft wird als Luftmasse bezeichnet.

3.3. Luftmassen

Die kennzeichnenden Eigenschaften, die eine Unterscheidung verschiedener Luftmassen möglich machen, sind in der Temperatur und im Feuchtigkeitsgehalt der Luft gegeben. Über warmen Gebieten wird die Luft bei längerem Aufenthalt erwärmt, über kalten abgekühlt. Je nach ihrer Temperatur kann die Luft über den Ozeanen mehr oder weniger Feuchtigkeit aufnehmen; demnach ergibt ein längerer Aufenthalt über dem Ozean feuchte, über dem Kontinent trockene Luftmassen. Es ist selbstverständlich, daß die Eigenschaften einer Luftmasse nicht konstant bleiben; sie ändern sich vielmehr bei der Verlagerung der Luftmassen, wenn diese Veränderungen auch nur verhältnismäßig langsam vor sich gehen.

Bei der Betrachtung der Luftmassen (z. B. nach R. SCHERHAG, 1948) sieht man im allgemeinen von den Verhältnissen der unteren Luftschicht bis etwa 1,5 km Höhe ab, weil hier die Nähe der Erdoberfläche stärkere Veränderungen in den Eigenschaften der Luft zur Folge hat. Bei der Darstellung der Luftmassen werden wesentlich die höheren Schichten der Troposphäre berücksichtigt. Demgegenüber beschränkt sich die Betrachtung der von E. DINIES (1932) beschriebenen Luftkörper hauptsächlich auf die untere – also die Reibungsschicht – der Troposphäre. Auch die Luftkörper werden nach Temperatur- und Feuchtigkeitsverhältnissen unterschieden. Die vergleichende Betrachtung von Luftkörpern und Luftmassen ergibt, daß die Resultate der verschiedenen Betrachtungsweisen im allgemeinen durchaus miteinander vergleichbar sind, in Einzelheiten jedoch Unterschiede auftreten.

Aus der Entstehung und Veränderung der Luftmassen heraus sind für die Kennzeichnung einer Luftmasse und somit für eine Luftmassenklassifikation zwei Faktoren ausschlaggebend, und zwar

1. das Entstehungsgebiet,
2. der Wanderweg der Luftmasse.

Daraus ergibt sich, daß die Einteilungsprinzipien der für verschiedene Gebiete ausgearbeiteten Luftmassenklassifikationen recht einheitlich sind. Abweichungen in den Einteilungen ergeben sich im allgemeinen aus örtlichen Besonderheiten. Als Beispiel einer Luftmasseneinteilung sei hier die von R. SCHERHAG (1948) gegebene Klassifikation angeführt.

Für Europa werden nach R. SCHERHAG (1948) zwei Gruppen von Luftmassen wirksam, und zwar Luftmassen polarer und subtropischer Herkunft. Die Entstehungsgebiete dieser Luftmassen werden durch die planetarische Frontalzone bzw. durch die Polarfront getrennt. In den beiden Luftmassengattungen, Polarluft (P) und Tropikluft (T), werden jeweils drei Gruppen von Luftmassen unterschieden, die die ursprünglichen Eigenschaften der Luftmassengattung in verschiedener Stärke zeigen. Schließlich werden in jeder Gruppe je nach Herkunft vom Ozean oder vom Kontinent zwei Luftmassen unterschieden. Somit ergeben sich für Europa 12 Luftmassen.

Die Luftmassen werden durch eine Gruppe von zwei bzw. drei Buchstaben gekennzeichnet. Der erste Buchstabe, der kleine Buchstabe c oder m, bezeichnet das Herkunftsgebiet einer Luftmasse als kontinental oder maritim. Durch den Großbuchstaben P oder T wird die Herkunft der Luftmasse nach der geographischen Breite des Herkunftsgebietes benannt. Schließlich hat der als Index auftretende Großbuchstabe die Aufgabe einer näheren Kennzeichnung der Luftmasse, die einmal das Herkunftgebiet näher charakterisiert (A, S), zum anderen Veränderungen auf dem Wanderwege andeuten kann. Die Veränderung, die eine

Tabelle 3. Die Luftmassen Europas (nach R. SCHERHAG, 1948)

Bezeichnung	Benennung	Luftmasse	Ursprungsgebiet	Weg nach Mitteleuropa
P_A	Arktische Polarluft	cP_A	Nordsibirien	Osteuropa
		mP_A	Arktis	Nordmeer
P	Polarluft	cP	Sowjetunion	Osteuropa
		mP	Arktis	Grönländische Meere
P_T	Gealterte Polarluft	cP_T	Arktis	Südosteuropa
		mP_T	Arktis	Azoren
Polarfront				
T_P	Gemäßigte (Tropik-)Luft	cT_P	Mitteleuropa	–
		mT_P	Nordatlantik	Britische Inseln
T	Tropikluft	cT	Naher Osten	Südosteuropa
		mT	Azoren	Westeuropa
T_S	Afrikanische Tropikluft	cT_S	Sahara	Balkan
		mT_S	Afrika	Mittelmeer

P Polarluft; T Tropikluft; A Arktis; S Sahara; c kontinental; m maritim

Luftmasse auf ihrer Wanderung erfährt, zeigt sich im wesentlichen in der Temperatur; dabei wird eine Tropikluft abgekühlt, eine Polarluft erwärmt. Das besagt, daß auf ihrer Wanderung eine Polarluft tropisch, eine Tropikluft polar beeinflußt werden kann, was durch den Index T bzw. P angedeutet wird.

Entsprechend dem Herkunftgebiet und dem Wanderweg der Luftmassen ergeben sich in dem Gebiet, in dem die Luftmassen schließlich zur Wirkung kommen, verschiedene Eigenschaften der Luftmassen. Dabei sind die Tropikluftmassen warm, die Polarluftmassen kalt, während die maritime Beeinflussung feuchte, die kontinentale Einwirkung trokkene Luft zur Folge hat.

Die Zusammenstellung zeigt, daß sowohl die ersten als auch die letzten vier Luftmassen ihre in den Ausgangsgebieten erworbenen Eigenschaften ohne wesentliche Veränderungen nach Mitteleuropa hineintragen. Das ist eine Folge davon, daß sie ohne wesentliche Umwege von ihren Ursprungsgebieten nach Mitteleuropa vordringen. Anders verhalten sich dagegen die übrigen vier Luftmassen, die unter 5. bis 8. in Tab. 4 genannt sind. Diese Luftmassen werden auf einem verhältnismäßig langen Weg stärker umgewandelt. Die in diesem Zusammenhang genannten polaren Luftmassen (cP_T, mP_T) strömen von ihrem Ursprungsgebiet aus im Osten bzw. Westen südwärts an Mitteleuropa vorbei und werden erst dann nach Mitteleuropa, das sie aus Südosten bzw. Südwesten erreichen, hineingeführt. Die Folge ist, daß diese Luftmassen stark erwärmt werden; die über den Kontinent strömenden Luftmassen bleiben verhältnismäßig trocken, während die über den Ozean strömenden Massen Feuchtigkeit aufnehmen können. Im Gegensatz zu den genannten Luftmassen entsteht die Meeresluft (mT_P) im Bereich der subtropischen Meere; sie wird nicht unmittelbar nach Europa geführt, sondern strömt auf dem Atlantik zunächst nordwärts und kommt dann aus West bis Nordwest nach Mitteleuropa. Damit ist diese Luftmasse mehr oder weniger stark abgekühlt, bleibt aber feucht. Schließlich nimmt die Festlandsluft (cT_P) eine gewisse Sonderstellung ein. Die als Festlandsluft bezeichnete Luftmasse kommt über Europa zur Ruhe und wird hier in ihren Eigenschaften verändert; die Stärke der Veränderung hängt ab von der Zeit, während der die Luftmasse über dem Kontinent in Ruhe bleibt.

In Abb. 7 sind die Luftmassen Mitteleuropas, ihre Entstehungsgebiete, Wanderwege und Eigenschaften noch einmal zusammengestellt. Zugleich gibt die Abbildung Hinweise auf die Großwetterlagen (vgl. 3.5), die die verschiedenen Luftmassen herbeiführen. Die Verbindung mit den Großwetterlagen ergibt den Zusammenhang zwischen der durch die Großwetterlage gekennzeichneten Luftströmung und der herantransportierten Luftmasse.

Die verschiedenen Luftmassen sind mehr oder weniger scharf gegeneinander abgesetzt. Die Grenze zwischen zwei benachbarten Luftmassen ist um so schärfer, je mehr sie sich in ihren Eigenschaften voneinander unterscheiden.

Wird eine solche Luftmassengrenze wetterwirksam, zeigen sich also in ihrem Bereich deutlich unterscheidbare Wetterereignisse, so spricht man von einer „Front" (s. unter 3.4).

Tabelle 4. Die Eigenschaften der Luftmassen in Mitteleuropa

Luftmasse	Eigenschaften
1. cP_A Nordsibirische Polarluft	extrem kalt
2. mP_A Arktische Polarluft	sehr kalt, feucht
3. cP Festlands-Polarluft	kalt
4. mP Grönländische Polarluft	kalt, feucht
5. cP_T Rückkehrende Polarluft	trocken
6. mP_T Erwärmte Polarluft	feucht
7. cT_P Festlandsluft	(wird in Mitteleuropa gebildet)
8. mT_P Meeresluft	feucht, mild
9. cT Kontinentale Tropikluft	trocken, heiß
10. mT Atlantische Tropikluft	feucht, warm
11. cT_S Afrikanische Tropikluft	trocken, heiß
12. mT_S Mittelmeer-Tropikluft	sehr schwül

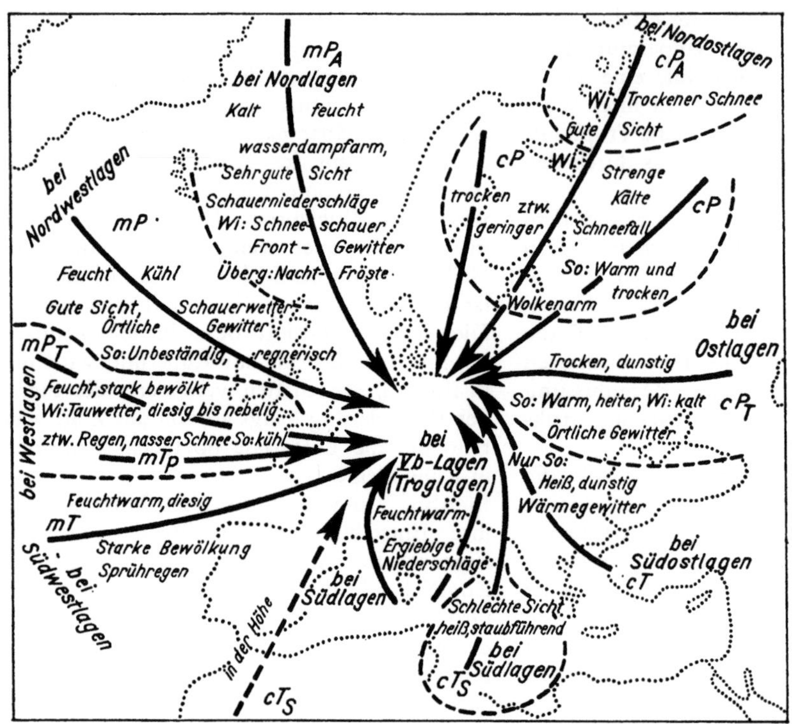

Abb. 7. Die Luftmassen Europas und ihre Eigenschaften (nach D. SCHREIBER, 1957)

3.4. Tiefdruckgebiete (Zyklonen)

Die Luftmassen sowie die Luftmassengrenzen und Fronten stehen im Wetterkartenbild in enger Beziehung zu Tiefdruckgebieten. Weiterhin ist festzustellen, daß mit den Fronten bestimmte Wettererscheinungen, Bewölkung und Niederschläge, auch besondere Niederschlagsformen (Schauer und Gewitter) in Beziehung stehen. Die mit den Gebieten tiefen Luftdrucks verbundenen frontalen Wettererscheinungen verlagern sich mit den Tiefdruckgebieten, zeigen aber außerdem auch eine Bewegung um den Kern der Tiefdruckgebiete, die der Strömung im Tiefdruckgebiet folgt. Die während der Verlagerung erfolgende Intensitätsänderung der verschiedenen Wettererscheinungen hat eine dauernde Veränderung des Wetterbildes zur Folge.

Die Zusammenhänge zwischen den Tiefdruckgebieten auf der einen, den wetterwirksamen Luftmassengrenzen und den Wettererscheinungen auf der anderen Seite verweisen auf die Lebensgeschichte der Tiefdruckgebiete. In der Lebensgeschichte der Zyklone wird das Zusammenwirken verschiedener Faktoren deutlich, die ihren Ausdruck schließlich im Wetterbild finden.

3.4.1. Lebenslauf einer Zyklone

Wenn auch die Lebensgeschichte jeder einzelnen Zyklone eine Reihe von Erscheinungen aufweist, die in der gegebenen Zusammenstellung nur dieser Zyklone eigen sind, so gibt es doch auch eine Reihe gemeinsamer, bei allen Zyklonen auftretender Merkmale. Diese Merkmale sind es, die eine systematisierende Betrachtung der Zyklonen in der sogenannten Idealzyklone gestatten. Die Entwicklung der Meteorologie brachte es mit sich, daß die Zyklonen der gemäßigten Zone der Nordhalbkugel zunächst besonders eingehend untersucht wurden. Daher erscheint die „Idealzyklone" als eine Zyklone der nördlichen gemäßigten Breiten, wobei die Grundtatsachen ihrer Entstehung auch für Zyklonen anderer Gebiete Gültigkeit haben.

Die Betrachtung der Luftmassen ergab für die

gemäßigten Breiten zwei Hauptluftmassen, Tropikluft und Polarluft, die durch die sogenannte Polarfront (polare Begrenzung der Tropikluft) voneinander getrennt sind (Abb. 8). Vor Beginn der Zyklonenbildung ist die Polarfront als stationäre Luftmassengrenze ausgebildet, an der kalte und warme Luftmassen in entgegengesetzter Richtung aneinander vorbeiströmen. Da aber eine solche laminare Strömung nicht stabil ist, es vielmehr im Grenzbereich der gegeneinanderströmenden Luftmassen zu Turbulenzerscheinungen kommt, ergibt sich eine zunächst geringe Ausbuchtung der Polarfront (Abb. 8a). Mit dieser Ausbuchtung der Polarfront beginnt die Ausbildung der Zyklone. Damit ist für die wärmere Luftmasse die Gelegenheit gegeben, sich infolge ihrer geringeren Dichte auf die kältere Luft hinaufzuschieben, auf die kältere Luft aufzugleiten. Entsprechend kann sich die relativ schwere Kaltluft unter die Warmluft schieben. Auf diese Weise erfolgt einmal die Bewegung der Luftmassen gegeneinander, wobei die Begrenzung der vordringenden Warmluft als Warmfront, die der vordringenden Kaltluft als Kaltfront bezeichnet wird; zum anderen greifen die durch die Verlagerungen der Luftmassen gegebenen Veränderungen nach oben hin aus, so daß die Zyklone nicht nur horizontal, sondern auch vertikal anwächst.

Dem Anfangsstadium der Zyklone folgt bald ein Stadium, in dem die Warmluft in einem deutlich ausgeprägten breiten Sektor in die Kaltluft eingreift (Abb. 8b). In diesem Stadium, in dem der Warmsektor in der Vertikalen am besten ausgebildet ist, treten die verschiedenen frontgebundenen Wettererscheinungen besonders deutlich auf. Das so gekennzeichnete Stadium wird als Reifestadium der Zyklone bezeichnet, während die weitere Entwicklung der Zyklone einem Alterungsprozeß gleichkommt.

Mit dem schnelleren Vordringen der Kaltfront und der daraus folgenden Einengung des Warmsektors setzt das Altern der Zyklone ein. Die höhere Geschwindigkeit der Kaltfront hat ihre Ursache darin, daß die Kaltluft infolge ihrer größeren Dichte in die Warmluft hinein vordringen kann, während von der Bewegungsenergie der Warmluft die für das Aufgleiten der Warmluft an der Kaltluft nötige Energie abgeht. Dadurch ist die Geschwindigkeit der Warmfront geringer als die der nachfolgenden Kaltfront, der Warmsektor wird eingeengt und die Warmluftzufuhr verringert.

Schließlich geht die Entwicklung der Zyklone so weit, daß die Kaltfront die vorhergehende Warmfront eingeholt hat (Abb. 8c). Damit verschwindet der Warmsektor am Boden, die Warmluft wird vom Boden abgehoben, ein Vorgang, den man als Okklusion bezeichnet. Gleichzeitig gehen nunmehr die Wettererscheinungen der Warm- und Kaltfront unmittelbar ineinander über, so daß die Okklusion als eine Front auftritt, die aus dem Zusammenschluß von Warm- und Kaltfront hervorgeht.

Nach erfolgter Okklusion des Warmsektors verschwindet der Warmluftrest in der Höhe

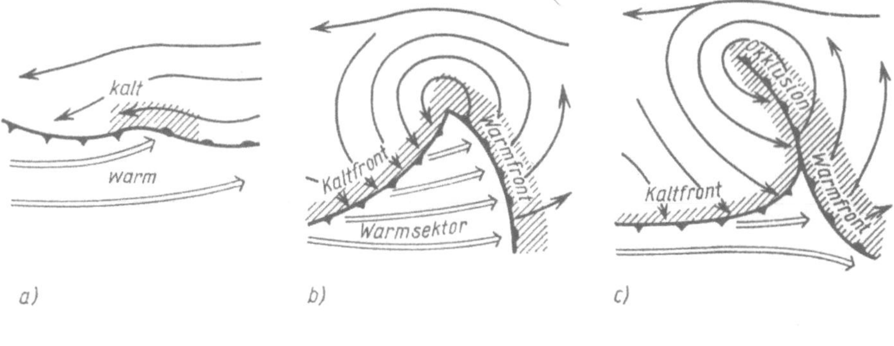

Abb. 8. Lebensgeschichte der „Idealzyklone".
a) Beginn der Wirbelbildung; b) voll ausgebildete Zyklone; c) absterbende Zyklone

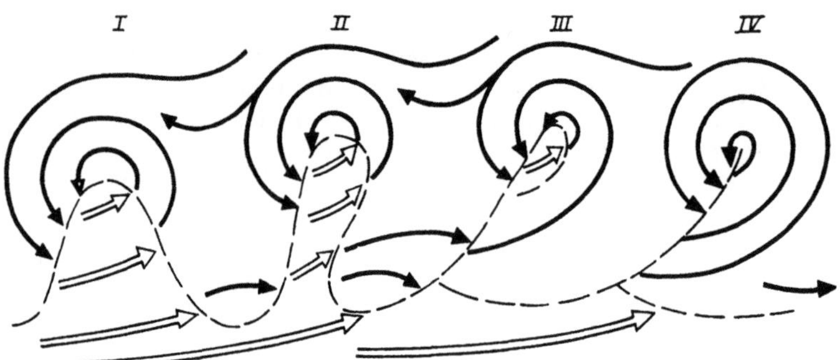

Abb. 9. Zyklonenfamilie

verhältnismäßig rasch. Es bleibt innerhalb der Kaltluft ein schnell schwächer werdender Wirbel ohne Temperaturgegensätze übrig, aus dem dann wieder die Ausgangslage hervorgeht.
Im allgemeinen treten die Zyklonen, wie sie vorstehend beschrieben wurden, nicht einzeln auf. Vielmehr ergeben sich Serien aus mehreren Zyklonen, sogenannte Zyklonenfamilien (Abb. 9). Die Ursache für das Zustandekommen von Zyklonenfamilien ist in dem jeweiligen Kaltluftvorstoß auf der Rückseite einer Zyklone zu suchen, der die Ausgangsbedingungen für eine neue Zyklone schafft. Dabei dringt allerdings die Kaltluft hinter jeder Zyklone weiter äquatorwärts vor als hinter ihrer Vorgängerin, so daß die jeweils folgende Zyklone auch weiter äquatorwärts – auf der Nordhalbkugel also weiter, südlich – ansetzt als ihre Vorgängerin. Schließlich dringt die Kaltluft bis in die Subtropen vor, wo sie rasch umgewandelt wird, so daß die Vorbedingung für die Ausbildung einer neuen Zyklone zunächst nicht mehr gegeben ist.
Damit umfaßt eine Zyklonenfamilie mehrere Zyklonen in verschiedenen Stadien der Entwicklung. Dabei führt das immer stärkere Ausgreifen der Kaltluft gegen die Subtropen hin schließlich zum Abschluß der Zyklonenserie und zur Unterbrechung der Polarfront. Erst nach der Neubildung der Polarfront kann auch die Neubildung von Zyklonen an der Polarfront einsetzen.

3.4.2. Fronten

Die bei der Betrachtung des Lebensweges einer Zyklone genannten Fronten bedürfen besonders bezüglich ihrer Auswirkung im Wettergeschehen einer näheren Erläuterung. Es sei dabei daran erinnert, daß als Fronten diejenigen Luftmassenbegrenzungen bezeichnet werden, die wetterwirksam sind. Als Bezeichnungen der Fronten erscheinen die Begriffe Warmfront, Kaltfront und Okklusion. Die Begriffe Warmfront und Kaltfront kennzeichnen das Vordringen warmer bzw. kalter Luft gegen kältere bzw. wärmere Luft, wobei die Grenzen der Luftmassen bis zum Erdboden herabreichen. Demgegenüber erreicht bei der Okklusion die Grenze zwischen Warm- und Kaltluft nicht den Boden, so daß der Übergang von einer Luftmasse zur anderen wesentlich aus den Folgeerscheinungen erkennbar wird.

3.4.2.1. Warmfront

Die Warmfront bildet die wetterwirksame Grenze einer gegen kältere Luftmassen vorstoßenden Warmluft. Da die vordringende Warmluft relativ leichter ist als die vor ihr befindliche Kaltluft, gleitet die Warmluft auf die Kaltluft auf. Es ergibt sich eine Aufgleitfläche, auch als Warmfrontfläche oder häufig Warmfront bezeichnet. Die Schnittlinie der Warmfrontfläche mit der Erdoberfläche ist die Warmfront (Abb. 10). Die Steigung der Warmfrontfläche beträgt im allgemeinen etwa 1 : 100; das hat zur Folge, daß sich Wettererscheinungen, die mit der Warmfront in Zusammenhang stehen, in 5000 m Höhe bereits etwa 500 km vor der Warmfront bemerkbar machen.
Die Aufgleitvorgänge an der Warmfrontfläche haben Wettererscheinungen zur Folge, die für die Warmfront charakteristisch sind. Da die Hebung der Warmluft (Aufgleiten an der

Abb. 10. Schematische Darstellung der Warmfront

Kaltluft) mit Abkühlung verbunden ist, kommt es zur Bildung von Wolken. Die Wolkenbildung setzt weit vor der Warmfront in großen Höhen ein, und bei Annäherung an die Warmfront sinkt die Untergrenze der Wolken mehr und mehr ab. Da am Aufgleitvorgang die horizontale Luftbewegung vorherrschend beteiligt ist, kommt es zur Bildung von Schichtwolken. (Nähere Angaben über die Wolken und ihre Entstehung folgen unter 5.4.) Somit beginnt die Wolkenbildung vor einer Warmfront mit einzelnen Cirren (Ci), die sehr bald eine geschlossene Schicht von Cirrostratus (Cs) bilden, in der es oft zur Bildung eines Ringes um Sonne oder Mond, Halo genannt, kommt. Bei weiterer Annäherung der Warmfront sinkt die Wolkenuntergrenze ab, so daß nunmehr unter dem Cirrostratus in zunehmendem Maße Altostratus (As) auftritt, der vielfach durch Höfe um Sonne oder Mond gekennzeichnet ist und aus dem länger anhaltende Niederschläge („Landregen") fallen. Bei noch

weiterer Annäherung an die Warmfront geht der Altostratus in einen Nimbostratus (Ns) über, unter dem vielfach noch zerrissene Schichtwolken auftreten; während des Absinkens der Wolkenuntergrenze hält der Niederschlag an. Mit dem Nimbostratus und der darunter als Sekundärerscheinung auftretenden zerrissenen Schichtbewölkung ist die Bewölkung der Warmfront voll ausgebildet. Die Aufeinanderfolge der verschiedenen Wolkenarten ist ein Charakteristikum der Warmfront.

Aus Abb. 10 ist ersichtlich, daß bei Annäherung an eine Warmfront die vorhandene Kaltluft von oben her mehr und mehr durch Warmluft ersetzt wird, d. h., daß die Mächtigkeit der Kaltluft mehr und mehr abnimmt. Das bedeutet aber, daß eine verhältnismäßig schwere Luft durch leichtere Luftmassen ersetzt wird. Infolgedessen nimmt während des Herannahens einer Warmfront der Luftdruck ab. Der Durchzug der Warmfront ist dann durch das Aufhören des Druckfalls gekennzeichnet.

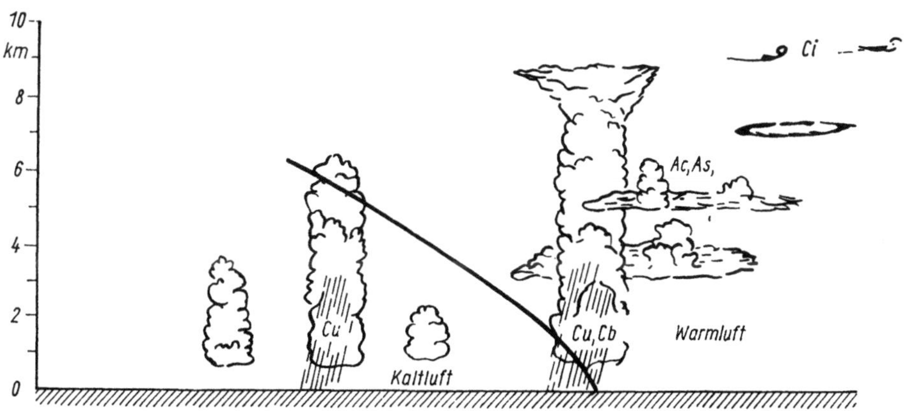

Abb. 11. Schematische Darstellung der Kaltfront

Im Gegensatz zum Luftdruck zeigt die Temperatur vor der Warmfront keine wesentlichen Änderungen. Erst bei Durchzug der Warmfront erfährt sie einen raschen Anstieg.

Die Zusammenstellung zeigt, daß die Warmfront durch eine Reihe von Veränderungen des Wetterbildes deutlich gekennzeichnet ist. Es hängt im Einzelfalle von der Energieverteilung in der Luft ab, ob alle Erscheinungen der Warmfront deutlich ausgebildet sind.

3.4.2.2. Kaltfront

Die Kaltfront ist ebenfalls eine wetterwirksame Grenze zwischen kalter und warmer Luft, wobei aber nun die Kaltluft gegen die Warmluft vordringt. Auch dabei ergeben sich charakteristische Veränderungen des Wetterbildes, die aber keine Umkehrung der für die Warmfront dargestellten Wetterentwicklung sind.

Beim Vordringen kalter gegen warme Luft schiebt sich die Kaltluft infolge ihrer größeren Dichte unter die Warmluft, wodurch diese nach oben verdrängt wird. Außerdem kann aber infolge der mit der Höhe zunehmenden Windgeschwindigkeit dort Kaltluft vorauseilen und in die vorhandene Warmluft einbrechen. Infolgedessen wird die Kaltfrontfläche auch gelegentlich als Einbruchsfläche bezeichnet (Abb. 11). Vordringen der Kaltluft gegen die Warmluft am Boden und Einbruch der Kaltluft in die Warmluft in größerer Höhe können gemeinsam auftreten. Daher kommt es nur selten zur tatsächlichen Ausbildung einer Kaltfrontfläche; vielmehr zeigt die Kaltfrontfläche als Schema die mittlere Lage der genannten Vorgänge. Die so gekennzeichnete Kaltfrontfläche ist wesentlich steiler als die Warmfrontfläche. Die Schnittlinie der Einbruchsfläche mit der Erdoberfläche ist die Kaltfront.

Das Eindringen der Kaltfront in die Warmluft hat starke vertikale Umlagerungen der Luft zur Folge, die ihrerseits durch Quellbewölkung gekennzeichnet sind. Daher ist die für eine Kaltfront charakteristische Bewölkung die Haufenbewölkung. Die Beteiligung von horizontalen Luftbewegungen bringt es zwar mit sich, daß im Bereich einer Kaltfront auch Schichtwolken auftreten, aber sie stellen mehr oder weniger Nebenerscheinun-

gen dar. Die Quellbewölkung der Kaltfront ist meist stark aufgetürmt, so daß der Cumulonimbus (*Cb*) als charakteristische Wolke der Kaltfront anzusehen ist. Im Zusammenhang mit der kräftigen Quellbewölkung kommt es zu Schauern, die mit Gewittern verbunden sein können. Die stärkste Quellbewölkung tritt im Bereich der Kaltfront auf; mit wachsender Entfernung hinter der Kaltfront klingt die Schauertätigkeit ab, während gleichzeitig die Quellwolken immer flacher werden.

Bezüglich des Luftdrucks muß sich hinter einer Kaltfront ein entgegengesetzter Verlauf einstellen wie vor der Warmfront. Da nämlich hinter der Kaltfront die vorher vorhandene Warmluft mehr und mehr durch Kaltluft ersetzt wird, kommt es zu Druckanstieg. Dieser Anstieg des Luftdrucks setzt bei Einbruch der Kaltluft kräftig ein und nimmt dann an Stärke ab.

Die Temperatur zeigt beim Eintreffen der Kaltfront einen deutlichen, sprunghaften Rückgang. In der Kaltluft bleibt dann die Temperatur annähernd gleich, soweit nicht durch Turbulenz und rasch wechselnde Einstrahlung eine größere Temperaturunruhe hervorgerufen wird.

Auch die Kaltfront ist, wie die Übersicht zeigt, durch eine Reihe von Wettererscheinungen gekennzeichnet, die je nach den gegebenen Bedingungen in wechselnder Stärke auftreten. Die Erscheinungen an der Warm- und Kaltfront sind nicht spiegelbildlich angeordnet, sondern es treten jeweils für die betreffende Front spezifische Erscheinungen auf.

3.4.2.3. Okklusion

Bei der Betrachtung der Lebensgeschichte einer Zyklone wurde darauf hingewiesen, daß sich im Bereich eines Tiefdruckgebietes die Kaltfront schneller bewegt als die Warmfront, was zur Einengung des Warmsektors führt. Schließlich geht der Vorgang so weit, daß die Warmluft vom Boden abgehoben und durch kältere Luft vom Boden abgeschlossen (okkludiert) wird. Danach ist die Warmluft nur noch schalenförmig in der Höhe vorhanden, reicht aber nicht mehr bis zum Boden herab. Gleichzeitig sind die Wettererscheinungen der Warmfront und Kaltfront zusammengerückt; sie sind nicht mehr durch den Warmsektor voneinander getrennt, sondern gehen unmittelbar ineinander über.

An dem Aufbau einer Okklusion sind – wie bei Warm- und Kaltfront insgesamt – drei verschieden temperierte Luftmassen beteiligt, und zwar zwei kältere und eine wärmere, wobei die kälteren Luftmassen in der Nähe der Erdoberfläche unmittelbar aneinandergrenzen, während sie in der Höhe durch wärmere Luft getrennt sind. Es hängt nun von den Temperaturverhältnissen der beiden beteiligten Kaltluftmassen ab, welchen Charakter die Okklusion hat, ob die Erscheinungen einer Warmfront oder die einer Kaltfront mehr in den Vordergrund treten (Abb. 12).

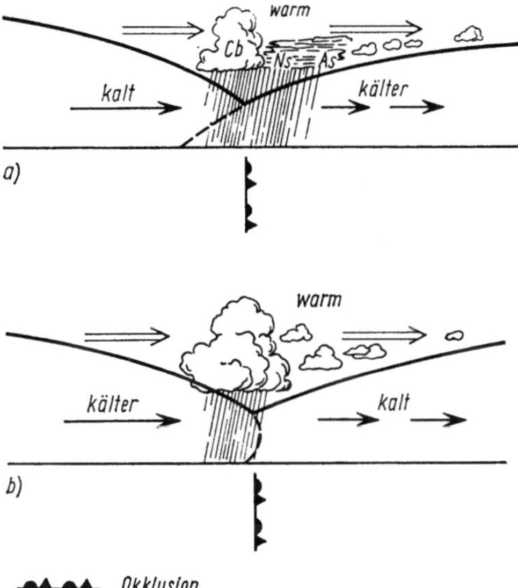

Abb. 12. Okklusion
a) mit Warmfrontcharakter; b) mit Kaltfrontcharakter

Bei der Okklusion mit Warmfrontcharakter (Abb. 12a) ist die nachfolgende Kaltluft wärmer als die vorausgehende. Damit treten Aufgleiterscheinungen, wie sie der Warmfront eigen sind, stärker hervor. Das hat zur Folge, daß vor der Okklusion mit Warmfrontcharakter stärkere Aufgleitbewölkung, vielfach auch länger anhaltende Niederschläge auftreten. Bei Durchzug der Okklusion geht die Aufgleitbewölkung unmittelbar in Quellbewölkung über, der länger anhaltende Niederschlag wird ohne Übergang von Schauern abgelöst, die sehr rasch abklingen.

Im Gegensatz dazu dominieren bei der Okklu-

sion mit Kaltfrontcharakter (Abb. 12b) die Erscheinungen der Kaltfront, wobei die Aufgleiterscheinungen nur schwach ausgebildet sind oder überhaupt fehlen. Der Kaltfrontcharakter der Okklusion ist dadurch bedingt, daß die nachfolgende Kaltluft kälter ist als die vorausgehende. Somit kommt es im Bereich einer Okklusion mit Kaltfrontcharakter ohne vorherige Aufgleitbewölkung und -niederschläge zur Bildung starker Quellbewölkung, die gegebenenfalls von Schauern begleitet wird.

3.4.2.4. *Wetterablauf beim Durchzug einer Zyklone*

Die charakteristischen Wettererscheinungen an den Fronten führen dazu, daß mit dem Durchzug einer Zyklone, mit der Fronten in Verbindung stehen, ein bestimmter Wetterablauf, eine typische Aufeinanderfolge von Wettererscheinungen, verbunden ist. Dabei ist aber zu beachten, daß nicht in allen Teilen eines Tiefdruckgebietes die Fronten zur Wirkung kommen. Daraus folgt, daß der Wetterablauf in verschiedenen Teilgebieten der Zyklone unterschiedlich sein wird.

Abb. 13 zeigt das Bild eines Tiefdruckgebietes, das sich von Westen nach Osten verlagern möge. Dazu wird je ein Schnitt auf der Süd- und Nordseite des Tiefs gegeben, von denen der erste durch den Warmsektor hindurchgeht, während der zweite die aufgleitende Warmluft nur in der Höhe schneidet.

Abb. 13a gibt das Wetterkartenbild einer Zyklone mit einem gut ausgebildeten Warmsektor wieder. Neben dem Isobarenverlauf sind die Luftmassen (kalt und warm) sowie die Strömungsrichtungen angegeben. Weiterhin sind die Abgrenzungen der auftretenden Wolken sowie die Begrenzung des Niederschlagsgebietes eingetragen. Es fällt auf, daß Aufgleitbewölkung und Aufgleitniederschläge den Kern der Zyklone teilweise umfassen, was darauf beruht, daß sich die Aufgleitbewegung der Warmluft um den Tiefdruckkern so lange im Wettergeschehen auswirkt, bis die Temperaturunterschiede der beteiligten Luftmassen ausgeglichen sind. Dieser Vorgang ist auf Satellitenaufnahmen deutlich zu erkennen. Bei der Verlagerung der Zyklone kommt es für einen an einer bestimmten Stelle befindlichen Beobachter zu einem für das Tiefdruckgebiet

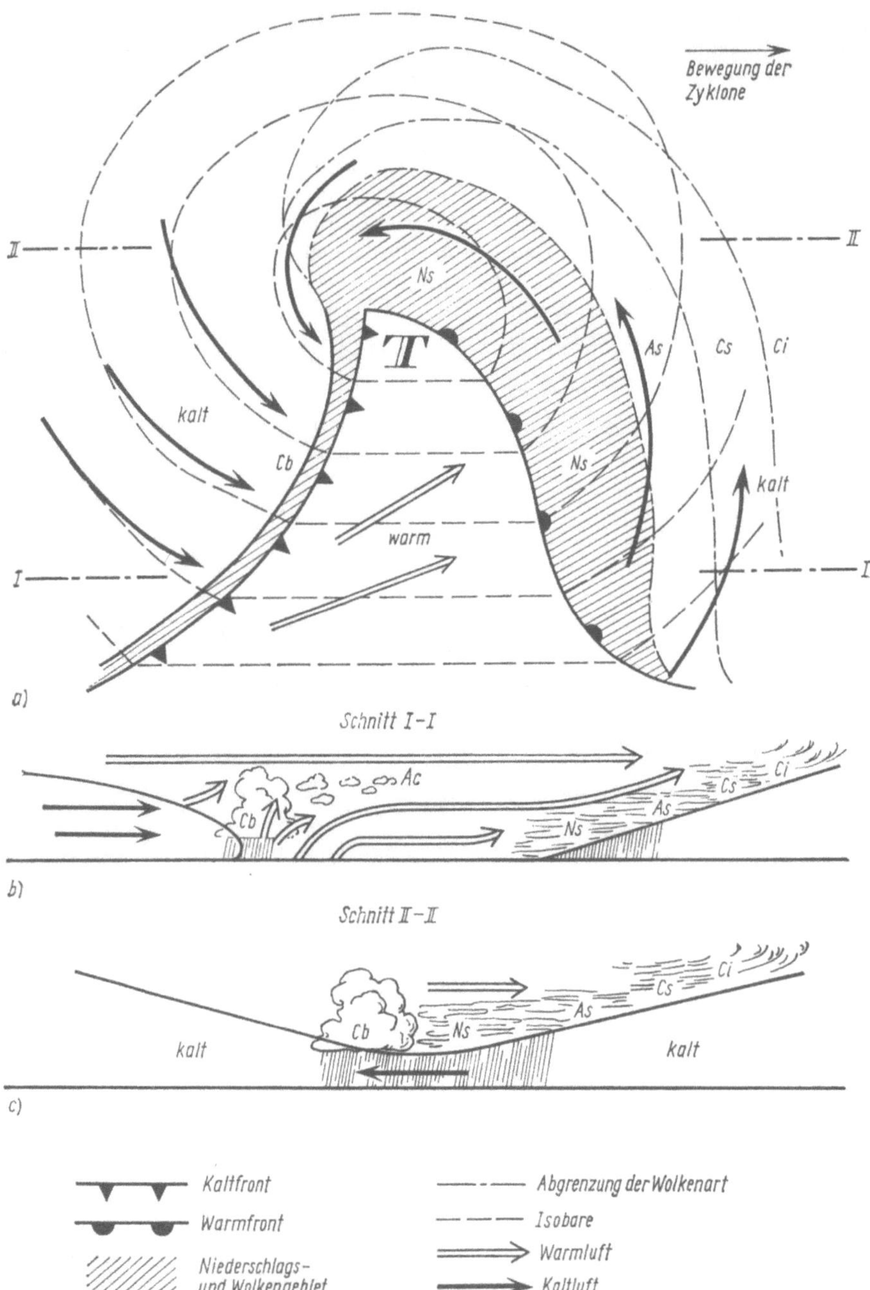

Abb. 13. Wettererscheinungen beim Durchzug einer Zyklone.

a) Zyklonenschema; b) Schnitt durch den Warmsektor (I--I); c) Schnitt auf der Nordseite einer von West nach Ost wandernden Zyklone (II--II)

kennzeichnenden Ablauf der Wettererscheinungen (Schnitte I und II der Abb. 13a).

Ein Beobachter, der sich anfangs am rechten Ende des Schnittes I-I (Abb. 13b) befindet, sieht zunächst am Westhimmel Cirren (*Ci*), die rasch zunehmen und in Cirrostratus (*Cs*) übergehen, der bald den gesamten Himmel bedeckt. In diesem Cirrostratus kann es zu Halo-Erscheinungen kommen, die auf die Lichtbrechung an den Eisteilchen der hohen Bewölkung zurückzuführen sind. Nähert sich das Tiefdruckgebiet weiterhin dem Beobachter, so wird die Bewölkung dichter, ihre Untergrenze sinkt ab; es kommt zum Auftreten des Altostratus (*As*), der z. T. Höfe um Sonne oder Mond (Beugungserscheinungen) hervorruft. Bei weiterer Annäherung der Warmfront setzt Niederschlag ein, wobei die Wolkenuntergrenze weiter absinkt; dabei wird die Bewölkung zu einer vertikal sehr mächtigen Schicht, die als Nimbostratus (*Ns*) bezeichnet wird. Die unter der geschlossenen Wolkendecke häufig auftretenden Wolkenfetzen entstehen durch teilweise Verdunstung und infolge von Turbulenz Wiederkondensieren des fallenden Niederschlages.

Während der Veränderung des Wolken- und Niederschlagsbildes bleibt die Temperatur gleich, der Luftdruck nimmt ab. Gleichzeitig dreht der Wind langsam von Südost nach Süd (für das angegebene Beispiel); es findet also langsames Rechtsdrehen des Windes statt.

Die Gesamtheit der hier genannten Wettererscheinungen spielt sich vor dem Warmsektor und somit auf der Vorderseite der Zyklone ab. Daher wird dieser Wetterablauf auch als Vorderseitenwetter bezeichnet.

Der Durchzug der Warmfront ist mit dem Aufhören des Luftdruckfalles und des Niederschlages, Auflockerung der Wolkendecke, Winddrehung auf Südwest und Temperaturanstieg verbunden. Danach befindet sich der Beobachter im Warmsektor der Zyklone, in dem die Temperatur – abgesehen von Änderungen infolge der Strahlungswirkung in Bodennähe – gleichbleibt. Die Bewölkung, die nach Durchzug der Warmfront rasch verschwunden war, nimmt bald von Westen her wieder zu. Es tauchen zunächst noch wenig ausgedehnte, dann aber an Menge und vertikaler Mächtigkeit zunehmende Quellwolken in mittleren Höhen, Altocumulus (*Ac*), auf, die

auf eine bereits beginnende Turbulenz infolge des Einbruchs von Kaltluft hinweisen.

Weiterhin wird die verhältnismäßig flache Altocumulus-Bewölkung durch stark aufgetürmte Schauer- oder Gewitterwolken, Cumulonimbus (*Cb*), abgelöst. Gleichzeitig frischt der Wind böig auf und springt auf Nordwest, während bei kräftigem Luftdruckanstieg die Temperatur fühlbar absinkt. Zu derselben Zeit tritt außerhalb der Schauer eine merkliche Sichtbesserung ein, während in Schauern die Sicht infolge des Niederschlages z. T. sehr stark zurückgeht. Mit den genannten Erscheinungen ist die Kaltfront über den Beobachter hinweggegangen.

In der weiteren Entwicklung, während der die Kaltluft vertikal immer mächtiger wird, werden die Haufenwolken flacher, die Schauertätigkeit läßt nach, und der Wind schwächt sich ab. In der gleichen Zeit verlangsamt sich der Luftdruckanstieg mehr und mehr, während die Temperatur etwa gleichbleibt. Die nach Durchzug einer Kaltfront auftretenden Wettererscheinungen werden, da sie sich auf der Rückseite der Zyklone abspielen, als Rückseitenwetter bezeichnet. Im weiteren Wetterablauf setzt innerhalb der Kaltluft eine absteigende Luftbewegung (Absinken) ein, die das Abflachen bzw. die Auflösung der Bewölkung verursacht.

Anders verhält sich der Ablauf der Wetterereignisse, wenn der Beobachter auf der Nordseite des Tiefs bleibt, so daß zwar nicht der Warmsektor in seiner Gesamtheit, jedoch ein Teil der aufgleitenden Warmluft über ihn hinweggeht (Abb. 13c). Auch hier erfolgt für den Beobachter (anfangs rechts im Schnitt II-II) Aufzug und Verdichtung der Bewölkung, schließlich einsetzender Regen, wobei die Temperatur gleichbleibt und der Luftdruck sinkt. Nur der Wind verhält sich anders; er dreht langsam nach links und weht im Mittel aus östlicher bis südöstlicher Richtung.

Schließlich geht die Schichtbewölkung unmittelbar in starke Quellbewölkung, der Niederschlag in Schauer über. Danach steigt der Luftdruck bei etwa gleichbleibender Temperatur langsam an, der Wind dreht weiter über Nord auf Nordwest.

Der hier für einen Schnitt nördlich des Kerns der Zyklone beschriebene Wetterablauf hat eine gewisse Ähnlichkeit mit dem Wetterablauf beim Durchzug einer Okklusion. Das beruht darauf, daß in beiden Fällen die beteiligte Warmluft nicht bis zum Boden herabreicht (vgl. Abb. 13c und 12). Ein grundlegender Unterschied gegenüber der Okklusion zeigt sich aber im Verhalten des Windes, der nämlich bei der Okklusion nach rechts, bei dem hier gegebenen Schnitt durch die Zyklone aber nach links dreht. Auch im Verlauf des Luftdrucks ergeben sich Unterschiede, wenn diese auch weniger deutlich in Erscheinung treten. Bei der Okklusion geht der Druckfall im allgemeinen mit einem mehr oder weniger scharfen Knick der Druckkurve in den Druckanstieg über, während auf der Nordseite der Zyklone dieser Übergang allmählich erfolgt.

Die hier dargelegten Wettererscheinungen gehören zwar prinzipiell zu jeder Zyklone, werden aber von Fall zu Fall mit verschiedener Stärke und Deutlichkeit in Erscheinung treten. Nicht in jedem Falle wird es vor der Warmfront zu Niederschlägen kommen, vielfach erschöpft sich die Erscheinung in der Bewölkung. Besonders beim Alterungsprozeß der Zyklone, der zur Okklusion führt, nehmen die Wettererscheinungen mehr und mehr an Deutlichkeit ab. Schließlich wird es oft so, daß das Grundschema des Wetterablaufes beim Durchzug einer Zyklone nur noch schwer erkennbar ist.

3.5. Großwetterlagen

Die Aufeinanderfolge von Hoch- und Tiefdruckgebieten und die mit den Tiefdruckgebieten verbundenen Fronten führen in den Gebieten, in denen die Zyklonen häufig auftreten, zu einer mehr oder weniger großen Wechselhaftigkeit im Wettergeschehen. Es kommt noch hinzu, daß sich die Tiefdruckgebiete unterschiedlich verhalten je nach den Luftmassen, die an ihrem Aufbau beteiligt sind und die ihrerseits wieder mit der Richtung der Luftströmungen in Zusammenhang stehen. Die Mannigfaltigkeit im Wettergeschehen zwingt dazu, Verallgemeinerungen einzuführen, d. h., ähnliche Wetterabläufe in irgendeiner Weise zusammenzufassen.

Eine Systematisierung im vorgenannten Sinne ist einmal notwendig für die Wettervorhersage, zum anderen aber auch für klimatologische Betrachtungen. Das Ziel ist, gemeinsame Grundzüge im verschiedenen Wetterablauf zu finden und danach zu einer Darstellung typischer Folgen von Wetterereignissen zu kommen.

Den Ausgangspunkt für systematisierende Betrachtungen bilden die Wetterkarten, die in ihrer Aufeinanderfolge trotz großer Unterschiede in den Einzelheiten über kürzere oder längere Zeit hinweg gemeinsame Züge aufweisen. Solche gemeinsamen Grundtatsachen finden sich in den Bodenwetterkarten, sie zeigen sich aber noch mehr in den Höhenwetterkarten.

Wenn die ersten Versuche der Systematisierung von der Bodenwetterkarte ausgingen, so deshalb, weil zunächst nur die Bodenwetterkarte bekannt war, während ein umfassender Überblick über das Höhenwetter erst rund ein halbes Jahrhundert später möglich wurde. So ging eine 1881 von W. van Bebber gegebene Systematisierung des Wetterablaufes von den Tiefdruckgebieten aus und beschrieb die Wege der Tiefdruckgebiete über Europa. Dabei wurden die folgenden fünf Zugstraßen der barometrischen Minima über Europa festgestellt:

I   mittlerer Nordatlantik – Nordkap,

II   mittlerer Nordatlantik – Südskandinavien – Finnland,

III mittlerer Nordatlantik – Nordjütland – Litauen,

IV   Atlantik südwestlich von England – Nordjütland – Finnland,

V   Atlantik südwestlich von England – Golfe du Lion – Oberitalien – Ladogasee.

Bei der Verlagerung der Tiefdruckgebiete auf den verschiedenen Zugstraßen werden naturgemäß verschiedene Luftmassen in die Entwicklung einbezogen, so daß auch der Wetterablauf an einem Beobachtungsort mehr oder weniger typische Erscheinungen für die einzelnen Zugstraßen zeigen wird. Der verhältnismäßig geringe Umfang des Beobachtungsmaterials – 5 Jahre – und die Tatsache, daß die angegebenen Zugbahnen häufig, aber keineswegs ausschließlich benutzt werden, führte dazu, daß diese Einteilung heute mit einer Ausnahme nicht mehr verwendet wird. Zudem konnte die Einteilung der Zugstraßen bei Anwachsen des aerologischen Beobachtungsmaterials nicht mehr genügen.

Von den Zugstraßen ist nur eine, gewissermaßen der Außenseiter im Verlauf der Zugbahnen der Tiefdruckgebiete, bis heute bekannt geblieben, und zwar die Zugstraße V. Diese wird in den im wesentlichen nach Süden gerichteten Zweig V a und den nach Norden führenden Zweig V b unterteilt, von denen der letztere in Mitteleuropa besonders bekannt ist. Auf der Zugstraße V b ziehen die Tiefdruckgebiete im Mittel von Oberitalien über den Balkan, Ungarn und Polen in das Gebiet des Ladogasees, wobei die Tiefdruckgebiete von dieser „Straße" häufig recht weit nach Westen oder Osten abweichen. Kennzeichnend für die Wetterentwicklung ist, daß sich die V b-Tiefs im allgemeinen nur langsam verlagern und daher verhältnismäßig lange wetterwirksam bleiben. Ein weiteres Kennzeichen dieser Tiefdruckgebiete ist, daß auf ihrer Nord- und Westseite verhältnismäßig kalte Luftmassen aus Ost bis Nord einfließen, auf die auf der Ostseite herangeführte warme und feuchte Luftmassen aufgleiten. Als Folge dieser Vorgänge kommt es auf der Westseite dieser Tiefdruckgebiete bei Winden aus nördlichen Richtungen zu geschlossener Bewölkung und anhaltenden Niederschlägen, die im Bereich der Mittelgebirge (z. B. am Erzgebirge) durch Stau verstärkt werden, so daß Hochwässer vielfach eine Folge solcher V b-Wetterlagen sind.

Im Zusammenhang mit den Zugstraßen der Tiefdruckgebiete sei darauf hingewiesen, daß man in dem stärker kontinental beeinflußten Osteuropa einen anderen Weg zur Systematisierung des Wetterablaufes ging. Da in diesen Gebieten die vom Ozean kommenden Tiefdruckgebiete weitgehend ihre Wetterwirksamkeit verloren haben, demgegenüber aber die hauptsächlich mit polaren Kaltlufteinbrüchen verbundenen wandernden Hochdruckgebiete besonders wetterwirksam werden, ging die Systematisierung eben von diesen Hochdruckgebieten aus. B. P. MULTANOWSKI (1933) stellte fest, daß die wandernden Hochdruckgebiete nicht gleichmäßig verteilt sind, sondern im Mittel besondere Zugbahnen verfolgen; im Bereich dieser Zugbahnen treten die Hochdruckgebiete gehäuft auf, während sie zwischen den Zugbahnen in geringerer Menge vertreten sind. Diese von den wandernden Hochdruckgebieten bevorzugten Zugstraßen bezeichnete MULTANOWSKI als „Achsen" und unterschied für das Gebiet der Sowjetunion drei Gruppen von Achsen:

1. Polare Achsen. Die Hochdruckgebiete entstehen in der Arktis und wandern nach Südosten. In dieser Verlagerung ist die Westkomponente enthalten, die auch bei der Betrachtung der Tiefdruckgebiete (Zugstraßen der Minima) zur Geltung kam.

2. Ultrapolare Achsen. Die Hochdruckgebiete entstehen ebenfalls in der Arktis, verlagern sich aber nach Südwesten. Bei der Verlagerung der Hochdruckgebiete längs dieser Achsen kommt also eine Westströmung nicht zur Wirkung.

3. Azorenachsen. Längs dieser Achsen verlagern sich die im Gebiet der Azoren entstandenen Hochdruckgebiete im wesentlichen ostwärts.

Bei der Verlagerung der Hochdruckgebiete längs bestimmter Achsen kommen in den einzelnen Gebieten verschiedene Luftmassen zur Wirkung, was einen charakteristischen Wetterablauf zur Folge hat. Daher ist mit dem Begriff der „Achsen" jeweils für die einzelnen Gebiete eine typische Wetterentwicklung verbunden. Das rasche Anwachsen aerologischer Meßergebnisse führte dazu, daß sich neben der Betrachtung der Bodenwetterkarte auch ein Überblick über die Strömungsverteilung in der Höhe gewinnen ließ. Dabei ergab sich, daß die Wetterkartenbilder beispielsweise in der 500-hPa-Fläche einheitlicher sind als in der Bodenwetterkarte, daß also im allgemeinen ein Wetterbild in der Höhe wenigstens in seinen Grundzügen länger erhalten bleibt als am Boden. Der weiterhin festgestellte Zusammenhang zwischen der Verlagerung von Tiefdruckgebieten (und damit der Wetterentwicklung) am Boden und den Strömungsverhältnissen in der Höhe – vornehmlich in der 500-hPa-Fläche – führte dazu, die Höhenströmung mehr und mehr zur Kennzeichnung der Wetterentwicklung heranzuziehen. Die typisierende Zusammenfassung prinzipiell gleicher oder zumindest sehr ähnlicher Strömungsverhältnisse führte zur Darstellung der Großwetterlagen. Diese stehen in Abhängigkeit von der allgemeinen Zirkulation der Atmosphäre; das bedeutet, daß in verschiedenen Klimagebieten auch verschiedenartige Wetterlagen wirksam werden. Man kann daher für jedes Klimagebiet kennzeichnende Großwetterlagen zusammenstellen, wie es nachstehend für Europa erläutert werden soll.

Für Europa ergeben sich nach den Darlegungen von P. HESS und H. BREZOWSKY (1952) drei Gruppen von Großwetterlagen, und zwar:

a) Großwetterlagen mit zonaler Zirkulation, bei denen die Höhenströmung parallel zu den Breitenkreisen angeordnet ist; das Subtropenhoch befindet sich in seiner Normallage;

b) Großwetterlagen mit gemischter Zirkulation, in denen sich Elemente der zonalen und meridionalen Zirkulation miteinander vereinigen; das Subtropenhoch ist nach Norden bzw. Nordosten bis etwa 50° n. Br. verschoben;

c) Großwetterlagen mit meridionaler Zirkulation, bei denen der horizontale Luftaustausch zwischen Gebieten verschiedener geographischer Breite erfolgt; ein abgeschlossenes Hochdruckgebiet befindet sich zwischen 50 und 70° n. Br.

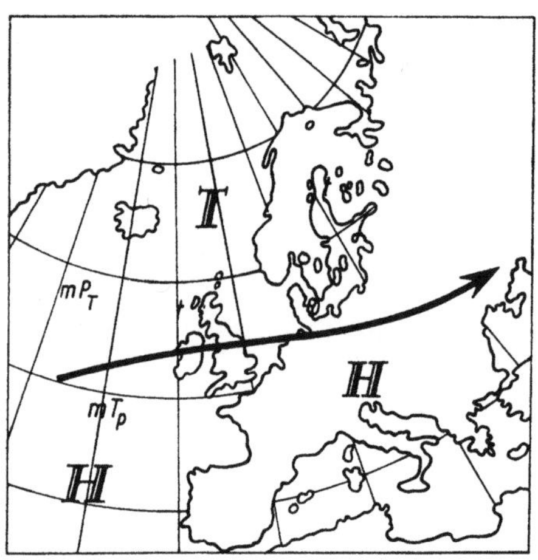

Abb. 14. Westlage (W)

Die Großwetterlagen sind durch die Verteilung der Höhendruckgebilde (H und T) und somit durch den Verlauf der Höhenströmung (Pfeile der Abb. 14 bis 31 deuten die mittlere Lage der Frontalzone an) gekennzeichnet. Die Höhenströmung bestimmt die Verlagerung der Bodendruckgebilde (h und t der Abb. 14 bis 31 deuten häufige Lagen dieser Druckgebilde an). Der Verlauf der Bodenisobaren spielt für den Wetterablauf in einem vorgegebenen Gebiet eine wesentliche Rolle, da deren zyklonaler Verlauf Aufwärtsbewegung

der Luft mit Wolken- und teilweise Niederschlagsbildung, antizyklonaler Verlauf dagegen Abwärtsbewegung der Luft und damit Wolkenauflösung zur Folge hat. Demnach werden die Großwetterlagen nach Höhen- und Bodenwetterkarte bestimmt, wobei das Schwergewicht der Betrachtung bei der Höhenwetterkarte liegt.

Für Europa ergeben sich zunächst 18, bei weiterer Unterteilung nach zyklonalem und antizyklonalem Verlauf der Bodenisobaren 28 Großwetterlagen:

Die *Westlage* (W) gehört der zonalen Zirkulationsform an. Am Nordrande des subtropischen Hochdruckgebietes kommt es zu einer Westströmung, in der sich Tiefdruckgebiete mit den zugehörigen Fronten, Wolkenfeldern und Niederschlagsgebieten ostwärts verlagern (Abb. 14). Im Einzelfalle hängt es von der Lage und Ausdehnung des Subtropenhochs ab, wie weit die Westlagen nach Süden ausgreifen und wie sie sich auswirken. Liegt das Hoch verhältnismäßig weit im Süden, so kann auch die Westdrift weit nach Süden ausgreifen, so daß die einzelnen Tiefdruckgebiete recht weit südlich, vielfach südlich von 50° n. Br., über Europa hinwegziehen. Diese Großwetterlage wird als südliche Westlage (Ws) bezeichnet. Wandern demgegenüber die Tiefdruckgebiete weit nach Norden – etwa bei 60° n. Br. – über Europa hinweg, so kann das Azorenhoch schon mehr oder weniger weit nach Mitteleuropa hinein wirksam werden. Dadurch überlagern sich dem wechselhaften Westwetter bereits Hochdruckeinflüsse (antizyklonaler Isobarenverlauf), die zur Abschwächung der Bewölkung führen. Diese Lage wird als antizyklonale Westlage (Wa) bezeichnet.

Schließlich können die Tiefdruckgebiete zwischen 50 und 60° n. Br. Europa überqueren, wobei der zyklonale Einfluß voll zur Geltung kommt, so daß für diese Großwetterlage die Bezeichnung zyklonale Westlage (Wz) gewählt wurde. Es sei darauf hingewiesen, daß der Übergang zwischen der zyklonalen und antizyklonalen Form auf verhältnismäßig eng begrenzten Gebieten erfolgt; das hat zur Folge, daß beispielsweise ein und dieselbe Wetterlage an der Nordsee in der zyklonalen, am Alpenrand aber in der antizyklonalen Form in Erscheinung treten kann.

Die *Hochdruckbrücke über Mitteleuropa* (BM) gehört ebenfalls der Gruppe mit zonaler Zir-

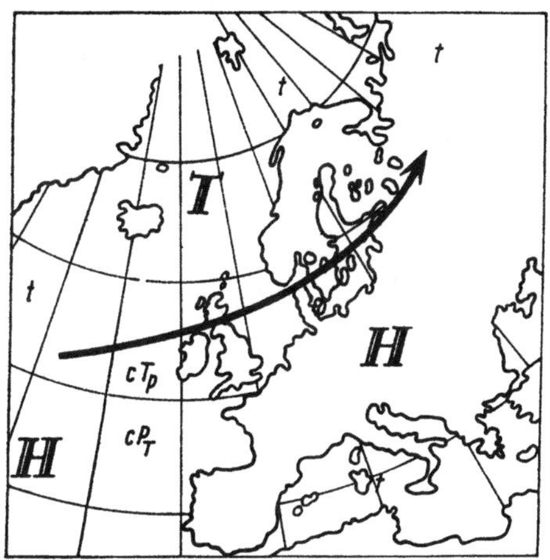

Abb. 15. Hochdruckbrücke über Mitteleuropa (*BM*)

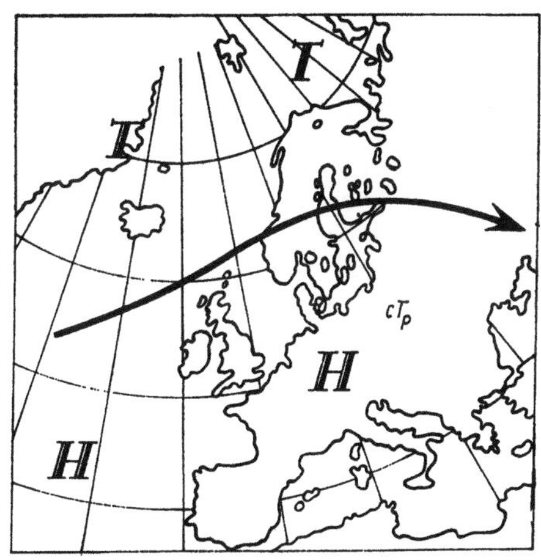

Abb. 16. Abgeschlossenes Hoch
über Mitteleuropa (*HM*)

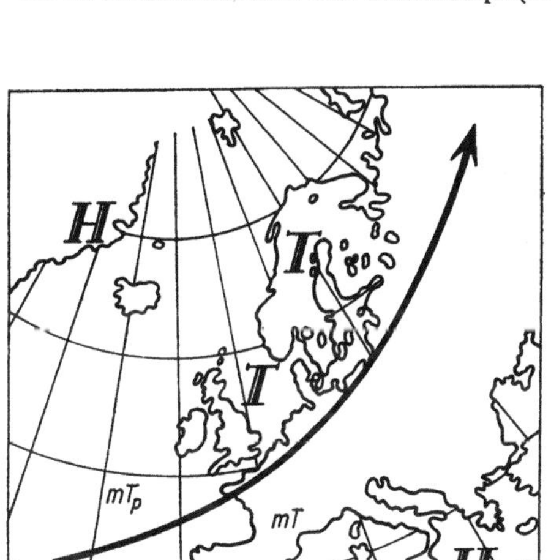

Abb. 17. Südwestlage (*SW*)

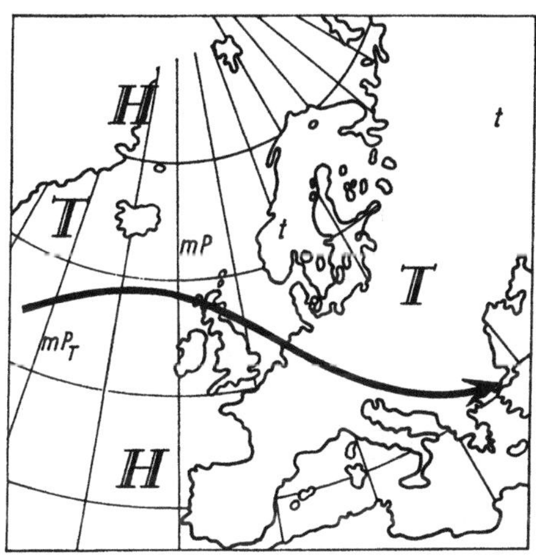

Abb. 18. Nordwestlage (*NW*)

kulation an. Die Höhenströmung verläuft infolge eines nach Mitteleuropa hineinreichenden Ausläufers des Subtropenhochs in großen Teilen Europas von Osten nach Westen, also zonal. Am Boden ergibt sich eine mehr oder weniger stark ausgebildete Hochdruckbrücke zwischen dem Azorenhoch und einem Hoch über Osteuropa (Abb. 15).

Ein *abgeschlossenes Hoch über Mitteleuropa* (*HM*), das sowohl am Boden als auch in der Höhe ausgebildet ist, führt zu einer gemischten Zirkulation, die neben den zonalen Anteilen starke meridionale Strömungsanteile enthält (Abb. 16). Während auf der Nordseite des Hochs eine kräftige zonale Strömung ausge-

bildet ist, treten auf der West- und Ostseite des Hochs die meridionalen Komponenten in Erscheinung. In großen Teilen Europas ist das Wetter antizyklonal beeinflußt.

Die *Südwestlage* (*SW*) zeigt ebenfalls zonale und meridionale Strömungsanteile und gehört damit der gemischten Zirkulation an (Abb. 17). Im Gegensatz zur *HM*-Lage liegt bei der *SW*-Lage kein abgeschlossenes Hoch über Mitteleuropa; ein kräftiger Ausläufer des Subtropenhochs reicht aber nach Europa hinein, und auf seiner Westflanke stellt sich Südwestströmung ein. Stärkere Ausbildung des Hochs drängt die Bahn der Tiefdruckgebiete mehr nach Nordwesten, während bei schwacher

Ausbildung des Hochkeils die Tiefdruckgebiete, die sich mit der Südwestströmung verlagern, in Mitteleuropa stärker wirksam werden. Somit tritt die Südwestlage in einem Falle mit stärkerem Hochdruckeinfluß als antizyklonale (*SWa*), im anderen Falle bei kräftigerem Tiefdruckeinfluß als zyklonale Südwestlage (*SWz*) auf.

Bei der *Nordwestlage* (*NW*) erscheint das abgeschlossene Hochdruckgebiet der *HM*-Lage nach Westen verschoben (Abb. 18). Damit ergibt sich auf der Nordostflanke des Hochs für große Teile Europas eine kräftige Nordwestströmung, in der sich die vom Atlantik kommenden Tiefdruckgebiete verlagern. Andererseits sind auch ausgeprägte zonale Strömungsanteile zu bemerken, die die Nordwestlage zur Gruppe der gemischten Zirkulation gehören lassen. Bei etwas nach Osten verschobener Lage des Hochdruckgebietes wird der antizyklonale, bei westlicher Lage des Hochs der zyklonale Einfluß in Mitteleuropa stärker. Daher kann man eine antizyklonale (*NWa*) und eine zyklonale Nordwestlage (*NWz*) unterscheiden.

Das *abgeschlossene Hoch über dem Nordmeer* (*HN*) bringt, wie alle nun folgenden Großwetterlagen, für Mitteleuropa eine vorherrschend meridionale Zirkulation. Das Subtropenhoch reicht mit einem Ausläufer weit nach Norden

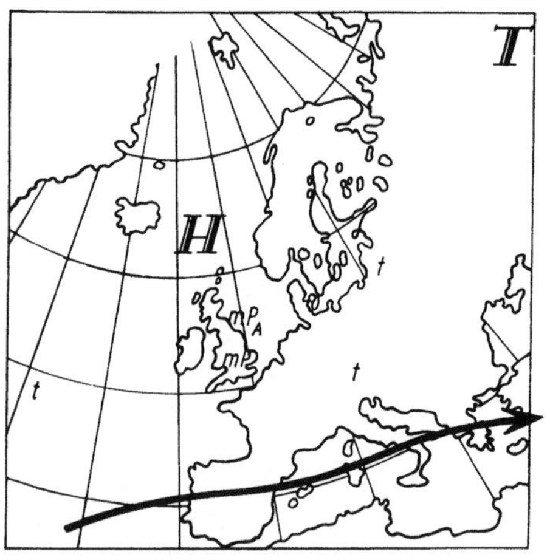

Abb. 19. Abgeschlossenes Hoch über dem Nordmeer (*HN*)

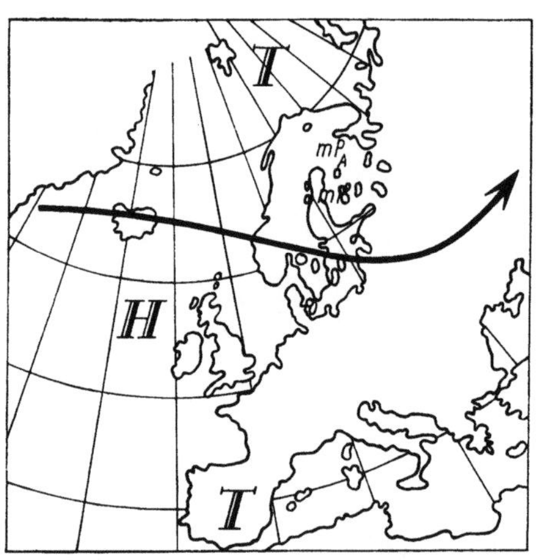

Abb. 20. Abgeschlossenes Hoch über den britischen Inseln (*HB*)

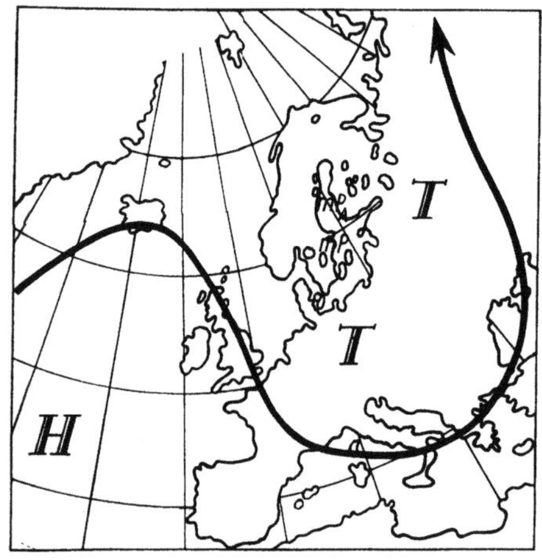

Abb. 21. Nordlage (*N*)

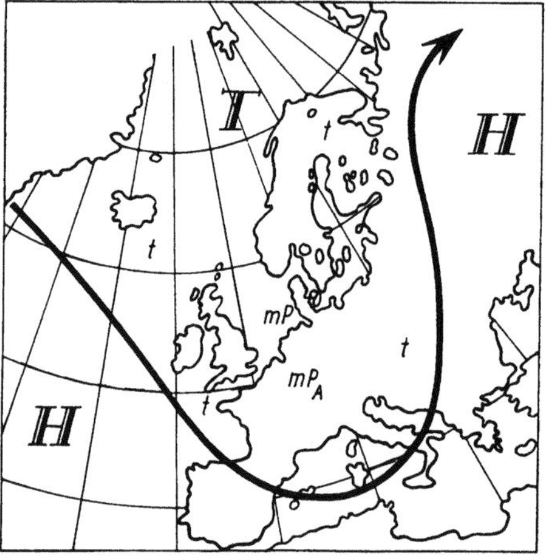

Abb. 22. Troglage über Mitteleuropa (*TrM*)

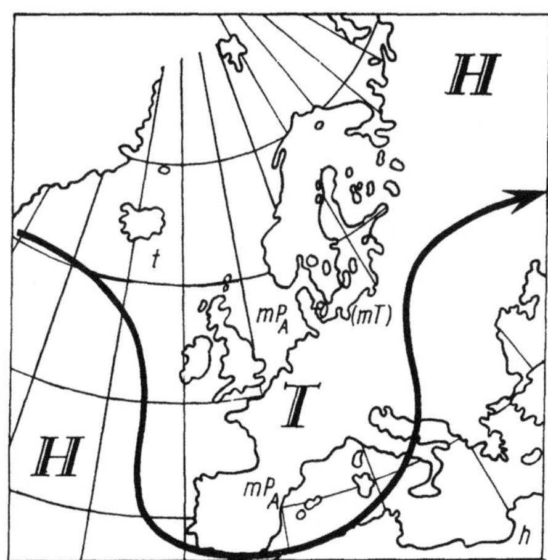

Abb. 23. Abgeschlossenes Tief über Mitteleuropa (*TM*)

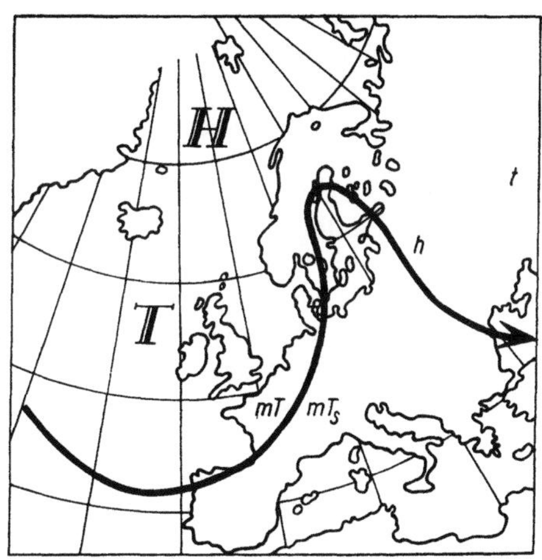

Abb. 24. Abgeschlossenes Tief über den Britischen Inseln (*TB*)

(Abb. 19), wobei die Westdrift blockiert wird, weshalb man auch von einem blockierenden Hoch spricht. Reichen Höhen- und Bodenhoch weit nach Mitteleuropa hinein, so ergibt sich hier eine antizyklonale Lage (*HNa*). Es kann aber auch bei etwas nach Westen verschobenem Hoch über dem Nordmeer zu zyklonaler Wetterentwicklung über Mitteleuropa kommen (*HNz*).

Ein *abgeschlossenes Hoch über den britischen Inseln* (*HB*) läßt die Westdrift nur über Nordeuropa zur Wirkung kommen (Abb. 20). Die Fronten der in die Westströmung eingelagerten Tiefdruckgebiete wirken sich am Rande des Hochdruckgebietes mehr oder weniger abgeschwächt aus. Daher bleibt Mitteleuropa wesentlich unter antizyklonalem Einfluß.

Die *Nordlage* (*N*) ist ausgebildet zwischen tiefem Druck über Nordost- und Osteuropa und hohem Druck über den britischen Inseln bzw. über dem Mittelatlantik (Abb. 21). Dadurch verläuft die planetarische Frontalzone, die über dem Atlantik zunächst nordwärts abgelenkt wurde, über großen Teilen Europas von Norden nach Süden. Stärkeres Hervortreten von Hochdruck- oder Tiefdruckeinflüssen führt zur Unterscheidung antizyklonaler (*Na*) und zyklonaler Nordlagen (*Nz*).

Ausdehnung des tiefen Drucks über Europa bei hohem Luftdruck über dem Nordatlantik und Osteuropa führt zu einer *Troglage über Mitteleuropa* (*TrM*). Tiefdruckgebiete wandern entsprechend der Höhenströmung vom nördlichen Atlantik nach Südosten und schwen-

ken über dem Mittelmeer nach Nordosten um (Abb. 22). Über dem Mittelmeer verstärken sie sich erneut durch Einbeziehung feuchtwarmer Luft; ihre weitere Verlagerung entspricht der Zugstraße Vb nach VAN BEBBER.

Aus der Troglage heraus entwickelt sich durch Abschnürung eines Teils des Höhentiefs ein *abgeschlossenes Tief über Mitteleuropa* (*TM*) (Abb. 23). Die Tiefdruckgebiete der Boden- und Höhenwetterkarte sind allseitig von hohem Druck umgeben. Es kommt zu ausgedehnten Aufgleitvorgängen über Mitteleuropa, die sich durch Bewölkung und Niederschläge bemerkbar machen.

Ein *abgeschlossenes Tief über den britischen Inseln* (*TB*) läßt Mitteleuropa an den Rand eines im wesentlichen über dem Atlantik liegenden Aufgleitgebietes kommen (Abb. 24). Die am Rande des zentralen Tiefs auf West- und Mitteleuropa übergreifenden Tiefdruckgebiete mit ihren Frontensystemen sind meist schon stark abgeschwächt.

Ein Höhentrog, dessen Achse meist vom westlichen Nordmeer über die britischen Inseln nach Spanien reicht und von hohem Druck über dem Atlantik und Osteuropa flankiert ist, führt zur *Troglage über Westeuropa* (*TrW*) (Abb. 25). Die in die Höhenströmung eingelagerten Tiefdruckgebiete ziehen über dem Atlantik südostwärts und schwenken dann über West- bzw. Mitteleuropa nach Norden ab.

Die *Südlage* (*S*) ist durch tiefen Druck über dem Atlantik und hohen Druck über Osteuropa gekennzeichnet, so daß die Frontalzone über

Mitteleuropa von Süden nach Norden verläuft (Abb. 26). Die in die Frontalzone eingelagerten Tiefdruckgebiete und ihre Fronten beeinflussen je nach der Lage der Höhendruckgebilde Mitteleuropa mehr oder weniger stark. Daher sind eine antizyklonale (*Sa*) und eine zyklonale Südlage (*Sz*) zu unterscheiden.

Die *Südostlage* (*SE*) weist hohen Druck über Nordosteuropa und tiefen Druck über West- und Südeuropa auf; damit verläuft die Frontalzone über Mitteleuropa von Südosten nach Nordwesten (Abb. 27). In der südöstlichen Höhenströmung ziehen die Tiefdruckgebiete mit ihren Fronten und den damit verbundenen

Wettererscheinungen über Mitteleuropa nordwestwärts. Stärkerer Einfluß des Hochdruckgebietes führt zu einer antizyklonalen (*SEa*), größere Einwirkung des Tiefs zu einer zyklonalen Südostlage (*SEz*).

Ein *abgeschlossenes Hoch über Fennoskandien* (*HF*) führt über Mitteleuropa zu einer Ostströmung (Abb. 28). Das Hoch blockiert die Westdrift, so daß den atlantischen Tiefdruckgebieten der Weg auf den Kontinent versperrt bleibt. Dem Hoch über Fennoskandien steht ein mehr oder minder ausgeprägtes Tief über Mittel- und Südeuropa gegenüber. Von der Ausdehnung dieses Tiefs hängt es ab, ob es über Mitteleuropa zu einer antizyklonalen

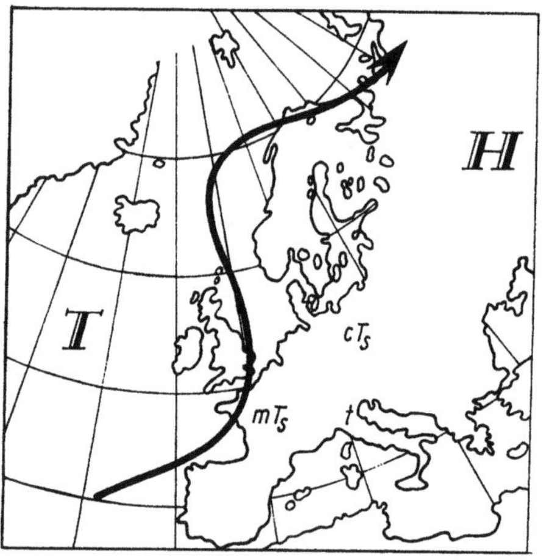

Abb. 25. Troglage über Westeuropa (*TrW*)

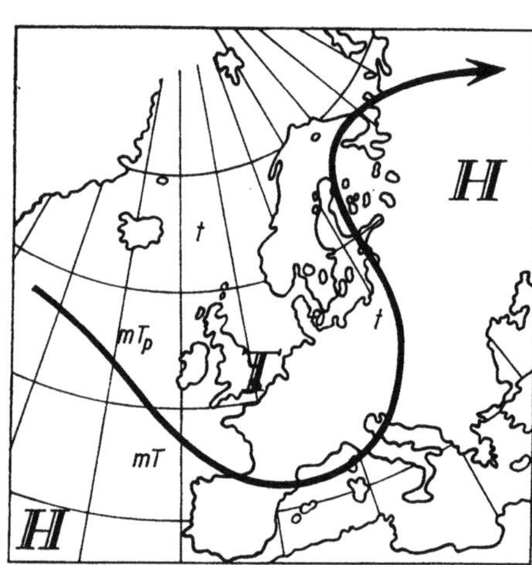

Abb. 26. Südlage (*S*)

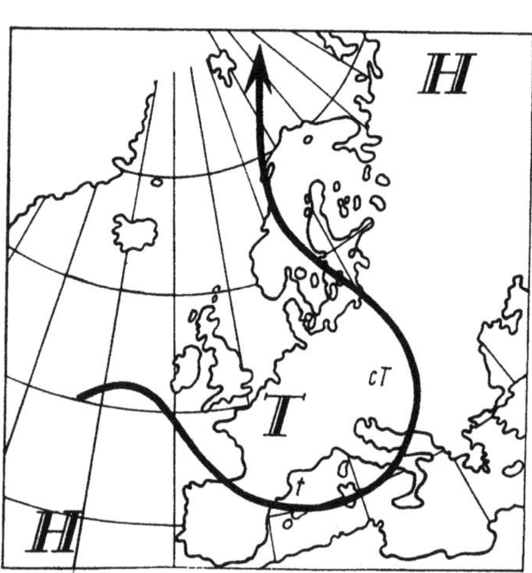

Abb. 27. Südostlage (*SE*)

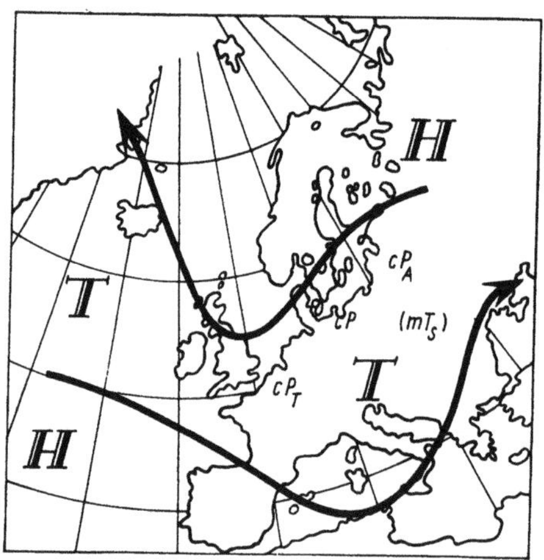

Abb. 28. Abgeschlossenes Hoch über Fennoskandien (*HF*)

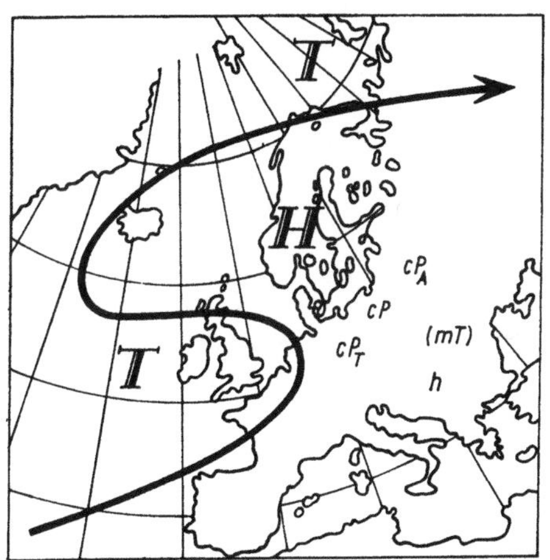

Abb. 29. Abgeschlossenes Hoch über dem Nordmeer und Fennoskandien (*HNF*)

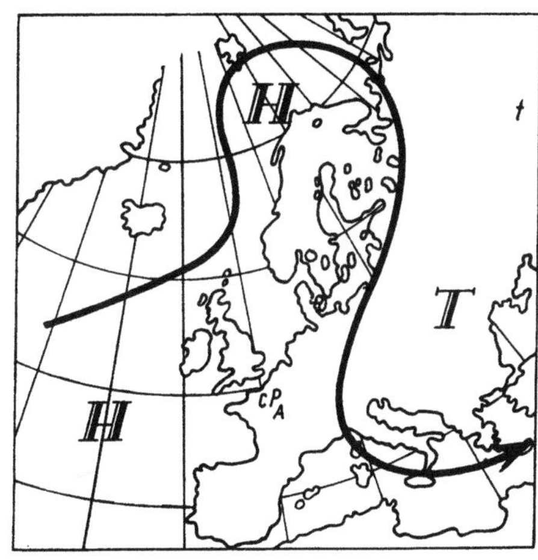

Abb. 30. Nordostlage (*NE*)

(*HFa*) oder zu einer zyklonalen Wetterlage (*HFz*) kommt.

Die Ausweitung des nordeuropäischen Hochdruckgebietes nach Westen führt zu einem *abgeschlossenen Hoch über dem Nordmeer und Fennoskandien* (*HNF*), was über Mitteleuropa eine Ostströmung zur Folge hat (Abb. 29). Stärkere Ausbildung eines Höhentiefs über dem Mittelmeer läßt Tiefdruckgebiete von Südosten her nach Mitteleuropa vordringen. Daher ist auch in diesem Falle zwischen einer antizyklonalen (*HNFa*) und einer zyklonalen Wetterlage (*HNFz*) zu unterscheiden.

Ein Höhenhoch über Nordosteuropa bei tiefem Druck über Südosteuropa führt für Mittel-

europa zu einer *Nordostlage* (*NE*) (Abb. 30). Die vom Atlantik herankommenden Tiefdruckgebiete ziehen zunächst vor der norwegischen Küste nordwärts, werden um das Höhenhoch herumgeführt und kommen über Mitteleuropa weitgehend abgeschwächt zur Wirkung. Die *Winkelwestlage* (*Ww*) zeigt ein blockierendes Hoch über Osteuropa, vor dem die Frontalzone nach Norden abgelenkt wird (Abb. 31). Dadurch ändern die vom Atlantik kommenden Tiefdruckgebiete über Mitteleuropa ihre Richtung. Von der Ausdehnung des osteuropäischen Hochs hängt es ab, wie weit sich die Wirkung der mit den atlantischen Tiefdruckgebieten verbundenen Wolken- und Niederschlagsgebiete nach Osten erstreckt.

Die Übersicht über die Großwetterlagen ergab, daß vielfach Unterschiede in der Auswirkung, wie sie durch antizyklonale und zyklonale Lagen gekennzeichnet wurden, innerhalb verhältnismäßig kleiner Gebiete auftreten. Das hat zur Folge, daß man für viele Betrachtungen die Großwetterlagen zu Großwettertypen zusammenfassen muß, die entweder nach der vorherrschenden Höhenströmung oder nach der Lage der Hauptdruckgebilde benannt werden (s. Tab. 5).

Neben der hier gegebenen Einteilung in Großwettertypen kann man die Großwetterlagen auch in anderer Weise zu Großwettertypen zusammenfassen; die Art der Zusammenfassung richtet sich im Einzelfalle nach der Fragestellung. So kann man beispielsweise alle

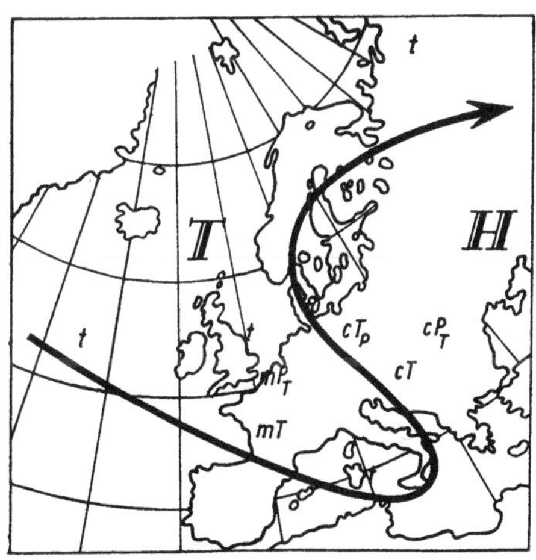

Abb. 31. Winkelwestlage (*Ww*)

Lagen zusammenfassen, bei denen ein Hochdruckgebiet auf dem europäischen Kontinent wirksam wird; außer den Großwetterlagen des Typs *HM* werden in diesem Fall auch die antizyklonalen Südwest-, Süd-, Südost- und Ostlagen in die Betrachtung einbezogen. Für andere Fragestellungen kann man z. B. alle Wetterlagen zusammenfassen, die über Mitteleuropa zu Vb-artigen Aufgleitvorgängen führen; den Kern dieses Großwettertyps bilden die *TM*-Lagen.

Durch die Betrachtung von Großwetterlagen oder Großwettertypen wird die Zusammenfassung der für die einzelnen Wetterlagen typischen Wettererscheinungen erreicht, ohne daß die einzelnen Wetterelemente den Ausgangspunkt der Überlegung bilden. Diese übersichtliche Zusammenfassung von Wetterereignissen kommt sowohl in der Wettervorhersage als auch in klimatologischen Betrachtungen zur Wirkung, worauf später noch einzugehen sein wird.

3.6. Wettervorhersage

Die synoptische Betrachtungsweise des Wetters findet ihre Anwendung in der Wettervorhersage. Denn die Analysierung aufeinanderfolgender Wetterkarten läßt den Ablauf des Wettervorganges erkennen und gibt damit die Möglichkeit, Schlüsse auf den künftigen Wetterablauf zu ziehen, also Wetterprognosen zu geben. Bei der Wettervorhersage erfolgt eine Unterteilung in Kurz-, Mittel- und Langfristvorhersage, von denen sich die erste synoptischer Methoden bedient, während bei den anderen statistische Betrachtungen, deren Material allerdings die synoptischen Beobachtungen liefern, mehr und mehr in den Vordergrund rücken.

Der Ergänzung der synoptischen Beobachtungen und damit der Verbesserung der Wettervorhersagen dienen in zunehmendem Maße die Ergebnisse der Satelliten- und Radarmeteorologie.

Wettersatelliten übermitteln in erster Linie die Verteilung der Bewölkung, lassen aber auch Aussagen über Schnee- oder Eisbedeckung auf dem Meere und dem Festland zu. Der Wert der Satellitenbeobachtung liegt darin, daß ausgedehnte Gebiete der Erde regelmäßig beobachtet werden, was insbesondere dort wichtig ist, wo das synoptische Beobachtungsnetz große Lücken aufweist. Die sorgfältige Analyse aufeinanderfolgender Satellitenaufnahmen gibt Auskunft über Veränderung und Verlagerung von Wolkenfeldern. Damit können beispielsweise tropische Wirbelstürme frühzeitig, schon in ihrem Entstehungsgebiet, erkannt und auf ihrer Bahn verfolgt werden. Auch die Bewegung der Zyklonen mittlerer und hoher Breiten mit den zugehörigen Fronten kann auf diese Weise überwacht werden (vgl. H. NEUMEISTER, 1972).

Demgegenüber überblickt man mit dem Wetterradar nur verhältnismäßig kleine Gebiete. Es gibt die Möglichkeit, im Umkreis von etwa

Tabelle 5. Großwettertypen Europas (nach P. HESS und H. BREZOWSKY, 1952)

Großwettertyp	Großwetterlagen
Nord (*N*)	Nordlagen (*Na, Nz*)
	Hoch Nordmeer (*HNa, HNz*)
	Hoch über den britischen Inseln (*HB*)
	Trog über Mitteleuropa (*TrM*)
Nordwest (*NW*)	Nordwestlagen (*NWa, NWz*)
West (*W*)	Westlagen (*Wa, Wz, Ws*)
Südwest (*SW*)	Südwestlagen (*SWa, SWz*)
Süd (*S*)	Südlagen (*Sa, Sz*)
	Tief über den britischen Inseln (*TB*)
	Trog über Westeuropa (*TrW*)
Südost (*SE*)	Südostlagen (*SEa, SEz*)
Ost (*E*)	Hoch über Fennoskandien (*HFa, HFz*)
	Hoch über Nordmeer-Fennoskandien (*HNFa, HNFz*)
Nordost (*NE*)	Nordostlage (*NE*)
Hoch Mitteleuropa (*HM*)	Hoch über Mitteleuropa (*HM*)
	Zonale Hochdruckbrücke über Mitteleuropa (*BM*)
Tief Mitteleuropa (*TM*)	Tief über Mitteleuropa (*TM*)
Winkelwestlage (*Ww*)	Winkelwestlage (*Ww*)

300 km um die Station Niederschlagsgebiete zu orten und in ihrer Bewegung festzustellen, was für kurzzeitige Unwetterwarnungen besonders wichtig ist. Auch zur Höhenwindmessung – Radarecho an einem mit dem für die Höhenwindmessung geeigneten Ballon verbundenen Reflektor – kann das Radargerät eingesetzt werden.

3.6.1. Kurzfristvorhersage

Die Kurzfristvorhersage ist eine Wettervorhersage, die auf der Beobachtung des Wetterablaufes und der Extrapolation des Ablaufes auf den nächstfolgenden Zeitraum beruht. Damit ist als Ausgangspunkt die Wetterbeobachtung, wie sie in einer Serie aufeinanderfolgender Wetterkarten zusammengefaßt ist, als Ziel die möglichst genaue Vorhersage künftiger Wetterereignisse gegeben. Daraus folgt zunächst, daß die kurzfristige Wettervorhersage im allgemeinen nur einen Zeitraum von 24 bis 36 Stunden umfaßt, da es nicht möglich ist, einzelne Wetterereignisse – z. B. Schauer – auf längere Zeit sicher vorherzusagen. Weiterhin folgt, daß aus der beobachteten Wetterentwicklung die künftige Weiterentwicklung des Wetters als Erfahrungstatsache möglichst genau bekannt sein muß.

Damit ergibt sich als Aufgabe der Wettervorhersage, die künftigen Veränderungen eines gegebenen Wetterbildes zu erkennen. Das Material für diese Betrachtungen ist in den Boden- und Höhenwetterkarten der dem Vorhersagezeitpunkt vorausgehenden Zeit zu suchen. Es besteht also die Aufgabe, aus beobachteten Wetterbildern ein Bild des künftigen Wetters herzuleiten. Damit müssen die Veränderungen berücksichtigt werden, die während des Vorhersagezeitraums im Boden- und Höhendruckfeld, aber auch z. B. in der Auswirkung von Fronten vor sich gehen.

Es liegt nahe, das vorhergesagte Wetterbild ebenso in Wetterkarten niederzulegen, wie das für das beobachtete Wetterbild der Fall ist. Das bedeutet zunächst, die voraussichtlichen Änderungen des Wetterbildes kartenmäßig festzuhalten; unter Zugrundelegung von Erfahrungswerten für diese Änderungen ergibt sich eine Wetterkarte, die das Bild festhält, das sich der Meteorologe von der künftigen Wetterlage macht. Ein weitergehender Versuch geht dahin, eine Vorhersagekarte nicht nur nach irgendwelchen Erfahrungswerten, die notwendig subjektiv gefärbt sein müssen, zusammenzustellen, sondern eine Vorhersagekarte zu konstruieren bzw. zu berechnen.

Die Berechnung oder Konstruktion des Druckfeldes einer Vorhersagekarte berücksichtigt neben der Ausgangslage die vorangehende Entwicklung. Unter der Voraussetzung – die allerdings die tatsächlichen Gegebenheiten oft stark vereinfacht –, daß die Änderungen der künftigen 24 Stunden ebenso verlaufen wie die der vorausgegangenen 24 Stunden, verbindet man das beobachtete Druckbild mit der zugehörigen 24stündigen Druckänderung und erhält so die Druckverteilung, die 24 Stunnen später zu erwarten ist. Zu einer genaueren Vorhersagekarte kommt man, wenn man die Veränderungen berücksichtigt, die die Druckänderungsgebiete im Laufe der Zeit erleiden. Auch die Beachtung der Veränderungen, die die Höhenströmung erfährt, führt zur Präzisierung der Vorhersagekarte. Es muß allerdings beachtet werden, daß die Konstruktion einer Vorhersagekarte durch die Berücksichtigung einer größeren Anzahl möglicher Veränderungen sehr rasch kompliziert wird, so daß die Zusammenstellung der Karte zu viel Zeit in Anspruch nimmt. Vereinfachung und Beschleunigung der erforderlichen Rechnungen ist eine wichtige Aufgabe.

Die Vorhersagekarte gibt für den Vorhersagezeitpunkt die Druckverteilung wieder. Auch die Lage der Fronten zum künftigen Zeitpunkt ist mit einiger Sicherheit vorauszusagen. Nun stellen zwar Druckverteilung und Lage der Fronten wesentliche Grundlagen für das Wetter zu einem bestimmten Zeitpunkt dar, genügen aber nicht zur vollständigen Beschreibung des Wetters. Es sei nur daran erinnert, daß beispielsweise eine Warmfront in verschiedener Stärke wetterwirksam werden kann – von Wolkenfeldern bis zu ergiebigen Niederschlägen –, wobei die Lage einer Front noch nichts über die Stärke ihrer Wirksamkeit aussagt. Daraus geht hervor, daß die oben beschriebene Vorhersagekarte zwar ein wertvolles Hilfsmittel für die Wettervorhersage, noch nicht aber die Wettervorhersage selbst darstellt.

Aus den vorstehenden Bemerkungen mag gleichzeitig ersichtlich sein, daß die Luftdruckverteilung und damit die Strömungsanordnung, also Windrichtung und Windstärke, verhältnismäßig leicht vorherzusagen sind. Bei allen anderen Elementen und Erscheinungen des Wetters zeigen sich mehr oder weniger komplizierte Abhängigkeiten, Wirkungen und Rückwirkungen, so daß die Vorhersage vielfach schwierig und damit z. T. unsicher wird. Die größte Sicherheit und damit die höchste Anzahl richtiger Vorhersagen wird also beim Luftdruck und demzufolge auch beim Wind erzielt. Besonders dort, wo der Wind durch die Reibung an der Erdoberfläche verhältnismäßig wenig und in weiten Gebieten gleichmäßig beeinflußt wird, wie es auf dem Meer der Fall ist, ergibt sich eine große Sicherheit der Windvorhersage. Da andererseits der Wind ein für die Seefahrt wichtiges Wetterelement darstellt – man denke an Wind- und Sturmwarnungen –, ist es verständlich, daß die Wettervorhersage in Kreisen der Seefahrer besondere Anerkennung gefunden hat.

Die Vorhersage der Temperatur macht schon etwas größere Schwierigkeiten. Zwar ist, wenn die Druckverteilung erkannt ist, mit der Großwetterlage auch die Luftmasse bekannt, die zur Wirkung kommt. Da die Luftmasse durch Temperaturwerte gekennzeichnet wird, ist ein Temperaturbereich bekannt, in dem sich die Temperatur bewegen wird. Im einzelnen wird aber die Lufttemperatur durch die Strahlungsverhältnisse mehr oder weniger stark verändert, wobei einerseits die Bewölkung, andererseits aber auch die temperaturändernden Eigenschaften des Untergrundes zur Wirkung kommen. Diese mannigfachen, örtlich unterschiedlichen Abhängigkeiten erschweren die Vorhersage der Temperatur und verringern dementsprechend die Sicherheit der Temperaturvorhersage.

Die mannigfachsten Faktoren wirken auf die Verteilung von Bewölkung und Niederschlag ein, so daß sich die Vorhersage dieser Erscheinungen am schwierigsten gestaltet. Es ist zwar bekannt, daß beispielsweise mit der Warmfront Aufgleitbewölkung und Niederschläge verbunden sind. Es läßt sich aber in vielen Fällen die Veränderung im Energiehaushalt der Warmluft, die sich während der Verlagerung der Front ergibt, nicht genau abschätzen. Das bedeutet, daß man nicht ohne weiteres angeben kann, wie weit das Wolkenfeld oder Niederschlagsgebiet einer Front wirksam werden wird. Auch bei Bewölkung und Niederschlag wirken Strahlung und Untergrund verändernd ein – man denke nur an die durch Erhitzung vom Boden her verursachte Quellbewölkung und die damit u. U. verbundenen Niederschläge. Die Schwierigkeit der Niederschlagsvorhersage hat eine gewisse Unsicherheit der Vorhersage zur Folge; die mit dieser Unsicherheit verbundenen Fehlvorhersagen des Niederschlags werden dann zu Unrecht oft auf die gesamte Wettervorhersage übertragen.

Zu den Schwierigkeiten, die sich der Vorhersage der einzelnen Wettererscheinungen entgegenstellen, kommt als weitere der Zeitfaktor hinzu. Eine vorher nicht abzuschätzende Veränderung im zeitlichen Ablauf des Wetterprozesses kann dazu führen, daß ein vorausgesagtes Wetterereignis gegenüber der Vorhersage verfrüht oder verspätet eintritt. Damit entspricht dann aber der Wetterablauf zeitlich nicht mehr der Vorhersage, so daß die Vorhersage nicht mehr als richtig angesehen werden kann.

Die Kurzfristvorhersage hat eine Eintreffwahrscheinlichkeit von etwa 86%. Dabei ergibt sich eine hohe Zahl von teilweise richtigen Vorhersagen, bei denen der Ablauf nicht für alle in der Vorhersage enthaltenen Elemente richtig vorausgesagt wurde. Damit geht aber gleichzeitig die Anzahl der völlig richtigen und der völlig falschen Vorhersagen zurück, so daß die Zahl der vollständig falschen Vorhersagen gering ist.

3.6.2. Mittel- und Langfristvorhersage

Die Mittelfristvorhersage umfaßt einen Zeitraum von drei Tagen bis zu einer Woche, während alle darüber hinausgehenden Zeiten in den Bereich der Langfristvorhersage gehören. Mittel- und Langfristvorhersage sind nach Inhalt und Arbeitsmethode von der Kurzfristvorhersage verschieden.

Es ist verständlich, daß man bei Vorhersagen über längere Zeiträume nicht mehr in der Lage ist, einzelne Wetterereignisse vorauszusagen; vielmehr wird man nur den allgemeinen Charakter des Wetterablaufes je nach dem Vorhersagezeitraum mehr oder weniger genau angeben können. Damit erfolgt bereits bei der Mittelfristvorhersage der Übergang von der Wettervorhersage zur Witterungsvorhersage.

Je länger der Vorhersagezeitraum der Mittel- und Langfristvorhersage ist, um so allgemeiner wird auch die Aussage über den Witterungscharakter.

Mittel- und Langfristvorhersage bedienen sich im wesentlichen statistischer Methoden; nur bei der Mittelfristvorhersage ist noch ein Anschluß an die synoptischen Methoden der Kurzfristvorhersage gegeben. Den Ausgangspunkt für die statistischen Arbeitsmethoden bilden die Wetterbeobachtungen, wie sie in den Wetterkarten niedergelegt sind; selbstverständlich gehören verallgemeinernde Betrachtungen, wie sie beispielsweise in den Großwetterlagen und Großwettertypen gegeben sind, mit zu den Arbeitsgrundlagen der Mittel- und Langfristvorhersagen. Die Anwendung statistischer Methoden erfolgt in mannigfacher Form; dabei ist die Frage zu beantworten, mit welcher Wahrscheinlichkeit einem beobachteten Wetterablauf nach einer vorgegebenen Zeit ein wohldefinierter anderer Wetterablauf folgt.

Es ist selbstverständlich, daß sich die Überlegungen der Mittel- und Langfristvorhersagen nicht nur auf die Bodenwetterkarte stützen; vielmehr werden hier in ganz besonderem Maße die Höhenwetterkarten verwendet.

Die Eintreffwahrscheinlichkeit der Mittel- und Langfristvorhersage bleibt im allgemeinen hinter der der Kurzfristvorhersage zurück. Als besonderes Kennzeichen der Mittel- und besonders der Langfristvorhersage muß nochmals hervorgehoben werden, daß diese Vorhersagen den allgemeinen Witterungscharakter, nicht aber einzelne Wetterereignisse angeben. Das hat zur Folge, daß beispielsweise ein vorausgesagter trockener Sommer durchaus niederschlagsreiche Perioden enthalten kann, ohne daß deren Länge und zeitliche Lage durch die Langfristvorhersage vorauszusagen sind; die Vorhersage war zutreffend, wenn der allgemeine Witterungscharakter des betreffenden Zeitraums der Vorhersage entsprach.

4. Klimatologische Anwendungen der Synoptik

Die Synoptik findet ihre erste Anwendung in der Wettervorhersage, auf die bereits kurz eingegangen wurde. Die für diese Anwendung notwendigen Verallgemeinerungen und Systematisierungen führen auch in der Klimatologie zu wichtigen Ergebnissen. Denn es ist möglich, von den synoptischen Beobachtungen her über geeignete systematisierende Zusammenfassungen zu klimatologischen Aussagen zu kommen. Einige Beispiele mögen auf diese Zusammenhänge hinweisen, die dann ihre Anwendung in der Einteilung der Klimate (s. Kap. 7) finden werden.

4.1. Großwetterlagen, Luftmassen und Luftkörper in Europa

Eine verallgemeinernde Zusammenfassung des Wetters in seinem mannigfaltigen Ablauf wurde für Europa in den Großwetterlagen gegeben. Die grundsätzliche Möglichkeit, in ähnlicher Weise auch für andere Gebiete Großwetterlagen zu kennzeichnen, läßt die für Europa gegebene Betrachtungsweise auch für andere Gebiete zu. Für die nachfolgende Darstellung sollen, um zu einer Übersicht zu kommen, zunächst die Großwetterlagen zu Groß-wettertypen (vgl. S. 44) zusammengefaßt und in ihrer Häufigkeitsverteilung betrachtet werden.

Die Zusammenstellung zeigt, daß die Gruppe der Westwetterlagen im Jahresmittel über Europa die erste Stelle einnimmt, daß die Westlagen also einen starken Einfluß auf das Klima Europas haben. Nimmt man die *HM*-Lagen hinzu, so ergibt sich, daß diese zusammen mit den Westlagen zu mehr als 40% das Wettergeschehen beeinflussen; der Wetter- und Witterungsablauf und somit das Klima in Europa wird weitgehend durch Wetterlagen mit vorherrschend zonaler Strömungsanordnung bestimmt. Alle anderen Großwettertypen mit Ausnahme der Nordlagen bleiben im Jahresmittel ihrer Häufigkeit unter 10% und tragen somit nur verhältnismäßig wenig zum Klima in Europa bei.

Weiterhin ist zu erkennen, daß die einzelnen Großwettertypen nicht gleichmäßig über das Jahr verteilt sind; vielmehr zeigt sich in der Häufigkeit der Großwettertypen ein mehr oder weniger deutlich ausgeprägter Jahresgang. So ergibt sich die größte Häufigkeit der Wetterlagen mit zonaler Zirkulation im August, die geringste Häufigkeit im Mai; beide Extreme werden durch die Häufigkeitswerte der Westlagen hervorgerufen. Im Mai treten, während

Tabelle 6. Die Häufigkeit der Großwettertypen Europas in % (nach P. Hess und H. Brezowsky, 1952)

Groß- wetter- typ	I	II	III	IV	V	VI	VII	VIII	IX	X	XI	XII	J
W	23,5	23,9	23,3	20,2	17,1	22,8	19,6	34,6	24,8	26,2	24,3	27,8	24,8
HM	19,1	19,6	14,4	11,8	13,4	14,0	16,0	17,2	24,5	18,7	17,4	19,7	17,1
SW	5,9	4,6	2,6	1,8	1,3	0,7	1,2	0,9	1,1	4,3	5,6	4,5	2,9
NW	8,4	8,8	7,5	8,2	6,7	12,4	17,4	13,5	7,2	6,0	8,7	7,6	9,3
N	11,2	13,1	16,8	20,6	23,2	25,0	15,4	13,0	17,8	15,5	12,3	9,6	16,0
S	6,1	6,6	6,6	7,3	7,3	3,9	6,2	7,2	6,3	9,0	10,8	8,9	7,3
SE	5,7	4,3	6,1	5,9	3,3	0,6	0,0	0,2	3,0	5,2	5,8	4,9	3,7
E	9,0	9,0	9,0	9,2	11,8	4,8	2,5	3,0	6,0	7,1	5,6	7,0	7,0
NE	3,5	4,8	6,0	7,4	8,8	9,0	6,8	5,6	5,8	4,1	1,3	2,4	5,5
TM	3,6	2,5	3,8	4,0	4,1	2,1	2,8	1,4	1,8	2,3	3,3	1,9	2,8
Ww	3,6	1,3	2,8	1,2	0,8	1,9	1,2	2,8	1,3	1,5	4,3	5,3	2,3

Die in den Spalten der Tabelle an der Gesamtsumme von 100% fehlenden Häufigkeitswerte werden von Übergangslagen eingenommen, die sich nicht in die gegebenen Großwetterlagen einordnen lassen.

die Häufigkeit der Westlagen relativ gering bleibt, Nord-, aber auch Ostlagen stärker hervor. Verstärktes Auftreten von Westlagen bedeutet eine erhöhte Beeinflussung des Wettergeschehens vom Ozean her, d. h. neben im allgemeinen stärkerer Bewölkung und Niederschlagstätigkeit verhältnismäßig hohe Temperaturen im Winter, dagegen niedrige Temperaturen im Sommer. Im Gegensatz dazu verstärken *HM*- und Ostlagen den kontinentalen Einfluß auf Europa, so daß es bei meist geringer Bewölkung im Sommer zu hohen, im Winter zu tiefen Temperaturen kommt.

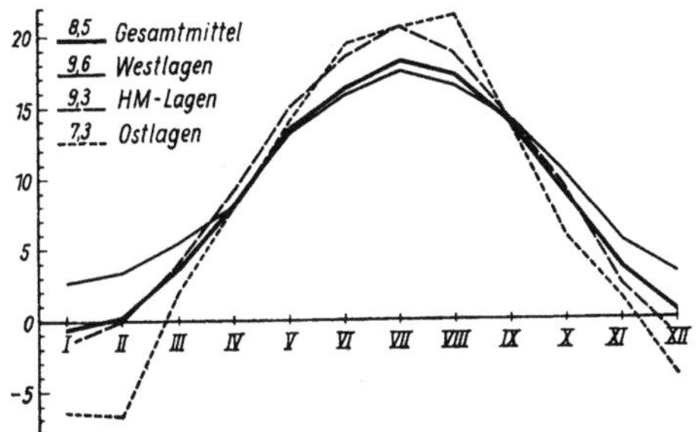

Abb. 32. Monats- und Jahresmittel der Lufttemperatur (in °C) bei verschiedenen Großwettertypen sowie Gesamtmittel in Potsdam (1901–1950). Die den Signaturen beigefügten Zahlen stellen das jeweilige Jahresmittel der Temperatur dar

Abb. 32 zeigt diese Verhältnisse am Beispiel von Potsdam: Die kontinentalen Großwetterlagen bringen tiefe Winter- und hohe Sommertemperaturen, während bei maritimen Großwetterlagen hohe Winter- und tiefe Sommertemperaturen auftreten.

Das unterschiedliche klimatische Verhalten der Großwetterlagen, das sich deutlich in den Wirkungen auf die Temperatur, aber auch auf andere Elemente und Erscheinungen des Klimas zeigt, ist eine Folge der durch die Luftströmungen zugeführten Luftmassen. Demnach wird jede Großwetterlage bzw. jeder Großwettertyp bestimmte Luftmassen heranführen, die ihrerseits ihre Auswirkung im Wettergeschehen haben. Ungleichmäßige Verteilung der Großwettertypen über das Jahr bringt also auch eine ungleichmäßige Verteilung der Luftmassen. Die mit den Luftmassen verbundenen Wettererscheinungen führen dazu, daß man durch die Häufigkeit von Luftmassen bzw. von Großwettertypen den Gang der Witterung, also das Klima, kennzeichnen kann. Auf diese Weise kommt man zu witte-

rungsklimatologischen Darstellungen, wie sie für Mitteleuropa z. B. H. FLHN (1954) oder D. SCHREIBER (1957) gegeben hat.

Der hier gegebene Zusammenhang zwischen Großwettertyp und Luftmasse ist auch in Tab. 7 dargestellt.

Da auch zwischen den Luftmassen und den Luftkörpern Beziehungen bestehen, wenn diese auch nicht in jedem Falle eindeutig sind (ein Luftkörper kann u. U. verschiedenen Luftmassen entsprechen), kann man auch vermittels der Luftkörper zu Klimadarstellungen kommen (vgl. beispielsweise E. DINIES, 1932). Außerdem läßt sich aus einem Vergleich der Häufigkeiten von kontinentalen (C) und maritimen (M) Luftkörpern sehr leicht ein Maß für den Kontinentalitätsgrad (Ko) herleiten, und zwar

$$Ko = \frac{C}{C + M} \cdot 100\%.$$

Die Anwendbarkeit dieses Kontinentalitätsgrades zeigt die nachfolgende Tab. 8, aus

Tabelle 7. *Die Großwettertypen Europas und die von ihnen herangeführten Luftmassen* (nach P. HESS und H. BREZOWSKY, 1952)

Groß-wettertyp	Luftmassen
W	mP, mP_T, mT_P, mT
HM	cP, cP_T, cT_P; gealterte mP und mP_T
SW	mP_T, mT_P, mT
NW	mP_A, mP, mP_T
N	cP_A, mP_A, mP
S	mT_P, mT, cT_S, mT_S
SE	cP_T, cT_P, cT, cT_S, mT_S
E	cP_A, cP, cP_T
NE	cP_A, mP_A
TM	mP_A
Ww	im Westen mP_A, mT; im Osten cP_T, cT_P, cT

Tabelle 8. *Kontinentalitätsgrad einiger europäischer Stationen auf Grund der Luftkörperhäufigkeit in % (nach H. BERG, 1948)*

Station	Kontinentalitätsgrad		
	Jahr	Sommer	Winter
Brest (Frankreich)	6	5	7
Paris	19	12	27
Aachen	27	24	30
Hamburg	32	28	39
Berlin	39	33	45
Kaliningrad	51	48	50
München	44	38	49

der auch die jahreszeitlich verschiedene maritime und kontinentale Beeinflussung der genannten Stationen hervorgeht.

4.2. Großräumige Übersichten

Den bisher angedeuteten Übersichten über Europa sind andere hinzuzufügen, die die gesamte Erde umfassen und die ebenfalls die synoptischen Beobachtungen zur Grundlage haben. Es wurde bereits darauf hingewiesen, daß man auch für außereuropäische Gebiete Luftmassen definieren kann, die sich jeweils mehr oder weniger von den europäischen Luftmassen unterscheiden. Will man diese Betrachtung auf die gesamte Erde ausdehnen, so kommt man zu einer unübersichtlich großen Zahl von Luftmassen, muß also notwendigerweise zu vereinfachenden und verallgemeinernden Betrachtungen übergehen.

Eine solche Verallgemeinerung ist beispielsweise gegeben in den für die gesamte Erde definierten Luftmassen nach B. P. ALISSOW (1954). Danach sind vier Luftmassen zu unterscheiden:

1. äquatoriale Luft,
2. tropische Luft (entspricht den oben gekennzeichneten Tropikluftmassen),
3. Luftmassen gemäßigter Breiten (Polarluft nach der Kennzeichnung in Tab. 3),
4. arktische bzw. antarktische Luft (vgl. P_A-Luftmasse).

Die Luftmassen unterscheiden sich zunächst durch ihre Temperaturen voneinander; damit ist aber bereits ein Hinweis auf den absoluten Feuchtigkeitsgehalt gegeben, der in warmer Luft höher ansteigen kann als in kalter. Weitere Feuchtigkeitsunterschiede, wie sie durch die Lage der Entstehungsgebiete über dem Kontinent oder dem Meer gegeben sind, können durch die Unterscheidung von Typen innerhalb der gegebenen Luftmasse berücksichtigt werden.

Die Vorherrschaft der einen oder anderen Luftmasse bringt charakteristische Unterschiede im Witterungsablauf. Demnach können die Luftmassen zur Kennzeichnung von Klimaten verwendet werden. Einzelheiten über die Einteilung der Klimate mit Hilfe der

hier genannten Luftmassen werden an anderer Stelle (Kap. 7) mitgeteilt werden.

Auf der synoptischen Wetterkarte ergaben sich die Fronten als wetterwirksame Begrenzungen der Luftmassen. In ähnlicher Weise kann man die Hauptluftmassen in ihrer mittleren Verbreitung durch „Fronten" abgrenzen; auf diese Weise erhält man die als Fronten bezeichneten Hauptluftmassengrenzen (nach R. SCHERHAG, 1948) oder die klimatischen Fronten (nach S. P. CHROMOW, 1950). Diese Fronten sind dadurch gekennzeichnet, daß in ihren Bereichen besonders häufig Grenzen zwischen verschiedenen Luftmassen liegen. Die Lage der klimatischen Fronten wird wesentlich bestimmt durch die Lage der Druckgebilde auf langjährigen Mittelkarten. Entsprechend den früher genannten vier Hauptluftmassen sind auf jeder Halbkugel drei klimatische Fronten zu unterscheiden: Tropikfront, Polarfront und Arktik- bzw. Antarktikfront nach den Bezeichnungen S. P. CHROMOWS (1950). Außerdem ergeben sich innerhalb der Passatgebiete Fronten, die Passatfronten, die maritime und kontinentale Anteile der Tropikluft gegeneinander abgrenzen.

Die klimatischen Fronten (Abb. 33 und 34) sind zwar im wesentlichen zonal angeordnet, dabei aber in einzelne Zweige aufgespalten; weiterhin zeigt sich eine jahreszeitliche Verlagerung der Fronten, die dem Sonnenstand folgt.

Im Januar (Abb. 33) ist die Tropikfront fast durchgehend ausgebildet und verläuft großenteils auf der Südhalbkugel, wobei sie über den Kontinenten weiter nach Süden ausgreift als über den Ozeanen. Polar- und Arktikfront der Nordhalbkugel sind infolge der Verteilung von Land und Meer und der dadurch beeinflußten Luftdruckverteilung in mehrere Zweige aufgelöst. Auch die Polarfront der Südhalbkugel zeigt mehrere Zweige, deren Ausbildung offenbar mit der Verteilung von Land und Meer zusammenhängt. Demgegenüber zeigt die Antarktikfront, der Geschlossenheit des antarktischen Kontinentes folgend, nur eine Unterbrechung.

Im Juli (Abb. 34) sind alle Fronten nach Norden verschoben. Die Tropikfront befindet sich völlig auf der Nordhalbkugel; sie erfährt über Ostafrika und Ostasien jeweils eine Unterbrechung und reicht besonders über Asien sehr weit nach Norden. Die Polarfronten sind

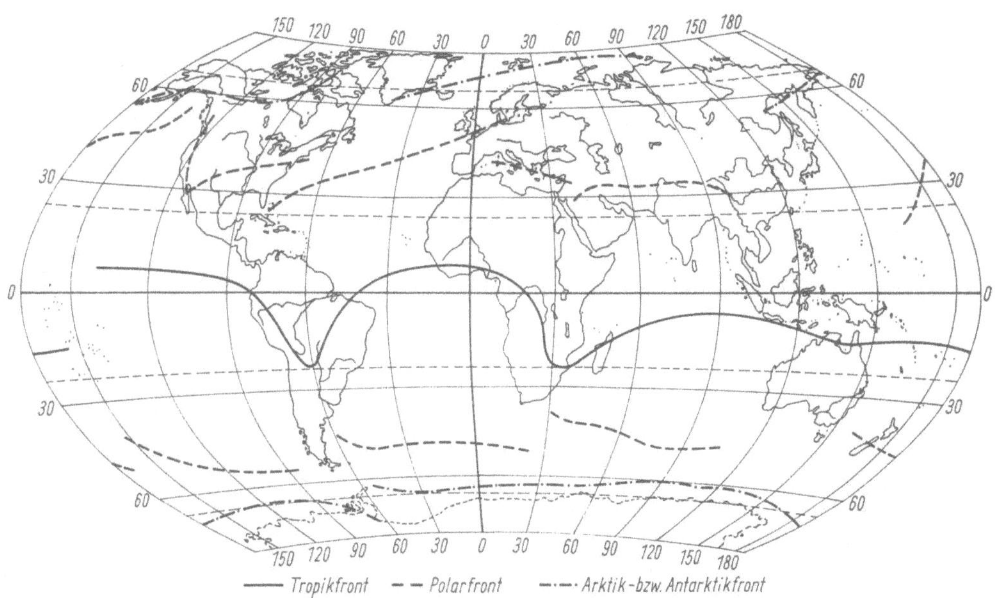

Abb. 33. Die klimatischen Fronten im Januar nach S. P. CHROMOW (nach B. P. ALISSOW, O. A. DROSDOW, E. S. RUBINSTEIN, 1956)

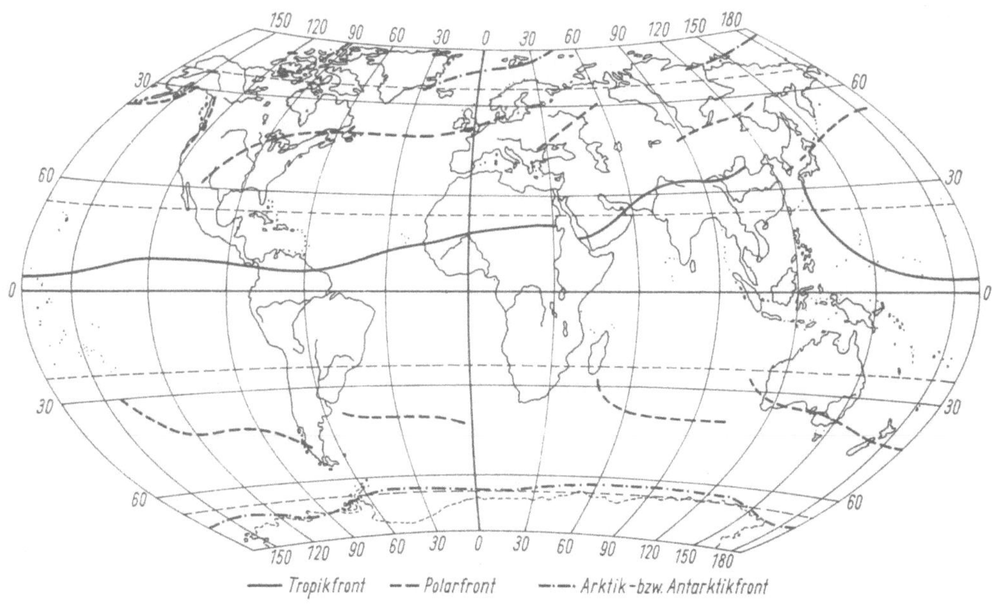

Abb. 34. Die klimatischen Fronten im Juli nach S. P. CHROMOW (nach B. P. ALISSOW, O. A. DROSDOW, E. S. RUBINSTEIN, 1956)

4*

wieder in einzelne Zweige aufgeteilt, wobei der nordatlantische Zweig weit auf den amerikanischen Kontinent übergreift; außerdem besteht je ein Zweig über Osteuropa und Ostasien. Die Zweige der Arktikfront sind im Juli weniger ausgedehnt als im Januar. Auf der Südhalbkugel sind die Zweige der Polarfront ohne wesentliche sonstige Änderungen gegenüber der Januarlage nach Norden verschoben. Schließlich ist die Antarktikfront durchgehend ausgebildet und folgt etwa dem Rande des Kontinents.

Die klimatischen Fronten geben in ihren jahreszeitlichen Veränderungen die Voraussetzung dafür, das Klima ihrer Wirkungsgebiete nicht nur im Jahresmittel, sondern auch im Jahresablauf zu kennzeichnen. Somit besteht die Möglichkeit, ausgehend von synoptischen Beobachtungen, über die zusammenfassenden Betrachtungen der Luftmassen und der klimatischen Fronten zu Klimadarstellungen zu kommen (vgl. Kap. 7).

4.3. Grundschicht der Troposphäre

Von aerologischen Beobachtungen her kam K. SCHNEIDER-CARIUS (1953) zur Darstellung der Grundschicht der Troposphäre. Die Feststellung, daß in der Atmosphäre meist in wenigen Kilometern Höhe eine Dunstgrenze vorhanden ist, führte zu näherer Betrachtung der unterhalb dieser Dunstgrenze liegenden Luftschicht. Hier spielen Vorgänge der Reibung an der Erdoberfläche sowie der Konvektion eine wesentliche Rolle. Im allgemeinen sind Reibung und Konvektion nebeneinander wirk-

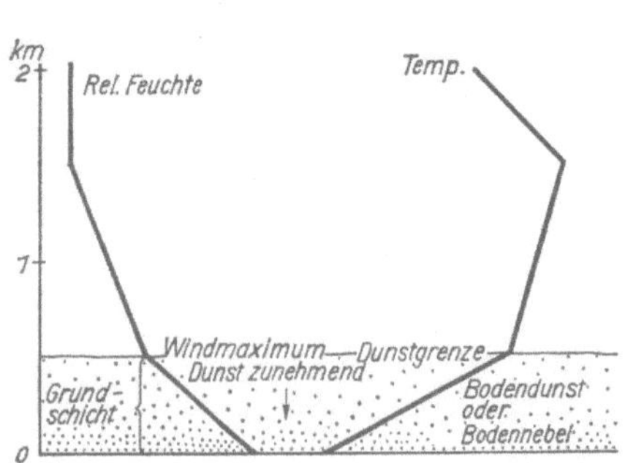

Abb. 35. Inversionstyp der Grundschicht [A] (nach K. SCHNEIDER-CARIUS, 1953)

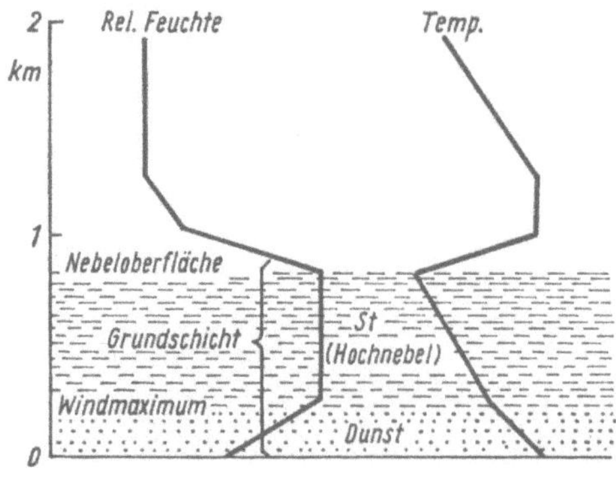

Abb. 36. Hochnebeltyp der Grundschicht [B] (nach K. SCHNEIDER-CARIUS, 1953)

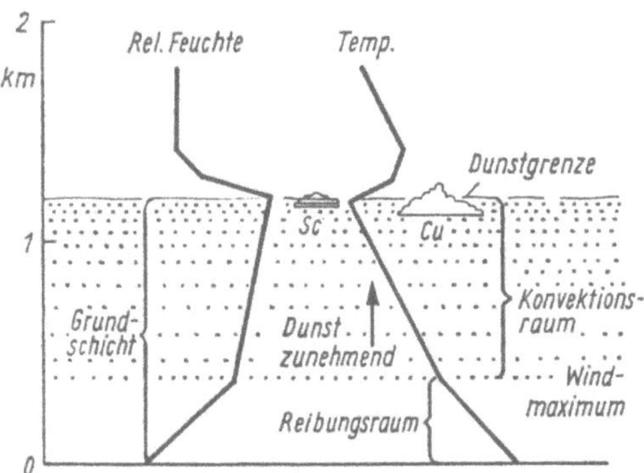

Abb. 37. Normaltyp der Grundschicht [C] (nach K. SCHNEIDER-CARIUS, 1953)

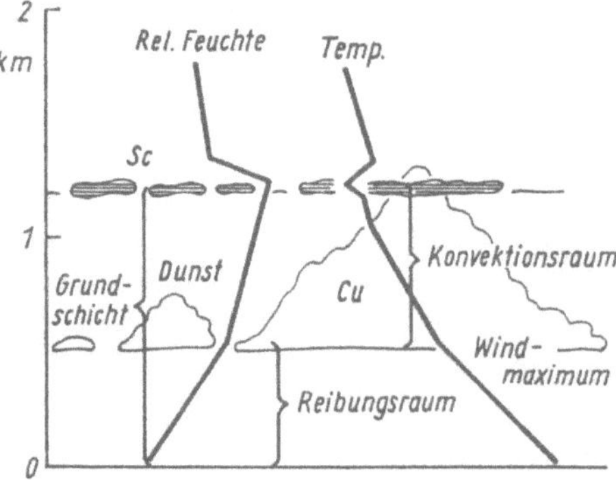

Abb. 38 Konvektionstyp der Grundschicht mit Quellwolken [D₂] (nach K. SCHNEIDER-CARIUS, 1953)

sam; in manchen Fällen ist aber auch eine Trennung in einen Raum mit vorherrschender Reibung (Reibungsraum) und einen darüberliegenden Raum mit überwiegender Konvektion (Konvektionsraum) gegeben. Als Folge der Reibungs- und Konvektionsvorgänge ergibt sich in unmittelbarer Nachbarschaft der Erdoberfläche ein wolkenfreier Raum, über dem ein mit Dunst oder Wolken erfüllter Raum liegt. Den Abschluß nach oben bildet eine Dunstgrenze, an der es je nach den Gegebenheiten zu Schicht- oder Quellbewölkung kommen kann. Mit dieser Dunstgrenze ist im Temperaturverlauf eine mehr oder weniger gut ausgebildete Inversion verbunden. Diese Inversion, die die obere Begrenzung der Grundschicht darstellt, liegt im Mittel bei 1,5 bis 3 km Höhe.

Oberhalb der Dunstschicht folgt eine Luftschicht wechselnder Mächtigkeit, in der sich bei zunehmender Höhe Temperaturzunahme oder Isothermie zeigt. In ihrem Verhalten bezüglich der Temperatur- und Feuchteverteilung sowie der Windverhältnisse zeigt diese Schicht Ähnlichkeit mit der Übergangsschicht zwischen Troposphäre und Mesosphäre, der Tropopause. Daher wurde für diese Schicht die Bezeichnung Peplopause geprägt, die Peplopause trennt die Grundschicht von der darüberliegenden Schicht der Troposphäre.

Entsprechend dem Aufbau der Grundschicht werden fünf Grundschichttypen unterschieden, die z. T. eine weitere Unterteilung erfahren. Es ergeben sich folgende Typen:

A, Inversionstyp (Abb. 35). Die Dunstgrenze mit dem Windmaximum liegt sehr tief, bei etwa 200 bis 500 m; die Temperatur nimmt vom Boden bis zum Windmaximum zu; die Bodendunstschicht, in der auch die Bildung von Bodennebel möglich ist, reicht bis zur Höhe des Windmaximums. Die Grundschicht zeigt geringe vertikale Mächtigkeit, während die darüberliegende Übergangsschicht oft eine beträchtliche Mächtigkeit aufweist.

A_1, Inversionstyp mit bodennaher Mischungsschicht, ist ein Untertyp von *A*. In Bodennähe tritt eine etwa 100 bis 200 m mächtige Mischungsschicht auf, in der die Temperatur mit zunehmender Höhe abnimmt. In der Mischungsschicht ist die Möglichkeit der Nebelbildung gegeben.

B, Hochnebeltyp (Abb. 36). Die Mischungsschicht wächst gegenüber A_1 an und stellt einen z. T. mit Dunst erfüllten wolkenfreien Raum dar. Darüber befindet sich eine Hochnebeldecke (Stratus, *St*), deren Obergrenze bis auf 600 bis 900 m über Grund ansteigen kann. Der Beginn der Peplopause ist durch eine kräftige Inversion gekennzeichnet.

C, Normaltyp (Abb. 37). Reibungs- und Konvektionsraum sind gegeneinander abgesetzt, dabei ergibt sich im Konvektionsraum nach oben hin Dunstzunahme. Die Grundschicht wird mit einer ausgeprägten Dunstobergrenze und einer gut ausgebildeten Inversion nach oben abgegrenzt. An der Dunstgrenze kann es zu flacher Bewölkung (Stratocumulus, *Sc*; Cumulus, *Cu*) kommen.

D, Konvektionstyp ohne bzw. mit Quellwolken (Untertyp D_1 bzw. D_2) (Abb. 38). Auch hier sind Reibungs- und Konvektionsraum deutlich unterschieden. An der Obergrenze des Reibungsraumes, wo der Wind sein Maximum erreicht, bilden sich mehr oder weniger starke Quellwolken (*Cu*) aus, während die Obergrenze der Grundschicht durch flache Bewölkung (Stratocumulus, *Sc*) und eine nicht sehr kräftige Inversion gekennzeichnet wird.

E, Böenwettertyp (Abb. 39). Die Grundschicht wächst bis auf 3 km Höhe und mehr an, wobei das Wachstum zugunsten des Konvektionsraumes erfolgt. Neben der flachen Bewölkung an den Obergrenzen von Reibungs- und Konvektionsraum wird der Böenwettertyp durch mächtige Quellwolken (*Cu*-Massive) gekennzeichnet, die vielfach die Obergrenze der Grundschicht durchbrechen. Die Temperaturinversion an der Obergrenze der Grundschicht ist sehr schwach ausgebildet.

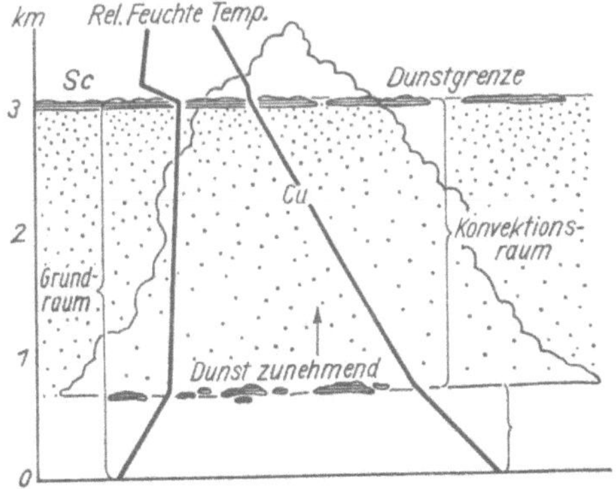

Abb. 39. Böenwettertyp der Grundschicht *[E]* (nach K. SCHNEIDER-CARIUS, 1953)

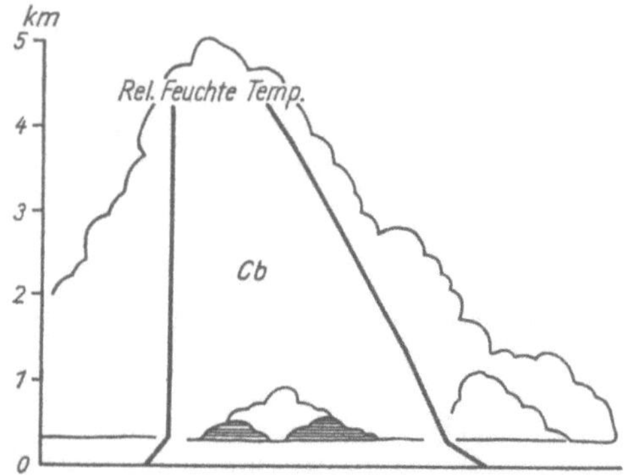

Abb. 40. Auflösungstyp der Grundschicht, Gewittertyp *[F₁]* (nach K. SCHNEIDER-CARIUS, 1953)

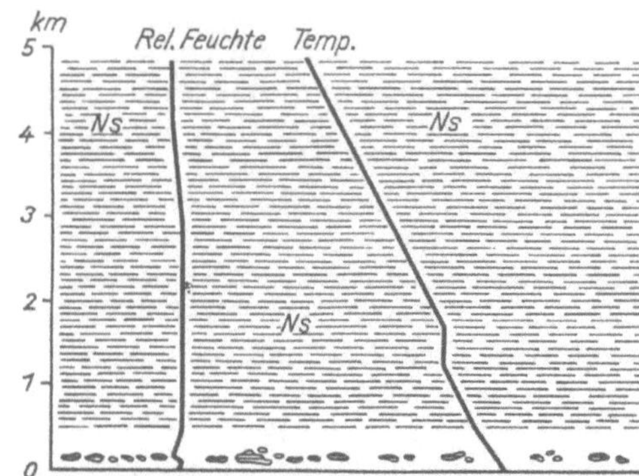

Abb. 41. Auflösungstyp der Grundschicht, Regenwettertyp *[F₂]* (nach K. SCHNEIDER-CARIUS, 1953)

F, Auflösungstyp. Der Auflösungstyp der Grundschicht tritt in zwei nach Entstehung und Aufbau deutlich unterschiedenen Untertypen, dem Gewittertyp und dem Regenwettertyp, in Erscheinung. Auf der Rückseite des Auflösungstyps bildet sich die Grundschicht bald wieder aus, so daß der Auflösungstyp meist nicht von langer Dauer ist, wobei allerdings die Tropen eine Ausnahme bilden.

F_1, Auflösungstyp-Gewittertyp (Abb. 40). Es tritt ein hochreichender Konvektionsraum mit unregelmäßig verteilter Quellbewölkung (vielfach Cumulonimbus, Cb) auf. Eine durch Temperaturinversion gekennzeichnete obere Begrenzung der Grundschicht ist nicht vorhanden; die Grundschicht ist aufgelöst.

F_2, Auflösungstyp-Regenwettertyp (Abb. 41). Der Konvektionsraum geht in den Bewölkungsaufzug über, so daß sich eine hochreichende Schichtbewölkung (Nimbostratus, Ns) ergibt. Auch hier fehlt eine durch Temperaturinversion gekennzeichnete Obergrenze der Grundschicht.

Ein Zusammenhang zwischen den Grundschichttypen ist dadurch gegeben, daß in der Reihe von A bis F der Austausch mehr und mehr zunimmt, wobei sich ab Typ C ein stärkerer Anteil der Konvektion ergibt.

Schließlich führt die Zunahme der Konvektion zur Auflösung der Grundschicht im Typ F_1. Besteht also im allgemeinen eine Aufeinanderfolge der Grundschichttypen in der genannten Reihenfolge, so bildet der Typ F_2 eine Ausnahme, da er sich an jeden der Typen anschließen kann.

Es zeigt sich, daß die Grundschichttypen nicht gleichmäßig verteilt vorkommen, sondern in ihrer vorherrschenden Form an bestimmte Klimagebiete gebunden sind. Damit ergibt sich die Möglichkeit, aus den Betrachtungen der Grundschicht heraus zur Kennzeichnung von Klimaten zu kommen.

Die Verbreitung der Grundschichttypen läßt eine Beschreibung bestimmter klimatischer Erscheinungen durch die Verhältnisse in der

Tabelle 9. Die Verbreitung der Grundschichttypen (nach K. SCHNEIDER-CARIUS, 1953)

Grundschichttyp	Vorkommen
A Inversionstyp	Polargebiet; kontinentale, winterliche Antizyklonen mittlerer und höherer Breiten
B Hochnebeltyp	Nordpolarbecken (Sommer); in subpolaren und mittleren Breiten im Winter über dem Festland, im Sommer über dem Meere
C Normaltyp	außerhalb der inneren Tropen- und der inneren Polarzone
D Konvektionstyp	mittlere Breiten, vornehmlich im Sommer; Subtropen ständig (Normaltyp des Passates); Tropen: D_1 in Trockenzeiten
E Böenwettertyp	mittlere und niedere Breiten in den Zeiten verstärkter Konvektion
F_1 Gewittertyp	mittlere und niedere Breiten bei starker Konvektion; Tropen
F_2 Regenwettertyp	in allen großen außertropischen Regengebieten

Grundschicht der Troposphäre zu. Als Beispiele hierfür seien die Passatzone und das Gebiet der äquatorialen Westwinde (Mallungen) genannt. In den Passatgebieten entspricht die Passatinversion meist dem Typ D der Grundschicht; es tritt auch der Typ C in Erscheinung. Im Bereich der äquatorialen Westwinde zeigt sich ein Höherrücken der Peplopause, wobei Temperatur- und Feuchtesprung an der Obergrenze der Grundschicht verringert werden, bis es zu völligem Verschwinden der Peplopause kommt; damit ist der Auflösungstyp F_1 ein verbreitetes Kennzeichen dieser Gebiete.

5. Klimatologische Elemente und Erscheinungen

Die Zusammensetzung des Wetters aus einer Reihe von Elementen und Erscheinungen auf der einen Seite, die Definition und Erklärung des Klimas auf der anderen Seite weist darauf hin, daß Wetter und Klima aus denselben Elementen und Erscheinungen aufgebaut sind. Spricht man daher im Zusammenhang mit dem Wetter von meteorologischen Elementen und Erscheinungen, so folgt, daß die im Zusammenhang mit dem Klima genannten klimatologischen Elemente und Erscheinungen mit den meteorologischen im wesentlichen identisch sind. Ein Unterschied ergibt sich lediglich in der Betrachtungsweise, die ebenfalls aus der Definition von Wetter und Klima hervorgeht. Während nämlich beim Wetter zunächst die augenblickliche Verteilung der Elemente und Erscheinungen interessiert, sind es beim Klima Häufigkeitsverteilungen und Mittelwerte der Elemente und Erscheinungen, die im Mittelpunkt der Betrachtung stehen. Damit gewinnt der Mittelwert eine ausschlaggebende Bedeutung für die klimatologische Darstellung.

Die für die klimatologische Betrachtung notwendige Mittelwertbildung der einzelnen Elemente und Erscheinungen erfolgt auf der Grundlage von Registrierungen oder aber von Terminbeobachtungen. Da die Registrierung eines Elementes – beispielsweise der Temperatur – dieses Element in Abhängigkeit von der Zeit darstellt, ist der Mittelwert für eine bestimmte Zeit durch Ausplanimetrieren der Fläche zwischen der Zeitachse und der Kurve des Elementes und nachfolgender Division durch die Zeit zu erreichen. Eine annähernde Mittelwertbildung ergibt sich beim Fehlen von Registrierungen aus Messungen in nicht zu weit auseinanderliegenden Zeitpunkten; Addition der Meßwerte und Division durch die Anzahl der Messungen während eines bestimmten Zeitraumes ergibt den Mittelwert für diesen Zeitraum.

In den meisten Fällen wird man sich allerdings mit verhältnismäßig wenigen Stichprobenmessungen zufriedengeben müssen. Es kommt dann darauf an, die Meßzeiten so zu verteilen, daß aus den gemessenen Werten der Mittelwert verhältnismäßig einfach errechnet werden kann. Nähere Angaben über die Mittelwertbildung bei den einzelnen Elementen und Erscheinungen sollen bei der Einzelbetrachtung dieser klimatologischen Elemente und Erscheinungen gegeben werden.

Die Mittelwerte verschiedener Zeitintervalle zeigen insofern eine systematische Aufeinanderfolge, als die Mittelwerte längerer Zeiträume aus denen kürzerer Zeiten hervorgehen. Es ergibt sich also beispielsweise die Aufeinanderfolge:

Tagesmittel → Monatsmittel → Jahresmittel.

Ein weiteres Kennzeichen des klimatologischen Mittelwertes besteht darin, daß er von zufälligen Schwankungen frei sein muß. Andererseits aber darf der Mittelwert tatsächlich vorhandene periodische Schwankungen sowie Veränderungen, die sich über längere Zeiträume erstrecken, nicht unterdrücken. Daraus folgt, daß die zur Feststellung eines Mittelwertes verwendete Zeit nicht zu kurz, aber auch nicht zu lang sein darf. Im allgemeinen werden 30 Jahre für ausreichend gehalten, um einen repräsentativen Mittelwert zu ergeben; derartige Mittelwerte werden dann vielfach als „Normalwert" bezeichnet. Dabei ist allerdings zu berücksichtigen, daß ein solcher „Normalwert" strenggenommen nur für die Periode gelten kann, für die er berechnet wurde. Damit erhält der „Normalwert" den Charakter einer Stichprobe; er bleibt so lange für das Klima repräsentativ, wie keine Veränderung in der Grundhäufigkeit der Klimaelemente eintritt, solange es also nicht zur Veränderung des Klimas kommt.

Aus den vorstehenden Bemerkungen folgt, daß Mittelwerte nur dann streng vergleichbar sind, wenn die zugrunde liegenden Beobachtungen demselben Zeitraum entstammen. Ist das nicht der Fall, so besteht die Möglichkeit, auf rechnerischem Wege von Beobachtungsreihen verschiedener Länge die kürzere auf die längere zu reduzieren. Für diese Reduktion ist

Voraussetzung, daß mindestens für einige Jahre an beiden Stationen gleichzeitig beobachtet wurde, daß sich also die Beobachtungszeiträume überschneiden bzw. der kürzere Zeitraum im längeren enthalten ist. Weiter ist darauf zu achten, daß die auf die Verteilung der klimatologischen Elemente an den beiden Vergleichsstationen einwirkenden Faktoren gleichartig sind. Damit können sich z. B. für die Reduktion von Beobachtungen, die während einer Expedition in weit von einer Dauerstation entfernten Gebieten angestellt wurden, Schwierigkeiten ergeben. Es ist in solchen Fällen zweckmäßiger, auf eine Reduktion kurzer Beobachtungsreihen auf einen langen Zeitraum zu verzichten und dem erzielten Mittelwert mehr oder weniger den Charakter einer Stichprobe zu belassen.

Der strengen Vergleichbarkeit klimatologischer Mittelwerte gilt auch die Festlegung einer „Normalperiode". Man nahm hierfür die Jahre 1901 bis 1930. Es hat sich allerdings inzwischen gezeigt, daß dieser Zeitraum nicht sehr glücklich gewählt war, da er in eine besonders warme Periode fiel. Deshalb werden nach einem Beschluß der World Meteorological Organization (1960) die Jahre 1931 bis 1960 als Standardperiode bezeichnet und verwendet (vgl. Klimadaten am Ende des Buches).

Auch nach Festlegung einer Normalperiode wird man selbstverständlich auf Beobachtungen, die zeitlich außerhalb dieser Normalperiode liegen, nicht verzichten. Im allgemeinen wird bei der Verwendung genügend langer Beobachtungsreihen der auftretende Fehler für Übersichtsbetrachtungen durchaus tragbar sein. Die Forderung, bei Mittelwerten jeweils den Zeitraum anzugeben, auf den sie sich beziehen, ist leider in sehr vielen Fällen nicht verwirklicht; aber auch hier werden die durch Verwendung verschiedener Jahresreihen entstehenden Unterschiede in den Mittelwerten meist ohne größere Bedeutung bleiben.

5.1. Strahlung

Für die Wettervorgänge, die in ihrem Ablauf und in ihrer Auswirkung das Klima bilden, ist Energie erforderlich. Diese Energie stammt praktisch vollständig von der Sonne, da andere Energiequellen – Mond, Sterne, das Innere der Erde – im Vergleich dazu verschwindend gering sind; so beträgt beispielsweise die Eigenstrahlung des Mondes etwa den hunderttausendsten Teil der Sonnenstrahlung. Damit kann die Sonne als alleinige Energiequelle für das Wettergeschehen angesprochen werden.

Die Übertragung der Energie von der Sonne zur Erde und deren Atmosphäre erfolgt durch die Strahlung. Somit werden für die Vorgänge in der Atmosphäre die von der Sonne ausgestrahlten Energiemengen wichtig. Diese Energiemengen stehen in Abhängigkeit von der Temperatur des strahlenden Körpers und sind bei einem im Sinne der Physik „schwarzen" Körper der vierten Potenz der absoluten Temperatur des strahlenden Körpers proportional. Dabei ist ein „schwarzer" Körper dadurch gekennzeichnet, daß er die gesamte auf ihn auftreffende Energie absorbiert. Ein solcher schwarzer Körper ist in der Lage, selbst eine verhältnismäßig starke Strahlung auszusenden; das bedeutet, daß ein schwarzer Körper unter sonst gleichen Voraussetzungen eine größere Energiemenge ausstrahlt als ein nichtschwarzer Körper. Als Zusammenhang zwischen der Temperatur und der abgestrahlten Energie eines schwarzen Körpers ergibt sich das Stefan-Boltzmannsche Gesetz. Danach ist die je Flächen- und Zeiteinheit von einem schwarzen Körper abgestrahlte Energiemenge der vierten Potenz seiner Temperatur (gemessen in K) proportional. Für einen nichtschwarzen Körper verringert sich die ausgestrahlte Energiemenge entsprechend der Abweichung von den Eigenschaften des schwarzen Körpers.

Aus den Zusammenstellungen von M. WALD-MEIER (1955) ergibt sich für die Photosphäre der Sonne eine Strahlungstemperatur von 5712 K. Die Energieproduktion der Sonne beträgt $3{,}72 \cdot 10^{23}$ kW.

Die von der Sonne abgestrahlte Energiemenge verteilt sich auf einen recht ausgedehnten Wellenbereich, so daß die Sonnenstrahlung ein Spektrum aufweist. Nach M. WALDMEIER (1955) erstreckt sich das Spektrum der von der Sonne ausgesandten Strahlung – soweit es durch direkte und indirekte Methoden erforscht ist – über einen Wellenlängenbereich von 10^{-9} bis 10^{2} m. Das bedeutet, daß die Sonnenstrahlung vom Bereich der Röntgenstrahlen bis in den Bereich der Radiowellen reicht, wobei der sichtbare Anteil nur ein schmales

Band dieses Spektrums ausmacht. Die Abgrenzungen für den Bereich des sichtbaren Lichtes und der einzelnen Farben sind der Tab. 10 zu entnehmen.

Die für das Sonnenspektrum angegebenen Wellenlängen sind nicht alle mit der gleichen Stärke im Spektrum vertreten. Vielmehr ergibt sich innerhalb des Spektrums ein Maximum, das im sichtbaren Bereich liegt. Das hängt damit zusammen, daß die Wellenlänge der maximalen Energieabstrahlung temperaturabhängig ist; sie ist um so größer, je geringer die Temperatur ist. Das ist der Inhalt des Wienschen Verschiebungsgesetzes, das besagt, daß bei einem strahlenden Körper das Produkt aus Wellenlänge der maximal abgestrahlten Energie und absoluter Temperatur konstant ist, also

$$\lambda_{\max} \cdot T = \text{const} = 0{,}002884 \text{ m} \cdot \text{K}.$$

Aus dem Wienschen Verschiebungsgesetz ergeben sich für die verschiedenen Temperaturen der strahlenden Körper folgende Wellenlängen maximaler Energieabstrahlung.

Aus der Strahlungstemperatur der Sonne ergibt sich, daß das Maximum ihrer Energiestrahlung im sichtbaren Teil des Spektrums, und zwar im Blaugrün, liegt. Es sei noch bemerkt, daß die Energieverteilung innerhalb des Spektrums eines Schwarzstrahlers nicht symmetrisch zum Maximalwert angeordnet ist; vielmehr erfolgt der Anstieg zum Maximum wesentlich rascher als der Abstieg vom Maximum, so daß im Spektrum die größeren Wellenlängen stärker vertreten sind als die kürzeren.

Die von der Sonne ausgehende Strahlung gelangt natürlich nur zu einem kleinen Teil zur Erde bzw. an die Außengrenze der Erdatmosphäre. Der Energiebetrag, der in der Zeiteinheit auf die Flächeneinheit an der äußeren Grenze der Erdatmosphäre auftrifft, wird als Solarkonstante bezeichnet. Da nun die einfallende Strahlung innerhalb der Erdatmosphäre Veränderungen erfährt, kann die Solarkonstante nur durch Extrapolation nach vergleichenden Strahlungsmessungen auf hohen Bergen und im Tiefland gewonnen werden. Das bringt natürlich eine gewisse Unsicherheit der Bestimmung mit sich, die dann endgültig zu beheben sein wird, wenn genügend Strahlungsmessungen außerhalb der Erdatmosphäre vorliegen. Es darf daher nicht verwundern, daß von verschiedenen Forschern unterschiedliche Werte der Solarkonstanten angegeben werden. Aus einer Reihe älterer Messungen, aber auch aus neueren Angaben, die durch Messungen bei Raketenaufstiegen ergänzt wurden, ergibt sich als recht sicherer Wert der Solarkonstanten

$$S = 1354 \text{ W/m}^2.$$

Demnach nimmt ein Quadratmeter Fläche an der Außengrenze der Atmosphäre je Sekunde eine Energie von 1354 J auf.

Es ist zu bemerken, daß unter der Solarkonstanten der Wert der Energiestrahlung verstanden werden muß, der noch nicht von der Erdatmosphäre beeinflußt wurde; nur in diesem Zusammenhang kann man von einer Konstanten sprechen. Denn die Solarkonstante zeigt selbstverständlich Veränderungen, die in Abhängigkeit von den Veränderungen der Entfernung Erde–Sonne stehen. Anfang Januar hat diese Entfernung mit $146{,}9 \cdot 10^6$ km ihren geringsten Wert, wobei die Solarkonstante ihren höchsten Wert von etwa 1410 W/m² erreicht. Umgekehrt beträgt Anfang Juli die Solarkonstante nur etwa 1320 W/m² beim größten Wert der Entfernung Erde–Sonne von $152 \cdot 10^6$ km. Die Jahresschwankung beträgt rund 7 % des Mittels.

Die von der Sonne ausgehende und auf die äußere Grenze der Atmosphäre auftreffende Strahlung erfährt nun bei ihrem weiteren Weg zur Erdoberfläche verschiedene Veränderun-

Tabelle 10. Die Farben des Spektrums und ihre Wellenlängen in µm

0,29 …0,36	ultraviolett
0,36 …0,424	violett
0,424…0,492	blau
0,492…0,535	grün
0,535…0,586	gelb
0,586…0,647	orange
0,647…0,76	rot
0,76…>30	infrarot

Tabelle 11. Die Wellenlänge maximaler Energiestrahlung bei verschiedenen Temperaturen

T in K	500	1000	2000	3000	4000	5000	6000	7000	8000	9000	10000
$\lambda_{\max}$ in 10^{-9} m	5750	2884	1442	961	721	575	481	412	360	320	288

gen, die auf die Wirkung der Atmosphäre und ihrer Bestandteile zurückzuführen sind. Die Veränderungen laufen einmal auf eine Abschwächung der Strahlung, zum anderen auf eine Zerstreuung der direkten Strahlung hinaus.

Die von der Sonne in die Atmosphäre einfallende Strahlung wird an den Luftteilchen sowie an den Beimengungen der Luft mehr oder weniger stark zerstreut. Dadurch entsteht eine diffuse Strahlung, die auch als Himmelsstrahlung bezeichnet wird. Diese diffuse Strahlung ist der Grund dafür, daß trotz Abschirmung der direkten Sonnenstrahlung (z. B. im Schatten einer Wolke) eine gewisse Helligkeit erhalten bleibt. Die direkte Sonnenstrahlung wird also in der Atmosphäre zugunsten der diffusen Strahlung mehr oder weniger geschwächt. Die Stärke der Zerstreuung ist von der Wellenlänge des Lichtes abhängig. Da der kurzwellige Teil des sichtbaren Spektrums – der blaue Anteil – stärker zerstreut wird als der

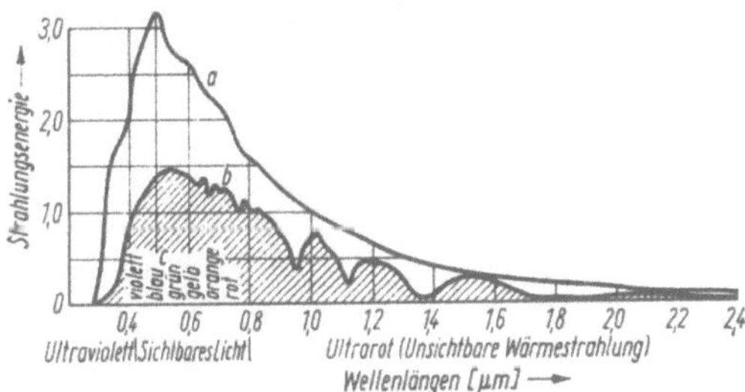

Abb. 42. Energie der Sonnenstrahlung (relative Einheiten) in verschiedenen Spektralbereichen (nach W. HESSE, 1966)
a) an der Grenze der Atmosphäre;
b) am Erdboden bei einer Sonnenhöhe von 35°

langwellige, ergibt sich die blaue Himmelsfarbe. Diese blaue Himmelsfarbe geht mit zunehmender Höhe über der Erdoberfläche, wo die Zahl der zerstreuenden Teilchen geringer wird, mehr in ein Schwarzblau über.

Durch diese Abhängigkeit der Zerstreuung von der Wellenlänge des Lichtes ergeben sich auch für die verschiedenen Farbanteile des Lichtes verschiedene Durchlässigkeiten der Atmosphäre. Entsprechend der starken Zerstreuung des blauen Anteils wird dieser stärker geschwächt als der rote Anteil; die Durchlässigkeit der Atmosphäre ist also für den roten Anteil des sichtbaren Spektrums größer als für den blauen. Das hat zur Folge, daß bei tiefstehender Sonne fast nur die roten Strahlen die Erdoberfläche erreichen.

Es ist vielfach zweckmäßig, die direkte Sonnenstrahlung und die diffuse Himmelsstrahlung gemeinsam zu betrachten. Die Summe beider Strahlungen ergibt die Globalstrahlung, d. h. die einer horizontalen Fläche insgesamt zugestrahlte Energie.

Neben die von der Wellenlänge abhängige allgemeine Schwächung beim Durchgang der Strahlung durch die Atmosphäre tritt in einigen Spektralbereichen eine besonders große Schwächung, die bestimmte Teile des Spektrums fast verschwinden läßt. Diese „auswählende" (selektive) Absorption erfolgt an dem in der Atmosphäre enthaltenen Ozon, dem Wasserdampf und dem Kohlendioxid. Infolge dieser selektiven Absorption zeigt die Energieverteilung der am Erdboden eintreffenden Strahlung gegenüber der Strahlung an der Obergrenze der Atmosphäre Lücken. Die Strahlung wird also „gesiebt", was sich besonders im langwelligen Teil des Spektrums (Wärmestrahlung) bemerkbar macht (Abb. 42). Das bedeutet, daß die Atmosphäre insgesamt eine größere Durchlässigkeit für den kurzwelligen Teil der Strahlung besitzt, während der langwellige Teil großenteils absorbiert wird.

Daraus und aus der Tatsache, daß die langwellige Wärmestrahlung einen verhältnismäßig geringen Teil der Sonnenstrahlung ausmacht, folgt, daß die Erwärmung der Luft nicht direkt von der Sonne her erfolgt. Zur Erwärmung der Luft muß die kurzwellige Strahlung erst in langwellige Strahlung umgesetzt werden. Das geschieht in der Erdoberfläche, die die kurzwellige Sonnenstrahlung zum größten Teil absorbiert und mit größerer Wellenlänge wieder emittiert. Denn entsprechend dem Wienschen Verschiebungsgesetz liegt das Energiemaximum der von der Erde ausgehenden Strahlung im Bereich der langwelligen Wärmestrahlen. Diese werden ihrerseits von den Beimengungen der Luft, insbesondere dem Wasserdampf und dem Kohlendioxid, absorbiert und können so zur Erwärmung der Luft beitragen. Damit erfolgt die Erwärmung der Luft wesentlich von der Erdoberfläche her, wobei außer der Strahlung auch noch Leitungsvorgänge mitspielen.

Für die Messung der Strahlung wurden verschiedene Geräte entwickelt, die je nach der speziellen Aufgabe Unterschiede aufweisen. Allgemein wird die Wärmewirkung der Strahlung zur Anzeige der Strahlung verwendet.

Dabei können ein geeignetes Thermometer, eine Anordnung von weißen und schwarzen Metallstreifen oder ein Thermoelement zur Messung dienen. Die Meßgeräte sind für Einzelbeobachtungen sowie für Registrierungen einzurichten. Die Meßgeräte für die direkte Sonnenstrahlung werden als Pyrheliometer – für absolute Messungen – bzw. als Aktinometer – für relative Strahlungsmessungen – bezeichnet. Bei Einrichtung als Registriergerät wird beispielsweise aus dem Aktinometer

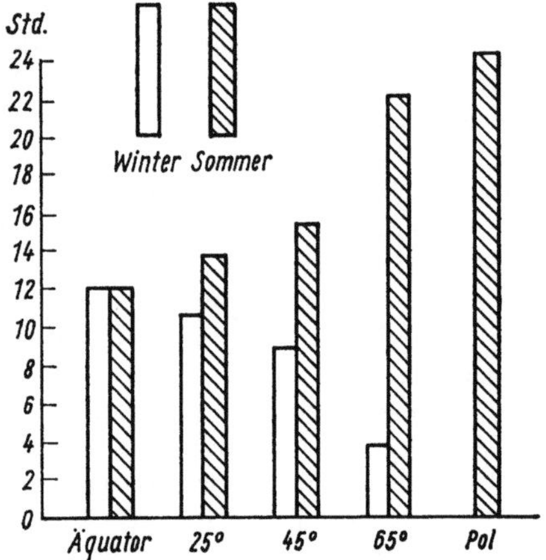

Abb. 43. Astronomisch mögliche Sonnenscheindauer am längsten und kürzesten Tag (nach J. Grunow, 1955)

ein Aktinograph. Die Messung der diffusen Strahlung sowie der von der Erdoberfläche einerseits, den Wolken andererseits ausgehenden Wärmestrahlung geht nach demselben Prinzip mit im Einzelfall entsprechend abgewandelten Geräten vor sich. Zur Messung der verschiedenen Spektralbereiche können entsprechende Filter verwendet werden. Schließlich geschieht die Messung der Sonnenscheindauer, die einen ersten Hinweis auf die einfallende direkte Sonnenstrahlung gibt, in einfacher Weise mit dem Sonnenscheinautographen, der die Sonnenstrahlen vermittels einer Kugellinse auf einem Registrierstreifen vereinigt, auf dem eine der Sonnenscheindauer entsprechende Brennspur entsteht.

Die astronomisch mögliche Sonnenscheindauer ist abhängig von der geographischen Breite und von der Stellung der Erde zur Sonne (Jahreszeiten). Läßt man die Refraktion, die zu einer Verlängerung der Sonnenscheindauer gegenüber den errechneten Werten führt, außer Betracht, so ergibt sich im Jahresmittel an allen Stellen der Erde eine astronomisch mögliche Sonnenscheindauer von 12 Stunden je Tag. Dieser Jahresmittelwert ergibt sich aus unterschiedlichen Verteilungen der Tageslängen über das Jahr, die von der geographischen Breite abhängen; auf die unterschiedlichen Tageslängen weist Tab. 12 hin. Die in Tab. 12 angegebenen Werte gelten für den längsten Tag; der kürzeste Tag ergibt sich jeweils als die Ergänzung hierzu auf 24 Stunden, so daß ein Mittel von 12 Stunden je Tag herauskommt (vgl. hierzu Abb. 43). Die astronomisch mögliche Sonnenscheindauer gibt den Ausgangspunkt für die relative Angabe der wahren Sonnenscheindauer. Diese kann nämlich entweder in Stunden oder aber in Prozent der astronomisch möglichen Sonnenscheindauer angegeben werden. Dabei ist die Angabe der Sonnenscheindauer in Prozenten der astronomisch möglichen Dauer z. B. als Ergänzung zu den Angaben über die Bewölkung (Himmelsbedeckung), aber auch für manche Vergleiche gut zu verwenden. Im Jahresmittel ergeben sich die höchsten relativen Sonnenscheindauern (in Prozent der astronomisch möglichen) in den subtropischen Hochdruckgebieten, wo in Juma unter 33° n. Br. und 115° w. L. in 1135 m Höhe ein Jahresmittel von 88 % erreicht wird. Der höchste Monatswert ergibt sich hier mit 97 % im Juni. Ein fast ebenso hohes Jahresmittel der Sonnenscheindauer ergibt sich mit 82 % in Heluan unter 30° n. Br., wo der sonnenscheinreichste Monat (Juni) einen Wert von 92 % erreicht. Von dieser Zone maximaler Werte nimmt die relative Sonnenscheindauer sowohl gegen den Äquator als auch gegen den Pol hin ab. Die geringsten Werte zeigen sich in den Polargebieten, wo beispielsweise im nördlichen Eismeer unter 73° Breite das Jah-

Tabelle 12. Längste astronomisch mögliche Sonnenscheindauer (ohne Refraktion) pro Tag

Geographische Breite [°]	0	10	20	30	40	50	60	66½
Dauer pro Tag [Stunden, Minuten]	12.00	12.35	13.13	13.56	14.51	16.00	18.30	24.00

resmittel der relativen Sonnenscheindauer 25% beträgt bei einem größten Monatsmittel von 63 % im März.

Gibt die Sonnenscheindauer einen Hinweis auf die direkte Sonnenstrahlung, so weist die Dauer der Dämmerung auf die über die Zeit der Sonnenscheindauer hinausgehende Wirksamkeit der diffusen Strahlung hin. Die Dämmerung bildet in den Polargebieten während längerer oder kürzerer Zeit je nach der geographischen Breite praktisch die einzige Lichtquelle. Die Beleuchtungsverteilung (Abb. 44) ist be-

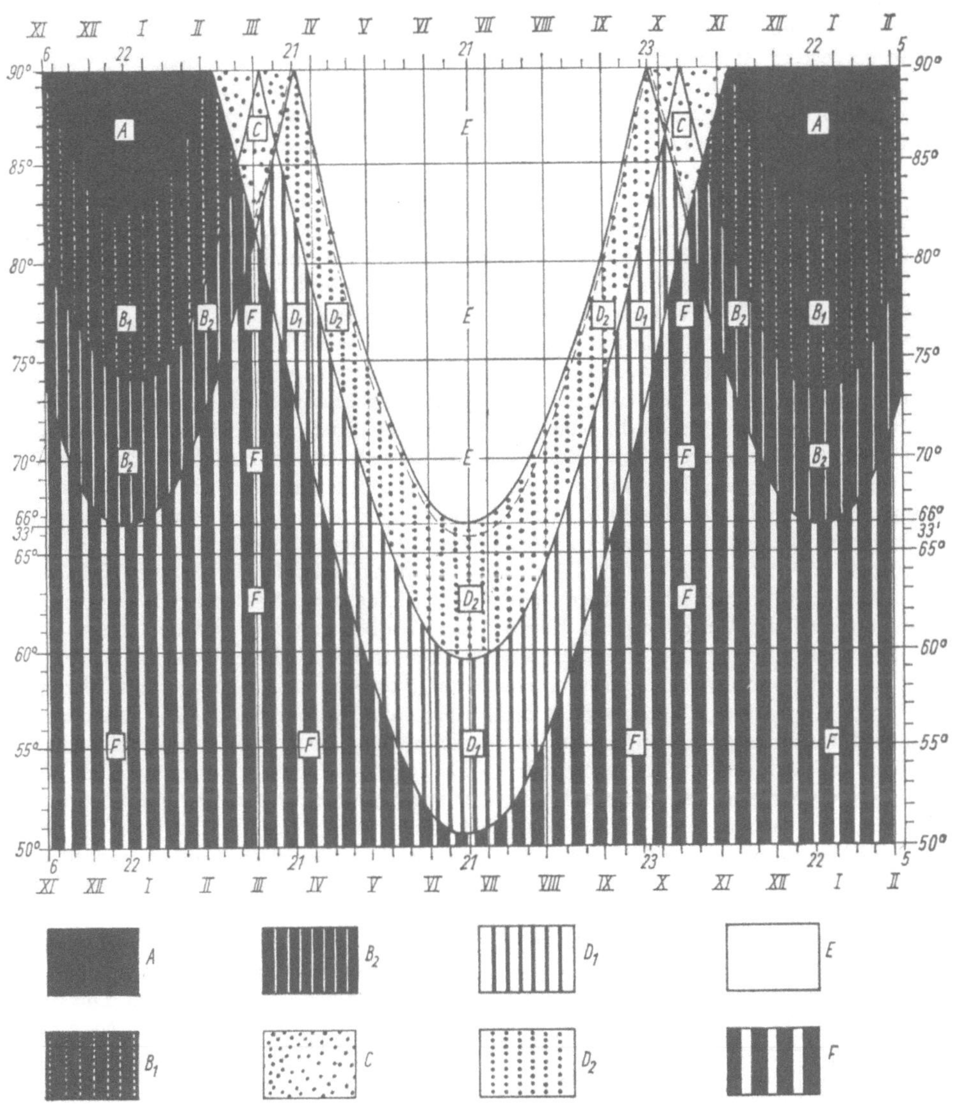

A volle Nacht
B_1 dunkle Nacht mit astronomischer Dämmerung am Mittag
B_2 dunkle Nacht mit bürgerlicher Dämmerung am Mittag
C Dämmerung Tag und Nacht
... Wirkung der Refraktion bei B_2 und E

D_1 helle Nacht infolge astronomischer Dämmerung
D_2 helle Nacht mit bürgerlicher Dämmerung
E beständig voller Tag
F regelmäßiger Wechsel von Tag und Nacht
D_1 und D_2 gleichzeitig Wechsel von Tag und Nacht

Abb. 44. Verteilung der Beleuchtung in den Polargebieten (nach W. Meinardus, 1933).
Bürgerliche (astronomische) Dämmerung: Sonne befindet sich nicht mehr als 6° (16°) unter dem Horizont

dingt durch die astronomisch mögliche Sonnenscheindauer und die Erscheinungen von Refraktion und Zerstreuung des Lichtes innerhalb der Atmosphäre. Dadurch ergibt sich, daß die Zeiten der Helligkeit die astronomisch mögliche Sonnenscheindauer z. T. wesentlich überschreiten. Das hat eine Verlängerung des Polartages und eine Verkürzung der Polarnacht zur Folge und ist weiterhin der Grund dafür, daß das Gebiet des Polartages (E in Abb. 44) weiter äquatorwärts reicht als das Gebiet der dunklen Nacht mit bürgerlicher Dämmerung um Mittag (B_2 in Abb. 44). Besonders deutlich werden diese Verhältnisse beim Vergleich der Ausbreitung des vollen Tages und der vollen Nacht (E und A in Abb. 44), bei denen sich in der Lage der Äquatorialgrenze ein Unterschied von rund 17 Breitengraden ergibt; dieselben Faktoren bewirken am Pol das zeitlich starke Hervortreten des vollen Polartages gegenüber der vollen Polarnacht. Ebenfalls sind aus Abb. 44 die weit verbreiteten Dämmerungserscheinungen ersichtlich, die beispielsweise am Pol jährlich zwei Übergangszeiten vom Tag zur Nacht bzw. umgekehrt ergeben, die jeweils länger als einen Monat dauern.

Die Verteilung der Sonnenscheindauer kann zwar Hinweise auf die Verteilung der Strahlung geben, doch sind genaue Angaben auf diesem Wege nicht ohne weiteres zu erhalten. Denn bei gleicher Sonnenscheindauer ist die zugestrahlte Energiemenge abhängig von der Sonnenhöhe und damit von der geographischen Breite. Je größer die geographische Breite ist und je flacher damit die Sonnenstrahlen einfallen, um so größer wird die

Tabelle 13. Die Dauer der Beleuchtungsphasen im Nordpolargebiet in Tagen (nach W. Meinardus, 1930)
Die eingeklammerten Zahlen geben die Dauer unter Berücksichtigung der Refraktion an

Breite [°]	Tag- und Nachtwechsel (Frühling)	Ständig Tag (Sommer)	Tag- und Nachtwechsel (Herbst)	Ständig Nacht (Winter)
90	1 (1)	185 (188)	1 (1)	178 (175)
85	25 (25)	160 (163)	26 (26)	154 (151)
80	52 (52)	133 (137)	53 (53)	127 (123)
75	82 (81)	102 (107)	83 (83)	98 (94)
70	119 (119)	64 (70)	121 (121)	61 (55)
66½	180 (170)	1 (25)	183 (170)	1 (0)

horizontale Fläche, auf die sich ein Strahlenbündel bestimmten Querschnitts verteilt, um so geringer wird also die je Flächen- und Zeiteinheit zugestrahlte Energiemenge.

Die der Erdoberfläche zugestrahlte Energiemenge ist weiterhin abhängig vom Wasserdampfgehalt der Luft und von der Bewölkung. Das hat zur Folge, daß sich für die an der Erdoberfläche auftreffende Strahlung eine recht komplizierte Verteilung ergibt. Da die Bewölkung ihrerseits über den Ozeanen und Kontinenten verschieden verteilt ist, ergibt sich auch für die der Erdoberfläche zukommende Strahlung eine Abhängigkeit von der Land-Meer-Verteilung. Schließlich ist zu berücksichtigen, daß nicht die gesamte Strahlung, die die Erdoberfläche trifft, absorbiert wird, sondern daß ein Teil zurückgestrahlt – reflektiert – wird. Das Verhältnis der reflektierten zur zugestrahlten Energie wird als Albedo bezeichnet; die Albedo gibt die reflektierte Strahlung in Prozent der Einstrahlung an. Die Albedo der Erdoberfläche ist abhängig von der Beschaffenheit der Oberfläche – Meer oder Land – und hier wieder unterschiedlich nach der Bodenbedeckung.

Aus der Differenz der in die Erdoberfläche (feste Erde bzw. Wasseroberfläche) eindringenden Globalstrahlung und der effektiven Ausstrahlung der Erdoberfläche ergibt sich die in den Abb. 45a und b dargestellte Strahlungsbilanz der Erdoberfläche. Die Isolinien geben die mittlere jährliche Strahlungsbilanz in W/m^2. Es zeigt sich eine im wesentlichen konzentrische Anordnung der Isolinien um die Pole. Dabei ergeben sich die höchsten Werte nicht am Äquator, sondern über einigen Meeresgebieten im Bereich der Wendekreise. Die Unterschiede in der Strahlungsbilanz zwischen Kontinenten und Ozeanen in einer gegebenen geographischen Breite sind in niederen Breiten größer als in höheren Breiten. Die Bereiche maximaler Strahlungsbilanz zeigen eine dem Sonnenstand folgende jahreszeitliche Verlagerung; diese Bereiche erscheinen in den extremen Monaten bei im Mittel etwa 30 bis 40° Breite der Sommerhalbkugel. Im Gegensatz dazu ergeben sich auf der Winterhalbkugel ausgedehnte Gebiete negativer Strahlungsbilanz, die sich in nahezu konzentrischer Anordnung um die Pole bis zu etwa 40° Breite erstrecken. Eine zusammenfassende Darstellung der Strah-

a) Nordhalbkugel

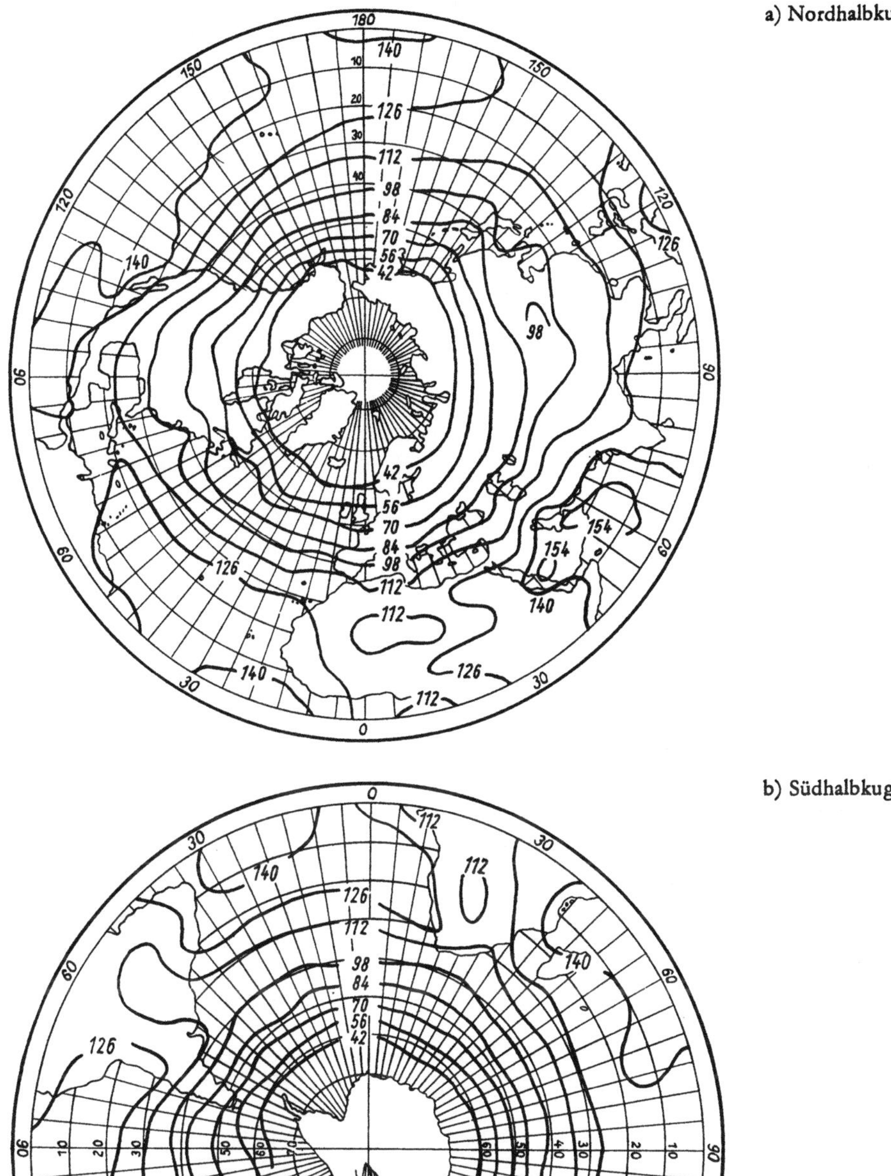

b) Südhalbkugel

Abb. 45. Strahlungsbilanz der Erdoberfläche im Jahresmittel in W/m² (nach F. Bernhardt und H. Philipps, 1966)

lungsbilanz gibt Abb. 46, die für die einzelnen Monate die Breitenkreismittel der Strahlungsbilanz zeigt. Die höchsten Werte der Strahlungsbilanz im Breitenkreismittel treten auf der

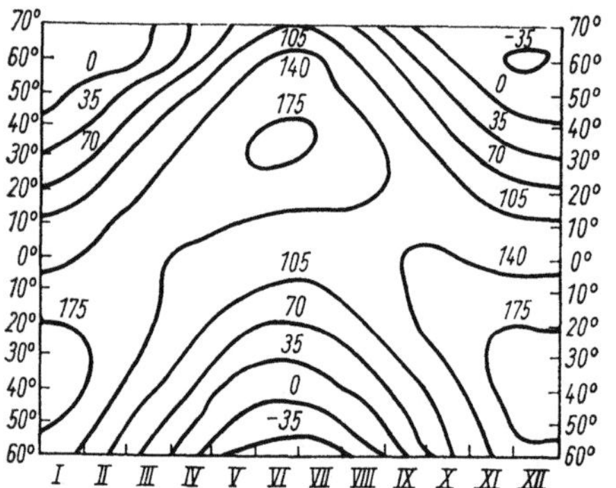

Abb. 46. Strahlungsbilanz der Erdoberfläche im Verlaufe des Jahres in W/m²
(nach F. BERNHARDT und H. PHILIPPS, 1966)

jeweiligen Sommerhalbkugel auf, und zwar zwischen etwa 25 und 40° n. Br. von Mai bis Juli und zwischen etwa 20 und 50° s. Br. im Dezember/Januar, teilweise auch im November. Andererseits zeigen sich die geringsten Werte der Strahlungsbilanz um 60° n. Br. im Dezember, über Antarktika von Mai bis August.

Das Zusammenwirken der verschiedenen Strahlungsanteile ergibt den Strahlungshaushalt der Atmosphäre (Abb. 47), wobei hier die von F. BAUR und H. PHILIPPS angegebenen Werte nach der Zusammenstellung bei HANN-SÜRING (1939) verwendet werden. Der Strahlungshaushalt ist im Mittel ausgeglichen.

Von der an der Atmosphärengrenze ankommenden Sonnenstrahlung, deren Betrag gleich 100 gesetzt wird, durchdringen 30%, und

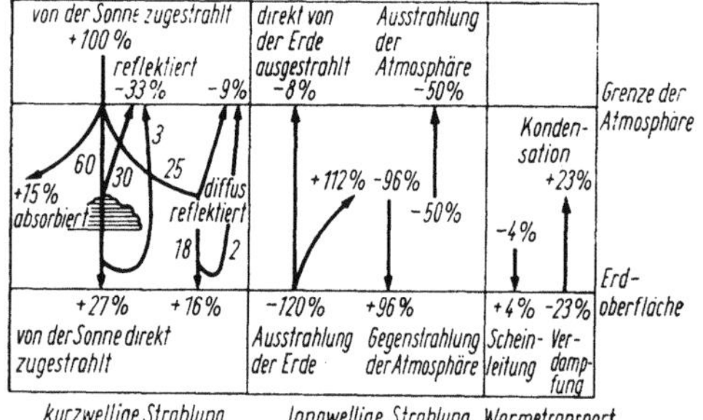

Abb. 47. Strahlungshaushalt der Erdoberfläche und der Atmosphäre

zwar vorherrschend kurzwellige Strahlung, die Atmosphäre und gelangen zum Erdboden, wo 3% reflektiert, 27% absorbiert werden. Ebenfalls vorwiegend aus dem kurzwelligen Teil des Sonnenspektrums werden 30% der auffallenden Strahlung an den Wolken reflektiert und in den Weltraum zurückgestrahlt. 25% der einfallenden Strahlung werden in der Atmosphäre diffus reflektiert, also zerstreut; 7 Teile der Streustrahlung gehen unmittelbar in den Weltraum zurück, 18 Teile gehen zum Erdboden, wo 2 Teile in den Weltraum reflektiert, 16 Teile absorbiert werden. Von der gesamten eingestrahlten Energie verbleibt nunmehr ein Rest von 15%, der vorherrschend dem langwelligen Teil des Spektrums angehört und in der Atmosphäre, in der Hauptsache vom Kohlendioxid und vom Wasserdampf, absorbiert wird.

Von der an der Obergrenze der Atmosphäre ankommenden Sonnenstrahlung werden demnach 42 % in den Weltraum reflektiert, ohne daß sie der Erde oder der Atmosphäre in irgendeiner Form zugute kommen. Dieser Betrag wird als die Energiealbedo der Erde bezeichnet. Etwa der gleiche Anteil der Gesamtstrahlung, nämlich 43 %, wird von der Erdoberfläche absorbiert. Der von der Atmosphäre absorbierte Strahlungsanteil bleibt vergleichsweise gering. Es sei nochmals erwähnt, daß es sich bei dem in der Atmosphäre absorbierten Anteil vorherrschend um langwellige Strahlung handelt, während der zur Erdoberfläche durchdringende Anteil in der Hauptsache aus kurzwelliger Strahlung besteht.

Die Erde, aber auch die Atmosphäre, gibt infolge ihrer geringen Temperatur eine langwellige Strahlung, also eine Wärmestrahlung, ab. Demnach wird die an der Erdoberfläche sowie in der Atmosphäre absorbierte Strahlung als Wärmestrahlung wieder abgegeben. Dabei erreicht die von der Erde abgestrahlte Energie einen vergleichsweise hohen Wert; denn die von der Erdoberfläche ausgehende Strahlung beträgt 120 % der an der Atmosphärengrenze eintreffenden Sonnenstrahlung. Von dieser Strahlung gehen 8 Teile ungehindert durch die Atmosphäre in den Weltraum, während 112 Teile in der Atmosphäre absorbiert werden.

Gleichzeitig gibt die Atmosphäre an langwelliger Strahlung 146 Teile ab. Davon werden 50 Teile in den Weltraum abgestrahlt, während

96 Teile der Erde zugestrahlt werden. Dieser Anteil in Höhe von 96 % wird als Gegenstrahlung der Atmosphäre bezeichnet; er verbleibt in der Nähe der Erdoberfläche.

Außerdem treten noch zwei Formen des Energietransportes in Erscheinung, die den Strahlungshaushalt ausgleichen. Die bei der Verdunstung von Wasser am Erdboden verbrauchte Wärme wird mit dem Wasserdampf in die Atmosphäre transportiert und wird dort bei der Kondensation des Wasserdampfes wieder frei. Auf diese Weise wird ein Anteil von 23% – in Prozent der an der Obergrenze der Atmosphäre auftreffenden Sonnenstrahlung – von der Erdoberfläche in die Atmosphäre transportiert. Ein weiterer Energietransport findet dadurch statt, daß bei verschieden temperierten Luftteilchen Energie vom wärmeren zum kälteren Teilchen übergeht; im Zusammenhang mit der Durchmischung der unteren Luftschichten wird auf diese Weise Energie transportiert, der Vorgang wird als Scheinleitung bezeichnet. Die Scheinleitung ergibt in den Tropen meist einen nach oben gerichteten Energiestrom, außerhalb der Tropen dagegen einen nach unten verlaufenden Strom. Im Mittel ergibt sich ein gegen die Erdoberfläche gerichteter Energiestrom, der 4% der an der Atmosphärengrenze auftreffenden Strahlung ausmacht.

Als Zusammenfassung der Strahlungsbilanz mag Tab. 14 dienen, deren Zahlen in Prozent der an der Obergrenze der Atmosphäre eintreffenden Strahlungsmenge angegeben sind.

Tabelle 14 sowie Abb. 47 lassen eine wichtige Eigenschaft der Atmosphäre erkennen. Während die Atmosphäre kurzwellige Strahlung verhältnismäßig leicht durchläßt, wird langwellige Strahlung absorbiert und dann erneut ausgestrahlt. Infolgedessen kommt ein großer Teil der von der Erdoberfläche abgestrahlten Wärmestrahlung in Gestalt der Gegenstrahlung der Erdoberfläche wieder zugute. Es zeigt sich hier bei der Atmosphäre eine ähn-

Tabelle 14. Die Strahlungsbilanz der Atmosphäre und der Erdoberfläche (an der Atmosphärengrenze eintreffende Sonnenstrahlung = 100)

	Einnahme	Abgabe
Obergrenze der Atmosphäre		
Von der Sonne zugestrahlt	100	
In den Weltraum reflektierte Sonnenstrahlung (kurzwellig)		30
In den Weltraum reflektierte diffuse Strahlung (kurzwellig)		7
Von der Erdoberfläche reflektierte Sonnenstrahlung (kurzwellig)		3
Von der Erdoberfläche reflektierte diffuse Strahlung (kurzwellig)		2
Von der Erde ausgehende Strahlung (langwellig)		8
Von der Atmosphäre ausgehende Strahlung (langwellig)		50
Summe	**100**	**100**
Atmosphäre		
Absorbierte Sonnenstrahlung	15	
Von der Erde kommende Wärmestrahlung	112	
Kondensationswärme	23	
Gegenstrahlung		96
Wärmestrahlung in den Weltraum		50
Scheinleitung		4
Summe	150	150
Erdoberfläche		
Direkte Sonnenstrahlung (kurzwellig)	27	
Diffuse Strahlung (kurzwellig)	16	
Gegenstrahlung (langwellig)	96	
Scheinleitung	4	
Wärmestrahlung in den Weltraum (langwellig)		8
Wärmestrahlung in die Atmosphäre (langwellig)		112
Wärmeverlust infolge der Verdunstung		23
Summe	143	143

liche Wirkung, wie sie ein Glashaus ausübt; daher wird diese Eigenschaft der Atmosphäre auch als die Glashauswirkung der Atmosphäre bezeichnet. Für das Auftreten dieser Glashauswirkung ist im wesentlichen der in der Atmosphäre enthaltene Wasserdampf, aber auch das Kohlendioxid, verantwortlich.

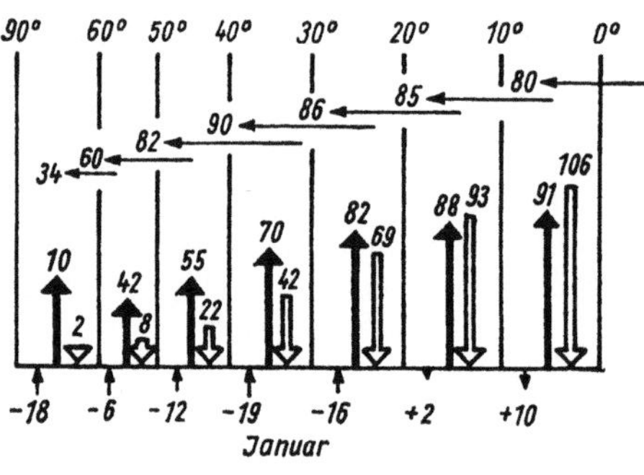

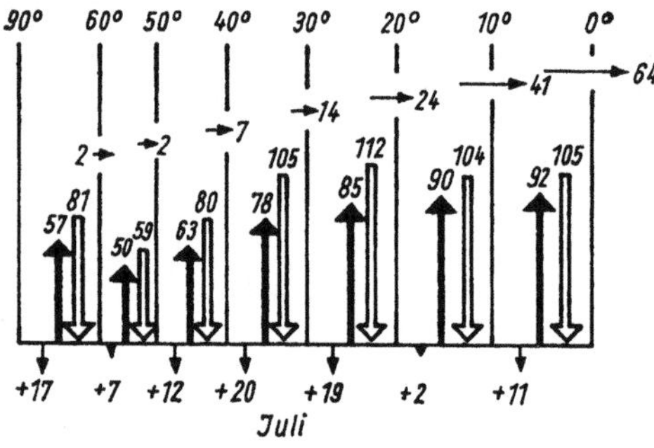

Abb. 48. Einstrahlung, Ausstrahlung, Wärmespeicherung und meridionaler Wärmetransport auf der Nordhalbkugel in 10^{13} W (nach B. P. ALISSOW, O. A. DROSDOW, E. S. RUBINSTEIN, 1956)

Es wurde darauf hingewiesen, daß die Gegenstrahlung innerhalb der unteren Luftschichten verbleibt. Andererseits ist der von der Atmosphäre an den Weltraum abgegebene Betrag an langwelliger Strahlung recht hoch, während die von der Erdoberfläche in den Weltraum gehende langwellige Strahlung einen geringen Betrag aufweist. Das bedeutet, daß die in den Weltraum gerichtete Wärmestrahlung im wesentlichen den höheren Atmosphärenschichten entstammt; tatsächlich ergibt sich das Maximum des Wärmeverlustes der Atmosphäre am Äquator in einer Höhe von 9 bis 12 km, in den gemäßigten Breiten bei 6 bis 10 km und schließlich in den Polargebieten in 5 bis 8 km Höhe. Die genannten Schichten maximaler Ausstrahlung können unter Umständen Schich-

ten stärkerer Labilisierung der Luft sein, so daß z. B. Gewitter von dieser Schicht her ausgelöst werden.

Die Voraussetzung, daß der Strahlungshaushalt ausgeglichen sei, gilt zwar im Mittel, nicht aber für einzelne Teilgebiete der Erde. Hier zeigen sich jahreszeitliche Unterschiede im Zusammenwirken von Einstrahlung, Ausstrahlung und Wärmespeicherung, die einen meridionalen Wärmetransport zur Folge haben (Abb. 48). Auf der Nordhalbkugel überwiegt im Januar nördlich von 20° Breite die Ausstrahlung gegenüber der Einstrahlung, der Boden und die unteren Luftschichten geben Energie ab. Das hat zur Folge, daß ein Defizit entsteht, das durch Advektion gedeckt werden muß; somit ergibt sich ein meridionaler Wärmetransport von Süden nach Norden, der seine größten Werte um 30° n. Br. hat. Die auf der Nordhalbkugel (Winterhalbkugel) fehlenden Energiemengen werden von der Südhalbkugel (Sommerhalbkugel) abgegeben.

Im Juli dagegen überwiegt auf der Nordhalbkugel insgesamt die Einstrahlung gegenüber der Ausstrahlung, und in allen Zonen werden der Boden und die Luft erwärmt und Wärme für die Verdunstung verbraucht (dargestellt durch die Angaben der Wärmespeicherung). Infolgedessen ergibt sich ein nach Süden gerichteter Wärmetransport, der seine größte Stärke am Äquator erreicht, wo nunmehr Wärmeenergie von der Nordhalbkugel zur Südhalbkugel verlagert wird. Es findet also jeweils ein Transport von Wärmeenergie von der Sommer- zur Winterhalbkugel statt.

Insgesamt zeigt sich nach den von F. BAUR und H. PHILIPPS (1935) gegebenen Werten, daß auf der Nordhalbkugel in den niederen Breiten bis zu 40° im Jahresmittel für Erde und Luft die Einstrahlung überwiegt. Polwärts von 40° Breite überwiegt die Ausstrahlung in mit der geographischen Breite zunehmender Stärke.

Die Verteilung der Strahlung an der Erdoberfläche ist, wenn man von der Beeinflussung der Strahlung durch die Atmosphäre absieht, auf die verschiedene Dauer der Bestrahlung sowie auf den Einfallswinkel der Strahlung zurückzuführen. Die ausschlaggebende Bedeutung des Einfallswinkels der Strahlung für ihre Auswirkung hat dem Klima seinen Namen gegeben; denn das Wort bedeutet, abgeleitet von $\varkappa\lambda\ell\nu\varepsilon\iota\nu$ = neigen, nichts anderes als die Neigung der Sonnenstrahlen zur Erdoberfläche. Da die Fläche, die von einem Strahlenbündel bestimmten Querschnittes getroffen wird, mit dem Einfallswinkel der Strahlen wächst, ergibt sich als Strahlungsintensität

$$I = I_0 \cdot \cos\alpha.$$

Dabei ist I_0 die Intensität der Strahlung bei senkrechtem Einfall, α der Einfallswinkel (als Winkelabstand des einfallenden Strahles von der Senkrechten). Demnach ist die Intensität bei senkrechtem Strahleneinfall am größten und nimmt bei Zunahme des Einfallswinkels ab.

Aus der Stellung der Erde zur Sonne und damit aus den Einfallswinkeln der Sonnenstrahlen ergeben sich auf der Erde verschiedene Zonen mit bestimmten Strahlungsmerkmalen. Diese Zonen werden als Zonen des solaren Klimas bezeichnet. Es werden unterschieden:

1. Die Tropenzone. Sie liegt zwischen den beiden Wendekreisen, also zwischen $23^1/_2$° nördlicher und südlicher Breite. Zweimaliger Sonnenhöchststand und damit zwei Höchst- und zwei Tiefstwerte der Einstrahlung während des Jahres kennzeichnen diese Zone. Zweimal während des Jahres ergibt sich zu Mittag ein senkrechter Einfall der Sonnenstrahlen. Die astronomisch mögliche Sonnenscheindauer beträgt am Äquator stets 12 Stunden, an den Wendekreisen bewegt sie sich zwischen $10^1/_2$ und $13^1/_2$ Stunden.

2. Die gemäßigten Zonen. Sie erstrecken sich auf beiden Halbkugeln zwischen dem Wendekreis und dem Polarkreis. Jährlich tritt ein Höchst- und ein Tiefstwert der Einstrahlung auf. Die astronomisch mögliche Sonnenscheindauer schwankt an den Polarkreisen im Laufe des Jahres zwischen 0 und 24 Stunden; die Mittagshöhe der Sonne nimmt vom Wendekreis zum Polarkreis hin ab.

3. Die Polarzonen. Sie umfassen auf jeder Halbkugel die Gebiete innerhalb der Polarkreise, also nördlich bzw. südlich $66^1/_2$° Breite. Die jährlichen Schwankungen der astronomisch möglichen Sonnenscheindauer nehmen gegen die Pole hin weiter zu, so daß sich an den Polen die Sonne je ein halbes Jahr über und unter dem Horizont befindet.

Es wird bei eingehender Betrachtung der Klimazonen noch gezeigt werden, daß die solaren Klimazonen zwar die Grundlage für die Verteilung der Klimate darstellen, in den Einzelheiten aber doch sehr stark modifiziert erscheinen. Die erste Abwandlung dieser Zonen ergibt sich bereits aus dem verschiedenen Verhalten der Ozeane und Kontinente gegenüber der Strahlung. Von der auf das Land auftreffenden Strahlung wird nur eine verhältnismäßig flache Bodenschicht erwärmt. Infolge des relativ geringen Wärmespeicherungsvermögens des Landes wird ein großer Teil der aufgenommenen Energie als Wärmestrahlung rasch an die Luft abgegeben. Demgegenüber hat das Wasser eine hohe spezifische Wärme und ein großes Wärmespeicherungsvermögen; die Abgabe der aufgenommenen Strahlungsenergie an die Luft geschieht daher nur langsam. Dieses verschiedene Verhalten von Land und Meer gegenüber der eingestrahlten Energie führt einerseits zum maritimen Klima mit geringen, andererseits zum kontinentalen Klima mit großen Temperaturunterschieden. Die durch die Strahlung gegebenen Grundlagen (solares Klima) werden durch die geographischen Gegebenheiten der Erdoberfläche weitgehend abgewandelt.

5.2. Temperatur

5.2.1. Definition und Messung der Temperatur

Die Temperatur ist eine Größe, die den Wärmezustand eines Körpers kennzeichnet. Ihrer Messung dient das Thermometer, das seine Temperatur nur durch die Wärmeleitung aus dem Medium, in dem die Temperatur gemessen wird, erhalten soll. Das bedeutet, daß bei der Bestimmung der Lufttemperatur keine an-

Tabelle 15. Die Wärmebilanz für Erde und Lufthülle im Jahresmittel auf der Nordhalbkugel
(nach F. Baur und H. Philipps, 1935)

Geographische Breite [°]	0...10	10...20	20...30	30...40	40...50	50...60	60...90
Einstrahlung—Ausstrahlung in W/m²	42	35	28	7	−21	−49	−77

deren Temperatureinflüsse als die Wärmeleitung aus der Luft auf den Meßkörper des Thermometers einwirken dürfen. Demnach müssen die Thermometer, die der Messung der Lufttemperatur dienen, vor den Wirkungen der Strahlung geschützt werden; denn infolge der unterschiedlichen Erwärmung verschiedener Stoffe bei gleicher Einstrahlung werden die Angaben über die Lufttemperatur durch die Einflüsse der Strahlung verfälscht. Damit ist aber die manchmal noch gebrauchte Angabe der „Temperatur in der Sonne" meteorologisch sinnlos, da sie von der Größe und dem Material des Meßkörpers abhängt. Demgegenüber ist die Lufttemperatur – gemessen unter Ausschaltung der Strahlungseinflüsse auf den Thermometerkörper – von sehr großer meteorologischer und klimatologischer Bedeutung. Denn die Wärme der Luft ist es, die Dichteänderungen innerhalb der Luft und damit Luftbewegung zur Folge hat.

Die Einheit der Temperatur ist das Kelvin (K), benannt nach dem Physiker Lord KELVIN; es ist der 273,16te Teil der thermodynamischen Temperatur des Tripelpunktes von Wasser. Von dieser Größe wird die Celsiustemperatur abgeleitet, die in Grad Celsius (°C) angegeben wird. Es gilt

$$t = T - T_0,$$

wenn t die Celsiustemperatur, T die Temperatur in K, $T_0 = 273{,}15$ K ist. In der Temperaturskala nach A. CELSIUS hat der Schmelzpunkt des Eises eine Temperatur von 0 °C, der Siedepunkt des Wassers eine solche von 100 °C. Als weitere Temperaturskala ist im englischen Sprachbereich noch die nach G. D. FAHRENHEIT in Gebrauch, deren Fixpunkte die Temperatur einer Kältemischung aus Schnee und Salmiak (0 °F) und die Temperatur des menschlichen Körpers (100 °F) sind. Der Nullpunkt der Celsiusskala entspricht 32 °F; ein Grad Fahrenheit entspricht 5/9 K bzw. °C.

Für die Temperaturmessung gibt es mehrere Gruppen von Meßgeräten, die als Thermometer bezeichnet werden. Es sind zu unterscheiden: Gasthermometer, Flüssigkeitsthermometer, Deformationsthermometer, elektrische Thermometer. In den drei erstgenannten Gruppen von Meßgeräten wird die Ausdehnung verschiedener Stoffe bei Erwärmung zur Messung der Temperatur benutzt; die elektrische Temperaturmessung beruht entweder auf der Temperaturabhängigkeit des elektrischen Widerstandes von Leitern (Widerstandsthermometer) oder auf der Temperaturabhängigkeit der an der Berührungsstelle (Lötstelle) zweier verschiedener Metalle entstehenden Kontaktspannungen (Thermoelement).

Die Gasthermometer ergeben die genauesten Temperaturwerte, sind aber in Aufbau und Handhabung kompliziert und daher für klimatologische Temperaturmessungen nicht verwendbar. Der Wert der Gasthermometer für die Klimatologie liegt darin, daß sie zur Eichung und Prüfung der in der Praxis verwendeten Thermometer dienen.

Von den Flüssigkeitsthermometern ist das wichtigste und gebräuchlichste das Quecksilberthermometer. Die untere Grenze seiner Verwendungsfähigkeit liegt bei etwa —39 °C, dem Erstarrungspunkt des Quecksilbers. Für tiefere Temperaturen sowie für besondere Temperaturmessungen (Minimumthermometer) wählt man eine Alkohol- oder Toluolfüllung der Thermometer. Je nach dem Verwendungszweck werden verschiedene Bauarten der Thermometer benutzt. Dabei ist zu beachten, daß nicht nur die Thermometerflüssigkeit der Wärmeausdehnung unterliegt, sondern auch das Gefäß, in dem sie sich befindet; der hierdurch mögliche Meßfehler wird durch Eichung und häufigere Prüfung der Thermometer eliminiert. Weiterhin ist die Anzeigeträgheit, die vom Material abhängt, zu beachten; da für verschiedene Fragestellungen verschiedene Einstellgeschwindigkeiten der Thermometer erforderlich sind, eignet sich ein Gerät nicht für alle Messungen.

Die meteorologischen Stationsthermometer sind in Stabform gebaute Quecksilberthermometer. Der Meßbereich dieser Thermometer erstreckt sich in Mitteleuropa von —35 bis +40 °C. Die Skalen sind meist in $1/5$ K, teilweise auch in $1/10$ K eingeteilt, so daß eine Temperaturablesung auf Zehntelgrade möglich ist. Die Trägheit der Thermometer darf nicht zu groß sein, so daß sie Temperaturänderungen verhältnismäßig rasch folgen; andererseits darf die Trägheit nicht so gering sein, daß eine fast immer vorhandene Temperaturunruhe (sehr kurzfristige Temperaturschwankungen) eine genaue Ablesung der Temperatur unmöglich macht. Im allgemeinen werden an den Beobachtungsstationen zwei gleichartige Thermometer verwendet, von denen eines angefeuchtet wird, so daß sich die Möglichkeit zur Messung der Luftfeuchte (s. unter 5.4) ergibt.

Der Messung der höchsten während eines gegebenen Zeitraumes aufgetretenen Temperatur dient das Maximumthermometer, das ein Quecksilberthermometer ist. Die Aufgabe, die höchste erreichte Temperatur zu fixieren, wird dadurch erfüllt, daß die Kapillare oberhalb des Thermometergefäßes verengt wird (Abb. 49); bei einer Temperaturerhöhung

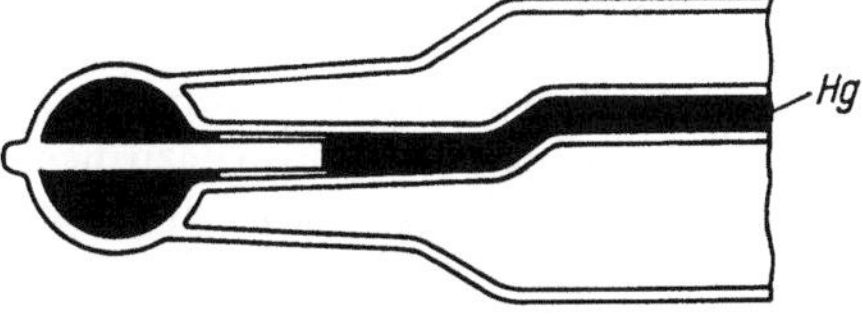

Abb. 49. Maximumthermometer (Prinzipskizze)

treibt der Ausdehnungsdruck das Quecksilber durch die Verengung in die Kapillare, während bei sinkender Temperatur die Verengung als Sperre wirkt. Daher reißt der Quecksilberfaden bei Temperaturrückgang ab, so daß die Höchsttemperatur fixiert wird. Nach der Ablesung wird das in der Kapillare befindliche Quecksilber durch Schütteln wieder mit dem Quecksilber im Thermometergefäß vereinigt. Die Maximumthermometer werden horizontal bzw. nahezu horizontal aufgestellt.

Zur Messung der tiefsten Temperatur in einem gegebenen Zeitraum wird ein Alkoholthermometer (Minimumthermometer) benutzt, das in gemäßigten Breiten einen Meßbereich bis —40 °C umfaßt. Die niedrigste Temperatur **wird durch einen innerhalb der Thermometer**flüssigkeit in der Kapillare beweglichen Glasstift fixiert (Abb. 50), der bei einem Tempera-

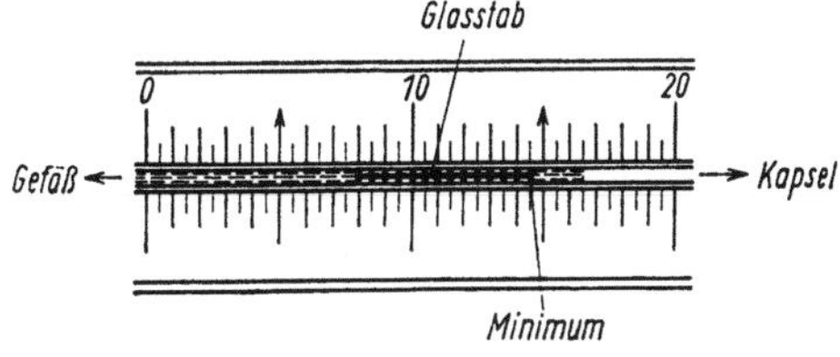

Abb. 50. Minimumthermometer (Prinzipskizze)

turrückgang infolge der Oberflächenspannung des Flüssigkeitsmeniskus mitgenommen wird. Bei einer Erhöhung der Temperatur wird der Glasstift von der Thermometerflüssigkeit umströmt. Bei waagerechter Lagerung des Ther-

mometers wird durch das dem gabelförmigen Thermometergefäß abgewandte Ende des Glasstabes die zu messende Tiefsttemperatur bezeichnet. Die Neueinstellung des Thermometers geschieht dadurch, daß man den Glasstift innerhalb der Thermometerflüssigkeit an den Meniskus gleiten läßt.

Maximum- und Minimumthermometer, die Extremthermometer, werden meist in einer gemeinsamen Halterung angeordnet. Dabei muß das Minimumthermometer waagerecht liegen, um eine selbständige Verlagerung des Glasstiftes zu vermeiden, während das Maximumthermometer etwas schräg liegen kann. In den meisten Fällen tragen die Extremthermometer eine $1/_2$°-Teilung.

Zur Messung der Erdbodentemperatur bis zu 20 cm Tiefe werden Quecksilberthermometer verwendet, deren Gefäß senkrecht in den Boden gesteckt wird. Oberhalb der Bodenoberfläche sind diese Thermometer abgeknickt, um die Ablesung bei der so erreichten Schräglage der Skala zu erleichtern. Für größere Tiefen verwendet man Thermometer mit großem Thermometergefäß, die, in Holzzylinder eingelassen, in die gewünschte Meßtiefe gebracht werden.

Die Deformationsthermometer benutzen die temperaturbedingte Formänderung bestimmter Körper zur Feststellung der Temperatur. Sie eignen sich besonders dazu, die Formänderungen mittels einer Zeigervorrichtung auf eine rotierende Trommel zu übertragen und so die jeweilige Temperatur aufzuzeichnen. Die Temperaturschreibgeräte werden als Thermographen bezeichnet. Zu den Deformationsthermometern gehören die Bimetallthermometer und die Bourdonthermometer.

Beim Bimetallthermometer dient als Meßkörper ein Metallstreifen aus zwei miteinander verschweißten Streifen mit verschiedenem Ausdehnungskoeffizienten. Die in den beiden miteinander verbundenen Metallstreifen unterschiedliche Längenänderung bei einer Veränderung der Temperatur führt zur Verformung (Deformation) des Bimetallstreifens. Meist wird in den Thermographen der Bimetallstreifen in Form eines offenen Ringes verwendet, dessen Öffnung bei Temperaturänderungen eine Veränderung erfährt.

Beim Bourdonthermometer dient das Bourdonrohr als Meßkörper. Es handelt sich dabei um ein flaches Rohr mit annähernd elliptischem Querschnitt, das mit einer Thermometerflüssigkeit – meist Alkohol – gefüllt ist. Der Meßkörper hat die Form eines offenen Ringes, dessen Durchbiegung sich bei Temperaturänderungen ändert.

Die elektrischen Temperaturmeßgeräte zeichnen sich dadurch aus, daß die Meßkörper klein sind und daher ihre Umgebung nur wenig beeinflussen. Außerdem besteht die Möglichkeit der Fernanzeige, so daß die Stelle, deren Temperatur festgestellt werden soll, weitgehend von störenden Einflüssen frei bleibt. Die elektrischen Thermometer können auch zur Registrierung der Temperatur verwendet werden. Allerdings erschwert eine Reihe von Fehlerquellen ihre Anwendung, so daß eine dauernde Überwachung und häufige Eichungen der Meßgeräte erforderlich sind.

Es wurde bereits darauf hingewiesen, daß zur Messung der Lufttemperatur die Thermometer vor Strahlungseinflüssen geschützt werden müssen. Zur Erreichung eines solchen Strahlungsschutzes sind verschiedene Möglichkeiten der Thermometeraufstellung bekannt. Am gebräuchlichsten ist die Aufstellung in einer Thermometerhütte, die weiß angestrichen ist und jalousieartig gebaute Wände hat. Dadurch wird die Sonnenstrahlung von den Thermometern ferngehalten, gleichzeitig aber auch für eine Durchlüftung der Hütte gesorgt. Eine weitere Möglichkeit des Strahlungsschutzes ist dadurch gegeben, daß man die Thermometer in durchlüftete Metallzylinder einbaut, wie das bei dem vielfach verwendeten Aspirationspsychrometer, das der Temperatur- und Feuchtemessung dient, der Fall ist. Schließlich kann man den Strahlungseinfluß dadurch ausschalten, daß man die Thermometer bewegt (Schleuderthermometer).

Die Lufttemperaturen werden im allgemeinen in 2 m Höhe über dem Erdboden gemessen. Damit werden die Temperaturveränderungen der bodennahen Luftschicht (Mikroklima) außerhalb der Betrachtung gelassen. Da es sich aber gezeigt hat, daß für manche Fragen die Kenntnis der Temperatur, und zwar im wesentlichen der täglichen Tiefsttemperatur, in der Nähe des Bodens wichtig ist, werden vielfach Minimumthermometer in etwa 5 cm über dem Boden ausgelegt. Diese Thermometer befinden sich nachts am Meßort und müssen während des Tages der Sonnenstrahlung entzogen werden. Daß besondere Fragestellungen im

einzelnen verschiedene Meßanlagen und damit verschiedene Thermometeraufstellungen erfordern, ist selbstverständlich und sei hier nur erwähnt.

5.2.2. Temperaturwerte zur Kennzeichnung klimatischer Verhältnisse

Da die Einzelwerte der Temperatur recht erheblichen Schwankungen unterworfen sind und außerdem die Fülle der Einzelmessungen eine Übersicht sehr rasch unmöglich machen würde, ist die Betrachtung von Mittelwerten erforderlich. Die Mittelwerte sollen dazu dienen, die wesentlichen Merkmale des betrachteten Klimaelementes deutlich hervortreten zu lassen. Dabei werden Einzelheiten mehr oder weniger stark unterdrückt. Das ist bei der Interpretierung von Mittelwerten stets zu beachten, um eine falsche Ausdeutung der Mittelwerte und damit falsche Schlußfolgerungen zu vermeiden. Der jeweilige Aussagebereich eines Mittelwertes wird ersichtlich, wenn man weiß, auf welchen Grundlagen der Mittelwert entstanden ist.

Den Ausgangswert klimatologischer Betrachtungen bildet im allgemeinen das Tagesmittel, das aus den Meßergebnissen bestimmter Beobachtungstermine ermittelt wird. Die Vergleichbarkeit von an verschiedenen Orten durchgeführten Temperaturmessungen wird dadurch erreicht, daß die Beobachtungen nach mittlerer Ortszeit (MOZ), also bei gleichen Sonnenständen, erfolgen. Zwischen der mittleren Ortszeit und der Zeit der betreffenden Zeitzone besteht folgender Zusammenhang: Westlich (östlich) des Mittelmeridians der Zeitzone verspätet (verfrüht) sich die mittlere Ortszeit um 4 Minuten je Längengrad gegenüber der Zonenzeit. Das bedeutet für den Zusammenhang zwischen mitteleuropäischer Zeit (MEZ) und mittlerer Ortszeit (MOZ)

$$b\,\text{MOZ} = b + (15 - \lambda)\,4 \quad \text{MEZ},$$

wobei λ die geographische Länge östlich von Greenwich in Grad bedeutet.

Als Beobachtungstermine sind die Zeiten 7, 14 und 21 Uhr, aber auch die äquidistanten Termine 1, 7, 13, 19 Uhr MOZ gebräuchlich. Zur Bildung des Tagesmittels werden die Terminwerte addiert, wobei der 21-Uhr-Wert doppelt genommen wird, und durch 4 dividiert. Es sei bemerkt, daß die beschriebene Berechnungsweise des Temperaturtagesmittels keine allgemeine Gültigkeit hat. Die hier erwähnte Berechnung trifft für gemäßigte Breiten zu, während in anderen Breiten teilweise andere Kombinationen genauere Mittelwerte liefern.

Aus den Tagesmitteln der Temperatur werden die Monatsmittel durch Summieren der Tagesmittel des betreffenden Monats und Division durch die Zahl der Tage des Monats errechnet. Das Jahresmittel ergibt sich aus der Summe der Tagesmittel nach Division durch 365 (bzw. 366) oder aus der Summe der Monatsmittel nach Division durch 12.

Da für manche Fragestellungen der Zeitraum eines Monats zu lang, der eines Tages zu kurz ist, bedient man sich vielfach eines Zeitraumes von fünf oder zehn Tagen. Die für diese Zeiträume gebildeten Mittelwerte werden als Pentaden- bzw. Dekadenmittel bezeichnet. Dabei wird entweder das gesamte Jahr, beginnend vom 1. Januar, in 73 Pentaden eingeteilt (in Schaltjahren hat die 12. Pentade 6 Tage), oder es wird die Monatseinteilung zugrunde gelegt, wobei die Länge der letzten Monatspentade je nach Monatslänge zwischen 3 und 6 Tagen schwankt. Die Dekadeneinteilung geht von den Monaten aus, so daß die Länge der letzten Dekade zwischen 8 und 11 Tagen variiert.

Für klimatologische Aussagen werden die genannten Mittelwerte über eine größere Anzahl von Jahren dargestellt. Dabei wächst zunächst die Sicherheit des Mittelwertes mit der Zahl der verwendeten Jahre. Es ist aber zu berücksichtigen, daß die benutzte Beobachtungsreihe nicht zu lang sein darf, weil man sonst nicht nur kurzfristige Temperaturschwankungen, sondern auch Klimaveränderungen aus der Betrachtung ausschalten kann. Zur Bestimmung repräsentativer Mittelwerte der Temperatur wird in gemäßigten Breiten ein Zeitraum von 30 Jahren als ausreichend angesehen. Bei kleinen, aperiodischen Schwankungen kann der zur Mittelbildung verwendete Zeitraum kürzer, bei großen aperiodischen Schwankungen muß er länger sein.

Dem großen Vorteil der Übersichtlichkeit von Mittelwerten steht der Nachteil gegenüber, daß der Mittelwert als solcher keine Aussage mehr über Einzelwerte gestattet. Denn ein Mittelwert kann auf sehr unterschiedliche Weise entstanden sein: Er kann das Ergebnis einer großen Zahl gleicher, aber auch das Ergebnis sehr stark vom Mittel abweichender Werte sein. So haben beispielsweise Mailand und Quito dieselbe Jahresmitteltemperatur von 13 °C; dabei weisen aber in Quito alle Monate des Jahres eine Mitteltemperatur von 13 °C auf, während in Mailand der wärmste Monat ein Temperaturmittel von 25 °C, der kälteste Monat ein solches von 2 °C hat. Das Beispiel zeigt, daß die Amplitude eine wesentliche Ergänzung der Mittelwerte darstellt; erst ihre Angabe erlaubt eine Abschätzung der Schwankungsbreite der Einzelwerte, aus denen der Mittelwert entstanden ist. Dabei ist zwischen mittleren Amplitudenwerten, die eine mittlere Schwankungsbreite kennzeichnen, und den erreichten Extremwerten zu unterscheiden. Im allgemeinen gibt man zur Ergänzung eines Monatsmittels die mittlere Monatsamplitude, das Mittel der Tagesamplituden, an. Der Erläuterung des Jahresmittels dient die Jahresamplitude, die als Differenz der Monatsmittel des wärmsten und kältesten Monats definiert wird.

Zur Kennzeichnung der Schwankungsbreite der Einzelwerte, aus denen ein Mittelwert entstanden ist, dient die mittlere Veränderlichkeit sowie die Streuung. Bezeichnet man die Abweichung eines Einzelwertes x_v vom Mittelwert $\bar{x}$ mit

$$x_v - \bar{x},$$

so ergibt sich die mittlere oder durchschnittliche Veränderlichkeit V zu

$$V = \frac{\sum\limits_{v=1}^{n} |x_v - \bar{x}|}{n}.$$

Die durchschnittliche Veränderlichkeit ist also gleich der Summe der Abweichungen vom Durchschnitt unter Vernachlässigung des Vorzeichens, dividiert durch die Zahl n der Beobachtungen.

Die Streuung σ wird gekennzeichnet durch die Beziehung

$$\sigma = \sqrt{\frac{\sum\limits_{v=1}^{n} (x_v - \bar{x})^2}{n - 1}}.$$

In vielen Fällen interessiert die Häufigkeit des Auftretens bestimmter Temperaturwerte während eines gegebenen Zeitraumes. Dabei zeigt sich, daß der häufigste Wert, der Scheitelwert, in den meisten Fällen nicht mit dem Mittelwert übereinstimmt. Der Scheitelwert kann in manchen Fällen eine wertvolle Ergänzung des Mittelwertes darstellen.

Oft wird nach der Zeit gefragt, während der die Temperatur über bzw. unter bestimmten Werten liegt. So gibt man beispielsweise an, wie lange während eines Jahres Tagesmittel oberhalb 5 °C – diese Zeit wird vielfach als Vegetationsperiode bezeichnet – auftreten. Die entsprechenden Andauerwerte erhält man bei genügend langer Beobachtungsreihe durch Auszählen; man kann die Andauerwerte auch in guter Näherung der aus den Monatsmitteln konstruierten Jahreskurve der Temperatur entnehmen. Die Anfangs- und Endpunkte der Andauerzeiten liefern Angaben darüber, wann im durchschnittlichen Jahresablauf ein bestimmter Schwellenwert der Temperatur über- bzw. unterschritten wird. So bilden beispielsweise die mittleren Daten des letzten und ersten Frostes die Begrenzung der mittleren frostfreien Zeit und stellen eine für die Klimabeschreibung wichtige Ergänzung dar.

Durch Auszählen der Tage mit bestimmten

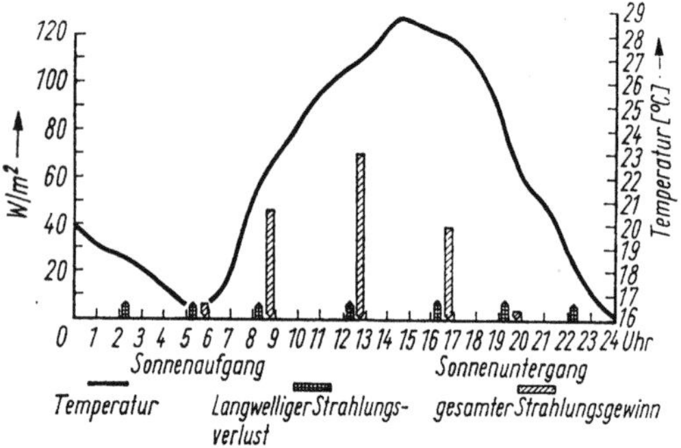

Abb. 51. Strahlungsbilanz und Temperaturverlauf an einem wolkenlosen Tag (Potsdam, 16. 8. 1947)

Temperaturwerten kann man ebenfalls zur Vervollständigung einer Klimadarstellung kommen. In diesem Zusammenhang ergeben sich folgende Bezeichnungen.

Frosttage:
Temperaturminimum unter 0 °C,
Eistage:
Temperaturmaximum unter 0 °C,
Frostwechseltage:
die Temperatur geht mindestens einmal

durch den Gefrierpunkt (die Differenz der Zahlen der Frost- und Eistage gibt in guter Näherung die Zahl der Frostwechseltage),
Sommertage:
Temperaturmaximum mindestens 25 °C,
heiße Tage (z. T. auch als „Tropentage" bezeichnet):
Temperaturmaximum mindestens 30 °C (manchmal auch definiert als Tage mit einem Temperaturmittel von mehr als 25 °C),
kalte Tage:
Temperaturmaximum höchstens −10 °C.

Die Kennzeichnung der Winter kann durch die Verwendung von „Kältesummen" erfolgen. Als Kältesumme bezeichnet man dabei die Summe der negativen Tagesmittel der Temperatur. Nach dem Vorgehen von K. Knoch (1957) läßt sich durch die Kältesummen nicht nur der Gesamtwinter charakterisieren (strenge und milde Winter), sondern die Kennzeichnung läßt sich auch auf die einzelnen Wintermonate ausdehnen. Es sei bemerkt, daß die zahlenmäßige Kennzeichnung strenger und milder Winter nach Kältesummen in verschiedenen Klimagebieten verschieden sein wird.

5.2.3. Täglicher Gang der Temperatur

Bei der Betrachtung der Strahlung wurde darauf hingewiesen, daß in der Erdoberfläche die Umwandlung kurzwelliger in langwellige Strahlung erfolgt, so daß die Erwärmung der Luft vom Boden her vor sich geht. Daraus folgt, daß der tägliche Temperaturgang mit dem Tagesgang der Strahlung in Zusammenhang stehen muß.

Einen Einblick in die Zusammenhänge zwischen Strahlung und Temperatur im Tagesverlauf gibt Abb. 51. Die dauernd wirkende Ausstrahlung wird am Tage von der Einstrahlung überkompensiert, so daß es zur Erwärmung kommt. Das Tagesminimum der Temperatur tritt um die Zeit des Sonnenaufgangs ein; das Maximum folgt der Zeit stärkster Einstrahlung nach, so daß es am frühen Nachmittag eintritt.

Die Lage der Temperaturextreme kann durch besondere örtliche Verhältnisse verschoben werden. So erscheint das Tagesmaximum der Temperatur in Gebieten mit Seewind bereits vor dem Sonnenhöchststand, weil die abkühlende Wirkung des Seewindes einen weiteren Temperaturanstieg verhindert. Eine ähnliche Erscheinung zeigt sich in den Tropen während der Regenzeit; hier bringen die täglichen Niederschläge eine Abkühlung, die die Vorverlegung des täglichen Temperaturmaximums zur Folge hat (Abb. 52).

Durch Bewölkung wird sowohl die Einstrahlung als auch die Ausstrahlung herabgesetzt. Daraus folgt, daß beim Vorhandensein von Bewölkung das Tagesminimum der Temperatur angehoben, das Tagesmaximum herabgedrückt erscheint. Damit wird die Tagesamplitude der Temperatur (Differenz zwischen Maximum und Minimum) an Tagen mit Bewölkung kleiner als bei fehlender Bewölkung (Abb. 53).

Neben dem Einfluß der Bewölkung wirkt auch die Jahreszeit modifizierend auf den täglichen Temperaturgang ein. Denn je höher der mittägliche Sonnenstand ist, um so stärker kann die Erwärmung sein. Daraus ergibt sich im Sommer ein stärkerer täglicher Temperaturgang, d. h., die Tagesamplitude der Temperatur ist größer als im Winter. Die Wirkungen der Jahreszeit und der Bewölkung überlagern sich, so daß sich für die tägliche Temperaturamplitude ein Jahresgang ergibt.

Die angegebenen Werte sind Mittelwerte aus den Beobachtungen von Paris, Bern, München, Berlin und Wien. Es zeigt sich deutlich die hohe Tagesamplitude des Sommers, die zeitweise durch stärkere Bewölkung etwas herabgesetzt wird. Demgegenüber bleibt die mittlere Tagesamplitude der Temperatur in den Wintermonaten gering (Tab. 16).

Bei ausgeprägter Jahresperiode der Bewölkung folgt die tägliche Temperaturamplitude dem Gang der Bewölkung, wie die im folgenden gegebenen Mittelwerte aus einer Reihe nordindischer Beobachtungsstationen zeigen (Tab. 17).

Die bereits erwähnte Abhängigkeit der mitt-

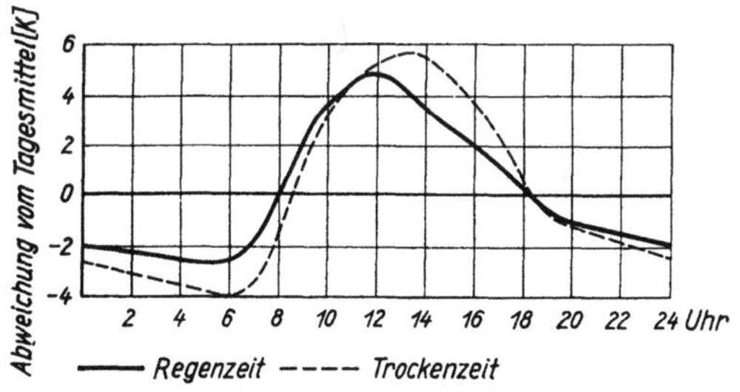

Abb. 52. Tagesgang der Temperatur in den Tropen (San José de Costarica) während der Regen- und Trockenzeit; Abweichungen vom Tagesmittel in K (nach HANN-SÜRING, 1939)

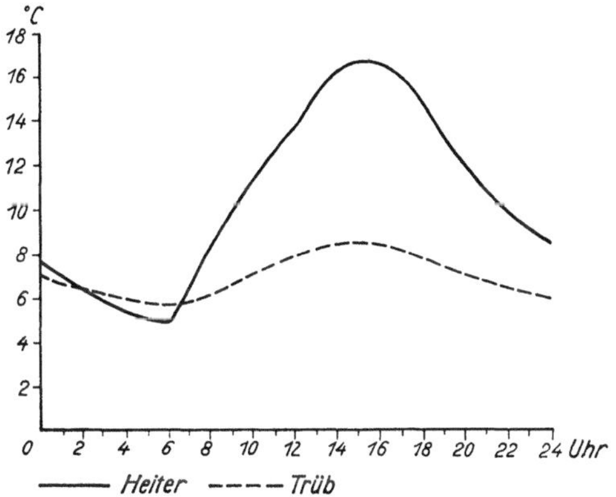

Abb. 53. Tagesgang der Temperatur in Wien an heiteren und trüben Tagen im April (nach HANN-SÜRING, 1939)

Tabelle 16. Jahresgang der mittleren täglichen Temperaturamplitude (in K) in Mitteleuropa (nach HANN-SÜRING, 1939)

	I	II	III	IV	V	VI	VII	VIII	IX	X	XI	XII
Amplitude [K]	3,4	4,7	6,6	8,3	8,9	8,5	8,8	8,5	8,3	6,0	3,7	2,8

Tabelle 17. Jahresgang der mittleren täglichen Temperaturamplitude (in K) und der Bewölkung (in Zehnteln des Himmels) in Nordindien (nach HANN-SÜRING, 1939)

	I	II	III	IV	V	VI	VII	VIII	IX	X	XI	XII
Amplitude	13,4	14,1	14,8	14,7	12,3	7,9	5,1	4,9	6,9	11,1	13,4	14,5
Bewölkung	2,0	2,2	2,4	1,6	2,1	4,9	7,6	7,5	5,3	2,4	1,2	1,5

leren täglichen Temperaturamplitude von der erreichten Sonnenhöhe führt zu einer Breitenabhängigkeit der Tagesamplitude der Temperatur. Dabei ergeben sich die größten Amplituden in den Trockengebieten, während die feuchten Tropen geringere Werte aufweisen.

Die Tagesamplitude der Lufttemperatur nimmt außerhalb der feuchten Tropen mit abnehmen-

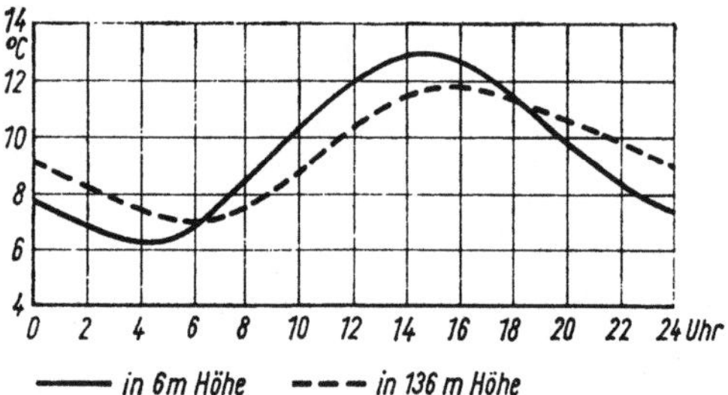

Abb. 54. Tagesgang der Temperatur (Jahresmittel) in 6 und 136 m Höhe über dem Erdboden in Strasbourg (nach HANN-SÜRING, 1939)

der geographischer Breite zu. In den Polargegenden kann es während des Sommers infolge des tiefen Sonnenstandes und der Kürze der Nächte nicht zu starken täglichen Temperaturschwankungen kommen, und auch im Winter ergibt sich keine stärkere Tagesamplitude der Temperatur. Anders ist es in niederen Breiten, wo zwischen Tag und Nacht starke Unterschiede der Einstrahlung bestehen, deren Wirkung im Bereich der trockenen Wüstenböden besonders stark zur Geltung kommt. Dabei ergibt sich in niederen Breiten im Gegensatz zu den höheren Breiten nur ein

schwacher Jahresgang der täglichen Temperaturamplitude.

Einen wesentlichen Einfluß auf die Größe der täglichen Temperaturamplitude übt die Beschaffenheit der Bodenoberfläche aus. Über Wasser, das sich am Tage wenig erwärmt und in der Nacht wenig abkühlt, bleibt die Tagesamplitude der Lufttemperatur klein. Demgegenüber kann die Tagesamplitude der Lufttemperatur über den trockenen Wüstengebieten niederer Breiten sehr groß werden. Werten der Tagesamplitude von 1 bis $1^1/_2$ K auf den Ozeanen stehen mittlere Tagesschwankungen von 14 bis 16 K über den kontinentalen Wüsten niederer Breiten gegenüber. Allgemein nimmt die Tagesamplitude der Temperatur mit zunehmender Kontinentalität zu; sie ist über feuchten Gebieten (Wälder, Niederungen) geringer als über trockenen (Sandböden). Somit zeigt die Tagesamplitude der Lufttemperatur auch eine Abhängigkeit von der Bodenart und der Bodenbedeckung.

In Mulden kann durch Zufluß von Kaltluft in der Zeit fehlender Einstrahlung die Tagesamplitude der Temperatur verstärkt werden. Auf Bergen ist einerseits die am Tage erwärmte Fläche gering, andererseits kann die in der Nacht erkaltete Luft abfließen, daher ergeben sich auf den Bergen verhältnismäßig geringe Tagesamplituden der Temperatur (Sonnblick, 3106 m: 1,4 K im Jahresdurchschnitt; 2,0 K im Sommer).

Die Eintrittszeiten der Temperaturextreme im Tagesverlauf weisen darauf hin, daß die Luft von der Erdoberfläche her erwärmt wird. Darauf deutet auch die Tatsache hin, daß sich der Zeitpunkt der höchsten Tagestemperatur mit

Tabelle 18. Mittlere Tagesamplituden (Jahreswerte) der Temperatur unter verschiedenen Breiten (nach HANN-SÜRING, 1939)

Ort	Nagpur	Allahabad	Lahore	Nukus	Barnaul	Swerdlowsk	Lena-Delta
° n. Br.	22,1	26,2	31,6	42,5	53,3	56,8	73,4
Amplitude [K]	11,7	12,1	12,4	11,8	8,1	6,9	2,3

Tabelle 19. Mittlere tägliche Temperaturamplitude (in K) an zwei Stationen niederer Breiten (nach H. J. CRITCHFIELD, 1960)

	I	II	III	IV	V	VI	VII	VIII	IX	X	XI	XII	J
Singapore	7,2	8,3	8,3	7,8	7,8	7,2	7,2	7,2	7,2	7,8	7.2	7.2	7,5
in Salah (Sahara)	16,1	17,8	17,8	18,3	18,3	18,9	18,9	17,8	18,3	17,8	16,7	16,1	17,8

der Entfernung von der Bodenoberfläche verspätet (Abb. 54). Auch das unterschiedliche Verhalten des täglichen Temperaturganges über Land und Meer sowie über verschiedenen Bodenarten zeigt die Bedeutung der Erdoberfläche für den Erwärmungsvorgang der Luft. Von der Unterlage her wird eine dünne Luftschicht durch Wärmeleitung erwärmt. Die Erwärmung der darüberliegenden Luft erfolgt im wesentlichen dadurch, daß erwärmte Luftteilchen aufsteigen, kältere dagegen absinken. Dieser Austauschvorgang, auch als „Scheinleitung" bezeichnet, sorgt für eine raschere Erwärmung der Luft, als sie durch die molekulare Wärmeleitung möglich wäre. Immerhin erfordert auch dieser Erwärmungsvorgang eine gewisse Zeit, was durch die Verschiebung des Temperaturmaximums auf den frühen Nachmittag ausgedrückt wird. Auch die nächtliche Abkühlung geht vom Erdboden aus (Verspätung des Minimums mit der Höhe), dehnt sich aber langsamer auf die darüberliegenden Luftschichten aus, da die Austauschvorgänge fehlen. Als äußeres Zeichen dieser Vorgänge ergibt sich eine Zunahme der Temperatur mit zunehmender Höhe über dem Erdboden (Bodeninversion). Es ist selbstverständlich, daß die hier genannten Vorgänge der Erwärmung und Abkühlung der Luft nur dann deutlich wirksam werden können, wenn kein stärkerer horizontaler Lufttransport stattfindet; daher kommen die Auswirkungen der Strahlungsverhältnisse bei windschwachem oder windstillem Wetter am besten zur Geltung.

Die Tagesmittel der Temperatur sind Änderungen von Tag zu Tag unterworfen, die nicht nur strahlungs-, sondern im wesentlichen wetterbedingt sind. Daher nimmt die interdiurne Veränderlichkeit (mittlere Differenz der Tagesmittel aufeinanderfolgender Tage) mit der geographischen Breite zu, und während sie in ozeanischen Gebieten gering bleibt, erreicht sie in kontinentalen Bereichen hohe Werte. Im allgemeinen ist die interdiurne Veränderlichkeit der Temperatur im Sommer wesentlich kleiner als im Winter (Tab· 20).

Eine weitere Kennzeichnung der interdiurnen Veränderlichkeit der Temperatur ist durch die Angabe der mittleren Häufigkeit bestimmter Temperaturänderungen von Tag zu Tag zu erreichen. So treten beispielsweise Änderungen von weniger als 2 K von einem Tag zum anderen sowohl in Westsibirien als auch in Mittel- und Westeuropa im Sommer häufiger auf als im Winter, wobei diese Änderungen in England während des Sommers mit einer Häufigkeit von 74% auftreten. Mittlere Änderungen von 2 bis 4 K treten in den genannten Vergleichsgebieten im Sommer und Winter mit etwa 25 bis 30% Häufigkeit auf, zeigen also keine wesentlichen Unterschiede. Dagegen zeigen sich Änderungen von mehr als 8 K in Westsibirien mit einer Häufigkeit von 24% im Winter; in den anderen Vergleichsgebieten treten sie im Sommer und Winter, in Westsibirien im Sommer mit Häufigkeiten um 1% auf. Demnach sind große Temperaturänderungen von Tag zu Tag Kennzeichen des winterlichen Witterungsgeschehens in kontinentalen Gebieten; in ozeanisch beeinflußten Gebieten überwiegen die kleinen Temperaturänderungen, und zwar im Sommer stärker als im Winter.

Tabelle 20. Interdiurne Veränderlichkeit der Temperatur (in K) (nach HANN-SÜRING, 1939)

	Nordamerika	Westsibirien	Mitteleuropa	Südeuropa
Sommer	2,2···2,5	2,2···2,5	1,5···1,9	etwa 1
Winter	5,0···5,5	4,0···5,0	1,9···2,4	1···1,5

Tabelle 21. Mittlere Jahresamplitude der Lufttemperatur (in K) an küstennahen Stationen

Station	Colombo	Kalkutta	Tokio	Wladiwostok	Nikolajewsk	Lena-Delta
° n. Br.	7	22,5	35,7	43,7	53,1	73,4
Amplitude	1,7	11,7	22,8	35,6	40,2	42,7

5.2.4. Jahresgang der Temperatur

Der Jahresgang der Lufttemperatur entspricht insofern dem Tagesgang, als auch im Jahresgang die Extremwerte dem Höchst- bzw. Tiefststand der Sonne folgen. So entsteht ein im wesentlichen sinusförmiger Verlauf der jährlichen Temperaturkurve, wobei die Amplitude und die Eintrittszeiten der Extremwerte von der geographischen Breite und der Lage des Beobachtungsortes zum Meer abhängen.

Die Jahresamplitude der Temperatur (Differenz aus den Mittelwerten des wärmsten und kältesten Monats) zeigt eine Zunahme mit der geographischen Breite. Während also die Tagesamplitude in den Randtropen ihre größten Werte erreicht, ist die Jahresamplitude in den Polargebieten am stärksten ausgebildet. Das bedeutet, daß in den niederen Breiten die tageszeitlichen Temperaturschwankungen größer sind als die jahreszeitlichen, während es in den Polargebieten umgekehrt ist.

Die folgende Übersicht gibt zu erkennen, daß mit zunehmender Entfernung vom Meer die Jahresamplitude der Lufttemperatur ebenfalls wächst (Tab. 22).

Die Abhängigkeit der Jahresamplitude der Lufttemperatur von der Lage der Station zum Meer ergibt die Möglichkeit, die Jahresamplitude als Maß für die Kontinentalität eines Klimas zu verwenden. Dabei kennzeichnen – unter gleichzeitiger Berücksichtigung der Breitenabhängigkeit – kleine Temperaturamplituden der Lufttemperatur ozeanische, große Amplituden dagegen kontinentale Klimaverhältnisse. Auf Grund dieser Überlegungen wurden im Laufe der Zeit verschiedene Formeln für den Kontinentalitätsgrad aufgestellt, in die jeweils geographische Breite und Jahresamplitude der Temperatur als variable Größen eingehen.

Eine derartige Formel wurde beispielsweise von H. SCHREPFER (1925) angegeben. Sie lautet

$$Ko = \frac{8}{7} \cdot 100 \cdot \frac{A}{\varphi} - 14.$$

Dabei bedeutet Ko Kontinentalitätsgrad in %, A Jahresamplitude der Temperatur in K, φ geographische Breite.

Die Formel ist so aufgebaut, daß sich für den am stärksten ozeanisch beeinflußten Landpunkt Europas, Thorshavn, der Kontinentalitätsgrad 0, für die kontinentalste Station Asiens, Werchojansk, 100% ergibt. Die im Nenner der Formel als Winkel erscheinende geographische Breite weist darauf hin, daß die Formel keine allgemeine Gültigkeit hat; sie wird für den Äquator sinnlos.

Eine andere Formel für die Kontinentalität, von W. GORCZYNSKI (1920) aufgestellt, von V. CONRAD und L. W. POLLAK (1950) abgewandelt, führt statt des Winkelwertes der geographischen Breite den Sinus der geographischen Breite ein. Die Formel lautet

$$Ko = \frac{1,7 \cdot A}{\sin (\varphi + 10)} - 14,$$

wobei die Buchstaben die oben angegebene Bedeutung haben. In dieser Formel wird entgegen der ursprünglich von GORCZYNSKI gegebenen Formel vermieden, daß der Kontinentalitätsgrad für den Äquator unendlich und für Thorshavn negativ wird.

Die angegebenen Formeln zeigen, daß die Jahresamplitude der Temperatur als eine we-

Tabelle 22. Mittlere Jahresamplitude der Lufttemperatur (in K) in Abhängigkeit von der Kontinentalität. a) Zwischen etwa 51 und 56° n. Br.; b) um den Polarkreis

a)		b)	
Ort	Amplitude	Ort	Amplitude
Valentia	8	Lofoten	11
Emden	16	Haparanda	27
Warschau	22	Berjosowo	40
Moskau	29	(unterer Ob)	
Swerdlowsk	33	Werchojansk	65
Semipalatinsk	38		
Irkutsk	39		
Nertschinsk	52		

sentliche Kenngröße für die Kontinentalität oder Ozeanität eines Gebietes anzusehen ist.

Wenn auch die Jahresamplitude der Lufttemperatur bereits gute Hinweise auf den Jahresgang der Temperatur gibt, so sagt sie doch nichts aus über die Lage der extremen Werte;

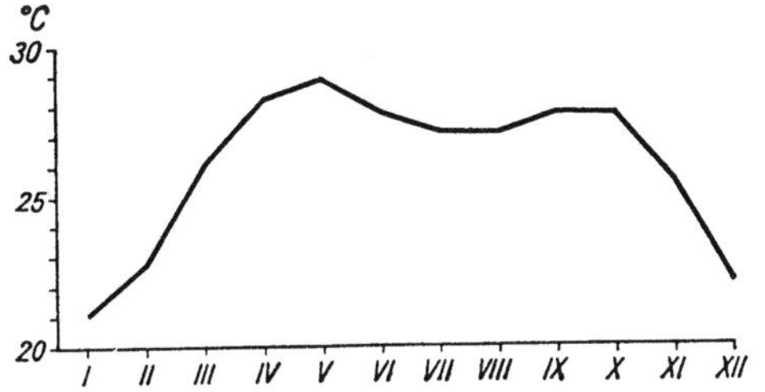

Abb. 55. Indischer Typ des Temperaturganges (Akyab: 20° n. Br., 93° ö. L.)

die Jahresamplitude kann also die Betrachtung des Jahresganges an Hand von Monatsmitteln nicht ersetzen. Die Darstellung nach Monatsmitteln läßt verschiedene Typen des Jahresganges der Temperatur erkennen, die im folgenden an Beispielen erläutert seien.

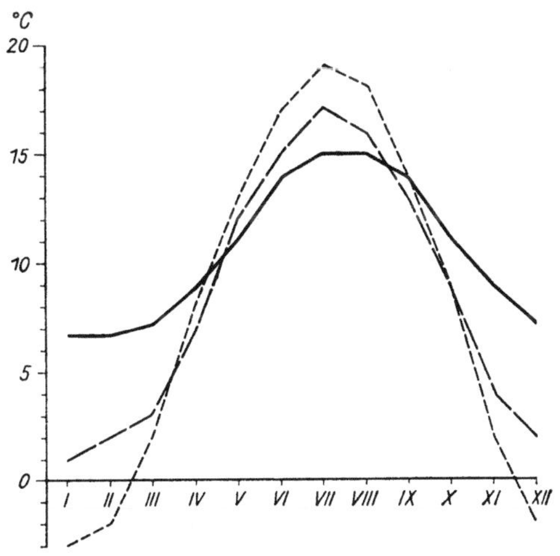

Abb. 56. Temperaturgang der gemäßigten Breiten (— Valentia, — — Emden, - - - - Krakow)

1. Der tropische Typ des Temperaturganges ist durch eine geringe Jahresamplitude gekennzeichnet. Vielfach läßt sich eine Doppelwelle im Temperaturgang erkennen, die auf den zweimaligen Sonnenhöchststand im Laufe des Jahres hinweist (Tab. 23).

2. Der indische Typ, teilweise auch als Monsun- oder Gangestyp bezeichnet, zeigt als Besonderheit das Jahresmaximum der Temperatur vor dem Sonnenhöchststand (Abb. 55). Die im Frühsommer einsetzenden Niederschläge verhindern ein weiteres Ansteigen der Temperatur, so daß der höchste Monatswert der Temperatur auf der Nordhalbkugel bereits im Mai erreicht wird. Da dieser Typ in engem Zusammenhang mit dem tropischen Monsun steht, erscheint die Bezeichnung Monsuntyp gerechtfertigt.

3. Der Temperaturgang in den gemäßigten Breiten zeigt einen einheitlichen Grundtyp, der aber je nach der ozeanischen oder kontinentalen Lage des Beobachtungsgebietes abgewandelt ist (Abb. 56). Die Jahresamplituden sind bereits, entsprechend der Breitenlage, recht groß; es zeigt sich aber eine deutliche Zunahme der Jahresamplitude bei zunehmender Entfernung vom Meer, also bei zunehmender Kontinentalität. Abb. 56 weist auf die Veränderung der Lage der Extremwerte hin, die im ozeanischen Klima gegeben ist. Dadurch, daß das Wasser die Wärme langsamer aufnimmt und abgibt als das Land, tritt eine Verspätung der Extremwerte ein; das zeigt sich bei der Temperaturkurve von Valentia in den jeweils gleichen Werten der Monate Januar/Februar und Juli/August.

4. Der polare Typ des Temperaturganges (Abb. 57) ist durch eine sehr große Jahresamplitude der Temperatur gekennzeichnet. Als Besonderheit zeigt sich im Jahresgang der Temperatur vielfach die Tatsache, daß das Temperaturminimum weit von der Zeit des Sonnentiefststandes entfernt liegt. Durch das völlige Fehlen der Einstrahlung während der Polarnacht tritt das Minimum erst um Sonnenaufgang (in Parallele zum Tagesgang) ein. Die vorstehend gegebenen Zusammenstellun-

Tabelle 23. Temperaturgang (in °C) in Ciudad Bolivar (Orinoco) 8° 08′ n. Br., 63° 33′ w. L.

I	II	III	IV	V	VI	VII	VIII	IX	X	XI	XII
26,1	26,7	27,2	27,8	27,8	26,7	26,7	27,2	27,8	27,8	27,2	26,1

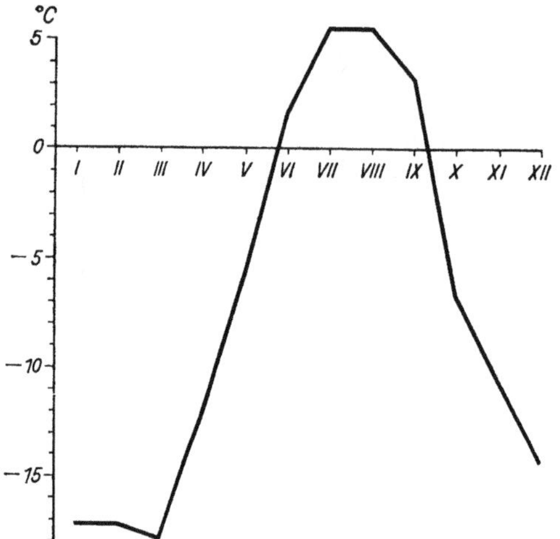

Abb. 57. Polarer Typ des Temperaturganges (Waigatsch: 70° 24′ n. Br., 58° 47′ ö. L.)

gen weisen darauf hin, daß aus dem Jahresgang der Lufttemperatur, dargestellt durch Monatsmittel, klimatische Besonderheiten gezeigt werden können. Das hat zur Folge, daß die graphische Darstellung der Monatsmittel der Lufttemperatur zusammen mit der Darstellung der Niederschlagsverteilung (mittlere Monatssummen) zur Kennzeichnung von Klimaten gut geeignet ist. Man bezeichnet diese Art der Darstellung als Klimadiagramm (vgl. die Beschreibung der Klimatypen in Kap. 7). Das Klimadiagramm zeigt den Jahresgang von Temperatur und Niederschlag meist anhand langjähriger Monatsmittel; manche Darstellungen legen auch Tageswerte zugrunde und stellen am Beispiel von Einzeljahren typische Wetter- und Witterungsabläufe dar (z. B. M. Hendl). Klimadiagramme können weitere Klimaelemente umfassen; eine weitgehende Vervollständigung haben die Klimadiagramme z. B. in der Darstellung von H. Walter und H. Lieth erfahren.

In diesem Zusammenhang sei auf die Möglichkeit hingewiesen, Temperatur und Niederschlag im Klimatogramm darzustellen. Ordnet man der Abszisse eines rechtwinkligen Koordinatensystems den Niederschlag, der Ordinate die Temperatur zu, so ergeben zeitlich zusammengehörende Werte von Niederschlag und Temperatur einen Punkt im Klimatogramm. Verbindet man z. B. die 12 aus langjährigen Mittelwerten gewonnenen Monatspunkte eines Jahres in ihrer zeitlichen Folge

durch einen Linienzug, so erhält man Figuren, die kennzeichnende Eigenschaften des dargestellten Klimas erkennen lassen.

A. Schulze (1956) unternahm es, den Jahresgang der Temperatur als Zahlenwert zu geben, um eine größere Übersichtlichkeit zu erreichen. Zur Bildung der relativen Jahresgangzahl der Lufttemperatur werden die absoluten Abweichungen der einzelnen Monatsmittel vom Jahresmittel über das Jahr summiert, mit 100 multipliziert und durch das – zur Ausschaltung negativer Werte um 100 K vermehrte – Jahresmittel der Temperatur dividiert. Dadurch wird die Summe der absoluten Abweichungen, die in ihrer Größe ein Maß für den mehr oder weniger stark ausgeprägten Jahresgang der Temperatur ist, in Prozent des um 100 K erhöhten Jahresmittels der Temperatur dargestellt. Eine von A. Schulze (1956) gegebene Kartendarstellung der relativen Jahresgangzahl der Lufttemperatur in Europa führt zur Kennzeichnung maritimer und kontinentaler Gebiete in Europa und zeigt die Brauchbarkeit der angewendeten Methode.

Oben wurde schon auf das unterschiedliche Verhalten der Tages- und Jahresamplitude der Lufttemperatur in Abhängigkeit von der geographischen Breite hingewiesen. Die gemeinsame Betrachtung des Tages- und Jahresganges der Temperatur gibt ebenfalls die Möglichkeit, Klimate zu kennzeichnen. Den Weg zu einer solchen Betrachtungsweise bietet die Isoplethendarstellung (Isoplethe ≙ Linie gleicher Zahlenwerte), wie sie beispielsweise C. Troll (1943) zur Kennzeichnung von Klimatypen verwandte. Die Abb. 58 zeigt zwei Beispiele dieser Darstellung. Auf den Abszissen ist jeweils die Jahres-, auf den Ordinaten die Tageseinteilung aufgetragen; die einzelnen Temperaturwerte – in °C – sind durch die Linien gleicher Temperatur (Thermoisoplethen) verbunden. Die beiden Beispiele lassen ohne weiteres die Verschiedenheiten im Tages- und Jahresgang der Temperatur in verschiedenen Klimaten erkennen: Während der Temperaturgang des tropischen Typs bei geringer Jahresamplitude völlig von der Tagesamplitude beherrscht wird, ist es beim polaren Typ umgekehrt. Außer den Temperaturamplituden kann man den Thermoisoplethen die Temperatur für jeden gegebenen Zeitpunkt entnehmen; man kann den Temperaturgang zu einer bestimmten Stunde über

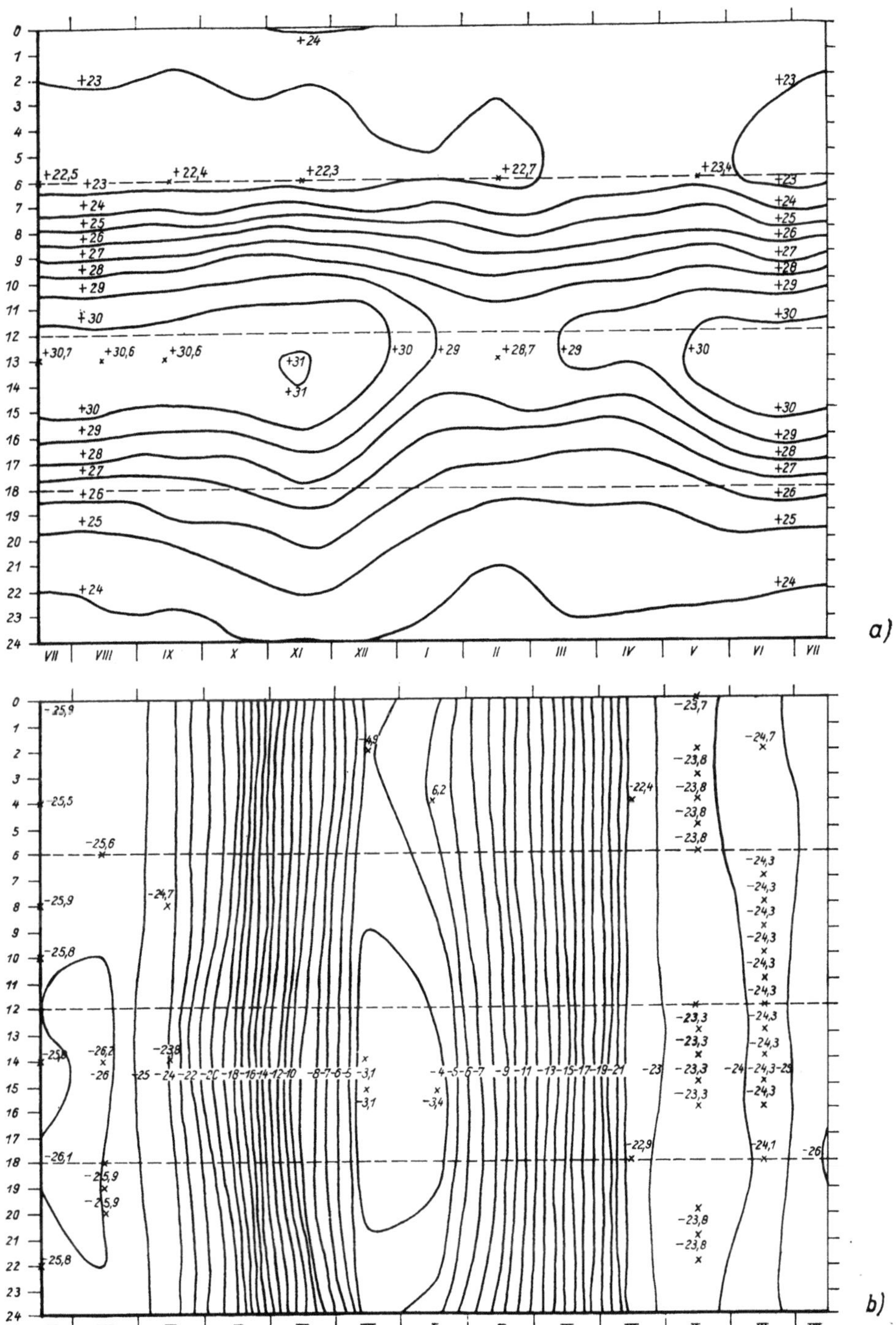

Abb. 58a. Temperaturgang in einem tropischen Küstenklima in Isoplethendarstellung (nach C. TROLL, 1943)
b. Temperaturgang in einem polaren Küstenklima in Isoplethendarstellung (nach C. TROLL, 1943)

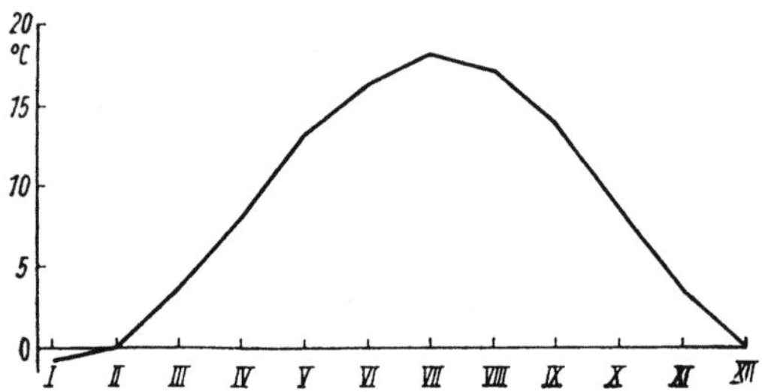

Abb. 59. Temperaturgang in Potsdam
nach Monatsmitteln (1901 bis 1950)

das ganze Jahr verfolgen oder aber für einen
bestimmten Tag die Temperatur zu jeder Tages-
zeit ablesen.

Die Betrachtung des Jahresganges der Temperatur nach Monatsmittelwerten ergibt einen
annähernd sinusförmigen Verlauf der Temperaturkurve, wie er durch die Abhängigkeit der
Temperatur von den Strahlungsverhältnissen
gegeben ist. Geht man aber von den Monatsmitteln zu Tagesmitteln über, so zeigt sich,
daß auch bei der Verwendung verhältnismäßig
langer Beobachtungsreihen erhebliche Abweichungen von einem sinusförmigen Kurven-
verlauf zu bemerken sind. Die Abb. 59 und 60

geben die Jahreskurven der Lufttemperatur
für Potsdam nach Monats- und Tagesmitteln
für die Jahre 1901 bis 1950 wieder. In der Darstellung nach Tagesmitteln (Abb. 60) zeigen
sich Zeiten mit verhältnismäßig erhöhten und
solche mit erniedrigten Temperaturen; man
spricht von Wärme- und Kälterückfällen, die
in ihrer Gesamtheit als Singularitäten bezeichnet werden. Im angegebenen fünfzigjährigen
Mittel sind die Kälte- und Wärmerückfälle
an bestimmten Tagen verzeichnet, doch läßt
das nicht den Schluß zu, daß sie stets an diesen
Tagen eintreten. Vielmehr ergibt die Kurve
nur die mittleren Zeiten, in denen die Wetterentwicklung eine besondere Neigung zu
Kälte- bzw. Wärmerückfällen zeigt. Diese
Bereitschaft zu einer bestimmten Wetterentwicklung führte dazu, daß die Singularitäten
auch als Wetterregelfälle bezeichnet werden;
diese treten aber trotz ihres Sichtbarwerdens
im langjährigen Mittel keineswegs so regelmäßig und zu festen Zeiten auf, daß sie zu einer
Vorhersage zu verwenden sind. Andererseits
deuten die Singularitäten die Möglichkeit
bestimmter Entwicklungstendenzen des Wetters zu den verschiedenen Zeiten des Jahres
an.

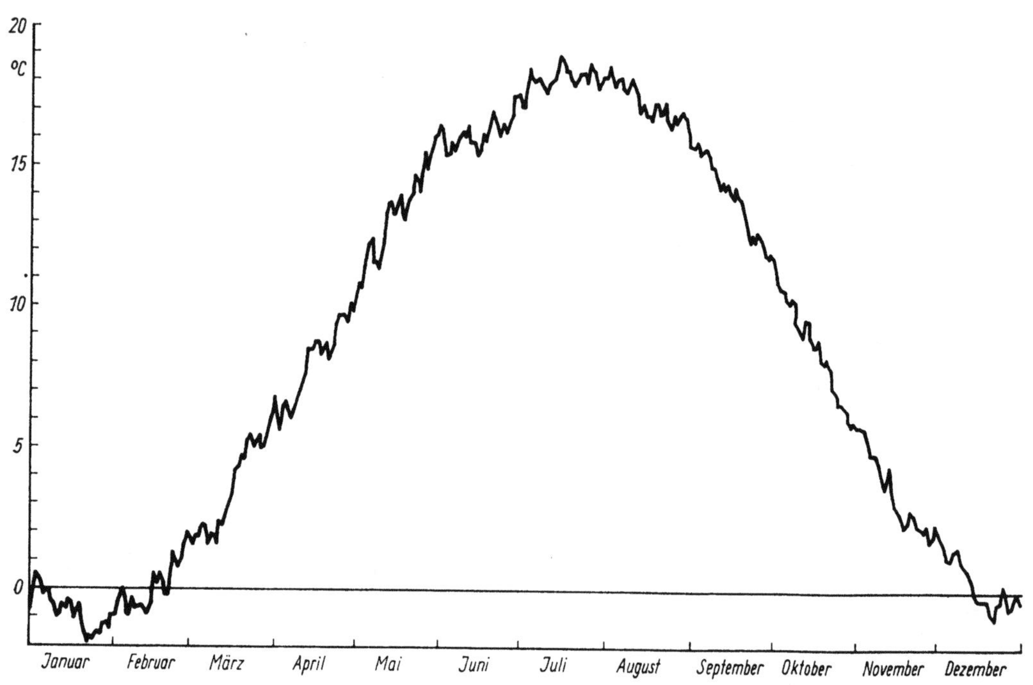

Abb. 60. Temperaturgang in Potsdam nach Tagesmitteln (1901 bis 1950)

5.2.5. Abnahme der Lufttemperatur mit zunehmender Höhe (vertikale Temperaturverteilung)

Das Verhalten der Atmosphäre gegen die Strahlung sowie der Umsatz der Strahlung in der Erdoberfläche bringt es mit sich, daß die Atmosphäre im wesentlichen von der Erdoberfläche her erwärmt wird. Das hat zur Folge, daß die Lufttemperatur mit zunehmender Höhe über dem Erdboden allgemein abnehmen muß. Dabei ergibt sich im Mittel in den unteren Luftschichten eine Temperaturabnahme von 0,5 bis 0,6 K auf 100 m Erhebung; diese Größe bezeichnet man als den vertikalen Temperaturgradienten.

Es muß bemerkt werden, daß es sich bei dem vertikalen Temperaturgradienten um einen Mittelwert handelt, der im Einzelfall keine Gültigkeit zu haben braucht. Denn vielfach zeigt es sich, daß dieser Gradient in den unteren Schichten der Atmosphäre gegenüber dem Mittelwert stark abgeschwächt ist; es kommt sogar häufig zu negativen Werten (Temperaturumkehr, Inversion).

Der vertikale Temperaturgradient zeigt einen täglichen Gang, der in deutlichem Zusammenhang mit den Strahlungsverhältnissen steht. Nach J. RINK (1953) ist der vertikale Temperaturgradient über Lindenberg (bei Berlin) zwischen 0 und 76 m Höhe im Jahresmittel am Tage positiv, nachts negativ. Die im Mittel erkennbare Ausbildung einer nächtlichen Bodeninversion tritt besonders deutlich bei geringer Bewölkung in Erscheinung. Im Jahresgang des vertikalen Temperaturgradienten fällt auf, daß der Gradient im Jahresmittel über Lindenberg zwischen 0 und 76 m Höhe negativ ist; die stärksten negativen Werte treten im Herbst, die höchsten positiven Werte im Frühjahr auf. Für die Tage mit geringer Bewölkung ergibt sich der vertikale Temperaturgradient zwischen 0 und 76 m Höhe im Jahresmittel zu —0,69 K auf 100 m Erhebung; der Gradient ist in fast allen Monaten negativ. Das zeigt, daß Temperaturinversionen in Bodennähe (Bodeninversion) zumindest für Lindenberg eine häufige Erscheinung darstellen, die offenbar in Abhängigkeit von der Bewölkung steht und den vertikalen Temperaturgradienten beeinflußt.

Vergleiche zwischen Bergstationen und benachbarten Talstationen ergeben, daß auch hier Temperaturinversionen häufig sind und Luftschichten von mehreren hundert Metern Mächtigkeit erfassen. Die verschiedene jahreszeitliche Häufigkeit der Inversionen führt dazu, daß auch der vertikale Temperaturgradient einen Jahresgang zeigt, der aus den folgenden Beispielen ersichtlich ist.

Höheren vertikalen Temperaturgradienten im Sommer stehen geringere Werte im Winter gegenüber, was auf eine größere Häufigkeit von Inversionen im Winter zurückzuführen ist.

Der vertikale Temperaturgradient wird zur Reduktion von Temperaturen, die in verschiedenen Höhen gemessen wurden, auf ein gemeinsames Bezugsniveau verwendet. Die so erhaltenen Temperaturen, die reduzierten Temperaturen, lassen Temperaturunterschiede erkennen, die nicht auf die Höhenlage der Beobachtungsstationen zurückzuführen sind. Der Mittelwertcharakter des vertikalen Temperaturgradienten hat zur Folge, daß die Reduktion von Temperaturen auf ein gegebenes Bezugsniveau für Mittelwerte, nicht aber in jedem Fall für Einzelwerte sinnvoll ist.

Die vorher erwähnten Temperaturinversionen treten in verschiedenen Höhen auf und haben ihrer Entstehung nach unterschiedlichen Charakter. In den unteren, dem Boden auflagernden Luftschichten sind Inversionen meist eine Folge der Ausstrahlung und der damit verbundenen Abkühlung. Da die Abkühlung besonders bei schneebedecktem Boden und wol-

Tabelle 24. Vertikaler Temperaturgradient in K je 100 m Erhebung
(nach HANN-KNOCH, 1932, und HANN-SÜRING, 1939)

	I	II	III	IV	V	VI	VII	VIII	IX	X	XI	XII	J
Hochgebirge: Westalpen in 46° n. Br.	0,45	0,53	0,62	0,64	0,66	0,67	0,67	0,64	0,60	0,56	0,51	0,44	0,58
Mittelgebirge: Harz	0,39	0,56	0,61	0,67	0,67	0,64	0,65	0,63	0,57	0,55	0,49	0,50	0,58

kenlosem Himmel wirksam wird und bei Luftruhe zur Auskühlung der Luft führt, sind Inversionen hauptsächlich mit winterlichen Hochdruckwetterlagen verknüpft. Das hat zur Folge, daß der vertikale Temperaturgradient besonders im Winter kleine Werte annimmt; auch die in den Übergangsjahreszeiten zahlreicher auftretenden Hochdrucklagen lassen ein häufigeres Auftreten von Inversionen und damit eine Verkleinerung des vertikalen Temperaturgradienten zu. Außer der Strahlungswirkung kann das Einfließen kalter Luft in den unteren Luftschichten zur Ausbildung einer deutlichen Inversion führen; die Höhenlage dieser Inversion ist von der Mächtigkeit der einfließenden Kaltluft abhängig.

Zeigten die bisher genannten Inversionen zunächst eine vom Erdboden aus mit zunehmender Höhe ansteigende Temperatur, so daß man sie auch als Bodeninversionen bezeichnen kann, so sind andere Inversionen in der Troposphäre unabhängig vom Erdboden. Bei diesen Inversionen wird in irgendeiner Höhe die Temperaturabnahme bei weiter zunehmender Höhe durch eine Temperaturzunahme abgelöst, der bald wieder eine weitere Temperaturabnahme mit zunehmender Höhe folgt. Diese Temperaturumkehrschichten haben meist eine verhältnismäßig geringe Mächtigkeit. Derartige Inversionen in der Troposphäre können auf verschiedene Ursachen zurückgeführt werden; sie treten einmal als Aufgleit-, das andere Mal als Absinkinversionen in Erscheinung. Die Aufgleitinversionen verdanken ihre Entstehung dem Aufgleiten warmer auf kältere Luft, stehen also mit den Warmfronten der Zyklonen in Verbindung. Im Gegensatz dazu sind die Absinkinversionen eine Erscheinung der Hochdruckgebiete; sie sind auf das Absinken und die damit verbundene dynamische Erwärmung der Luftmassen zurückzuführen.

Auch die Reibung der Luft an der Erdoberfläche hat infolge der durch sie hervorgerufenen Turbulenz die Bildung von Inversionen zur Folge. Diese Inversionen kennzeichnen in ihrem verschiedenen Aufbau die Typen der Grundschicht der Troposphäre, wie sie von K. SCHNEIDER-CARIUS (1953) dargestellt worden sind.

Daß Inversionen am häufigsten in Bodennähe auftreten, führt zu einer Zunahme des vertikalen Temperaturgradienten mit wachsender Höhe über dem Erdboden. Mit Annäherung an die Tropopause macht diese Zunahme des vertikalen Temperaturgradienten jedoch einer Abnahme Platz, weil infolge verschiedener Höhenlage der Tropopause eine bestimmte Höhe wechselnd im Bereich positiver und negativer Temperaturgradienten liegt. Schließlich ist die mittlere Lage der Tropopause dadurch gekennzeichnet, daß hier der vertikale Temperaturgradient von positiven zu negativen Werten übergeht, wie das Beispiel Tab. 25 zeigt.

Diese Tabelle weist auf die Abhängigkeit der Höhenlage der Tropopause von der geographischen Breite hin. Über Jakarta liegt die Obergrenze der Troposphäre oberhalb 16 km, über Lindenberg bei 12 km, über Nowaja Semlja bei 10 km. Das hat zur Folge, daß die Temperatur der Tropopause im Äquatorgebiet wesentlich geringer ist als in den Polargebieten (Tab. 26).

Abb. 61 gibt einen Überblick über die vertikale Temperaturverteilung auf der Nordhalbkugel im Winter und im Sommer; außerdem ist die jeweilige mittlere Höhenlage der Tropopause angegeben. Es zeigt sich, daß die Temperatur in Äquatornähe auch in der Höhe keine wesentlichen jahreszeitlichen Schwankungen aufweist; polwärts nimmt die Jahresschwankung der Temperatur in allen Höhen zu. Weiterhin zeigt die Abbildung die verschiedene Höhenlage der Tropopause, die in deutlicher Abhängigkeit von der geographischen Breite steht. Mit der Zunahme der Vertikalerstrekkung der Troposphäre vom Pol zum Äquator wächst auch die Temperaturdifferenz zwischen dem Boden und der Tropopause; somit er-

Tabelle 25. Vertikaler Temperaturgradient in verschiedenen Höhen in K/100 m (nach HANN-SÜRING, 1939)

Station	Höhe in km							
	1…2	2…4	4…6	6…8	8…10	10…12	12…14	14…16
Jakarta	0,56	0,55	0,56	0,66	0,74	0,84	0,84	0,58
Lindenberg	0,49	0,54	0,66	0,72	0,61	0,18	−0,04	−0,02
Nowaja Semlja	0,11	0,38	0,75	0,80	0,07	−0,26	−0,10	—

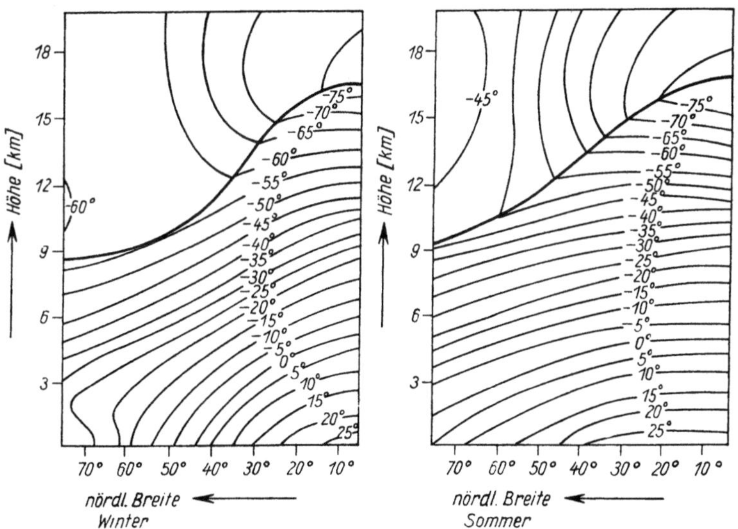

Abb. 61. Vertikale Temperaturverteilung (in °C) über der Nordhalbkugel im Winter und Sommer (nach H. Regula, 1956)

geben sich über dem Äquator die tiefsten Temperaturen der Tropopause und damit der unteren Stratosphäre.

Es wurde wiederholt erwähnt, daß der vertikale Temperaturgradient einen mittleren Wert darstellt, in dem die Wirkungen einer Reihe von Vorgängen in der Atmosphäre zusammengefaßt sind. Denn alle Vorgänge, die zur Bildung und Veränderung von Inversionen führen, beeinflussen auch den vertikalen Temperaturgradienten. Wesentlichen Anteil am Zustandekommen des vertikalen Temperaturgradienten haben die Temperaturveränderungen, die mit den Vertikalbewegungen der Luft zusammenhängen. Hier kommen die adiabatischen Temperaturgradienten zur Wirkung, die im Gegensatz zum vertikalen Temperaturgradienten exakt für den Einzelfall gültige Werte sind. Die adiabatischen Temperaturgradienten geben die Temperaturänderungen an, die in der Luft bei Vertikalbewegung erfolgen, wenn während des Vorgangs weder Wärme zu- noch abgeführt wird.

Die adiabatischen Temperaturgradienten sind verschieden für feuchtigkeitsgesättigte und ungesättigte Luft; sie werden als feuchtadiabatischer und trockenadiabatischer Temperaturgradient bezeichnet. Der trockenadiabatische Temperaturgradient beträgt 1 K auf 100 m Erhebung, so daß sich die Luft bei Hebung (Absinken) auf 100 m Höhenänderung um 1 K abkühlt (erwärmt). Die Ursache für die trockenadiabatische Temperaturänderung liegt darin, daß die Luft beim Aufsteigen bzw. Absinken unter niedrigeren bzw. höheren Druck kommt, was Ausdehnung bzw. Kompression und damit Abkühlung bzw. Erwärmung zur Folge hat. Der feuchtadiabatische Temperaturgradient – seine Besprechung erfolgt im Zusammenhang mit der Feuchte – hat einen zahlenmäßig geringeren Wert als der trockenadiabatische Temperaturgradient.

Gibt der trockenadiabatische Temperaturgradient an, welche Temperaturveränderung die nicht mit Feuchtigkeit gesättigte Luft bei einer Vertikalbewegung erfährt, so lassen Tempera-

Tabelle 26. *Jahresmittel der Lufttemperatur in verschiedenen Höhen in °C* (nach Hann-Süring, 1939)

Station	Höhe in km										
	0	1	2	4	6	8	10	12	14	16	18
Jakarta	26,4	20,6	15,0	4,1	− 7,1	−19,3	−34,1	−50,9	−67,7	−79,2	−84,3
Lindenberg	8,6	4,3	− 0,6	−11,4	−24,7	−39,0	−51,2	−54,9	−54,0	−54,3	−53,8
Nowaja Semlja	−11,8	−13,1	−14,3	−22,0	−34,9	−50,9	−52,3	−47,2	−43,1	−	−

6*

turverteilung und Gradient auf mögliche Vertikalbewegungen der Luft schließen. In Abb. 62 ist jeweils neben dem trockenadiabatischen Gradienten eine Temperaturverteilung angegeben, wobei angenommen sei, daß in dem betrachteten Höhenbereich keine Kondensation eintritt. Abb. 62a zeigt, daß ein aus der

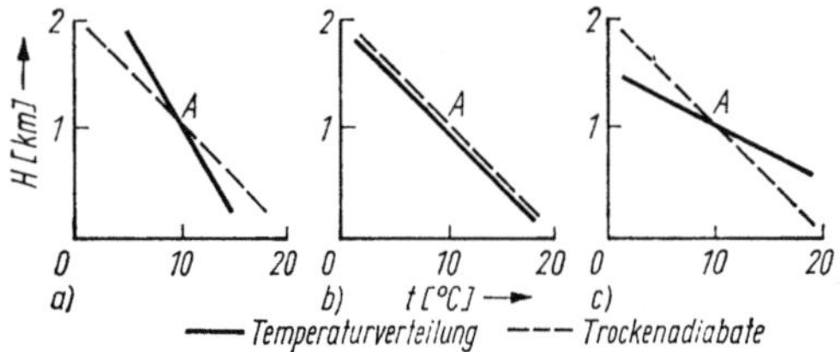

Abb. 62. Verschiedene Schichtung der Luft.

a) Trockenstabile Schichtung,
Temperaturgefälle kleiner als 1 K/100 m;
b) trockenindifferente Schichtung,
Temperaturgefälle gleich 1 K/100 m;
c) trockenlabile Schichtung,
Temperaturgefälle größer als 1 K/100 m

Ruhelage A entferntes Luftteilchen bei Hebung stets kälter, bei Absinken aber wärmer ist als seine Umgebung (vgl. Temperaturverteilung und Temperaturveränderung längs der Trockenadiabaten). Das besagt aber, daß das aus der Ruhelage entfernte Teilchen in die Ausgangslage zurückkehrt, da es in kühlerer Umgebung aufsteigt, in wärmerer absinkt. Eine Schichtung, bei der ein aus der Ausgangslage entferntes Luftteilchen in diese zurückkehrt, bezeichnet man als stabil, im vorliegenden Falle als trockenstabil. Das Temperaturgefälle in der Luft ist dabei kleiner als 1 K auf 100 m, also kleiner als der trockenadiabatische Temperaturgradient.

In Abb. 62b entspricht die Temperaturverteilung dem trockenadiabatischen Temperaturgradienten, das Temperaturgefälle beträgt 1 K auf 100 m. Danach wird ein aus der Ausgangslage entferntes Luftteilchen dort liegenbleiben, wo die Kraft, die es aus der Ausgangslage verschob, zu wirken aufhört. Die Luft ist in diesem Falle trockenindifferent geschichtet.

Im dritten möglichen Falle (Abb. 62c) ist das Temperaturgefälle in der Luft größer als 1 K je 100 m, also größer als der trockenadiabatische Temperaturgradient. Das hat zur Folge, daß ein aus der Ruhelage herausgebrachtes Luftteilchen jeweils wärmer (bei Hebung) bzw. kälter (bei Absinken) ist als seine neue Umgebung. Das einmal aus seiner Ausgangslage entfernte Teilchen setzt seine Bewegung in der eingeschlagenen Richtung fort. Eine derartige Luftschichtung wird als trockenlabil bezeichnet, wobei die Luft zu vertikalen Umlagerungen neigt. Eine solche trockenlabile Luftschichtung kann nur eine verhältnismäßig geringe Ausdehnung erreichen, weil die eintretende Turbulenz zur Zerstörung der trockenlabilen Schichtung führt; eine trockenlabile Schichtung ist nicht beständig.

5.2.6. Horizontale Temperaturverteilung

Eine übersichtliche Betrachtung der Temperaturverteilung wird dadurch ermöglicht, daß man in Karten Orte mit gleichen Temperaturwerten durch Linien gleicher Temperatur, Isothermen, verbindet. Dabei ist die Gleichartigkeit der verwendeten Temperaturwerte selbstverständliche Voraussetzung. Es bleiben aber

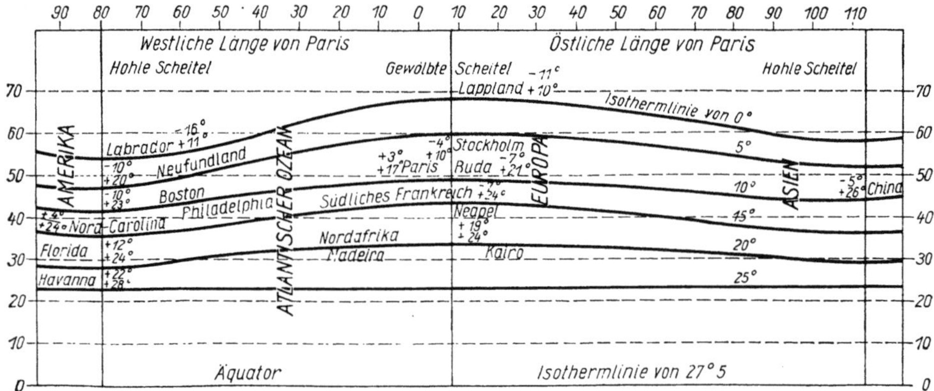

Abb. 63. Zeichnung nach der Isothermenkarte A. von HUMBOLDTS (nach J. F. GELLERT, 1955)

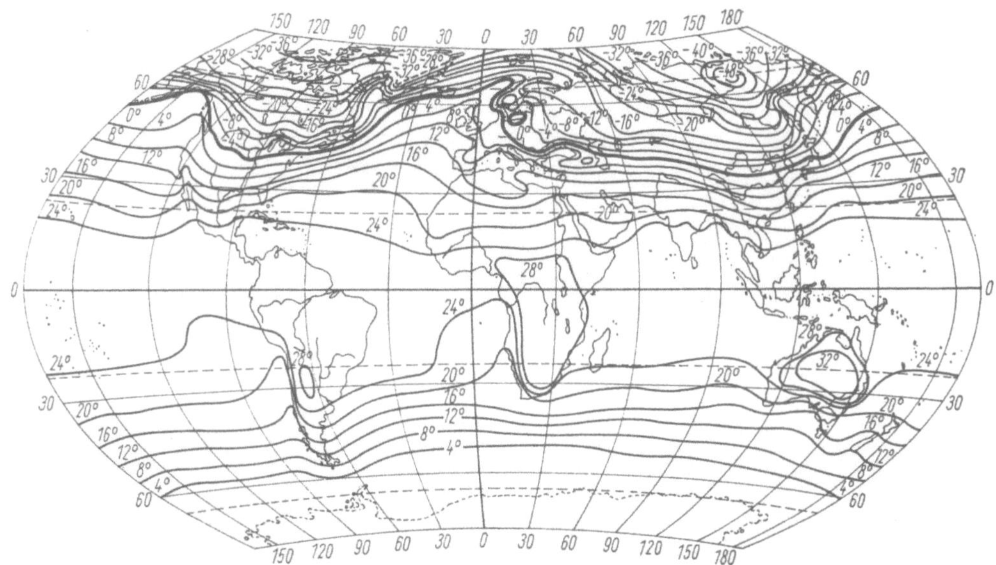

Abb. 64. Januarisothermen; reduzierte Temperaturen in °C (nach Hann-Süring, 1939)

noch zwei Wege für die Isothermendarstellung offen, zwischen denen man je nach der gegebenen Fragestellung wählen wird.

Der erste Weg der Isothermendarstellung verwendet die gemessenen Temperaturwerte ohne Rücksicht auf die Höhenlage der Beobachtungsstationen. Daraus folgt, daß im Isothermenbild das Relief des betrachteten Gebietes vorherrschend zum Ausdruck kommen wird. Demgegenüber werden andere Faktoren, die einen Einfluß auf die Temperaturverteilung haben, stark zurückgedrängt bzw. völlig unterdrückt. Man wird daher die Darstellung der wirklichen Temperaturen bei der Betrachtung kleinerer Gebiete verwenden, in denen die Höheneinflüsse dominieren, andere Einflüsse auf die Temperatur weniger zur Geltung kommen oder in ihrer Wirkung in dem betrachteten Gebiet einheitlich sind.

Übersichten über große Gebiete, in denen die Abhängigkeit der Temperatur von der geographischen Breite sowie von der jeweiligen Lage zum Meer ihren Ausdruck finden sollen, müssen die Höhenabhängigkeit der Temperatur eliminieren. Das kann – wenn auch nur näherungsweise – dadurch geschehen, daß man die in verschiedenen Höhenlagen gemessenen Temperaturen unter Verwendung des vertikalen Temperaturgradienten auf ein einheitliches Niveau – allgemein wird NN, „Normal-

null", als Bezugsniveau verwendet – reduziert. Auf diese Weise erhält man die reduzierten Temperaturen, die von der Höhenabhängigkeit der Temperatur weitgehend frei sind. Da es sich bei der Reduktion der Temperaturen um die Verwendung eines mittleren vertikalen Temperaturgradienten handelt, können beim Auftreten verschiedener Gradienten nicht vorhandene horizontale Temperaturunterschiede vorgetäuscht werden. Diese Fehlerquelle ist bei der Benutzung reduzierter Temperaturen zu beachten.

Die erste Isothermenkarte (Abb. 63) wurde 1817 von A. von Humboldt entworfen. Diese Karte stellt die Jahresmitteltemperaturen für einen großen Teil der Nordhalbkugel dar; außerdem sind die Temperaturmittel des kältesten und wärmsten Monats eingetragen. Trotz sehr geringer Anzahl der verwendeten Beobachtungsstationen zeigt sich deutlich eine azonale Komponente der Temperaturverteilung; über dem Ostatlantik und Westeuropa biegen die Isothermen nach Norden, über dem westlichen Atlantik sowie über Asien dagegen nach Süden aus.

Die Januarisothermen (Abb. 64) zeigen auf der Grundlage der reduzierten Temperaturen an den Westseiten der Kontinente ein Ausbiegen nach Norden, im Innern und auf den Ostseiten dagegen ein Ausbiegen nach Süden.

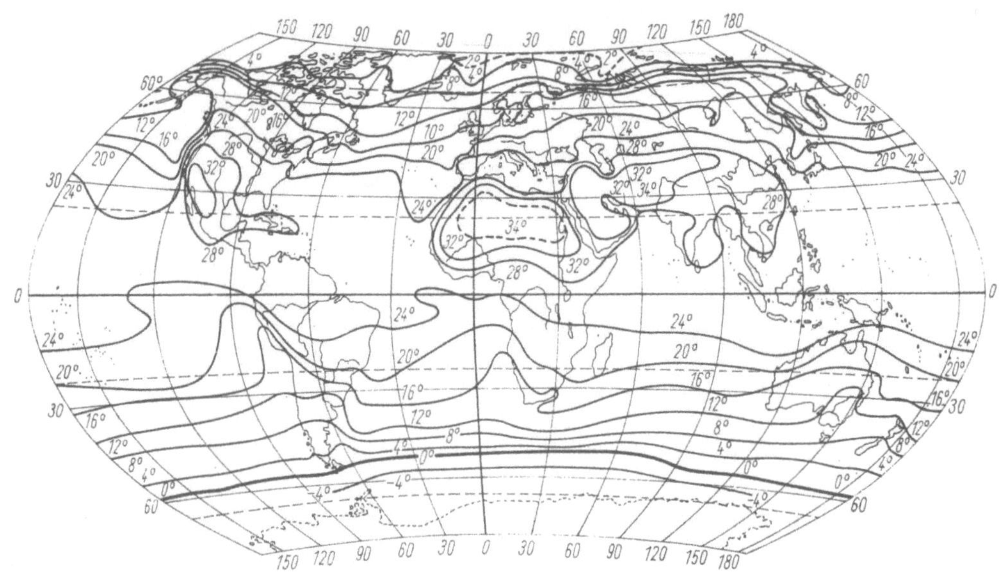

Abb. 65. Juliisothermen; reduzierte Temperaturen in °C (nach HANN-SÜRING, 1939)

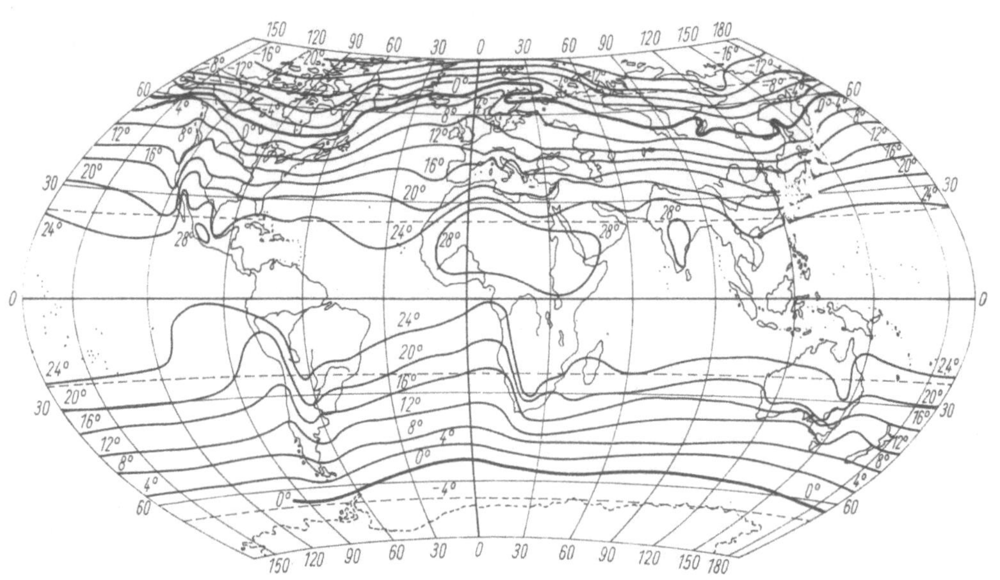

Abb. 66. Jahresisothermen; reduzierte Temperaturen in °C (nach HANN-SÜRING, 1939)

Während die Isothermen in Äquatornähe nahezu zonal verlaufen, wachsen die Abweichungen von der zonalen Anordnung mit zunehmender Breite insbesondere auf der Nordhalbkugel. Hier erscheint der Ostatlantik besonders warm, während über Asien die Isothermen weit nach Süden ausbiegen. Damit ergeben sich die stärksten Temperaturgegensätze längs eines Breitenkreises am nördlichen Polarkreis, wo einer Januartemperatur von 2°C an der norwegischen Küste eine solche von −50°C über Sibirien gegenübersteht; der Unterschied beträgt also 52 K. Auf der Südhalbkugel sind nach dem Isothermenverlauf die Westseiten der Kontinente zu kalt, das Innere und die Ostseiten zu warm. Als Gegensatz zwischen Nord- und Südhalbkugel mag erwähnt sein, daß die Temperaturgegensätze längs der Breitenkreise in den höheren Breiten der Südhalbkugel wesentlich geringer sind als auf der Nordhalbkugel. Weiterhin ist zu erwähnen, daß die höchsten Januartemperaturen mit über 32°C im Innern Australiens im Bereich des Wendekreises zu finden sind.

Im Juli (Abb. 65) ist die Verteilung der Temperatur allgemein gleichmäßiger als im Januar, so daß nicht so große Temperaturunterschiede längs eines Breitenkreises auftreten. Aber auch im Juli sind die Isothermen im allgemeinen an den Ostseiten der Ozeane und auf den Westseiten der Kontinente nach Norden ausgebogen, während an den Ostseiten der Kontinente eine Abweichung nach Süden auftritt. Auf der Nordhalbkugel zeigt sich in niederen Breiten über den Ostseiten der Ozeane ein Ausbiegen der Isothermen nach Süden. In höheren Breiten ist die zonale Anordnung der Isothermen auf der Südhalbkugel wesentlich deutlicher ausgeprägt als auf der Nordhalbkugel. Die höchsten Monatstemperaturen werden mit über 34°C um den nördlichen Wendekreis in Afrika erreicht.

Im Verlauf der Jahresisothermen (Abb. 66) spiegelt sich, wenn auch etwas abgeschwächt, die Temperaturverteilung des Januar wider. Einer nach Norden gerichteten Ausbuchtung der Isothermen an den Ostseiten der Ozeane steht eine nach Süden gerichtete Abweichung an den Ostseiten der Kontinente gegenüber. Im Jahresmittel erscheinen die höchsten Temperaturen nicht am Äquator, sondern sie treten mit Werten von mehr als 28°C um 20° n. Br. auf den Festländern auf; dieses Gebiet höch-

ster Temperaturen reicht über Afrika bis an den Äquator heran.

Da Mittelwerte nur ein angenähertes Bild der auftretenden Temperaturen geben, seien zur Kennzeichnung der Schwankungsbreite einige Extremwerte genannt. Die höchste bisher bekannte Lufttemperatur wurde am 13. September 1922 in Azizia in Libyen mit nahezu 58°C festgestellt. Dem stehen als tiefste Werte die Temperaturen am 5. und 7. Februar 1892 in Werchojansk mit nahezu −68°C gegenüber, die im Winter 1938 in Oimjakon an der oberen Indigirka mit etwa −78°C unterboten wurden. In der Antarktis wurde z. B. am 17. August 1958 in nahezu 3700 m Höhe unter 78° 24′ s. Br. und 87° 45′ ö. L. eine Temperatur von nahezu −87°C gemessen.

Aus dem Verlauf der Isothermen sind Hinweise auf die Faktoren zu gewinnen, die die Temperatur beeinflussen. Es sind mehrere Einflüsse, die sich im Verlauf der Isothermen bemerkbar machen; sie seien im folgenden betrachtet, wobei bemerkt sei, daß der Höheneinfluß durch die Reduktion der Temperaturen in den betrachteten Isothermenkarten bereits ausgeschaltet wurde.

a) Einfluß der geographischen Breite

Mit zunehmender geographischer Breite zeigt sich sowohl im Jahresmittel als auch in den einzelnen Monaten allgemein eine Abnahme der Temperatur. Damit folgt die Temperatur der Einstrahlung, die ebenfalls polwärts abnimmt. Das jeweils am stärksten erwärmte Gebiet verlagert sich im Laufe des Jahres mit dem Sonnenstand. Die Tatsache, daß im Jahresmittel das wärmste Gebiet nicht am Äquator zu finden ist, weist darauf hin, daß die Einwirkung der Strahlung abgewandelt wird.

b) Einfluß von Land und Meer

Besonders im wärmsten und kältesten Monat treten die Gegensätze in der thermischen Wirkung von Land und Meer hervor. Einer langsamen Erwärmung der Ozeane im Sommer steht eine kräftige Erwärmung der Kontinente gegenüber. Umgekehrt tritt im Winter eine starke Abkühlung der Kontinente ein. Damit sind die Kontinente Gebiete starker jahreszeitlicher Temperaturgegensätze, während diese Schwankungen auf dem Meere wesentlich geringer sind. Die früher erwähnten erheblichen Temperaturgegensätze längs eines Breitenkreises haben ihren Ursprung zum großen Teil in der unterschiedlichen Wirkung von Kontinent und Ozean auf die Temperatur. – Die verschiedene thermische Wirkung von Land und Meer führt dazu, daß die Temperaturen auf der Nord- und der Südhalbkugel nicht gleichartig verteilt sind; im Jahresmittel befindet sich das wärmste Gebiet nicht am Äquator, sondern auf der Nordhalbkugel im Bereich großer Landmassen.

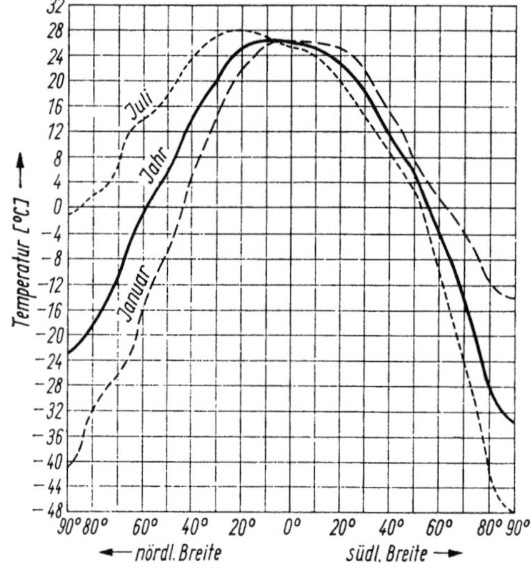

Abb. 67. Mittlere Temperaturen der Breitenkreise (nach HANN-SÜRING, 1939)

c) Einfluß der Meeresströmungen

Die Meeresströmungen, die in engem Zusammenhang mit den Luftströmungen stehen, dienen dem Wärmetransport. Damit werden die Temperaturzustände des Wassers aus den Entstehungsgebieten in fremde Gebiete verfrachtet. Ein aus wärmeren Gebieten kommender Strom führt zu einer Erwärmung, ein aus kalten Gebieten kommender Strom zur Ab-

kühlung der Luft in einem Gebiet. Warme Meeresströmungen lassen die Isothermen polwärts ausbiegen, während kalte Meeresströmungen zu einer Ablenkung der Isothermen gegen den Äquator führen. Im allgemeinen treten warme Meeresströmungen besonders in der kalten, kalte Strömungen in der warmen Jahreszeit im Isothermenbild in Erscheinung.

d) Einfluß der Luftströmungen

Auch die Luftströmungen übertragen die Temperaturverhältnisse eines Gebietes in ein anderes. Es ist beispielsweise eine Folge des Einflusses der Luftströmungen auf die Temperatur, daß ozeanische Temperaturverhältnisse mehr oder weniger weit auf die benachbarten Kontinente übergreifen.

Die Gesamtheit der auf die Temperatur einwirkenden Faktoren führt dazu, daß die Isothermen nicht in allen Fällen den Breitenkreisen folgen. Demnach sind der zonalen Verteilung der Lufttemperatur mehr oder weniger azonale Komponenten überlagert. Eine weitere Folge ist, daß die Temperaturen auf der Erde nicht symmetrisch zum Äquator verteilt sind. Diese asymmetrische Verteilung der Temperatur zeigt sich deutlich bei den mittleren Temperaturen der Breitenkreise, die den Isothermenkarten entnommen sind (Abb. 67). Die Sommertemperaturen sind auf der Nordhalbkugel wesentlich höher als auf der Südhalbkugel. Die Wintertemperaturen sind auf der Nordhalbkugel, teils aber auch auf der Südhalbkugel, tiefer als auf der entgegengesetzten Halbkugel; die tieferen Temperaturen stehen mit den Festländern in Verbindung, was sich besonders im Temperaturgegensatz Arktis – Antarktis jenseits 80° Breite zeigt.

Insgesamt kommt die durch die verschiedene Verteilung von Land und Meer auf den beiden Halbkugeln bewirkte asymmetrische Verteilung der Temperatur auf der Erde in einer Wärmebegünstigung der Nordhalbkugel zum

Tabelle 27. *Mittlere Temperaturen der Halbkugeln und der Erde in °C* (nach HANN-SÜRING, 1939)

	Januar	Juli	Jahr	Jahresschwankung
Nordhalbkugel	8,1	22,4	15,2	14,3
Südhalbkugel	17,0	9,7	13,3	7,3
Ganze Erde	12,6	16,0	14,3	3,4

Ausdruck, die aus den vorstehend gegebenen Zahlenwerten hervorgeht.

Es zeigt sich dabei, daß die Wärmebegünstigung der Nordhalbkugel eine Folge der schon erwähnten warmen Sommer ist. Diese kommen dadurch zustande, daß die Landmassen der Nordhalbkugel großenteils in den Gebieten vorherrschender Einstrahlung liegen, so daß die Wirkung der sommerlichen Einstrahlung die der winterlichen Ausstrahlung übersteigt.

Aus der Berechnung der Breitenkreismittel der Temperatur ergibt sich die Möglichkeit, die Temperaturwerte einzelner Beobachtungsstationen mit dem jeweiligen Breitenkreismittel zu vergleichen. Auf diese Weise kommt man für jeden Ort zur Angabe einer Temperaturanomalie. Die Verbindung der Orte mit gleicher Anomalie durch Linien gleicher Anomalie, die Isanomalen, führt zu Gebieten positiver und negativer Anomalie, also zur Kennzeichnung von Gebieten, die gegenüber den Breitenkreismitteln zu warm oder zu kalt erscheinen. Derartige Isanomalenkarten der Temperatur spiegeln die vorher gekennzeichnete Verteilung der Temperatur wider.

Alle auf die Temperaturverteilung wirkenden Faktoren haben zur Folge, daß die gemessenen Temperaturen von den durch Berechnung gefundenen strahlungsbedingten Temperaturen abweichen. Die niederen Breiten zwischen 30° nördlicher und 30° südlicher Breite sind kälter, als es der Strahlungstemperatur entspricht, während die höheren Breiten wärmer sind. Das weist auf einen meridionalen Wärmetransport und Temperaturausgleich hin, der durch Luft- und Meeresströmungen erfolgt. Somit zeigt die gegebene Zusammenstellung die temperaturausgleichende Wirkung der Advektion. Außerdem geht auch aus dieser Zusammenstellung die Wirkung der unterschiedlichen Verteilung von Land und Meer auf die Temperatur hervor: Die höchsten beobachteten Breitenkreismittel liegen auf der Nord-

halbkugel; andererseits weisen die hohen Breiten der Südhalbkugel tiefere Temperaturen auf als die entsprechenden Breiten der Nordhalbkugel.

5.3. Luftdruck und Wind

Bei der Betrachtung der Wetterkarten wurde mehrfach darauf verwiesen, daß zwischen dem Luftdruck und der Luftströmung ein sehr enger Zusammenhang besteht. Die enge Beziehung zwischen den Druck- und Strömungsverhältnissen in der Atmosphäre läßt es zweckmäßig erscheinen, die Darstellungen von Luftdruck und Wind miteinander zu verknüpfen.

5.3.1. Definitionen und Messung

Als Druck wird die auf die Flächeneinheit ausgeübte Kraft bezeichnet. Die Einheit des Druckes ist das Pascal (Pa), definiert als Newton (N) je Quadratmeter – benannt nach dem Franzosen PASCAL und dem englischen Naturforscher NEWTON, die im 17. Jahrhundert wirkten. In der Meteorologie ist das Bar (bar) bzw. Millibar (mbar) gebräuchlich. Es ist

$$1 \text{ bar} = 10^5 \text{ N/m}^2 = 10^5 \text{ Pa}$$
$$1 \text{ mbar} = 100 \text{ Pa} = 1 \text{ hPa}.$$

Aus dem Torricellischen Versuch – durchgeführt von dem Mathematiker TORRICELLI (1634) – ist die Angabe des Luftdrucks durch die Länge einer Flüssigkeitssäule, deren Gewicht dem Luftdruck entspricht, überkommen (Abb. 68). Daraus wurde die als Torr bezeichnete Druckeinheit abgeleitet:

$$1 \text{ Torr} = 1{,}333224 \cdot 10^2 \text{ N/m}^2.$$

Da auf älteren Wetter- und Klimakarten die Luftdruckangaben vielfach in Torr gegeben wurden, sei darauf verwiesen, daß 1 hPa

Tabelle 28. Langjährige Mittel der Strahlungstemperatur und der wirklichen Temperatur der Breitenkreise in °C (nach A. HOFMANN, 1955)

Breite [°]	90	80	70	60	50	40	30	20	10	0
Strahlungstemperatur	−44	−41	−32	−20	−6	8	22	32	36	39
Wirkliche Temperatur (Nordhalbkugel)	−22	−18	− 9	− 1	6	14	20	25	27	26
Wirkliche Temperatur (Südhalbkugel)	−25	−21	−12	− 3	5	12	18	23	26	26

einem Wert von $^3/_4$ Torr, 1 Torr einem solchen von $^4/_3$ hPa entspricht.

Die Messung des Luftdrucks folgt dem Torricellischen Versuch, dessen Prinzip Abb. 68 zeigt. Die in einem luftleeren Glasrohr über einem Quecksilberspiegel befindliche Quecksilbersäule hält einer Luftsäule gleichen Querschnitts das Gleichgewicht. Dann ist die Länge (*l*) der Quecksilbersäule ein Maß für den Luftdruck. Um vergleichbare Luftdruckwerte zu

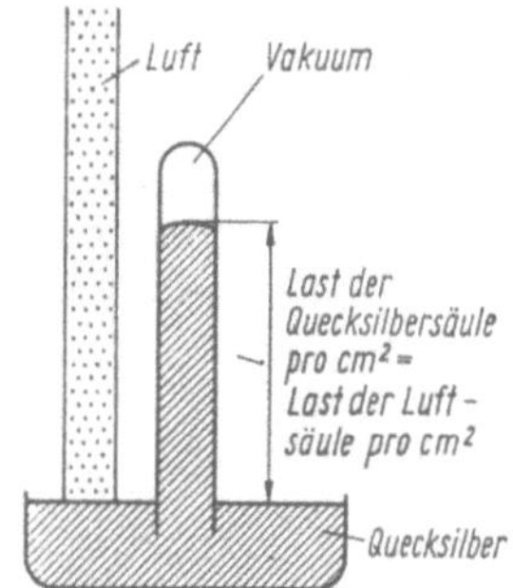

Abb. 68. Prinzip des Quecksilberbarometers

erhalten, müssen an der Ablesung einige Reduktionen angebracht werden. Denn die Länge der Quecksilbersäule ist von der Temperatur abhängig und wächst mit dieser; außerdem ist die Länge der Säule abhängig von der Schwerebeschleunigung, die ihrerseits von der geographischen Breite abhängt. Aus diesen Gründen wird die abgelesene Länge der Quecksilbersäule auf eine Quecksilbertemperatur von 0 °C und Normalschwere umgerechnet.

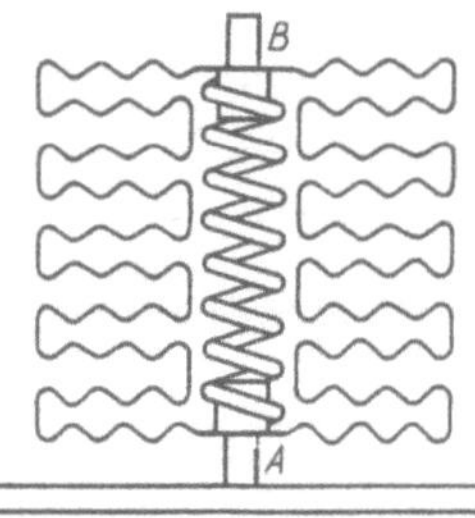

Abb. 69. Aneroidsatz (Aneroidbarometer)

Die auf dem in Abb. 68 gegebenen Prinzip beruhenden Quecksilberbarometer weisen in den Einzelheiten verschiedene Konstruktionen auf. Für genaue Messungen werden zur Bestimmung der Länge der Quecksilbersäule die Höhen der Quecksilberkuppen über einer

festen Marke im Barometergefäß und im Barometerrohr bestimmt. Wird – wie das bei den Stationsbarometern der Fall ist – nur an der oberen Quecksilberkuppe abgelesen, so wird die Lageänderung beider Quecksilberspiegel bei Luftdruckänderung durch eine Verkürzung der Skala berücksichtigt.

Im Gegensatz zum Flüssigkeitsbarometer gestattet das Aneroidbarometer die Ablesung des Luftdrucks, ohne daß die beim Quecksilberbarometer notwendigen Reduktionen angebracht werden müssen. Da aber das Material, das zur Herstellung der Aneroidbarometer dient, Alterungserscheinungen unterliegt, werden Nacheichungen des Barometers erforderlich. Das Aneroidbarometer besteht aus einer nahezu luftleer gepumpten Dose (Abb. 69) – auch als Vidiedose bezeichnet nach dem Italiener VIDIE, der sie 1848 konstruierte –, die meist durch eine im Innern angebrachte Spannfeder (es besteht auch die Möglichkeit, außen eine Spannfeder anzubringen) auseinandergedrückt wird. Durch den wechselnden Luftdruck wird die Dose – bzw. ein Satz mehrerer Vidiedosen – mehr oder weniger stark zusammengedrückt; die so entstehende Bewegung des freien Endes des Dosensatzes (*B* in Abb. 69) kann durch eine Zeigervorrichtung auf eine geeichte Skala übertragen werden. Aus dem Aneroidbarometer wird ein Barograph, wenn man die Zeigerbewegungen durch einen Schreibarm auf einer rotierenden Trommel fixieren läßt.

Der Wind ist bewegte Luft. Daraus ergibt sich, daß zur Kennzeichnung des Windes (einer Vektorgröße) zwei Angaben erforderlich sind: Richtung und Geschwindigkeit.

Als Windrichtung wird die Richtung bezeichnet, aus der der Wind kommt. Die Angabe erfolgt durch die Angabe der Himmelsrichtung, durch die Stricheinteilung (der Vollkreis umfaßt 32 Striche) oder durch die Gradzahl (Abb. 70). Die Feststellung der Windrichtung kann durch Schätzung, aber auch durch die Stellung einer Windfahne oder eines ähnlichen Anzeigegerätes erfolgen. Auf elektrischem oder mechanischem Weg ist eine Fernübertragung der Richtungsanzeige möglich, wodurch auch eine Registrierung der Windrichtung ermöglicht wird.

Die Windgeschwindigkeit wird in Metern pro Sekunde (m · s^{-1}), in Kilometern pro Stunde (km/h) oder auch in Knoten angegeben. Dabei besteht folgender zahlenmäßiger Zusammenhang:

1 kn (Knoten) = 1 Seemeile pro Stunde
= 1,852 km/h = 0,514 444 m/s.

Außer diesen exakt meßbaren Angaben der Windgeschwindigkeit ist auch die Angabe der Windstärke möglich, die auf Schätzung beruht. Die Schätzung der Windstärke erfolgt nach einer von BEAUFORT auf Grund der Auswirkungen des Windes aufgestellten 13teiligen Skala (Stärke 0 bis 12); eine manchmal angegebene Erweiterung der Skala führt bis zu einer Windstärke 17 (Tab. 29).

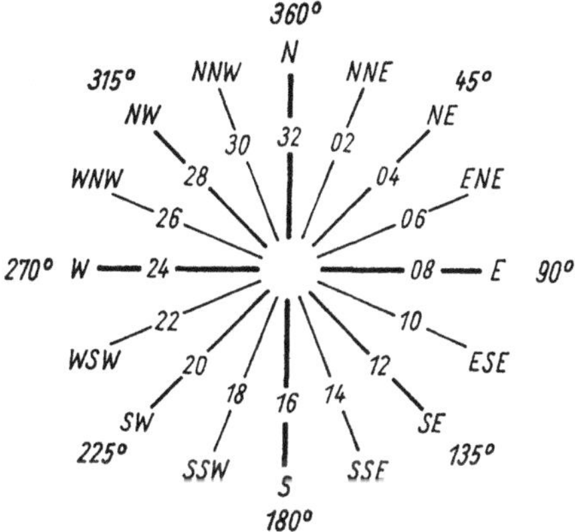

Abb. 70. Windrose

Die Messung der Windstärke kann auf verschiedene Weise erfolgen. Die einfachste Meßmethode bedient sich einer mit der Windfahne (Richtungsanzeige) verbundenen, an einer waagerechten Achse drehbar aufgehängten Metalltafel (Windstärketafel nach WILD); die Auslenkung der Windstärketafel aus der Senkrechten ist ein Maß für die Windstärke, die an seitlich auf einem Kreisbogen angeordneten Stiften abgelesen werden kann.

Eine weitere Möglichkeit für die Messung der Windgeschwindigkeit bietet das Schalenanemometer. In diesem sind drei oder vier offene, halbkugelförmige Schalen so angeordnet, daß das System unabhängig von der Windrichtung drehbar ist. Die Zählung der Umdrehungen des Schalenkreuzes während einer bestimmten Zeit führt zur Bestimmung der Windgeschwindigkeit. Verbindet man die Achse des Schalenkreuzes mit einem Dynamo, so wird die am Dynamo gemessene elektrische Spannung von der Umdrehungszahl des Schalenkreuzes und damit von der Windge-

schwindigkeit abhängig; ein entsprechend geeichter Spannungsmesser gestattet die unmittelbare Ablesung der Windgeschwindigkeit. Sowohl aus der mechanischen als auch aus der elektrischen Übertragung der Schalenkreuzumdrehungen kann man zu Registriergeräten der Windstärke, zu Anemographen, kommen. Weiterhin kann zur Messung der Windgeschwindigkeit der Staudruck des Windes ausgenutzt werden. Das Verfahren der Staudruckmessung ist besonders geeignet, rasche Änderungen der Windgeschwindigkeit zu registrieren, so daß die auf dem Prinzip der Staudruckmessung beruhenden Registriergeräte als Böenschreiber bezeichnet werden. Eine weitere Möglichkeit, Windgeschwindigkeiten zu messen, bietet das Hitzdrahtanemometer. Hier wird die Tatsache benutzt, daß die Abkühlung eines erhitzten Drahtes um so stärker ist, je höher die Windgeschwindigkeit ist. Hitzdrahtanemometer werden dort angewendet, wo Schalenkreuzanemometer infolge zu geringer Windgeschwindigkeit nicht mehr ansprechen; für mikroklimatische Untersuchungen sind sie von Vorteil. Der Höhenwindmessung dient der sogenannte Pilotballon, ein mit Wasserstoff gefüllter Gummiballon. Aus seiner konstanten Steiggeschwindigkeit sowie der jeweiligen Himmelsrichtung und Höhe über dem Horizont, in der er sich befindet, lassen sich Windrichtung und Windgeschwindigkeit in verschiedenen Höhen ermitteln. Die Meßmethode ergibt eine „Schönwetterauswahl", da sie bei stärkerer Bewölkung versagen muß. Unabhängig von der Bewölkung ist die schon mehrfach erwähnte **Radiosonde**, aus deren elektrischer Anpeilung sich die Werte von Windrichtung und -geschwindigkeit ergeben.

5.3.2. Abhängigkeit des Windes vom Luftdruck

Der Wind ist abhängig von Luftdruckunterschieden, die ihrerseits wieder mit Temperaturunterschieden verbunden sind. Die Kraft, die die Luftbewegung veranlaßt, ist vom hohen zum tiefen Druck gerichtet, sie folgt dem Luftdruckgradienten. Da jede Bewegung infolge der Ablenkung durch die Erdrotation eine Richtungsänderung erfährt, erfolgt die Luftströmung meist nicht in Richtung der

Gradientkraft, sondern rechtwinklig dazu; nur für kleine Bereiche folgt die Luftströmung etwa der Gradientkraft. Im folgenden wird die Entstehung von Druckunterschieden aus Temperaturunterschieden (thermisch bedingte Druckunterschiede) dargestellt. Auch auf andere Weise entstandene Luftdruckunterschiede führen selbstverständlich zu Luftströmungen, da für die Strömung das Vorhandensein eines Druckgradienten, nicht aber seine Entstehungsursache maßgebend ist.

In Abb. 71a sei zunächst eine gleichmäßige Temperaturverteilung über einem Gebiet gegeben. Damit ergibt sich eine horizontale Lage der Flächen gleichen Druckes, was gleichbedeutend ist mit Luftruhe. Die Erwärmung eines Teiles der Unterlage führt dazu, daß die Luft über dem erwärmten Gebiet aufge-

Tabelle 29. Die Windstärkeskala nach BEAUFORT

Windstärke (Beaufortgrad)	Bezeichnung	Auswirkungen des Windes im Binnenland	auf See	Bezeichnung des Seeganges	Windgeschwindigkeit in m/s	km/h
0	Stille	Rauch steigt gerade empor	Spiegelglatte See	0	0…0,2	< 1
1	Leiser Zug	Wind durch Zug des Rauches angezeigt	Kleine Kräuselwellen	1	0,3…1,5	1…5
2	Leichte Brise	Windfahne bewegt sich	Kleine Wellen mit glasigen Kämmen	2	1,6…3,3	6…11
3	Schwache Brise	Blätter und dünne Zweige bewegt, Wimpel streckt sich	Kämme beginnen sich zu brechen, vereinzelt Schaumköpfe	2	3,4…5,4	12…19
4	Mäßige Brise	Hebt Staub und loses Papier, bewegt Zweige und dünnere Äste	Wellen werden länger, weiße Schaumköpfe verbreitet	3	5,5…7,9	20…28
5	Frische Brise	Kleine Laubbäume schwanken, Schaumköpfe auf Seen	Mäßige Wellen mit ausgeprägt langer Form, überall weiße Schaumkämme	4	8,0…10,7	29…38
6	Starker Wind	Starke Äste in Bewegung	Beginn großer Wellen, Kämme brechen sich und hinterlassen größere weiße Schaumflächen	5	10,8…13,8	39…49
7	Steifer Wind	Bäume in Bewegung	See türmt sich, weißer Schaum beginnt sich in Streifen in die Windrichtung zu legen	6	13,9…17,1	50…61
8	Stürmischer Wind	Zweige werden abgerissen	Mäßig hohe Wellenberge, von den Kanten der Kämme beginnt Gischt abzuwehen, Schaum in ausgeprägten Streifen in Windrichtung	7	17,2…20,7	62…74
9	Sturm	Kleinere Schäden an Häusern	Hohe Wellenberge. Dichte Schaumstreifen in Windrichtung, Gischt kann Sicht beeinträchtigen	7	20,8…24,4	75…88

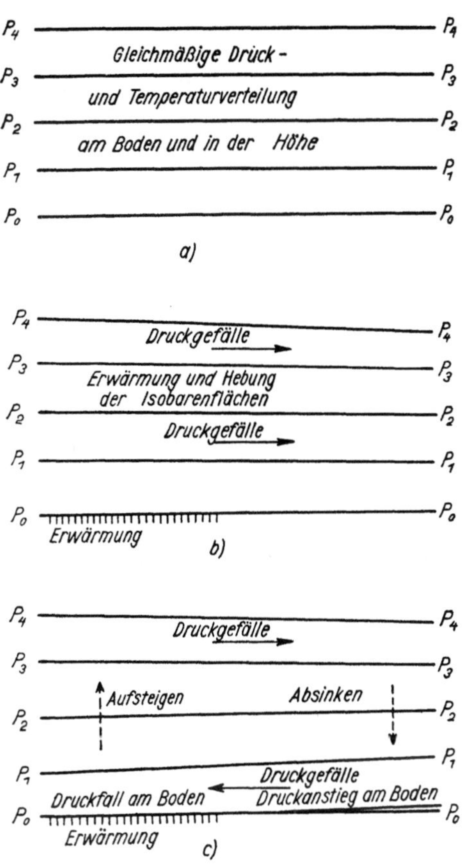

Abb. 71. Entstehung des Luftkreislaufs bei Erwärmung der Unterlage

lockert wird, so daß hier die Flächen gleichen Druckes angehoben werden. Damit entsteht, während der Druck am Boden noch keine Veränderung erfährt, in der Höhe ein Druckgefälle vom erwärmten zum kühlen Gebiet. Ein solches Luftdruckgefälle hat eine Luftströmung zur Folge, wobei in der Höhe über dem erwärmten Gebiet Luft zum kühlen Gebiet hin abfließt (Abb. 71b). Als Folge dieser Luftverlagerung setzt über dem erwärmten Gebiet Luftdruckfall, über dem kühleren Gebiet aber Luftdruckanstieg ein, so daß sich nunmehr am Boden ein Luftdruckgefälle zum erwärmten Gebiet hin ergibt. Auf diese Weise entsteht ein Luftkreislauf, in dem über dem erwärmten Bereich die Luft aufsteigt, in der Höhe zum kühleren Gebiet abfließt, dort absinkt und in Bodennähe zum Zentrum der Erwärmung zurückfließt (Abb. 71c).

Die hier gekennzeichneten Druck- und Strömungsverhältnisse treten dort in Erscheinung, wo in einem verhältnismäßig eng begrenzten Gebiet Bereiche stark unterschiedlicher Erwärmung der Unterlage auftreten. Das ist besonders deutlich an Küsten der Fall, wo Erwärmung und Abkühlung über Land und See große Unterschiede aufweisen. Starke Erwärmung über dem Land am Tage ruft in Nähe der Erdoberfläche eine von der See zum Land gerichtete Luftströmung, den Seewind, hervor. Demgegenüber hat die über dem Land stärkere nächtliche Auskühlung zur Folge, daß nunmehr die Zirkulationsverhältnisse umgekehrt werden, die Luft über See aufsteigt und am Boden vom Land zur See weht (Land-

Tabelle 29. (Fortsetzung). Die Windstärkeskala

Windstärke (Beaufortgrad)	Bezeichnung	Auswirkungen des Windes		Bezeichnung des Seeganges	Windgeschwindigkeit in	
		im Binnenland	auf See		m/s	km/h
10	Schwerer Sturm	Bäume entwurzelt	Sehr hohe Wellenberge, lange überbrechende Kämme, Sichtbeeinträchtigung durch Gischt	8	24,5…28,4	89…102
11	Orkanartiger Sturm	Starke Schäden	Außergewöhnlich hohe Wellenberge, Sicht durch Gischt herabgesetzt	9	28,5…32,6	103…117
12	Orkan	Verwüstende Wirkungen	Luft mit Schaum und Gischt erfüllt, keine Fernsicht	9	>32,6	>117

wind). Das Land-Seewind-System steht also mit den Strahlungs- und Erwärmungsverhältnissen in Zusammenhang: Starke Einstrahlung hat Seewind, vorherrschende Ausstrahlung Landwind zur Folge, wobei sich jeweils eine geschlossene Zirkulation ergibt.

Der beschriebene Luftkreislauf ist dadurch gekennzeichnet, daß über dem erwärmten Gebiet die Luft aufsteigt, über den kühleren

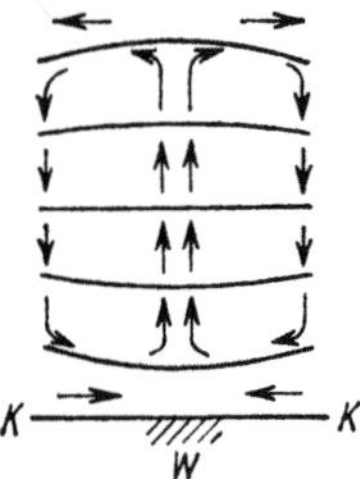

Abb. 72. Luftkreislauf über warmen (W) und kalten (K) Gebieten

Nachbargebieten aber absinkt (Abb. 72). Weiterhin ist ersichtlich, daß in Bodennähe über dem erwärmten Gebiet verhältnismäßig tiefer, über den kühleren Gebieten aber hoher Luftdruck herrscht; in größerer Höhe stellt sich dagegen die entgegengesetzte Zuordnung ein, d. h., hier herrscht über dem erwärmten Gebiet hoher Druck, über dem kühleren Gebiet tiefer Druck. Hieraus läßt sich verallgemeinernd feststellen: Kaltluft ist mit hohem Luftdruck am Boden und tiefem Luftdruck in der Höhe verbunden; umgekehrt steht Warmluft mit tiefem Luftdruck am Boden, hohem Luftdruck in der Höhe in Zusammenhang. Die Luftströmung ist dadurch gekennzeichnet, daß der Wind am Boden zum erhitzten Gebiet hinweht, während er in der Höhe von diesem Gebiet abströmt.

Bei den bisherigen Überlegungen wurde nur die Abhängigkeit der Luftströmung von den Luftdruckunterschieden, dem Gradienten des Luftdrucks, berücksichtigt. Dabei ist die Luftströmung jeweils geradlinig vom höheren zum tieferen Luftdruck gerichtet. Die Stärke der Strömung hängt von der Größe des Luftdruckunterschiedes, von der Größe des Gradienten, ab.

Auf jede Bewegung, also auch auf die Luftströmung, wirkt eine ablenkende Kraft, die als Folge der Erdrotation in Erscheinung tritt; sie wird nach ihrem Entdecker als Corioliskraft bezeichnet. Diese Kraft wirkt

rechtwinklig zur vorgegebenen Bewegungsrichtung eines Körpers, und zwar auf der Nordhalbkugel nach rechts, auf der Südhalbkugel nach links. Dabei wird einem bewegten Teilchen eine Beschleunigung (Coriolisbeschleunigung) erteilt, die von der Winkelgeschwindigkeit der Erde, der geographischen Breite und der Geschwindigkeit des bewegten Teilchens abhängig ist:

$$\text{Coriolisbeschleunigung} = 2 \cdot \omega \cdot \sin \varphi \cdot v,$$

wobei ω die Winkelgeschwindigkeit der Erde, φ die geographische Breite und v die Geschwindigkeit des bewegten Teilchens ist.

Die ablenkende Kraft der Erdrotation wirkt rechtwinklig zu einer gegebenen Bewegungsrichtung; sie vermag als Scheinkraft keine Arbeit zu leisten. Als Folge ergibt sich für die Luftströmungen:

1. Jede horizontale Luftströmung wird auf der Nordhalbkugel nach rechts, auf der Südhalbkugel nach links abgelenkt; die Ablenkung wächst mit der geographischen Breite und mit der Geschwindigkeit der Luftströmung;
2. die Vertikalkomponente der Corioliskraft bewirkt, daß Westwinde zusätzlich eine aufsteigende, Ostwinde eine absteigende Bewegungskomponente erhalten.

Infolge der Wirkung der Gradientkraft und der Corioliskraft ergibt sich eine Luftströmung, die parallel zu den Isobaren verläuft. Diesen Wind bezeichnet man, da er seine Ablenkung aus der Gradientrichtung durch die Drehung der Erde erfährt, als geostrophischen Wind (Abb. 73). Nach ihrer Entstehung aus dem Luftdruckgradienten werden geostrophischer und zyklostrophischer Wind zusammenfassend Gradientwind genannt.

Wird nun eine Luftströmung durch Reibung abgebremst, wie das in der unteren Schicht der Troposphäre der Fall ist, so sinkt mit der Windgeschwindigkeit die Corioliskraft. Daher wird bei gleicher Gradientkraft die Windgeschwindigkeit, aber auch die Ablenkung aus der Gradientrichtung, geringer als beim Fehlen der Reibung. Demnach weht unter dem Einfluß der Reibung der Wind nicht mehr parallel zu den Isobaren, sondern mehr oder weniger zum tiefen Druck hin (Abb. 74); der Gradientkraft hält jetzt die Summe aus Corioliskraft und Reibungskraft die Waage. Je stärker die Rei-

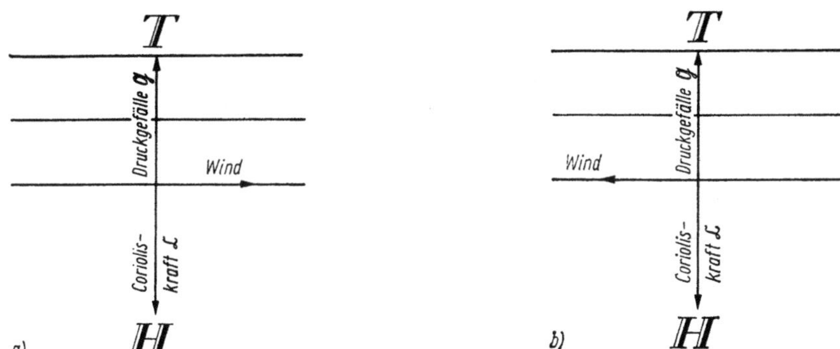

Abb. 73. Kräfteverteilung beim geostrophischen Wind auf der Nord- (a) und Südhalbkugel (b)

bung ist, um so größer ist die Abweichung aus der Isobarenrichtung zum tiefen Druck hin. Diese Abweichung beträgt in mittleren Breiten über Land etwa 35°, über See etwa 10°. Das hat zur Folge, daß der Ausgleich zwischen den Druckgebilden über Land schneller vor sich geht als über See; Hoch- und Tiefdruckgebiete weisen daher über den Ozeanen eine längere Lebensdauer auf als über den Kontinenten.

Die bisherigen Überlegungen galten für einen geradlinigen Verlauf der Isobaren. Bei gekrümmtem Isobarenverlauf tritt als weitere Kraft die Zentrifugalkraft auf (Abb. 75), so daß sich nunmehr der zyklostrophische Wind ergibt, den Abb. 75 ohne Berücksichtigung der Reibung darstellt. Bei zyklonaler Krümmung der Isobaren wirkt die Zentrifugalkraft in Richtung der Corioliskraft, bei antizyklonaler Isobarenkrümmung in Richtung der Gradientkraft. Das hat zur Folge, daß bei gleichem Druckgradienten die Windgeschwindig-

keit bei zyklonaler Isobarenkrümmung kleiner, bei antizyklonaler Krümmung größer wird als bei geradlinigem Isobarenverlauf.

Das Zusammenspiel der auf den Wind einwirkenden Kräfte hat folgendes Ergebnis: Auf der Nordhalbkugel umkreist die Luft ein Tiefdruckgebiet entgegen, ein Hochdruckgebiet mit dem Uhrzeiger; auf der Südhalbkugel wird ein Tief mit, ein Hoch entgegen dem Uhrzeiger umkreist.

5.3.3. Höhenabhängigkeit von Luftdruck und Wind

Der Luftdruck wird mit zunehmender Höhe über dem Erdboden geringer, da die Höhe der Luftsäule über dem Beobachter mit zunehmender Entfernung von der Erdoberfläche abnimmt. Die Luftdruckabnahme geht nicht gleichmäßig vor sich, sondern sie erfolgt in Nähe der Erde rasch und dann nach oben hin

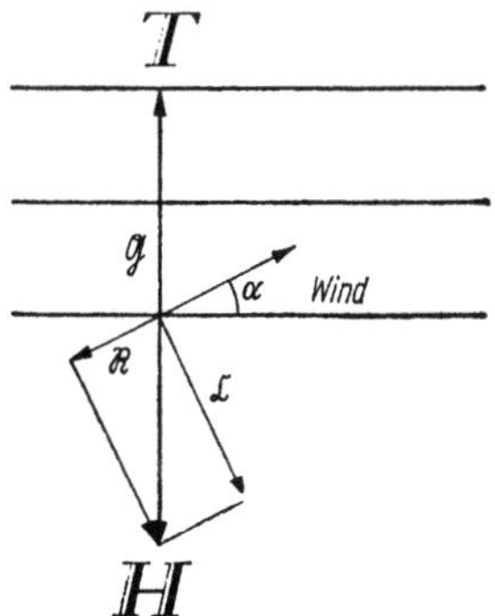

Abb. 74. Der Wind unter Berücksichtigung der Reibung.
$\Re$ Reibungskraft; α Abweichung der Windrichtung von der Isobarenrichtung

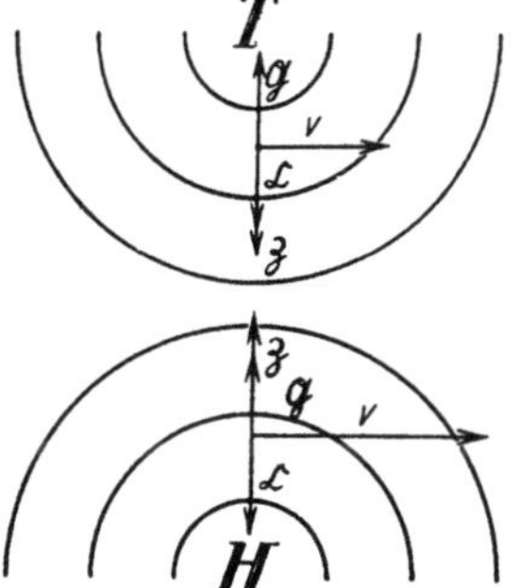

Abb. 75. Zyklostrophischer Wind bei zyklonalem (oben) und antizyklonalem (unten) Isobarenverlauf. Bezeichnungen wie in Abb.73 und 74; z Zentrifugalkraft

immer langsamer. Weiterhin zeigt die Luftdruckabnahme eine Abhängigkeit von der Temperatur: In kalter Luft nimmt der Luftdruck bei zunehmender Höhe rascher ab als in warmer Luft (Abb. 76). So wird beispielsweise in kalter Luft bei einem Bodenluftdruck von 1000 hPa und einer mittleren Temperatur von $-10\,^{\circ}$C zwischen 1000 und 500 hPa

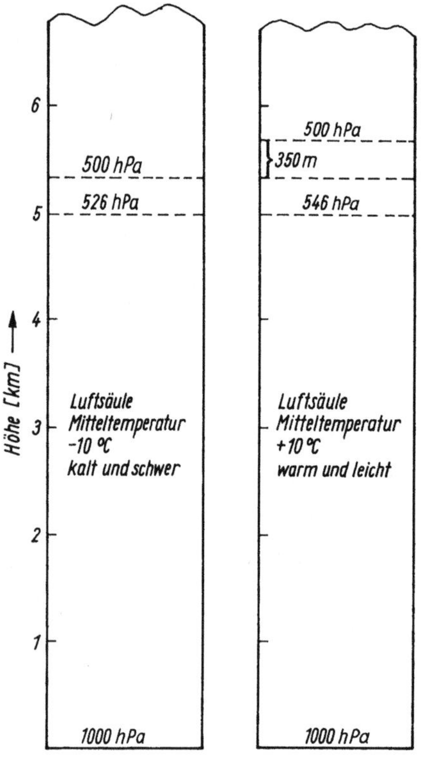

Abb. 76. Luftdruckabnahme bei zunehmender Höhe in kalter und warmer Luft

ein Druck von 500 hPa in 5350 m Höhe erreicht; demgegenüber liegt in warmer Luft (Mitteltemperatur $+10\,^{\circ}$C) ein Druck von 500 hPa erst bei 5700 m. Oder in anderer Ausdrucksweise: In einer bestimmten Höhe – z. B. 5000 m – herrscht in Kaltluft verhältnismäßig tiefer (im Beispiel der Abb. 76 526 hPa), in Warmluft hoher Druck (im Beispiel 546 hPa).
Die Abhängigkeit des Luftdrucks von der Höhe wird ausgedrückt durch die barometrische Höhenformel

$$z = 18\,400\,(\log p_0 - \log p_1) \cdot (1 + \alpha \cdot t).$$

Dabei bedeutet: z Höhenunterschied zwischen den Niveaus mit den Drücken p_0 und p_1; p_0 bzw. p_1 Luftdruck im unteren bzw. oberen Niveau ($p_0 > p_1$); α Ausdehnungskoeffizient der Gase $= {}^1\!/_{273}$; t Mitteltemperatur der betrachteten Luftschicht in °C.

Nach der barometrischen Höhenformel besteht ein Zusammenhang zwischen Luftdruck und Höhe, der es gestattet, einen Wert aus dem anderen zu berechnen. Der Zusammenhang gibt gleichzeitig die Möglichkeit, eine Höhenmessung durch eine Luftdruckmessung zu ersetzen (barometrische Höhenmessung), wobei für die praktische Anwendung vereinfachende Voraussetzungen einer „Normalatmosphäre" (mit bestimmten Werten von Druck und Temperatur am Boden, Luftdichte, Temperaturabnahme bei zunehmender Höhe) gemacht werden. Unter diesen vereinfachenden Voraussetzungen ergeben sich für die zu einer Druckänderung von 1 hPa gehörigen Höhenänderungen, die barometrische Höhenstufe, die folgenden Werte.

Tabelle 30. *Barometrische Höhenstufe für die Normalatmosphäre*

Höhe	Höhenstufe in Metern pro hPa
In Bodennähe	8,4
Im 500-hPa-Niveau (etwa 5500 m)	14,8
Im 225-hPa-Niveau (etwa 11000 m)	28

Für die Normalatmosphäre ergibt sich die in Abb. 77 dargestellte Luftdruckabnahme mit zunehmender Höhe.

Die Veränderung des Luftdrucks mit zunehmender Höhe über dem Erdboden macht es notwendig, Luftdruckwerte verschiedener Höhenlagen zu Vergleichszwecken auf ein gegebenes Niveau umzurechnen, zu reduzieren. Der in der barometrischen Höhenformel angegebene Zusammenhang bietet die Möglichkeit zu einer solchen Reduktion. Im allgemeinen erfolgt die Reduktion des Luftdrucks auf NN, so daß die Verteilungskarten des Luftdrucks den auf NN umgerechneten Luftdruck angeben.

Der Wind muß mit zunehmender Höhe über dem Erdboden an Stärke zunehmen, da in der gleichen Richtung die Reibung, also die Bremswirkung, abnimmt. Die Art der Geschwindigkeitszunahme mit der Höhe ist von der Luftschichtung abhängig. Denn bei einer nicht zu vertikalen Umlagerungen neigenden Schichtung (stabile Schichtung) geht die Geschwindigkeitszunahme verhältnismäßig rasch vor sich, so daß der Reibungseinfluß oft schon bei etwa 500 m Höhe aufhört (Abb. 78a). Ist dagegen eine stärkere Durchmischung der Luft gegeben, so geht die Geschwindigkeitszunahme bei höherer Anfangsgeschwindigkeit am Boden langsamer vor sich (Abb. 78b). Dort, wo die Windgeschwindigkeit nicht mehr durch die Reibung vom Erdboden her beeinflußt wird, also außerhalb der Grundschicht der Troposphäre, nimmt die Windgeschwindigkeit bis zur Stratosphärengrenze im Mittel stetig zu. In der Stratosphäre erfolgt dann ein Rückgang mit zunehmender Höhe, so daß in etwa 24 km Höhe die Windgeschwindigkeit nur noch halb so groß ist wie in 10 km Höhe.

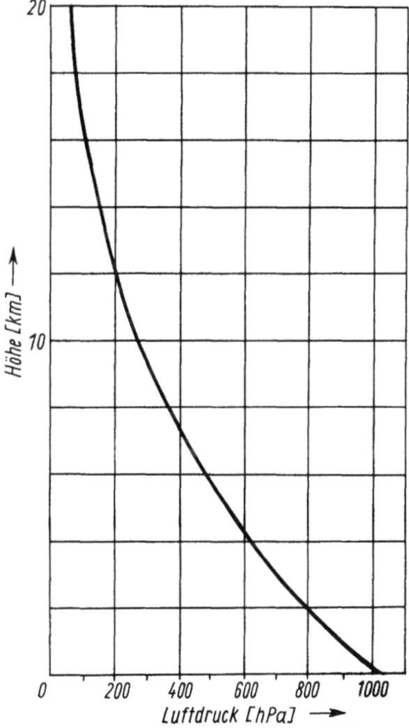

Abb. 77. Luftdruckabnahme mit der Höhe.

Über Mitteleuropa ergibt sich das Windmaximum in 10 km Höhe, wobei hier im Winter allgemein höhere Windgeschwindigkeiten erreicht werden als im Sommer.

Mit der Änderung der Windgeschwindigkeit in der unteren Schicht der Troposphäre ist gleichzeitig eine Änderung der Windrichtung verbunden. Denn da die Luftströmung infolge der Reibung zum tiefen Druck hin abgelenkt wird, muß bei abnehmender Reibung auch diese Ablenkung geringer werden; das bedeutet, daß sich dort, wo die Reibungswirkung aufhört, der Gradientwind, also eine isobarenparallele Strömung, einstellt. Die Windrichtung muß sich also innerhalb der Reibungsschicht bei zunehmender Entfernung vom Erdboden mehr und mehr der Isobarenrichtung nähern. Das hat zur Folge, daß der Wind innerhalb der Reibungsschicht mit zunehmender Höhe auf der Nordhalbkugel nach rechts, auf der Südhalbkugel nach links drehen muß. Diese Drehung ist entsprechend den früher genannten Ablenkungswinkeln aus der Isobarenrichtung über dem Meer wesentlich geringer als über dem Land.

5.3.4. Tagesgang von Luftdruck und Wind

Der früher erwähnte Zusammenhang zwischen Temperatur und Luftdruck läßt vermuten, daß sich beim Luftdruck ein ähnlicher Tagesgang feststellen läßt, wie das bei der Temperatur der Fall ist. Es zeigt sich auch ein Tagesgang des Luftdrucks in der Weise, daß der Bodenluftdruck zur Zeit des Temperaturminimums am größten, zur Zeit des Temperaturmaximums am geringsten ist. Mit zunehmender Höhe über dem Erdboden kehren sich diese Verhältnisse um, da über einem erwärmten Gebiet tiefem Bodenluftdruck ein verhältnismäßig hoher Druck in der Höhe gegenübersteht, während es über abgekühlten Gebieten

Tabelle 31. *Windgeschwindigkeiten (in m · s⁻¹) über Mitteleuropa* (nach H. BERG, 1948)

	Höhe in km												
	1	2	3	4	5	10	12	14	16	18	20	22	24
Sommer	5,6	6,3	8,6	11,2	14,0	16,8	16,1	12,6	10,0	8,7	8,3	8,8	8,1
Winter	5,8	7,3	10,3	14,0	17,6	19,0	17,4	15,5	14,6	12,9	13,1	12,9	10,5

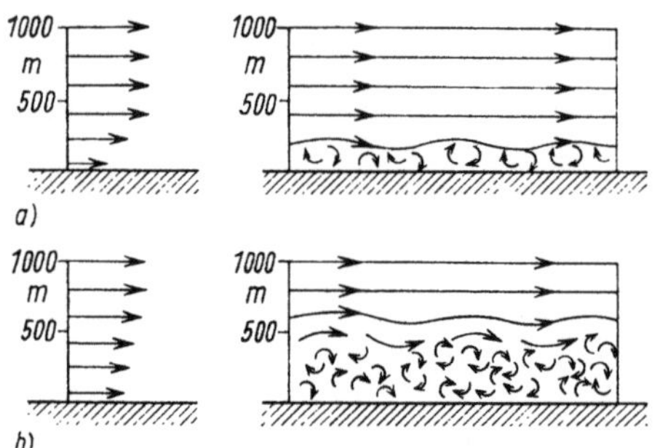

Abb. 78. Zunahme der Windgeschwindigkeit mit der Höhe und Luftströmung a) bei stabiler Luftschichtung; b) bei stärkerer Durchmischung der Luft

umgekehrt ist. Damit ergibt sich in der Höhe das Luftdruckmaximum zur Zeit größter Erwärmung, das Minimum zur Zeit stärkster Abkühlung.

Durch Erwärmung vom Erdboden her wird in der Atmosphäre ein Schwingungsvorgang angeregt, der eine deutliche halbtägige Periode zeigt. Offenbar überschreitet die Luft, die sich bei Erwärmung ausdehnt und bei Abkühlung zusammenzieht, infolge der Trägheit jeweils den Gleichgewichtszustand, so daß es zu einem Rückschwingen kommt. Die so angeregte Doppelwelle des Luftdrucks wird dadurch recht deutlich, daß die Atmosphäre eine Eigenschwingung mit halbtägiger Periode besitzt und diese Schwingung also verhältnismäßig leicht angeregt werden kann.

Die Doppelwelle des Luftdrucks ist in den Tropen gut ausgebildet und bestimmt dort das Bild der Luftdruckregistrierungen. Die Amplitude der Doppelwelle nimmt polwärts mehr und mehr ab, so daß diese immer weniger in Erscheinung tritt.

Die Zusammenstellung zeigt, daß die Amplitude der Doppelwelle vom Äquatorialgebiet bis in höhere Breiten auf etwa $^1/_{10}$ abnimmt. Weiterhin zeigt die Amplitude eine gleichmäßige Abnahme bei zunehmender Höhe über dem Meeresspiegel.

Außer den hier erwähnten Perioden im Luft-

druckgang lassen sich noch weitere Wellen feststellen. Es muß allerdings erwähnt werden, daß schon die hier genannten Wellen im allgemeinen – wenigstens außerhalb der Tropen – nur schwer zu erkennen sind, da sie von unperiodischen Luftdruckschwankungen verdeckt werden. Diese unperiodischen Luftdruckschwankungen dominieren besonders in mittleren und höheren Breiten, so daß sie dort im wesentlichen den Verlauf des Luftdrucks kennzeichnen.

Es ist weiterhin zu bemerken, daß sich in der Atmosphäre eine Gezeitenschwingung zeigt, die aber infolge der wesentlich geringeren Masse der Atmosphäre gegenüber den Ozeanen verschwindend gering bleibt. Die Gezeitenwelle verursacht eine halbtägige Luftdruckschwankung, deren Amplitude in mittleren Breiten 0,03 hPa beträgt. Diese Luftdruckschwankung bleibt gegenüber den bei Wetteränderungen eintretenden Luftdruckveränderungen sehr klein und wird daher nicht wetterwirksam.

Entsprechend der von der Erwärmung abhängigen verschiedenen Durchmischung der Luft, wie sie in Abb. 78 dargestellt wurde, zeigt die Luftbewegung einen Tagesgang. Die Beteiligung verschiedener Faktoren am Zustandekommen dieses Tagesganges führt dazu, daß sich in verschiedenen Höhen über dem Erdboden unterschiedliche Tagesgänge des Windes ergeben; es können je ein Niederungs- und Höhentyp des täglichen Windganges unterschieden werden.

Der Niederungstyp des täglichen Windganges ist dadurch charakterisiert, daß infolge stärkerer Durchmischung bei der täglichen Erwärmung die größeren Windgeschwindigkeiten höherer Luftschichten auch in Bodennähe zur Wirkung kommen. Das hat zur Folge, daß im Niederungstyp das Maximum der Windstärke etwa um die Zeit stärkster Erwärmung auftritt. Mit der Erhöhung der Windgeschwindigkeit während der Erwärmung ist gleichzeitig eine Winddrehung

Tabelle 32. Tagesgang des Luftdrucks (Abweichungen vom Tagesmittel in hPa) (nach H. BERG, 1948)

Uhrzeit	0	2	4	6	8	10	12	14	16	18	20	22
Über dem Pazifik in 4½° n. Br.	0,56	−0,36	−0,99	−0,07	1,25	1,43	0,31	−1,33	−1,74	−0,73	0,36	1,19
In Upsala, 59° 54′ n. Br.	0,15	0,03	−0,08	−0,09	0,05	0,21	0,09	−0,12	−0,23	−0,17	0,01	0,13

verbunden, und zwar dreht der Bodenwind nach rechts auf der Nord-, nach links auf der Südhalbkugel, da die Annäherung an die Gradientwindrichtung stärker wird. Die nächtliche Abkühlung führt zum Erliegen des vertikalen Austausches. Dadurch nimmt die Windstärke am Boden mehr und mehr ab, wobei sich die Windrichtung wieder weiter von der Gradientwindrichtung entfernt. Damit tritt das Minimum der Windgeschwindigkeit im Niederungstyp während der Nacht ein.

Im Höhentyp des täglichen Windganges zeigen sich die entgegengesetzten Verhältnisse. Zur Zeit der Erwärmung erweitert sich die Höhenströmung gegen die Erdoberfläche hin, so daß es zu einer Abnahme der Windgeschwindigkeit in der Höhe kommt. Erst während der Zeit der Ausstrahlung nimmt dann in der Höhe die Windgeschwindigkeit wieder zu. Demzufolge tritt beim Höhentyp des täglichen Windganges das Maximum der Windgeschwindigkeit in der Nacht, das Minimum am Tage ein.

Der Vergleich der beiden genannten Typen des täglichen Windganges ergibt, daß in einer Übergangsschicht zwischen den beiden Typen der tägliche Windgang verschwinden muß. Diese Übergangsschicht liegt im Sommer höher als im Winter; ebenso liegt sie bei stärkerer Durchmischung höher als bei stabiler Luftschichtung. Für das Gebiet von Potsdam ergab sich die Übergangsschicht beispielsweise im Sommermittel bei 100 m, im Wintermittel bei etwa 50 m, wobei im Winter der Höhentyp im Einzelfall bereits bei etwa 20 m beginnen kann.

In den Tropen kommt die Doppelwelle des Luftdrucks auch im täglichen Gang des Windes zur Geltung. Da sich die Wirkungen der Doppelwelle und die Auswirkungen der Ein- und Ausstrahlung überlagern, treten im einzelnen recht komplizierte Tagesgänge des Windes in Erscheinung.

5.3.5. Jahresgang von Luftdruck und Wind

Der Jahresgang des Luftdrucks ist sehr vielgestaltig, was auf die große Anzahl von Faktoren zurückzuführen ist, die den Luftdruck beeinflussen. Die geringsten Änderungen im Jahresverlauf zeigt der Luftdruck in der Nähe

des Äquators. Mit zunehmender geographischer Breite zeigt sich dann zwar allgemein eine Zunahme der Jahresamplitude des Luftdrucks, doch läßt sich in mittleren und höheren Breiten keine eindeutige Breitenabhängigkeit der Jahresamplitude feststellen.

Für den Luftdruckgang in mittleren und höheren Breiten lassen sich drei Typen unterscheiden:

1. Der kontinentale Typ. Er ist am besten auf dem ausgedehnten asiatischen Kontinent ausgeprägt. Einem Luftdruckmaximum im Winter steht ein Minimum im Sommer gegenüber.

2. Der ozeanische Typ mittlerer Breiten. Er ist eine Folge der jahreszeitlichen Verlagerung des Subtropenhochs. Dieser Typ weist ein Maximum im Sommer, ein Minimum im Spätherbst auf. Häufige Vorstöße arktischer Kaltluft im Winter können zum Auftreten eines zweiten Maximums führen.

3. Der arktische und subarktische Typ ist im europäischen und amerikanischen Eismeer ausgebildet. Er erreicht das Maximum im April oder Mai, das Minimum im Januar oder Februar. Ein zweites Maximum tritt im November auf.

Im einzelnen ergeben sich recht komplizierte Jahresgänge des Luftdrucks. Sie haben ihre Ursache im Wechsel von Erwärmung und Abkühlung, in der Verteilung von Land und Meer sowie in der jahreszeitlichen Verschiebung der planetarischen Luftdruckgürtel.

Neben den periodischen Luftdruckschwankungen treten aperiodische Schwankungen in Erscheinung. Diese bleiben in den Tropen außerhalb der Orkangebiete gering – in Jakarta (ehemals Batavia) schwankte der Luftdruck im Zeitraum 1866 bis 1925 um 16 hPa – und nehmen mit zunehmender geographischer Breite zu; in den mittleren und hohen Breiten kann sich der Luftdruck in einer Schwankungsbreite von 120 hPa und mehr bewegen.

Ein Maß für die Größe der aperiodischen Schwankungen des Luftdrucks ist die mittlere Jahresschwankung des Luftdrucks (Differenz aus höchstem und niedrigstem Luftdruckwert im Verlauf des Jahres, gemittelt über eine längere Reihe von Jahren); dieser Wert ist abhängig von der geographischen Breite. Kleinen Werten der mittleren Jahresschwankung des Luftdrucks in den Tropen stehen hohe Werte in den hohen Breiten gegenüber.

In gleicher Breitenlage ist die mittlere Jahresschwankung des Luftdrucks über den Ozeanen erheblich größer als über den Kontinenten. So hat Valentia unter 51,9° n. Br. und 10,3° w. L. eine Jahresschwankung von 71,0 hPa, während der entsprechende Wert in Prag unter 50,1° n. Br. und 14,4° ö. L. nur 52,3 hPa beträgt; in Nertschinsk (50,4° n. Br. und 80,2° ö. L.) wird eine mittlere Jahresschwankung von 48,1 hPa beobachtet.

Interessant ist das Auftreten von Rhythmen im Luftdruckverlauf, die, mehr oder weniger scharf ausgeprägt, längere Zeit andauern können. Dabei wiederholen sich bestimmte Periodenlängen häufiger. Eine dieser Perioden ist in den mittleren Breiten der Nordhalbkugel beispielsweise dadurch bedingt, daß die Kaltluft der Polarkalotte eine gewisse Zeit der Abkühlung braucht, bevor sie in mittlere Breiten eindringt; das Vordringen der Kaltluft in die mittleren Breiten bringt Luftdruckanstieg, der in der nachfolgenden Zeit wieder ausgeglichen wird. Mehrfache derartige Kaltluftausbrüche bringen eine gewisse Rhythmik in den Ablauf des Luftdrucks. Es treten Rhythmen verschiedener Länge auf; so erscheint öfter eine 36- oder eine 24tägige Welle; auch Rhythmen von rund 6, 9 oder 13 Tagen sind bekannt.

Im Luftdruckverlauf zeigt es sich oftmals, daß er sich bezüglich irgendeines Zeitpunktes mehr oder weniger stark spiegelbildlich verhält, daß also der Luftdruckverlauf nach dem betreffenden Zeitpunkt dem vorhergehenden Verlauf ähnlich ist. Die so gekennzeichneten Zeitpunkte werden als Symmetriepunkte bezeichnet. Sind derartige Symmetriepunkte, die natürlich zeitlich nicht festliegen, erkannt, so können sie Hinweise für die Luftdruckvorhersage geben; die Bedeutung für die Wettervorhersage darf allerdings nicht überschätzt werden, da der Zusammenhang zwischen Luftdruck und Wetter nicht eindeutig ist. Es sei noch bemerkt, daß die Symmetrie des Luftdruckverlaufs um so geringer wird, je weiter man sich vom Symmetriepunkt entfernt.

Auch der Jahresgang des Windes ist recht mannigfaltig. Die geringsten Jahresschwankungen der Windgeschwindigkeit finden sich in der äquatorialen Westwindzone (Mallungen) sowie in den subtropischen Hochdruckgebieten (Calmen). Besonders stark sind die periodischen Schwankungen dort, wo zwei Teilgebiete der allgemeinen Zirkulation aneinandergrenzen und in ihrer jahreszeitlichen Verlagerung ein Gebiet wechselweise beeinflussen; somit zeigen sich starke Schwankungen im Grenzbereich zwischen der äquatorialen Westwindzone und den Passatgebieten. In den gemäßigten Breiten herrscht die Tendenz zu einem winterlichen Maximum und einem sommerlichen Minimum der Windgeschwindigkeit; allerdings steht dieser Verteilung die Wirkung der winterlichen kontinentalen Hochdruckgebiete entgegen, die infolge häufiger Windstillen das winterliche Maximum abschwächen oder sogar ein Minimum an seine Stelle setzen. Somit ist in diesen Breiten das Wintermaximum der Windgeschwindigkeit typisch für maritime Gebiete, während in kontinentalen Gebieten meist ein Frühjahrsmaximum auftritt, das mit einem winterlichen Haupt- oder Nebenminimum gekoppelt ist. Besonders einheitlich sind die Verhältnisse im SE-Passat mit einem Maximum im Frühjahr und einem Minimum im Herbst.

Im einzelnen zeigt der Jahresgang des Windes eine sehr große Mannigfaltigkeit, so daß K. BROSE (1936) 37 verschiedene Haupttypen des Jahresganges der Windgeschwindigkeit auf der Erdoberfläche unterschied. Aus diesen 37 Haupttypen ergeben sich nach K. BROSE (1936) für die Nordhalbkugel drei, für die Südhalbkugel 2 Obergruppen der Windverteilung, und zwar:

Nordhalbkugel

I. Ozeanischer Typ:
   Maximum der Windgeschwindigkeit im Winter, Minimum im Sommer

II. Kontinental abgewandelter Typ:
    Maximum im Frühjahr, Minimum im Som-

Tabelle 33. Mittlere Jahresschwankung des Luftdrucks in hPa (nach HANN-SÜRING, 1939)

Ort	Jakarta	Alexandria	Palermo	Wien	Leningrad	Thorshavn
° Breite	6,0 S	31,2 N	38,1 N	48,2 N	59,9 N	62,0 N
Schwankung	11,6	30,4	41,2	54,2	75,4	86,4

mer, sekundäres Maximum im Herbst, sekundäres Minimum im Winter

III. Sommerlich betonter Monsuntyp:
Maximum im Sommer, Minimum im Frühjahr und Herbst; sekundäres Maximum im Winter. – Oder: Maximum im Sommer, Minimum im Winter

Südhalbkugel

I. Passatischer Typ:
Maximum im Frühjahr, Minimum im Herbst

II. Subtropischer Typ:
Maximum im Sommer, Minimum im Winter

Der Jahresgang der Windrichtung kann durch die Windverteilung der einzelnen Monate gekennzeichnet werden. Die Darstellung

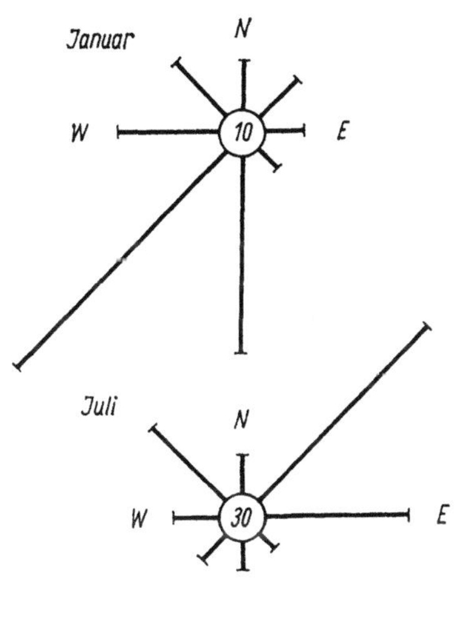

Abb. 79. Prozentuale Windverteilung in Palermo (39° 07′ n. Br., 13° 21′ ö. L., 72 m) im Januar und Juli (1891–1900)

(Abb. 79) enthält die prozentuale Häufigkeit der angegebenen Windrichtungen (Länge der Strahlen) sowie die Zahl der Windstillen (im Kreis). Es besteht über die hier gezeigte Darstellung hinaus die Möglichkeit, in der Windrose den Anteil verschiedener Windgeschwindigkeiten an der Gesamthäufigkeit durch verschiedene Signaturen zu kennzeichnen. Die als Beispiel angeführte Darstellung in Abb. 79

zeigt deutlich die jahreszeitlich unterschiedliche Windverteilung an der betrachteten Beobachtungsstation.

5.3.6. Verteilung von Luftdruck und Wind

Die mittlere Verteilung des Luftdrucks (auf Meeresspiegel reduzierte Werte) zeigt eine im wesentlichen zonale Anordnung, die einerseits durch die Verteilung von Land und Meer, andererseits durch jahreszeitliche Verlagerungen Modifikationen erfährt. Die Luftdruckverteilung für Monate entgegengesetzter Jahreszeiten – Januar und Juli – zeigen die Abb. 80 und 81.

Im Januar und Juli befindet sich im Gebiet des Äquators eine Zone tiefen Luftdrucks, die im Juli mit einem Druck von weniger als 994 hPa weit nach Norden ausgreift. Die mittlere Lage dieser Tiefdruckzone ist im Januar mit etwa 0 bis 5° südlicher, im Juli mit etwa 5 bis 10° nördlicher Breite anzusetzen. Von dieser Tiefdruckzone aus steigt der Luftdruck auf beiden Halbkugeln an und erreicht ein Maximum bei 30 bis 35° Breite (Roßbreiten, Subtropenhoch). Der Hochdruckgürtel ist auf der Südhalbkugel sowohl im Januar als auch im Juli ausgebildet und umfaßt, in Zellen aufgegliedert, die gesamte Erde. Auf der Nordhalbkugel erfährt der subtropische Hochdruckgürtel auf den Kontinenten im Juli (Sommer) eine Unterbrechung infolge der weit nach Norden ausgreifenden Tiefdruckgebiete niederer Breiten, was sich insbesondere über Asien bemerkbar macht. Im Januar dagegen ruft die Wirkung der Kontinente eine Verstärkung des Hochdruckgebietes hervor, so daß über Asien der Wert von 1040 hPa überschritten wird, wobei das asiatische Hochdruckgebiet weit nach Norden hin ausgreift. Im Anschluß an die subtropischen Hochdruckgebiete ergibt sich polwärts eine Luftdruckabnahme, die zu der besonders auf der Nordhalbkugel gut ausgeprägten subpolaren Tiefdruckfurche führt, die bei 60 bis 70° Breite zu erkennen ist. Polwärts steigt der Luftdruck wieder etwas an und führt zu den polaren Hochdruckgebieten.

Die hier erwähnten Luftdruckgürtel zeigen im Verlaufe des Jahres neben den Veränderungen in der Stärke ihrer Ausbildung eine Verlage-

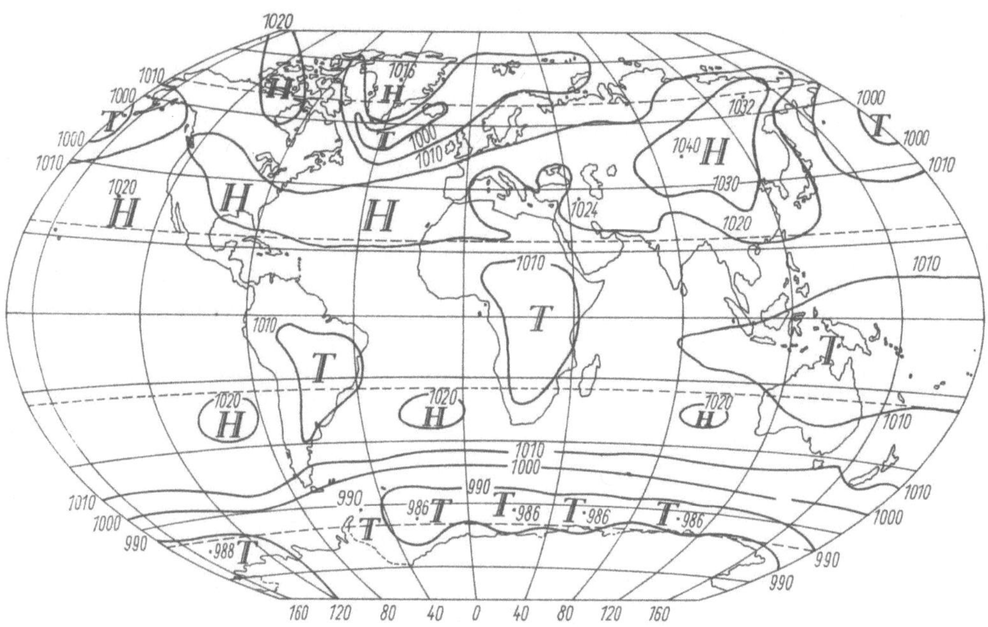

Abb. 80. Mittlere Luftdruckverteilung (hPa) im Januar (nach Physisch-Geographischer Weltatlas 1964)

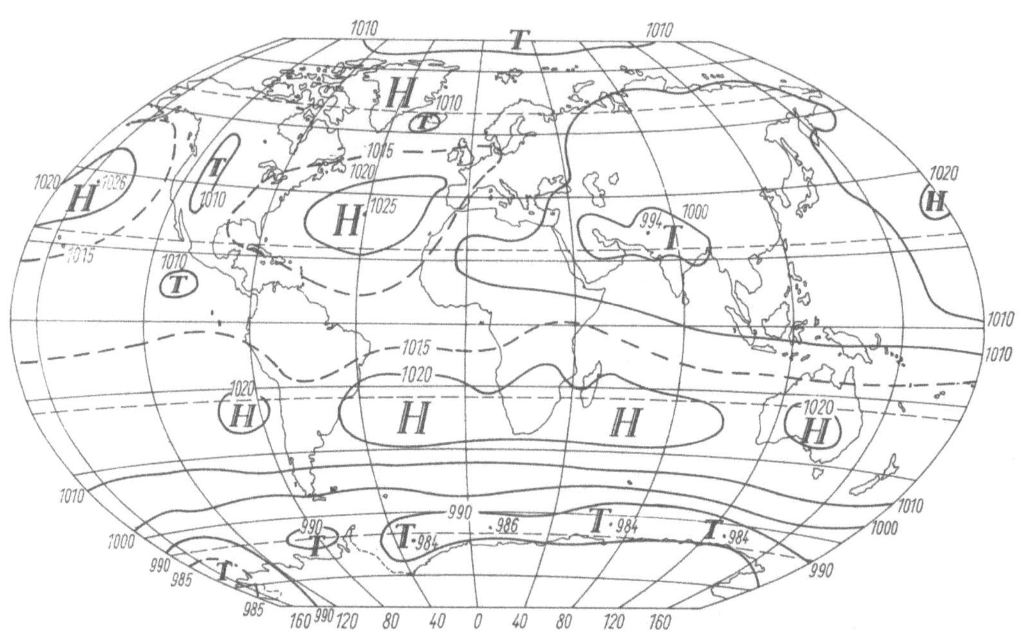

Abb. 81. Mittlere Luftdruckverteilung (hPa) im Juli (nach Physisch-Geographischer Weltatlas 1964)

rung. Auf der Sommerhalbkugel rücken die einzelnen Gürtel polwärts vor, während sie sich auf der Winterhalbkugel gegen den Äquator hin verlagern. Das ergibt letzten Endes eine Einengung des polaren Hochdruckgebietes auf der Sommerhalbkugel, eine Erweiterung dieses Gebietes auf der Winterhalbkugel.

Die mittlere jährliche Luftdruckverteilung so-

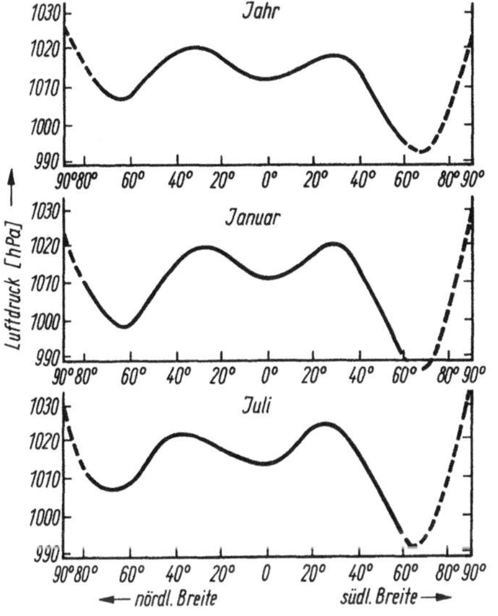

Abb. 82. Meridianschnitt des Luftdrucks in 20° w. L. für das Jahr, die Monate Januar und Juli (nach C. E. KOEPPE und G. C. DE LONG, 1958)

wie die Verteilung des Luftdrucks in extremen Monaten lassen sich deutlich an Meridianschnitten zeigen. Ein solcher Schnitt ist für den 20. Längengrad westlich von Greenwich für das Jahr und die Monate Januar und Juli in Abb. 82 dargestellt. Aus dieser Abbildung sind nochmals die bereits erwähnten Tatsachen der Luftdruckverteilung ersichtlich.

Aus den Luftdruckkarten lassen sich die mittleren Luftdruckwerte für die einzelnen Breitenkreise feststellen. Diese Werte ergeben ihrerseits ebenfalls eine Übersicht über die mittlere Verteilung des Luftdrucks auf der Erde.

Die Breitenkreismittel des Luftdrucks lassen die wesentlichen Züge der Luftdruckverteilung erkennen, wie sie bereits aus den Abb. 80 und 81 hervorgingen. Vor allem wird deutlich, daß die Luftdruckabnahme, die von den mittleren Breiten aus polwärts erfolgt, auf der Nordhalbkugel im Nordwinter um 10 Breitengrade weiter nach Norden reicht als im Nordsommer. Damit ergibt sich der tiefste Druck im Winter bei 75, im Sommer bei 65° n. Br., während die entsprechende Druckzone auf der Südhalbkugel während des ganzen Jahres nahezu konstant bei 60 bis 65° Breite verbleibt. Weiterhin zeigen die Breitenkreismittel des Luftdrucks, daß in den höheren Breiten der Südhalbkugel der mittlere Luftdruck im Meeresniveau niedriger ist als auf der Nordhalbkugel; besonders groß wird dieser Un-

Tabelle 34. Breitenkreismittel des Luftdrucks (NN) in hPa (nach HANN-SÜRING, 1939)

° Breite	Nordhalbkugel			Südhalbkugel		
	Januar	Juli	Jahr	Januar	Juli	Jahr
90	1014,0	1010,5	1015,0	992,7	991,2	991,2
85	1012,7	1010,8	1014,6	992,6	991,0	991,1
80	1012,7	1011,2	1014,3	992,8	990,3	990,8
75	1011,8	1011,5	1012,9	991,6	989,9	990,2
70	1012,4	1010,4	1012,2	991,0	989,4	989,2
65	1013,6	1010,0	1010,9	989,9	988,3	988,3
60	1014,4	1010,3	1011,6	989,8	988,4	988,9
55	1014,8	1010,9	1012,9	996,3	996,3	996,3
50	1016,4	1012,0	1014,3	1003,6	1004,0	1004,3
45	1017,3	1012,9	1015,3	1010,4	1009,8	1009,6
40	1018,5	1013,5	1016,0	1014,9	1014,5	1014,5
35	1019,7	1013,3	1016,5	1015,5	1019,3	1016,5
30	1019,5	1012,5	1015,6	1014,8	1020,4	1018,0
25	1018,0	1011,5	1013,9	1013,3	1019,8	1017,6
20	1015,9	1010,5	1012,2	1011,7	1018,0	1015,6
15	1013,6	1010,0	1011,1	1010,5	1016,0	1013,6
10	1012,0	1010,3	1010,5	1010,3	1014,5	1012,1
5	1010,9	1011,1	1010,7	1010,3	1013,0	1011,1
0	1010,4	1012,0	1010,7	1010,4	1012,0	1010,6

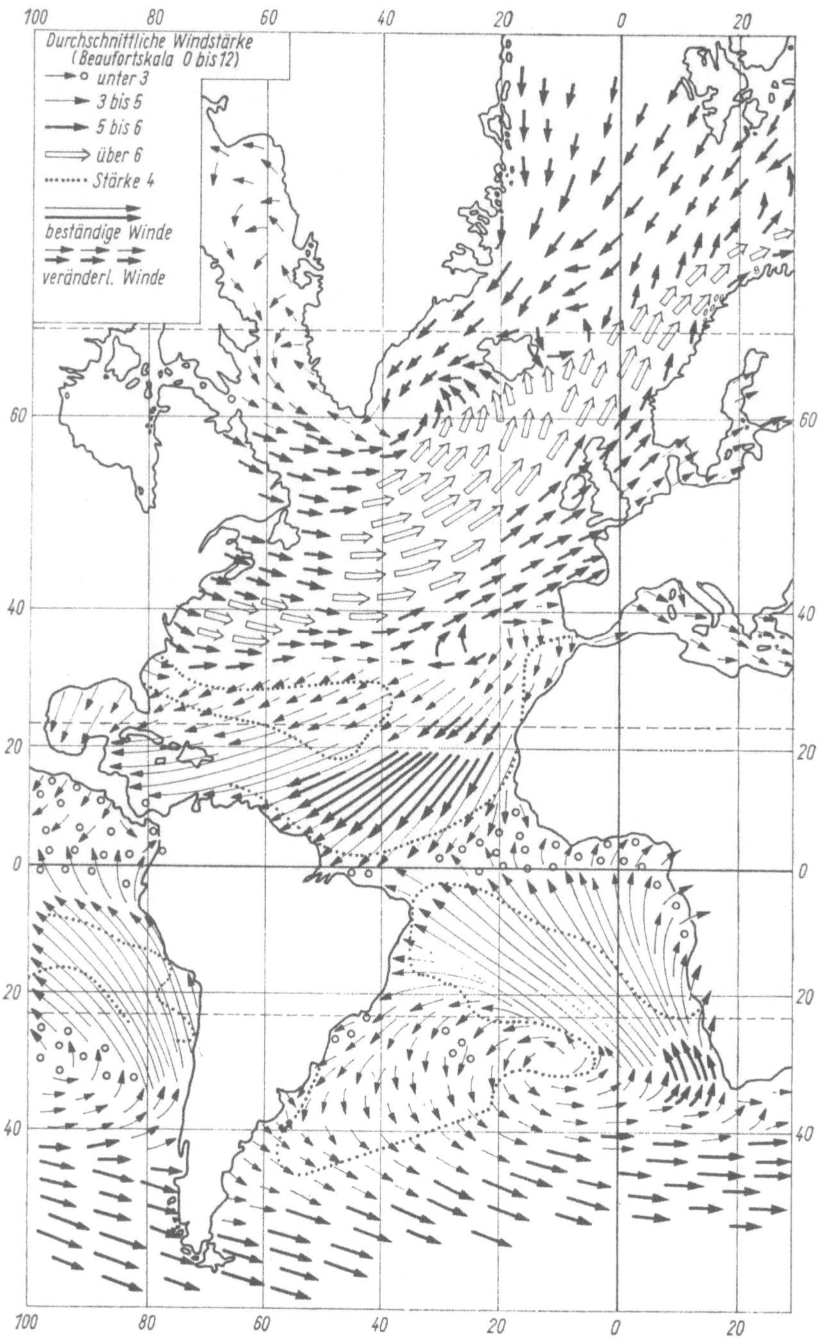

Abb. 83. Verteilung der Luftströmung auf dem Atlantik im Januar/Februar (nach HANN-SÜRING, 1951)

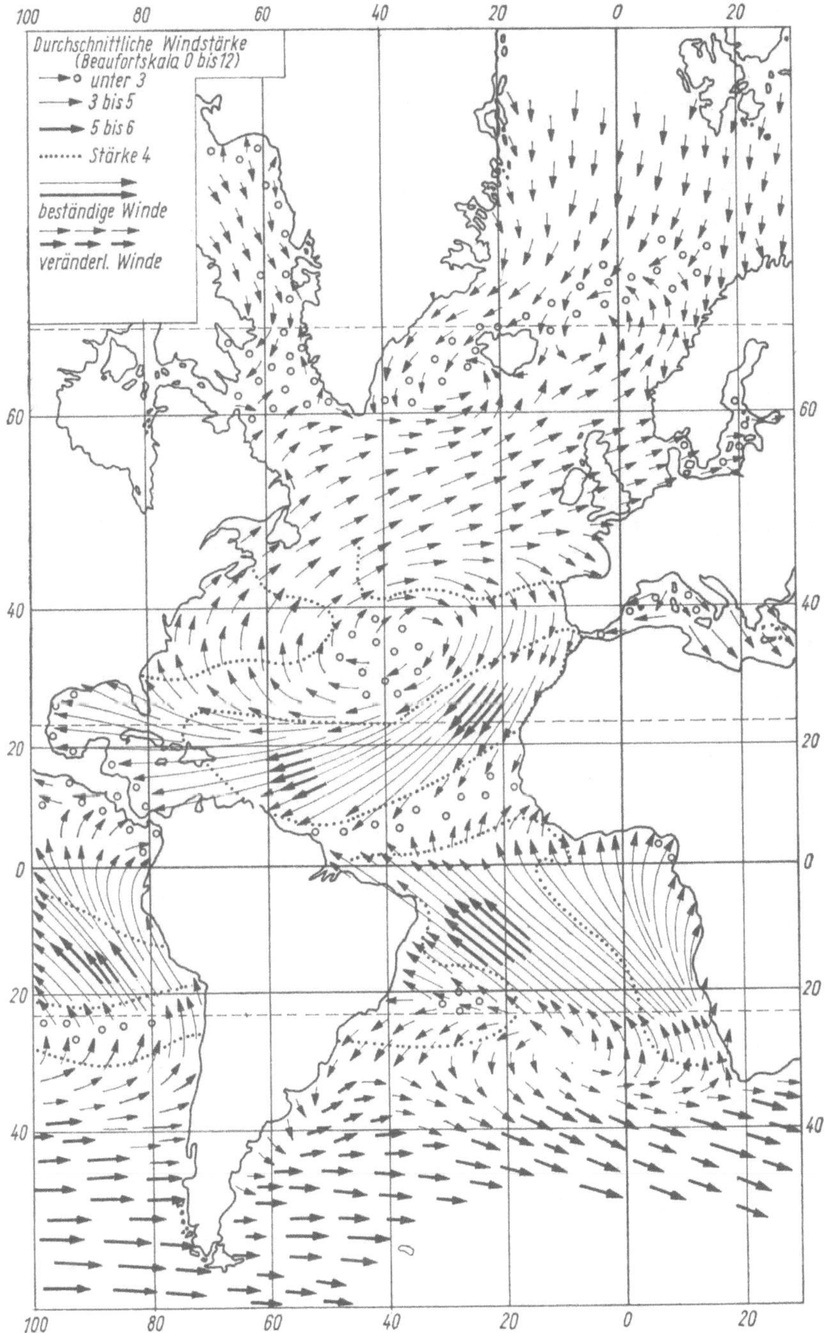

Abb. 84. Verteilung der Luftströmung auf dem Atlantik im Juli/August (nach HANN-SÜRING, 1951)

terschied in der Nähe der Pole mit einer Differenz von 23 hPa im Jahresmittel.

Aus der Luftdruckverteilung ergibt sich die Verteilung der Luftströmungen. Dabei haben der über Land stark wechselnde Reibungseinfluß sowie die unterschiedliche thermische Wirkung des Festlandes zur Folge, daß die Windsysteme besonders auf den Ozeanen gut ausgebildet sind. Als Beispiel werden in den Abb. 83 und 84 die Luftströmungen über dem Atlantik in entgegengesetzten Jahreszeiten wiedergegeben. Es ergibt sich um den Äquator eine Zone mit schwachen westlichen bzw. umlaufenden Winden – auch als Mallungen bezeichnet. Dieser Zone schließen sich polwärts die Passate an, die auf der Nordhalbkugel aus nordöstlicher, auf der Südhalbkugel aus südöstlicher Richtung wehen. Diese Passate sind sehr beständig und erstrecken sich bis in die Randgebiete des Subtropenhochs. Die subtropischen Hochdruckgebiete sind durch schwache Winde bzw. durch Windstillen – Calmen – gekennzeichnet. An die Calmenzonen schließen sich die Zonen der außertropischen Westwinde an; in der vorherrschenden Westströmung wird das Wettergeschehen durch wandernde Tiefdruckgebiete bestimmt. Schließlich ergeben sich polwärts von der subpolaren Tiefdruckfurche nördliche bis östliche Winde, die allerdings auf die unteren Luftschichten beschränkt bleiben und teilweise nur eine sehr geringe Mächtigkeit aufweisen. Die Darstellungen (Abb. 83 und 84) lassen die jahreszeitliche Verlagerung der Windgebiete, die höheren Windgeschwindigkeiten des Winters sowie die Beständigkeit der Luftströmungen – besonders der Passate – erkennen.

In einer – allerdings stark verallgemeinernden – Übersicht ergibt sich die folgende Verteilung von Luftdruck und Wind.

5.3.7. Lokale Windsysteme

Der Zusammenhang zwischen Luftdruck und Wind sowie die Abhängigkeit der Luftdruckunterschiede von den Temperaturunterschieden lassen überall dort die Entstehung lokaler Windsysteme erwarten, wo sich Unterschiede in der Erwärmung des Untergrundes in einem verhältnismäßig eng begrenzten Gebiet ergeben. Außerdem werden sich besondere Windsysteme dort entwickeln können, wo die orographischen Verhältnisse eine Beeinflussung der Strömung bewirken. Das örtlich begrenzte Auftreten solcher Windsysteme hat dazu geführt, daß in ihrer Entstehung gleichartige Winde unter verschiedenen Namen je nach der Gegend ihres Auftretens bekannt sind.

Das Land-Seewind-System, das auf die unterschiedliche Erwärmung bzw. Abkühlung von Land und Meer zurückgeht, wurde bereits erwähnt (vgl. 5.3.2). Es ist insbesondere eine Erscheinung der Tropen und Subtropen, kann sich aber auch in anderen Gebieten entwickeln, wo es jedoch häufig durch andere Luftströmungen überdeckt wird. In den mittleren Breiten kann sich das Land-Seewind-System an heiteren, ruhigen Tagen ausbilden, wobei es Windstärken von 3 bis 4 Beaufortgraden erreicht. Die vertikale Mächtigkeit des Seewindes erreicht im allgemeinen 100 bis 400 m. Die horizontale Ausdehnung umfaßt in den mittleren Breiten eine Zone bis zu etwa 20 bis 30 km landwärts, während in den Tropen und Subtropen ein Landstreifen bis zu 45 km Breite von diesem Wind erfaßt wird. Seewärts unterliegt ein Streifen von etwa 10 bis 20 km dem Land-Seewind-System.

Der Land- und Seewind tritt nicht nur an den Meeresküsten in Erscheinung; vielmehr können sich entsprechende Windsysteme an jedem

Tabelle 35. Mittlere Verteilung von Luftdruck und Wind

Breite	75° N	60	30	10	0	10	30	60	80° S
Windrichtung	(ENE)	WSW	C	NE ENE	[W]	ESE SE	C	WNW	(ESE)
Luftdruck [hPa]	1014	1012	1019	1012	1010	1012	1018	989	991

[W] ≙ schwache westliche bzw. umlaufende Winde. Die Richtungsangaben in runden Klammern weisen darauf hin, daß diese Winde in einer oft nur sehr seichten Luftschicht in Bodennähe auftreten.

See herausbilden. Selbstverständlich ist sowohl die vertikale als auch die horizontale Reichweite dieser Windsysteme von der Größe der beteiligten Flächen, also in diesem Falle der Seeflächen, abhängig. Damit gehören diese Systeme vielfach schon in den Bereich des Mesoklimas, in manchen Fällen sogar in den Bereich des Mikroklimas.

Unabhängig vom Land-Seewind-System wird jede Luftströmung im Küstenbereich mehr oder weniger stark verändert, da die Reibungsverhältnisse über See und Land verschieden sind. So wird eine in einem rechten Winkel auf eine Küste auftreffende Luftströmung infolge der stärkeren Bremsung über Land nach oben hin abgelenkt; es kommt zu Stauerscheinungen, die mit einer Abnahme der Windgeschwindigkeit unmittelbar vor der Küste verbunden sind. Die Wirkung tritt an gebirgigen Küsten naturgemäß verstärkt auf; Abweichungen vom rechtwinkligen Auftreffen schwächen die Wirkung ab.

Wehen Winde auf längere Strecken küstenparallel, so kann es infolge der Ablenkung der Strömung durch die Erdrotation dann, wenn die Küste auf der Seite der Ablenkung liegt, zur Verengung des Stromfeldes kommen. Das hat ähnlich wie bei einer Düse eine Erhöhung der Windgeschwindigkeit zur Folge. Eine echte Düsenwirkung tritt dort auf, wo eine Luftströmung durch eine Enge hindurchströmt – z. B. in der Straße von Gibraltar; durch das Zusammendrängen der Strömung wird die Geschwindigkeit erhöht.

Auch dort, wo ein vorspringendes Gebirge oder Kap der Luftströmung im Wege steht, kommt es durch Verengung der Strömung zur Erhöhung der Windgeschwindigkeit. Diese Erscheinung wird vielfach als Eckeneffekt bezeichnet. Andererseits tritt hinter dem Hindernis infolge Auffächerung der Stromlinien eine Herabsetzung der Windgeschwindigkeit ein.

Eine der Land-Seewind-Zirkulation ähnliche Luftströmung mit ausgeprägter Tagesperiode entwickelt sich als Berg-Talwind-System, wobei am Tage der Talwind, nachts der Bergwind weht. Die Entstehung dieses Windsystems ist in Abb. 85 angegeben. Die zunächst parallel verlaufenden isobaren Flächen (Abb. 85a) werden bei beginnender Einstrahlung und damit zusammenhängender Erwärmung der unteren Luftschicht angehoben (Abb. 85b); sie behalten allerdings am Hang selbst ihre Lage bei, da unterhalb des Auftreffpunktes keine Luft ist, in der sich infolge Erwärmung und Auflockerung die isobaren Flächen heben könnten. Damit entsteht ein Druckgefälle und zugleich eine Luftströmung, die zum Hang hin gerichtet ist und an diesem nach oben hin abgelenkt wird („Hangwind" bzw. „Talwind"). Die am Hang aufsteigende Luft hat Luftansammlung und eine Aufwölbung der Flächen gleichen Druckes über dem Berg zur Folge, so daß nunmehr die Luft nach den Seiten hin abfließt (Abb. 85c). Gleichzeitig führt das Aufsteigen der Luft am Berghang zu einer Abnahme des Luftdrucks am Fuße des Berges. Hier wird durch absteigende Luftbewegung der Kreislauf des Talwindsystems geschlossen. Die nächtliche Abkühlung bewirkt eine Umkehrung der hier dargestellten Verhältnisse, so daß nun der hang- bzw. talabwärts wehende Bergwind zustande kommt. Auch das Berg-Talwind-System ist in seiner Ausbildung abhängig von der Größe der beteiligten Areale, so daß die Betrachtung dieses Systems vielfach in die Meso- oder Mikroklimatologie hineinführt.

Die Auskühlung der Luft über Gletschern führt zum Abfließen der abgekühlten Luft ins

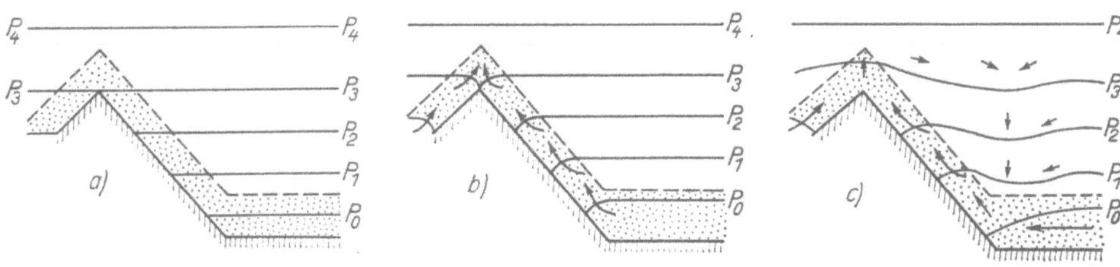

Abb. 85. Berg-Talwind-System.
a) Ausgangslage; b) beginnende Erwärmung; c) ausgebildetes Talwindsystem.
P_0 bis P_4: Flächen gleichen Drucks; punktiert: durch Sonneneinstrahlung erwärmte Luftschichten

Tal. Dieser Gletscherwind ist in seiner Stärke abhängig vom Gegensatz der Temperatur in der Luft und an der Gletscheroberfläche und erreicht damit sein Maximum am frühen Nachmittag. Der Gletscherwind kommt am Tage spätestens einige Kilometer unterhalb des Gletscherendes zum Stillstand, während er nachts in den vorher beschriebenen Bergwind übergeht.

Ebenfalls durch die orographischen Verhältnisse bedingt sind Fallwinde, die vielfach – unter Voraussetzung geeigneter Strömungsverhältnisse – auf der Leeseite von Gebirgen oder an gebirgigen Küsten zustande kommen. Kommt dabei der Fallwind relativ warm an, so wird er als Föhn bezeichnet; ist er dagegen kälter als die Umgebung, in die er kommt, so wird er Bora (nach der Benennung dieses Windes an der dalmatinischen Küste) genannt. Da Föhn und Bora in ihrer Entwicklung wesentliche Veränderungen in den Feuchtigkeitsverhältnissen der beteiligten Luftmassen aufweisen, sollen sie im Zusammenhang mit der Betrachtung der Feuchtigkeit besprochen werden (s. unter 5.4).

Auf der Leeseite von Gebirgen kommt es nicht nur zu Föhnerscheinungen, sondern es treten vielfach auch Leewellen auf. In der unteren Luftschicht können diese Leewellen so stark werden, daß es zu einer der Höhenströmung entgegengerichteten Luftströmung kommt (Abb. 86). Dadurch entsteht ein nahe-

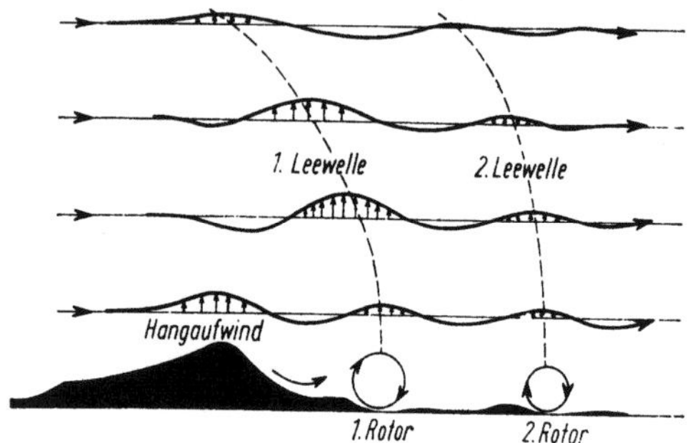

Abb. 86. Bildung von Leewellen

zu ortsfester Wirbel mit horizontaler Achse, der als Rotor bezeichnet wird. Bei entsprechenden Feuchtigkeitsverhältnissen ergeben sich in den aufwärts gerichteten Strömungsanteilen der Leewellen besondere Wolkenformen, die in ihrer Verteilung die Leewirbel deutlich erkennen lassen.

Eine ähnliche Düsenwirkung, wie sie für die Straße von Gibraltar erwähnt wurde, zeigt sich im unteren Rhonetal, wo sich bei nördlicher Luftströmung eine Erhöhung der Windgeschwindigkeit durch die Einengung der Strömung zwischen Alpen und Zentralplateau ergibt. Die verstärkte Strömung wird dann besonders auffallend, wenn sie mit dem Ausbruch polarer Kaltluft in Verbindung steht. Die in diesem Fall in Südfrankreich entstehenden kalten Stürme werden als Mistral bezeichnet.

Die aus den Trockengebieten niederer Breiten polwärts abströmenden Luftmassen sind im allgemeinen trocken; nur dann, wenn sie längere Zeit über Meeresgebiete strömen – z. B. über das europäische Mittelmeer –, kommt es zu einer Feuchteanreicherung. Demzufolge kommen diese Luftströmungen bei geeigneter Luftdruckverteilung auf der Ostseite von Tiefdruckgebieten bzw. auf der Westseite von Hochdruckgebieten als warme und trockene, z. T. aber auch als feuchte Winde in mittlere Breiten. Je nach dem überströmten Gelände kann die Luftströmung durch Föhnwirkung weiter austrocknen. Als feuchte Luftströmung dieser Art ist der Schirokko des Mittelmeeres bekannt, der in manchen Gebieten föhnig ausgetrocknet in Erscheinung tritt, so als Leveche in Spanien, Samum in Algerien, Chamsin in Ägypten. In Arabien, Palästina und Mesopotamien tritt diese Luftströmung ebenfalls unter der Bezeichnung Scirocco auf. Ähnliche Entstehung und Erscheinungsformen haben der Suchowei in den Steppengebieten der südwestlichen UdSSR sowie der Northern in Südaustralien. – Im Gebiet des Niger kommt der Harmattan zur Wirkung, der als trockene Luftströmung ebenfalls den Wüstengebieten entstammt; er stellt einen Teil der Passatströmung dar. Auch in diesem Falle kommt es gebietsweise zu föhnigen Erscheinungen.

Das Gegenstück zu den warmen und meist trockenen Winden bilden die kalten Winde, die mit dem Ausströmen polarer Kaltluft in äquatornähere Gebiete in Verbindung stehen. Diese Strömungen ergeben sich auf der Rückseite von Tiefdruckgebieten und können durch die orographischen Verhältnisse eine Verstärkung erfahren, wie das beispielsweise in Nordamerika der Fall ist. In diese Gruppe kalter Winde, die oft bis zu starken Schneestürmen anwachsen, gehören der Blizzard Nordamerikas, der Buran und die Purga Sibiriens. Derselben Gruppe gehört auch der in seinen Auswirkungen harmlosere Pampero Südamerikas an.

Im Süden der USA führt der Zustrom kalter Luft von Norden her zu starken Temperaturgegensätzen gegenüber der aus niederen Breiten einströmenden Warmluft, die dabei zu raschem Aufsteigen gezwungen wird, und zur Ausbildung eng begrenzter Sturmgebiete. Diese Orkane, die hohe Windgeschwindigkeiten – 300 km/h und mehr sind häufig – erreichen und verheerende Wirkungen ausüben, werden als Tornados bezeichnet. Die Gebiete größter Temperaturgegensätze, in denen es zur Bildung von Tornados kommt, verlagern sich entsprechend dem Sonnenstand in der warmen Jahreszeit nordwärts, in der kalten südwärts. Die mittlere Anzahl der Tornados (Abb. 87) zeigt einen ausgeprägten jährlichen

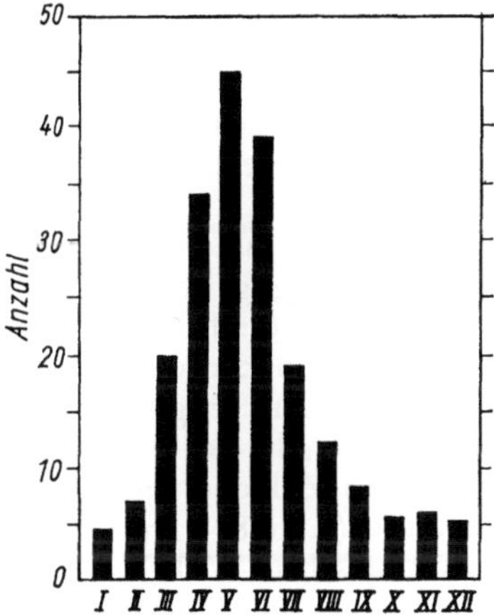

Abb. 87. Mittlere Zahl der Tornados in den USA 1916 bis 1957 (nach H. J. CRITCHFIELD, 1960)

Gang mit einem Maximum von 45 Tornados im Mai; in den Monaten September bis Februar bleibt ihre Zahl unter 10 im Monat. – Auch in anderen Gebieten der Erde tritt die Bezeichnung Tornado auf, doch zeigen diese in ihrem Ursprung den nordamerikanischen Tornados ähnlichen Winde nicht so starke Auswirkungen wie die Tornados Nordamerikas. Die Zahl der Tornados außerhalb Nordamerikas ist vergleichsweise gering; Neuseeland weist im Mittel eine Zahl von 25 Tornados im Jahr auf.

Es wurde hier nur eine kleine Auswahl bekannter örtlicher Luftströmungen gegeben. Besondere Luftströmungen lokaler Bedeutung sind naturgemäß recht häufig und treten entsprechend dem Gebiet ihres Vorkommens unter verschiedenen Namen in Erscheinung. Gemeinsam ist den örtlichen Windsystemen, daß sie entweder durch unterschiedliche Erwärmung bzw. Abkühlung eng benachbarter Gebiete entstehen oder daß Luftmassen aus weiter entfernten Entstehungsgebieten zugeführt werden, die im Gebiet der lokalen Windsysteme abgewandelt werden. So kommt es durch die orographischen Verhältnisse zur Verstärkung der Luftströmungen, aber auch zur föhnigen Austrocknung und Erwärmung der Luftmassen. Je nach der räumlichen Ausdehnung gehören die lokalen Windsysteme oft bereits dem Mesoklima an.

5.3.8. Tropische Zyklonen

Wegen der verhältnismäßig geringen Ausdehnung der mit den tropischen Zyklonen verbundenen Orkangebiete mag es gerechtfertigt erscheinen, die tropischen Zyklonen im Anschluß an die lokalen Windsysteme zu betrachten. Andererseits zeigen sich Parallelen mit den Zyklonen der gemäßigten Breiten; vielfach lassen sich auch tropische Zyklonen auf ihrer Wanderung bis weit in außertropische Gebiete hinein verfolgen. Je nach dem Gebiet ihrer Entstehung bzw. ihres Auftretens sind für die tropischen Zyklonen und die mit ihnen in Verbindung stehenden Stürme verschiedene Namen gebräuchlich. Als Namen für diese Orkane treten folgende Bezeichnungen auf: Zyklon im Golf von Bengalen, Hurrican im Bereich des Karibischen Meeres, Taifun in den Gewässern Chinas und Japans.

Trotz zahlreicher Übereinstimmungen der tropischen und außertropischen Zyklonen ergeben sich doch auch einige grundsätzliche Unterschiede. Besonders auffallend sind zwei Eigenschaften der tropischen Zyklonen: einmal die gleichmäßige Temperaturverteilung um den Kern der Zyklone, also das Fehlen des Warmsektors, zum anderen der häufig im Zentrum der Zyklone auftretende windstille Raum, der wolkenarm bzw. wolkenfrei bleibt (Auge der Zyklone).

Vorbedingung für die Entstehung tropischer Zyklonen sind sehr feuchte, warme Luftmassen, die in große Höhen (10 bis 12 km) auf-

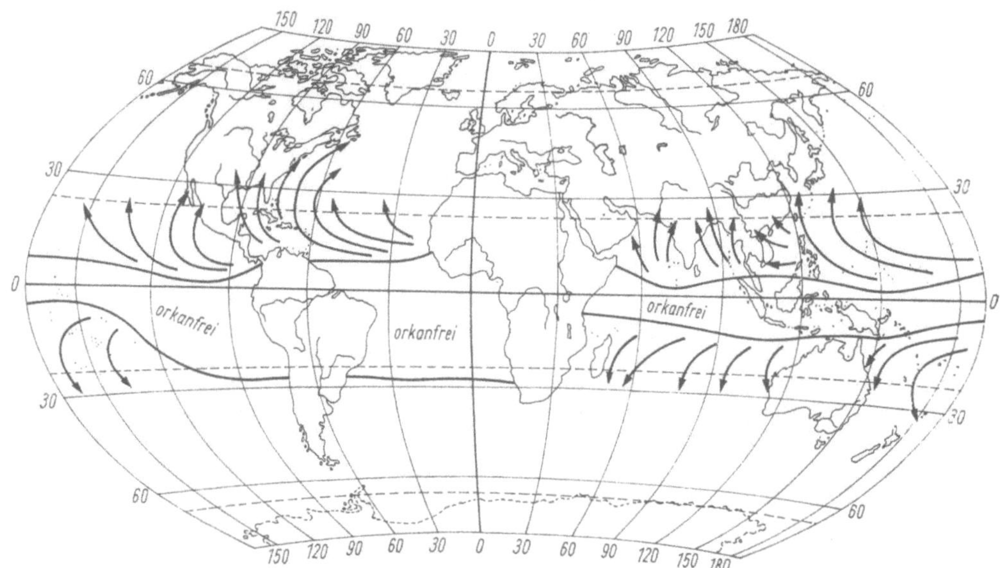

Abb. 88. Die hauptsächlichen Zugbahnen der tropischen Wirbelstürme

steigen können. Nach S. Nieuwolt sind diese Vorbedingungen über tropischen Meeresgebieten mit Oberflächentemperaturen von mehr als 27 °C gegeben. Die Entwicklung tropischer Zyklonen erfordert eine gewisse Größe der Corioliskraft; daher fehlen tropische Zyklonen in Äquatornähe und treten erst ab etwa 5° Breitenentfernung vom Äquator auf (Abb. 88). Die tropischen Zyklonen verlagern sich mit der tropischen Ostströmung westwärts, wobei die durchschnittliche Verlagerungsgeschwindigkeit etwa 20 km/h beträgt. Infolge der ablenkenden Kraft der Erdrotation werden die tropischen Zyklonen während der Westwärtsverlagerung immer mehr an die Polarseite der tropischen Ostwinde gedrängt. Schließlich biegen die tropischen Zyklonen an den Westrändern der subtropischen Hochdruckgebiete auf der Nordhalbkugel nach Norden und Nordosten, auf der Südhalbkugel nach Süden und Südosten ab, wobei sich ihre Geschwindigkeit wesentlich verlangsamt. Teilweise gelangen die tropischen Wirbel auf der Polarseite in die außertropische Westströmung, wobei sie durch Einbeziehung frischer Polarluftmassen wieder verstärkt werden; gleichzeitig nimmt dann auch die Verlagerungsgeschwindigkeit wieder zu. Nach dem Übergang in die außertropische Westströmung bilden sich in den Zyklonen tropischen Ursprungs Fronten aus,

so daß auch diese Zyklonen nunmehr den Charakter der Tiefdruckgebiete der gemäßigten Breiten annehmen.

Die tropischen Zyklonen sind Tiefdruckgebiete von verhältnismäßig geringer Ausdehnung. Der Druckfall setzt sehr stark in der Nähe des Zentrums ein, und ebenso stark ist der Druckanstieg nach Durchzug einer tropischen Zyklone; somit ergibt sich beim Durchgang einer tropischen Zyklone eine trichterförmige Druckkurve (Abb. 89). In Nähe des Zentrums eines tropischen Wirbelsturms im Karibischen Meer wurde ein Druckfall bis zu 40 hPa innerhalb von 20 min gemessen. Die Luftdruckgradienten erreichen gegen das Zentrum der Wirbelstürme hohe Werte; ein Luftdruckunterschied von 5 hPa auf 8 km ist nicht ungewöhnlich. Gleichzeitig ergeben sich sehr tiefe Druckwerte in den tropischen Zyklonen; Werte von 950 bis 960 hPa sind nicht selten, es wurde sogar schon ein Druck von 890 hPa beobachtet.

Den starken Luftdruckunterschieden entsprechen hohe Windgeschwindigkeiten. Die Windgeschwindigkeiten können Werte von $50 \text{ m} \cdot \text{s}^{-1}$ überschreiten, also Größen um 200 km/h annehmen. Das Sturmfeld hat zu Beginn der Wirbeltätigkeit nur eine verhältnismäßig geringe Ausdehnung; es hat einen Durchmesser von etwa 80 bis 100 km. Mit der Verlagerung der

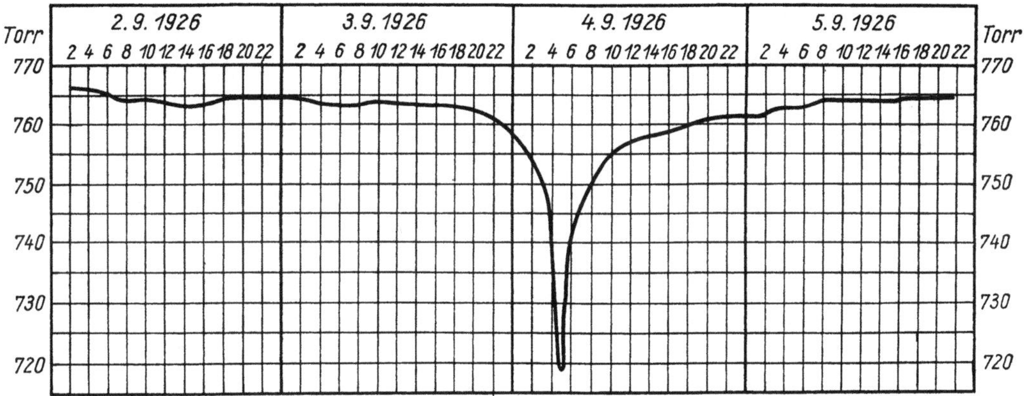

Abb. 89. Barogramm beim Vorüberzug eines ostasiatischen Taifuns vom 3. bis 5. 9. 1926 (nach R. SCHUBARTH 1942)

Zyklone wächst das Sturmfeld an, so daß sein Durchmesser bei Eintritt der Zyklone in die außertropische Westströmung häufig auf den zehnfachen Anfangswert gestiegen ist. Der rasche Druckfall in Nähe des Zentrums der Zyklone hat zur Folge, daß Druckfall und Sturm praktisch gleichzeitig einsetzen, daß also der Druckfall als Vorzeichen für die Annäherung eines Wirbelsturmes nicht zu verwenden ist.

Die hohen Windgeschwindigkeiten haben eine große Zentrifugalkraft der in das Tief einströmenden Luft zur Folge. Daher kann die einströmende Luft nicht bis zum Zentrum des Wirbels vordringen, so daß sich hier eine windstille Aufklarungszone, das Auge der Zyklone, ergibt. Das windstille Zentralgebiet weist einen Durchmesser von etwa 5 bis 25 km auf. Außerhalb dieses Bereiches kommt es infolge der aufsteigenden Bewegungskomponente der einströmenden Luftmassen zu starker Wolkenbildung und intensiven Niederschlägen. Wolken- und Niederschlagsfeld umschließen das Zentrum der Zyklone, so daß auch hier ein Unterschied zu den Zyklonen der gemäßigten Breiten besteht.

Tabelle 36. Anzahl tropischer Zyklonen in 10 Jahren (nach H. RIEHL, 1954)

Gebiet	Anzahl
Nordatlantik	73
Nordpazifik, Westküste Mexikos	57
Nordpazifik westlich 170° ö. L.	211
Nordindik, Golf von Bengalen	60
Nordindik, Arabisches Meer	15
Südindik westlich 90° ö. L.	61
Südindik, Nordwestküste Australiens	9

Es wurde bereits erwähnt, daß die tropischen Zyklonen über den Meeresgebieten entstehen. Auch ihre Verlagerung erfolgt fast ausschließlich über See; denn infolge der erhöhten Reibung über dem Festland füllen sich die Tiefdruckgebiete dort sehr rasch auf. Demzufolge bleiben die Auswirkungen der tropischen Wirbelstürme im wesentlichen auf die Seegebiete und die Inseln sowie auf schmale Küstenstreifen beschränkt.

Die Zahl der tropischen Wirbelstürme ist verhältnismäßig gering; in manchen Seegebieten kommt es im Durchschnitt nicht in jedem Jahr zu einem Wirbelsturm.

Die Häufigkeit der tropischen Zyklonen weist einen Jahresgang auf, der mit der Wanderung der *ITC* im Zusammenhang steht. Da die Hauptorkanzeiten die Spätsommermonate sind, ergibt sich das Maximum der tropischen Orkane auf der Nordhalbkugel in den Monaten Juli bis September, auf der Südhalbkugel in den Monaten Januar bis März. Dabei erfahren auch die mittleren Zugbahnen der tropischen Wirbelstürme eine jahreszeitliche Änderung. So wird beispielsweise Kuba im Juni besonders im Westteil, im November im Ostteil von tropischen Wirbelstürmen betroffen, die von Süden nach Norden bzw. von Südwesten nach Nordosten ziehen; dagegen erfassen im August von Ostsüdost nach Westnordwest ziehende Orkane die gesamte Insel. Von den genannten mittleren Zugbahnen zeigen sich teilweise sehr starke Abweichungen, die in Rückläufigkeit und schleifenförmigen Bahnen der Zyklonen zum Ausdruck kommen.

5.4. Wasser in der Atmosphäre

Zu den wichtigsten Bestandteilen der Atmosphäre gehört das Wasser. Sein Anteil ist zwar verhältnismäßig gering, aber mehrere Eigenschaften haben zur Folge, daß ihm in der Atmosphäre eine gewisse Sonderstellung zukommt. Zu diesen Eigenschaften gehört die Tatsache, daß das Wasser unter den in der Atmosphäre herrschenden Druck- und Temperaturbedingungen in allen drei Aggregatzuständen vorkommen kann. Weiterhin ist für den Wassergehalt der Atmosphäre wichtig, daß sich kein Gleichgewichtszustand herausbildet, sondern die Menge des Wassers stets wechselt. Auf der anderen Seite ist das Wasser in der Atmosphäre Vorbedingung für die Wettererscheinungen und damit wichtiger Bestandteil auch des Klimas; denn ohne Wasser gäbe es weder Wolken noch Niederschläge.

5.4.1. Wasserdampf

Das in der Atmosphäre gasförmig enthaltene Wasser übt auf die Unterlage einen Druck aus, der als Partialdruck in den Gesamtwert des Luftdrucks eingeht. Der Dampfdruck, angegeben in Hektopascal (hPa), ist ein Maß für das in Form von Wasserdampf vorhandene Wasser. Der Partialdruck des Wasserdampfes kann einen Höchstwert erreichen, der von der Temperatur abhängig ist. Dieser Maximaldruck wird als Sättigungsdruck des Wasserdampfes bezeichnet, weil die Luft bei der vorgegebenen Temperatur über die durch den Maximaldruck gekennzeichnete Wasserdampfmenge hinaus keinen Wasserdampf festzuhalten vermag. Das Verhältnis aus dem jeweiligen Dampfdruck und dem bei der gegebenen Temperatur möglichen maximalen Dampfdruck ergibt die relative Feuchtigkeit der Luft; Multiplikation des erhaltenen Wertes mit 100 ergibt die Angabe der relativen Feuchte in Prozent der höchstmöglichen Feuchte bei der betreffenden Temperatur. Es ist also

$$f = \frac{e}{E} \cdot 100\%,$$

wobei f die relative Feuchte, e den Dampfdruck und E den maximalen Dampfdruck bei der gegebenen Temperatur darstellt.

Ein weiteres Maß für den in der Luft enthaltenen Wasserdampf bietet die absolute Feuchte. Dieser Wert gibt an, wieviel Gramm Wasserdampf in einem Kubikmeter Luft enthalten sind. Da auch für die absolute Feuchte ein temperaturabhängiger Maximalwert existiert, läßt sich aus der absoluten Feuchte, angegeben in Gramm Wasserdampf je Kubikmeter Luft, ebenfalls die relative Feuchte bestimmen. Die Beziehung der absoluten Feuchte auf ein Luftvolumen bringt es mit sich, daß der Wert der absoluten Feuchte druckabhängig wird, da Druckerniedrigung – beispielsweise bei einer Vertikalbewegung der Luft – eine Volumenvergrößerung und damit eine Änderung der absoluten Feuchte mit sich bringt. Demnach bleibt also die absolute Feuchte bei Vertikalbewegungen der Luft nicht konstant.

Demgegenüber bleibt die spezifische Feuchte bei einer Vertikalbewegung der Luft unverändert. Die spezifische Feuchte gibt an, wieviel Gramm Wasserdampf in einem Kilogramm Luft enthalten sind. Auch hier ergibt sich eine entsprechende Möglichkeit, die relative Feuchte anzugeben. Die Unabhängigkeit der spezifischen Feuchte von Vertikalbewegungen der Luft läßt die Verwendung der spezifischen Feuchte zur Kennzeichnung von Luftmassen zu.

Die hier genannten Werte für die in der Luft enthaltene Feuchtigkeit stehen untereinander in Beziehung und können daher jeweils ineinander umgerechnet werden. Für die öfter erwähnte relative Feuchte ergibt sich die allgemeine Definition

relative Feuchte

$$= \frac{\text{tatsächliche Wasserdampfmenge}}{\text{maximale Wasserdampfmenge}} \cdot 100\%.$$

Damit wird die relative Feuchte in Prozent der maximalen Feuchtigkeitsmenge ausgedrückt. Änderungen des Wertes der relativen Feuchte können hervorgerufen werden durch Änderungen der tatsächlich vorhandenen Wasserdampfmenge, aber auch durch Änderungen der Temperatur, wobei sich die maximale Wasserdampfmenge verändert. Danach entsprechen gleichen tatsächlichen Wasserdampfmengen bei verschiedenen Temperaturen verschiedene Werte der relativen Feuchte.

Der Temperaturwert, bei dem tatsächliche und maximale Wasserdampfmenge gleich sind, die relative Feuchte also 100% beträgt, wird als Taupunkttemperatur oder Taupunkt bezeichnet. Unterschreitet die Temperatur den Taupunkt, so kann eine bestimmte Wassermenge nicht mehr in Dampfform in der Luft verbleiben. Andererseits ist die Differenz zwischen der gemessenen Temperatur und der Taupunkttemperatur ein Maß für die zur Sättigung fehlende Wassermenge, das Sättigungsdefizit. Das Sättigungsdefizit ist um so größer, je größer die Differenz zwischen gemessener Temperatur und Taupunkttemperatur, die Taupunktdifferenz, ist.

Mit dem letzten Zusammenhang ist bereits eine Möglichkeit gegeben, den Wasserdampfgehalt der Luft zu messen, indem man die Lufttemperatur und die Sättigungstemperatur feststellt. Das geschieht in der Weise, daß man von zwei zur Messung verwendeten gleichen Thermometern das eine anfeuchtet. Ein an diesem feuchten Thermometer entlangfließender Luftstrom kann bis zur Sättigung Feuchtigkeit aufnehmen, wobei die Temperatur infolge der zur Verdunstung verbrauchten Wärme am feuchten Thermometer sinkt. Die Temperaturdifferenz zwischen trockenem und feuchtem Thermometer ist ein Maß für das Sättigungsdefizit bzw. die relative Feuchte und erlaubt die Berechnung der absoluten Feuchte. Ist die Temperaturdifferenz zwischen den genannten Thermometern gleich Null, so bedeutet dies, daß die Luft bereits mit Feuchtigkeit gesättigt ist, die für die vorliegende Temperatur gültige maximale Feuchtigkeit also erreicht ist. Da als Meßprinzip die Messung der Verdunstungskälte am feuchten Thermometer auftritt, werden die hier **beschriebenen** Geräte als Psychrometer bezeichnet; das Vorbeisaugen des Luftstromes vermittels eines Ventilators führt zu der Bezeichnung Aspirationspsychrometer.

Wie bei der Messung der Lufttemperatur ist auch bei der Messung der zur Feuchtigkeitsbestimmung nötigen Temperaturen der Einfluß der Strahlung auszuschalten. Das geschieht durch Hüttenaufstellung des Psychrometers oder durch Anbringung eines besonderen Strahlungsschutzes am Gerät (Aspirationspsychrometer nach R. ASSMANN); Ventilation und Strahlungsschutz kann auch entsprechend der Konstruktion der Schleuderthermometer durch das Schleuderpsychrometer erreicht werden, in dem ein feuchtes und ein trockenes

Thermometer in geeigneter Haltevorrichtung bewegt werden.

Eine weitverbreitete Art der Feuchtemessung bedient sich der Tatsache, daß das menschliche Haar unter dem Einfluß von Wasserdampf seine Länge verändert; einer Zunahme der relativen Feuchtigkeit entspricht eine Zunahme der Länge. Die Längenänderung des Haares kann sowohl zur unmittelbaren Anzeige (Haarhygrometer) als auch zur Registrierung der Feuchte (Hygrograph) verwendet werden. Alterungserscheinungen der Gerätebestandteile, insbesondere des Haares, machen eine häufige Kontrolle der Haarhygrometer und Haarhygrographen durch Psychrometermessungen notwendig.

Es war bereits darauf hingewiesen worden, daß die maximale Feuchtigkeitsmenge, die die Luft aufzunehmen vermag, die Sättigungsmenge, von der Temperatur abhängig ist. Die Sättigungsmenge, die maximale absolute Feuchte, wächst mit der Temperatur.

Aus der Tab. 37 geht hervor, daß warme Luft allgemein größere Feuchtigkeitsmengen enthalten kann als kalte Luft. Daher enthalten die Luftmassen tropischer Gebiete die größten Wasserdampfmengen; das Jahresmittel der absoluten Feuchte beträgt z. B. über dem Indischen Ozean etwa 25 g/m³. Demgegenüber werden die geringsten Werte in polaren Gegenden mit etwa 0,1 g/m³ erreicht. Da mit zunehmender Höhe über dem Erdboden die Temperatur abnimmt, muß auch in dieser Richtung eine Abnahme der Feuchte erfolgen; im Durchschnitt beträgt der Wasserdampfgehalt in 3 km Höhe etwa ein Viertel, in 5 bis 6 km Höhe etwa ein Zehntel des am Boden festgestellten Wertes.

Der enge Zusammenhang zwischen Temperatur und Feuchtigkeit hat zur Folge, daß die relative Feuchte einen der Temperatur folgenden täglichen und jährlichen Gang aufweist. Unter der Voraussetzung gleicher absoluter Feuchte entspricht hohen Temperaturen eine geringe, tiefen Temperaturen eine hohe relative Feuchte. Demnach ist der Tagesgang der relativen Feuchte bei gleichbleibender

Tabelle 37. Maximale absolute Feuchte in Meereshöhe

Temperatur [°C]	−20	−10	0	10	−20	30
Absolute Feuchte [g/m³]	0,9	2,2	4,9	9,4	17,3	30,4

Luftmasse durch ein Maximum in den Morgenstunden, ein Minimum am frühen Nachmittag gekennzeichnet. Entsprechende Verhältnisse ergeben sich im Sommer und Winter. Dabei ist allerdings die Wirkung der Unterlage zu berücksichtigen, die einen Einfluß auf die Temperatur und damit mittelbar auf die relative Feuchte ausübt. Infolge geringer Temperaturunterschiede über dem Ozean bleibt dort die Tages- und Jahresamplitude der relativen Feuchte verhältnismäßig gering, während in kontinental beeinflußten Gebieten große Amplituden auftreten. Mit zunehmender Höhe über dem Erdboden klingt der Tagesgang der relativen Feuchte mehr und mehr ab, da die Beeinflussung vom Boden her abnimmt.

In der mittleren Verteilung der relativen Feuchte (Abb. 90) zeigen sich Maxima im Gebiet des

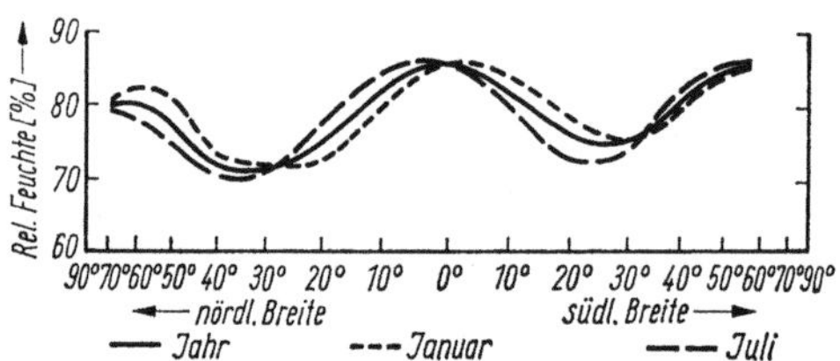

Abb. 90. Breitenkreismittel der relativen Feuchte für das Jahr sowie die Monate Januar und Juli (nach B. Haurwitz und J. M. Austin, 1944)

Äquators sowie in den subpolaren Gebieten, Minima in mittleren Breiten. Die Maxima entsprechen einerseits den Gebieten hoher Temperatur und sehr hoher absoluter Feuchte, zum anderen den Gebieten mit geringer Temperatur und daher hoher relativer Feuchte; die Minima der relativen Feuchte entsprechen den Trockengebieten. In den einzelnen Jahreszeiten liegt das äquatoriale Maximum auf der jeweiligen Sommerhalbkugel, die subpolaren Maxima sind im Sommer gegenüber dem Jahresmittel etwas polwärts verschoben; dasselbe gilt für das Minimum. Im Winter dagegen sind die extremen Werte jeweils gegen den Äquator hin verschoben. Das sommerliche Maximum der Tropen liegt bei etwa 85%, während die winterlichen Maxima der subpolaren Gebiete zwischen 82 und 85% liegen; die tiefsten sommerlichen Monatswerte in den Breiten der Trockengebiete der Nordhalbkugel liegen bei 70%. Daraus ergibt sich, daß die Monatsmittel der relativen Feuchte der Breitenkreise

insgesamt zwischen etwa 70 und 85% variieren; im einzelnen ist die Schwankungsbreite wesentlich größer, da beispielsweise die sommerlichen Werte der Wüstengebiete unter 20% liegen.

Der tägliche und jährliche Gang des Dampfdrucks zeigt ein etwas anderes Bild. Im allgemeinen entspricht einer hohen Temperatur ein hoher Dampfdruck, da warme Luft größere Feuchtigkeitsmengen zu enthalten vermag als kalte Luft. Damit zeigen sich im Tagesgang hohe Werte zur Zeit des Temperaturmaximums am frühen Nachmittag, tiefe Werte dagegen um Sonnenaufgang. Dem entsprechen im Jahresgang hohe sommerliche und tiefe winterliche Werte des Dampfdrucks. Allerdings setzt dieser Gang des Dampfdrucks voraus, daß die Nachlieferung von Wasserdampf von der Unterlage her kontinuierlich erfolgt; das hat zur Folge, daß dieser Gang des Dampfdrucks vornehmlich an maritimen Stationen beobachtet wird. Über kontinental beeinflußten Gebieten dagegen stellt sich im Verlaufe des Tages meist eine Doppelwelle ein, die mit den Austauschvorgängen in Zusammenhang steht; diese Verteilung des Dampfdrucks, die Minima zur Zeit des Temperaturmimimums und am Abend, Maxima am Vor- und Nachmittag zeigt, wird im Sommer häufig, im Winter dagegen nur selten beobachtet.

Die Verteilung des Dampfdrucks nach der geographischen Breite (Abb. 91) zeigt in den Tropen die höchsten und dann mit zunehmender geographischer Breite abnehmende Werte. Während das höchste Jahresmittel des Dampfdrucks ziemlich genau am Äquator liegt, findet man das Maximum in den extremen Jahreszeiten jeweils auf der sommerlichen Halbkugel. Allgemein ist der Dampfdruck in der warmen Jahreszeit höher als in der kalten. Im Gegensatz zur Verteilung der relativen Feuchte sind die Trockengebiete der Erde beim Dampfdruck kaum angedeutet; das weist darauf hin, daß über den Trockengebieten die Luft wasserdampfreich ist, daß aber infolge der hohen Temperaturen die relative Feuchte gering wird.

Der in der Luft enthaltene Wasserdampf entstammt der Verdunstung, die ihrerseits wieder von der Temperatur, aber auch vom Wasserangebot abhängig ist. Die Messung der Verdunstungshöhe – man gibt an, welche Wasser-

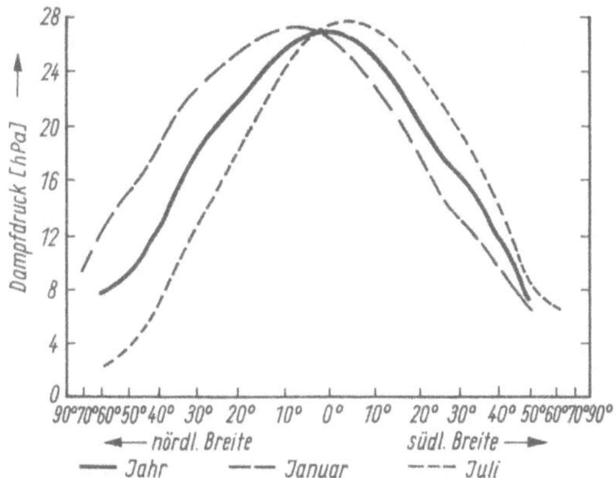

Abb. 91. Breitenkreismittel des Dampfdrucks für das Jahr sowie die Monate Januar und Juli (nach B. HAURWITZ und J. M. AUSTIN, 1944)

höhe in der Zeiteinheit verdunstet – geschieht in der einfachsten Form mit der Verdunstungswaage (Prinzip der Briefwaage); sie kann zur Anzeige und Registrierung eingerichtet werden.

Dort, wo eine kontinuierliche Nachlieferung von Wasser erfolgt, ist die Verdunstung nur von der Temperatur abhängig, indem hohen Temperaturwerten eine hohe Verdunstung entspricht. Damit ergibt sich in diesem Falle ein Tages- und Jahresgang der Verdunstung, der sein Maximum am frühen Nachmittag bzw. im Sommer, sein Minimum um Sonnenaufgang bzw. im Winter erreicht. Diese einfache Temperaturabhängigkeit verliert ihre Wirkung, wenn das Wasserangebot nicht ausreicht, wenn also weniger Wasser vorhanden ist, als verdunsten könnte. Dieser Fall tritt auf den **Kontinenten ein, wo sich die später noch zu**

kennzeichnenden ariden Gebiete durch geringe Verdunstung bei hoher Temperatur zu erkennen geben.

Die Abhängigkeit der Verdunstung vom Wasserangebot und von der Temperatur spiegelt sich in den Jahresgängen der Verdunstung über dem Ozean und dem Festland wider (Abb. 92). Auf den Ozeanen sind die Gebiete größter Erwärmung auch die Bereiche größter Verdunstung, so daß sich hier die höchsten Werte der Verdunstung bei etwa 18° Breite ergeben, während sich in der Umgebung des Äquators ein Minimum zeigt. Von den Höchstwerten fällt die Verdunstung polwärts auf beiden Halbkugeln gleichmäßig ab. Anders ist die Verteilung der Verdunstung auf dem Festland, wo die höchsten Werte am Äquator auftreten. Von hier aus ergibt sich ein steiler Abfall der Verdunstung zu den Trockengebieten hin, der insbesondere auf der Nordhalbkugel ausgeprägt ist; in den Trockengebieten ergeben sich Minima der Verdunstung. Mit wachsender geographischer Breite nimmt polwärts der Trockengebiete die Verdunstung wieder zu, so daß sich infolge des nun ausreichenden Wasserangebots auf der Nordhalbkugel bei etwa 40°, auf der Südhalbkugel bei etwa 55° Breite nochmals ein Maximum der Verdunstung ergibt, das wieder auf der Nordhalbkugel besonders gut ausgebildet ist. Weiter polwärts ergibt sich auf beiden Halbkugeln die temperaturbedingte Abnahme der Verdunstung.

5.4.2. Bildung der Wolken

Der Zusammenhang zwischen Temperatur und maximaler absoluter Feuchte weist darauf hin, daß die Luft bei einer bestimmten Temperatur nur eine begrenzte Wasserdampfmenge festzuhalten vermag. Wird durch Temperaturrückgang die maximale absolute Feuchte überschritten, so wird der überschüssige Wasserdampf in flüssiger bzw. fester Form ausgeschieden; es bilden sich Wassertröpfchen oder gegebenenfalls Eiskristalle. Jede Luft, die überhaupt Wasserdampf enthält, kann durch Abkühlen in den Zustand der Sättigung gebracht werden, worauf bei weiterer Abkühlung der überschüssige Wasserdampf ausgeschieden wird. Da nun aus diesem ausgeschiedenen Wasserdampf die Wolken bestehen, führt die Ab-

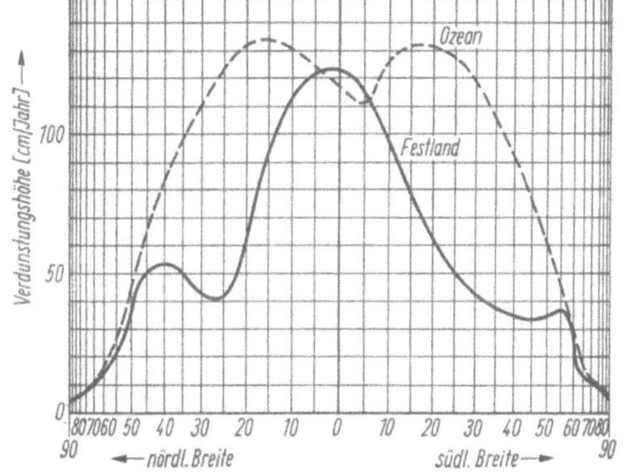

Abb. 92. Verdunstungshöhe (Jahreswerte) über dem Ozean und dem Festland (nach HANN-SÜRING, 1939)

kühlung wasserdampfhaltiger Luft zur Bildung von Wolken, die gegebenenfalls bis zur Niederschlagsbildung fortschreiten kann. Dabei können die Vorgänge, die zur Abkühlung der Luft führen, verschiedener Natur sein; sie haben aber stets die Kondensation oder Sublimation des Wasserdampfes zur Folge.

Kondensation und Sublimation, Übergang des Wasserdampfes in die flüssige oder feste Form des Wassers, sind die der Verdunstung entgegengesetzten Vorgänge. Während bei der Verdunstung das Wasser in die Dampfform übergeht und damit unsichtbar wird, tritt bei Kondensation und Sublimation das Wasser in der Atmosphäre sichtbar in Erscheinung. Beide Vorgänge sind an das Vorhandensein von Partikeln gebunden, an die sich das Wasser anlagern kann. Die für Kondensation und Sublimation notwendigen Kondensations- bzw. Sublimationskerne sind in der Atmosphäre in genügender Anzahl enthalten. Dabei wird die Kondensation durch hygroskopische Teilchen, wie sie beispielsweise im Ammoniak, in schwefliger Säure, in Sulfiden und Kochsalz gegeben sind, begünstigt. Als Sublimationskerne kommen Teilchen in Frage, die eine dem Eis ähnliche Kristallform haben. Kondensation und Sublimation werden nicht durch den Gefrierpunkt voneinander getrennt; vielmehr überwiegt bis zu etwa $-10\,°C$ die Kondensation. Bei tieferer Temperatur tritt dann in den meisten Fällen die Sublimation in den Vordergrund.

Es muß aber hier auf eine wichtige Eigenschaft des Wassers hingewiesen werden. Diese besteht darin, daß Wasser auch bei verhältnismäßig tiefen Temperaturen in flüssiger Form bestehen kann, daß also der Gefriervorgang gewissermaßen verzögert wird. So ist Wasser in flüssiger Form noch bei $-25\,°C$ festgestellt worden. Tritt flüssiges Wasser bei Temperaturen unter dem Gefrierpunkt auf, so spricht man von unterkühltem Wasser. Dieses tritt beispielsweise bei der Bildung von Glatteis in Erscheinung, wo es den wirksamen Faktor darstellt.

Die Bildung und Ansammlung von Wasser- und Eisteilchen in der Luft führt zu fortschreitender Lufttrübung. Schließlich nehmen diese Ansammlungen besondere Formen an, so daß sie als Wolken bezeichnet werden, die ihrerseits aus Wasser- oder Eisteilchen oder aus einem Gemisch beider bestehen können.

Die zur Wolkenbildung erforderliche Abkühlung feuchter Luft kann auf verschiedene Weise vor sich gehen. Daher sind mehrere Vorgänge, die zur Wolkenbildung führen, zu unterscheiden.

1. Abkühlung durch Ausstrahlung. Die nächtliche Ausstrahlung, die eine Energieabgabe von der Erdoberfläche bedeutet und die besonders beim Fehlen von Bewölkung wirksam werden kann, führt dazu, daß nicht nur die Erdoberfläche, sondern auch die ihr auflagernde Luft abgekühlt wird. Dabei kann der Taupunkt erreicht bzw. unterschritten werden, so daß die Vorbedingungen für die Nebelbildung gegeben sind. Es ist zu bemerken, daß Nebel und Wolken grundsätzlich dasselbe, nämlich eine Anhäufung von Wassertröpfchen, darstellen. Da die zur Nebelbildung führende Ausstrahlung nicht nur an der Erdoberfläche, sondern auch an einer höher gelegenen Dunstgrenze, die mit einer Temperaturinversion zusammenhängt, stattfinden kann, ist auch dort Nebel- bzw. Wolkenbildung möglich.

2. Abkühlung der Luft an einer kalten Unterlage. Strömt verhältnismäßig warme Luft über eine kalte Unterlage, beispielsweise Schnee oder kaltes Wasser, so kühlt sie sich ab. Auch hierbei kann der Taupunkt erreicht bzw. unterschritten werden, so daß es zur Kondensation des Wassers kommt. – Auch das Strömen kalter Luft über eine wärmere Wasseroberfläche kann zur Kondensation und damit Nebelbildung Anlaß geben (arktisches Meerrauchen, Herbstnebel über Flüssen und Seen).

3. Die Mischung warmer und kalter Luft. Die dabei erfolgende Abkühlung der warmen Luft kann zur Erreichung des Taupunktes und damit zur Kondensation des in der Luft enthaltenen Wasserdampfes führen.

4. Abkühlung durch Ausdehnung der Luft. Kommt Luft unter geringeren Druck, so erfolgt eine Ausdehnung, die mit Temperaturabnahme verbunden ist. Da jede Hebung von Luftmassen zur Druckabnahme führt, kann es dadurch bei Erreichen bzw. Unterschreiten des Taupunktes zur Kondensation kommen. Damit wird die Vertikalbewegung der Luft für die Kondensation zu einer Vorbedingung, die bei der Wolkenbildung eine hervorragende Rolle spielt.

Die genannten vier Vorgänge der Abkühlung

führen zwar sämtlich zur Kondensation, doch sind die Ergebnisse im einzelnen verschieden. Die drei erstgenannten Vorgänge beeinflussen im wesentlichen die bodennahe Luft, so daß sie Nebelbildung zur Folge haben. Dabei besteht der Nebel in den meisten Fällen – auch bei Temperaturen unter dem Gefrierpunkt – aus Wassertröpfchen, während Eisnebel nur selten beobachtet wird. Man spricht dann von Nebel, wenn infolge der Ansammlung der Wassertröpfchen die Sicht unter 1 km zurückgeht. Bei geringerer Sichtbehinderung wird die Bezeichnung Dunst verwendet, ohne daß dabei die Entstehung der Sichtbehinderung durch feste oder flüssige Teilchen berücksichtigt wird.

Der Nebel stellt eine dem Boden aufliegende Wolke dar. Das bedeutet, daß zwischen Nebel und Wolken in der Entstehung kein Unterschied besteht. Das kommt auch zum Ausdruck in der als Hochnebel bezeichneten Wolke. Dieser Hochnebel entsteht ebenfalls durch die Vorgänge der Ausstrahlung, die nun aber nicht mehr an der Erdoberfläche, sondern an einer darüberliegenden Inversion wirksam wird.

Der Nebel ist besonders dadurch gekennzeichnet, daß die Wassertröpfchen, die ihn bilden, sehr klein sind. Infolgedessen scheinen die Wassertröpfchen in der Luft zu schweben, zeigen also nur eine sehr geringe Vertikalbewegung. Die relative Feuchtigkeit liegt im Nebel im allgemeinen nahe bei 100%.

Je nach der Bildungsweise, also je nach den bei der Nebelbildung auftretenden Abkühlungsvorgängen, werden verschiedene Nebelarten unterschieden: Strahlungsnebel, Seenebel, Mischungsnebel.

Der Strahlungsnebel zeigt infolge seiner Entstehung einerseits eine deutliche Temperaturabhängigkeit, zum anderen aber auch die Abhängigkeit von der Bewölkung. Er entsteht dort, wo durch starke Ausstrahlung ein kräftiger Temperaturrückgang erfolgt; weiterhin ist zu seiner Entstehung das Fehlen stärkerer Luftbewegung Voraussetzung. Somit ergeben sich als besonders günstig für die Nebelbildung auf dem Festland die Hochdrucklagen der Übergangsjahreszeiten, besonders des Herbstes, und des Winters. In diesen Gebieten erfolgt dann die Nebelbildung meist im Laufe der Nacht oder in den frühen Morgenstunden; die Auflösung folgt der täglichen Erwärmung.

Da der Strahlungsnebel dort entsteht, wo durch die Eigenschaften der Erdoberfläche starke Ausstrahlungsmöglichkeiten gegeben sind, sind auf dem Festlande die häufigsten Nebel Strahlungsnebel.

Infolge seiner Bildung durch die Auskühlung der Erdoberfläche beginnt der Strahlungsnebel am Boden und wächst im Laufe der Zeit vertikal mehr und mehr an; er wird vom Bodennebel zum Nebel. – Die an der Dunstobergrenze bei Inversionen auftretenden Hochnebel wachsen bei fortschreitender Auskühlung, die durch Ausstrahlung von der Dunstoberfläche bedingt ist, nach unten in die Dunstschicht hinein.

Der Seenebel entsteht, wenn warme Luft über kaltes Wasser strömt. Die Abkühlung der Luft von der Unterlage her führt bei Vorhandensein genügender Feuchtigkeit zur Nebelbildung. Diese Nebel treten auf, solange das Meer noch verhältnismäßig kalt ist, und sind damit eine Erscheinung des Frühjahres und Frühsommers. Daher ergibt sich ein Jahresgang, der dem des Strahlungsnebels etwa entgegengesetzt ist. Der größeren Nebelhäufigkeit während der kälteren Jahreszeit im Binnenland steht die größere Häufigkeit der Nebel an den Küsten in der wärmeren Jahreszeit gegenüber.

Strömt kalte Luft über wärmeres Wasser hinweg, so kommt es ebenfalls zur Bildung von Nebel. In der Arktis treten diese Nebel als Meerrauchen auf. Auch dort, wo ein sehr kaltes Hinterland an ein warmes Meer grenzt, kommt es bei ablandigen Winden zur Entstehung solcher Nebel, wobei sich vielfach Eiskristalle bilden (Eisnebel, Frostrauch).

Der Mischungsnebel ist die Folge der Mischung verschieden temperierter Luftmassen, wobei die warme Luftmasse so weit abgekühlt wird, daß in ihr der Taupunkt unterschritten wird. Dieser Nebel tritt besonders dort stark in Erscheinung, wo die beteiligten Luftmassen einen hohen Feuchtigkeitsgehalt haben. Das ist z. B. dort der Fall, wo verschieden temperierte Meeresströmungen zusammentreffen.

Während für die Bildung des Strahlungsnebels Luftruhe erforderlich ist, haben die anderen Nebelarten eine Luftbewegung zur Voraussetzung. Da also bei der Bildung dieser Nebelarten die Advektion von Luft eine Rolle spielt, kann man diese Nebel zusammenfassend als Advektionsnebel bezeichnen.

Die Nebelbildung kann, von den sonstigen Vorbedingungen abgesehen, durch das Vorhandensein einer großen Anzahl von Kondensationskernen verstärkt werden. Dieser Faktor ist über Großstädten und Industriegebieten durch Staub und Abgase gegeben, und wo sich zu der erhöhten Zahl der Kondensationskerne ein anderer nebelbegünstigender Faktor gesellt, kommt es zu den unangenehmen Großstadtnebeln, für die besonders London bekannt ist. Die Erhöhung der Zahl der Kondensationskerne hat zur Folge, daß die Nebelbildung bereits einsetzt, bevor die Luft mit Feuchtigkeit gesättigt ist.

Die Verteilung der Zahl der Nebeltage (Abb. 93) kann nur ein angenähertes Bild der Nebelverteilung geben. Denn die Zahl der Tage mit Nebel sagt beispielsweise nichts aus über die jeweilige Dauer, aber auch nichts über die Stärke des Nebels. Weiterhin wirken bei der Bildung von Strahlungsnebeln örtliche Unterschiede sowohl des Untergrundes als auch der Geländeverhältnisse dahin, daß auch in verhältnismäßig dicht benachbarten Orten die Nebelhäufigkeit sehr unterschiedlich sein kann. Trotzdem zeigt sich, daß die am stärksten kontinental beeinflußten Gebiete die geringste Zahl von Nebeltagen aufweisen. Demgegenüber zeigen sich hohe Zahlen der Tage mit Nebel in vielen Küstenbereichen, und zwar insbesondere dort, wo verschieden

temperierte Meeresströmungen und die mit diesen verbundenen Luftströmungen aufeinander einwirken können.

Es sei noch erwähnt, daß in der Darstellung der Abb. 93 die Nebelhäufigkeit an Bergstationen nicht berücksichtigt wurde. Dort nämlich, wo die Berge häufig in die Wolkenregion hineinragen, wird sich eine hohe Anzahl von Nebeltagen ergeben. Oberhalb einer bestimmten Höhe mit einer Höchstzahl von Nebeltagen wird deren Anzahl aber wieder abnehmen, da die höheren Berge häufiger über die Wolkendecke hinausragen. Als Beispiele seien erwähnt: Auf dem Brocken beträgt in 1142 m Höhe die jährliche Zahl der Tage mit Nebel 280, während auf der Zugspitze in 2964 m Höhe nur 248 Tage mit Nebel beobachtet werden. Die Anzahl der Tage mit Nebel steigt also mit zunehmender Höhe bis zu einem Maximalwert an und nimmt bei weiterer Höhenzunahme wieder ab.

Der vierte der früher genannten Abkühlungsvorgänge ist für die Bildung der meisten Wolken maßgebend: die Abkühlung der Luft bei Ausdehnung. Da die für die Ausdehnung nötige rasche Druckabnahme nur bei zunehmender Entfernung vom Erdboden gegeben ist, steht die Wolkenbildung in engem Zusammenhang mit aufwärts gerichteten Luftströmungen. Es war bereits erwähnt worden (vgl. 5.2.5), daß sich die Luft bei Aufwärts-

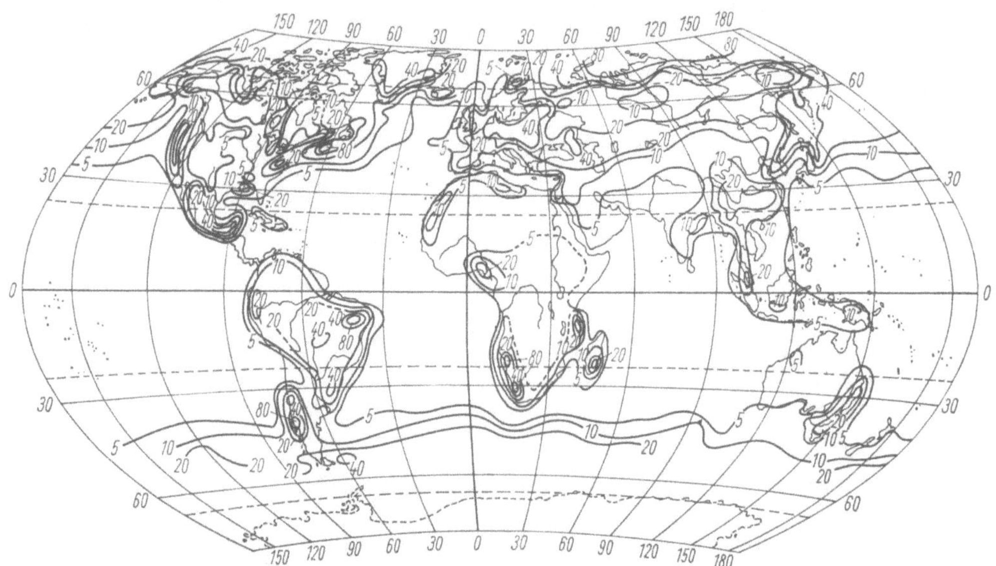

Abb. 93. Mittlere jährliche Zahl der Tage mit Nebel (nach H. J. CRITCHFIELD, 1960)

bewegung um 1 K auf 100 m Erhebung abkühlt, solange sie noch nicht mit Feuchtigkeit gesättigt ist. Die Luft muß also angehoben werden, bis der Taupunkt, dessen Abstand von der Erdoberfläche die Kondensationshöhe oder das Kondensationsniveau ergibt, erreicht ist; bei weiterer Hebung der Luft muß Kondensation, also Wolkenbildung, einsetzen. Sieht man von der Höhenabhängigkeit der Taupunkttemperatur ab, so ergibt sich aus der Differenz zwischen Lufttemperatur und zugehöriger Taupunkttemperatur das Kondensationsniveau in Hektometern. (Beispiel: Bei einer Lufttemperatur von 20 °C und einer Taupunkttemperatur von 12 °C liegt das Kondensationsniveau bei etwa 800 m Höhe.) Advektion und Konvektion, horizontale und vertikale Bewegungskomponenten, bestimmen in ihrem Zusammenwirken die Wolkenbildung. Trifft eine in horizontaler Bewegung befindliche warme und feuchte Luftmasse auf ein Hindernis, so wird sie zum Aufsteigen gezwungen, zur Horizontalbewegung gesellt sich also eine vertikale Bewegungskomponente. Bei ausreichender Hebung der Luft kommt es zur Bildung von Wolken, die eine flächenhafte Ausdehnung zeigen, da die horizontale Bewegungskomponente die vertikale übertrifft. Es entstehen demnach in diesem Falle Schichtwolken. Als Hindernis können kältere Luftmassen oder Erhebungen der Erdoberfläche fungieren.

Bei der Konvektion fehlt die Horizontalbewegung oder tritt doch gegenüber der Vertikalbewegung stark zurück. Erhitzung der Unterlage führt zur Erwärmung der auflagernden Luft und damit zur Aufwärtsbewegung dieser Luft. Diese Aufwärtsbewegung umfaßt nur verhältnismäßig kleine Gebiete; aufsteigende und absteigende Luftströmungen, die in ihrem Auftreten von der Bodenbedeckung und Bodengestaltung abhängig sind, wechseln einander rasch ab. Die auf diese Weise entstehenden Wolken zeigen eine vorherrschend vertikale Erstreckung; es entstehen Quell- oder Haufenwolken.

Im einzelnen hängt die Ausbildung der Haufenwolken von der Temperatur- und Feuchteverteilung in der vorliegenden Luftmasse sowie von der Erwärmung des Untergrundes ab. Die genannten Vorbedingungen führen dazu, daß die Bewölkung einmal fehlt, während sie in anderen Fällen schwach, in wieder anderen Fällen sehr kräftig ausgebildet ist.

Die Erklärung dieser Verschiedenheiten ergibt sich zunächst daraus, daß sich mit Einsetzen der Kondensation bei weiterer Aufwärtsbewegung der Luft die vertikale Temperaturänderung verändert. Ging die Temperatur unterhalb des Kondensationsniveaus um 1 K auf 100 m Erhebung zurück (trockenadiabatischer Temperaturgradient), so verringert sich die Temperaturabnahme oberhalb des Kondensationsniveaus, da bei der Kondensation Wärme frei wird. In den Wolken tritt an die Stelle des trockenadiabatischen der feuchtadiabatische Temperaturgradient, der etwa 0,6 K auf 100 m Erhebung beträgt. Der feuchtadiabatische Temperaturgradient ist druck- und temperaturabhängig und somit auch höhenabhängig; er nähert sich bei tiefen Temperaturen mehr und mehr dem trockenadiabatischen Gradienten, worauf die Werte der Tab. 38 hinweisen.

Unter Berücksichtigung der beiden adiabatischen Temperaturgradienten ergeben sich für die Wolkenbildung im aufsteigenden Luftstrom mehrere Möglichkeiten, die zu verschiedener Entwicklung der Wolken führen. Wie im Falle des trockenadiabatischen Temperaturgradienten ergibt sich eine stabile und eine labile Luftschichtung, die man als feuchtstabil und feuchtlabil bezeichnet. Dabei kommt es im Falle feuchtstabiler Luftschichtung zu flacher Quellbewölkung, die aber eine scharf ausgebildete Obergrenze hat.

Die feuchtstabile Luftschichtung (Abb. 94) ist dadurch gekennzeichnet, daß die Zustandskurve oberhalb des Kondensationsniveaus eine Inversion zeigt. Infolgedessen schneidet die Feuchtadiabate die Temperaturkurve im Punkt *B*, wodurch ein weiteres Aufsteigen der Luft bei der vorgegebenen Erwärmung am Boden (20 °C) unmöglich wird. Es kommt zwar zu quelliger Bewölkung, die aber in

Tabelle 38. Die feuchtadiabatischen Temperaturgradienten bei Kondensation in K/100 m (nach H. BERG, 1948)

Druck [hPa]	Temperatur [°C]				
	−10	0	10	20	30
1000	0,76	0,63	0,54	0,45	0,38
900	0,74	0,62	0,53	0,44	0,37
800	0,71	0,58	0,49	0,40	
500	0,61	0,48			
300	0,51	0,40			

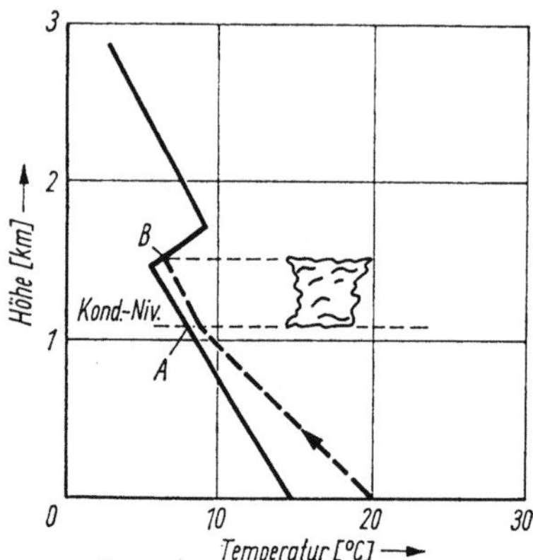

Abb. 94. Feuchtstabile Luftschichtung.
— Zustandskurve; — — Adiabaten

Höhe des Punktes *B* eine scharfe Obergrenze aufweist.

Bei der feuchtlabilen Schichtung (Abb. 95) fehlt bei sonst gleichen Ausgangsbedingungen die Inversion in der Temperaturzustandskurve. Infolgedessen bleibt ein aufsteigendes Luftteilchen, dessen Temperatur sich nach der Feuchtadiabaten verändert, stets wärmer als seine Umgebung. Damit kann die Luft und somit auch die Obergrenze der Wolke in große Höhen aufsteigen. Die labile Luftschichtung ist also mit hochreichender Quellbewölkung verbunden.

Daß eine oberhalb des Kondensationsniveaus liegende Temperaturinversion nicht unbedingt eine stabile Luftschichtung zur Folge haben muß, zeigt Abb. 96. Allerdings muß bei Vorhandensein einer solchen Inversion eine größere Aufheizung des Bodens erfolgen, bevor

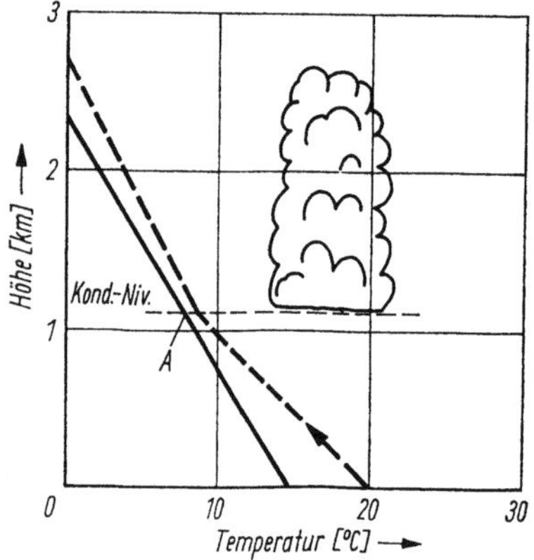

Abb. 95. Feuchtlabile Luftschichtung.
— Zustandskurve; — — Adiabaten

die Vorbedingungen der Labilität gegeben sind. Während in den gezeigten Beispielen bei Vorhandensein einer über dem Kondensationsniveau liegenden Inversion und einer Ausgangstemperatur der Luft am Boden von 20 °C Stabilität, ohne Inversion aber Labilität herrscht, muß die Luft am Boden bei Vorhandensein einer Inversion in der angegebenen Höhe auf etwa 25 °C erhitzt werden, um die Labilität zu erreichen (vgl. Abb. 94, 95, 96).

Insgesamt ergibt sich für die Wolkenbildung: Bei schwacher Vertikalbewegung kommt es zur Ausbildung von Schichtbewölkung, während kräftige Vertikalbewegung Quellbewölkung zur Folge hat. Es ist also im wesentlichen der absolute Betrag der Vertikalbewegung für die Entstehung von Schicht- bzw. Quellwolken maßgebend. Außerdem übt auch das Verhältnis von Horizontal- und Vertikalbewegung insofern einen Einfluß aus, als vorherrschende Horizontalbewegung meist zu Schichtbewölkung, überwiegende Vertikalbewegung zu Quellbewölkung Anlaß gibt. Das Zusammenwirken der verschiedenen Faktoren führt zu einer großen Zahl von Zwischenformen, die sich zwischen die reinen Schicht- und Quellwolken einordnen lassen.

Es wurde bereits erwähnt, daß im Falle vorherrschender Horizontalbewegung der Luft die für die Wolkenbildung notwendige Vertikalbewegung durch Hindernisse hervorgerufen wird, an denen die Luft aufsteigt. Als ein solches Hindernis wurde beispielsweise Kaltluft genannt, gegen die warme Luft anströmt (Kaltluftberg). Liegt der Kaltluftberg fest, so kommt es beim Aufgleiten der wärmeren Luft zu Schichtbewölkung. Bewegt sich dagegen der Kaltluftberg in der gleichen Richtung wie die anströmende Warmluft, so wird die entstehende Bewölkung durch die Relativbewegung der beiden beteiligten Luftmassen bestimmt.

Wandert ein Kaltluftberg, dessen Stirnseite wesentlich steiler ist als die Rückseite, langsamer als die in gleicher Richtung vordringende Warmluft, so gleitet die Warmluft auf die Kaltluft auf (Abb. 97). Dabei entsteht, sobald der Taupunkt unterschritten wird, Schichtbewölkung, wobei es schließlich zu Niederschlägen kommen kann; es ergeben sich also die Verhältnisse einer Warmfront. Nach Überschreiten des Kaltluftberges tritt an die Stelle der Aufwärtsbewegung in der Warmluft eine

Abwärtsbewegung, das Abgleiten. Mit dieser Absinkbewegung der Luft ist Wolkenauflösung verbunden.

Verlagert sich ein Kaltluftberg rascher als die in derselben Richtung strömende Warmluft (Abb. 98), so wird die Wolkenbildung auf die Stirnseite des Kaltluftberges verlagert; denn an dieser Seite wird die Warmluft emporgedrückt, was zu Quellbewölkung und eventuell zu Schauern führt. An der Stirnseite

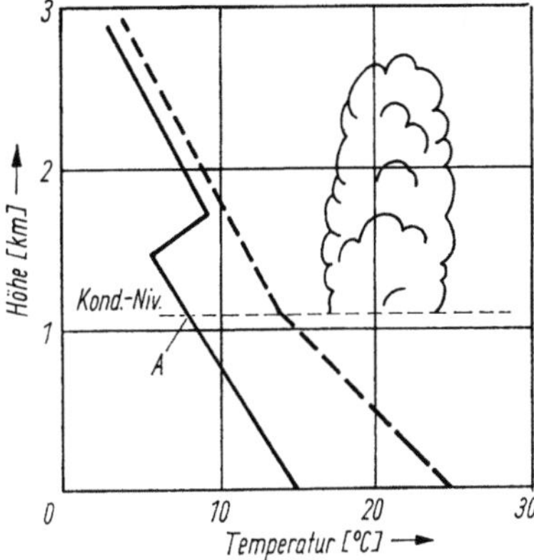

Abb. 96. Feuchtlabile Luftschichtung.
— Zustandskurve; — — Adiabaten

des Kaltluftberges ergeben sich demnach die Verhältnisse einer Kaltfront. Demgegenüber kommt es auf der Rückseite des Kaltluftberges zu einer abwärts gerichteten Bewegungskomponente der Warmluft, da der Kaltluftberg unter der Warmluft wegläuft. Damit kommt es in diesem Fall auf der Rückseite des Kaltluftberges zur Auflockerung bzw. Auflösung der Bewölkung.

5.4.3. Föhn

Aus den verschiedenen Temperaturgradienten (trockenadiabatisch und feuchtadiabatisch) ergeben sich die Eigenschaften des Föhns und damit allgemein der Fallwinde. An einem quer zur Windrichtung verlaufenden Hindernis (Gebirge) wird die Luft zum Aufsteigen gezwungen, wobei sie sich abkühlt. Je nach dem Feuchtigkeitsgehalt der anströmenden Luftmasse wird früher oder später das Kondensationsniveau (Abb. 99) erreicht. Bei weiterer Hebung der anströmenden Luft kommt es zu Wolken- und Niederschlagsbildung, so daß die weitere Abkühlung nicht mehr nach dem trockenadiabatischen, sondern nur noch nach dem feuchtadiabatischen Temperaturgradienten erfolgt. Nach Überschreiten der höchsten Erhebungen (Kammlinie) ergibt sich eine absteigende Luftbewegung, wobei die Erwärmung nach dem trockenadiabatischen Temperaturgradienten erfolgt. Im Beispiel der Abb. 99 hat die Luft auf der Luvseite des Gebirges im Ausgangsniveau A eine Temperatur von 20 °C; auf der Leeseite erreicht sie das Ausgangsniveau mit einer Temperatur von 23,6 °C. Die Abbildung zeigt, daß die Temperaturzunahme infolge der Föhnwirkung bei gleicher Hindernishöhe um so größer ist, je tiefer das Kondensationsniveau liegt; die größte Erwärmung wird also dann eintreten, wenn das Kondensationsniveau bereits im Ausgangsniveau A erreicht wird.

Wie Abb. 100 zeigt, ist mit der Erwärmung der Luft bei Föhn auch eine Austrocknung verbunden. Mit den Ausgangswerten der Abb. 99 geht die relative Feuchtigkeit von etwa 50% im Ausgangsniveau der Luvseite auf weniger als 30% im gleichen Niveau der Leeseite zurück. Da die Luft beim Überschreiten des Gebirges Wasserdampf infolge des Niederschlages verloren hat, kommt sie auch absolut trockener auf der Leeseite an; einer absoluten Feuchtigkeit von ungefähr 9 g/m³ im Ausgangsniveau der Luvseite steht eine Feuchte von etwa 6 g/m³ auf der Leeseite

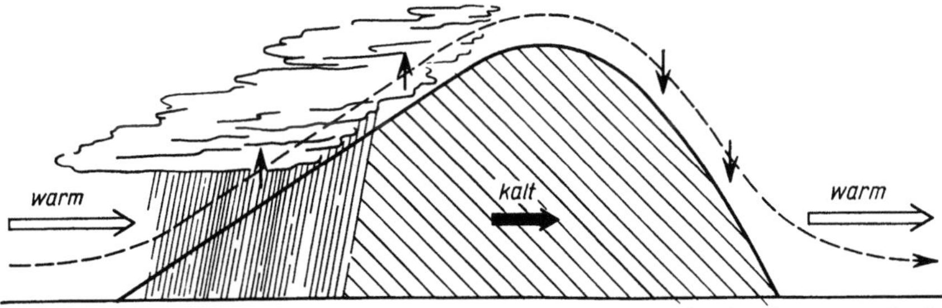

Abb. 97. Wolkenbildung an einem Kaltluftberg, falls die Warmluft schneller strömt als die Kaltluft

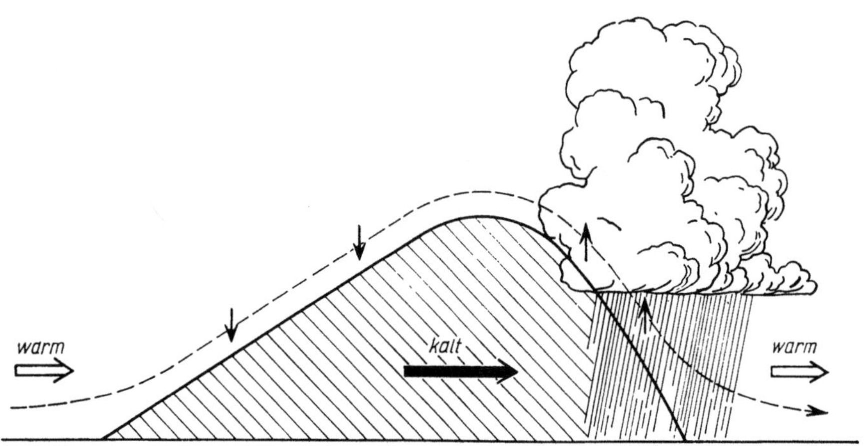

Abb. 98. Wolkenbildung an einem Kaltluftberg, der sich rascher bewegt als die Warmluft

gegenüber. Die Austrocknung ist um so stärker, je länger der Hebungsvorgang der Luft anhält, je tiefer also das Kondensationsniveau liegt.

Da mit Überschreiten der Kammlinie des Gebirges durch die Luftströmung die Wolkenbildung aufhört, ist die Bewölkung der Luvseite von der Leeseite her als nahezu feststehende Wolkenwand, die sogenannte Föhnmauer, zu beobachten. Infolge der mit wachsender Höhe zunehmenden Windgeschwindigkeit werden besonders die oberen Teile der Föhnmauer mehr oder weniger stark mit auf die Leeseite des Gebirges verfrachtet, wo sie rasch der Auflösung verfallen. Die auf der Leeseite des Gebirges in Auflösung begrif-

fene Bewölkung ist durch Lenticularisformen gekennzeichnet („Föhnfische").

Nach den vorstehenden Darlegungen ist der Föhn ein warmer, trockener Fallwind. Wenn man diese recht allgemeine Definition etwas präzisiert, so lautet sie etwa: Der Föhn ist ein über ein Hindernis (Gebirge) strömender Wind, der auf der Leeseite des Hindernisses wärmer und trockener ist als in der gleichen Höhe auf der Luvseite. Danach hängt es von der in einem Gebiet vor Einsetzen des Föhns herrschenden Lufttemperatur ab, ob der Föhn als warm oder kalt empfunden wird, oder in anderer Ausdrucksweise: ob die Luft auf der Leeseite des Gebirges Föhn- oder Boracharakter hat. Tatsächlich ist für die Süd-

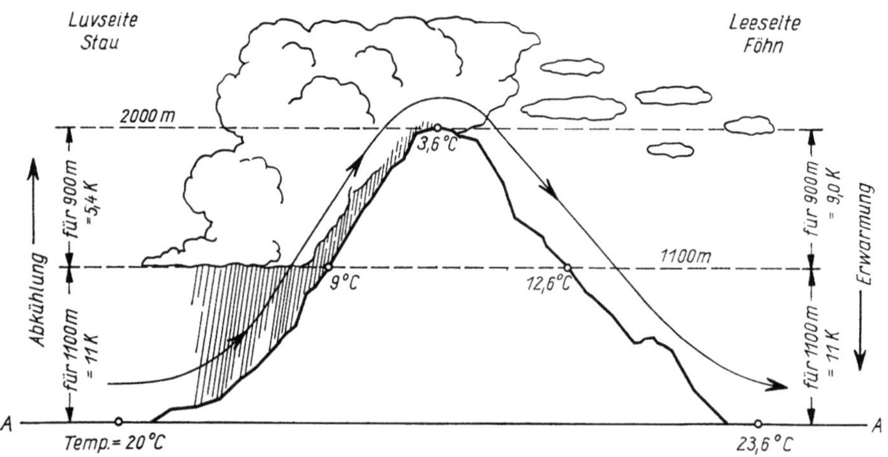

Abb. 99. Vorgänge bei Stau und Föhn

alpen nachgewiesen, daß dort der Nordföhn in der wärmeren Jahreszeit morgens und abends Föhncharakter, tagsüber aber Boracharakter aufweist (vgl. H. FICKER und B. DE RUDDER, 1948).

Nach seiner Entstehung kommt der Föhn überall dort vor, wo sich einer Luftbewegung ein Hindernis in den Weg stellt, das überströmt werden muß. Besonders deutlich ausgeprägte Föhngebiete zeigen sich auf der

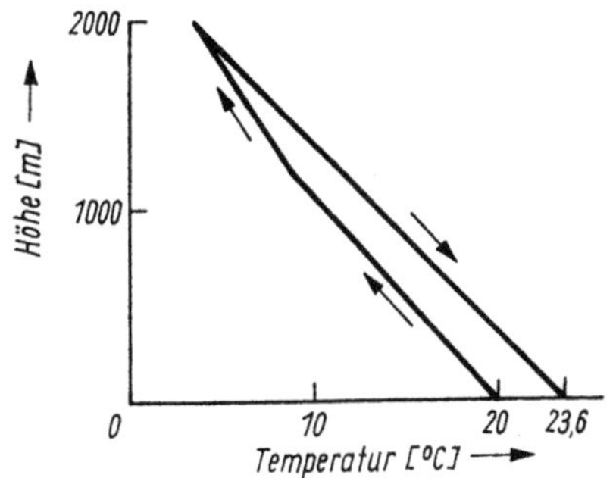

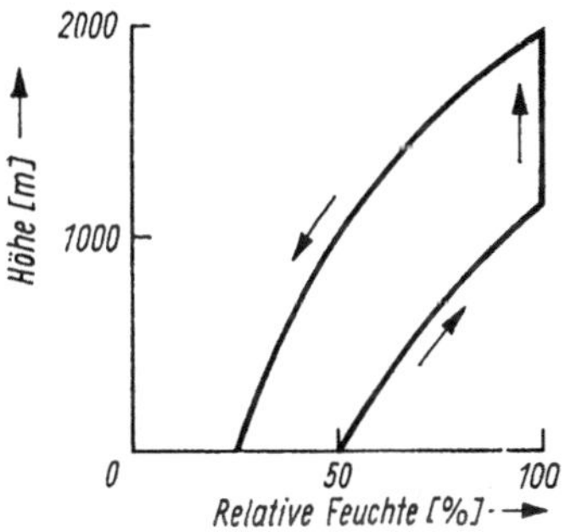

Abb. 100. Änderung von Temperatur und relativer Feuchte bei Stau (Aufsteigen) und Föhn (Absinken)

Leeseite von langgestreckten Gebirgen, die quer zu einer feuchten Luftströmung liegen. So sind, um nur zwei Beispiele zu nennen, außer dem Alpenföhn Föhngebiete auf der Ostseite des nordamerikanischen Felsengebirges (der Föhn führt hier die Bezeichnung Chinook) und auf der Ostseite der südamerikanischen Anden (in Argentinien wird der Föhn Zonda genannt) bekannt. Daß sich der Föhn nicht nur auf die Hochgebirge beschränkt, zeigt sich vielfach in den Mittelgebirgen (z. B. Harz, Erzgebirge), wenn er naturgemäß hier auch nicht die Ausdehnung und Stärke des Alpenföhns erreicht.

5.4.4. Klassifikation der Wolken

Aus dem Bildungsvorgang der Wolken ergaben sich zwei Hauptformen der Wolken, die der vorherrschenden Horizontal- bzw. Vertikalbewegung der Luft entsprechen: Schichtwolken (Stratus, *St*) und Haufen- oder Quellwolken (Cumulus, *Cu*).

Die Schichtwolke ist dadurch gekennzeichnet, daß ihre Horizontalausdehnung die Vertikalerstreckung bei weitem übertrifft. Die vertikale Erstreckung dieser Wolken bleibt, selbst wenn sie große Werte erreicht, gegenüber der Horizontalausdehnung, die Flächen von mehreren 1000 km² erfassen kann, gering. Die Wolkendecke ist gleichförmig, sie besitzt keine oder eine sehr geringe Gliederung und Struktur, erscheint also in gleichmäßiger Beleuchtung und zeigt eine graue Farbe. Die Schichtwolke entsteht durch langsame Hebung der Luft, wie sie in den Aufgleitvorgängen in Erscheinung tritt; in manchen Fällen sind auch Strahlungsvorgänge an der Bildung der Schichtwolken beteiligt (Hochnebel).

Bei der Quellwolke bleibt im Gegensatz dazu die horizontale Ausdehnung gering. Die Cumulusbewölkung besteht aus einzelnen, vertikal entwickelten Wolkenballen, die eine gemeinsame Untergrenze aufweisen. Die vertikale Mächtigkeit der Quellwolken ist von der Luftschichtung abhängig; von flachen Quellungen bis zu hoch aufgetürmten Haufenwolken treten zahlreiche Zwischenformen auf. Vorbedingung für die Entwicklung von Quellwolken ist labile Luftschichtung, die eine rasche Aufwärtsbewegung der Luft möglich macht.

Als Zwischenform ist die Haufenschichtwolke (Stratocumulus, *Sc*) anzusprechen. Bei der Haufenschichtwolke ergeben sich mannigfache Zwischenformen, da die zur Bildung notwendigen advektiven und konvektiven Vorgänge in jeweils verschiedener Stärkeverteilung auftreten können. Dabei nähert sich die Wolkenform einmal stärker dem Stratus, das andere Mal dem Cumulus. Die Zwischenstellung dieser Wolkenform bringt es mit sich, daß der Stratocumulus die am häufigsten beobachtete Wolkenform – zumindest in gemäßigten Breiten – ist.

Weitere Unterscheidungen zwischen den Wolken ergeben sich aus ihrer Zusammensetzung, wonach man Wasser-, Eis- und Mischwolken unterscheidet. Während die aus Wassertröpfchen bestehenden Wolken ein verhältnismäßig kompaktes Aussehen und fest umrissene Begrenzungen aufweisen, zeigen die Eiswolken eine faserige Struktur; im Gegensatz zu den Wasserwolken sind bei den Eiswolken die Ränder unscharf, verwaschen. Schließlich stellt die Mischwolke eine Übergangsform dar, die je nach der Beteiligung der Bestandteile in ihrem Aussehen und in ihren Eigenschaften mehr der Wasser- oder der Eiswolke zuneigt.

Eine weitere, sehr wichtige Unterscheidung der Wolken bedient sich der verschiedenen Höhen, in denen die Wolken auftreten. Nach der Höhenlage ergeben sich vier Wolkenfamilien:

1. hohe Wolken oder Cirren,

2. mittelhohe Wolken – sie werden durch die Vorsilben „Alto" gekennzeichnet,

3. tiefe Wolken,

4. Wolken mit vertikalem Aufbau.

Die Höhenlage der einzelnen Wolkenstockwerke ist von der geographischen Breite abhängig. Dabei liegen die Ober- und Untergrenzen der einzelnen Wolkenstockwerke in den niederen Breiten höher als in den hohen Breiten.

Die Wolken mit vertikalem Aufbau (4. Wolkenfamilie) sind dadurch gekennzeichnet, daß ihre Untergrenze meist im Niveau der tiefen Wolken liegt und daß die Wolke infolge starker vertikaler Entwicklung durch mehrere Wolkenstockwerke hindurchreicht.

Aus den angegebenen Unterscheidungsmerkmalen der Wolken ergeben sich 10 Wolkengattungen. Diese Wolkengattungen werden nachfolgend nach dem Internationalen Wolkenatlas (1956/1959) gekennzeichnet. Dabei wird jeweils im ersten Absatz der Beschreibung die Definition aus dem Wolkenatlas

mitgeteilt, während im zweiten Absatz Erläuterungen hinzugefügt werden.

Hohe Wolken

1. Cirrus (*Ci*). Isolierte Wolken in Form weißer, zarter Fäden oder weißer bzw. überwiegend weißer Flecken oder schmaler Bänder. Diese Wolken zeigen ein faseriges (haarartiges) Aussehen oder einen seidigen Schimmer oder beides.

Cirren oder Federwolken erscheinen häufig in Form von Büscheln oder Haken; sie sind oft zu langen Fäden auseinandergezogen, was auf eine hohe Windgeschwindigkeit in der Höhe der Wolken hinweist. Der Cirrus ist eine Eiswolke, besteht also aus Eisteilchen. In vielen Fällen zeigt das Erscheinen von Cirren das Herannahen einer Warmfront an; allerdings ist das kein eindeutiges Kriterium, da auch im Bereich ausgedehnter Hochdruckgebiete Cirren, Schönwettercirren, auftreten (vgl. R. SCHERHAG, 1948: In Frauen und in Cirren kann man sich manchmal irren!).

2. Cirrocumulus (*Cc*). Dünne, weiße Flecken, Felder oder Schichten von Wolken ohne Eigenschatten, die aus sehr kleinen körnig, gerippelt oder ähnlich aussehenden, miteinander verwachsenen oder isolierten Wolkenteilen bestehen und mehr oder weniger regelmäßig angeordnet sind. Die meisten Wolkenteile haben eine Breite von weniger als 1°.

Cirrocumulus, auch unter dem Namen Schäfchenwolken bekannt, deutet darauf hin, daß in der Bildungshöhe der Wolken eine verhältnismäßig starke vertikale Bewegungskomponente vorhanden ist. Als Zwischenform entsteht diese Wolkengattung meist aus Cirrus oder Cirrostratus und tritt mit diesen Wolkengattungen gemeinsam auf. Der Cirrocumulus ist eine verhältnismäßig selten auftretende Wolke.

3. Cirrostratus (*Cs*). Durchscheinender, weißlicher Wolkenschleier von faserigem (haarähnlichem) oder glattem Aussehen, der den Himmel ganz oder teilweise bedeckt und im allgemeinen Haloerscheinungen hervorruft.

Cirrostratus, auch als hohe Schleierwolke bezeichnet, nimmt beim Herannahen einer Warmfront meist rasch zu und bedeckt in kurzer Zeit den ganzen Himmel. Damit kündigt er als Aufzugsbewölkung das Herannahen einer Warmfront an. Die Eisteilchen,

Tabelle 39. Höhenlage (Unter- und Obergrenze) der Wolkenstockwerke in km (nach dem Internationalen Wolkenatlas, 1956/1959)

Wolkenstockwerk	Polargebiete	Gemäßigte Zonen	Tropen
Hohe Wolken	3...8	5...13	6...18
Mittelhohe Wolken	2...4	2...7	2...8
Tiefe Wolken	0...2	0...2	0...2

aus denen der *Cs* besteht, haben Lichtbrechung zur Folge, so daß oft Halobildung einsetzt, die ihrerseits ein Kennzeichen für das Vorhandensein von *Cs* ist. Unter einem Halo versteht man einen weißen, gelegentlich auch farbigen Ring um Sonne oder Mond, der meist im Abstand von 22° von den Gestirnen auftritt und mehr oder weniger vollständig ausgebildet ist. An den inneren Ring grenzen manchmal noch äußere Ringe, was eine Verstärkung der Leuchterscheinungen in den Berührungspunkten der Ringe zur Folge hat, die je nach ihrer Lage als Ober-, Unter- oder Nebensonne bezeichnet werden. Da, wenn auch seltener, Ringe im Abstand von 46° von den Gestirnen auftreten und außerdem vertikal angeordnete Kreise als Lichtsäulen erscheinen, sind die Haloerscheinungen recht mannigfaltig. Fast in jedem Falle weisen die Haloerscheinungen auf *Cs* hin.

Mittelhohe Wolken

4. Altocumulus (*Ac*). Weiße und/oder graue Flecken, Felder oder Schichten von Wolken, im allgemeinen mit Eigenschatten, aus schuppenartigen Teilen, Ballen, Walzen usw. bestehend, die manchmal teilweise faserig oder diffus aussehen und zusammengewachsen sein können. Die meisten der regelmäßig angeordneten kleinen Wolkenteile haben gewöhnlich eine Breite von 1 bis 5°.

Ziehen die Ränder oder auch besonders durchsichtige Teile des Altocumulus, der auch als grobe Schäfchenwolke bezeichnet wird, an Sonne oder Mond vorbei, so bilden sich farbige Kränze. Diese Kränze bestehen aus farbigen Ringen, die die Farben des Regenbogens – rot außen – zeigen und dem Rand des Gestirns unmittelbar anliegen. Derartige Kränze entstehen durch Beugung der Lichtstrahlen an Wassertröpfchen; sie weisen damit darauf hin, daß der Altocumulus zumindest teilweise aus Wassertropfen besteht. Das mehr oder weniger starke Auftreten von Quellformen deutet darauf hin, daß der horizontalen Luftströmung vertikale Bewegungskomponenten zur Seite stehen.

5. Altostratus (*As*). Graue oder bläuliche Wolkenfelder oder -schichten von streifigem, faserigem oder einförmigem Aussehen, die den Himmel ganz oder teilweise bedecken und stellenweise so dünn sind, daß die Sonne gerade noch schwach wie durch Mattglas zu erkennen ist. Bei Altostratus treten keine Haloerscheinungen auf.

An Stelle der Haloerscheinungen des *Cs* treten im Altostratus, der auch als mittelhohe Schichtwolke bezeichnet wird, farbige Höfe um die als Scheibe sichtbare Sonne oder den Mond auf. Diese Höfe sind eine Folge von Beugungserscheinungen der Lichtstrahlen an den Wassertröpfchen der Wolke. Damit sind die Höfe ein Kennzeichen dafür, daß die Wolke keine Eiswolke ist, also nicht dem Cirrenniveau angehört. Vielfach tritt *As* im Gefolge von *Cs* auf und bildet dann im Wetterablauf den Übergang zur eigentlichen Regenwolke. Aus dem *As* kann Regen oder Schnee fallen; dieser erreicht nicht immer die Erde, sondern wird als faserige Schleppe an den Wolken sichtbar (Virga, Fallstreifen).

Tiefe Wolken

6. Stratocumulus (*Sc*). Graue und/oder weißliche Flecken, Felder oder Schichten von Wolken, die fast stets dunkle Stellen aufweisen, aus mosaikartigen Schollen sowie aus Ballen, Walzen usw. bestehen, die (ausgenommen bei Virgabildung) von nicht faseriger Struktur sind und zusammengewachsen sein können. Die meisten der regelmäßig angeordneten kleineren Wolkenteile haben eine Breite von mehr als 5°.

Als Kombinationsform horizontaler und vertikaler Luftbewegungen tritt der Stratocumulus, auch Haufenschichtwolke genannt, sehr häufig auf. Dabei zeigt er aber recht verschiedenartige Erscheinungsformen; *Sc* kann sowohl eine Auflösungsform von Schichtwolken als auch eine Form der Neubildung von Wolkenfeldern darstellen.

7. Stratus (*St*). Eine durchgehend graue Wolkenschicht mit ziemlich einförmiger Untergrenze, aus der Sprühregen, Eisprismen oder Schneegriesel fallen können. Ist die Sonne durch die Wolken hindurch sichtbar, so sind ihre Umrisse klar zu erkennen. Haloerscheinungen können bei Stratus nur bei sehr niedrigen Temperaturen auftreten. Manchmal kommt Stratus in Form zerfetzter Wolkenschwaden vor.

Stratus, auch Schichtwolken genannt, kann im Zusammenhang mit Aufgleitvorgängen, also beispielsweise im Wirkungsbereich einer Warmfront, aber auch als Folge von Strahlungsvorgängen entstehen. Im letzteren Falle hat Stratus häufig eine nur geringe vertikale Mächtigkeit, kann sich aber bei manchen Wetterlagen – z. B. bei winterlichen Hochdrucklagen – sehr lange halten.

Wolken mit vertikalem Aufbau

8. Cumulus (*Cu*). Isolierte, durchweg dichte und scharf abgegrenzte Wolken, die sich in der Vertikalen in Form von Hügeln, Kuppeln oder Türmen entwickeln, deren aufquellende obere Teile oft wie ein Blumenkohl aussehen. Die von der Sonne beschienenen Teile dieser Wolken sind meist leuchtend weiß. Ihre Untergrenze ist verhältnismäßig dunkel und verläuft fast horizontal. Manchmal sind die Cumuluswolken zerfetzt.

Cumuli oder Schönwetter-Haufenwolken zeigen je nach den Vorbedingungen ihrer Entwicklung (labile Luftschichtung) verschiedene vertikale Mächtigkeit. Im allgemeinen fällt aus *Cu* kein Niederschlag; nur bei *Cu*-Formen, die weit in das mittelhohe Wolkenniveau hineinreichen und die bereits einen Übergang zum Cumulonimbus darstellen, kann es zu leichten Schauern kommen. Die gut ausgeprägten Umrißformen weisen darauf hin, daß es sich bei *Cu* um eine Wasserwolke handelt. Da *Cu* in den meisten Fällen seine Entstehung der Erwärmung des Untergrundes verdankt, zeigt er eine deutliche Tagesperiode mit der stärksten Entwicklung am frühen Nachmittag über dem Festland und Abflachen gegen Abend. Dabei ergeben sich in der vertikalen Entwicklung des *Cu* größere örtliche Unterschiede, die mit der verschiedenen Erwärmung der Luft vom Untergrund her zusammenhängen; über Sandflächen, trockenen Äckern und Städten kommt es zur stärksten *Cu*-Bildung, während die Cumuli über Wäldern und Seen schwach bleiben, da hier abwärts gerichtete Luftströmungen – verhältnismäßig kalte Unterlage – auftreten. Über See kann es u. U. nachts zu stärkerer Labilisierung kommen, wenn das Wasser verhältnismäßig warm ist, so daß sich in manchen Fällen über See während der Nacht *Cu* entwickeln kann.

9. Cumulonimbus (*Cb*). Eine massige und dichte Wolke von beträchtlicher Ausdehnung in Form eines hohen Berges oder mächtigen Turmes. Zumindest teilweise weist der obere Wolkenabschnitt glatte Formen auf oder ist faserig oder streifig und fast stets abgeflacht. Dieser Teil breitet sich vielfach amboßförmig oder wie ein großer Federbusch aus. Unterhalb der häufig sehr dunklen Wolkenuntergrenze befinden sich oft niedrige, zerfetzte Wolken, die mit der Hauptwolke zusammengewachsen sein können. Der Niederschlag fällt manchmal in Virgaform.

Der Cumulonimbus, auch als Gewitterwolke bezeichnet, reicht durch alle Wolkenstockwerke hindurch und zeigt somit in der Weiterentwicklung des *Cu* eine sehr große vertikale Mächtigkeit. Schauer und Gewitter sind mit dieser Wolke verbunden. Aus dem *Cb* entwickeln sich viele andere Wolkenformen, wie beispielsweise *Ac* oder *Sc*, aber auch – aus den oberen Teilen der Wolke – *Ci*.

10. Nimbostratus (*Ns*). Graue, häufig dunkle Wolkenschicht, die bei mehr oder weniger anhaltendem, meist den Erdboden erreichendem Regen- oder Schneefall diffus erscheint. Die Schicht ist so dicht, daß die Sonne unsichtbar wird. Unterhalb dieser Schicht treten häufig niedrige, zerfetzte Wolken auf, die mit ihr zusammengewachsen sein können.

Nimbostratus, auch Regenwolken genannt, ist eine ausgedehnte Wolkenschicht, die aber im Gegensatz zum *St* auch eine große vertikale Mächtigkeit aufweist und vom Niveau der tiefen in das Stockwerk der mittelhohen Wolken hineinreicht. *Ns* ist das Ergebnis eines Aufgleitvorganges (Warmfront), also überwiegender Horizontalbewegung der Luft. Damit bildet *Ns* gewissermaßen den Gegenpol zu *Cb*; beide Wolkengattungen haben eine große vertikale Mächtigkeit, entstammen aber verschiedenen Bewegungsvorgängen, der Advektion (*Ns*) und der Konvektion (*Cb*). Ein weiteres gemeinsames Merkmal von *Cb* und *Ns* außer der erheblichen Vertikalerstreckung geht aus der Definition hervor: die Niederschlagstätigkeit und als deren Folge die Ausbildung zerfetzter Wolken unter der Hauptwolke. Diese Wolkenfetzen verdanken ihre Entstehung der Verdunstung und Wiederkondensation des gefallenen Niederschlages bei Turbulenzerscheinungen in der untersten Luftschicht. Die so entstehenden Wolkenfetzen sind also nicht Ursache, sondern Folge des Niederschlages; sie können mit der Hauptwolke zusammenwachsen.

Die vorstehend gekennzeichneten Wolkengattungen sind in ihrem Auftreten im allgemeinen auf bestimmte Höhenlagen beschränkt; in besonderen Fällen jedoch können die Wolken eines Stockwerkes auch auf das Nachbarstockwerk übergreifen. Die Temperaturverteilung in der Atmosphäre bringt es mit sich, daß meist – zumindest in den gemäßigten Breiten – die Wolken des untersten Stockwerkes aus Wassertropfen, die des obersten aus Eisteilchen bestehen, also Wasser- bzw. Eiswolken sind, während im mittleren Wolkenstockwerk Mischwolken auftreten. Dieser Zusammenhang kann natürlich nicht in jedem Einzelfall gegeben sein, da unter entsprechenden Voraussetzungen beispielsweise ein Stratus aus Eisteilchen bestehen kann (Haloerscheinungen). Für die gemäßigten Breiten sind die mittleren Höhenlagen der verschiedenen Wolkengattungen noch einmal in Abb. 101 dargestellt.

Die Mannigfaltigkeit der Bewölkung bringt es mit sich, daß die angegebenen Wolkengattungen zwar zu einer allgemeinen Übersicht, nicht aber zu einer eingehenden Darstellung der Wolken ausreichen. Der eingehenden Kennzeichnung der Wolken dient die weitere Unterteilung der Wolkengattungen in Arten und Unterarten sowie die Beschreibung spezieller Formen. Es würde zu weit führen, diese Unterteilung hier bis in alle Einzelheiten aufzuführen; daher soll die Darstellung auf einige wichtige oder in ihrem Aussehen besonders charakteristische Formen beschränkt bleiben. Im folgenden werden die Definitionen wieder dem Wolkenatlas (1956/1959) entnommen – jeweils erster Absatz –, denen gegebenenfalls Ergänzungen in einem zweiten Absatz angefügt werden.

Als Arten der Wolken seien genannt:

Uncinus (*unc*): Cirrus, oft in Form eines Kommas, nach oben hakenförmig oder auch in Büscheln auslaufend, deren oberer Teil jedoch nicht die Form einer Quellung hat.

Castellanus (*cas*): Wolken, die im oberen Abschnitt wenigstens teilweise Aufquellungen in Form von Türmchen haben, die der Wolke im allgemeinen ein zinnenartiges Aussehen verleihen. Die Türmchen, von denen sich einige mehr nach oben als in die Breite entwickelt haben, sind durch eine gemeinsame Basis miteinander verbunden und erscheinen reihenartig angeordnet. Der Castellanuscharakter wird besonders deutlich, wenn die Wolke von der Seite her betrachtet wird. Diese Bezeichnung wird bei Cirrus, Cirrocumulus und Altocumulus angewendet.

Die aus der Hauptwolke herauswachsenden

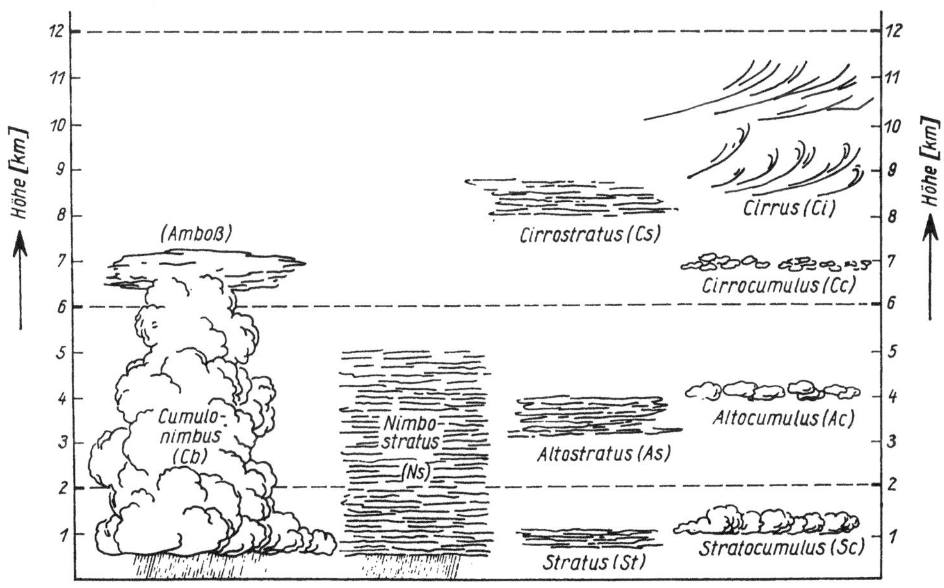

Abb. 101. Höhenlage der Wolkengattungen in gemäßigten Breiten

Türmchen deuten an, daß die Luft in der Höhe der Wolken zu vertikalen Umlagerungen neigt, also labil geschichtet ist. Der am häufigsten beobachtete Altocumulus castellanus (*Ac cas*) weist im allgemeinen darauf hin, daß die vorhandene Labilisierung auch weitere Luftschichten erfassen wird; damit gilt *Ac cas* als Vorzeichen für Schauer und Gewitter.

Floccus (*flo*): Eine Wolkenart, bei der jede Einzelwolke wie ein kleiner cumulusförmiger Bausch aussieht, dessen unterer Teil mehr oder weniger ausgefranst ist, wobei häufig Virgabildung auftritt. Diese Bezeichnung wird bei Cirrus, Cirrocumulus und Altocumulus angewendet.

Lenticularis (*len*): Wolken in Form von Linsen oder Mandeln, die häufig sehr langgestreckt sind und gewöhnlich deutliche Umrisse haben. Gelegentlich tritt Irisieren auf. Derartige Wolken sind am häufigsten orographischen Ursprungs, können jedoch auch in Gebieten angetroffen werden, die keine ausgeprägten Gebirgserhebungen haben. Diese Bezeichnung wird hauptsächlich bei Cirrocumulus, Altocumulus und Stratocumulus angewendet.

Die Lenticulariswolken treten auf der Leeseite von Erhebungen auf, wenn dort eine verhältnismäßig kräftige Abwärtsbewegung der Luft vorhanden ist. Damit sind diese Wolken vielfach mit Fallwinden, z. B. Föhn, verknüpft; die sogenannten Föhnfische sind Lenticulariswolken. Dort, wo Lenticularisformen fern von Gebirgen auftreten, deuten sie ebenfalls auf Abwärtsbewegungen der Luft hin, die in diesem Falle dynamisch bedingt sind.

Fractus (*fra*): Wolken in Form unregelmäßiger Fetzen von deutlich zerrissenem Aussehen. Diese Bezeichnung wird nur bei Stratus und Cumulus angewendet.

Humilis (*hum*): Cumuluswolken von nur geringer vertikaler Ausdehnung, die im allgemeinen abgeflacht aussehen.

Congestus (*con*): Cumuluswolken, die kräftig aufquellen und häufig von bedeutender vertikaler Ausdehnung sind. Ihre aufgewölbten oberen Teile gleichen oft einem Blumenkohl.

Calvus (*cal*): Ein Cumulonimbus, bei dem wenigstens einige der Aufquellungen des oberen Abschnittes ihre cumulusförmigen Umrisse zu verlieren beginnen; es sind jedoch noch keine cirrusartigen Teile zu erkennen. Die Aufquellungen und emporschießenden Teile bilden meist eine weißliche Masse mit etwa vertikal verlaufender Streifung.

Capillatus (*cap*): Ein Cumulonimbus, bei dem – meist im oberen Abschnitt – ausgeprägte cirrusartige Gebilde von deutlich faseriger oder streifiger Struktur vorhanden sind, die häufig die Form eines Ambosses, eines Federbüschels oder einer großen, mehr oder weniger wirren Menge von Haaren haben. Bei Cumulonimbus capillatus treten gewöhnlich Schauer oder Gewitter, häufig mit Böen und/oder auch mit Hagel auf. Oft kommt es dabei zu sehr ausgeprägter Virgabildung.

Auf folgende Unterarten sei hingewiesen:

Undulatus (*un*): Wolkenflecken, -felder oder -schichten in Wellenanordnung. Diese Wolkenbildung kann bei verhältnismäßig gleichförmigen Wolkenschichten oder auch bei Wolken, deren Teile miteinander verwachsen oder voneinander getrennt sind, beobachtet werden. Manchmal ist ein doppeltes Wellensystem vorhanden. Diese Bezeichnung wird hauptsächlich bei Cirrocumulus, Cirrostratus, Altocumulus, Altostratus, Stratocumulus und Stratus angewendet.

Die Wellenform der Wolken gibt Hinweise auf die Verteilung des Windes in der Höhe. Denn eine Unstetigkeit in der Windverteilung, also rasche Änderung von Richtung und Stärke des Windes in einem verhältnismäßig kleinen Höhenintervall, führt zur Wellenbildung in der Luftströmung und damit zu den Undulatusformen der Bewölkung.

Radiatus (*ra*): Wolken, die breite, parallele Bänder aufweisen oder in parallelen Streifen so angeordnet sind, daß sie auf Grund der Perspektivwirkung am Horizont in einem oder – falls die Bänder sich über den ganzen Himmel erstrecken – in zwei gegenüberliegenden Punkten, den sogenannten Radiationspunkten, scheinbar zusammenlaufen. Diese Bezeichnung wird hauptsächlich bei Cirrus, Altocumulus, Altostratus, Stratocumulus und Cumulus angewendet.

Bei hohen Wolken wird die Radiatusanordnung der Wolkenstreifen häufig durch den Begriff „Polarbanden" gekennzeichnet.

Translucidus (*tr*): Wolken in ausgedehnten

Flecken, Feldern oder Schichten, die größtenteils so durchsichtig sind, daß die Stellung von Sonne und Mond zu erkennen ist. (Die Unterarten translucidus und opacus schließen sich gegenseitig aus.) Diese Bezeichnung wird bei Altocumulus, Altostratus, Stratocumulus und Stratus angewendet.

Perlucidus (*pe*): Wolken in ausgedehnten Flecken, Feldern oder Schichten mit deutlich ausgeprägten, jedoch nur sehr kleinen Lükken zwischen den einzelnen Wolkenteilen. Durch diese Zwischenräume können die Sonne, der Mond, das Himmelsblau oder darüber liegende Wolken sichtbar werden. (Die Unterart perlucidus kann gleichzeitig mit den Unterarten translucidus oder opacus beobachtet werden.) Diese Bezeichnung wird bei Altocumulus und Stratocumulus angewendet.

Opacus (*op*): Wolken in ausgedehnten Flecken, Feldern oder Schichten, die größtenteils so lichtundurchlässig sind, daß Sonne oder Mond völlig verdeckt werden. Diese Bezeichnung wird bei Altocumulus, Altostratus, Stratocumulus und Stratus angewendet.

Zum Abschluß der Aufzählung sei noch auf einige Sonderformen hingewiesen.

Incus (*inc*): Der obere Teil einer Cumulonimbuswolke, der sich in Form eines Ambosses mit glattem, faserigem oder gestreiftem Aussehen ausgebreitet hat.

Mamma (*mam*): Hängende, beutelartige Quellformen an der Unterseite einer Wolke. Diese Sonderform kommt meist bei Cirrus, Cirrocumulus, Altocumulus, Altostratus, Stratocumulus und Cumulonimbus vor.

Virga (*vir*): Niederschlag, der den Erdboden nicht erreicht, in Form vertikal oder schräg herabhängender Schleppen (Fallstreifen) an der Unterseite der Wolken. Diese Sonderform kommt meist bei Cirrocumulus, Altocumulus, Altostratus, Nimbostratus, Stratocumulus, Cumulus und Cumulonimbus vor.

Im allgemeinen bleibt beim Auftreten von Fallstreifen unterhalb einer Wolke die Aufwärtsbewegung der Luft im Bereich der Wolke bestehen, so daß auch die Wolke als solche fortbesteht; der Fallstreifen tritt also nach unten aus der Wolke heraus. Vielfach aber kommt es auch zur Entwicklung von Fallstreifen bei gleichzeitigem Verschwinden der Hauptwolke; man gewinnt in diesen Fällen

den Eindruck, als würde eine Unterlage, auf der die Wolken – Quellwolken meist geringer vertikaler Ausdehnung, die in verschiedenen Niveaus auftreten können – aufliegen, plötzlich weggenommen. Es müssen sich demnach bei der Ausbildung dieser zweiten Art von Fallstreifen die Schichtungsverhältnisse der Luft verhältnismäßig rasch ändern; die Quellwolke tritt aus einem Gebiet mit aufsteigender Luftbewegung in einen Bereich absteigender Luftbewegung ein. Dabei können Wolkenfahnen entstehen, die Cirren zum Verwechseln ähnlich sind und deren andersartiger Charakter oft nur an der für *Ci* zu hohen Verlagerungsgeschwindigkeit zu erkennen ist.

Durch die Angabe der Gattungen, Arten, Unterarten und Sonderformen sind die Wolken mit hinreichender Genauigkeit zu kennzeichnen. Für die Einzelbezeichnungen werden meist Abkürzungen verwendet, die die Zugehörigkeit der Wolke zu den entsprechenden Unterteilungsgruppen erkennen lassen. Dabei wird die Gattung durch zwei Buchstaben gekennzeichnet, von denen der erste ein Großbuchstabe ist. Die Bezeichnung der Arten und Unterarten erfolgt durch drei bzw. zwei Buchstaben, während die Sonderformen wieder durch drei Buchstaben angegeben werden. Da in vielen Fällen eine einmal entstandene Wolke infolge ihrer Weiterentwicklung in eine andere Wolkengattung übergeht, kann man in solchen Fällen die Mutterwolke mit angeben; das geschieht durch Zusatz einer Gruppe von fünf Buchstaben, deren erste beiden die Gattung der Mutterwolke angeben, während die letzten drei „gen" (genitus) lauten. So ergibt sich beispielsweise für einen durch Ausbreitung der Gipfel von Cumulus congestus (*Cu con*) entstandenen Altocumulus die Bezeichnung Altocumulus cumulogenitus (*Ac cugen*).

Außer den bisher betrachteten Wolken treten noch Wolkenformen auf, die ihre Entstehung nicht den früher beschriebenen wolkenbildenden Abkühlungsvorgängen in der Troposphäre verdanken bzw. deren Entstehung künstlich ausgelöst wurde. Diese besonderen Wolken treten in verschiedenen Höhen in Erscheinung; für ihre Bildung sind jeweils besondere Ursachen maßgebend.

Perlmutterwolken zeigen Ähnlichkeit mit Cirrus oder mandelförmigem Altocumulus; sie zeigen sehr deutliches Irisieren. Sie bestehen wahrscheinlich aus sehr kleinen Wassertröpfchen oder aus kugelförmigen Eisteilchen. Sie werden sehr selten beobachtet und kommen in Höhen von 20 bis 30 km vor.

Leuchtende Nachtwolken ähneln dünnem Cirrus, weisen aber eine bläuliche, bisweilen auch rote Färbung auf. Es bestehen Anzeichen dafür, daß diese selten beobachteten Wolken aus kosmischem Staub bestehen. Die Höhe dieser Wolken liegt zwischen 75 und 90 km.

Kondensationsstreifen oder Kondensstreifen bilden sich hinter Flugzeugen infolge der Abkühlung der Abgase, die einen hohen Wassergehalt haben. Je nach den Vorbedingungen bleiben die Kondensstreifen lange erhalten, breiten sich aus und sind dann häufig von natürlich entstandenen Wolken – beispielsweise von *Cs* – nicht mehr zu unterscheiden. Die zu *Ci* und *Cs* umgebildeten Kondensationsstreifen treten dann auf, wenn in der betrachteten Luftmasse die vorhandene Feuchtigkeit noch nicht völlig zur Wolkenbildung ausreicht, sonst aber alle Voraussetzungen für die *Ci*-Bildung erfüllt sind. An Kondensstreifen können Haloerscheinungen von ausgesprochen reiner Farbe auftreten.

Brandwolken (Beschreibung nach dem Wolkenatlas, 1956/1959): Verbrennungsprodukte von großen Bränden (z. B. Waldbrände oder Brände von Kraftstofflagern) nehmen oft das Aussehen einer dichten, dunklen und rasch emporwachsenden Wolke an, die Ähnlichkeit mit einer gut ausgebildeten Konvektionswolke hat, sich von dieser jedoch durch die Schnelligkeit der Entwicklung sowie durch ihre dunkle Farbe unterscheidet. Verbrennungsprodukte wie die von großen tropischen Buschbränden oder von Waldbränden können durch den Wind über große Entfernungen hinweg transportiert werden. Sie können dann wie dünne, schichtartige Schleier aussehen, die bisweilen der Sonne oder dem Mond eine blaue Färbung verleihen.

Wolken bei Vulkanausbrüchen (nach Wolkenatlas, 1956/1959): Wolken, die bei Vulkanausbrüchen entstehen, sehen im allgemeinen wie kräftig entwickelte Cumuluswolken mit schnell anwachsenden starken Aufquellungen aus. Sie können sich in großer Höhe über weite Gebiete ausbreiten. Dabei nimmt der Himmel eine eigentümliche Färbung an, die mehrere Wochen lang bestehen bleiben kann. Die durch Vulkanausbrüche verursachten Wolken bestehen in der Hauptsache aus Staub oder anderen festen Teilchen verschiedener Größe. Einige Teile dieser Wolken können jedoch fast vollständig aus Wassertröpfchen bestehen und Niederschlag verursachen.

5.4.5. Niederschläge

Die Weiterentwicklung der Wolken führt zu den Niederschlägen bzw. zu einer Gruppe von Niederschlägen. Haben die Wassertröpfchen oder Eisteilchen einer Wolke zunächst ein so geringes Gewicht, daß sie bereits durch schwache aufsteigende Luftströme schwebend erhalten bzw. weiter aufwärts bewegt werden, so beginnen sie recht bald, sich zu vergrößern. Die Vergrößerung der Wassertropfen oder Eisteilchen kommt dadurch zustande, daß sich an die bereits vorhandenen Tropfen oder Eisteile stets neues Wasser anlagert, das aus dem Wasserdampf der Luft stammt; die vorhandenen Wassertropfen oder Eisteilchen wirken also gewissermaßen als Kondensations- bzw. Sublimationskerne. Außerdem fließen Tropfen zusammen (Koagulation), was ebenfalls zu ihrer Vergrößerung beiträgt. Schließlich wachsen die Wassertropfen oder Eisteile so weit an, daß sie vom aufsteigenden Luftstrom nicht mehr in der Schwebe gehalten werden können, sondern herabfallen. Damit beginnt der Niederschlag, der zunächst unterhalb der Wolke wieder verdampft, bis dort eine solche Feuchteanreicherung erfolgt ist, daß die Tropfen nunmehr die Erde erreichen. Bei den festen Wolkenbestandteilen sind die Temperaturverhältnisse unterhalb der Wolke dafür entscheidend, ob der Niederschlag in fester oder flüssiger Form den Erdboden erreicht.

Die Niederschläge, die durch Kondensation oder Sublimation des Wasserdampfes in der Atmosphäre entstehen und dann zur Erde niederfallen, werden als fallende Niederschläge bezeichnet. Sie bilden das Gegenstück zu den unmittelbar an der Erdoberfläche gebildeten abgesetzten Niederschlägen.

Im folgenden seien zunächst die wichtigsten Vertreter aus der Gruppe der fallenden Niederschläge näher betrachtet.

Sprühregen oder Nieseln, auch als Staubregen bezeichnet, besteht aus kleinen Wassertropfen, deren Durchmesser unter 0,5 mm bleibt. Dadurch fallen die Tropfen nur langsam und scheinen fast in der Luft zu schweben. Sie entstammen der Kondensation und waren vor dem Herabfallen nicht gefroren. Sprühregen kommt vorherrschend aus Schichtwolken.

Regen weist Wassertropfen auf, deren Größe sich in einem größeren Spielraum bewegen kann; der Durchmesser der Regentropfen liegt zwischen 0,5 und 5 mm. Großtropfiger Regen kann – wenigstens in den gemäßigten Breiten – nur dort entstehen, wo ein Teil der Regenwolken Temperaturen unter dem Gefrierpunkt aufweist, wo also ein Teil des Niederschlages über das Eisstadium gegangen sein muß. Dabei ist es mehr oder weniger belanglos, ob die Eisteilchen primär durch Sublimation oder durch Gefrieren von Wassertropfen entstanden sind. Beim Durchfallen warmer Luftschichten schmelzen die Eisteilchen und gelangen dann als Wassertropfen verschiedener Größe zum Erdboden. Regen kann sowohl aus Schicht- als auch aus Quellwolken fallen.

Unterkühlter Regen unterscheidet sich vom Regen dadurch, daß die Wassertropfen eine in Bodennähe liegende Luftschicht mit Temperaturen unter dem Gefrierpunkt durchfallen haben müssen. Da Wasser auch unter dem Gefrierpunkt noch längere Zeit flüssig bleiben kann, nimmt der Regen u. U. recht tiefe Temperaturen an. Beim Auftreffen auf feste Gegenstände gefrieren die unterkühlten Regentropfen sofort und führen damit zur Bildung von Glatteis.

Schnee besteht aus Eiskristallen, die bei Temperaturen unter $-12\,°C$ durch Sublimation gebildet werden. Die während der Bildung der Kristalle herrschenden Temperatur- und Feuchteverhältnisse haben eine unterschiedliche Ausbildung der Schneekristalle zur Folge. Die einfachste Form stellen die Eisnadeln dar, auch als Polarschnee bezeichnet; sie fallen häufiger in höheren Breiten, treten aber auch in gemäßigten Breiten bei sehr tiefen Temperaturen auf. Ein Charakteristikum des Polarschnees ist, daß er ohne das Vorhandensein kompakter Wolken fällt; das beruht darauf, daß die Sättigung der Luft mit Feuchtigkeit über Eis früher eintritt als über Wasser (Eissättigung tritt bei relativen Feuchten ein, die um soviel Prozent unter der Wassersättigung liegen wie die Temperatur unterhalb des Gefrierpunktes). Damit wird bei großer Kälte

die Bildung von Eiskristallen sehr stark begünstigt.

Die eigentlichen Schneekristalle gehören dem hexagonalen System an, das drei gleich lange Achsen (Nebenachsen) und eine im Schnittpunkt senkrecht auf der Hauptebene des Kristalls stehende kürzere Hauptachse hat. Im allgemeinen bleibt bei den Schneekristallen die Hauptachse sehr kurz, so daß die Kristalle im wesentlichen flächenhaft entwickelt sind (Schneesterne). Bei Temperaturen in Gefrierpunktnähe treten die Schneesterne zu mehr oder weniger großen Schneeflocken zusammen. Schnee kann sowohl aus Schicht- wie auch aus Quellwolken niedergehen. Wird gefallener Schnee nochmals durch Wind aufgewirbelt, so kommt es zu Schneefegen (in geringer Höhe am Boden) oder Schneetreiben (starke Sichtbehinderung).

Graupeln sind entweder undurchsichtige Bällchen von schneeartiger Beschaffenheit (Reifgraupeln) oder halb durchsichtig mit einem weißen Kern (Frostgraupeln). Reifgraupeln entstehen bei Sublimation durch die Bildung stark verzweigter Schneesterne, die auch in Richtung der Hauptachse gut entwickelt sind; im Gegensatz zum Schnee mit seiner flächenhaften Ausbildung zeigen die Reifgraupeln Raumkristalle (Sphärokristalle). Als Vorstufe der Reifgraupeln sind Grieseln anzusehen, graupelähnliche Gebilde von weniger als 1 mm Durchmesser. Werden bei hoher Übersättigung der Luft außer den Sphärokristallen unterkühlte Wassertröpfchen gebildet, oder durchfallen Reifgraupeln eine Luftschicht mit unterkühlten Wassertröpfchen, so lagern sich die Tröpfchen unter Gefrieren an die Reifgraupeln an. Auf diese Weise entstehen die Frostgraupeln. Graupeln treten nur im Zusammenhang mit Schauern, also mit Konvektionsbewölkung auf, da zu ihrer Bildung kräftige Aufwinde erforderlich sind.

Hagel ist eine Weiterentwicklung der Frostgraupeln, da sich dem einmal gebildeten Hagelkorn in kräftigem Aufwind immer neue Schichten anlagern können. Daher besteht das Hagelkorn, dessen Durchmesser in gemäßigten Breiten zwischen 5 und 50 mm variieren kann, aus mehr oder weniger durchsichtigen Schichten; in den Tropen sind Hagelstücke mit Durchmessern von 10 bis 12 cm beobachtet worden. Da die zur Bildung der Hagelkörner erforderlichen starken Aufwinde nur in sehr stark aufgetürmten Wolken (Cumulonimben) gegeben sind, tritt Hagel nur in kräftigen Schauern, meist in Verbindung mit Gewittern, auf.

Im Gegensatz zu den fallenden Niederschlägen, die ihre Form in der Luft oberhalb des Erdbodens erhalten, werden die abgesetzten Niederschläge erst an der Erdoberfläche gebildet bzw. erhalten erst dort ihre charakteristische Form. Im folgenden sei auf einige Vertreter aus der Gruppe der abgesetzten Niederschläge näher hingewiesen.

Tau entsteht dadurch, daß feste Gegenstände in der Nähe des Erdbodens durch Ausstrahlung abgekühlt werden, wobei der Taupunkt der benachbarten Luft unterschritten wird. Dadurch schlagen sich auf den Gegenständen kleine Wassertröpfchen nieder. Tau tritt bei Windstille auf, solange der Taupunkt über dem Gefrierpunkt liegt.

Reif ist eine dem Tau analoge Bildung, die dann auftritt, wenn der Taupunkt unter dem Gefrierpunkt liegt. In diesem Falle tritt an die Stelle der Kondensation die Sublimation; es bilden sich feine Eiskristalle.

Rauhreif ist eine Nebelfrostablagerung; das bedeutet, daß zu seiner Bildung Temperaturen unter dem Gefrierpunkt sowie kleine Wassertröpfchen erforderlich sind. Die feinen Eisnadeln, aus denen der Rauhreif besteht, entstehen zunächst in ihren Anfängen durch Sublimation, werden dann aber dadurch vergrößert, daß sich unterkühlte Wassertröpfchen des Nebels langsam anlagern. Die Bildung und Weiterentwicklung des Rauhreifes erfolgt bei schwacher Luftbewegung. Bei stärkerer Luftbewegung – etwa bei Windstärke 3 – fallen die Eisnadeln wieder ab. Kennzeichnend für Rauhreif ist, daß er infolge Anlagerung von Wassertröpfchen dem Wind entgegenwächst.

Rauhfrost stellt ebenfalls eine Nebelfrostablagerung dar, die im Gegensatz zum Rauhreif aus kompakteren ballenartigen Formen von körniger Struktur besteht. Voraussetzung für die Bildung von Rauhfrost ist neben Frosttemperaturen und Nebel eine stärkere Luftbewegung – etwa Windstärke 4 und mehr. Dabei werden die an die Gegenstände in Nähe der Erdoberfläche herangeführten unterkühlten Wassertröpfchen des Nebels rasch fest und bilden einen dem Wind entgegen-

wachsenden Eisansatz. Bei dichtem Nebel verliert der Ansatz seine körnige Struktur und wird zu einem kompakten, als Rauheis bezeichneten Eisansatz. Die Abhängigkeit der Rauhfrost- und Rauheisbildung von der Windstärke kann man im Gebirge vielfach unmittelbar an den dort aufgestellten Markierungsstangen ablesen, bei denen mit der Höhe über dem Erdboden auch die Länge des Eisansatzes zunimmt. Rauhfrost und Rauheis können zu schweren Bruchschäden an Bäumen usw. Anlaß geben.

Glatteis – nicht zu verwechseln mit glattem Eis! – verdankt seine Bildung unterkühltem Regen. Dabei wird der fallende Niederschlag am Erdboden in charakteristischer Weise umgewandelt, so daß man das Glatteis zu den abgesetzten Niederschlägen rechnen muß. Trifft unterkühlter Regen auf die ebenfalls unter den Gefrierpunkt abgekühlte Erdoberfläche bzw. auf andere Gegenstände, so gefriert er und überzieht die Gegenstände schlagartig mit einer Eisschicht. Die Bildung von Glatteis deutet darauf hin, daß über einer dem Boden auflagernden Kaltluftschicht warme Luft vorhanden ist, in der der Regen entsteht; aus diesem Grunde kündigt Glatteis nach einer Frostperiode meist den Übergang zu Tauwetter an.

Die Messung des Niederschlages, also der Niederschlagsmenge, beschränkt sich im allgemeinen auf die fallenden Niederschläge. Lediglich für spezielle Untersuchungen wird in Einzelfällen auch die Menge der abgesetzten Niederschläge bestimmt. Dadurch, daß meist nur die fallenden Niederschläge gemessen werden, ergeben sich Fehler in der Gesamtniederschlagssumme, die aber im allgemeinen so gering bleiben, daß sie vernachlässigt werden können.

Zur Messung der Niederschlagsmenge bedient man sich eines Gefäßes mit bekannter Auffangfläche, in dem der Niederschlag gesammelt wird; dabei wird die Auffangfläche horizontal aufgestellt. Die Auffangfläche des Regenmessers befindet sich im allgemeinen in 1 oder 1,5 m Höhe über dem Erdboden, in Gebirgen allerdings höher. Die im Regenmesser aufgefangene Niederschlagsmenge wird zu bestimmten Zeiten gemessen, wobei feste Niederschläge erst geschmolzen werden müssen. Es besteht auch die Möglichkeit, den Regenmesser so zu konstruieren, daß er die jeweils im Auffanggefäß vorhandene Wassermenge aufzeichnet, so daß eine zeitliche Zuordnung der gemessenen Niederschlagsmengen möglich wird; allerdings beschränkt sich die Registrierung des Niederschlages im allgemeinen auf den Regen.

Die Angabe des gefallenen Niederschlages erfolgt nicht nach der Menge, sondern nach der Höhe des Niederschlages. Dabei wird angegeben, wie hoch – in mm – die flüssige Form des gefallenen Niederschlages eine horizontale Fläche bedecken würde. Die Angabe der Niederschlagshöhe in mm ist zahlengleich der Angabe in Litern je Quadratmeter ($1 \cdot m^{-2}$).

Beim Schnee interessiert einmal die Schneehöhe, zum anderen die Dichte des Schnees. Die Messung der Schneehöhe geschieht in einfacher Weise mit einem Schneepegel, an dem abzulesen ist, bis zu welcher Höhe – meist in cm – über dem Erdboden die Schneedecke reicht. Zur Bestimmung der Schneedichte wird der Schneedecke eine bestimmte Schneemenge vermittels eines Schneeausstechers entnommen, geschmolzen und die Wassermenge festgestellt. Im großen Durchschnitt ergibt sich eine Schneedichte von 0,1; das bedeutet, daß einer Schneehöhe von 1 cm eine Wasserhöhe von 1 mm entspricht. Es ist selbstverständlich, daß im Einzelfalle starke Abweichungen von diesem Durchschnittswert auftreten; es sei erwähnt, daß mit der Alterung des Schnees die Dichte zunimmt, so daß alte Schneelagen im Hochgebirge eine Dichte von annähernd 0,5 erreichen. Für Firnschnee liegen die Dichtewerte bei 0,5, während Gletschereis eine Dichte von etwa 0,9 aufweist.

Die gemessenen Niederschlagshöhen werden zu Tages-, Monats- und Jahressummen zusammengefaßt, die jeweils über längere Zeiträume gemittelt werden können, so daß man die entsprechenden mittleren Summen erhält. Dabei ist zu beachten, daß die Monatssummen nicht gleichwertig sind, weil die Monate verschiedene Längen haben. Der durch die verschiedenen Monatslängen entstehende Fehler in den Niederschlagssummen wird in vielen Fällen vernachlässigbar sein; in den Fällen aber, wo das nicht der Fall ist, müssen die Monate auf gleiche Längen reduziert werden, um dann die so reduzierten Monatssummen des Niederschlages vergleichbar zu machen.

Außer den Niederschlagssummen wird häufig die Zahl der Tage mit bestimmten Niederschlagshöhen betrachtet. Im allgemeinen wird die Zahl der Tage mit mindestens 0,1 mm, mindestens 1,0 mm und mindestens 10,0 mm Niederschlag angegeben, und zwar für den Monat und das Jahr. Diese Zahlen geben einen Überblick darüber, ob die Niederschlagssumme der betrachteten Zeit aus einer größeren Zahl schwächerer Niederschläge oder aber aus einer geringeren Anzahl stärkerer Niederschläge aufgebaut ist.

Für manche Fragen ist die Kenntnis der mittleren Niederschlagsdauer, also der mittleren Dauer des einzelnen Niederschlages, wichtig. Diese mittlere Niederschlagsdauer ist in verschiedenen Klimagebieten unterschiedlich und außerdem von der Jahreszeit abhängig. Denn dort, wo die Niederschläge im wesentlichen Aufgleitvorgängen entstammen, wird die mittlere Dauer verhältnismäßig lang sein, während vorherrschende Konvektionsvorgänge zu einer kurzen mittleren Niederschlagsdauer führen.

Eine vielfach zur Kennzeichnung der Niederschläge verwendete Größe ist die Niederschlagsintensität. Man hat darunter die in der Zeiteinheit erreichte Niederschlagshöhe zu verstehen, wobei als Zeiteinheit je nach Fragestellung die Minute, die Stunde oder der Tag auftreten kann. In den meisten Fällen wird allerdings, da die Stärke verhältnismäßig kurzdauernder Niederschläge beschrieben werden soll, die Niederschlagsintensität je Minute betrachtet.

Aus Niederschlagsdauer und Niederschlagsintensität ergeben sich einige Bezeichnungen, die der näheren Charakterisierung der Niederschläge dienen. Allerdings fehlen z. T. die zahlenmäßigen Definitionen bzw. sind für verschiedene Klimate unterschiedlich, so daß eine Vergleichbarkeit nicht gegeben ist.

Einen verhältnismäßig lang anhaltenden, im allgemeinen nicht besonders großtropfigen Regen, der eine geringe Intensität aufweist und mit Aufgleitvorgängen in Verbindung steht, bezeichnet man vielfach als Landregen. Diesem Wort liegt keine zahlenmäßige Definition zugrunde, ist wohl auch schwer zu geben; man sollte daher von der Verwendung dieses Wortes absehen.

Etwas schärfer, wenn auch nicht in Zahlen, ist der Begriff des Schauers gefaßt. Unter Schauer versteht man einen Niederschlag von im allgemeinen kurzer Dauer und großer, rasch wechselnder Intensität. Bei Regenschauern fallen verhältnismäßig große Tropfen, die auf das Durchlaufen des Eisstadiums während der Entstehung hinweisen. Schauer stehen mit Quellbewölkung, also mit vorherrschender Vertikalbewegung der Luft, in Verbindung. Im allgemeinen sind Schauer dadurch gekennzeichnet, daß sie nur ein kleines Gebiet – entsprechend der Horizontalausdehnung der Cumuluswolke – bedecken. Etwas erschwert wird das Erkennen der Schauer dann, wenn sich infolge einer Staulage Schauer an Schauer reiht, die Bewölkung dazwischen nicht aufreißt und der Niederschlag nicht aufhört; in diesen Fällen ist das Auftreten von Schauern vielfach nur an der Größe der Regentropfen sowie an raschen Intensitätsschwankungen des Niederschlages zu erkennen.

Da Niederschläge von besonders langer Dauer im allgemeinen auffällig sind, ist versucht worden, solche Dauerregen zahlenmäßig festzulegen. Das stößt auf Schwierigkeiten, da sich hier Abhängigkeiten vom Klimagebiet ergeben. Für mitteleuropäische Verhältnisse ist es angebracht, Dauerregen als ununterbrochene Regenfälle von mindestens 6 Stunden Dauer bei einer Mindestintensität von 0,5 mm/h zu definieren.

Vielfach werden besonders hohe Intensitäten des Niederschlages festgestellt, so daß sich die Frage nach den Starkregen ergibt. Auch in diesem Falle wird im einzelnen die Bezeichnung vom Klimagebiet abhängig sein. In Mitteleuropa gelten alle Niederschläge unter 24 Stunden als Starkregen, bei denen die Mindestregenhöhe

$$h = \sqrt{5 \cdot t - \left(\frac{t}{24}\right)^2}$$

beträgt, wobei h die Regenhöhe in mm, t die Niederschlagsdauer in Minuten bedeutet. Danach ergeben sich für die Mindestintensitäten bei Starkregen die nachfolgenden Werte.

Es sei nochmals darauf hingewiesen, daß die Starkregen in ihrer Regenhöhe und Niederschlagsintensität eine Abhängigkeit vom Klimagebiet zeigen, so daß eine allgemeingültige Definition nicht möglich ist. Dasselbe gilt für die Bezeichnungen Platzregen und Wolkenbruch, die beide in den Bereich der Starkregen gehören. Dabei bezeichnet man als Platzregen starke Regenfälle von kurzer Zeitdauer, während beim Wolkenbruch nicht nur die Niederschlagsintensität, sondern auch die absolute Niederschlagshöhe ungewöhnlich groß ist.

Starkregen sind an kräftige Konvektion gebunden; daher treten sie zusammen mit hoch aufquellender Bewölkung, teilweise auch mit Gewittern auf. Denn auch die Gewitter sind eine Erscheinung, die mit starker Quellbewölkung (Cumulonimbus) in Verbindung steht. Mit dem in hochreichenden Quellwolken bei starken Aufwinden auftretenden intensiven Vergraupelungsprozeß sind kräftige elektrische Aufladungen verbunden, deren Mechanismus noch nicht in allen Einzelheiten geklärt ist. Damit erweisen sich die Blitze und der mit ihnen in Zusammenhang stehende Donner, meteorologisch gesehen, als Begleiterscheinungen besonders starker Quellbewölkung.

Die Entladung der Gewitterelektrizität erfolgt in den Blitzen, die Funkenbildungen darstellen. Von den Vorbedingungen hängt es ab, welche Form der Blitz im Einzelfall annimmt. Im folgenden seien die wesentlichsten Blitzformen erwähnt, ohne daß auf ihre Bildung näher eingegangen wird. Für Einzelheiten aus dem Gebiet der Gewitterelektrizität und der Luftelektrizität sei auf die Spezialliteratur verwiesen (z. B. E. von Kilinski, 1959).

Der Linienblitz ist ein gut ausgebildeter Funke zwischen den Wolken oder zwischen Wolke und Erde. Die Ausbildung des Blitzkanals geschieht in mehreren aufeinanderfolgenden Vorentladungen, denen dann die Hauptentladung folgt.

Tabelle 40. Mindesthöhe h und Mindestintensität i bei Starkregen der Dauer t in Mitteleuropa

t [min]	5	10	15	20	30	45	60	90
h [mm]	5,0	7,1	8,7	10,0	12,2	14,9	17,1	20,0
i [mm/min]	1,0	0,71	0,58	0,50	0,41	0,33	0,28	0,23

t [Stunden]	2	3	4	5	10	15	20	24
h [mm]	24,0	29,0	33,2	36,6	48,7	55,6	59,3	60,0
i [mm/min]	0,20	0,16	0,14	0,12	0,08	0,06	0,05	0,04

Flächenblitze sind meist Entladungen in Form von Büschel- oder Glimmlicht zwischen den Wolken. Flächenblitze können aber auch durch Wolken verdeckte Linienblitze sein. Perlschnurblitze stellen eine etwas seltenere Blitzform dar; sie bestehen aus einer Aneinanderreihung von Lichtpunkten längs der Blitzbahn.

Der Kugelblitz, der aus einer kugelförmigen leuchtenden Masse besteht, die sich mit mäßiger Geschwindigkeit bewegt, ist eine sehr seltene und noch nicht völlig geklärte Blitzform. Der Kugelblitz entsteht gewöhnlich unmittelbar im Anschluß an einen Linienblitz.

Ist ein Gewitter so weit entfernt, daß zwar noch die Blitze bzw. von ihnen herrührende Lichterscheinungen gesehen, ein Donner aber nicht mehr gehört werden kann, so werden die beobachteten Leuchterscheinungen als Wetterleuchten bezeichnet.

Da für die Entstehung der Gewitter eine kräftige Aufwärtsbewegung der Luft Vorbedingung ist, diese Aufwärtsbewegung aber im wesentlichen durch zwei Vorgänge, Erwärmung der Unterlage oder gegenseitige Beeinflussung verschiedener Luftmassen, hervorgerufen wird, unterscheidet man im wesentlichen zwei Arten von Gewittern: Wärmegewitter und Frontgewitter.

Wärmegewitter entstehen durch Erwärmung der Unterlage, ihre Bildung setzt hohe Temperaturen und hohe Luftfeuchtigkeit voraus. Daraus folgt, daß die Wärmegewitter in den Tropen die günstigsten Vorbedingungen finden; in den gemäßigten Breiten sind sie eine Erscheinung der warmen Jahreszeit. Außerdem folgen die Wärmegewitter in ihrer zeitlichen Verteilung der Einstrahlung, treten also am frühen Nachmittag am häufigsten auf.

Unter den Frontgewittern ist am weitesten verbreitet das Kaltfrontgewitter, bei dem die Aufwärtsbewegung der Luft dadurch hervorgerufen wird, daß kalte Luft in warme und feuchte Luft einbricht. Erhält aufgleitende Warmluft einen starken vertikalen Auftrieb, so kommt es zu sogenannten Warmfront- oder Aufgleitgewittern. Einschubgewitter entstehen dadurch, daß durch Einfließen warmer Luft in mittleren Schichten eine Labilisierung erfolgt. Insgesamt können die Frontgewitter einen recht mannigfaltigen Aufbau zeigen. Ein gemeinsames Kennzeichen der Frontgewitter besteht darin, daß sie im wesentlichen von der Unterlage und deren Erwärmungsverhältnissen unabhängig sind. Das hat zur Folge, daß Frontgewitter auch dort auftreten, wo es nicht zu Wärmegewittern kommt; daher sind Nachtgewitter, Seegewitter und Wintergewitter zumindest in den mittleren Breiten fast ausschließlich Frontgewitter.

5.4.6. Täglicher und jährlicher Gang von Bewölkung und Niederschlag

Die Abhängigkeit der Wolkenbildung von den Strahlungsverhältnissen sowie der Zusammenhang zwischen Bewölkung und Niederschlag haben zur Folge, daß sowohl die Bewölkung als auch die Niederschläge einen täglichen und jährlichen Gang zeigen. Dabei werden Bewölkungsmenge und Niederschlag im allgemeinen einen gleichartigen Gang zeigen.

Die Angabe der Bewölkungsmenge erfolgt in den meisten Fällen nach Schätzung der vorhandenen Wolkenmenge in Zehnteln des Himmels. Aus den für einzelne Termine angegebenen Werten werden in der üblichen Weise Tages-, Monats- und Jahresmittel der Bewölkung (Himmelsbedeckung) errechnet. Für die Messung der Wolkenhöhe (Untergrenze der Bewölkung) sind verschiedene Verfahren entwickelt worden, die vom wasserstoffgefüllten Ballon mit konstanter Steiggeschwindigkeit und dem nur nachts verwendbaren Wolkenscheinwerfer bis zu komplizierten elektrischen Registriergeräten reichen.

Der tägliche Gang der Bewölkung (Himmelsbedeckung) steht in Zusammenhang mit der Art der Bewölkung, ist demnach bei vorherrschender Schichtbewölkung anders als bei überwiegender Konvektionsbewölkung. Das Minimum der Bewölkung liegt im allgemeinen in der Nacht, Maxima zeigen sich am Vormittag bzw. Nachmittag. Diese Maxima stehen in deutlicher Abhängigkeit von der Art der Bewölkung. Vorherrschende Schichtbewölkung, wie sie beispielsweise über den Ozeanen anzutreffen ist, zeigt ein deutliches Tagesmaximum am Vormittag. Demgegenüber tritt das Tagesmaximum der Konvektionsbewölkung am frühen Nachmittag auf. Das bedeutet: Einem nächtlichen Bewölkungsminimum steht im ozeanischen Bereich ein Vormittagsmaximum, im kontinentalen Gebiet ein Maximum am frühen Nachmittag gegenüber. Zwischen diesen beiden Formen des Tagesganges ergeben sich naturgemäß zahlreiche Übergänge, die im einzelnen vom Verhältnis zwischen Advektions- und Konvektionsbewölkung abhängig sind.

Der Tagesgang des Niederschlages weist recht mannigfaltige Erscheinungen auf; neben der Abhängigkeit von der Bewölkung, die ihrerseits wieder durch maritime oder kontinentale Lage bedingt ist, ergibt sich eine gewisse Abhängigkeit von der geographischen Breite. Im folgenden sei auf drei verschiedene Niederschlagstypen – unterschieden nach dem Tagesgang – hingewiesen.

Die Küstenstationen verschiedener Klimagebiete zeigen ein Maximum des Niederschlags in der Nacht und am Morgen, ein Minimum am Nachmittag. Es fällt der verhältnismäßig ausgeglichene Tagesgang auf, bei dem die Unterschiede zwischen den höchsten und tiefsten Werten gering bleiben. Für den offenen Ozean ergibt sich ebenfalls ein schwacher Tagesgang des Niederschlages, der ein Maximum um Mitternacht, ein Minimum kurz nach Mittag aufweist.

Einen kontinentalen Tagesgang des Niederschlages zeigen die außertropischen Inlandstationen. Der Tagesgang ist stärker ausgeprägt als bei den Küstenstationen. Das Hauptmaximum tritt am Nachmittag, ein sekundäres Maximum am frühen Morgen auf; das Hauptminimum liegt in der Nacht. In diesem Tagesgang spiegelt sich deutlich der Tagesgang der Quellbewölkung wider, wenn er auch für den Niederschlagsgang in diesem Falle nicht ausschließlich verantwortlich ist.

Im Tropentyp des täglichen Niederschlagsganges, dargestellt durch fünf Tropenstationen, kommen die kontinentalen Merkmale verstärkt zum Ausdruck. Der stark ausgebildete Tagesgang sowie das Hervortreten des Nachmittagsmaximums weist auf die starke Beteiligung der Konvektionsbewölkung an den Niederschlägen hin.

Schließlich zeigt der Tagesgang des Niederschlags der tropischen Höhenstation, daß hier die Niederschlagsverhältnisse praktisch vollständig durch Konvektionsvorgänge bestimmt werden. Das ausgeprägte Nachmittagsmaximum sowie die deutlich ausgeprägte Tagesamplitude weisen auf diese Zusammenhänge hin.

Die Regenintensität, ausgedrückt als Regenhöhe je Stunde, zeigt ebenfalls einen täglichen Gang. Im Mittel zeigt sich die größte Intensität der Niederschläge am Nachmittag, die geringste am frühen Morgen. Auch hieraus geht hervor, daß der stärkere Niederschlag bei Konvektionsbewölkung fällt.

Entsprechend der Konvektionsbewölkung zeigen auch die Gewitter einen Tagesgang, der zumindest dort deutlich erkennbar ist, wo Wärmegewitter die häufigsten Gewitter sind. Es ergibt sich – besonders gut ausgeprägt in den Tropen – ein Maximum der Gewitter über dem Lande am frühen Nachmittag, kurz nach Eintritt des Temperaturmaximums. Demgegenüber zeigen die Küstengebiete und Inseln hoher Breiten vielfach ein nächtliches Maximum der Gewittertätigkeit. Das nächtliche Gewittermaximum tritt ebenfalls auf den Ozeanen

Tabelle 41a . Tagesgangtypen des Niederschlags (nach HANN-SÜRING, 1939)
(Die Zahlen werden in Promille des Tagesmittels gegeben.)

Zeit	0…2	2…4	4…6	6…8	8…10	10…12	12…14	14…16	16…18	18…20	20…22	22…24
Niederschlag an 6 Küstenstationen verschiedener Klimate												
	89	92	98	93	90	79	74	75	75	76	80	80
Niederschlag an 6 außertropischen Inlandstationen												
	70	71	78	78	72	72	83	105	110	97	84	80
Niederschlag an 5 Stationen der Tropen												
	62	71	69	59	55	66	101	140	127	107	77	66
Niederschlag an tropischer Höhenstation (San José de Costarica, 1150 m)												
	14	10	8	8	7	25	129	251	292	170	60	26

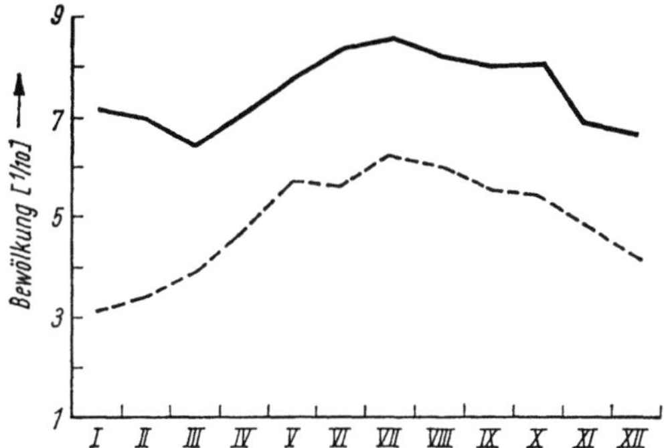

Abb. 102. Jahresgang der Bewölkung (in Zehnteln des Himmels) in hohen Breiten.
— Ozeanisch (70° n. Br.); − − kontinental (Ostasien, 56,5° n. Br., 115° ö. L.)

in Erscheinung, so daß sich Ozean und Kontinent auch im Tagesgang der Gewitter entgegengesetzt verhalten.

Der Jahresgang der Bewölkung ist recht mannigfaltig; neben Abhängigkeiten von der geographischen Breite zeigt sich noch die Abhängigkeit von maritimen bzw. kontinentalen Verhältnissen. Allgemein sind die hohen Breiten sowie die Tropen durch sommerliche Maxima der Bewölkung gekennzeichnet, wobei der Jahresgang in den Tropen teilweise wesentlich stärker ausgeprägt ist als in den hohen Breiten. In den gemäßigten Breiten zeigt sich je nach der Abhängigkeit von Meer und Kontinent ein winterliches oder sommerliches Maximum der Bewölkung, während in den Subtropen das Bewölkungsmaximum im Winter auftritt.

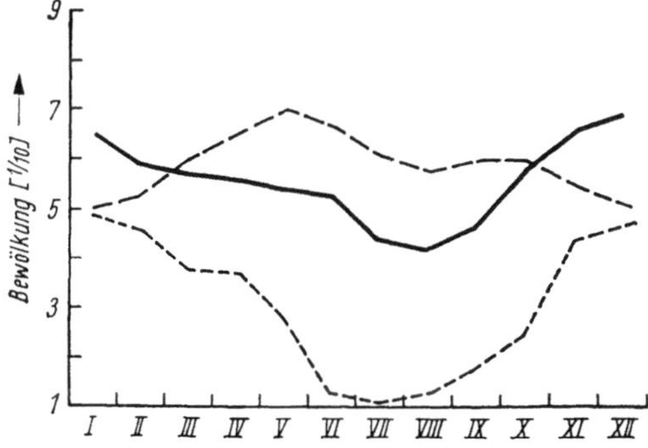

Abb. 103. Jahresgang der Bewölkung (in Zehnteln des Himmels) in den gemäßigten Breiten und den Subtropen.
— Niederung der gemäßigten Breiten (Ungarn, 47° n. Br.); − − Berggipfel der gemäßigten Breiten (Alpengipfel, 47° n. Br.); - - - Subtropen (östliches Mittelmeer, 34° n. Br.)

Nach A. Schulze (1956) besteht die Möglichkeit, den Jahresgang der Bewölkung durch eine Zahl zu kennzeichnen, in die alle Monatswerte eingehen. Die relative Jahresgangzahl gibt die Summe der absoluten Abweichungen der Monatsmittel vom Jahresmittel der Bewölkung in Prozent des Jahresmittels an. Je höher also die relative Jahresgangzahl ist, um so erheblicher sind die Abweichungen der Monatsmittel vom Jahresmittel der Bewölkung. Umgekehrt würde sich bei Übereinstimmung aller Monatsmittel mit dem Jahresmittel die Jahresgangzahl Null ergeben. Bei den nachfolgend zu besprechenden Beispielen des Bewölkungsganges wird die nach A. Schulze (1956) berechnete relative Jahresgangzahl der Bewölkung mit angeführt werden.

In hohen Breiten (Abb. 102) ist die Himmelsbedeckung während des ganzen Jahres verhältnismäßig hoch, so daß die Amplitude gering bleibt. Ein Unterschied zwischen ozeanischen und kontinentalen Verhältnissen zeigt sich darin, daß über dem Kontinent bei allgemein geringerer Bewölkung die Gegensätze zwischen Sommer und Winter stärker in Erscheinung treten. Sowohl im ozeanischen als auch im kontinentalen Bereich fällt das Bewölkungsmaximum in den Sommer, das Minimum in den Winter bzw. in das Frühjahr. Die relativen Jahresgangzahlen der Bewölkung betragen in den Beispielen der Abb. 102 im ozeanischen Klima der hohen Breiten 105%, im kontinentalen Klima 210%.

In der gemäßigten Zone zeigt sich einmal eine Gegenläufigkeit im Jahresgang der Bewölkung zwischen maritimen und kontinentalen Gebieten, zum anderen treten Unterschiede zwischen Gebirgs- und Niederungsstationen auf. Dem winterlichen Bewölkungsmaximum der meisten Gebiete steht ein Sommermaximum in den rein kontinentalen Bereichen gegenüber. Die Gipfelregion der Hochgebirge (Alpen) zeigt im Gegensatz zu dem sonstigen Jahresgang der Bewölkung in den gemäßigten Breiten ein Bewölkungsminimum im Winter (Abb. 103). Dies ist darauf zurückzuführen, daß im Winter vielfach flache Schichtbewölkung auftritt, die die Gipfel nicht mehr erreicht. In gewisser Hinsicht ähnelt der Jahresgang der Bewölkung über den Berggipfeln der gemäßigten Breiten jenem über kontinentalen Gebieten. Schließlich zeigt sich in den Subtropen (Abb. 103) wieder ein Jahresgang der Bewölkung, der dem ozeanischen Jahresgang der gemäßigten Breiten ähnlich ist. Unterschiedlich sind allerdings die Gesamtmenge der Bewölkung, die in den Subtropen wesentlich geringer ist, und die Ursache des Jahresganges. Die große Jahresamplitude der Subtropen weist deutlich auf ein Wechselklima, das Etesienklima, hin. Während Ungarn im Beispiel der Abb. 103 eine relative Jahresgangzahl der Bewölkung von 141% erreicht, geht diese Zahl auf den Alpengipfeln auf 98% zurück, worin sich eine Annäherung an die ozeanische Jahresgangzahl zeigt. Demgegenüber ergibt sich für das Subtropengebiet des östlichen Mittelmeeres die recht hohe relative Jahresgangzahl von 510%.

In den Tropen (Abb. 104) ist wieder ein Sommermaximum der Bewölkung verbreitet. Dabei nimmt mit abnehmender geographischer

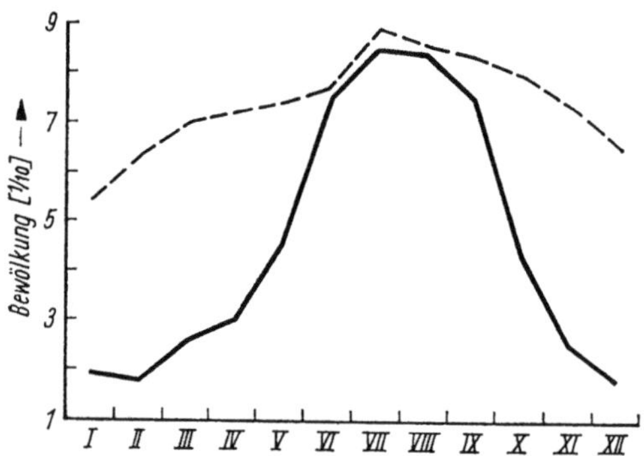

Abb. 104. Jahresgang der Bewölkung (in Zehnteln des Himmels) in den Tropen.
— Monsungebiet (Bengalen, 23,5° n. Br.); — — immerfeuchtes Gebiet (Afrika, 3° n. Br.)

Breite die Gesamtbewölkung zu, während die Jahresamplitude abnimmt. Der Jahresgang der Bewölkung, der in den tropischen Monsungebieten noch sehr deutlich ausgeprägt ist, wird in den inneren Tropen wesentlich

flacher. Während die immerfeuchten Tropen einen geringen Jahresgang der Bewölkung (123% nach dem Beispiel der Abb. 104) zeigen, ergeben sich in den tropischen Monsungebieten starke jahreszeitliche Gegensätze, so daß im Beispiel der Abb. 104 die relative Jahresgangzahl einen Wert von 612% erreicht.

Dem Gang der Bewölkungsmenge folgt im allgemeinen der Gang der Anzahl trüber und heiterer Tage. Dabei ist unter einem trüben Tag ein Tag mit einem Bewölkungsmittel von mehr als 8,0 (in Zehnteln des Himmels), unter einem heiteren Tag ein solcher mit einem Bewölkungsmittel von weniger als 2,0 zu verstehen. Im allgemeinen ist der Jahresgang der Anzahl trüber und heiterer Tage invers, einem Maximum heiterer Tage steht ein Minimum trüber Tage gegenüber und umgekehrt. Meist haben die heiteren Tage ein sommerliches, die trüben Tage ein winterliches Maximum; eine Ausnahme bilden die ausgedehnten winterlichen Hochdruckgebiete der Kontinente höherer Breiten, die ein Wintermaximum der heiteren Tage aufweisen. Hohe Mittelwerte der Bewölkung sind im allgemeinen verbunden mit einer verhältnismäßig großen Zahl trüber Tage, während geringe Bewölkungsmittel mit einer hohen Zahl heiterer Tage in Verbindung stehen.

Der jährliche Gang des Niederschlags ist recht mannigfaltig und im einzelnen auf der Erde recht verschieden. Das hängt damit zusammen, daß die Niederschläge das Ergebnis verschiedener Vorgänge sind, die im Einzelfall in verschiedener Weise zusammenwirken können. Geht man von den Ursachen aus, die zu den Niederschlägen führen, so lassen sich drei Niederschlagstypen unterscheiden, die jeweils durch das Vorherrschen einer Ursache bedingt sind: Tropenregen als Folge starker Feuchtlabilität der höheren Luftschichten und kräftiger Erwärmung von der Unterlage her,

Tabelle 41 b. Anzahl der heiteren und trüben Tage a) im Wüstenklima unter 32,0° n. Br., 12,5° ö. L., 713 m; b) an einer ozeanisch beeinflußten Bergstation der gemäßigten Breiten: Ben Nevis 56° 48′ n. Br., 5° 8′ w. L., 1343 m (nach V. Conrad, 1936)

	I	II	III	IV	V	VI	VII	VIII	IX	X	XI	XII	Jahr
a) Heiter	27	17	22	24	27	26	31	30	27	22	20	20	293
Trübe	1	9	4	2	1	1	—	—	1	3	4	7	33
b) Heiter	1	1	1	1	2	2	1	0	2	1	2	1	16
Trübe	23	19	21	17	19	17	22	23	20	22	22	22	247

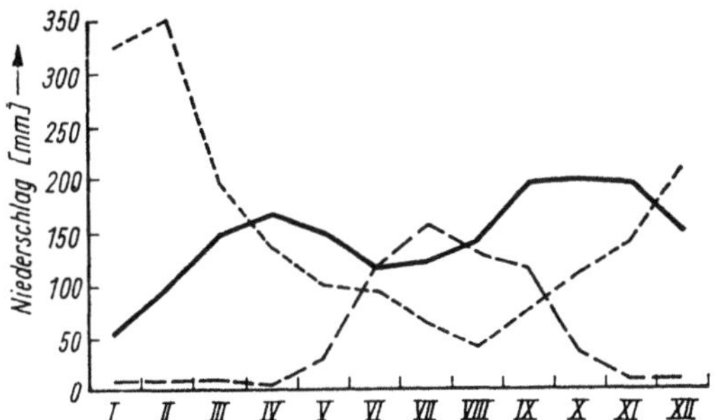

Abb. 105. Tropenregen (Werte auf gleiche Monatslängen reduziert).
— Kisangani (0° 30′ n. Br., 25° 11′ ö. L., 420 m);
— — Leon (21° 06′ n. Br., 101° 42′ w. L., 1809 m);
- - - Jakarta (6° 12′ s. Br., 106° 48′ ö. L., 8 m)

Zyklonenregen oder Niederschläge der gemäßigten Breiten, die durch das Vorherrschen zyklonaler Vorgänge bedingt sind, und orographische oder Geländeniederschläge, bei denen die Geländeform aufsteigende Luftbewegung und Kondensation zur Folge hat. Diese drei Haupttypen können wieder weitgehend unterteilt werden, so daß sich eine größere Anzahl charakteristischer Jahresgänge des Niederschlags ergibt.
Die Tropenregen (Abb. 105) folgen in ihrem Jahresgang dem Sonnenstand. In den inneren Tropen mit zweimaligem Sonnenhöchststand ergibt sich eine doppelte Regenzeit, während gegen die Ränder der Tropen hin bei einem Sonnenhöchststand im Jahr eine einfache Regenzeit auftritt. Bei den Monsungebieten zeigt sich, auch wenn sie in Äquatornähe liegen, eine einfache Regenzeit; dabei tritt bei den äquatornahen Monsungebieten eine größere Jahresamplitude auf als außerhalb der Monsungebiete in gleicher Breite.
Die Niederschläge der gemäßigten Breiten

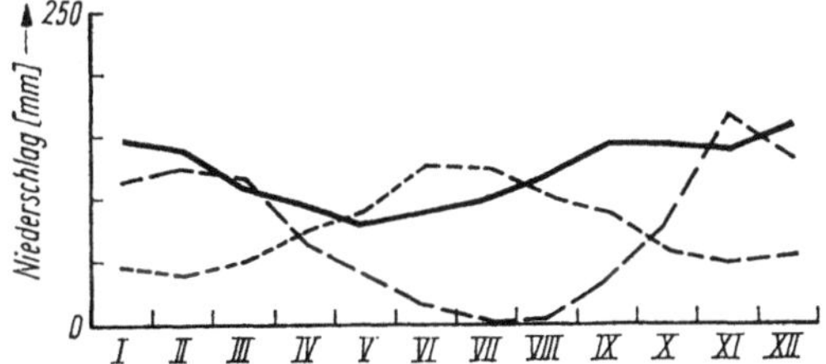

Abb. 106. Regen der gemäßigten Breiten (Werte auf gleiche Monatslängen reduziert).
— Valentia (51° 54′ n. Br., 10° 18′ w. L., 14 m);
— — Gibraltar (36° 06′ n. Br., 5° 21′ w. L., 27 m);
- - - München (48° 06′ n. Br., 11° 36′ ö. L., 526 m)

(Zyklonenregen) verdanken ihre Entstehung im wesentlichen den mit den Zyklonen zusammenhängenden frontalen Vorgängen. Außer den zyklonalen Vorgängen kommt für die Niederschlagsbildung die Konvektion zur Wirkung, die den kontinentalen Gebieten im Sommer Schauer und Gewitter bringt. Die Zyklonentätigkeit und damit auch die mit den Zyklonen zusammenhängende Niederschlagstätigkeit ist am stärksten im Winter; außerdem greift die Zyklonentätigkeit im Winter am weitesten äquatorwärts aus. Damit ergibt sich in den Küstengebieten der gemäßigten Breiten ein winterliches Niederschlagsmaximum (Abb. 106); auch auf den außertropischen Ozeanen herrscht das Wintermaximum der Niederschläge. Die Ausdehnung der winterlichen Zyklonentätigkeit in die Subtropen hinein führt dort ebenfalls zu einem Niederschlagsmaximum im Winter, dem aber im Gegensatz zu den weiter polwärts gelegenen Gebieten eine ausgesprochene Trockenzeit im Sommer gegenübersteht. Schließlich wird in kontinental beeinflußten Gebieten der gemäßigten Breiten der durch die Zyklonentätigkeit bestimmte Niederschlagsgang so stark durch die Konvektionsvorgänge modifiziert, daß es zu einem sommerlichen Niederschlagsmaximum kommt.
Geländeregen bestimmen dort den Jahresgang der Niederschläge, wo ein Hindernis einer zumindest während eines Teiles des Jahres wehenden einheitlichen Luftströmung entgegensteht. Am deutlichsten ist das in den Passatgebieten der Fall, so daß man von Passatregen sprechen kann, die vielfach in den Tropen anzutreffen sind. Da der Passat seine größte Beständigkeit im Winter hat, ergibt sich auch für die Passatregen ein Maximum im Winter (Abb. 107). Dem Passatregen ähnliche orographisch bedingte Niederschläge treten auch in anderen Klimagebieten auf, wenn sie auch dort im allgemeinen den Jahresgang des Niederschlags nicht so stark beeinflussen, wie das in den Passatgebieten der Fall ist.
Der jährliche Gang des Niederschlags ist allgemein durch die Angabe der mittleren Regenschwankung (periodische Schwankung) zu kennzeichnen. Unter der mittleren Regenschwankung versteht man die Differenz der extremen Monatssummen langjähriger Niederschlagsmittelwerte, ausgedrückt in Prozent der Jahressumme. Bei völlig gleichmäßi-

ger Verteilung der Niederschläge über das Jahr müßten in jedem Monat etwa 8% des Jahresniederschlags fallen; damit wäre die mittlere Regenschwankung gleich Null. Je größer nun die mittlere Regenschwankung ist, um so deutlicher ist die Periodizität des Niederschlags ausgeprägt. Auf Grund dieser Zahlenangaben unterscheidet A. SUPAN (1898): Gebiete bzw. Orte mit Regen zu allen Jahreszeiten (mittlere Regenschwankung unter 10%), Gebiete mit mäßiger Periodizität (10 bis 19%) und Gebiete mit strenger Periodizität (20% und mehr).

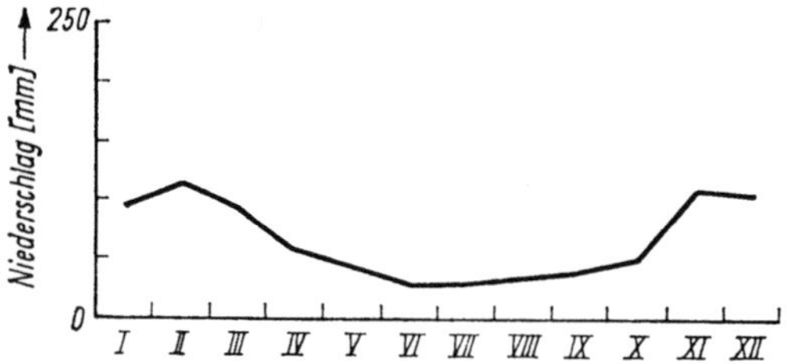

Abb. 107. Geländeregen (Passatregen) (Werte auf gleiche Monatslängen reduziert).
Honolulu (21° 18′ n. Br., 157° 54′ w. L., 12 m)

Eine andere Möglichkeit, den Jahresgang des Niederschlags zu kennzeichnen, wurde von A. SCHULZE (1956) durch die Angabe der Jahresgangzahlen des Niederschlags gegeben. Zu ihrer Darstellung werden die absoluten Abweichungen der Monatssummen von einem Zwölftel der Jahressumme addiert, mit 100 multipliziert und durch die mittlere Jahressumme des Niederschlags dividiert. Auf diese Weise erhält man die relative Jahresgangzahl des Niederschlags, die die Abweichungen der Monatssummen vom Mittelwert in Prozent der Jahressumme des Niederschlags angibt. Nach der von A. SCHULZE (1956) für Europa gegebenen Verteilung der relativen Jahresgangzahl des Niederschlags treten hier die geringsten Werte – weniger als 20% – auf den britischen Inseln, wo die Zahlen teilweise unter 15% zurückgehen, auf Island und an der norwegischen Küste, aber auch in weiten Gebieten West- und Mitteleuropas auf. Mit der Entfernung vom Meer wachsen die relativen Jahresgangzahlen des Niederschlags an; auch die zunehmende Periodizität der Niederschläge, die sich im Mittelmeergebiet ergibt, spiegelt sich in starkem Anwachsen der relativen Jahresgangzahlen des Niederschlags wider. In dem von A. SCHULZE (1956) dargestellten Gebiet

ergeben sich die höchsten relativen Jahresgangzahlen des Niederschlags – über 120% – in Nordafrika und Arabien.

Entsprechend dem Jahresgang vorherrschender Konvektionsvorgänge zeigen auch Schauer und Gewitter einen ausgeprägten jährlichen Gang, der am deutlichsten bei den Gewittern in Erscheinung tritt. Danach zeigen sich über den Kontinenten die Gewittermaxima im Sommer, wobei die Gewitter in den äquatorialen Regengebieten zu einer regelmäßigen Erscheinung werden. In den sommertrockenen Subtropen dagegen ist das Gewittermaximum bei allerdings sehr geringer Gewitterhäufigkeit auf den Winter verschoben. In mittleren Breiten sind Gewitter im Winter selten, die Zahl der Gewitter wird durch die Sommergewitter bestimmt. Nur auf den Ozeanen der mittleren Breiten, wo die Vorbedingungen für stärkere Konvektionsbewölkung fehlen, zeigt sich das Maximum der Gewitter im Winter, allerdings bei einer geringen Gesamtzahl.

5.4.7. Verteilung der Bewölkung und der Niederschläge auf der Erde

Die geringste Bewölkung ergibt sich im Bereich der subtropischen Hochdruckgebiete, wo die mittlere jährliche Bewölkungsmenge vielfach unter 2 (in Zehnteln des Himmels) absinkt. So ergibt sich beispielsweise für Assuan in 24° n. Br., 33° ö. L. in einer Meereshöhe von 100 m ein Jahresmittel der Bewölkung von 0,5. Von diesen Gürteln geringer Bewölkung ausgehend, zeigt sich sowohl polwärts als auch äquatorwärts eine Bewölkungszunahme. Die stärkste Bewölkung zeigt sich in Breiten zwischen 60 und 70°, wo Jahresmittel von mehr als 8 und im Winter Monatsmittel über 9 erreicht werden.

Im einzelnen zeigen sich Unterschiede in der Bewölkungsverteilung zwischen den Ozeanen und Kontinenten sowie zwischen den Jahreszeiten. Diese Unterschiede werden durch die Abb. 108 und 109 angedeutet, die die Bewölkungsmittel für die einzelnen Breitenzonen geben.

Über den Kontinenten (Abb. 108) ist im Jahr sowie in den Monaten Januar und Juli deutlich das Minimum der Bewölkung in den Trockengebieten und die Zunahme sowohl gegen den Pol als auch gegen den Äquator

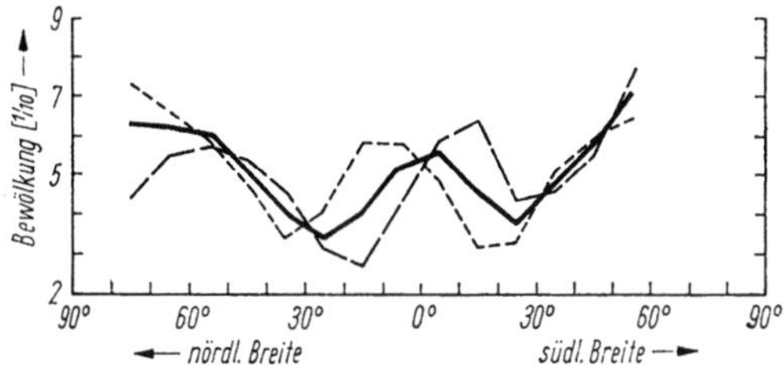

Abb. 108. Verteilung der Bewölkung (in Zehnteln des Himmels) in den Breitenzonen über den Kontinenten (nach HANN-SÜRING, 1939).
— Jahr; — — Januar; - - - Juli

hin zu erkennen. Dabei zeigt sich eine dem Sonnenstand folgende Verschiebung der Bewölkungsgürtel, so daß die Gürtel geringer Bewölkung und der dazwischenliegende äquatoriale Bewölkungsgürtel im Januar nach Süden, im Juli nach Norden verschoben sind. Im Gebiet zwischen etwa 30° nördlicher und südlicher Breite ist allgemein die sommerliche Bewölkung stärker ausgebildet als die winterliche. Auch in den hohen Breiten überwiegt die sommerliche Bewölkung; denn in den winterlichen Hochdruckgebieten herrscht vielfach wolkenloses oder wolkenarmes Wetter. In den mittleren Breiten, zwischen etwa 30 und 60° Breite, überwiegt die winterliche Bewölkung.

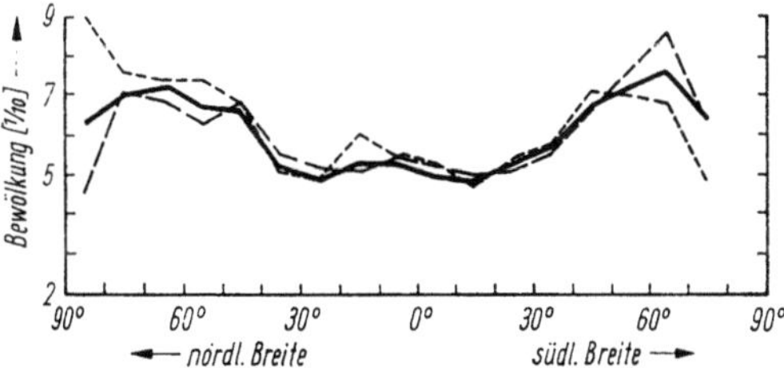

Abb. 109. Verteilung der Bewölkung (in Zehnteln des Himmels) in den Breitenzonen über den Ozeanen (nach HANN-SÜRING, 1939).
— Jahr, — — Januar, - - - Juli

Bei im allgemeinen stärkerer Bewölkung ist über den Ozeanen (Abb. 109) die Verteilung der Bewölkung gleichmäßiger als über den Kontinenten. Das gilt sowohl für die jahreszeitlichen als auch für die breitenabhängigen Unterschiede. Auch über den Ozeanen zeigt sich die geringste Bewölkung im Bereich der subtropischen Hochdruckgebiete sowie von diesen Gebieten aus eine Zunahme polwärts und äquatorwärts. Der starke Bewölkungsrückgang, der sich im Winter in hohen Breiten zeigt, dürfte auf den infolge der tiefen Tem-

peraturen geringen Feuchtigkeitsgehalt der Luft zurückzuführen sein.

Heitere und trübe Tage zeigen in ihrer Anzahl eine Abhängigkeit von der geographischen Breite, der Jahreszeit und der Lage zum Meer. Die höchste Zahl heiterer Tage wird im Bereich der subtropischen Hochdruckgebiete erreicht, während dort gleichzeitig die Zahl der trüben Tage am geringsten ist: Ifren (32° n. Br., 13° ö. L., 713 m) hat im Jahr durchschnittlich 293 heitere und 33 trübe Tage. Demgegenüber ergibt sich eine sehr hohe Anzahl trüber Tage in den gemäßigten Breiten, und zwar besonders in den ozeanisch beeinflußten Gebieten: der Ben Nevis in Schottland (57° n. Br., 5° w. L., 1343 m) hat im Jahre durchschnittlich 15 heitere, aber 247 trübe Tage, wobei diese nahezu gleichmäßig über das Jahr verteilt sind. In den Tropen bleibt sowohl die Zahl der heiteren als auch der trüben Tage verhältnismäßig gering; die hohen mittleren Bewölkungsmengen werden durch eine große Anzahl von Tagen mit mittleren Bewölkungsverhältnissen erreicht. Die Zahl der wolkenlosen Tage bleibt allgemein recht gering; sie sind eine Erscheinung der Hochdruckgebiete. Die höchste Zahl wolkenloser Tage wird in den Wüstengebieten der niederen Breiten erreicht; in höheren Breiten kann mit den winterlichen kontinentalen Hochdruckgebieten eine größere Anzahl wolkenloser Tage verbunden sein. Die geringste Anzahl wolkenloser Tage ergibt sich in den tropischen Regengebieten; so hat Jakarta im Laufe von 26 Jahren (9500 Tage) nur einen wolkenlosen Tag gehabt.

Da die Niederschläge in ihrer Bildung und Verteilung von einer Reihe von Faktoren abhängig sind, ergibt sich ein recht buntes Bild ihrer Verteilung (Abb. 110). Trotzdem lassen sich in der Niederschlagsverteilung einige allgemeine Grundzüge erkennen, wenn auch im einzelnen mehr oder weniger starke Abweichungen davon auftreten. In Abb. 110 ist eine Reihe von Niederschlagsgürteln erkennbar, und zwar:

1. ein schmaler tropischer Regengürtel mit starker Bewölkung, in dem die Niederschlagsmengen verbreitet über 2000, vielfach auch über 3000 mm im Jahr ansteigen;
2. zwei Gürtel mit polwärts abnehmender Bewölkung und abnehmenden Niederschlägen,

Abb. 110. Jährliche Niederschlagshöhen (in cm) (nach W. MEINARDUS, 1933)

die sich an den tropischen Regengürtel anschließen (Passatgebiete);

3. die Bereiche der subtropischen Hochdruckgebiete mit geringer Bewölkung und großer Trockenheit;

4. die Gebiete der außertropischen Westwinde mit starker Bewölkung sowie häufigen und meist ergiebigen Niederschlägen;

5. die verhältnismäßig niederschlagsarmen, aber im allgemeinen wolkenreichen Polargebiete.

Diese allgemeine Niederschlagsverteilung, die im einzelnen mehr oder weniger starke Abweichungen erfährt, kommt auch in der mitt-

leren Niederschlagshöhe der einzelnen Breitenzonen (Abb. 111) zum Ausdruck. Von den äquatornahen Gebieten mit hohen Niederschlägen zeigt sich polwärts eine Abnahme, so daß ein Minimum auf der Nordhalbkugel zwischen 20 und 25°, auf der Südhalbkugel zwischen 25 und 35° Breite erreicht wird. Trotzdem bleiben die Niederschlagshöhen dieser Breiten verhältnismäßig hoch, da die Gürtel geringer Niederschläge Unterbrechungen zeigen und in die entsprechenden Breitenzonen Gebiete mit recht erheblichen Niederschlagsmengen eingelagert sind. Von den Hochdruckgebieten aus zeigt sich dann polwärts wieder eine Zunahme der Niederschläge, die auf der Nordhalbkugel zwischen 40 und 50°, auf der Südhalbkugel zwischen 45 und 60° Breite ihr Maximum erreichen. Polwärts dieser Niederschlagsmaxima ergibt sich eine Abnahme, die auf der Südhalbkugel stärker ist als auf der Nordhalbkugel. Von wenigen Ausnahmen abgesehen, sind in den einzelnen Breitenzonen die Niederschlagshöhen auf den Ozeanen höher als über den Kontinenten.

Aus der zonalen Verteilung der Niederschläge ergibt sich für die gesamte Erde sowie für die beiden Halbkugeln die in Tab. 42 gegebene Übersicht.

Die Niederschlagsverteilung nach Abb. 110

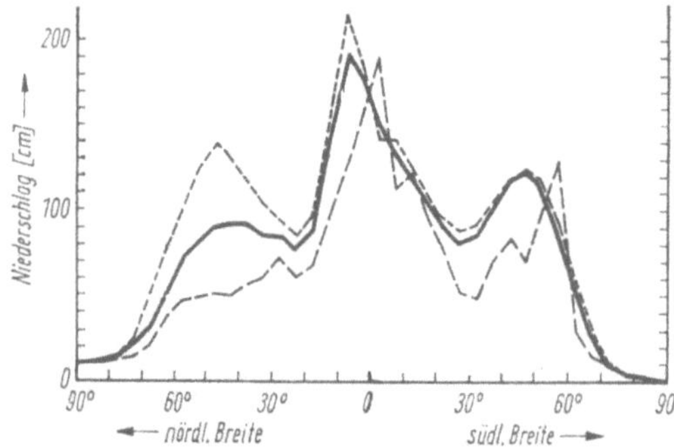

Abb. 111. Zonale Niederschlagsverteilung (in cm/Jahr) (nach W. MEINARDUS).
— Erde; – – Land; - - - Meer

läßt noch einige weitere Einzelheiten erkennen. Die Verteilung der Niederschlagshöhen an den Ost- und Westküsten weist eine deutliche Dreiteilung auf: Während im Bereich der Westwindzonen – das gilt für die äquatoriale wie für die außertropische Westwindzone – an den Westseiten der Kontinente der meiste Niederschlag fällt, sind es im übrigen Tropengebiet meist die Ostseiten, die größere Niederschlagsmengen erhalten. Die Beregnung der Küsten läßt also – von anderen Faktoren abgesehen – die Verteilung der planetarischen Windzonen erkennen. Weiterhin zeigt die Niederschlagsverteilung die Wirkung von Gebirgen, die sich den regenbringenden Winden als Hindernisse entgegenstellen; so wirken die im Bereich der außertropischen Westwinde meridional angeordneten Gebirge Amerikas niederschlagsverstärkend. Beim Vorherrschen der vom Meere kommenden Winde nimmt die jährliche Niederschlagsmenge landeinwärts, also mit zunehmender Entfernung vom Meer, ab, wie das Beispiel Eurasiens in etwa 60° n. Br. zeigt.

Innerhalb der Gebiete mit einem Jahresniederschlag von mehr als 3000 mm (Abb. 110) ergeben sich stellenweise Niederschläge, die wesentlich über die genannte Zahl hinausgehen. Die höchste langjährige Niederschlagssumme ergibt sich in Indien am Khasia-Gebirge, wo die Station Cherrapunji in 1313 m Höhe im Mittel der Jahre 1851 bis 1920 (70 Jahre) eine mittlere Jahressumme von 11020 mm aufweist; dabei gingen dort von August 1860 bis Juli 1861, also während eines Jahres, 26461 mm Regen nieder. Weitere hohe Jahreswerte des Niederschlags ergeben sich nach unterschiedlichen Jahresreihen in Westafrika (9380 mm in Debundscha am Kamerunberg), an der atlantischen Küste von Guatemala, Kostarika und Nikaragua (bis zu 6580 mm), in Kolumbien (bis 8400 mm) und auf den Hawaii-Inseln (11981 mm als Mittel der Jahre 1912 bis 1949 am Mt. Waichale).

Tabelle 42. Mittlere jährliche Niederschlagshöhen (in cm)
(nach W. MEINARDUS, 1934)

	Kontinente	Ozeane	Mittel
Nordhalbkugel	62,7	123,7	99,7
Südhalbkugel	75,7	106,5	100,7
Gesamte Erde	67,0	113,9	100,2

Im Gegensatz zu den z. T. örtlich eng begrenzten Gebieten mit extrem hohen Niederschlägen gibt es Gebiete mit sehr geringen Niederschlägen. Dabei ist zu bemerken, daß völlig niederschlagsfreie Gebiete wahrscheinlich nicht vorhanden sind. In den Wüstengebieten fallen die Niederschläge allerdings so selten, daß sich praktisch verschwindende Mittelwerte ergeben. So hatte Assuan im 20-jährigen Zeitraum von 1901 bis 1920 praktisch keinen Niederschlag; in Iquique an der Westküste Perus ergab sich für die Jahre 1886 bis 1925 im Juli eine mittlere Niederschlagsmenge von 1 mm, die gleichzeitig die mittlere Jahressumme für die genannten Jahre darstellt.

Neben der Verteilung der Niederschlagshöhen ist die Kenntnis der Veränderlichkeit der Niederschlagssummen wichtig. Die durchschnittliche Veränderlichkeit des Niederschlages gibt an, mit welchen mittleren Abweichungen vom langjährigen Mittel – ausgedrückt in Prozenten dieses langjährigen Mittels – gerechnet werden muß.

Die mittlere relative Veränderlichkeit des Niederschlags (Abb. 112) zeigt einen deutlichen Zusammenhang mit der Niederschlagshöhe. Die Veränderlichkeit ist groß in den Gebieten mit geringen Niederschlägen, wobei sie in den Wüstengebieten stellenweise über 65% ansteigt. Demgegenüber ergibt sich eine geringe Veränderlichkeit in Gebieten mit hohen Niederschlägen, wie das in den äquatorialen Regengebieten, aber auch in der außertropischen Westwindzone der Fall ist. Beispielsweise geht die Veränderlichkeit des Niederschlags an den Westküsten der Kontinente innerhalb der außertropischen Westströmung sowie im Bereich der äquatorialen Westwinde unter 10% zurück.

In vielen Gebieten der Erde geht ein Teil des Niederschlags in Form von Schnee nieder. Das Auftreten von Schnee ist temperaturabhängig, wenn auch Schneefall in einem großen Temperaturintervall, von etwa —40 bis 10 °C, beobachtet wurde. Die Temperaturabhängigkeit des Schneefalls bedingt eine Abhängigkeit von der Höhe über dem Meer und von der geographischen Breite. Infolge seiner Temperaturabhängigkeit kann Schnee im Tiefland äquatorwärts bis durchschnittlich 30°, gelegentlich auch bis 25° Breite fallen. Naturgemäß nimmt äquatorwärts die Häufigkeit der Schneefälle

Abb. 112. Mittlere relative Veränderlichkeit des Niederschlags in % des langjährigen Mittels (nach C.E. KOEPPE und G. C. DE LONG, 1958)

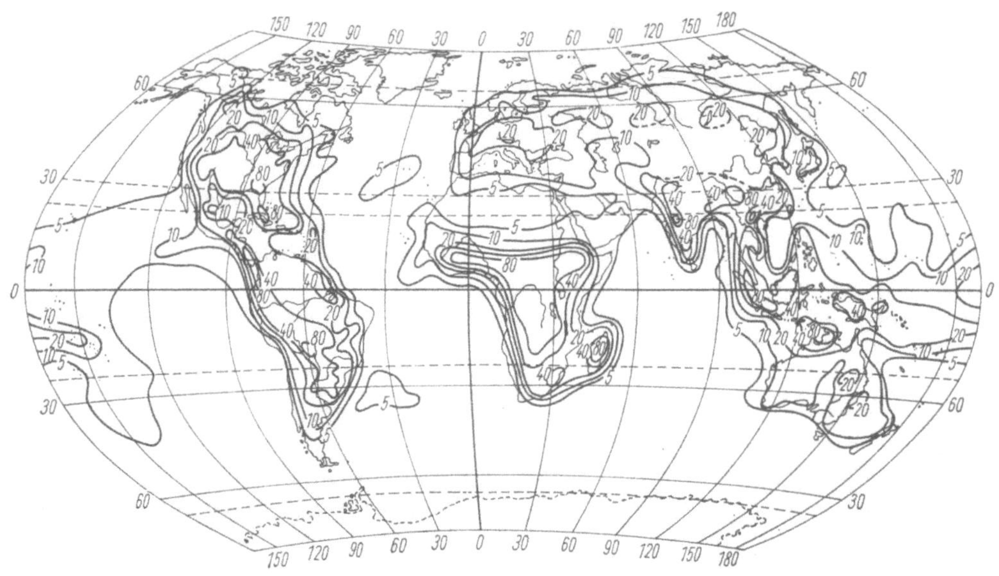

Abb. 113. Mittlere jährliche Anzahl der Tage mit Gewitter (nach H. J. CRITCHFIELD, 1960)

sowie die Menge des gefallenen Schnees ab.

Hagel und Gewitter zeigen, da sie auf die gleichen Ursachen zurückgehen, Parallelen in der Verteilung. Dabei ist zu bemerken, daß im allgemeinen Hagelfälle seltener sind als Gewitter, daß also nicht bei jedem Gewitter Hagel niedergeht. Hagel kommt in allen Breiten vor, scheint aber in den mittleren Breiten die größte Häufigkeit zu haben. Auf den Ozeanen tritt er am häufigsten in Breiten über 35° auf, fehlt aber auch in Äquatornähe nicht. Es ist zu beachten, daß die Angaben über die Hagelverteilung recht unsicher sind, da einerseits das Auftreten von Hagel sehr starken örtlichen Unterschieden unterliegt, zum anderen aber auch die Beobachtungen selbst infolge der immer wieder vorkommenden Verwechslung von Hagel und Graupel oft nicht sehr verläßlich sind.

Auch die Angaben über die Gewitterhäufigkeit sind im allgemeinen unsicher. Dagegen gibt einen Überblick über die Gewitterverteilung die Zahl der Tage mit Gewitter (Abb. 113). Unter einem Gewittertag wird dabei ein Tag verstanden, an dem wenigstens ein Gewitter am Beobachtungsort verzeichnet wurde. Im allgemeinen nimmt die Zahl der Gewittertage von den äquatornahen Gebieten, wo sie über den Kontinenten die höchsten Werte erreicht, polwärts ab. Allerdings geht diese Abnahme nicht gleichmäßig vor sich; vielmehr folgt einem Minimum der Gewittertage in den subtropischen Hochdruckgebieten nochmals eine Zunahme in den gemäßigten Breiten. Die Gewitterhäufigkeiten der Tropen – ausgedrückt in den Zahlen der Gewittertage – werden dort aber nicht mehr erreicht. Jenseits des Polarkreises treten kaum noch Gewitter auf. Es sei darauf hingewiesen, daß die Zahl der Gewittertage keine sicheren Angaben über die Anzahl der Gewitter gestattet und daß durch diese Häufigkeitsangaben nichts über die Stärke und die Niederschlagsmengen der Gewitter ausgesagt wird.

Die Niederschlagssummen zeigen mit zunehmender Meereshöhe des Beobachtungsortes eine Zunahme. Dabei muß in einer bestimmten Höhe eine Maximalzone des Niederschlages erreicht werden, so daß darüber bei weiterer Höhenzunahme die Niederschläge wieder abnehmen. In den Tropen ergibt sich diese Maximalzone des Niederschlages bei 1200 bis 1500 m Höhe, wie für Java und Sumatra festgestellt wurde. Für den nordwestlichen Himalaja wird die Maximalzone der Niederschläge mit 1300 m angegeben. Demgegenüber bleiben die Gebirge der gemäßigten Breiten unterhalb der Maximalzone, bzw. die Maximalzone liegt in einzelnen Fällen in Höhe der Gipfel (vgl. D. HAVLIK oder F. FLIRI).

Mit zunehmender Meereshöhe verändert sich die Zusammensetzung der Niederschläge in der Weise, daß der Anteil an festen Niederschlägen (Schnee) zunimmt. Das Zahlenverhältnis zwischen festem und flüssigem Niederschlag ist für eine bestimmte Höhe über dem Meer breitenabhängig; es nimmt äquatorwärts ab und wächst polwärts. Das bedeutet: In einer bestimmten Höhe nimmt die Menge der festen Niederschläge im Verhältnis zu den flüssigen Niederschlägen polwärts zu, äquatorwärts ab. Diese Abhängigkeit von der Temperatur und damit von der geographischen Breite spiegelt sich in der später noch zu besprechenden Lage der Schneegrenze wider.

Die Schneedecke zeigt in ihrem Auftreten und in ihrer Dauer naturgemäß ebenfalls eine Abhängigkeit von der Temperatur und somit von der geographischen Breite. Die jährliche Zahl der Tage mit Schneedecke nimmt für eine bestimmte Höhe über dem Meer von den Polen in Richtung auf den Äquator ab; die Grenze der Ausbildung einer Schneedecke fällt etwa mit der Grenze des Schneefalls zusammen. Eine bestimmte Schneedeckendauer, die in hohen Breiten in Höhe des Meeresspiegels eintritt, rückt äquatorwärts in immer größere Höhen vor. Die Höhe der Schneedecke ist abhängig von den Temperaturverhältnissen, aber auch von den Niederschlägen. Im allgemeinen wird die höchste Schneedecke vor Einsetzen verstärkten Tauwetters, also je nach Höhenlage gegen Ende des Winters bzw. im Frühjahr erreicht. Die größten Schneehöhen ergeben sich einerseits in höheren Breiten, andererseits in den Hochgebirgen mittlerer und niederer Breiten.

Untersuchungen über die Schneedecke und ihre Verbreitung über ausgedehnte Gebiete werden dadurch erschwert, daß jeweils Höhe und Andauer der Schneedecke zu betrachten sind. Beide Größen zeigen mannigfache Abhängigkeiten, so daß die Beobachtung erschwert wird. Das hat zur Folge, daß über die Schneedecke zahlreiche Darstellungen existieren, die sich auf kleinere Gebiete beschränken, während eine Gesamtübersicht praktisch fehlt. Aus der Fülle von Einzeldarstellungen sei auf die Arbeiten von E. HEBNER (1928) und I. KÜCHLE-SCHEIDEMANTEL (1956) hingewiesen, die auf die Dauer der Schneedecke eingehen.

Aus der Verteilung der Schneedecke ergibt sich der Begriff der Schneegrenze. Man versteht darunter die untere Grenze, bis zu der die Schneedecke herabreicht. Da diese untere Grenze jahreszeitlichen Schwankungen unterliegt, wird sie als temporäre Schneegrenze bezeichnet. Demgegenüber stellt die höchste Lage der temporären Schneegrenze die untere Grenze der dauernd mit Schnee bedeckten Region dar; sie wird als klimatische Schneegrenze bezeichnet.

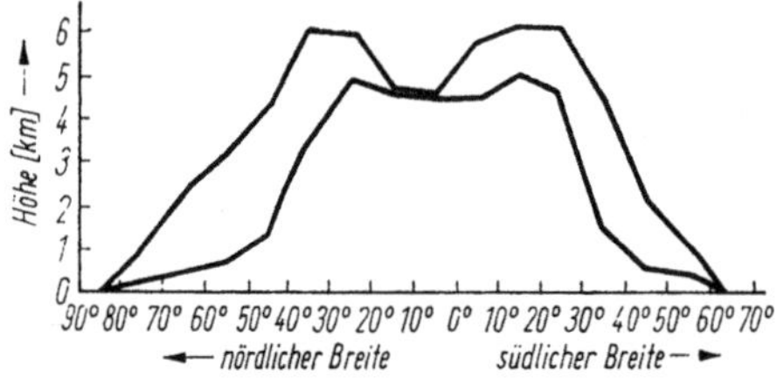

Abb. 114. Höchste und tiefste Lage der klimatischen Schneegrenze in den einzelnen Breitenzonen (nach B. P. ALISSOW. O. A. DROSDOW, E. S. RUBINSTEIN, 1956)

Die Höhenlage der Schneegrenze ist von mehreren Faktoren abhängig, und zwar von der Menge des in fester Form niedergehenden Niederschlages, der Lufttemperatur während der Abschmelzperiode und den Strahlungsverhältnissen. Mit der Abhängigkeit von der Lufttemperatur ergibt sich eine Abhängigkeit von der geographischen Breite, so daß die Schneegrenze mit abnehmender geographischer Breite ansteigt. Die Abhängigkeit von den Niederschlägen kommt darin zum Ausdruck, daß auf der Luvseite der Gebirge die Schneegrenze tiefer herabreicht als auf der

Leeseite. Dieses Zusammenwirken von Niederschlag und Temperatur bringt es mit sich, daß die Schneegrenze nicht mit irgendeiner Isotherme gleichgesetzt werden kann. Denn dort, wo große Schneemengen niedergehen, kann sich auch bei hohen sommerlichen Lufttemperaturen eine Schneedecke erhalten; als Beispiel sei erwähnt, daß im Altai in 50° n. Br. an der in 2800 m Höhe liegenden Schneegrenze eine Julitemperatur von 9 °C herrscht.

Die temporäre Schneegrenze ist in ihrer Höhenlage im wesentlichen jahreszeitenabhängig. Die tiefste Lage der temporären Schneegrenze wird zur Zeit beginnender Erwärmung, also zu Ende des Winters bzw. im Frühjahr, erreicht. Die höchste Lage der temporären Schneegrenze tritt dann ein, wenn die Einstrahlung gerade noch ausreicht, frisch gefallenen Schnee zu tauen; das ist zu Ende des Sommers bzw. im Herbst der Fall.

Die klimatische Schneegrenze zeigt im allgemeinen einen großen Schwankungsbereich (Abb. 114). Sie liegt im Mittel zwischen 70 und 80° n. Br. bei 500 m Höhe und steigt äquatorwärts an. Dieser Anstieg setzt sich allerdings nicht bis zum Äquator hin fort; es zeigt sich vielmehr, daß die höchste Lage der klimatischen Schneegrenze auf beiden Halbkugeln zwischen 20 und 30° Breite erreicht wird. Das hängt damit zusammen, daß in den subtropischen Hochdruckgebieten sowie im Bereich der Passate die Niederschläge stark zurückgehen, wodurch sich die Schneegrenze in größere Höhen verlagert. Gegen den Äquator hin hat dann die Niederschlagszunahme eine tiefere Lage der Schneegrenze zur Folge. Bei den hier genannten Werten kann es sich naturgemäß nur um Mittelwerte handeln, da im einzelnen die Lage der Schneegrenze durch orographische Verhältnisse, die Exposition des Beobachtungsortes gegen die Sonnenstrahlung sowie die Lage zu den schneebringenden Winden modifiziert wird.

6. Allgemeine Zirkulation der Atmosphäre

Die Bewegungsvorgänge innerhalb der Atmosphäre, die die Grundlage für die Verteilung der Klimate darstellen, werden zusammengefaßt als allgemeine Zirkulation bezeichnet. Mit der nachfolgend dargelegten Modellvorstellung ist man in der Lage, die in der Atmosphäre beobachteten Erscheinungen weitgehend zu erklären, wobei im einzelnen allerdings auch das Auftreten örtlicher Zirkulationsformen zu beachten ist. Das Modell der allgemeinen Zirkulation besteht aus mehreren ineinandergefügten Teilen, aus deren Zusammenwirken sich die allgemeine Zirkulation der Atmosphäre ergibt.

Die Bewegungsvorgänge in der Atmosphäre haben ihre Ursache in Temperaturunterschieden, die ihrerseits wieder – wie früher gezeigt wurde – Luftdruckunterschiede zur Folge haben. So besteht in der Troposphäre ein Temperaturgefälle vom Äquator zum Pol, woraus sich der erste Teil des Modells ergibt. Dieses

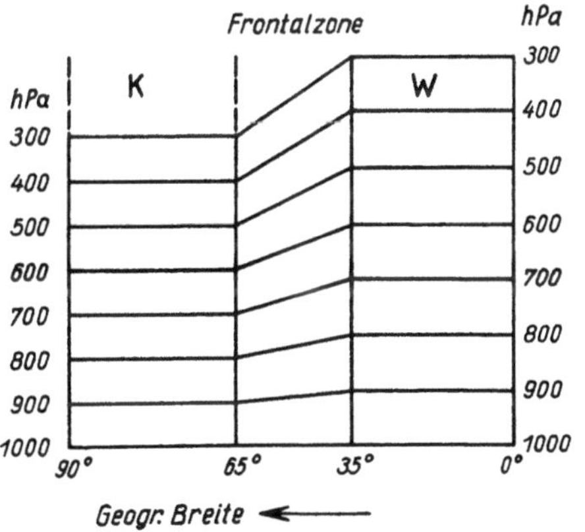

Abb. 115. Verteilung des Luftdrucks in Warm- und Kaltluft. Entstehung der Frontalzone

Temperaturgefälle ist nicht gleichmäßig, sondern auf die mittleren Breiten zwischen etwa 35 und 65° zusammengedrängt (Abb. 115). Denn in den Tropen und den polaren Bereichen bilden sich durch Turbulenzbewegungen einheitliche Luftmassen heraus, in denen die Temperaturunterschiede jeweils relativ gering

sind. Diese einheitlich temperierten Luftmassen erstrecken sich auf beiden Halbkugeln vom Äquator bis etwa 35° Breite (tropische Luftmassen) bzw. vom Pol bis etwa 65° Breite (polare Luftmassen).

Aus den verschiedenen Temperaturverhältnissen der tropischen und polaren Luftmassen ergibt sich eine unterschiedliche Lage der isobaren Flächen. Wie früher (s. 5.3.3.) dargelegt wurde, liegen die isobaren Flächen in Warmluft höher als in Kaltluft; da die Entfernung der isobaren Flächen aus ihrer Ausgangslage in warmer Luft mit der Höhe zunimmt, werden die höher gelegenen isobaren Flächen stärker angehoben als die Flächen in tieferer Lage.

Die durch die Temperaturgegensätze in der Atmosphäre bedingten Luftdruckunterschiede sind also auch wesentlich auf eine Zone zwischen etwa 35 und 65° Breite zusammengedrängt. Mit zunehmender Höhe nehmen in dieser Zone die Druckgegensätze zu (Abb. 115). Somit ergeben sich unter Mitwirkung der ablenkenden Kraft der Erdrotation (Corioliskraft) in der genannten Zone stärkster Druckgegensätze Westwinde, die mit zunehmender Höhe über dem Erdboden an Stärke zunehmen. In 5000 m Höhe sind Windgeschwindigkeiten von 150 bis 200 km/h keine Seltenheit.

Die hier beschriebene Zone starker Westströmung wird als planetarische Frontalzone bezeichnet. Sie stimmt etwa überein mit der früher (s. 3.4.1.) gekennzeichneten Polarfront, die bei der Entstehung wandernder Zyklonen eine wesentliche Rolle spielt. Die starken Höhenströmungen, die in der Frontalzone auftreten, werden in der Literatur auch als Strahl- oder Düsenströmungen, englisch als jet stream, bezeichnet. Die Westwindzone stellt das „Schwungrad der Atmosphäre" dar.

Infolge der Temperatur- und Druckverteilung ist eine solche Westwindzone in der Atmosphäre jeder Halbkugel ausgebildet.

Diese Westwindbänder zeigen jahreszeitliche Verlagerungen, die dem Sonnenstand folgen; einer sommerlichen Verlagerung zum Pol hin entspricht eine winterliche Verlagerung gegen den Äquator.

Die Frontalzone zeigt weder im Einzelfall noch im statistischen Mittel einen streng zonalen Verlauf. Vielmehr ergeben sich mäanderartige Wellen und teilweise eine Aufspaltung in zwei Frontalzonen, wobei es zur Abspaltung von Druckgebilden kommt. In den Mäandern folgen polwärts gerichtete Höhenhochdruckrücken und gegen den Äquator vorstoßende Höhentröge aufeinander (Abb. 116). Dabei

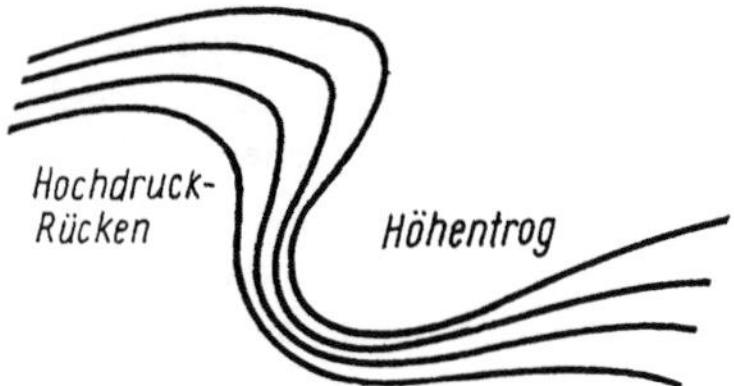

Abb. 116. Mäanderartige Ausbuchtungen der Frontalzone (Hochdruckrücken, Höhentrog)

sind die Höhenhochkeile aus Warmluft, die Höhentröge aus Kaltluft aufgebaut. Die Aufspaltung der Frontalzone und die Abschnürung von Druckgebilden (Abb. 117) kann dazu führen, daß die Westdrift blockiert wird; eine

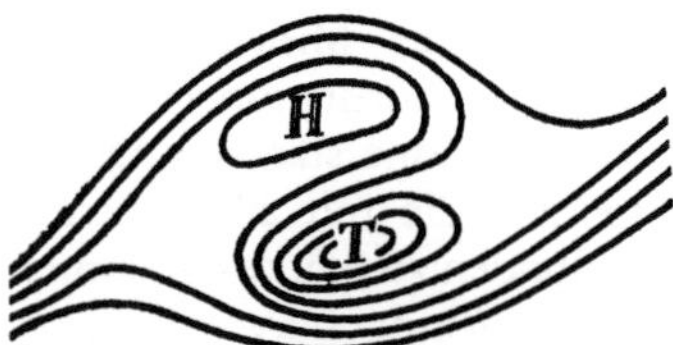

Abb. 117. Abschnürung von Druckgebilden in der Frontalzone

Blockierung der Westströmung kann gebietsweise lang anhaltende Anomalien der Witterung zur Folge haben. Die Ursachen für die Mäanderbildung liegen letztlich in den Eigenschaften der Frontalzone. Einerseits ist nämlich die Frontalzone dynamisch instabil; das bedeutet, daß kleine Auslenkungen der Strömung zu großen Schwingungen anwachsen können. Zum anderen ist die Westwinddrift als geradlinige, stationäre Strömung nicht existenzfähig; sie ist nur stabil, wenn sie Wellenbewegungen ausführt, was von C. G. Rossby (nach den Angaben von H. Flohn, 1953) nachgewiesen wurde. Aus den genannten Tatsachen folgt jedoch nur die Mäanderbildung der Frontalzone im Einzelfall, nicht aber im statistischen Mittel.

Die Tatsache, daß auch im Mittel über längere Zeiträume – Abb. 118 zeigt das Jahresmittel der absoluten Topographie der 500-hPa-Fläche – Mäander der Frontalzone auftreten, läßt vermuten, daß Faktoren einwirken, durch die Rücken und Tröge an bestimmten Stellen bevorzugt auftreten. Denn zunächst müßte angenommen werden, daß sich die aus Gründen der Stabilität der Frontalzone bildenden Mäander im Mittel über längere Zeiten aufheben. Wenn das aber nicht der Fall ist, sich vielmehr quasistationäre Rücken und Tröge im Bereich der Frontalzone zeigen, müssen hierfür besondere Ursachen vorliegen. Diese sind in den Unterschieden zwischen Meer und Land sowie in der Orographie zu suchen.

Die verschiedene Erwärmung bzw. Abkühlung von Land und Meer läßt im Winter über dem kalten Land Höhentröge, über den warmen Meeren Höhenhochkeile erwarten. Der Sommer müßte das umgekehrte Bild zeigen, nämlich Höhentröge über dem nun verhältnismäßig kalten Meer, Höhenhochkeile über den Kontinenten. Eine Übersicht über die Verteilung der quasistationären Höhenhochkeile und Höhentröge zeigt jedoch, daß sie jahreszeitlich keine wesentliche Lageveränderung zeigen; sie sind allerdings im Sommerhalbjahr schwächer ausgebildet als im Winter (Abb. 119). Die verschiedene Erwärmung in den einzelnen Jahreszeiten verändert also zwar die Stärke, weniger die Lage der Rücken und Tröge und kann damit nicht die alleinige Ursache der Mäander in der Frontalzone sein.

Abb. 119 deutet an, daß die Höhenrücken und Höhentröge offenbar in irgendeinem Zusammenhang mit der Orographie stehen. Die Darstellung zeigt nämlich ausgeprägte Höhentröge auf der Leeseite ausgedehnter Erhebungen und somit an der Ostseite der Kontinente der Nordhalbkugel, Höhenhochkeile auf der Luvseite dieser Erhebungen an der Westseite der Kontinente. Nach einer bei H. Flohn (1953 u. a.) wiedergegebenen Darstellung konnten J. G. Charney und E. Eliassen 1949 zeigen, daß die verschiedene Reibung über Meer und Land sowie große Erhebungen zur Auslenkung der Frontalzone führen. Damit sind die quasipermanenten Höhentröge und Höhenrücken der Frontalzone orographisch bedingt, wobei die thermischen Unterschiede der Jahreszeiten modifizierend wirken. Auf

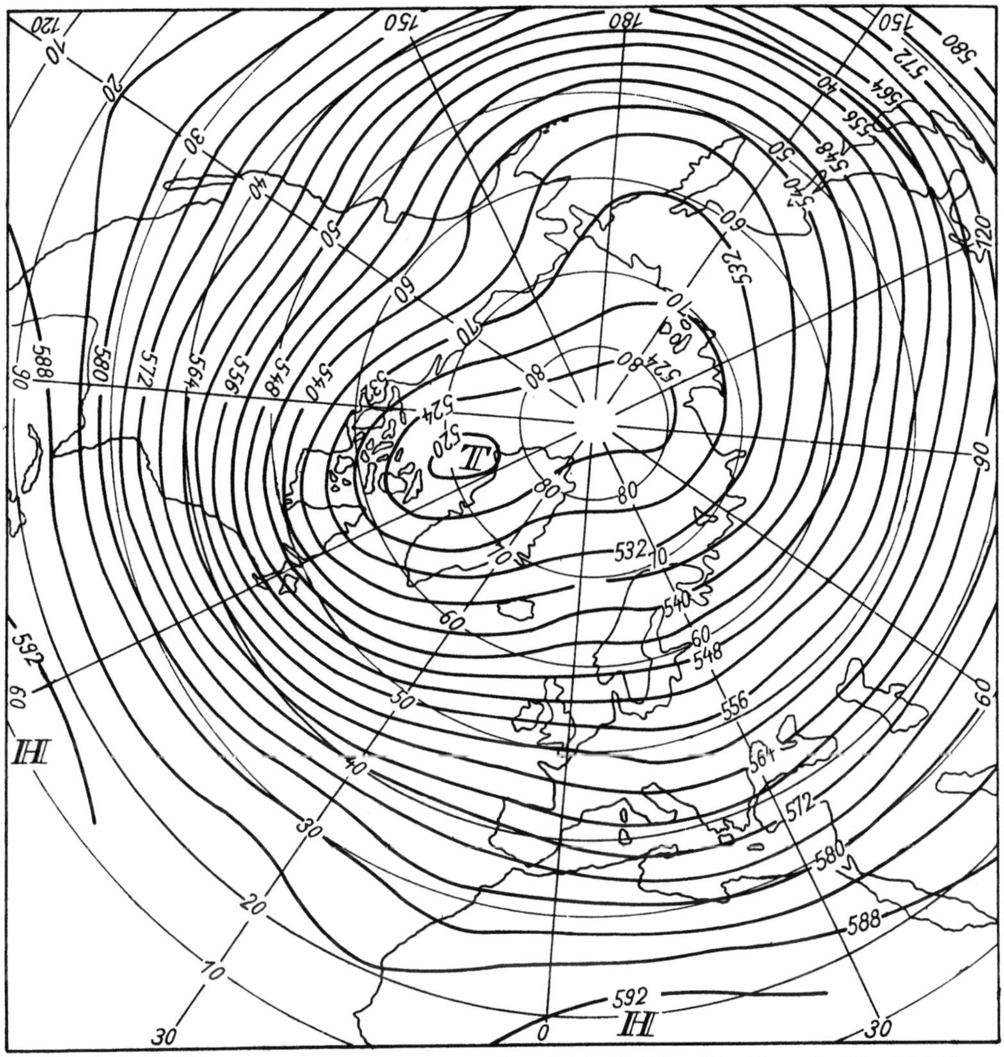

Abb. 118. Höhe der 500-hPa-Fläche (in Dekametern) über der Nordhalbkugel im Jahresmittel (nach M. TEICH, 1955)

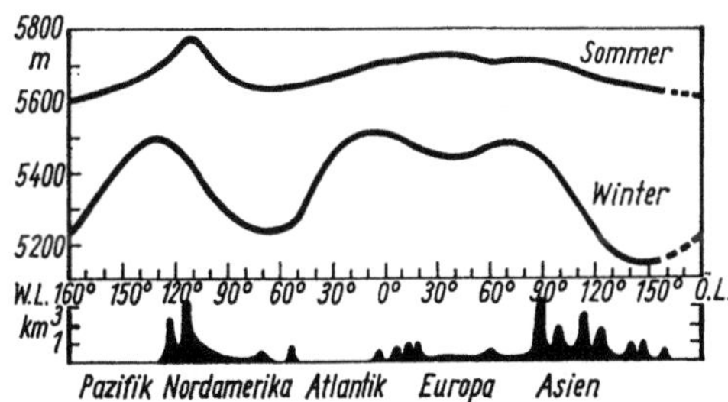

Abb. 119. Höhenlage der 500-hPa-Fläche unter 50° n. Br. im Sommer (Juni bis August) und Winter (Dezember bis Februar) (nach H. FLOHN, 1950)

der Südhalbkugel deutet die Lage der Höhenrücken und -tröge darauf hin, daß einem durch die Orographie hervorgerufenen Höhenrükken in einem bestimmten, durch die Eigenschaften der Atmosphäre bedingten Abstand ein Höhentrog folgt. Im Höhenhochkeil wird eine Schwingung der Frontalzone angeregt, die etwa 2000 km stromabwärts zu einem Höhentrog Anlaß gibt. Die Fortsetzung dieser Schwingung kann zu weiteren Rücken und Trögen führen, die ihrerseits durch Wechsel von Land und Meer sowie durch die orographischen Verhältnisse verstärkt werden können.

Die stärkere Ausbildung von Trögen und Rücken auf der Nordhalbkugel gegenüber der Südhalbkugel ist auf die größere Landausdehnung, die hohen Gebirgszüge an der Westküste des amerikanischen Kontinents sowie auf das Vorhandensein ausgedehnter Hochländer im Bereich der Frontalzone zurückzuführen.

Außer dem angedeuteten Reibungseffekt macht sich im Bereich der Gebirgszüge sowie der Hochländer ein thermischer Effekt bemerkbar, der ebenfalls zu einer Mäanderbildung innerhalb der Frontalzone führt. Die Hochländer Zentralasiens und Nordamerikas stellen im Sommer in Breiten bis etwa 40° hochgelegene Heizflächen dar, die eine höhere Temperatur aufweisen als die freie Atmosphäre der Umgebung (die 0-°C-Grenze liegt im Sommer über Tibet bei 5900 m, über dem Äquatorialgebiet bei 4700 m). Daraus folgt eine vom Hochland weg gerichtete Strömungskomponente, die infolge der auftretenden Corioliskräfte auf der Luvseite eine Auslenkung der Weströmung in Richtung zum Pol (Höhenhochkeil) zur Folge hat, während sich auf der Leeseite der Ansatz eines Troges ergibt (vgl. Abb. 120). Denn die auf der Luvseite aus der abströmenden Windkomponente folgende Coriolisablenkung wirkt der Coriolisablenkung des geostrophischen Windes entgegen; damit entsteht ein Überschuß der polwärts gerichteten Gradientkraft, was zur Auslenkung der

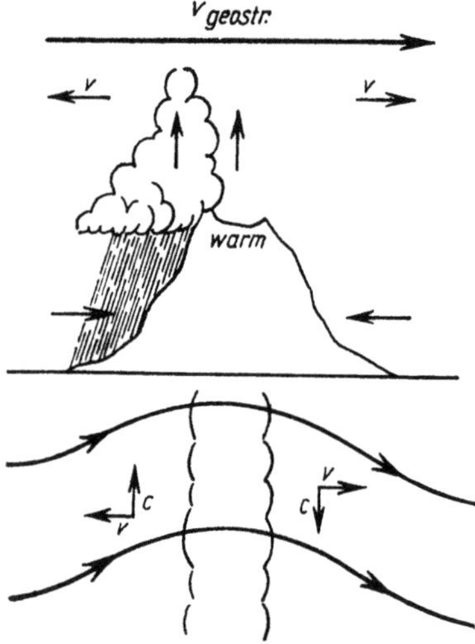

Abb. 120. Veränderung der Höhenströmung durch ein Gebirge (nach H. FLOHN, 1953)

Strömung führt. Auf der Leeseite des Gebirges ergibt sich ein analoger Effekt, wobei hier aber die Auslenkung der Weströmung gegen den Äquator (Höhentrog) gerichtet ist. Dieser thermische Effekt der Hochländer führt beispielsweise über Tibet im Sommer zur Ausbildung eines Höhenhochs, wodurch die außertropische Westwindzone nach Norden hin zurückgedrängt wird.

In der gleichen Richtung wie die sommerliche Erwärmung der Hochländer in subtropischen Breiten wirkt in höheren Breiten die Niederschlagsbildung auf der Luvseite von Gebirgen, die quer zur Strömungsrichtung verlaufen. Die auftreffende Strömung wird hier zum Aufsteigen gezwungen, wobei es bei ausreichendem Feuchtigkeitsgehalt der Luft zur Kondensation kommt. Dabei wirkt die freiwerdende Wärme dahin, daß die Luft in Gebirgsnähe eine höhere Temperatur hat als die umgebende freie Atmosphäre. Die daraus entstehende, vom Gebirge weggerichtete Strömungskomponente hat eine polwärts gerichtete Auslenkung der Weströmung zur Folge. Die so angeregte Schwingung der Frontalzone läßt einem Höhenhochkeil etwa 2000 km stromabwärts einen Höhentrog folgen. Der hier geschilderte Effekt ist während des gesamten Jahres wirksam; er kommt besonders deutlich an den Felsengebirgen Nordamerikas, aber auch an den Anden Südamerikas zur Ausbildung.

Infolge der quasistationären Höhenrücken und -tröge entstehen im Bereich der Westwindzone meridionale Strömungskomponenten, die im statistischen Mittel ortsgebunden sind. Diesen Luftströmungen folgen auf den Ozeanen die Meeresströmungen, so daß im Bereich der Frontalzone die Ostseiten der Ozeane warme, die Westseiten kalte Meeresströmungen aufweisen. Die Meeresströmungen erweisen sich demnach als Folge der Luftströmungen, wenn sie auch ihrerseits wieder auf die Luftströmungen zurückwirken. Es stellt sich schließlich ein Gleichgewichtszustand ein, der in den Meeresströmungen gewissermaßen fixiert ist, da das Wasser infolge größerer Trägheit den kurzfristigen Veränderungen der Luftströmungen nicht folgt.

Die Mäander der Westwindzone haben zur Folge, daß im Bereich der Frontalzone die Windgeschwindigkeiten wechseln, was in der unterschiedlichen gegenseitigen Entfernung der Isohypsen zum Ausdruck kommt (vgl. Abb. 118). Vor den Gebieten stärkster Isohypsendrängung laufen die Isohypsen zusammen (Konvergenz, Einzugsgebiet der Strahlströmung), während sie hinter den Gebieten stärkster Strömung wieder auseinanderstreben (Divergenz, Delta der Frontalzone). Diese Vergenzen haben nach der Theorie von V. H. RYD und R. SCHERHAG – vgl. R. SCHERHAG (1948) – Massenverlagerungen und damit Veränderungen des Bodendruckfeldes zur Folge.

Im Einzugsgebiet der Strahlströmung (Abb. 121) nimmt die Gradientkraft zu. Damit ergibt sich auch eine Zunahme der Strömungsgeschwindigkeit. Infolge der Trägheit

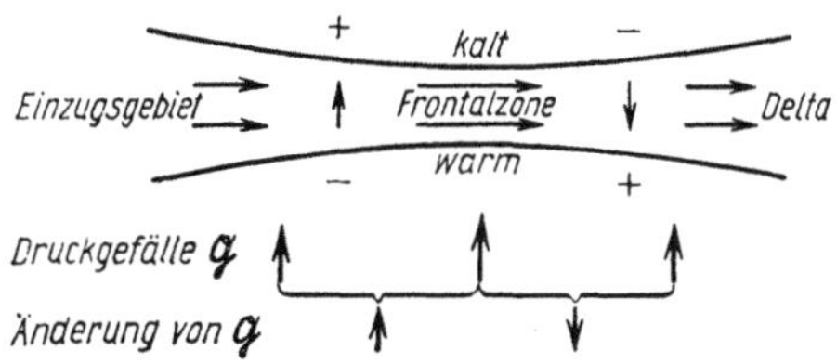

Abb. 121. Konvergenz und Divergenz der Höhenströmung (nach H. FLOHN, 1953)

der Luft folgt aber die Geschwindigkeitsänderung der Gradientänderung in einem zeitlichen Abstand nach; die Geschwindigkeit ist also geringer, als es der Gradientkraft im gleichen Zeitpunkt entspricht. Damit ergibt sich eine im Vergleich zur Gradientkraft zu geringe Corioliskraft, so daß es zu ageostrophischen Windkomponenten kommen muß. Im Einzugsgebiet zeigt sich ein Überschuß

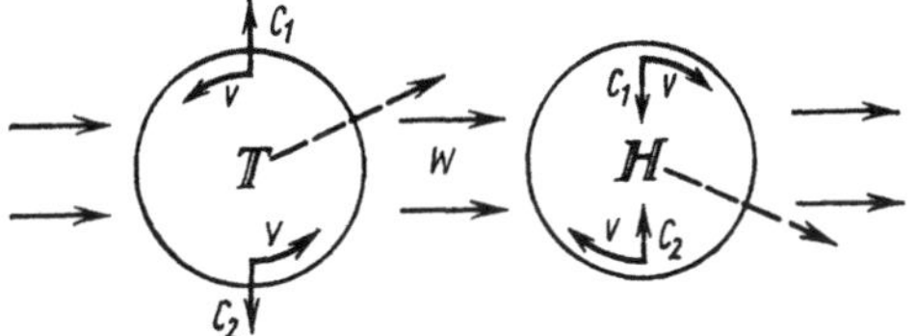

Abb. 122. Ausscheren von Druckgebilden aus der Höhenströmung infolge der Coriolisablenkung (nach H. FLOHN, 1953)

der Gradientkraft, was eine Abweichung der Strömung nach links (auf der Nordhalbkugel) zur Folge hat. Damit kommt es zu Massengewinn auf der kalten, zu Massenverlust auf der warmen Seite des Einzugsgebietes.

Für das Delta der Strahlströmung ergibt sich ein entsprechender Effekt, allerdings mit entgegengesetztem Vorzeichen. Denn der Ab-

nahme des Gradienten im Delta folgt die entsprechende Geschwindigkeitsabnahme der Strömung in einem zeitlichen Abstand. Dadurch wird die Gradientkraft durch die Corioliskraft überkompensiert, so daß die ageostrophische Bewegungskomponente nunmehr zur warmen Seite der Frontalzone gerichtet ist. Als Folge davon tritt auf der kalten Seite der Frontalzone Massenverlust, auf der warmen Seite Massengewinn auf.

Der Divergenzeffekt führt im Delta der Strahlströmung zur Verstärkung bzw. zur Neubildung von Hoch- und Tiefdruckgebieten. Die Tatsache, daß die Vergenzen im Zusammenhang mit den Höhenrücken und -trögen an bestimmten Stellen der Erde gehäuft auftreten, läßt auch die Hoch- und Tiefdruckgebiete gebietsweise bevorzugt entstehen. Im statistischen Mittel ergeben sich somit auf der polaren Seite der Frontalzone quasistationäre Tiefdruckgebiete des Bodendruckfeldes, auf der äquatorialen Seite entsprechende Hochdruckgebiete. Diese Druckgebilde sind als Aktionszentren bekannt; das Islandtief auf der einen und das Azorenhoch auf der anderen Seite sind die für Europa wirksamen Aktionszentren.

Die im Bereich der Divergenzen entstandenen Druckgebilde sind nicht ortsfest, sondern verlagern sich mit der Höhenströmung. Bei dieser Verlagerung ist ein weiterer Effekt zu berücksichtigen, der auf die Breitenabhängigkeit der Corioliskraft zurückgeht. Abb. 122 bringt eine Darstellung dieses Effektes, der zu einem Ausscheren der Bodendruckgebilde aus der vorgegebenen Höhenströmung führt. Während nämlich die Geschwindigkeit, mit der die Luft ein Druckzentrum umkreist, nur von dem Druckgradienten, nicht aber von der geographischen Breite abhängig ist, entsprechen gleichen Strömungsgeschwindigkeiten in verschiedenen geographischen Breiten verschiedene Größen der Corioliskraft. Bei gleicher Strömungsgeschwindigkeit ist die Corioliskraft auf der polaren Seite des Druckgebildes größer als auf der äquatorialen Seite ($C_1 > C_2$). Infolge dieser Verhältnisse scheren Tiefdruckgebiete auf der Nordhalbkugel nach links, Hochdruckgebiete nach rechts aus der Höhenströmung aus (vgl. Abb. 122); auf der Südhalbkugel weichen die Tiefdruckgebiete nach rechts, die Hochdruckgebiete nach links ab. Allgemein ergibt sich also: Infolge der

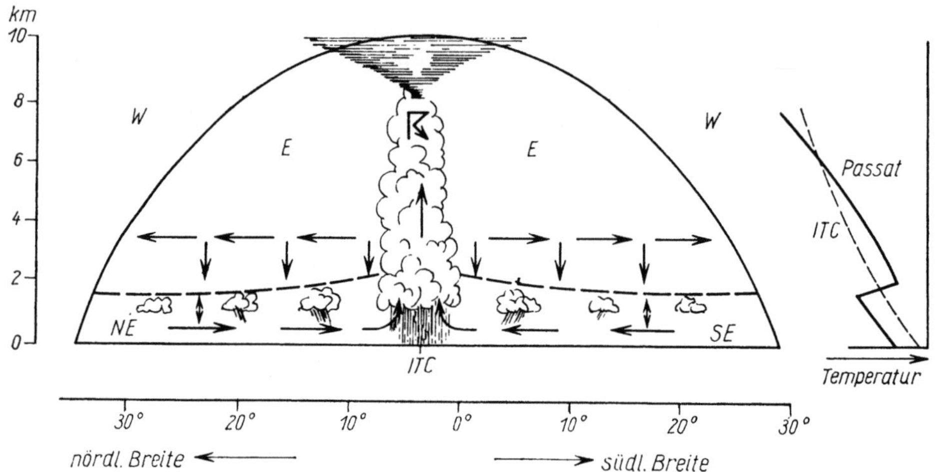

Abb. 123. Passatströmung. Schema mit einfacher ITC (nach H. FLOHN, 1953)

Breitenabhängigkeit der Corioliskraft weichen Tiefdruckgebiete aus der planetarischen Westdrift polwärts, Hochdruckgebiete äquatorwärts ab. Daraus ergibt sich eine verstärkte Anzahl von Tiefdruckgebieten auf der polaren, von Hochdruckgebieten auf der äquatorialen Seite der planetarischen Frontalzone. Aus diesen Vorgängen folgt der subtropische Hochdruckgürtel in 25 bis 35° Breite, die subpolare Tiefdruckrinne in 55 bis 65° Breite, denen die vorher erwähnten Aktionszentren angehören.

Aus den vorstehenden Darlegungen ergibt sich, daß der subtropische Hochdruckgürtel und die subpolare Tiefdruckrinne statistische Ergebnisse dynamischer Vorgänge darstellen. Beide „Luftdruckgürtel" sind aus Zellen aufgebaut, die in dauerndem Entstehen und Vergehen begriffen sind. Diese Zellenstruktur ist es, die einen großräumigen meridionalen Luftaustausch ermöglicht. Denn im Bereich der einzelnen Druckzellen können warme Luftmassen weit polwärts, kalte Luftmassen weit äquatorwärts vordringen.

In den Polargebieten führt die Ausstrahlung zur Ausbildung von Hochdruckgebieten, die verschiedene vertikale Mächtigkeiten aufweisen. Im Zusammenhang mit dem Anwachsen des Kaltluftpolsters reichen diese Hochdruckgebiete vom Boden bis in Höhen von 2 bis 3 km. Oberhalb der polaren Hochdruckgebiete herrschen Westwinde vor. Die aus den Polarkalotten äquatorwärts abfließende Kaltluft wird infolge der ablenkenden Kraft der

Erdrotation zu einer Ostströmung. Somit treten in den Polargebieten östliche Bodenwinde verschiedener vertikaler Mächtigkeit und Intensität auf.

Der subtropische Hochdruckgürtel, dessen Entstehung aus der planetarischen Frontalzone heraus oben besprochen wurde, hat in der recht einheitlich temperierten tropisch-subtropischen Warmluft ein gegen den Äquator gerichtetes Druckgefälle zur Folge. Damit ergibt sich in der tropisch-subtropischen Warmluft, die etwa die Hälfte der Erdkugel (zwischen 30° nördl. und südl. Breite) umfaßt, zunächst eine Strömung zum Äquator, die infolge der Coriolisablenkung zur Ostströmung wird. Diese tropische Ostströmung wird als Urpassat bezeichnet; sie erreicht im Äquatorgebiet eine vertikale Mächtigkeit von etwa 10 km. Zu den Rändern hin, also mit wachsender geographischer Breite, nimmt die vertikale Mächtigkeit des Urpassats ab. Die aus den Hochdruckgebieten äquatorwärts abfließenden Luftmassen sind stabil geschichtet und bei absteigender Luftbewegung trocken und wolkenarm. Der Urpassat ist eingebettet in eine Westströmung, deren vertikale Mächtigkeit bei zunehmender Mächtigkeit der Ostströmung abnimmt (Abb. 123). Die tropische Ostströmung (Urpassat) bildet den zweiten Teil des Modells der allgemeinen Zirkulation.

Die Reibung in der Grundschicht der Troposphäre hat eine Ablenkung der tropischen Ostströmung zur Folge. Daraus ergeben sich die

Passate als Nordostströmung auf der Nordhalbkugel, als Südostwinde auf der Südhalbkugel. Entsprechend der vertikalen Mächtigkeit der Grundschicht weist die Passatströmung eine Mächtigkeit von 0,5 bis 2 km auf. Der Übergang vom Passat in den darüber liegenden Urpassat erfolgt nicht kontinuierlich; vielmehr sind die beiden richtungsverschiedenen Strömungen durch eine Inversion, die Passatinversion, voneinander getrennt. Über den Meeren ergibt sich eine instabile Schichtung der Passate, so daß es zu meist flachen Quellwolken, teilweise aber auch zu kräftigen Schauern kommt. Beim Übertritt der Passatströmung auf das Land kann es auf der Luvseite von Gebirgen zu erheblichen Niederschlägen kommen (Passatregen). Der meridionale Anteil der Passatzirkulation ist, wie schon angedeutet, auf die Reibung zurückzuführen, stellt also eine sekundäre Erscheinung innerhalb des Urpassats dar (Abb. 124).

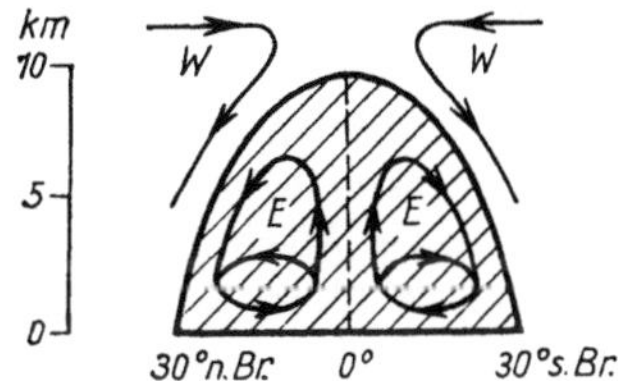

Abb. 124. Meridionaler Passatkreislauf (nach H. FLOHN, 1953)

Im Bereich des Äquators treffen die Passatströmungen der Nord- und Südhalbkugel zusammen; es kommt zur innertropischen Konvergenz (ITC). Die aufsteigende Luftbewegung in der ITC führt zur Auflösung der Grundschicht und damit zur Zerstörung der Passatinversion; mächtige Quellbewölkung, Schauer und Gewitter sind die Folge. Im Bereich der ITC ergeben sich am Boden die höchsten Luft- und Wassertemperaturen sowie der tiefste Luftdruck (äquatoriale Tiefdruckrinne). Das Gebiet höchster Temperaturen und tiefsten Luftdrucks bleibt infolge der Land-Meer-Verteilung im Mittel nördlich des Äquators (meteorologischer Äquator). Die Verteilung von Land und Meer hat zur Folge, daß die ITC gebietsweise in zwei Konvergenzen, eine nördliche (NITC) und eine südliche (SITC), aufgespalten wird. Die seichten sommerlichen Hitzetiefs über den Kontinenten führen zu einer starken jahreszeitlichen Verlagerung der äquatorialen Tiefdruckrinne. Der meteorologische Äquator wandert über Indien bis zu 30°, über Afrika bis zu 15 bis 20° n. Br., über Südamerika, Afrika und Australien bis zu 15 bis 20° s. Br. im Sommer der betreffenden Halbkugel. Damit aber entfernt sich die sommerliche ITC über den Kontinenten so weit vom Äquator, daß es zur Ausbildung einer zweiten Konvergenz in Äquatornähe kommen muß; denn die Vorzeichenänderung der Coriolisablenkung am Äquator führt zum Abbremsen der den Äquator überschreitenden Strömung und damit zu aufsteigender Luftbewegung. Auf diese Weise entsteht in Äquatornähe eine sekundäre Konvergenz, die ebenfalls zur Auflösung der Grundschicht (Zerstörung der Passatinversion), zu Quellbewölkung, Schauern und Gewittern führt. Diese sekundäre Konvergenz erscheint im Nordsommer als südliche (SITC), im Südsommer als nördliche innertropische Konvergenz (NITC) in Nähe des Äquators.

Der äquatorferne Zweig der ITC weist jeweils den tiefsten Luftdruck am Boden auf; denn in diesem Bereich ist die sommerliche Erhitzung der Kontinente am stärksten. Damit ergibt sich ein vom Äquator zum äquatorfernen Zweig der ITC gerichtetes Druckgefälle, dem in einiger Entfernung vom Äquator westliche Winde entsprechen. So ergibt sich zwischen den Zweigen der ITC als dritter Teil des Modells der allgemeinen Zirkulation die äquatoriale Westwindzone, die im Kerngebiet Höhen um 3 km erreicht (Abb. 125). Die äquatoriale Westwindzone ist in den Urpassat eingebettet; als Folge der Land-Meer-Verteilung ist sie eine Erscheinung der Kontinente bzw. ausgedehnter Inselbereiche und fehlt auf dem Pazifik.

Innerhalb der äquatorialen Westwindzone kommt es bei labiler Luftschichtung zu Bewölkung und Niederschlägen. Die westliche Windkomponente ist vielfach nur schwach und undeutlich ausgebildet, was besonders für die Bereiche in Äquatornähe gilt. Da es an der ITC zur Bildung von Tiefdruckgebieten kommt, die sich mit der östlichen Höhenströmung verlagern, treten am Boden an die Stelle der westlichen Winde umlaufende Winde, die als Mallungen oder Doldrums bezeichnet werden.

Die an der ITC gebildeten Wirbel können manchmal beträchtliche Stärken erreichen,

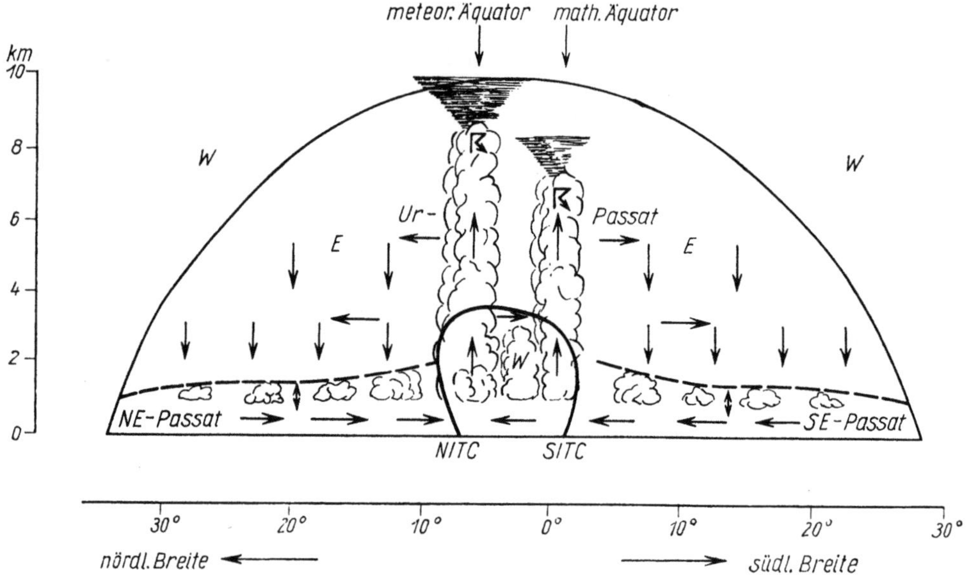

Abb. 125. Passatströmung, Schema mit doppelter ITC (nach H. Flohn, 1953)

so daß sie als tropische Wirbelstürme (tropische Zyklonen) in Erscheinung treten. Infolge der geringen Reibung über den Ozeanen sind sie hier stark ausgebildet und verlieren beim Übertritt auf das Land ihre Wirksamkeit. Vielfach scheren die tropischen Wirbelstürme aus der tropischen Ostströmung aus und treten in die außertropische Westdrift über. Bei längerem Verweilen in der außertropischen Westwindzone erfolgt eine Umbildung dieser Zyklonen in die Zyklonen der gemäßigten Breiten.

Nach den bisherigen Darlegungen ergibt sich für die Tropen und Subtropen ein Stockwerkaufbau der Strömungen, der aus Abb. 125 ersichtlich ist. Im einzelnen bestehen folgende Strömungsanteile:

1. Äquatoriale Westwinde. Sie treten zwischen den beiden Zweigen der ITC auf. Im Nordsommer befindet sich die Zone der äquatorialen Westwinde, an deren Stelle vielfach umlaufende Winde (Mallungen) treten, zwischen dem Äquator und 15 bis 20° n. Br. über Afrika, etwa 30° n. Br. über Indien. Im Nordwinter dagegen erstreckt sich die äquatoriale Westwindzone vom Äquator bis zu 15 bis 20° s. Br. über Südamerika, Afrika und Australien. Die Lage der Kontinente am Äquator bringt es mit sich, daß in einigen Gebieten während des ganzen Jahres die äquatorialen Westwinde wehen; hier kommt die Passatströmung nicht zur Wirkung. Die vertikale Mächtigkeit der äquatorialen Westwindzone bleibt verhältnismäßig gering; die größte Vertikalerstreckung im Kerngebiet reicht bis etwa 3 km Höhe.

2. Tropische Ostwinde. Sie erscheinen in der Form des Urpassats und des Passats.

a) Der Urpassat tritt als Ostströmung oberhalb der Passatinversion sowie als Begrenzung der äquatorialen Westströmung auf. Seine größte vertikale Mächtigkeit erlangt er in Äquatornähe, wo er bis in Höhen von 10 km reicht. Er ist gekennzeichnet durch absinkende Luftbewegung und damit Trockenheit.

b) Der Passat ist eine durch die Reibung bedingte Abwandlung des Urpassats, wobei die tropische Ostströmung auf der Nordhalbkugel zum Nordost-, auf der Südhalbkugel zum Südostwind wird. Die Grenze gegen den Urpassat bildet die Passatinversion, die von etwa 0,5 km Höhe in den Randgebieten auf 2 km an der ITC ansteigt. Im Gegensatz zum Urpassat ist der Passat über See instabil geschichtet, was zu meist leichter, z. T. aber auch stärkerer Quellbewölkung Anlaß gibt.

3. **Außertropische Westwinde.** Sie überlagern den Urpassat. Damit nimmt ihre vertikale Mächtigkeit von den Randtropen zu den inneren Tropen hin ab (vgl. Abb. 125). Am Rande des Urpassats werden Teile der Westströmung in die absteigende Luftbewegung des Urpassats mit einbezogen, worauf Abb. 124 hinweist.

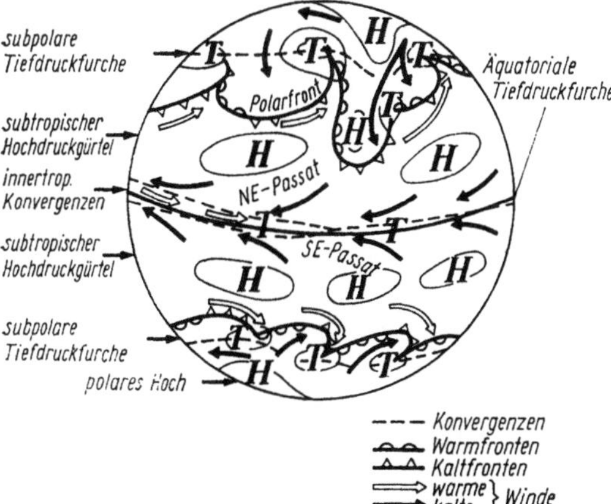

Abb. 126. Planetarischer Luftdruck- und Windgürtel in 0 bis 2 km Höhe über dem Erdboden (nach H. FLOHN, 1953)

Eine zusammenfassende Übersicht läßt eine Reihe von Luftdruck- und Windgürteln erkennen. Die jahreszeitlichen Lageschwankungen der einzelnen Gürtel sowie ihre Abwandlung durch die Land-Meer-Verteilung bringen im einzelnen mehr oder weniger starke Abweichungen von den in der nachfolgenden Zusammenstellung angegebenen mittleren Lagen der Gürtel.

Die in der Zusammenstellung genannten Windgürtel werden von Westwinden überlagert. Diese Westwinde erstrecken sich im Sommer bis in Höhen von 18 bis 20 km und

können im Winter teilweise bis über 50 km hochreichen.

Aus der Anordnung der Luftdruck- und Windgürtel ergibt sich das Schema der atmosphärischen Zirkulation in den unteren 2 km der Atmosphäre, wie es Abb. 126 wiedergibt. Besonders deutlich zeigt die Abbildung die Tatsache, daß die Luftdruckgürtel, insbesondere der subtropische Hochdruckgürtel und die subpolare Tiefdruckfurche, aus einzelnen Zellen aufgebaut sind, die in dauerndem Entstehen und Vergehen begriffen sind. Dadurch erhalten tropische Luftmassen die Möglichkeit, weit polwärts vorzudringen, während umgekehrt polare Luftmassen in niedere Breiten eindringen können. Erst aus der Zellenstruktur der Luftdruckgürtel läßt sich die wechselnde Beteiligung verschiedener Luftmassen am Wettergeschehen in der außertropischen Westwindzone erklären.

Die jahreszeitliche Verlagerung der Luftdruck- und Windgürtel führt dazu, daß eine Reihe von Gebieten in entgegengesetzten Jahreszeiten unter dem Einfluß verschiedener Teilstücke der atmosphärischen Zirkulation steht. So liegen ausgedehnte Gebiete der Tropen im Sommer im Bereich der äquatorialen Westwindzone, im Winter aber im Einflußbereich der Passate. Da die Luft dieser Strömungen verschiedene Eigenschaften hat, müssen auch die Wettererscheinungen in den einzelnen Jahreszeiten deutliche Unterschiede zeigen. Vor allem tritt ein ausgeprägter Wechsel in der Richtung der jahreszeitlich vorherrschenden Winde auf. Diese Jahreszeitenwinde werden als Monsune bezeichnet, so daß die Gebiete, die im Sommer der äquatorialen Westwindzone, im Winter den Passaten angehören, als tropische Monsungebiete zu kennzeichnen

Tabelle 43. Die mittlere Lage der planetarischen Luftdruck- und Windgürtel

Luftdruckgürtel	Mittlere Breitenlage	Windgürtel
Äquatoriale Tiefdruckrinne	0…5°	Äquatoriale Westwinde bis 3 km – z. T. Mallungen –, darüber Urpassat bis etwa 10 km
	5…25°	Passate bzw. tropische Ostwinde (Urpassat) bis maximal etwa 10 km
Subtropischer Hochdruckgürtel	25…30°	Roßbreiten, schwache Winde oder Stillen (Calmenzone)
	30…55°	Außertropische Westwinde (planetarische Frontalzone)
Subpolare Tiefdruckfurche	55…65°	Wechselnde Winde
	65…80°	Polare Ostwinde bis etwa 3 km
Polares Kältehoch	80…90°	Ostwinde

sind. Da jahreszeitlich wechselnde Winde nicht nur in den Tropen, sondern in allen Gebieten, in denen im Verlaufe des Jahres verschiedene Teilstücke der allgemeinen Zirkulation zur Wirkung kommen, zu erwarten sind, kann in drei Gebieten mit dem Auftreten von Monsunen gerechnet werden, und zwar

1. im Schwankungsbereich der ITC (tropische Monsune),
2. im Grenzbereich zwischen den Passaten und den außertropischen Westwinden,
3. im Schwankungsbereich der subpolaren Tiefdruckrinne.

Im Einzelfalle hängt das Auftreten des Monsuns von den Auswirkungen der jahreszeitlichen Veränderungen der allgemeinen Zirkulation ab. Bei den Betrachtungen dieser Auswirkungen und ihrer Interpretation als Monsun oder Nicht-Monsun muß allerdings beachtet werden, daß der Begriff Monsun im Laufe der Zeit etwas unklar und vieldeutig geworden ist. Dabei wurde der Begriff Monsun vielfach auf den thermischen Gegensatz Land-Meer (jahreszeitliche Erweiterung des Land-Seewind-Systems), nicht aber auf den jahreszeitlich wechselnden Wind angewendet. Die ursprüngliche Definition des jahreszeitlich wechselnden Windes wurde durch V. CONRAD (1937) dahingehend erweitert, daß als Kennzeichen des Monsuns nicht nur der jahreszeitliche Windwechsel, sondern auch der Jahresgang von Niederschlag, Bewölkung und relativer Feuchtigkeit betrachtet werden. Dabei wird für Niederschlag, Bewölkung und relative Feuchtigkeit ein gleichsinniger Jahresgang gefordert (Gleichsinnigkeitskriterium). S. P. CHROMOW (1950, 1957) hat die Frage der Monsundefinition erneut aufgegriffen. Unter Anwendung der von CHROMOW gegebenen Anregungen läßt sich der Monsun wie folgt definieren:

Der Monsun ist ein jahreszeitlich wechselnder Wind, bei dem der Winkel zwischen den resultierenden Windrichtungen der entgegengesetzten Jahreszeiten (Monsunwinkel) mindestens 120° beträgt. Ist dieser Monsunwinkel vorhanden, so ergibt sich aus einer jahreszeitlichen Beständigkeit der Hauptwindrichtung (mittlere Häufigkeit) von

a) mehr als 60% ein Monsun,
b) 40 bis 60% ein schwacher Monsun,
c) 30 bis 40% ein sehr schwacher Monsun.

Nach dieser Definition besteht der Monsun aus einem Monsunpaar. Somit stellen Sommer- und Wintermonsun eine Einheit dar und sind auch als zusammengehörig darzustellen. Wird diese Forderung vernachlässigt, so kommt es sehr leicht zu fehlerhaften Darstellungen, die zu erheblichen Mißverständnissen Anlaß geben können.

Die verschiedenen in der Literatur gebräuchlichen Monsundefinitionen haben zur Folge, daß die Verbreitung der Monsune von den Bearbeitern völlig unterschiedlich angegeben wird. So unterscheidet M. SCHICK (1953) im Anschluß an die Monsundefinition von V. CONRAD (1937) zehn große Monsungebiete, die fast durchweg auf die Tropen beschränkt bleiben. Die meisten außertropischen Monsune erscheinen in diesem Zusammenhang als „umstrittene Monsungebiete".

Anderseits erscheinen die Monsungebiete nach S. P. CHROMOW (1950, 1957) stark erweitert. Das ist darauf zurückzuführen, daß infolge des nicht überall gleichmäßig vorhandenen Beobachtungsmaterials Monsunwinkel und Beständigkeit der Luftströmung für Januar und Juli – also für Stichprobenmonate aus den entgegengesetzten Jahreszeiten – angegeben werden. Die dadurch mögliche Erweiterung der Monsungebiete sei durch die nachfolgende Überlegung gezeigt. Nimmt man z. B. die Beständigkeit einer Strömungsrichtung im Stichprobenmonat mit 50% an, so kann diese Beständigkeit für die gesamte Jahreszeit (zu drei Monaten gerechnet) im ungünstigsten Fall auf weniger als 20% zurückgehen, falls die betrachtete Richtung nur im Stichprobenmonat vorkommt. Damit kann aber aus einem Gebiet mit schwachem Monsun (Stichprobe) ein monsunloses (gesamte Jahreszeit) werden. In ähnlicher Weise kann der Monsunwinkel durch Betrachtung der gesamten Jahreszeit gegenüber der Stichprobe eine solche Veränderung erfahren, daß ein Gebiet aus den Monsungebieten ausscheidet.

Unter Verwendung der Zusammenstellungen von S. P. CHROMOW (1957) und H. FLOHN (1950) ergeben sich die Monsungebiete der Abb. 127. Dabei veranlaßt das ungleiche Beobachtungsmaterial dazu, von einer graduellen Unterscheidung der Monsune in dieser Übersicht abzusehen. Die Darstellung zeigt neben den tropischen Monsungebieten eine Reihe von Monsungebieten außerhalb der Tropen, wobei eine recht deutliche zonale Anordnung erkennbar ist.

In größter Ausdehnung treten die tropischen Monsungebiete im indisch-westpazifischen Bereich in Erscheinung. Vorderindien zeigt hier die vertikal mächtigste Ausbildung der Monsunströmung, die besonders im Sommer hervortritt. Hier ist die Südwestströmung des Sommers, die ihre größte vertikale Mächtigkeit von 6 km in etwa 8 bis 15° n. Br. erreicht, in die Ostströmung des Urpassats eingelagert. Die Südwestströmung reicht am Boden bis etwa 30° n. Br. und wird im Grenzgebiet ihrer Verbreitung von der tropischen Ostströmung (Urpassat) bereits in geringer Höhe überweht, wie es aus Abb. 128 hervorgeht. Gleichzeitig läßt Abb. 128 das Höhenhoch erkennen, das infolge der Erhitzung der asiatischen Hochländer entsteht und die außertropische Westströmung polwärts zurückdrängt (vgl. Abb. 120). Somit ergibt sich der Sommermonsun Indiens als eine in ihrem Zentralbereich mehrere Kilometer mächtige Südwestströmung, die zu den Rändern hin mehr und mehr von der tropischen Ostströmung überweht wird. Demgegenüber ist der Wintermonsun eine vertikal etwa 2 km mächtige Nordostströmung, die ein Teilstück des Nordostpassats darstellt, dem wieder der Urpassat überlagert ist.

An das Monsungebiet Vorderindiens schließt sich im Osten ein Monsungebiet an, das von Südchina bis etwa zur Breite von Kalimantan reicht. Diesem Bereich gehören Hinterindien und die Philippinen an. Hier herrscht im Sommer eine Südwestströmung, die eine größte vertikale Mächtigkeit von 4 bis 5 km erreicht und ihrerseits wieder in die tropische Ostströmung eingelagert ist. Im Winter tritt an die Stelle der südwestlichen Strömung eine Nordostströmung (Passat).

Dem vorgenannten Monsungebiet der Nordhalbkugel entspricht auf der Südhalbkugel ein Gebiet zwischen etwa 5° und nahezu 20° s. Br. (Indonesien – Australien). Dieses Monsungebiet ist von dem der Nordhalbkugel durch die äquatoriale Westwindzone getrennt. Der sommerliche Monsun tritt als West- bis Nordwestströmung in Erscheinung, die im allgemeinen 2 bis 3, maximal bis zu 6 km mächtig ist. Demgegenüber herrscht im Winter eine Südost- bis Ostströmung. Westlich an das Monsungebiet Vorderindiens anschließend, ergeben sich Monsune über Süd-

arabien und Afrika. Als Sommermonsun ergibt sich auf der Nordhalbkugel über Afrika eine Südwestströmung, die ihre Nordgrenze in etwa 15 bis 20° n. Br. erreicht. Diese Südwestströmung weist eine ziemlich wechselnde, im allgemeinen verhältnismäßig geringe vertikale Mächtigkeit auf; sie ist im Mittel 600 bis 2000 m mächtig. In größeren Höhen tritt allgemein die tropische Ostströmung auf. Als Wintermonsun erscheint wieder eine Nordostströmung. Die südliche Begrenzung dieses Monsungebietes liegt westlich von 30° ö. L. im Mittel bei 5° n. Br. Dadurch kommt ein Teil der Guineaküste ganzjährig in den Bereich der äquatorialen Westwinde, so daß hier während des ganzen Jahres südwestliche Winde auftreten, das Gebiet also nicht zu den Monsungebieten zählt.

Auf der Südhalbkugel ergeben sich südlich von 2 bis 5° s. Br. entsprechende Verhältnisse wie in den Monsungebieten der Nordhalbkugel. Dabei fehlt östlich von etwa 30° ö. L. die äquatoriale Westwindzone über Afrika, so daß hier die Monsungebiete der Nord- und Südhalbkugel aneinandergrenzen. Westliche Winde mit einer vertikalen Mächtigkeit bis zu 1 km kennzeichnen den bis zu etwa 15 bis 20° s. Br. reichenden Sommermonsun. Das winterliche Gegenstück zu dieser Strömung bildet eine Südostströmung. Auch über Afrika werden Sommer- und Wintermonsun von der tropischen Ostströmung (Urpassat) überweht.

Über Mittel- und Südamerika treten kleinere Monsungebiete auf, und zwar im Golf von Panama sowie in Nordvenezuela und im Amazonasbecken. Die Monsune dieser Gebiete sind schwach ausgeprägt bzw. nur angedeutet. Auch hier findet man als gemeinsames Kennzeichen der Sommermonsune die westliche Windkomponente, während die Wintermonsune der Ostströmung mit nördlicher bzw. südlicher Zusatzkomponente angehören.

Allen tropischen Monsunen ist gemeinsam, daß sie im Schwankungsbereich der ITC auftreten, daß also in den Monsungebieten in den entgegengesetzten Jahreszeiten jeweils verschiedene Teilstücke der allgemeinen Zirkulation der Atmosphäre zur Wirkung kommen. Die Sommermonsune weisen eine westliche Strömungskomponente auf und gehören der äquatorialen Westwindzone an; diese Strömungen sind feuchtlabil geschichtet, so daß die

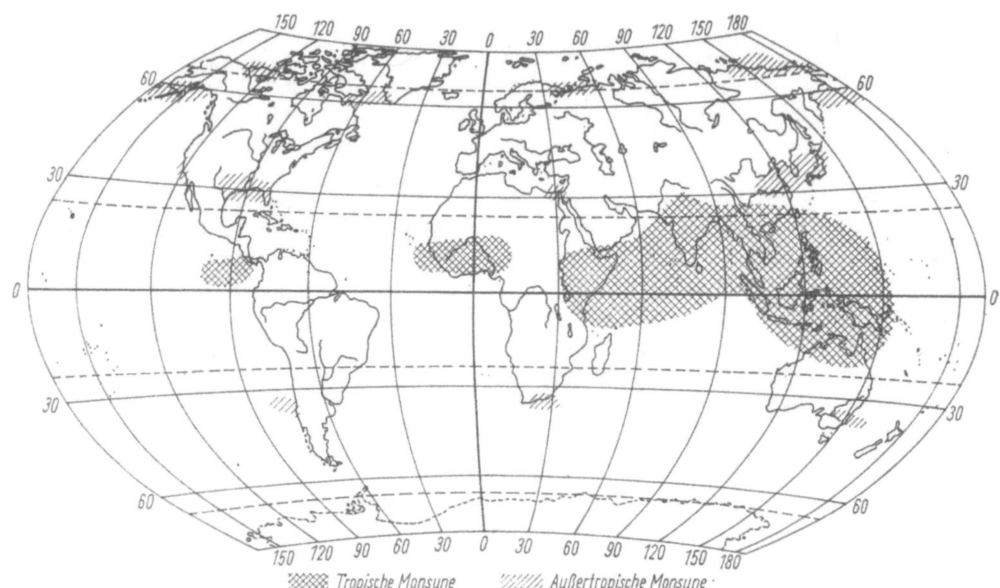

Abb. 127. Verbreitung der Monsune (nach Angaben von S. P. CHROMOW, 1957; H. FLOHN, 1950; M. SCHICK, 1953)

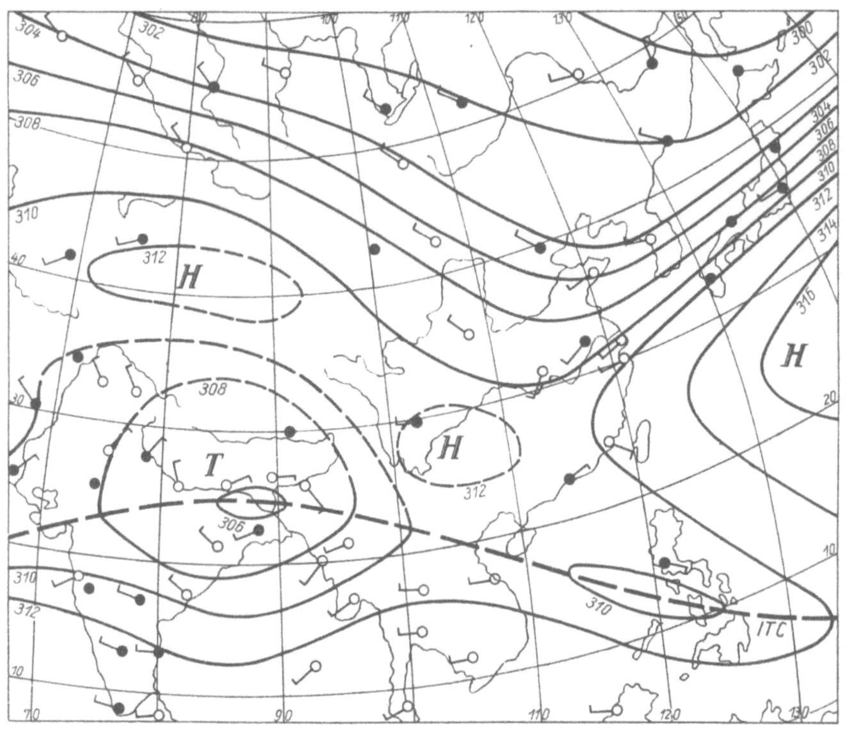

Abb. 128. Mittlere sommerliche Höhenlage der 700-hPa-Fläche (in Dekametern) über Süd- und Ostasien (nach H. FLOHN, 1950)

Luft zu vertikalen Umlagerungen neigt, was Quellbewölkung und starke Konvektionsniederschläge zur Folge hat. Demgegenüber gehören die Wintermonsune, die eine östliche Strömungskomponente aufweisen, der Passatströmung an; damit ist die Luft der Wintermonsune stabil geschichtet und trocken. Die Wintermonsune zeigen bei etwa 2000 m Höhe die Passatinversion und erscheinen somit als Teile des Urpassats (tropische Ostströmung). Aus der Zugehörigkeit der Monsune zu verschiedenen Teilstücken der allgemeinen Zirkulation folgen die jahreszeitlich unterschiedlichen Eigenschaften der tropischen

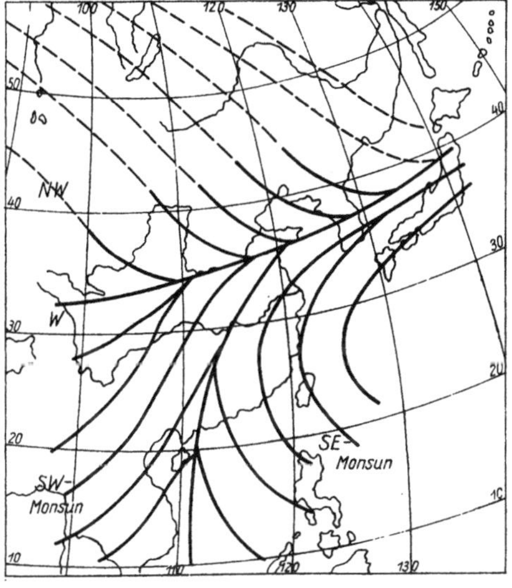

Abb. 129. Luftströmung in 2000 m Höhe über Ostasien im Juli (nach H. Flohn, 1950)

Monsune, die in dem bereits erwähnten Gleichsinnigkeitskriterium V. Conrads ihren Niederschlag gefunden haben.

Die außertropischen Monsune sind im allgemeinen schwächer ausgebildet als die der Tropen. Vor allem bleibt die vertikale Mächtigkeit der außertropischen Monsune mit meist weniger als 1000 m verhältnismäßig gering. Eine Betrachtung der außertropischen Monsungebiete zeigt, daß sie in Gürteln angeordnet sind.

Je ein „Gürtel" außertropischer Monsune zeigt sich auf der Nord- und Südhalbkugel bei etwa 30 bis 35° Breite. Zu diesen Gürteln gehören auf der Nordhalbkugel Ostasien, Kalifornien, Teile des Golfes von Mexiko so-

wie des östlichen Mittelmeergebietes mit Unterägypten. Dem entsprechenden Gürtel der Südhalbkugel gehören Mittelchile, die Südküste von Südafrika sowie Australien in etwa 35° s. Br. an.

Von den hier genannten außertropischen Monsungebieten ist das ostasiatische am besten bekannt. Hier ergeben sich im Sommer südliche Windkomponenten, wobei die Südostwinde (Südostmonsun) nur eine vertikale Mächtigkeit von 400 bis 700 m aufweisen, während die südwestlichen Winde (Südwestmonsun) bis in Höhen von 3 bis 5 km nachweisbar sind. Die Winde mit südlicher Komponente, die teilweise – wie das für den Südostmonsun der Fall ist – der Passatströmung entstammen, strömen mit nordwestlichen Winden der außertropischen Westwindzone zusammen (Abb. 129). Die so entstehende scharfe Konvergenz (vgl. auch Abb. 128), auch als pazifische Hauptfrontalzone bezeichnet, erstreckt sich im Juli etwa vom oberen Huanghe über Shandong und Korea hinweg zur Nordspitze von Hondo; die winterliche (Januar) Lage der Frontalzone reicht vom mittleren Changjiang über Kiuschu hinweg nach Ostnordosten. Im Bereich der Konvergenz kommt es zu starken Hebungsvorgängen und Niederschlägen, die mit der Verlagerung der Konvergenz wandern. Daraus ergibt sich für den Witterungsablauf des Sommers eine Dreiteilung, die von Südchina bis Sachalin zu erkennen ist; einer frühsommerlichen Regenzeit folgt eine hochsommerliche Trockenzeit, die wieder von einer Ende August einsetzenden Herbstregenzeit abgelöst wird. Im Gegensatz zu den südlichen Windkomponenten des Sommermonsuns zeigt der Wintermonsun eine nordwestliche bis nördliche Komponente. Damit gehört der ostasiatische Wintermonsun der außertropischen Westströmung an, wobei die Nordkomponente der Strömung mit dem ostasiatischen Höhentrog in Zusammenhang steht. Im Bereich dieses Höhentroges dringen kontinentale Kaltluftmassen im Winter weit in den Süden Chinas hinein vor.

Die übrigen Monsune sind weniger stark ausgeprägt. In Kalifornien ergibt sich in etwa 35° n. Br. ein jahreszeitlicher Windwechsel mit südlichen Winden im Sommer, nördlichen Winden im Winter. Am Golf von Mexiko zeigt sich bei etwa 30° n. Br. ein ähnlicher Windwechsel mit südöstlichen Winden im Sommer, nordwestlichen bis nördlichen Winden im Winter. Im östlichen Mittelmeergebiet ergeben sich in Unterägypten nördliche Winde im Sommer, südliche im Winter.

Auf der Südhalbkugel treten Monsungebiete um 35° s. Br. auf, und zwar in Mittelchile, an der Südspitze Afrikas sowie in Australien. In diesen Gebieten stehen östlichen und südlichen Winden des Sommers westliche und nördliche Winde des Winters gegenüber.

Die bisher betrachteten außertropischen, meist seichten Monsune befinden sich im Grenzbereich zwischen tropischem Ostwind und außertropischem Westwind. Demnach gehören – im Gegensatz zu den tropischen Monsungebieten – die Sommermonsune der Passatströmung an, sind daher stabil geschichtet und trocken, während die Wintermonsune der außertropischen Westströmung zugehören und damit meist die Niederschläge bringen. Abweichungen von den zirkulationsbedingten Windrichtungen sind auf die Wirkungen der Land-Meer-Verteilung zurückzuführen.

Auf der Nordhalbkugel tritt noch ein „Gürtel" von Monsungebieten auf, der mehr oder weniger auf die Nordküsten der Kontinente beschränkt bleibt. In diesen Monsungebieten sind die jahreszeitlichen Windwechsel im allgemeinen recht schwach ausgebildet; außerdem zeigen die Strömungen geringe vertikale Mächtigkeit. Derartige Monsungebiete treten in Alaska, an der Nordküste Amerikas sowie an der Nordküste Eurasiens auf.

An der Nordküste Eurasiens sind im Sommer nordöstliche, im Winter südwestliche Winde vorherrschend. Die jahreszeitlich wechselnde Strömung weist eine vertikale Mächtigkeit von 500, höchstens 1000 m auf. Die Nordküste Amerikas zeigt etwa von Aklavik bis zur Hudson-Straße jahreszeitliche Windwechsel, wobei die jahreszeitlich vorherrschenden Winde je nach den örtlichen Temperatur- und Luftdruckverhältnissen unterschiedlich sind. Oberhalb von etwa 500m ergibt sich die Westströmung der allgemeinen Zirkulation mit einer der Lage des ostamerikanischen Höhentroges entsprechenden Nordkomponente. Schließlich ergibt sich in Alaska (Nome) ein Gebiet mit südwestlichen Winden im Sommer und nordöstlichen Winden im Winter.

Die zuletzt genannten Monsungebiete liegen im Grenzbereich zwischen den polaren Ostwinden und den außertropischen Westwinden

im Bereich der subpolaren Tiefdruckfurche Daraus müßten sich im Sommer Winde mit westlicher bzw. südlicher, im Winter mit nordöstlicher Komponente ergeben. Der Aufbau festländischer Kältehochs im Winter führt allerdings dazu, daß an der Nordküste der Kontinente vielfach im Winter südwestliche Winde vorherrschen, während kontinentale Tiefdruckgebiete im Sommer nordöstliche Winde zur Folge haben.

Die Übersicht über die Monsungebiete zeigt also, daß die Monsune eine Folge jahreszeitlicher Verlagerung der Teilstücke der allgemeinen Zirkulation sind. Dabei treten auf:

1. Tropische Monsune im Schwankungsbereich der innertropischen Konvergenz (ITC). Die Sommermonsune dieses Bereiches gehören der äquatorialen Westwindzone, die Wintermonsune der Passatströmung an. Die tropischen Monsune zeigen die größte vertikale Mächtigkeit (bis zu 6 km).

2. Außertropische Monsune. Mit zunehmender Entfernung vom Äquator nimmt die vertikale Mächtigkeit dieser Strömungen ab. Damit werden auch die mit dem Windwechsel verbundenen Witterungserscheinungen immer undeutlicher. Die außertropischen Monsune treten in zwei Bereichen auf:

a) im Bereich der subtropischen Hochdruckgürtel; der sommerlichen Passatströmung steht im Winter die außertropische Westströmung gegenüber;

b) im Bereich der subpolaren Tiefdruckfurche; hier ergeben sich sehr seichte Monsune mit polaren Ostwinden im Winter, außertropischen Westwinden im Sommer, aber vielfach auch nordöstliche Winde im Sommer, südwestliche im Winter infolge der thermisch bedingten Luftdruckverteilung.

Damit läßt sich die für weite Gebiete, besonders in den Tropen, kennzeichnende Erscheinung des Monsuns aus der allgemeinen Zirkulation der Atmosphäre und der jahreszeitlichen Verlagerung ihrer Teilstücke erklären. Dabei tritt die Land-Meer-Verteilung mit ihren thermischen Auswirkungen als modifizierender Faktor in Erscheinung.

Aus diesem Zusammenwirken ergibt sich die in Einzelheiten recht komplizierte und vielfältige Erscheinung der Monsune. Auch die vielfach auftretenden aperiodischen Schwankungen beispielsweise der Menge und Verteilung der Monsunregen stehen mit der Komplexität des Monsuns in Zusammenhang.

Aus der Modellvorstellung der allgemeinen Zirkulation ergibt sich die Möglichkeit zur Erklärung großräumiger Luftströmungen; örtliche Gegebenheiten treten mehr oder weniger stark modifizierend in Erscheinung.

7. Einteilung und Verbreitung der Klimate

7.1. Einige Grundfragen der Klimaeinteilung

Systematisierung und übersichtliche Darstellung der klimatologischen Beobachtungsergebnisse ist Ziel und Aufgabe der Klimaeinteilungen. Die große Zahl der klimatologischen Elemente und Erscheinungen zwingt bei den Klassifikationen zu mehr oder weniger starken Verallgemeinerungen, die je nach der Fragestellung verschieden sein werden. Dabei werden jeweils einzelne Elemente und Erscheinungen stärker hervortreten, während andere in den Hintergrund treten oder überhaupt nicht betrachtet werden. Das Ziel muß eine Klimaeinteilung mit möglichst wenig Einzelfaktoren sein, wobei man charakteristische Faktoren wählen muß und solche, die eine möglichst große Anzahl weiterer Klimafaktoren beeinflussen. Die Vielzahl der klimatischen Faktoren auf der einen, der Fragestellungen bezüglich einer Klimaeinteilung auf der anderen Seite hat zur Folge, daß es eine sehr große Anzahl von Klimaeinteilungen gibt. Je nach dem Ausgangspunkt ergeben sich daher verschiedene Gruppen von Klimaeinteilungen, die untereinander nur zum Teil vergleichbar sind.

Eine Einteilung der Klimaklassifikationen in zwei große Hauptgruppen gestattet die Klimadefinition nach J. HANN oder W. KÖPPEN. Nimmt man den mittleren Zustand der Atmosphäre zum Ausgangspunkt, so ergeben sich Betrachtungen, die mehr oder weniger statischen Charakter haben. Im Gegensatz dazu tragen die Einteilungen, die vom mittleren Verlauf der Witterungen ausgehen, dynamischen Charakter. Die oft verwendete Unterscheidung der so gekennzeichneten beiden Zweige der Klimatologie in „Mittelwertsklimatologie" oder „klassische Klimatologie" und „moderne Klimatologie" ist aus verschiedenen Gründen nicht sehr glücklich. Denn einerseits kann in der Gegenüberstellung klassisch – modern eine nicht den Tatsachen entsprechende Wertung enthalten sein, zum anderen wird die „moderne" Klimatologie nicht auf Mittelwerte verzichten können, wenn auch diese Mittelwerte nicht von den klimatologischen Elementen, sondern bereits von Komplexen der Klimafaktoren ausgehen. Danach erscheint eine Einteilung der Klimaklassifikationen auf Grund der Zweiteilung der Klimadefinition nicht als zweckmäßig, da die beiden Seiten der Klimadefinition nicht voneinander zu trennen sind.

Nach einem anderen Einteilungsprinzip ergeben sich ebenfalls zwei Hauptgruppen von Klimaklassifikationen: effektive und genetische Einteilungen.

1. Die effektiven Klimaeinteilungen beschreiben die Ergebnisse der klimatischen Vorgänge, sind also auch als beschreibende Klimaeinteilungen zu kennzeichnen. In diesen Einteilungen werden in erster Linie die festgestellten Tatsachen beschrieben, während die Erklärung dieser Tatsachen erst in zweiter Linie erfolgt. Dabei darf und kann nicht übersehen werden, daß die Betrachtung der beobachteten Tatsachen und ihre Erklärung eine Einheit bilden, eine Klimaübersicht ohne Erklärung also notwendigerweise unvollständig bleibt. Ob die Klimabeschreibung von einzelnen Klimaelementen oder von einem Komplex von Elementen und Erscheinungen oder schließlich von den Folgeerscheinungen des Klimas ausgeht, ist belanglos. Daß sich diese drei Ausgangspunkte nicht gegenseitig ausschließen, geht z. B. daraus hervor, daß man bestimmte Schwellenwerte der klimatologischen Elemente und Erscheinungen mit der Vegetation in Verbindung bringen kann, so daß mehrere Ausgangspunkte in einer Klassifikation vereinigt erscheinen. Weiterhin zeigt sich, daß eine beschreibende Klimaeinteilung auf beiden Teilgebieten, die in der Klimadefinition erwähnt sind, aufgebaut sein kann. Demzufolge ist die hier gegebene Unterscheidung effektiv – genetisch nicht identisch mit der vorher erwähnten Unterteilung klassisch – modern.

2. Die genetischen Klimaeinteilungen gehen von der Entstehung der Klimate aus. Damit umfassen diese Einteilungen als wesentlichen Bestandteil die dynamischen Vorgänge, die zu den verschiedenen Klimaten führen. Ausgangspunkt solcher Einteilungen können nicht mehr einzelne klimatologische Elemente und Erscheinungen sein; vielmehr muß man von einem möglichst vollständigen Bild des gesamten Komplexes ausgehen. Eine solche komplexe Betrachtungsgrundlage ist in der allgemeinen Zirkulation der Atmosphäre gegeben, so daß sich aus der planetarischen Zirkulation heraus genetische Klimaeinteilungen ableiten lassen. Ob dabei das Hauptaugenmerk mehr auf die Luftströmungen oder auf die Verteilung von Luftmassen und Fronten gerichtet wird, bringt keine grundlegenden Unterschiede. Die genetische Klimaklassifikation stellt in den Vordergrund die atmosphärischen Vorgänge, während ihre Auswirkung in den einzelnen Gebieten einer nachfolgenden Beschreibung überlassen bleibt. Auch bei dieser Art der Klimaeinteilung bilden die beiden genannten Teilaufgaben eine Einheit.

Es wird im einzelnen Falle von der vorgelegten Fragestellung abhängen, aus welcher der beiden genannten Gruppen die Klimaeinteilung gewählt wird. In jedem Falle muß beachtet werden, daß Beschreibung und Erklärung der Klimate gemeinsam erfolgen müssen. Daher stehen die genannten Hauptgruppen von Klimaklassifikationen gleichberechtigt nebeneinander und sind im Einzelfall entsprechend zu berücksichtigen.

Die vorstehenden Bemerkungen sowie die im folgenden mitgeteilten Klimaeinteilungen beziehen sich auf das Makroklima. Meso- und Mikroklima erfordern im allgemeinen eigene Einteilungsmethoden, wobei nicht übersehen werden darf, daß sie jeweils in ein Makroklima eingebettet sind.

Ein Überblick über verschiedene Klimaeinteilungen ergibt, daß bei der Einteilung der Klimate manche Begriffe von verschiedenen Autoren in verschiedenem Sinne gebraucht werden. Hierher gehören Begriffe wie Typen, Gürtel, Bereiche, Provinzen und dgl. Um einen Vergleich verschiedener Klimaeinteilungen zu erleichtern, schlugen K. KNOCH und A. SCHULZE (1952) folgende Nomenklatur vor.

Bezeichnung von Klimaten und Klimaräumen (Nomenklatur)

Klimate	*Klimaräume*
Zonenklima	Klimazone ≙ Klimagürtel
Klimahaupttyp	Klimaregion
Klimatyp	Klimaprovinz
Übergangs- bzw.	Klimaübergangs- bzw.
Zwischenklima	Klimazwischenprovinz
Klimauntertyp	Klimaunterprovinz

Nach diesem Vorschlag wird das jeweilige Zonenklima in eine Reihe von Klimatypen unterteilt, die ihrerseits wieder in Untertypen aufzuteilen sind. Damit besteht die Folge Zonenklima – Klimatyp – Klimauntertyp und als Bezeichnung der entsprechenden Klimaräume Klimazone/Klimagürtel – Klimaprovinz – Klimaunterprovinz. Dabei ist zu bemerken, daß die hier genannten Klimatypen mit den Haupttypen W. KÖPPENS (1931) identisch sind.

Außerhalb dieses Aufbaues stehen drei weitere Begriffe, und zwar zwischen Zonenklima und Klimatyp der Klimahaupttyp, zwischen Klimatyp und Klimauntertyp Übergangs- bzw. Zwischenklima.

Der Klimahaupttyp stellt im Einteilungsschema gewissermaßen eine – allerdings nicht unbedingt notwendige – Vorstufe des Klimatyps dar. Man wird den Klimahaupttyp dann einschalten, wenn sich in einer Zone eine zu große Mannigfaltigkeit von Klimatypen ergibt. Dem Klimahaupttyp entspricht als Raumbezeichnung die Klimaregion.

Nicht in allen Fällen werden die Klimaprovinzen scharf gegeneinander abgegrenzt sein; vielmehr werden sich zwischen den einzelnen Typen mehr oder weniger breite Grenzsäume oder Übergangsgebiete befinden. Gehen in einem solchen Zwischengebiet die Eigenschaften des einen Typs in die des anderen über, so kann man von einem Übergangsklima und entsprechend von einer Klimaübergangsprovinz sprechen. Zeigt dagegen das Zwischengebiet seinerseits ausgeprägte klimatische Eigenheiten, so ergibt sich die Bezeichnung Zwischenklima und Klimazwischenprovinz.

K. KNOCH und A. SCHULZE (1952) weisen darauf hin, daß es in Fortführung der Klimaklassifikation erforderlich sei, nunmehr die geographische Gebundenheit der einzelnen

11*

Klimatypen auch begriffsmäßig festzulegen. Diese geographische Zuordnung tritt allerdings in den meisten Klimaklassifikationen noch hinter der Beschreibung der Typen zurück; es werden zwar die Klimatypen in den einzelnen Teilen der Erde beschrieben, die Räume, in denen sie auftreten, werden aber nicht durch eigene Benennungen hervorgehoben.

Im Zusammenhang mit den Klimatypen sei auf eine andere Verwendung des Begriffes Klimatyp hingewiesen, wie sie z. B. bei W. KÖPPEN (1931) auftritt. In diesem Fall ist der Klimatyp durch die Lage eines Ortes zum Ozean, durch die Höhenlage sowie durch orographische Verhältnisse und ihre Auswirkungen gekennzeichnet. Um eine Verwechslung mit den vorher nach dem Vorschlag von K. KNOCH und A. SCHULZE (1952) angeführten Begriffen zu vermeiden, seien die Klimatypen W. KÖPPENS (1931) hier als *typische Klimaformen* bezeichnet. Im folgenden werden einige typische Klimaformen genannt, die in den Klimabeschreibungen häufig wiederkehren.

Das *ozeanische* oder *maritime* Klima ist durch einen gleichmäßigen Tages- und Jahresverlauf der Temperatur gekennzeichnet. Kühlen Sommern stehen warme und regenreiche Winter gegenüber, Bewölkungsgrad und Windstärke sind verhältnismäßig hoch; der Staubgehalt der Luft bleibt gering.

Im *kontinentalen* (Land)-Klima sind die täglichen und jährlichen Amplituden bei fast allen klimatologischen Elementen verstärkt. Insbesondere fällt die mit der Entfernung vom Meer wachsende Jahresamplitude der Temperatur auf, so daß man diesen Wert als Maß für die kontinentale Beeinflussung des Klimas (Kontinentalität) verwenden kann. Der Jahresgang der relativen Feuchte ist dem der Temperatur entgegengesetzt, so daß hohen winterlichen geringe sommerliche Werte gegenüberstehen. Das Jahresmittel der Bewölkung ist gering; die Bewölkung hat ihr Maximum im Sommer, wo es zu Quellbewölkung kommt, die vielfach Schauer und Gewitter und damit auch das Maximum der Niederschläge zur Folge hat. Schließlich ist die mittlere Windgeschwindigkeit im allgemeinen gering; der Wind zeigt eine ausgesprochene Tagesperiode.

Das *Wüstenklima* stellt in vieler Hinsicht eine Verstärkung des Kontinentalklimas dar, was besonders in der Tages- und Jahresamplitude der Temperatur sichtbar wird. Infolge starker Erhitzung kommt es am Tage vielfach zu stark böigen Winden, die auch auf die Nachbargebiete der Wüsten übergreifen können. Gegenüber dem kontinentalen Klima fehlt die sommerliche Bewölkung weitgehend; demzufolge fehlen auch die Niederschläge oder fallen selten, dann aber teilweise mit großer Heftigkeit.

Das *Monsunklima* ist durch den jahreszeitlichen Windwechsel gekennzeichnet, wobei die Winde in entgegengesetzten Jahreszeiten mit hoher Beständigkeit aus nahezu entgegengesetzter Richtung wehen. Damit sind die Monsungebiete in jahreszeitlichem Wechsel an verschiedene Gebiete der planetarischen Zirkulation angeschlossen, so daß Luftmassen verschiedener Herkunft zur Wirkung kommen. Dem Wechsel der Zirkulationsform und der Luftmassen entspricht ein Wechsel der Bewölkung und des Niederschlages. Im Bereich der tropischen Monsune ist der Jahresgang der Niederschläge verbreitet so stark ausgeprägt, daß er den Temperaturgang beeinflußt (Temperaturmaximum vor der Sommersonnenwende).

Gebirgs- und *Höhenklima*, die man in Höhen oberhalb 3000 m ansetzt, sind zunächst durch geringere Temperatur und geringeren Luftdruck gegenüber dem Klima tieferer Lagen gekennzeichnet. Es zeigt sich eine Verstärkung der Einstrahlung, die besonders im Ultraviolett wirksam ist und auf den verkürzten Weg der Sonnenstrahlen durch die Atmosphäre zurückzuführen ist. Die häufige Ausbildung von Temperaturinversionen in den tieferen Lagen der gemäßigten Breiten ergibt für die Höhenlagen einen ausgeglicheneren Temperaturgang. Die Niederschläge nehmen mit zunehmender Höhe bis zu einem Maximalwert zu; bei weiterer Höhenzunahme nehmen sie wieder ab. Da die Höhenlage der maximalen Niederschläge meßtechnisch schwer zu erfassen ist, kennt man ihre genaue Verteilung über die Erde noch nicht; für die europäischen Gebirge dürfte sie über Gipfelhöhe liegen. Für die Tropen ergibt sich in den Höhenlagen ein Jahresgang der Temperatur, der dem in den Niederungen entspricht. In den gemäßigten Breiten nimmt dagegen mit zunehmender Höhe der Jahresgang der Temperatur ab, so daß in dieser Beziehung die Höhenlagen der Gebirge „ozeanischer" erscheinen als die tiefen Lagen gleicher Breiten.

Die Anzahl typischer Klimaformen ließe sich gegenüber den angegebenen Beispielen wesentlich erweitern. Selbstverständlich wächst diese Zahl bei Verkleinerung des jeweils betrachteten Gebietes. Damit ergibt sich bei weiterer Verkleinerung des zugrunde liegenden Gebietes ein Übergang von typischen Klimaformen zu den Mesoklimaten.

7.2. Einteilungsmöglichkeiten der Klimate

Wenn an einer früheren Stelle (vgl. 7.1) von den zwei Hauptgruppen der Klimaeinteilungen gesprochen wurde, so war damit der erste Überblick über die Möglichkeiten der Klimaeinteilung gegeben. Innerhalb der Gruppen unterscheiden sich die einzelnen Klimaeinteilungen nach der Fragestellung, dem verwendeten Ausgangsmaterial, der Verarbeitung des Beobachtungsmaterials und schließlich nach dem Umfang der bearbeiteten Gebiete. Aus dem zuletzt genannten Unterscheidungsmerkmal ergeben sich Gesamtklassifikationen und Teilklassifikationen, die räumlich oder inhaltlich entweder das Gesamtproblem oder Teilfragen umfassen.

Da die hier erwähnten Einteilungsmöglichkeiten sowohl für beschreibende als auch für genetische Klassifikationen gelten, werden diese beiden Hauptgruppen in der folgenden Übersicht über verschiedene Klimaeinteilungen zunächst nicht getrennt, sondern gemeinsam betrachtet. Erst eine spätere eingehende Betrachtung einzelner Klimaeinteilungen wird effektive und genetische Einteilungen getrennt erfassen.

7.2.1. Gesamtklassifikationen

Die erste Klimaklassifikation geht wie das Wort Klima in den Anfängen auf das Altertum zurück. Die Einteilung verwendet rein mathematische Gesichtspunkte und bringt dadurch die Zoneneinteilung der Erde mit der Stellung der Sonne und damit mit den Bestrahlungsverhältnissen in Beziehung. Es werden unterschieden: die Tropenzone zwischen den Wendekreisen, die gemäßigten Zonen zwischen den Wende- und den Polarkreisen, die Polarzonen zwischen den Polarkreisen und den Polen.

Zuerst wurden die klimatischen Verhältnisse der gemäßigten Zone bekannt und zeigten erhebliche Unterschiede je nach der Lage des betrachteten Gebietes. Daher wurde die gemäßigte Zone weiter unterteilt, und zwar in die subtropische, die eigentliche gemäßigte und die subarktische Zone. Allerdings wurden für die Unterteilung keine Grenzen angegeben. Infolgedessen werden diese Begriffe auch heute noch ohne feste Zahlenbegrenzung verwendet und gelten mehr oder weniger als Sammelbegriffe.

Die genannte Klimaeinteilung nach mathematischen Zonen blieb lange Zeit hindurch die einzige und wirkt zumindest in der Namengebung heute noch nach. Erst zu einer Zeit, zu der gesicherte Beobachtungen und Messungen aus größeren Teilen der Erde vorlagen, konnte man an eine genauere Einteilung der Klimate denken. So ist es nicht verwunderlich, daß die Aufstellung von Klimaklassifikationen erst in der zweiten Hälfte des 19. Jahrhunderts begann. Von dieser Zeit an wuchs allerdings die Zahl der Klimaklassifikationen sehr rasch.

Die erste Präzisierung der mathematischen Einteilung, die berücksichtigte, daß außer der Strahlung auch andere Faktoren – z. B. die Verbreitung von Land und Meer – auf das Klima einwirkten, behielt die Dreiteilung bei. Die Abgrenzung geschah aber nicht mehr nach mathematischen Gesichtspunkten, sondern nach Temperaturwerten. Es wurden unterschieden: eine warme Zone zwischen den Jahresisothermen von 20 °C, die gemäßigten Zonen zwischen den Jahresisothermen von 20 und 0 °C, die kalten Zonen polwärts der 0°-Jahresisothermen. Die hier gegebene Begrenzung der warmen Zone stimmt etwa mit der Polargrenze der Palmen und der Passate überein, während die Abgrenzung der kalten Zonen nahezu der polaren Baumgrenze entspricht. Später wurden die kalten Zonen dann nicht mehr durch die 0-°C-Jahresisotherme, sondern durch die 10-°C-Isotherme des wärmsten Monats abgegrenzt. Diese Isotherme gilt auch heute noch als Grenze der Arktis bzw. Antarktis.

Die Grundlagen der Klimaeinteilungen wurden verbreitert, als W. Köppen (1884) nicht nur die Temperaturwerte selbst, sondern auch ihre Andauerzeiten in eine Klimaeinteilung aufnahm. Außerdem erfolgte hierbei eine Erweiterung von drei auf fünf Zonen. Dabei wurden unterschieden: ein tropischer Gürtel (alle Monate heiß mit Temperaturen über 20 °C), die subtropischen Gürtel (vier bis elf Monate über 20 °C, die übrigen Monate gemäßigt mit Temperaturen unter 20 °C), die gemäßigten Gürtel (vier bis elf Monate gemäßigt mit Temperaturen zwischen 10 und 20 °C), die kalten Gürtel (ein bis vier Monate gemäßigt, die übrigen kalt), die polaren Gürtel (alle Monate kalt mit Temperaturen unter 10 °C). Diese Einteilung ist insofern von Interesse, als sie bereits wesentliche Merkmale einer späteren, heute weitverbreiteten Klimaeinteilung enthält.

Einige Klassifikationen, die zwar mit dem Klima in Zusammenhang zu bringen sind, stellen auf Grund ihres Ausgangspunktes keine echten Klimaklassifikationen dar. Bei ihnen erfolgt die Einteilung nach anderen Kennzeichen, z. B. der Vegetation, wobei das Klima nicht Einteilungsgrundlage, sondern erklärender Bestandteil ist. Auch in anderen Einteilungen, beispielsweise nach wirtschaftsgeographischen Gesichtspunkten, wird das Klima sekundär, als erklärender Faktor, behandelt.

Wurden in den bisher genannten Klimaeinteilungen nur die Temperaturwerte berücksichtigt, so geht eine andere Gruppe von Einteilungen von den Niederschlägen aus. Allerdings werden dabei die Niederschläge nicht unmittelbar betrachtet, sondern in ihrer hydrologischen Auswirkung. Das hat den Vorteil, daß in die hydrologische Betrachtung nicht nur die Niederschläge, sondern auch die Temperaturwerte eingehen. Eine solche Einteilung wurde 1884 von A. I. Wojeikow gegeben und später von A. Penck (1910) aufgegriffen. Diese Klimaeinteilung sei hier nur erwähnt, da sie an anderer Stelle noch zur Sprache kommen wird.

Die Beziehungen zwischen dem Leben der Pflanzen und dem Klima gestatten es, die Pflanzen als Indikatoren des Klimas zu verwenden. Auf diese Weise kommt man zu Klimaeinteilungen, die vom Wärme- und Feuchtigkeitsbedarf der Pflanzen ausgehen. Hier ist, im Gegensatz zu den vorher erwähn-

ten Vegetationseinteilungen, die klimatologische Fragestellung Einteilungsprinzip, die Vegetation Indikator. Von diesen Einteilungen sei im Hinblick auf später noch zu betrachtende Klimaklassifikationen eine von W. Köppen (1900) gegebene Einteilung erwähnt. Die Einteilung hat folgenden Aufbau:

A. Reich der Megathermen oder tropische Tieflandsklimate. Temperatur des kältesten Monats über 18 °C; mindestens ein Monat mit reichlichem Regen.

B. Reich der Xerophilen. Dauernde Regenarmut.

C. Reich der Mesothermen oder mittelwarme Klimate. Kühle Jahreszeit (kältester Monat unter 18 °C); heißer Sommer (wärmster Monat über 22 °C) oder milder Winter (kältester Monat über 6 °C) oder beides. Niederschläge nach Menge und jahreszeitlicher Verteilung verschieden.

D. Reich der Mikrothermen oder kühle Klimate. Wärmster Monat mindestens 10 °C, aber nicht über 22 °C, kältester Monat unter 6 °C. Mindestens gelegentliche Schneedecke, ausreichende Niederschläge in der wärmeren Jahreszeit.

E. Reich der Hekistothermen oder kalte Klimate. Wärmster Monat 0 bis 10 °C.

F. Klima ewigen Frostes. Wärmster Monat unter 0 °C.

Auch in dieser Einteilung finden sich schon wesentliche Merkmale der später noch zu besprechenden bekannten Köppenschen Klimaeinteilung. Es sei darauf hingewiesen, daß bei der Unterteilung der angeführten Klimareiche häufig Pflanzen- oder Tiernamen verwendet werden; man könnte danach von biologischen Klimaindikatoren sprechen.

Im weiteren Verlauf der Entwicklung von Klimaklassifikationen ist das Bestreben zu erkennen, eine immer größere Anzahl klimatologischer Elemente und Erscheinungen zur Kennzeichnung der Klimate heranzuziehen. Damit wird der zahlenmäßig erfaßbare Charakter des Klimas mehr und mehr zum tragenden Element der Klimaeinteilung, während die Auswirkungen – z. B. diejenige auf die Vegetation – zurücktreten und schließlich nur noch in der Namengebung erkennbar bleiben. Die Abgrenzung der Klimate geschieht wesentlich nach Schwellenwerten von Temperatur und Niederschlag, wobei auch Andauerwerte in die Klassifikation eingehen. Die bekannteste dieser Klimaeinteilungen ist die von W. Köppen (1918, 1923, 1931), die an späterer Stelle betrachtet werden soll.

Da die Vergrößerung der Anzahl der zu einer Klimaklassifikation herangezogenen klimatologischen Elemente und Erscheinungen sehr rasch zur Unübersichtlichkeit führt, ist vielfach der Versuch von Zusammenfassungen gemacht worden. Dabei werden zwei oder mehrere klimatologische Elemente und Erscheinungen zu einem Index zusammengefaßt. Zur Klimaeinteilung kann man dann mehrere solcher Indizes benutzen. Eine derartige Einteilung wurde beispielsweise von C. W. Thornthwaite (1931, 1933, 1948) angegeben; sie beruht auf der Verteilung von vier Indizes: Wärmefaktor, Feuchtefaktor, Jahresgang des Wärmefaktors und Jahresgang des Feuchtefaktors.

Ein anderer Weg, eine möglichst komplexe Ausgangsbasis für Klimaeinteilungen zu erhalten, führt zur allgemeinen planetarischen Zirkulation der Atmosphäre. Dabei kann im weiteren Verlauf der Betrachtung das Schwergewicht entweder auf die Luftströmungen, auf die Verteilung der Luftmassen oder auf die Struktur der atmosphärischen Zirkulation verlagert werden. Mit der Betrachtung der planetarischen Zirkulation kommt man zur Gruppe der genetischen Klimaeinteilungen, da die Entstehung der Klimate infolge bestimmter Lagen verschiedener Teilstücke der Zirkulation fast automatisch in den Vordergrund rückt. Anfänge solcher Klimaeinteilungen gehen allerdings auf die Beschreibung zurück wie beispielsweise eine von W. Köppen (1923) gegebene Darstellung der Windgebiete. Erst eine eingehende, dreidimensionale Kenntnis von den Vorgängen der planetarischen Zirkulation läßt solche Einteilungen zu genetischen Klimaeinteilungen werden. Beispiele solcher Klassifikationsmöglichkeiten sollen später gegeben werden.

7.2.2. Teilklassifikationen

Die Teilklassifikationen beziehen sich entweder auf Teile der Erdoberfläche, oder sie umfassen Teilfragen einer allgemeinen Klimaklassifikation.

Als Teilfragen der Klimaklassifikation sind die Fragen der *Abgrenzung der einzelnen Klimate* anzusehen, wie sie zwischen maritimen und kontinentalen sowie zwischen trockenen und feuchten Klimagebieten notwendig sind. Sind auch im einen Falle die Temperaturen, im anderen die Niederschlagswerte für diese Unterteilungen zu benutzen, so ergeben sich doch verschiedene Möglichkeiten der jeweiligen Verarbeitung dieser Werte. Außerdem ist zu berücksichtigen, daß in beiden Fällen Temperatur und Niederschlag zusammenwirken, also u. U. auch gemeinsam betrachtet werden müssen.

Kontinentalität und *Maritimität* des Klimas sind durch die Jahresamplitude der Temperatur (thermische Kontinentalität) zu kennzeichnen. Je größer der Einfluß des Kontinents gegenüber dem des Meeres ist, um so mehr wächst die Jahresamplitude der Temperatur an. Da aber die Jahresamplitude der Temperatur auch breitenabhängig ist, kann man durch die Jahresamplitude unmittelbar nur die Kontinentalität und Maritimität einer vorgegebenen geographischen Breite darstellen. Der Einfluß der geographischen Breite kann rechnerisch in verschiedener Weise berücksichtigt werden, so daß sich verschiedene Formeln zur Bestimmung des Kontinentalitätsgrades ergeben. Es wurde bereits (vgl. 5.2.4) auf die Bestimmungen des Kontinentalitätsgrades nach H. Schrepfer (1925) und W. Gorczynski (1920) mit den Abwandlungen von V. Conrad und L. W. Pollak (1950) hingewiesen. Die Abwandlung der Formeln erwies sich als Voraussetzung für eine räumlich erweiterte Anwendungsmöglichkeit. Damit läßt die Angabe des Kontinentalitätsgrades nach V. Conrad und L. W. Pollak-Berechnung des Kontinentalitätsgrades s. 5.2.4-weiträumige Vergleiche zu.

Für Europa gab F. Ringleb (1947) einen Kontinentalitätsgrad an, bei dem neben den früher erwähnten Größen die Differenz der Mitteltemperaturen von Herbst (September, Oktober, November) und Frühjahr (März, April, Mai) berücksichtigt werden. Die angegebene Formel lautet

$$Ko = 0{,}6 \left(1{,}6 \, \frac{A}{\sin \varphi} - 14 \right) - D + 36,$$

wobei Ko den Kontinentalitätsgrad in %,

A die Jahresamplitude der Lufttemperatur, φ die geographische Breite, D die Differenz zwischen Herbst- und Frühjahrstemperaturen bedeutet. Die Wahl der Konstanten, die für Thorshavn $Ko = 0\%$, für Werchojansk $Ko = 100\,\%$ ergibt, kennzeichnet eine für Europa gültige Teilklassifikation.

In ähnlicher Weise kann man auch von der Niederschlagsverteilung her zu einer Kennzeichnung der Kontinentalität kommen (hygrische Kontinentalität). Da jedoch der verschiedene Jahresgang des Niederschlages in maritimen und kontinentalen Gebieten nicht überall auf der Erde gleichmäßig in Erscheinung tritt, gelten die vom Niederschlag ausgehenden Kontinentalitätsgrade im allgemeinen nur für kleinere Gebiete. Es sei hier auf die von F. RINGLEB (1948) verwendete Formel der hygrischen Kontinentalität verwiesen, die an eine von E. REICHEL (1930) angegebene Methode anschließt. Für Gebiete, in denen ein Sommermaximum und ein Winterminimum des Niederschlags auftreten, kennzeichnete E. REICHEL (1930) die Kontinentalität oder Ozeanität durch die Differenz aus den in Prozent des Jahresniederschlages angegebenen Niederschlägen des Herbstes (September bis November) und des Frühjahrs (März bis Mai). Nach dieser Definition wird zunehmende Ozeanität durch Vergrößerung der Zahlenwerte, Kontinentalität vielfach durch negative Zahlenwerte gekennzeichnet. F. RINGLEB (1948) verwendet an Stelle der relativen Herbst- und Frühjahrsniederschläge ($\triangleq$ Niederschlag der betreffenden Zeit in Prozent der Jahressumme) die relativen Winter- und Sommerniederschläge. Die Definition der hygrischen Kontinentalität deutet darauf hin, daß der Begriff in der vorliegenden Form keine allgemeine Gültigkeit besitzt und demnach nur zur Kennzeichnung begrenzter Gebiete verwendbar ist.

Es ist weiterhin möglich, durch Zusammenfassung thermischer und hygrischer Kontinentalitätsgrade zu umfassenderen Darstellungen zu kommen. Dabei ist es letzten Endes gleichgültig, ob man die Kontinentalität oder die Ozeanität zahlenmäßig darstellt. Der erste Weg wurde beispielsweise von S. MORAWETZ (1944) gewählt, während F. ROSENKRANZ (1936) den Grad der Ozeanität darstellte.

Schließlich ergibt sich noch die Möglichkeit, aus der Häufigkeit maritimer und kontinentaler Luftmassen bzw. Luftkörper auf Maritimität oder Kontinentalität eines Gebietes zu schließen. Auf diesem Wege kennzeichnete E. DINIES (1931) die Kontinentalität dadurch, daß er die Häufigkeit kontinentaler Luftkörper in Prozent der Summe kontinentaler und maritimer Luftkörper angab. Danach ergab sich bei gleicher Anzahl kontinentaler und maritimer Luftkörper ein Kontinentalitätsgrad von 50% (vgl. 4.1).

Die Unterscheidung von *trockenen* und *feuchten* Gebieten verlangt eine gemeinsame Betrachtung von Temperatur und Niederschlag. Denn in diese Unterscheidung geht einerseits die vorhandene Feuchtigkeit (Niederschlag), andererseits der Verlust durch die temperaturabhängige Verdunstung ein. Die Abgrenzung trockener und feuchter Gebiete gegeneinander kann in verschiedener Weise erfolgen.

In recht einfacher Form brachte W. KÖPPEN für seine Trockengrenzen Jahresmitteltemperatur und mittlere Jahressumme des Niederschlags in Beziehung zueinander. Bei prinzipiellem Festhalten an dieser Beziehung wurde die zahlenmäßige Verknüpfung im Laufe der Jahre mehrfach geändert. Da die Betrachtung der Trockengrenzen wesentlicher Bestandteil der Klimaklassifikation W. KÖPPENS (1923, 1931) ist, soll sie im Zusammenhang mit dieser Klimaeinteilung später besprochen werden.

Trockenheit oder Feuchtigkeit eines Gebietes können durch verschiedenartige Indizes dargestellt werden, die auf der gemeinsamen Betrachtung von Temperatur und Niederschlag beruhen. Ein solcher Index wurde beispielsweise von R. LANG (1920) angegeben:

$$RF = \frac{N}{T}.$$

Dabei bedeutet RF den Regenfaktor, N die mittlere Jahressumme des Niederschlags in mm, T die Summe der positiven Monatsmittel der Temperatur in °C während eines Jahres, dividiert durch 12. Geringe Niederschläge und hohe Temperaturen – damit auch große Verdunstung – führen zur Verkleinerung des Regenfaktors, wobei negative Monatsmittel der Temperatur wegen der dann geringen Verdunstung unberücksichtigt bleiben.

Um Aridität oder Humidität eines einzelnen

Monats zahlenmäßig festlegen zu können, verwendete E. DE MARTONNE (1926) die Beziehung

$$\frac{12n}{t + 10},$$

wobei n die monatliche Niederschlagssumme in mm, t das Monatsmittel der Temperatur in °C bedeutet. Nach W. LAUER (1951) spricht man von ariden Monaten, wenn die vorstehende Indexzahl unter 20 bleibt; Indexzahlen über 20 kennzeichnen humide Monate.

Für Klimaunterscheidungen in kleineren Gebieten eignen sich auch die von A. SCHULZE (1956) angegebenen Jahresgangzahlen von Temperatur und Niederschlag (s. 5.2.4 und 5.4.6). Sie haben den Vorteil, daß in ihnen über die Jahresamplitude hinaus alle Monatswerte zur Geltung kommen.

Bei allen Teilklassifikationen ist zu beachten, daß in ihnen oft Grenzbedingungen auftreten, die eine Verallgemeinerung der vorliegenden Einteilung ausschließen.

7.3. Einige Klimaeinteilungen

Nach der allgemeinen Übersicht über die Möglichkeiten der Klimaklassifikation sollen nunmehr einige Klimaeinteilungen eingehender betrachtet werden. Dabei werden beschreibende und genetische Klassifikationen besprochen werden. Schließlich wird es notwendig sein, einen Vergleich der angegebenen Klimaeinteilungen anzustellen.

7.3.1. Klimaeinteilung von W. Köppen

Die von W. KÖPPEN (1923, 1931) gegebene Einteilung der Klimate gehört zur Gruppe der beschreibenden Klimaklassifikationen. Sie ist aufgestellt auf der Grundlage von Schwellenwerten der Temperatur und der Niederschläge, wobei auch die jahreszeitliche Verteilung von Temperatur und Niederschlag in die Klassifikation eingeht. Damit verbunden, kommen in der Einteilung auch Andauerwerte von Temperatur und Niederschlag zur Geltung. In Anlehnung an frühere Klimaeinteilungen sind die Schwellenwerte, die zur

Abgrenzung der Klimazonen und Klimatypen verwendet werden, nicht willkürlich gewählt, sondern berücksichtigen die Auswirkungen des Klimas auf die Vegetation. Der Zusammenhang mit der Vegetation kommt teilweise in der Namengebung zum Ausdruck.

Als äußeres Merkmal der Köppenschen Klimaklassifikation ist die Klimaformel anzusprechen. Sie besteht aus einer Aneinanderreihung mehrerer Buchstaben. Dadurch können die Beobachtungstatsachen in einfacher und einprägsamer Form zusammengestellt werden. Der Aufbau der Klimaformel ist derart, daß der erste Buchstabe die Klimazone, der zweite den Klimatyp, der dritte den Klimauntertyp kennzeichnet; weitere Buchstaben können eine weitere Unterteilung oder die nähere Erläuterung besonderer Klimaelemente bringen.

Die Bezeichnung der fünf Klimazonen geschieht durch fünf Großbuchstaben, die im einzelnen folgende Bedeutung haben:

A Tropisches Regenklima ohne Winter.

Die Mitteltemperatur bleibt in allen Monaten über 18 °C.

B Trockenklima.

Die Niederschläge bleiben unterhalb einer von der Temperatur und der Niederschlagsverteilung abhängigen Trockengrenze. Ist r die jährliche Niederschlagssumme in cm, t das Jahresmittel der Temperatur in °C, so ergibt sich für die Trockengrenze bei vorherrschendem Winterregen $r = 2t$, bei gleichmäßiger Niederschlagsverteilung $r = 2(t + 7)$, bei vorherrschendem Sommerregen $r = 2(t + 14)$ (Abb. 130).

Bleibt der Niederschlag unter der genannten Trockengrenze, so gehört das Gebiet den B-Klimaten an.

C Warm-gemäßigtes Klima.

Die Temperatur des kältesten Monats liegt zwischen 18 und −3 °C. Die Niederschlagssummen liegen oberhalb der vorher angegebenen Trockengrenzen.

D Boreales oder Schnee-Wald-Klima.

Die Temperatur des kältesten Monats liegt unter −3 °C, die Temperatur des wärmsten Monats bleibt über 10 °C.

E Schneeklima.

Die Mitteltemperatur des wärmsten Monats liegt unter 10 °C.

Nach dieser Zusammenstellung ergibt sich für die Zonen A, C, D und E die gegenseitige Abgrenzung aus der Temperatur. Demgegenüber werden die Trockenklimate entsprechend ihrem besonderen Charakter durch die Niederschlagssummen, die allerdings mit den Temperaturen in Verbindung gebracht werden, abgegrenzt.

Die Unterteilung dieser fünf Klimazonen führt zu elf Klimatypen – von W. KÖPPEN (1931) auch als Haupttypen bezeichnet – und erfolgt in der Klimaformel durch Hinzufügen eines zweiten Buchstabens zu der Zonenkennung. Damit ergeben sich folgende Klimatypen:

Tabelle 44. Klimatypen nach W. KÖPPEN

	Klimaformel	Bezeichnung
1.	*Af*	Tropisches Regenwaldklima
2.	*Aw*	Savannenklima
3.	*BS*	Steppenklima
4.	*BW*	Wüstenklima
5.	*Cw*	Warmes wintertrockenes Klima
6.	*Cs*	Warmes sommertrockenes Klima
7.	*Cf*	Feuchtgemäßigtes Klima
8.	*Dw*	Wintertrockenkaltes Klima
9.	*Df*	Winterfeuchtkaltes Klima
10.	*ET*	Tundrenklima
11.	*EF*	Klima ewigen Frostes

Außer den vorstehend genannten Klimatypen gibt W. KÖPPEN eine Zwischenform zwischen *Af* und *Aw* an, die er mit *Am* bzeichnet. W. KÖPPEN beschreibt *Am* als ein Urwaldklima trotz einer Trockenzeit; für dieses Klima geben C. E. KOEPPE und G. C. DE LONG (1958) die Bezeichnung „tropisches Monsunklima".

Die vorstehend an zweiter Stelle der Klimaformel genannten Buchstaben, die die Abgrenzung der Klimatypen kennzeichnen, haben folgende Bedeutung:

F Alle Monatsmittel der Temperatur unter $0\,°C$.

S Steppenklima.
Trockengebiet, in dem die Niederschläge noch eine regelmäßige Vegetation zulassen (Abgrenzung gegen die Wüste siehe unten).

T Tundrenklima.
In mindestens einem Monat des Jahres liegt die Mitteltemperatur über $0\,°C$.

W Wüstenklima.
Trockenklima mit sehr geringen oder fehlenden Niederschlägen. Die Abgrenzung gegenüber der Steppe geschieht durch bestimmte Trockengrenzen.

Die Trockengrenzen, die zur Trennung von Steppe und Wüste verwendet werden, werden in ähnlicher Weise dargestellt wie die Grenzen der B-Klimate gegen die A-, C- und D-Klimate. In Abhängigkeit von der Temperatur und der Verteilung der Niederschläge gilt als Grenze zwischen Steppe und Wüste

bei vorherrschendem Winterregen $r = t$,
bei gleichmäßiger Niederschlagsverteilung

$$r = t + 7,$$

bei vorherrschendem Sommerregen

$$r = t + 14 \quad \text{(Abb. 130)}.$$

Dabei stellt r wieder die Jahressumme des Niederschlages in cm, t die Jahresmitteltemperatur in °C dar. Wird die Trockengrenze unterschritten, gehört das Gebiet der Wüste, bei Überschreitung der Trockengrenze der Steppe an.

Die weiteren zur Kennzeichnung der Klimatypen verwendeten Buchstaben haben die nachstehende Bedeutung:

f Feucht.
Alle Monate sind feucht; der trockenste Monat im A-Klima hat eine Niederschlagsmenge von mindestens 60 mm.

m Mittelform, Regenwaldklima trotz einer Trockenzeit.
Im Am-Klima bleibt der Niederschlag in einem oder mehreren Monaten unter 60 mm. Das Niederschlagsdefizit wird durch die Niederschläge der anderen Monate gedeckt, so daß tropischer Regenwald auftreten kann. Die Niederschlagsmenge des trockensten Monats beträgt mehr als 4% der Differenz Jahresniederschlag minus 250 in mm (Abb. 131).

s Sommertrocken, Trockenzeit im Sommer der betreffenden Halbkugel.
Der trockenste Sommermonat hat weniger als 40 mm und weniger als ein Drittel der Niederschlagssumme des feuchtesten Wintermonats.

w Wintertrocken, Trockenzeit im Winter der betreffenden Halbkugel.
Der mittlere Niederschlag des trockensten

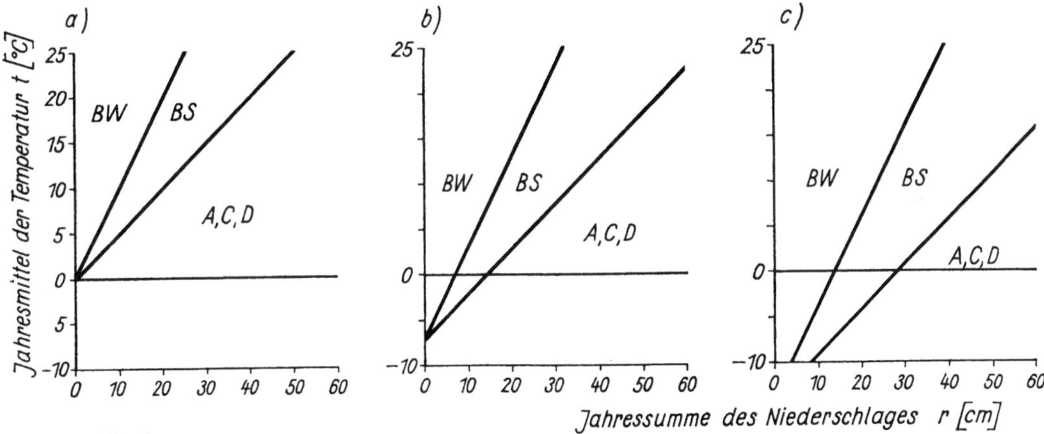

Abb. 130. Trockengrenzen
a) bei Winterregen; b) bei gleichmäßiger Verteilung des Niederschlages; c) bei Sommerregen

Wintermonats beträgt weniger als ein Zehntel des Niederschlags des feuchtesten Sommermonats. Im A-Klima bringt der trockenste Monat weniger als 60 mm Niederschlag, wobei die Abgrenzung von Aw und Am nach den in Abb. 131 angegebenen Werten geschieht.

Innerhalb der Klimatypen können durch Anfügung weiterer Buchstaben an die Klimaformel Unterschiede hervorgehoben werden.

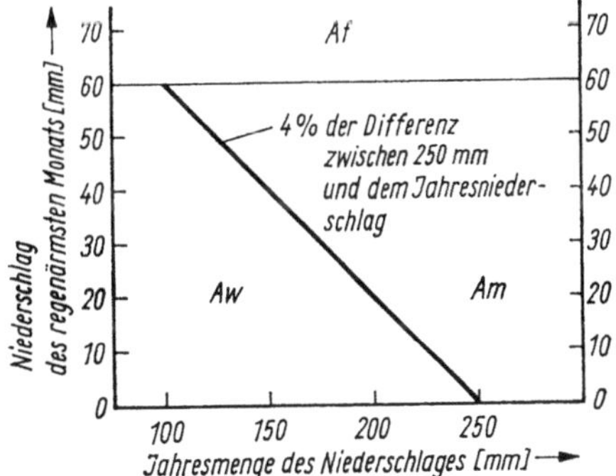

Abb. 131. Die Grenze zwischen den Am- und den Aw-Klimaten

Hierbei werden in einigen Fällen Klimauntertypen gekennzeichnet, während die zahlenmäßige Unterscheidung in vielen Fällen keine reale Feineinteilung der Klimatypen ergibt. Die im folgenden an dritter Stelle der Klimaformel zu verwendenden Buchstaben bedeuten:

a Heiße Sommer, Mitteltemperatur des wärmsten Monats über 22°C.

b Warme Sommer; Mitteltemperatur des wärmsten Monats unter 22°C, mindestens vier Monate mit Mitteltemperaturen von wenigstens 10°C.

c Kühle Sommer; Mitteltemperatur des wärmsten Monats unter 22°C, ein bis drei Monate mit einer Mitteltemperatur von wenigstens 10°C.

d Strenge Winter; Mitteltemperatur des kältesten Monats unter −38°C.

g Ganges-Typ des jährlichen Temperaturganges; das Jahresmaximum tritt vor der Sommersonnenwende und der sommerlichen Regenzeit ein.

h Heiß, Jahresmittel der Temperatur über 18°C.

k Kalt, Jahresmittel der Temperatur unter 18°C.

In der Darstellung W. KÖPPENS (1931) sind Möglichkeiten zu weiterer Unterteilung durch Buchstaben oder andere Zusätze angegeben. Für die vorliegende Betrachtung dürften die mitgeteilten Formelbezeichnungen ausreichen.
Einen genaueren Einblick in die von W. KÖPPEN (1923, 1931) gegebene Klimaklassifikation sollen die nachfolgenden Beschreibungen einiger Klimate bringen. – In einer Weiterentwicklung der Köppenschen Einteilung werden neuerdings mehrere Großbuchstaben zur Klimakennzeichnung eines Gebietes in der Formel zusammengefaßt. Als

Beispiel sei Baku (nach dem Atlas der Aserbaidshanischen SSR, 1963) mit der Klimakennung *CBSsa* genannt; aus der Formel ergibt sich die Klimabeschreibung: Trockenklima im warmgemäßigten Bereich mit warmen Sommern und sommerlicher Trockenzeit.

Die tropischen Regenklimate (*A*)

Hohe Temperaturen und ausreichende Niederschläge kennzeichnen diese auf niedere Breiten beschränkte Klimazone. Dabei zeichnet sich der jährliche Temperaturverlauf durch große Gleichmäßigkeit aus; die allgemein geringe Jahresamplitude der Temperatur nimmt mit der Entfernung vom Äquator zu. Der geringen Jahresamplitude steht eine verhältnismäßig hohe Tagesamplitude der Temperatur gegenüber, wie beispielsweise die Isoplethendarstellung von C. TROLL (1943) zeigt. Die Niederschläge sind im Kerngebiet ziemlich gleichmäßig über das Jahr verteilt. Gegen die Randgebiete macht diese gleichmäßige Verteilung einer stark ausgeprägten Periodizität Platz. Damit ist eine Veränderung der Vegetation vom tropischen Regenwald zur Savanne verbunden. Die Breite dieser Klimazone ist unterschiedlich; die größte Ausdehnung reicht bis etwa 25° Breite, doch befindet sich das

Hauptgebiet zwischen 10° nördlicher und südlicher Breite.

Af. Tropisches Regenwaldklima (Abb. 132)

Hohe Temperaturen und ein Jahresgang, bei dem die Amplitude unter 6 K bleibt, bestimmen die Temperaturverhältnisse. In der Nähe der Polargrenzen des *Af*-Klimas ist ein doppeltes Maximum der Temperatur angedeutet. Die Tagesmaxima der Temperatur liegen meist zwischen 30 und 35 °C, während die Minima zwischen 20 und 25 °C liegen. Die Niederschläge sind entweder gleichmäßig auf die einzelnen Monate verteilt, oder sie zeigen ein bzw. zwei mehr oder weniger ausgeprägte Maxima und Minima; entscheidend ist, daß kein trockener Monat auftritt. Die feuchten Äquatorialgebiete haben mindestens 1500 mm Niederschlag im Jahr, wobei die Niederschlagssumme stellenweise über 4500 mm ansteigt.
Die Verteilung von Temperatur und Niederschlag im Verlaufe des Jahres führt dazu, daß ausgesprochene Jahreszeiten fehlen. Hohe Temperaturen und hohe Feuchtigkeit führen tagsüber zu starker Bewölkung und Niederschlägen, die meist als Schauer, vielfach von Gewittern begleitet, niedergehen. Mindestens zwei Drittel der Tage des Jahres sind Regen-

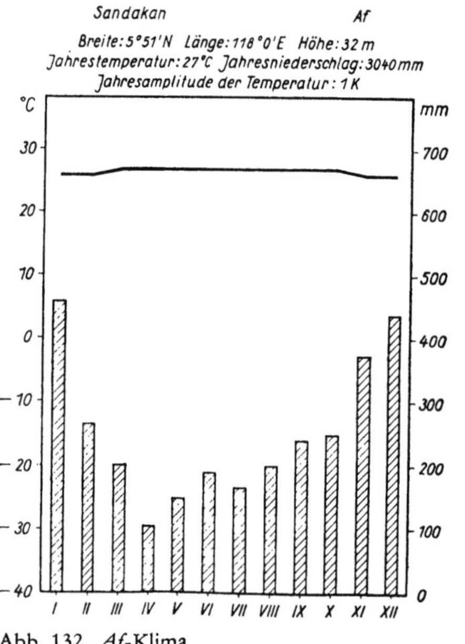

Abb. 132. *Af*-Klima

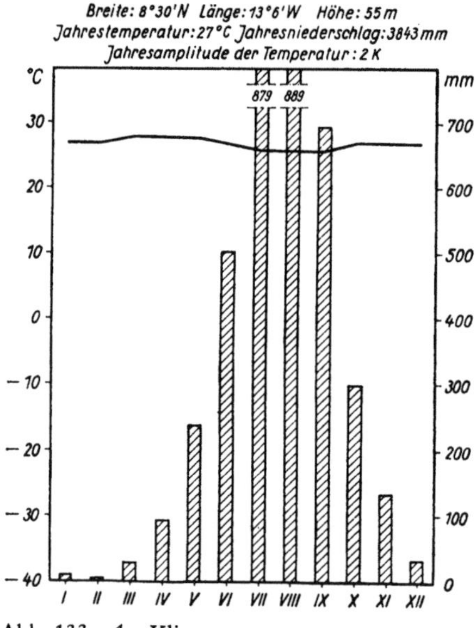

Abb. 133. *Am*-Klima

tage. Im allgemeinen ist der Witterungsablauf einförmig.

Tropische Zyklonen sind im *Af*-Klima selten. Daher hat das Gebiet des *Af*-Klimas zumindest auf dem Festland verhältnismäßig wenig starke Winde mit zerstörender Wirkung. An den Küsten wird der regelmäßig auftretende Seewind als angenehm empfunden; die Wirkung bleibt allerdings auf einen verhältnismäßig schmalen Küstensaum beschränkt.

Wärme und Niederschläge lassen den tropischen Regenwald zu, der aus mannigfachen Arten immergrüner Laubbäume besteht. Die Bäume des Regenwaldes erreichen verschiedene Höhen, so daß drei Stockwerke auftreten; daher wird die Sonnenstrahlung für den Boden weitgehend abgeschirmt. Groß ist die Zahl der Epiphyten.

Die Verwitterung ist tiefgründig; im allgemeinen werden für den tropischen Regenwald Bodenmächtigkeiten von 4 bis 6 m angegeben. Teilweise kommen wesentlich größere Mächtigkeiten vor; es sind z. B. Rotlehmdecken bis zu 60 m Stärke bekannt. Kennzeichnend für die tropischen Regenklimate ist die Lateritverwitterung, die in ihrer deutlichsten Ausprägung dem Savannenklima angehört. Die tiefgründige Verwitterung führt dazu, daß die Flüsse trotz ihres Wasserreichtums kaum grobes Material befördern; statt dessen ist der Transport an Feinmaterial recht erheblich.

Das *Af*-Klima hat seine größten Verbreitungsgebiete in den Niederungen des Kongo und des Amazonas sowie in Indonesien. Kleinere Areale dieses Klimas treten an den Ostküsten von Süd- und Mittelamerika sowie von Madagaskar auf.

Am. Urwaldklima trotz einer Trockenzeit (Abb. 133)

Trotz einer Trockenzeit kommt es bei hohen Lufttemperaturen und reichlichen Niederschlägen zu tropischem Regenwald. Das Niederschlagsdefizit der Trockenzeit wird in den übrigen Monaten ausgeglichen. Die kurze Trockenzeit auf der einen, der für tropischen Regenwald ausreichende Jahresniederschlag auf der anderen Seite erfordern, daß in der Regenzeit des *Am*-Klimas höhere Niederschläge auftreten als in der entsprechenden Zeit des *Af*-Klimas.

Bezüglich der Verwitterung sowie in bezug auf die Wasser- und Geschiebeführung der Flüsse steht das Gebiet des *Am*-Klimas zwischen *Af* und *Aw*. Das bedeutet, daß im äquatorialen Grenzbereich die Erscheinungen, die für *Af* beschrieben wurden, stärker hervortreten, während an den Polargrenzen ein Übergang zum Gebiet der Savannen erfolgt.

Am-Klima herrscht in einem ausgedehnten Gebiet in der Amazonasniederung. Weitere Gebiete von *Am* finden sich in Teilen Indonesiens sowie an den Westseiten Vorder- und Hinterindiens und Malakkas.

In der Darstellung von C. E. KOEPPE und G. C. DE LONG (1958) wird das *Am*-Klima als Monsunklima bezeichnet, obwohl betont wird, daß der für den Monsun charakteristische Windwechsel nicht in allen Fällen gegeben ist. Vielmehr wurde diese Bezeichnung in Anlehnung an die für eine Reihe von Monsungebieten typische Niederschlagsverteilung gewählt, was allerdings zu Mißverständnissen Anlaß geben kann. Der Übergangscharakter, den das *Am*-Klima in gewissem Sinne zeigt, geht daraus hervor, daß es in der kartenmäßigen Darstellung nicht gegen das *Af*-Klima abgegrenzt ist. Trotz einer zahlenmäßig definierbaren Abgrenzung zwischen *Af* und *Am* (s. Abb. 131) zeigt beispielsweise die Vegetation einen fließenden Übergang von einem zum anderen Gebiet, wobei die Unterschiede verhältnismäßig gering bleiben. Daher erscheint es gerechtfertigt, die Verbreitung von *Af* und *Am* ohne scharfe gegenseitige Abgrenzung darzustellen.

Aw. Savannenklima (Abb. 134)

Die Temperatur zeigt eine größere Jahresamplitude als bei *Af* und *Am*; die Amplitude beträgt im allgemeinen über 6 K und erreicht örtlich 12 K. Das Temperaturmaximum tritt vielfach vor Einsetzen der Regenzeit ein (indischer oder Gangestyp des Temperaturverlaufs), da die starke Bewölkung während der Regenzeit die Sonneneinstrahlung und damit die Erwärmung teilweise recht erheblich herabsetzt.

Der Jahresgang des Niederschlags ist durch den Wechsel zwischen einer ausgeprägten Trocken- und einer deutlichen Regenzeit gekennzeichnet. Dabei zeigen die Niederschlags-

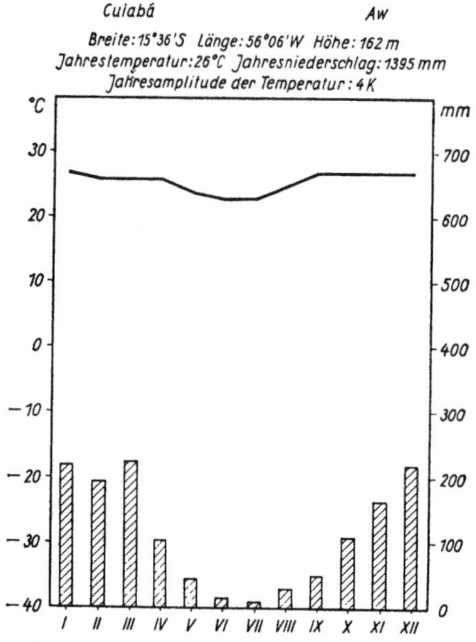

Abb. 134. *Aw*-Klima

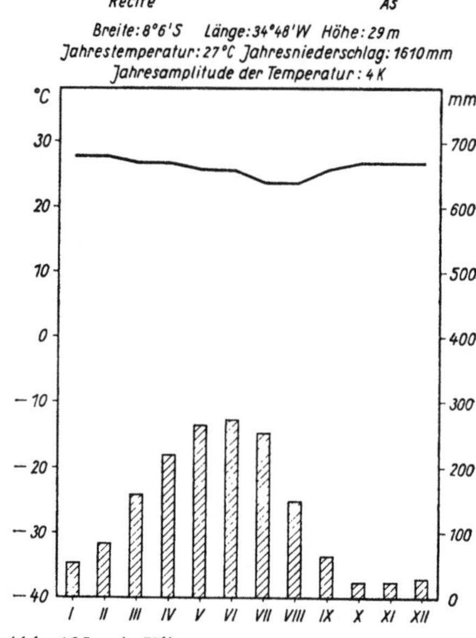

Abb. 135. *As*-Klima

summen insgesamt mit zunehmender Entfernung vom Äquator eine Abnahme. Bemerkenswert ist, daß die Änderungen der Niederschlagssumme von Jahr zu Jahr im *Aw*-Klima größere Werte annehmen als im *Af*- oder *Am*-Klima.

Mit der Entfernung vom Äquator nimmt die Baumvegetation mehr und mehr ab, bis schließlich die für *Aw*-Klima typische Vegetationsform, die Grassavanne, auftritt. Als Übergangsform ist die Teakbaumstufe der Savanne zu nennen, in der zwar noch ausgedehnte Wälder auftreten können, die aber nicht mehr die Mannigfaltigkeit tropischer Regenwälder aufweisen und zum Teil aus laubabwerfenden Arten bestehen. Nur in der Nähe der Flüsse treten Wälder auf, die den Charakter tropischer Regenwälder haben; sie werden als Galeriewälder bezeichnet. In der Grassavanne fehlt der Hochwald; an seine Stelle tritt dorniges Gestrüpp mit vereinzelten Bäumen.

Mit dem jahreszeitlichen Wechsel der Niederschläge zeigen auch die Flüsse in ihrer Wasserführung eine ausgeprägte Periodizität. Dieser Wechsel macht sich in den Ablagerungen der Flüsse bemerkbar. Der Wechsel zwischen einer trockenen Jahreszeit mit starker Insolationsverwitterung und einer nassen Jahreszeit mit starker Abspülung bringt die Form der

Inselberge hervor. Somit sind die Inselberge typische Erscheinungen für das *Aw*-Klima. Das *Aw*-Klima stellt das Hauptgebiet der Lateritbildung dar.

Das *Aw*-Klima schließt polwärts an die *Af*- und *Am*-Klimate an. Daher nimmt es in Südamerika und Afrika weite Gebiete ein. Demgegenüber ist seine Ausdehnung in Australien, an dessen Nordrand es auftritt, geringer. Die gürtelartige Anordnung des *Aw*-Klimas wird in Asien sowie in Mittel- und Nordamerika infolge der Höhenlage der Gebiete unterbrochen, so daß hier *Cw* an seine Stelle tritt. An der Ostküste Südamerikas schließt an das *Aw*-Klima in einem schmalen Küstenstreifen ein Gebiet an, dessen Trockenperiode im Sommer auftritt; das Klima ist demzufolge als *As* zu kennzeichnen (Abb. 135).

Die Trockenklimate (B)

Ist für die Kennzeichnung der tropischen Regenklimate in erster Linie die Temperatur, in zweiter Linie der Niederschlag und seine Verteilung kennzeichnend, so ist es bei den Trockenklimaten umgekehrt. Die Niederschlagswerte bestimmen, naturgemäß in gewisser Abhängigkeit von der Temperatur, die Trockenheit der Gebiete, die in Steppen und Wüsten unterschieden werden. Erst eine weitere Unterscheidung ergibt die Trennung heißer und kalter Trockengebiete.

Die Trockengebiete, deren Kern Wüsten und deren Ränder Steppen darstellen, sind einerseits etwa im Bereich der Wendekreise angeordnet, erscheinen aber hauptsächlich in Asien und Südamerika auch in etwa 40° Breite. Diese beiden Verbreitungsgebiete sind durch die Temperaturverhältnisse unterschieden. Während es sich im Gebiet um die Wendekreise mit Ausnahme der höheren Lagen um heiße Gebiete handelt, treten in den höheren Breiten kalte Steppen und Wüsten auf.

Die Jahresamplitude der Temperatur ist größer als in den A-Klimaten. Gleichzeitig nehmen auch die Tagesamplituden recht hohe Werte an.

Die Niederschläge nehmen von den Rändern her zu den Kerngebieten hin ab. Zeigt sich in den Randgebieten noch eine mehr oder weniger ausgeprägte Periodizität der Niederschläge, so verschwindet diese gegen die Kerngebiete hin rasch. Schließlich sind die Kerngebiete der Wüsten regenlos oder erhalten nur seltene, unregelmäßige Niederschläge.

Die infolge der geringen Niederschläge verhältnismäßig geringe Vegetation läßt in den Trockenklimaten den Wind besonders wirksam werden. In den Trockengebieten herrscht eine durchschnittlich höhere Windgeschwindigkeit als in den anderen Gebieten ähnlicher geographischer Breite. Sehr stark macht sich die Wirkung der Thermik bemerkbar.

BSh. Heißes Steppenklima (Abb. 136)

Bei hohen Jahresmitteltemperaturen ist sowohl die jährliche als auch die tägliche Temperaturamplitude größer als in den tropischen Regenwaldklimaten. Bei stärker ausgeprägtem jährlichem Temperaturgang zeigen sich in den auf der Äquatorseite der Wüsten liegenden heißen Steppen zwei Maxima der Temperatur, die dem zweifachen Sonnenhöchststand im Verlaufe des Jahres entsprechen.

Auf der Äquatorseite der Wüsten nehmen in den Steppen die Niederschläge polwärts ab, während sie auf der Polarseite der Wüsten in derselben Richtung zunehmen. Die Jahresverteilung der Niederschläge entspricht in den heißen Steppen der Verteilung in den angren-

zenden Gebieten. Somit entspricht in den heißen Steppen, die auf der Äquatorseite der heißen Wüsten liegen, die Niederschlagsverteilung dem Aw-Klima, die Trockenzeit liegt also im Winter. Demgegenüber tritt in den heißen Steppen auf der Polarseite der Wüsten die Trockenzeit im Sommer, entsprechend dem Cs-Klima, auf. Infolge der höheren Verdunstung während der warmen Jahreszeit entsteht die Steppe im Bereich der Sommerniederschläge bei höheren Niederschlagssummen als im Gebiet mit winterlichem Niederschlagsmaximum (vgl. hierzu die Trockengrenzen, Abb. 130).

Gras und andere niedrig wachsende Pflanzen bilden den Hauptbestandteil der Vegetation. Gebietsweise treten Bäume einzeln oder in Gruppen auf. Kennzeichnend für die Vegetation ist eine kurze Vegetationsperiode, die mit der Zeit der Niederschläge zusammenfällt, und eine lange Trockenruhe.

Die Verwitterung geht im wesentlichen in Form der mechanischen Verwitterung vor sich. Allerdings fehlt die chemische Verwitterung nicht ganz; ihre Stärke ist von der Menge der Niederschläge abhängig. Der Materialtransport durch das fließende Wasser ist sehr unterschiedlich und ebenfalls von Stärke und Verteilung der Niederschläge abhängig.

Heiße Steppen liegen in einem mehr oder weniger breiten Streifen auf der Äquatorseite der im Gebiet des Wendekreises liegenden nordafrikanisch-asiatischen Wüsten, während die polare Seite dieser Wüsten meist ein kaltes Steppenklima zeigt. In Südafrika befindet sich ein recht ausgedehntes Gebiet von BSh im Bereich des Wendekreises. In Australien umfaßt das Gebiet der heißen Steppen die Wüstengebiete fast völlig; nur im Westen ist der Ring an zwei Stellen unterbrochen, so daß hier die Wüste bis an das Meer heranreicht. Weiterhin umranden heiße Steppengebiete die mexikanische Wüste im Westen, Süden und Osten und treten außerdem in einem kleinen Gebiet Südamerikas etwa um den 30. Breitenkreis auf.

BWh. Heißes Wüstenklima, Saharaklima (Abb. 137)

Die höchsten auf der Erde gemessenen Temperaturen treten in den heißen Wüsten auf; in Azizia (Libyen) wurden 58°C gemessen.

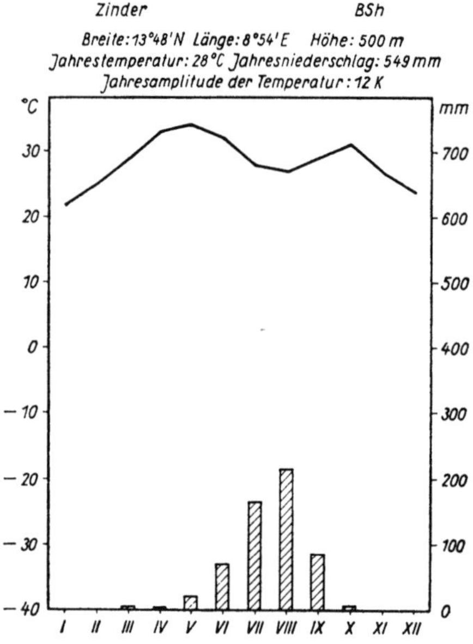

Abb. 136. *BSh*-Klima

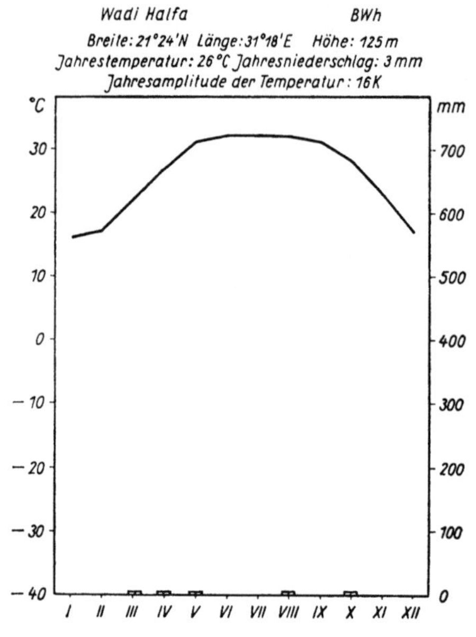

Abb. 137. *BWh*-Klima

Die Mitteltemperatur des wärmsten Monats liegt zwischen 28 und 35°C, die des kältesten Monats meist um 15°C. Damit beträgt die Jahresamplitude im allgemeinen 15 bis 20 K. Die Tagesamplituden bewegen sich in den wärmsten Monaten um 20 K, in den kühlsten um 25 K. Damit können trotz der hohen Mitteltemperaturen zeitweise leichte Fröste auftreten.

Die Niederschläge nehmen von den Rändern zu den Kerngebieten hin ab; im Innern der Wüsten gehen sie praktisch auf Null zurück. Die für die Niederschläge angegebenen Mittelwerte sind infolge der starken Veränderlichkeit der Niederschlagssummen vielfach irreführend. Wenn beispielsweise an einer Stelle, wie es in Iquique der Fall war, im Laufe von vier Jahren kein Niederschlag fällt, dann aber im fünften Jahr ein Schauer 15 mm bringt, so weist das auf den verhältnismäßig geringen Aussagewert von mittleren Niederschlagssummen in den Wüstengebieten hin. Auch die Bewölkung ist gering oder fehlt völlig, so daß Ein- und Ausstrahlung stark zur Geltung kommen können.

Hohe Temperaturen und geringe bzw. fehlende Niederschläge haben zur Folge, daß weite Gebiete ohne Vegetation sind. Die Pflanzen der Wüste sind auf die sporadischen Niederschläge eingerichtet und haben eine sehr kurze Vegetationszeit.

Die großen Temperaturamplituden, die an der Bodenoberfläche die für die Luft angegebenen Werte wesentlich übersteigen, führen zu starker mechanischer Verwitterung. Neben die Insolationsverwitterung tritt gebietsweise bei genügender Feuchtigkeit die Frostverwitterung; denn bei großer Tagesamplitude der Temperatur kann es trotz verhältnismäßig hoher Mitteltemperaturen zu Frostwechseln kommen. Außerdem wird in den Wüsten die Salzsprengung wirksam. Der Materialtransport geschieht wesentlich durch den Wind. Darauf weisen einerseits die verschiedenen Formen der Dünen, andererseits Windkanter und Pilzfelsen hin.

Die größte Ausdehnung erreichen die heißen Wüsten im nordafrikanisch-asiatischen Wüstengürtel. Auch große Teile von Australien werden von heißen Wüsten eingenommen. Demgegenüber bleiben diese Gebiete in Nordamerika (Mexiko, Kalifornien) und Südafrika (Teile der Namib und Kalahari) kleiner und fehlen in Südamerika praktisch völlig.

BSk. Kaltes Steppenklima. Prärienklima
(Abb. 138)

Die Temperaturen sind niedriger als im Bereich der heißen Steppe, so daß das Jahresmittel der Temperatur unter 18 °C bleibt. Die Jahresamplitude der Temperatur liegt im allgemeinen zwischen 22 und 32 K. Daraus folgt, daß die Mitteltemperatur mehrerer Wintermonate verbreitet unter 0 °C liegt.
Die Niederschläge sind geringer als in den heißen Steppen. Im allgemeinen liegen die Jahressummen zwischen 200 und 550 mm, wobei große Unterschiede von Ort zu Ort auftreten. Bei winterlichen Niederschlägen kommt es im Zusammenhang mit Kaltlufteinbrüchen zu Schneefällen; diese Schneestürme, Blizzards, sind besonders kennzeichnend für die kalten Steppen Nordamerikas. Es sei andererseits darauf hingewiesen, daß es auf der Ostseite der Felsengebirge vielfach zu föhniger Erwärmung kommt.
Wüstensteppen und Grassteppen sind in diesem Klima je nach den Niederschlägen zu unterscheiden. Infolge der hohen sommerlichen Temperaturen eignen sich die tiefer gelegenen kalten Steppengebiete für den Weizenanbau.
Mechanische Verwitterung und Windeinwirkung sind auch in diesen Gebieten groß. Die in den Grassteppen verbreiteten Löß- und Schwarzerdeböden weisen auf die Tätigkeit des Windes hin.
Große Ausdehnung erreichen die kalten Steppen in Nordamerika (Prärien) und Asien, wobei sie in beiden Erdteilen bis über den 50. Breitenkreis polwärts vorstoßen. Im übrigen umgeben die kalten Steppen mehr oder weniger vollständig die kalten Wüsten und grenzen stellenweise auch infolge der Höhenlage der Gebiete an heiße Wüsten. An wenigen Stellen, beispielsweise in Kleinasien, treten kalte Steppen im Innern feuchterer Gebiete auf. Somit sind kalte Steppen nicht nur auf mittlere bzw. höhere Breiten beschränkt, sondern sie treten auch in niederen Breiten dort auf, wo infolge der Höhenlage oder der Küstennähe das Jahresmittel der Temperatur unter 18 °C bleibt.

BWk. Kaltes Wüstenklima. Aralklima
(Abb. 139)

Heiße Sommer und ausgeprägt kalte Winter kennzeichnen die Temperaturen. Dabei geht in den mittleren Breiten die Temperatur des kältesten Monats zum Teil bis auf −16 °C zurück, während z. B. in den Küstenwüsten der niederen Breiten der Gefrierpunkt im

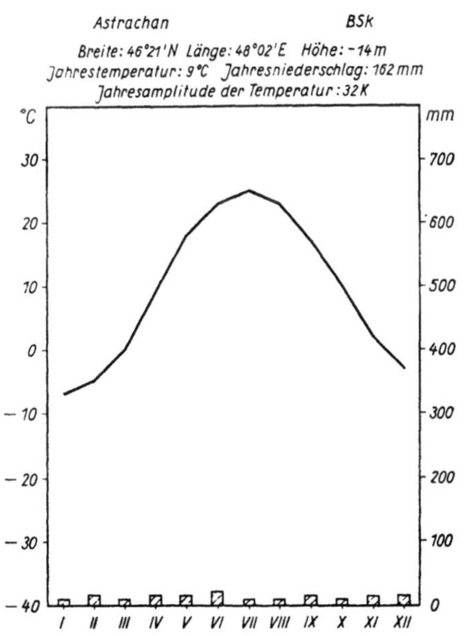

Abb. 138. *BSk*-Klima

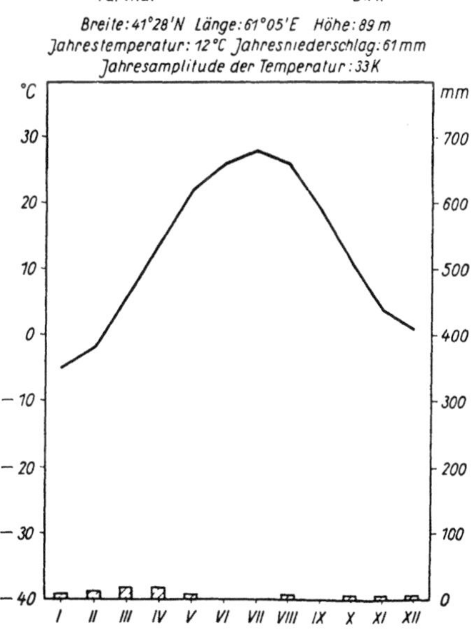

Abb. 139. *BWk*-Klima

Mittel nicht unterschritten wird. Die Mitteltemperaturen des wärmsten Monats erreichen je nach Breitenlage des Ortes 20 bis 30 °C. Die Jahresamplitude erreicht in den kalten Wüsten der mittleren Breiten hohe Werte; sie steigt hier auf über 30 K, vereinzelt bis nahezu 40 K an. In den kalten Wüsten niederer Breiten dagegen ist auch die Temperaturamplitude geringer und geht bis zu 5 K herab. Die Tagesamplituden sind im Sommer hoch mit Werten bis zu 35 K, und mit Ausnahme der küstennahen Plätze sind sie auch im Winter für die geographische Breite verhältnismäßig groß.

Im allgemeinen sind die Niederschläge etwas reichlicher und gleichmäßiger über das Jahr verteilt als in den heißen Wüsten. Allerdings weisen einige Gebiete der niederen Breiten dieselben extrem trockenen Verhältnisse auf wie die heißen Wüsten, so daß monate- oder sogar jahrelang kein Niederschlag fällt. Die Niederschlagssummen sind von Ort zu Ort recht unterschiedlich.

Die Verschiedenheit von Temperatur und Niederschlag innerhalb des *BWk*-Klimas bedingt Unterschiede in der Vegetation. Die gegenüber dem *BWh*-Klima höheren und gleichmäßiger über das Jahr verteilten Niederschläge lassen vielfach eine trockenresistente Vegetation zu. Vegetationslose Gebiete fehlen zwar nicht völlig, sind aber weniger ausgedehnt und verbreitet als im *BWh*-Klima.

Höhere Niederschläge bedingen eine zunehmende Beteiligung der chemischen Verwitterung an den Verwitterungsvorgängen. Allerdings bleibt die mechanische Verwitterung vorherrschend. Auch die Wirkung des Windes ist der für die heißen Wüstengebiete dargestellten ähnlich.

Die größte Ausdehnung erreichen die kalten Wüsten der mittleren Breiten in Asien. Demgegenüber bleibt das Gebiet kalter Wüsten in mittleren Breiten in Nordamerika (Great Basin) und Südamerika (Patagonien) wesentlich kleiner. Die kalten Wüsten niederer Breiten, die im wesentlichen in Südamerika, Südafrika und im Iran auftreten, bleiben auf Küsten oder höher gelegene Gebiete beschränkt.

Die warm-gemäßigten Klimate (C)

Diese Klimate sind sowohl in mittleren als auch in niederen Breiten anzutreffen und reichen stellenweise bis in hohe Breiten. Die Temperaturen liegen innerhalb recht weiter Grenzen, so daß die Bezeichnung „gemäßigt" eigentlich nur für das *Cfb*-Klima anzusetzen ist (vgl. C. E. KOEPPE und G. C. DE LONG, 1958). Die Niederschläge sind allgemein so reichlich, daß die Gebiete der *C*-Klimate meist als humid bezeichnet werden können.

Kennzeichnend ist das Auftreten deutlich unterschiedener Sommer und Winter, wodurch sich diese Klimagebiete von den polaren Gebieten unterscheiden. Sind an den Äquatorialgrenzen Schnee und Frost selten, so sind sie an den Polargrenzen häufig, wobei es aber nicht in jedem Winter zu einer länger anhaltenden Schneedecke kommt.

Die Unterschiede innerhalb der *C*-Klimate sind im wesentlichen durch eine verschiedene jahreszeitliche Verteilung der Niederschläge gegeben. Dabei gehören Gebiete mit Sommer- oder Winterregen ebenso wie Gebiete mit Regen zu allen Jahreszeiten diesen Klimaten an. Die weite Verbreitung der *C*-Klimate macht es dann allerdings erforderlich, in den einzelnen Klimatypen Unterteilungen nach der Temperatur vorzunehmen.

Cw. Gemäßigt-wintertrockenes Klima.
Sinisches Klima (Abb. 140 bis 142)

Wintertrockene Gebiete erstrecken sich durch drei Klimazonen hindurch. Damit steht das *Cw*-Klima zwischen den *Aw*- und *Dw*-Klimaten und unterscheidet sich von diesen durch die Temperaturverhältnisse. Das verbreitete Auftreten des *Cw*-Klimas in China führte zu der Bezeichnung „sinisches" Klima, obwohl es keineswegs auf China beschränkt ist.

Die Temperaturen sind allgemein niedriger als im *Aw*-Klima. Das ist entweder auf die geographische Breite oder auf die Höhenlage des betreffenden Gebietes zurückzuführen. Aus diesen verschiedenen Lagen ergeben sich bei gleichen Jahresmitteltemperaturen verschiedene Jahresgänge der Temperatur. Das kommt darin zum Ausdruck, daß die Jahresamplitude der Temperatur gebietsweise die geringen Werte der Tropen, an anderen Stellen die höheren Werte mittlerer Breiten zeigt.

Die Unterteilung der *Cw*-Klimate nach der Temperatur ergibt *Cwa* mit heißen Sommermonaten und das kühlere *Cwb*.

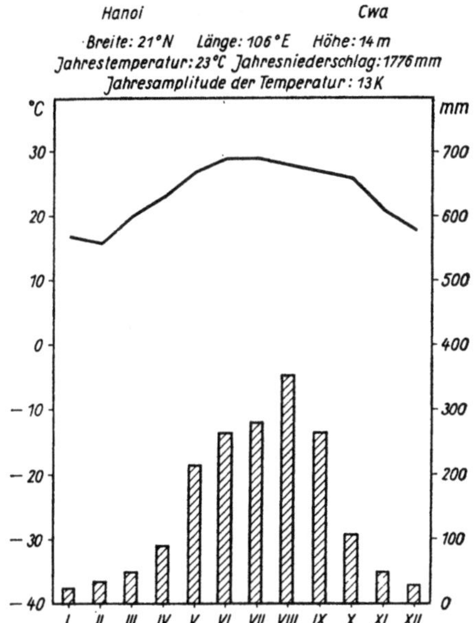

Abb. 140. *Cwa*-Klima

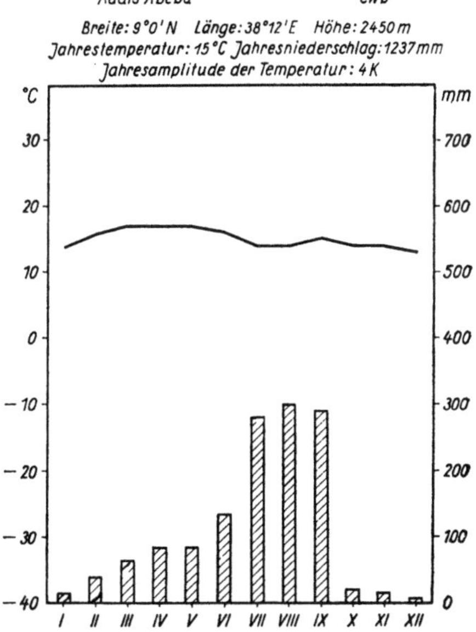

Abb. 141. *Cwb*-Klima

Im *Cwa*-Klima (Abb. 140) liegen die Jahresamplituden der Temperatur in Zentralchina bei 22 K, in Indien bei 17 K, in Südamerika bei 11 K und in Afrika bei 8 K. Die teilweise recht geringe Jahresamplitude weist darauf hin, daß es sich um höher gelegene Gebiete

handelt, die bei tieferer Lage dem *Aw*-Klima angehören würden.

Bei größerer Höhenlage, wenn die Mitteltemperatur des wärmsten Monats unter 22°C bleibt, tritt an die Stelle des *Cwa* das *Cwb*. In diesem Bereich bleibt die Jahresmitteltemperatur unter 16°C. Die Jahresamplitude der Temperatur ist teilweise sehr gering und weist damit auf die äquatornahe Lage des betrachteten Gebietes hin (vgl. Abb. 141). Im allgemeinen ist sie geringer als im *Cwa*-Klima und beträgt 8 bis 12 K. Der kälteste Monat auf der Nordhalbkugel ist der November, Dezember oder Januar, auf der Südhalbkugel der Juli. Im *Cwb*-Klima treten nur wenige sehr heiße Tage im Sommer auf; auch die Zahl der besonders kalten Winternächte bleibt gering, so daß sich ein gemäßigtes Klima ergibt.

Vielfach tritt im *Cw*-Klima eine Erscheinung auf, die bereits im *Aw*-Klima auffiel: das Temperaturmaximum vor der Sommersonnenwende. Starke Bewölkung während der Regenzeit schwächt die Einstrahlung, so daß das Temperaturmaximum vor dem Einsetzen der Regenzeit eintritt – Gangestyp des jährlichen Temperaturverlaufes (vgl. Abb. 142).

Im allgemeinen liegen die Jahressummen der Niederschläge im *Cwa*-Klima zwischen 700

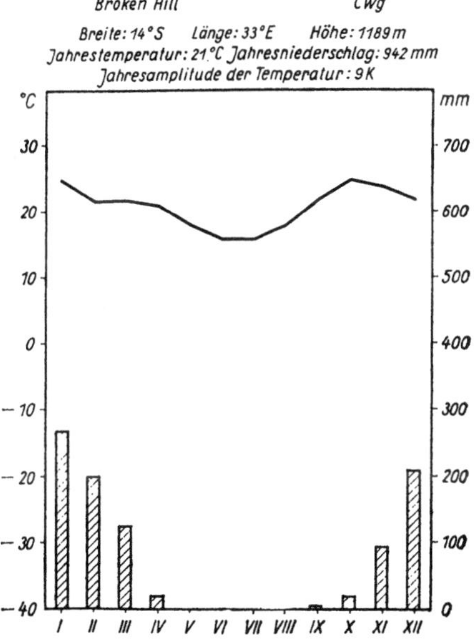

Abb. 142. *Cwg*-Klima

12*

und 2150 mm, im *Cwb*-Klima zwischen 650 und 900 mm. Die angegebenen Werte werden teilweise recht erheblich überschritten. Kennzeichnend ist die Verteilung auf das Jahr, wobei der niederschlagsreichste Monat das Zehnfache des niederschlagsärmsten Monats und vielfach noch erheblich mehr an Niederschlag bringt. Insgesamt zeigen sich in den *Cw*-Klimaten recht große Verschiedenheiten in den Niederschlagssummen sowie in der Verteilung der Niederschläge über das Jahr. So ist beispielsweise eine etwas gleichmäßigere Verteilung des Niederschlags auf das Jahr in Teilen Chinas dadurch gegeben, daß die winterlichen Kaltlufteinbrüche Bewölkung und Niederschläge bringen.

Die Vegetation umfaßt verschiedene Formen vom Wald über eine Mischung von Wald und Grasland bis zum Grasland. In Indien und Afrika tritt die Baumsavanne auf. Allgemein tritt im *Cwb*-Klima das Grasland stärker in den Vordergrund.

Die Ähnlichkeiten mit dem *Aw*-Klima führen dazu, daß die Verhältnisse der Verwitterung und des Materialtransportes im *Cw*-Klima jenen des *Aw*-Klimas ähnlich sind. Unterschiede ergeben sich durch die niedrigere Temperatur sowie durch die teilweise geringeren Niederschläge. Die stärkere Verbreitung von Lateritböden auf der Äquatorseite des *Cw*-Klimas weist auf den Übergangscharakter des *Cw*-Klimas zwischen *Aw* und *Dw* hin.

Die *Cw*-Klimate schließen entweder an das *Aw*-Klima an, wie das beispielsweise in China der Fall ist, oder sie entsprechen in höheren Lagen dem *Aw*-Klima der tiefer gelegenen Gebiete. Daher tritt *Cw*-Klima als Insel im *Aw* in Erscheinung, wie das in Äthiopien und Madagaskar besonders deutlich wird. In anderen Fällen handelt es sich um höher gelegene Randgebiete des *Aw*-Klimas, wie beispielsweise in Zentralafrika, Südafrika und Südamerika. In Südamerika wird der Ostrand der Anden etwa von 8° n. Br. bis nahezu 30° s. Br. vom *Cw*-Klima eingenommen. Im Süden Nordamerikas, in Mittelamerika sowie in Nordostaustralien gehören ebenfalls höher gelegene Gebiete dem *Cw*-Klima an. Im Bereich der gemäßigten Zonen fehlt das *Cw*-Klima nur in Europa.

Cs. Gemäßigt-sommertrockenes Klima. Mittelmeerklima (Abb. 143 bis 144)

Dieses sommertrockene Klima, das seine Entstehung der Lage auf der Polarseite der subtropischen Hochdruckgebiete in deren jährlichem Schwankungsbereich verdankt, hat in den angrenzenden Klimazonen *A* und *D*

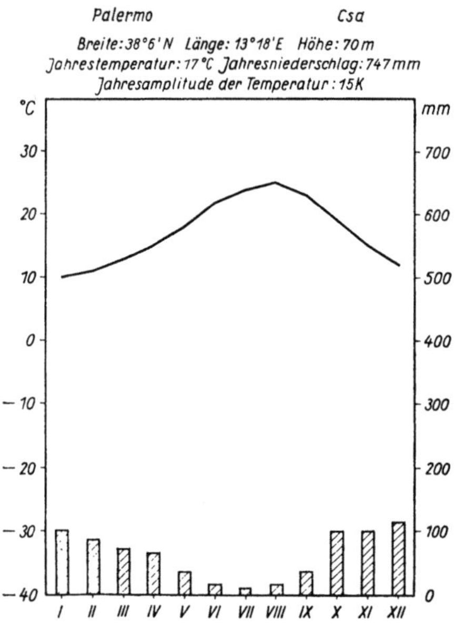

Abb. 143. *Csa*-Klima

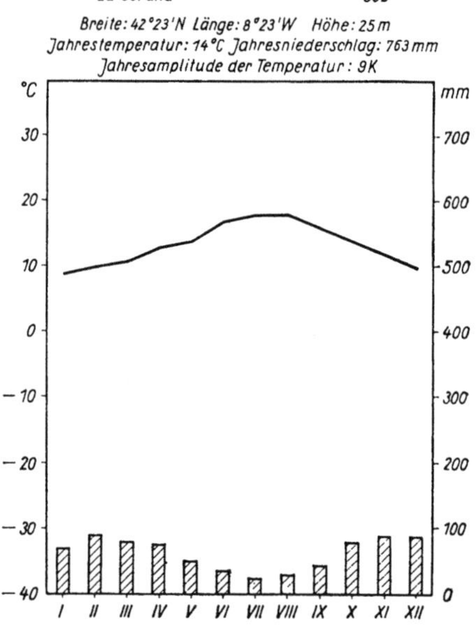

Abb. 144. *Csb*-Klima

keine Parallele. Der Klimatyp *Cs* hat überwiegend ozeanischen Charakter, kann aber infolge der Lage des europäischen Mittelmeeres weit in das Festland der Alten Welt eindringen. Seine Verbreitung am europäischen Mittelmeer hat diesem Klimatyp den Namen Mittelmeerklima eingetragen. Ein anderer Name, „Etesienklima", geht auf die im östlichen Mittelmeer von April bis Oktober vorherrschenden nördlichen Winde zurück, die in der Antike als Etesien bezeichnet wurden. Auch im Bereich des Mittelmeerklimas ist eine weitere Unterteilung nach der Temperatur des wärmsten Monats in *Csa* und *Csb* möglich.

Im *Csa*-Klima – Olivenklima – übersteigt das Temperaturmittel des wärmsten Monats mehr oder weniger stark den Wert von 22°C (Abb. 143). Demgegenüber liegt das Mittel des kältesten Monats meist zwischen 10 und 13°C. Somit ergibt sich eine Jahresamplitude von 14 bis 19 K, die örtlich auf 28 K ansteigt. Die Tagesmaxima betragen im wärmsten Monat meist 35 bis 38°C, teilweise sogar 43 bis 46°C bei einer Tagesamplitude von meist mehr als 17 K. Ein Drittel bis die Hälfte der Tage in den Monaten Juli und August erreichen Maxima von mehr als 32°C. Im kältesten Monat liegen die Tagesmaxima meist zwischen 13 und 18°C, die Minima unter 7°C, so daß sich eine tägliche Amplitude von 6 bis 11 K ergibt.

Im *Csb*-Klima – Erikenklima – sind die Sommer nicht so heiß wie im Olivenklima; die milden Winter sind etwas kühler als bei *Csa* (vgl. Abb. 144). Die Mitteltemperaturen des wärmsten Monats liegen meist zwischen 16 und 21°C, die des kältesten zwischen 4 und 13°C; daraus ergibt sich eine Jahresamplitude von 6 bis 17 K. Die gegenüber *Csa* geringere Jahresamplitude geht im wesentlichen auf die niedrigeren Sommertemperaturen zurück. In den Bereichen des Erikenklimas, die an der Küste liegen, sinken nur in wenigen Fällen winterliche Mitteltemperaturen unter den Gefrierpunkt. Demgegenüber treten im *Csb*-Klima Innerasiens Monatsmittel auf, die nahe an −3°C herankommen. Die Tagesamplitude beträgt im wärmsten Monat 14 bis 19 K, im kältesten Monat bei Extremtemperaturen von 10 bis 16°C bzw. 3 bis 7°C dagegen meist 9 bis 11 K. Insgesamt zeigt das *Csb*-Klima gemäßigtere Temperaturverhältnisse als das *Csa*-Klima.

Die Niederschlagssummen liegen im allgemeinen zwischen 400 und 750 mm im Jahr. Bei Annäherung an die Trockengebiete treten geringere Niederschläge auf, während gebietsweise infolge der orographischen Verhältnisse auch wesentlich höhere Niederschläge vorkommen können. Die Niederschläge fallen im Winter, während im Sommer eine mehr oder weniger stark ausgeprägte Trockenzeit eintritt. In dieser Trockenzeit bleiben relative Feuchtigkeit sowie Bewölkung allgemein gering, so daß die Sonnenscheindauer oft 90% der astronomisch möglichen übersteigt. An den Küsten ist, insbesondere im Bereich kalter Meeresströmungen, die relative Feuchte etwas höher, wobei es zeitweise zu Nebelbildung kommt. Im Winter herrscht während der Zeit der Niederschläge zwar eine verhältnismäßig starke Bewölkung, doch beträgt die Sonnenscheindauer zumindest in den äquatornahen Gebieten 50% des astronomisch möglichen Wertes. In den weiter polwärts gelegenen Gebieten des Erikenklimas ist die Bewölkung stärker; an den Küsten dieses Gebietes geht der Nebel polwärts häufig in Hochnebel über, der oft mehrere Tage erhalten bleibt. Die Vegetation wird durch eine längere Trockenruhe im Sommer und eine kurze Kälteruhe im Winter bestimmt, so daß die Hauptvegetationszeit in den Frühling fällt. Das Vorherrschen von Hartlaubgewächsen ist für das *Cs*-Klima kennzeichnend. Wälder treten in größerem Umfang nur an den polwärts gelegenen Rändern des *Cs*-Klimas auf (Kalifornien, Südwestaustralien); sie liefern in Nordamerika erhebliche Mengen an Bauholz. Im allgemeinen sind die Wälder licht und bleiben auf feuchtere und kühlere Erhebungen beschränkt. Die Hänge werden von sehr lichtem Wald und von Gebüsch bedeckt. Schließlich findet man in den Tälern und Tiefländern Parklandschaften, ausgedehnte Gebüsche (Macchie), Gräser und Xerophyten. Je näher ein Gebiet an die Trockengebiete herankommt, um so mehr ähnelt die Vegetation derjenigen der Trockengebiete. Das gilt besonders in der Trockenzeit sowohl für die Färbung als auch für das Wachstum der Vegetation.

Die Wasserführung der Flüsse folgt im allgemeinen der Niederschlagsperiode; einem hohen Wasserstand der Flüsse im Winter steht ein Tiefstand im Sommer gegenüber. Nur dort, wo die Flüsse aus Gletschern gespeist werden,

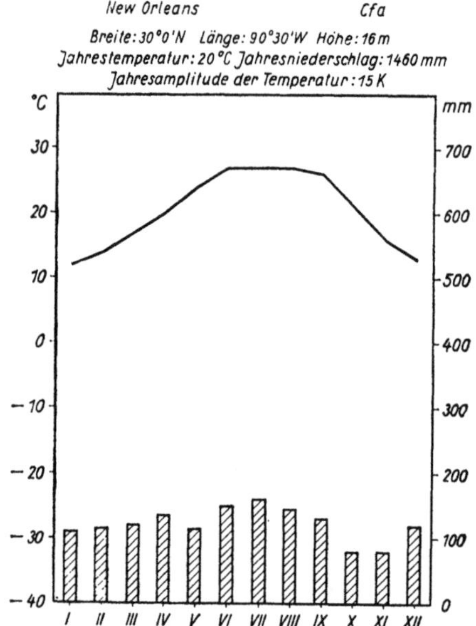

Abb. 145. *Cfa*-Klima

ergibt sich eine gleichmäßigere Verteilung des Abflusses, da die Gletscherschmelze in die Zeit geringer Niederschläge fällt. In den Flußtälern mit gut ausgeprägter Periodizität der Wasserführung kommt es in jahreszeitlichem Wechsel zu Erosion und Akkumulation.

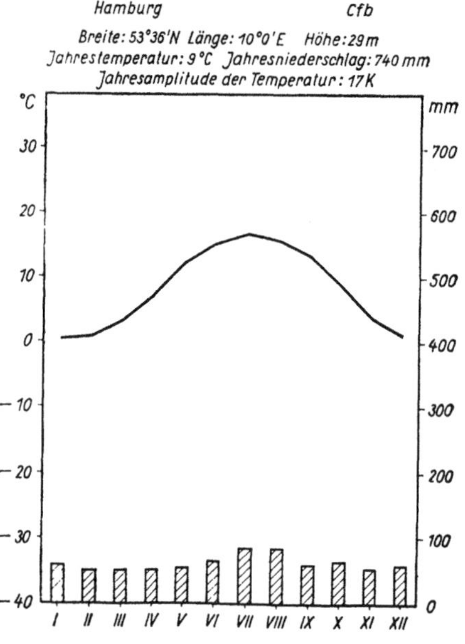

Abb. 146. *Cfb*-Klima

An der Verwitterung sind chemische und mechanische Vorgänge beteiligt, die besonders im *Csa*-Klima im jahreszeitlichen Wechsel vorherrschend zur Geltung kommen. In den Karstgebieten der Mittelmeerländer ist die mediterrane Roterde weit verbreitet, bildet aber keine zusammenhängenden Decken. Die vielfach geringe Vegetation hat zur Folge, daß an den Hängen der Boden rasch abgespült wird. Erst in den weiter polwärts gelegenen Gebieten konnten sich bei stärkerer Bewaldung mächtigere Bodendecken bilden. Je nach Breiten- und Höhenlage treten lateritische oder podsolige Böden, gebietsweise aber auch braune Waldböden auf.

Wenn auch das *Cs*-Klima im wesentlichen auf die Küstengebiete beschränkt bleibt und damit einen stark ozeanischen Charakter hat, so dringt es doch in Asien recht weit ins Innere vor. Hier trennt es in einem schmalen, wesentlich zonal in 35 bis 40° n. Br. verlaufenden Streifen die Trockengebiete niederer und mittlerer Breiten voneinander. Während im Mittelmeergebiet das *Csa*-Klima dominiert, ist es in Nordamerika das *Csb*; dabei erstreckt sich das *Cs*-Klima in Nordamerika um etwa fünf Breitengrade weiter nach Norden als in Europa und erreicht auf der Vancouver-Insel nahezu 50° n. Br. Auf der Südhalbkugel ist das *Cs*-Klima nur in kleineren Gebieten, meist als *Csb*, vertreten, wobei die Vegetation des Kaplandes zu dem Namen Erikenklima für *Csb* geführt hat. Die weiteste Erstreckung polwärts erreicht das *Csb*-Klima der Südhalbkugel in Südamerika, wo seine Südgrenze bei nahezu 40° s. Br. liegt.

Cf. Feuchttemperiertes Klima (Abb. 145 bis 147)

Im Gegensatz zu den *Cw*- und *Cs*-Klimaten fehlt dem *Cf*-Klima die Trockenzeit. Das besagt allerdings nicht, daß die Niederschläge völlig gleichmäßig über das Jahr verteilt sind; vielmehr zeigt sich in maritimen Lagen das Niederschlagsmaximum im Winter, in den kontinentalen Lagen im Sommer. Da das *Cf*-Klima sich teilweise sehr weit polwärts erstreckt, bewegen sich die Temperaturen in recht weiten Grenzen. Daher lassen sich nach den Temperaturen drei Untertypen unterscheiden:

a) feuchttemperiertes Klima mit heißen Sommern; die Temperatur des wärmsten Monats übersteigt 22 °C (*Cfa*, virginisches Klima);

b) feuchttemperiertes Klima mit warmen Sommern; die Temperatur des wärmsten Monats bleibt unter 22 °C, mindestens vier Monate haben ein Temperaturmittel von 10 °C und mehr (*Cfb*, Buchenklima);

c) feuchttemperiertes Klima mit kühlen Sommern; während die Temperatur des wärmsten Monats unter 22 °C bleibt, haben ein bis drei Monate eine Mitteltemperatur von mehr als 10 °C (*Cfc*).

Innerhalb des *Cf*-Klimas zeigt sich polwärts eine starke Zunahme der relativen Feuchte und der Bewölkung. Parallel dazu geht die Sonnenscheindauer zurück.

Während das *Cf*-Klima seine größte Verbreitung in den mittleren Breiten findet, tritt es an einzelnen Stellen auch in den Tropen auf. Hier folgt es infolge der Temperaturabnahme mit zunehmender Höhe als Klima höherer Lagen dem *Af*-Klima. Das tropische *Cf*-Klima unterscheidet sich vom *Af*-Klima durch die Höhe, aber nicht durch die Verteilung der Temperatur; denn die Jahresamplitude bleibt wie im *Af*-Klima unter 5 K. Auch die Niederschläge entsprechen im tropischen *Cf*-Klima denen des *Af*-Klimas. Die enge Verwandtschaft des tropischen *Cf*-Klimas mit dem *Af*-Klima erübrigt eine eingehendere Darstellung dieses Klimas.

Im *Cfa*-Klima (Abb. 145) überschreitet die Temperatur des wärmsten Monats den Wert von 22 °C teilweise recht erheblich. So werden in Mexiko und China Werte von 29 °C erreicht, während die Temperaturen auf den japanischen Inseln infolge stärkeren maritimen Einflusses unter 27 °C bleiben. Auf der Südhalbkugel sind die Sommer im *Cfa*-Klima allgemein milder als auf der Nordhalbkugel. In den meisten Fällen liegen die Tagesamplituden der Temperatur zwischen 8 und 11 K; nur an den Grenzen zu den Trockengebieten nimmt die Tagesamplitude höhere Werte an. Die Tagesmaxima erreichen 32 bis 38 °C.

Die Breitenerstreckung des *Cfa*-Klimas führt zu unterschiedlichen Wintertemperaturen. An der Polseite des *Cfa*-Klimas werden Monatsmittel von nahezu —3 °C erreicht, während die entsprechenden Werte an der Äquatorseite bei 13 °C liegen. Entsprechend den kühleren Sommern treten auf der Südhalbkugel mildere Winter auf.

Die Jahresamplitude der Temperatur ist auf der Nordhalbkugel größer als auf der Südhalbkugel. Die Jahresamplitude bewegt sich in Nordamerika zwischen 14 und 25 K, liegt in Europa und Asien um 22 K und bleibt auf der Südhalbkugel unter 14 K.

Im *Cfb*-Klima (Abb. 146) bleiben sowohl die Jahres- als auch die Tagesamplituden der Temperatur verhältnismäßig gering. Dadurch erweist sich das *Cfb*-Klima als der Typ des gemäßigten Klimas. Die Tagesamplituden bewegen sich zwischen 8 und 13 K; sie sind bei geringerer sommerlicher Bewölkung größer als im Winter.

Die Jahresamplitude der Temperatur ist auf der Nordhalbkugel größer als auf der Südhalbkugel, im Binnenland größer als an den Küsten. In den Küstengebieten der Nordhalbkugel ergeben sich Jahresamplituden um 13 K, auf der Südhalbkugel sogar nur von 7 bis 8 K. Im Binnenland dagegen kann die Jahresamplitude der Temperatur über 22 K ansteigen. Das Jahresmittel der Temperatur liegt meist zwischen 5 und 15 °C.

Winde aus dem Binnenlande führen im Sommer zu kurzfristiger Erhöhung des Maximums, im Winter zur Erniedrigung des Minimums. Dabei können im Sommer örtlich Tem-

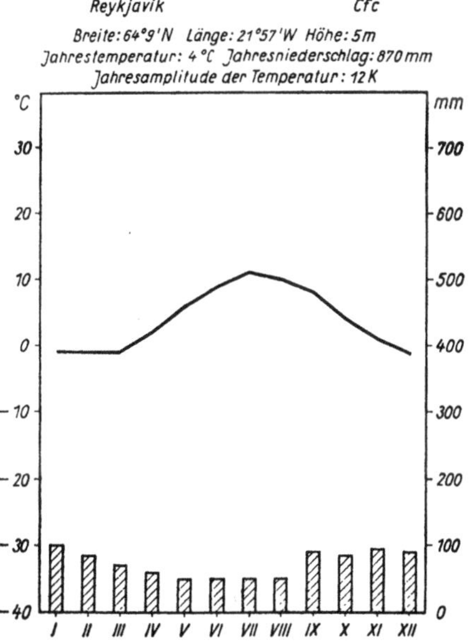

Abb. 147. *Cfc*-Klima

peraturmaxima von mehr als 38 °C auftreten. Die Wintertemperaturen liegen im allgemeinen (Mittel der Monate Dezember bis Februar) an den Küsten um 13 bis 17 K höher als im Binnenland. An etwa der Hälfte der Wintertage können Temperaturen unter dem Gefrierpunkt auftreten; allerdings gehören lang anhaltende Frostperioden zu den Seltenheiten.

Im *Cfc*-Klima (Abb. 147) liegen die Jahresmitteltemperaturen unter denen des *Cfa*- und *Cfb*-Klimas. Die Jahresamplituden bewegen sich im allgemeinen um 22 K und gehen unter ozeanischem Einfluß auf 13 K zurück. Die hohen Werte der Luftfeuchtigkeit sowie die vielfach starke Bewölkung verhindern große Tagesschwankungen der Temperatur; die Tagesamplituden der Temperatur liegen meist bei 7 bis 8 K.

Im *Cfa*-Klima bewegen sich die jährlichen Niederschlagssummen in recht weiten Grenzen; sie liegen im allgemeinen zwischen 750 und 1400 mm. Teilweise werden je nach Lage auch Niederschlagssummen von 1500 mm erreicht oder überschritten. Während die Niederschläge an den Küsten recht gleichmäßig über das Jahr verteilt sind, zeigt sich im Binnenland ein Sommermaximum.

Einen nicht unerheblichen, wenn auch von Jahr zu Jahr stark wechselnden Anteil an den Niederschlägen bringen Hurrikane bzw. Taifune. Im Zusammenhang mit diesen Wirbeln können ergiebige Niederschläge fallen, die an Luvseiten bis zu 750 mm in 24 Stunden bringen können. Auch die frontgebundenen Tornados Nordamerikas führen teilweise zu sehr erheblichen Niederschlägen.

Im *Cfb*-Klima sind die Zyklonen die wesentlichen Regenbringer. Die europäischen Gebiete dieses Klimas zeigen an den Küsten und gegen den Äquator hin ein Wintermaximum, im Binnenland ein Sommermaximum des Niederschlags. Allgemein läßt sich für die Niederschlagsverteilung im *Cfb*-Klima feststellen: Die Westküsten haben ein Wintermaximum, das Binnenland ein Sommermaximum, an den Ostküsten und an den noch verhältnismäßig stark maritim beeinflußten Stationen in einiger Entfernung von den Westküsten tritt eine gleichmäßige Verteilung oder ein doppeltes Maximum ein.

Die Jahressummen des Niederschlags liegen im küstenferneren Tiefland bei 500 bis 750 mm. An den Westküsten sind die Nieder-

schlagssummen größer und können in besonders niederschlagsbegünstigten Luvlagen bis nahezu 4000 mm anwachsen. Die Niederschläge gehen zu einem Teil, der im einzelnen von der Höhenlage abhängt, als Schnee nieder. Während eine Schneedecke in den Tiefländern meist nur wenige Tage anhält, wächst ihre Dauer mit zunehmender Höhe.

Im allgemeinen ist die Feuchtigkeit hoch; daher ist auch die Bewölkung meist recht stark, und die Zahl der Tage mit stärkerer Bewölkung ist groß. So hat beispielsweise Hamburg 159 trübe Tage (Bewölkungsmittel über $^{8}/_{10}$) im Jahr. An den Küsten ergibt sich auch eine recht hohe Zahl von Nebeltagen, die im allgemeinen zwischen 40 und 60 liegt; vielfach wird diese Zahl auch recht erheblich überschritten (Hamburg: 72 Nebeltage im Jahr).

Im *Cfc*-Klima nimmt die Bewölkung weiter zu, so daß die meisten Tage wolkig, neblig oder regnerisch sind. Der Sonnenschein ist infolgedessen verhältnismäßig gering. Die Niederschläge zeigen ein Wintermaximum, wobei der Anteil des Schnees an den Niederschlägen polwärts und mit der Höhe zunimmt.

Das *Cf*-Klima ist durch eine weite Verbreitung des Waldes gekennzeichnet. In den äquatornahen Gebieten, beispielsweise in den Pampas Südamerikas, aber auch in äquatorfernen heißen Gebieten, treten verbreitet Grasländer auf. Im übrigen sind gegen den Äquator hin immergrüne Laubbäume verbreitet. In größerer Entfernung vom Äquator werden die Wälder von laubabwerfenden Bäumen gebildet. Weiter polwärts treten Mischwälder und schließlich Nadelwälder auf. Eine ähnliche Abstufung der Übergänge zeigt sich mit zunehmender Höhe. In den polnäheren Gebieten sowie teilweise in den höher gelegenen Bereichen des *Cf*-Klimas wird der Baumwuchs durch starke Winde behindert. In diesen Gebieten treten dann Grasländer oder Moorgebiete an die Stelle des Waldes.

Die Verteilung der Niederschläge über das Jahr sowie die Temperaturverhältnisse bestimmen die Wasserführung der Flüsse. Im allgemeinen folgt die stärkste Wasserführung der Flüsse dem winterlichen Niederschlagsmaximum; dabei wird die Verspätung des höchsten Wasserstandes um so größer, je mehr Niederschlag in Form von Schnee gefallen ist. Wenn auch ein Wechsel der Wasserführung im Laufe des Jahres auftritt, so führen die Flüsse doch während des ganzen Jahres Wasser. Lang anhaltende Trockenheit oder lang anhaltender Frost können die Wasserführung der Flüsse allerdings vorübergehend mehr oder weniger stark herabsetzen. Mit der gleichmäßigeren Wasserführung ist auch die Geschiebeführung wesentlich gleichmäßiger als in den Gebieten mit ausgesprochener Trockenzeit.

An der Verwitterung sind die chemischen und mechanischen Vorgänge mehr oder weniger gleichmäßig beteiligt, was auf die Verteilung von Temperatur und Niederschlag zurückgeht. Dort, wo sich das Gebiet des *Cf*-Klimas recht weit polwärts erstreckt, tritt die chemische Verwitterung zugunsten der mechanischen vielfach stärker zurück; dasselbe ist in den höheren Lagen der Fall. Am weitesten verbreitet sind die braunen Waldböden; während im *Cfa*-Klima Rot- und Gelberden sowie Schwarzerde auftreten, sind die polwärts gelegenen Teile des *Cf*-Klimas durch Bleicherden gekennzeichnet. Wenig mächtige und steinige Böden sind in den Hochländern anzutreffen; neben diesen zeigen in den polwärts gelegenen Gebieten die Moorböden eine starke Zunahme. In den Tiefländern des *Cfb*-Klimas treten vielfach Sandböden als Folge der pleistozänen Vereisungen auf.

In der Hauptsache tritt das *Cf*-Klima in Breiten zwischen 40 und etwa 70° auf, wenn man die tropischen Hochlandklimate, die infolge geringer Temperaturwerte den *C*-Klimaten angehören, unberücksichtigt läßt. Dabei reicht das *Cfa*-Klima bis in niedere Breiten. Es erstreckt sich von den Wendekreisen bis zu etwa 40° Breite und nimmt in diesen Breiten die Ostseiten der Kontinente ein. Nordamerika sowie China–Japan sind seine Hauptverbreitungsgebiete. Auch an den Ostseiten Australiens, Afrikas und Südamerikas treten Gebiete mit *Cfa* auf, wobei die Ausdehnung in Südafrika recht gering bleibt. In Europa ist das *Cfa*-Klima nur an wenigen Stellen, besonders am Schwarzen Meer, vertreten.

Das *Cfb*-Klima erreicht seine größte Ausdehnung in Europa, so daß 30% dieses Kontinents *Cfb* aufweisen. In Europa erreicht es auch seine größte meridionale Erstreckung von 40 bis 63° n. Br. Demgegenüber bleibt die Ausdehnung in Nordamerika gering und ist im wesentlichen auf einen schmalen Streifen im Nordteil der Westküste beschränkt; außerdem gehören die Appalachen diesem Klima an. Weiterhin tritt *Cfb* in Australien, Tasmanien und Neuseeland auf. Schließlich nimmt *Cfb* die Westküste Südamerikas zwischen 40 und 50° s. Br. ein und greift weiter südlich zur Ostküste des Kontinents über.

Polwärts an das Gebiet des *Cfb*-Klimas schließt sich das *Cfc*-Klima an. Es erstreckt sich in Norwegen an der Küste von 63 bis 70° n. Br. und zieht sich von den Aleuten bei 51° n. Br. in einem schmalen Streifen entlang der Südküste Alaskas, wobei der nördlichste Punkt bei 61° n. Br. erreicht wird, bis zu 58° n. Br. an der nordamerikanischen Westküste. In geringer Ausdehnung zeigt sich *Cfc* in Südamerika und auf den Falkland-Inseln. Schließlich gehören die höher gelegenen Teile im Norden der britischen Inseln, Teile von Island sowie die Inselgruppen zwischen Island und Schottland diesem Klimagebiet an.

Die borealen (Schnee-Wald-)Klimate (D)

Die *D*-Klimate sind durch starke Gegensätze der extremen Jahreszeiten gekennzeichnet. Bei einer scharfen Ausprägung von Sommer und Winter treten die Übergangsjahreszeiten, Frühling und Herbst, vielfach völlig zurück. Die Temperaturgegensätze zwischen Sommer und Winter sind groß, der Übergang von den Werten der einen zu denen der anderen Jahreszeit erfolgt rasch. Während die *D*-Klimate auf der Nordhalbkugel sehr verbreitet sind – sie liegen hier zwischen 28 und 74° Breite –, tritt auf der Südhalbkugel ein *D*-Klima nur auf der Südinsel Neuseelands als Höhenklima auf. Die große meridionale Erstreckung des Verbreitungsgebietes der *D*-Klimate führt zu großen Temperaturunterschieden, so daß dieser Klimazone Gebiete mit heißen, warmen und kühlen Sommern, aber auch solche mit strengen Wintern angehören. Da die Niederschläge entweder nahezu gleichmäßig auf das Jahr verteilt sind oder aber eine deutliche winterliche Trockenzeit zulassen, ergeben sich in der Zone der *D*-Klimate zwei Klimatypen, *Df* und *Dw*. Die Temperaturverhältnisse ergeben eine weitere Unterteilung in *Dfa*, *Dfb*, *Dfc* und *Dfd* bzw. *Dwa*, *Dwb*, *Dwc* und *Dwd*.

Df. Feuchtwinterkaltes Klima
(Abb. 148 bis 151)

Die Unterschiede im *Df*-Klima sind durch die gebietsweise langen und heißen Sommer bzw. durch das Auftreten sehr strenger Winter gegeben. Damit ergibt sich eine Abstufung von mittleren zu höheren Breiten; gleichzeitig wächst die Jahresamplitude der Temperatur. Im *Dfa*-Klima (Abb. 148) treten lange Sommer auf, wobei die Sommertemperaturen subtropischen Charakter annehmen. Die Mitteltemperatur des wärmsten Monats liegt überall über 22 °C; sie nimmt polwärts ab. Mittlere Temperaturmaxima liegen über 32 °C, während das absolute Maximum über 38 °C ansteigt. Der kälteste Monat hat im allgemeinen eine Mitteltemperatur von −4 bis −11 °C; dabei treten starke Tagesschwankungen der Temperatur auf. Das Jahresmittel der Temperatur bewegt sich um 10 °C; sechs bis sieben Monate haben eine Temperatur von mehr als 10 °C. Die Jahresschwankung der Temperatur ist hoch; sie beträgt 25 bis 35 K. Die langen und heißen Sommer bringen eine lange Vegetationsperiode, die 150 bis 180 Tage dauert.
Das *Dfb*-Klima (Eichenklima) weist um 6 bis 8 K niedrigere Sommer- und Wintertemperaturen auf als das *Dfa*-Klima (Abb. 149). Die mittlere Jahresamplitude der Temperatur hat ähnliche Werte wie bei *Dfa*; sie geht selten unter 28 K herunter und steigt teilweise bis nahezu 40 K. Höchstens fünf Monate weisen ein Temperaturmittel von mehr als 10 °C auf. Der wärmste Monat hat Mitteltemperaturen zwischen 18 und 21 °C, während die Temperaturen des kältesten Monats zwischen −4 und −20 °C liegen. In drei bis fünf Monaten bleibt die Mitteltemperatur unter dem Gefrierpunkt. Infolge der starken Tagesschwankungen der Temperatur bleibt an der Polargrenze kein Monat ohne Frost. Die Vegetationsperiode ist kürzer als im *Dfa*-Klima; sie dauert 3$^1/_2$ bis 5 Monate.
Das *Dfc*-Klima (Birkenklima) weist einen kurzen Sommer sowie einen langen und sehr kalten Winter auf (Abb. 150). Die langen Winternächte fördern die Ausstrahlung, so daß die Temperaturen auf −45 bis −50 °C zurückgehen; einen gewissen Ausgleich, der sich in der Vegetation bemerkbar macht, bringen die langen Sommertage. Der wärmste Monat hat Mitteltemperaturen zwischen 13 und 16 °C, wobei die Tagesmaxima meist zwischen 21 und 24 °C liegen. Sechs bis sieben Monate haben Mitteltemperaturen unter dem Gefrierpunkt; starke Fröste können in fast allen Monaten auftreten. Die Jahresmitteltemperatur liegt in kontinentalen Gebieten zwischen −1 und −7 °C, an Küsten teilweise

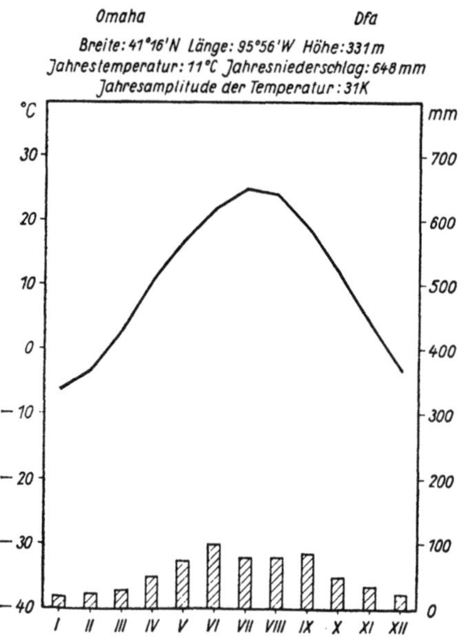

Abb. 148. *Dfa*-Klima

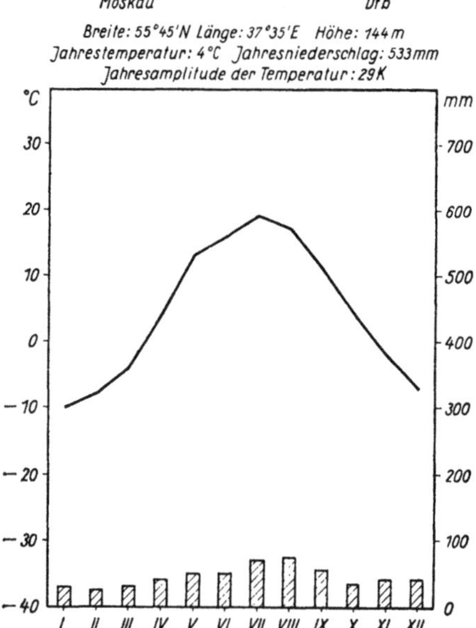

Abb. 149. *Dfb*-Klima

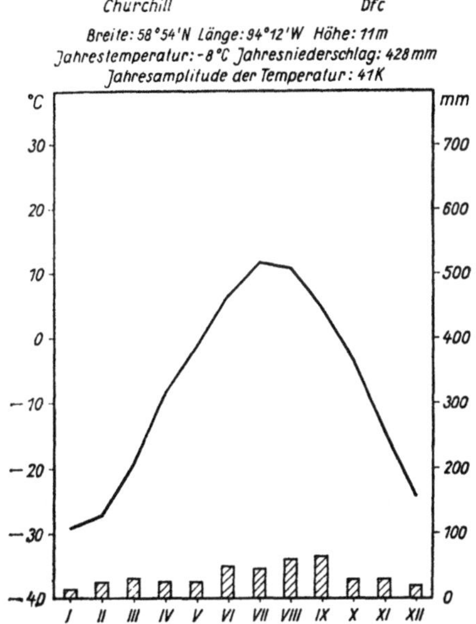

Abb. 150. *Dfc*-Klima

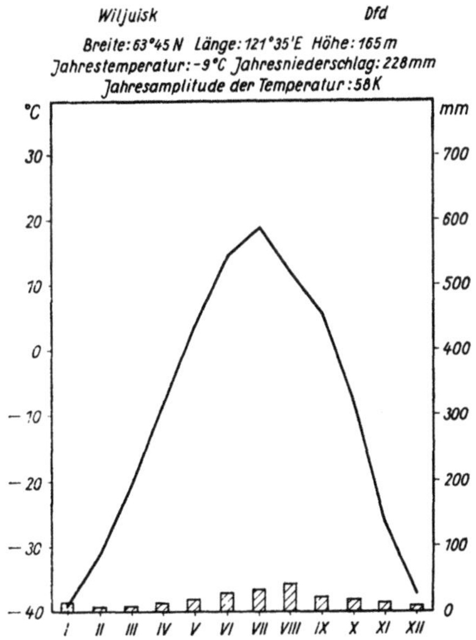

Abb. 151. *Dfd*-Klima

etwas über dem Gefrierpunkt. Während an der Küste die Jahresamplitude vergleichsweise gering bleibt – um 26 K –, bewegt sie sich im Binnenlande meist zwischen 37 und 44 K. Die Vegetationsperiode dauert höchstens drei Monate.

Schließlich weist das *Dfd*-Klima (Abb. 151) einen kurzen Sommer und einen sehr strengen Winter auf. Die Sommer sind im Binnenland vergleichsweise warm, während sie in Küstengebieten kühl bleiben. Die Temperatur des kältesten Monats liegt unter −38°C. Die Jahresamplituden der Temperatur sind sehr groß und übersteigen 50 K.

Innerhalb des *Df*-Klimas zeigen die Niederschläge allgemein eine Abnahme polwärts. Gleichzeitig aber nimmt infolge der Temperaturabnahme der Schneefall und damit die Dauer der Schneedecke in derselben Richtung zunächst zu; erst im *Dfd*-Klima zeigt sich infolge der allgemeinen Abnahme der Niederschlagssummen ein Rückgang des Schneefalls und der Schneedecke. Für die *D*-Klimate ist kennzeichnend, daß sie trotz geringer Niederschlagssummen als humid zu bezeichnen sind, da infolge der niedrigeren Temperaturen die Verdunstung recht gering bleibt; nur in den Gebieten mit heißen Sommern nimmt die Verdunstung vorübergehend höhere Werte an.

Im *Dfa*-Klima, das wesentlich auf Nordamerika beschränkt bleibt, betragen die Jahressummen des Niederschlags meist 600 bis 900 mm. Ein Niederschlagsmaximum tritt im Spätfrühling oder Frühsommer, ein Minimum im Winter auf; nach Westen und Norden hin zeigt sich eine Verspätung des Maximums. Im Sommer sind Konvektionsniederschläge recht häufig, bei denen es teilweise auch zu Gewittern kommt. Im Norden des Gebietes geht im Winter etwa $^1/_4$ bis $^1/_3$ des Niederschlags in Form von Schnee nieder, so daß sich 30 bis 90 Tage mit Schneefall ergeben.

Das *Dfb*-Klima zeigt größere Unterschiede in den Niederschlagssummen, die in feuchten Gebieten zwischen 750 und 1000 mm, in trockneren Gebieten um und unter 500 mm liegen. In den meisten Fällen ergibt sich ein Sommermaximum der Niederschläge. Etwa während eines Drittels des Jahres liegt eine Schneedecke. Die Bewölkung ist allgemein stärker als im *Dfa*-Klima.

Im *Dfc*-Klima, dessen Niederschlagssummen 350 bis 500 mm betragen, fällt die Hauptmenge des Niederschlags im Sommer. Gelegentliche Gewitter sind nicht auf die Erwärmung des Bodens zurückzuführen, sondern haben ihre Ursache in Vorgängen an Kaltfronten. An etwa einem Drittel der Tage des Jahres wird meßbarer Niederschlag beobachtet; trotzdem ergibt sich im *Dfc*-Klima eine verhältnismäßig hohe Sonnenscheindauer. Fünf bis sieben Monate des Jahres weisen eine Schneedecke auf.

Beim Übergang zum *Dfd*-Klima zeigt sich ein stärkerer Rückgang des Niederschlags; die Jahressummen bewegen sich um 250 mm. Die Niederschlagsverteilung zeigt ein sommerliches Maximum. Niedrigere Feuchtigkeit und geringere Niederschläge führen dazu, daß im Bereich des *Dfd*-Klimas Bewölkung und Schneedecke schwächer sind als im *Dfc*-Klima.

Entsprechend der großen meridionalen Erstreckung der *Df*-Klimate ist die Vegetation recht mannigfaltig. In den sommerheißen und verhältnismäßig trockenen Teilen des *Dfa*-Klimas treten verbreitet Grasländer auf, die im feuchteren Gebiet von Wäldern abgelöst werden. Damit erweist sich gerade das *Dfa*-Klima für die Vegetation als ein Übergangsgebiet.

Im *Dfb*-Klima, das man als die eigentliche Waldregion bezeichnen könnte, zeigen sich vier Haupttypen der Vegetation: Die feuchten Gebiete werden von Mischwald eingenommen, denen sich polwärts Nadelwälder anschließen; auf der Äquatorseite schließen sich Laubwälder an den Mischwald an, und schließlich werden die trockensten Gebiete von Gras bedeckt.

Das kältere *Dfc*-Klima ist im wesentlichen die Heimat der Taiga, in die vereinzelt Tundra eingestreut ist, während in den wärmeren Teilen des Gebietes noch Mischwälder auftreten. Der Nadelwald ist verhältnismäßig artenarm. Wo es die Bodenverhältnisse zulassen, sind Laubbäume, z. B. Birke und dgl., eingestreut.

Im *Dfd*-Klima treten nur noch westlich der Lena Nadelwälder auf. Östlich der Lena gehen die Nadelwälder in Tundra über.

Die Wasserführung der Flüsse ist dort, wo verhältnismäßig große Niederschlagsmengen als Schnee niedergehen, von der Schneedecke abhängig. Daher tritt in den *Dfb*- und *Dfc*-Klimaten in Eurasien und Nordamerika das Hochwasser der Flüsse nach der Schneeschmelze ein. Allgemein sind die Flüsse an 80 bis 240 Tagen des Jahres mit Eis bedeckt; die Dauer der Eisbedeckung ist temperaturabhängig. Da die Eisbedeckung polwärts zunimmt, ergibt sich bei den polwärts fließenden

Flüssen, die im Oberlauf eher auftauen als im Unterlauf, eine Zeit ausgedehnter Überschwemmungen infolge Eisstaus.

Im allgemeinen tritt mit abnehmender Temperatur die chemische Verwitterung immer mehr zugunsten der mechanischen Verwitterung zurück, kommt dabei allerdings nicht völlig zum Erliegen. Die Verteilung der Böden folgt im wesentlichen der Temperatur: Während im *Dfa*-Klima verbreitet Schwarzerde und teilweise Löß, gebietsweise auch graubraune Waldböden auftreten, wird das übrige *Df*-Gebiet größtenteils von Bleicherden eingenommen, die im *Dfd*-Klima zum Teil von Tundrenböden abgelöst werden.

Bei längerer Winterdauer gefriert die obere Bodenschicht. Schließlich sinken die Temperaturen so weit ab, daß im Sommer nur noch eine mehr oder weniger mächtige obere Bodenschicht auftaut, während darunter der Boden gefroren bleibt (Dauerfrostboden). Das Gefrieren des Bodens ist nicht nur von der Temperatur, sondern auch von der Schneedecke abhängig; eine Schneedecke verhindert oder verzögert das Gefrieren, da z. B. eine Neuschneedecke denselben Kälteschutz bewirkt wie eine dreimal so mächtige Sandschicht.

Das *Dfa*-Klima tritt in größeren Gebieten in Nordamerika sowie in Teilen Südosteuropas auf. Dort, wo die *Df*-Klimate in Nordamerika südlich 40°, in Eurasien südlich 50° n. Br. auftreten, handelt es sich um Hochländer oder Gebirge. So gehören große Teile der Hochländer Asiens sowie die höchsten Erhebungen des Atlas-Gebirges und der Hauptinsel Japans dem *Dfa*-Klima an.

Im Anschluß an das *Csa*-Klima tritt im Iran und Irak sowie in Teilen der Türkei ein *Dsa*-Klima auf. Es ist vom *Csa*-Klima durch geringere Temperaturen infolge größerer Höhe unterschieden.

Das *Dfb*-Klima erstreckt sich in nicht zusammenhängenden Gürteln etwa breitenparallel durch Nordamerika und Eurasien; es grenzt im Norden an *Dfc*, während es im Süden von verschiedenen Klimaten begrenzt wird. Teilweise ist das Gebiet sehr schmal, erstreckt sich aber an anderen Stellen über 27 Breitengrade. Es umfaßt meist Ebenen oder niedriges Bergland. Äquatorwärts gehören höhere Lagen diesem Klima an, beispielsweise die Alpen, der Kaukasus und andere Gebirge. Auch die Südinsel Neuseelands sowie die Insel Hokkaido gehören in ihren höheren Teilen dem *Dfb*-Klima an.

In einer Erstreckung zwischen 47 und 70° n. Br. tritt in Nordamerika das *Dfc*-Klima auf; seine Nordgrenze bildet das *E*-, die Südgrenze das *Dfb*-Klima. In Eurasien erstreckt sich das *Dfc*-Klima zwischen 60 und 70° n. Br.; am oberen Ob reicht es südwärts bis 48° n. Br. Im östlichen Eurasien ist das *Dfc*-Klima auf etwa 40 Längengrade von *Dfd*- und *Dwd*-Klimaten unterbrochen.

In Nordostsibirien erstreckt sich zwischen 60 und 72° n. Br. das *Dfd*-Klima. Es bildet in zwei verhältnismäßig schmalen Streifen den West- und Ostrand des *Dwd*-Gebietes.

Dw. Wintertrockenkaltes Klima. Transbaikalisches Klima (Abb. 152 bis 155)

Im Unterschied zu den *Df*-Klimaten weisen die *Dw*-Klimate eine ausgesprochene winterliche Trockenzeit auf. Dabei bringt der trockenste Wintermonat weniger als ein Zehntel des Niederschlages des feuchtesten Sommermonats. Da die *Dw*-Klimate ihre wesentliche Verbreitung östlich des Baikalsees haben, werden sie auch als transbaikalische Klimate bezeichnet.

Das *Dwa*-Klima (Abb. 152) zeigt ausgesprochen kontinentalen Charakter. Heißen Sommern stehen kalte Winter gegenüber, in denen drei bis fünf Monate Mitteltemperaturen unter dem Gefrierpunkt haben. Einem schnellen Temperaturanstieg im Frühjahr entspricht ein rascher Temperaturabfall im Herbst. Die Jahresmittel bewegen sich um 10 °C. Da aber die Sommer etwa die gleichen Temperaturwerte aufweisen wie im *Dfa*, die Winter aber kälter sind, ergibt sich eine größere Jahresamplitude, die zwischen 30 und 39 K liegt.

Im *Dwb*-Klima (Abb. 153) haben die Sommer etwa dieselben Temperaturen wie im *Dfb*-Klima; da aber die Wintertemperaturen jenen in den kältesten *Dfb*-Gebieten entsprechen, ergibt sich meist eine größere Jahresamplitude mit Werten um 36 K. Gegenüber dem *Dfb*-Klima tritt der wärmste Monat im *Dwb*-Klima etwas verspätet ein. Die Mitteltemperaturen des *Dwb* sind in jedem Monat niedriger als im *Dwa*; der stärkste Unterschied ergibt sich im Sommer, wo die Differenzen meist 5 K betragen.

Auch das *Dwc*-Klima (Abb. 154) ist in seiner Temperaturverteilung dem *Dfc* ähnlich. Sieben Monate haben Mitteltemperaturen unter dem Gefrierpunkt, in mindestens drei Monaten liegt das Temperaturmittel unter −18 °C. Trockenheit und Luftruhe lassen die Tempe-

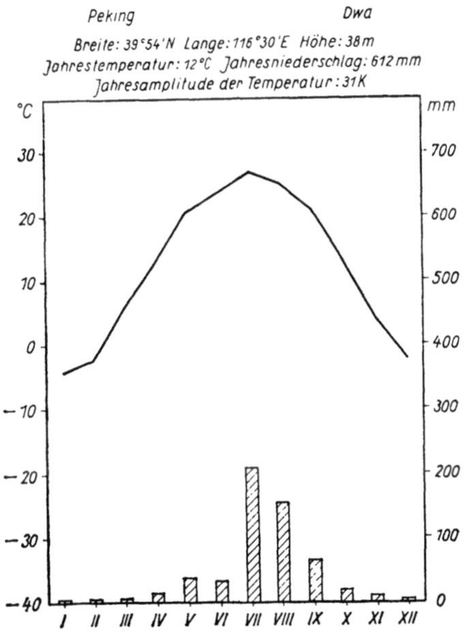

Abb. 152. *Dwa*-Klima

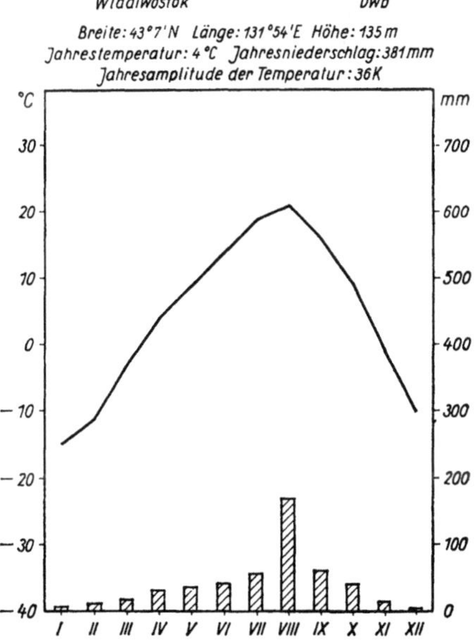

Abb. 153. *Dwb*-Klima

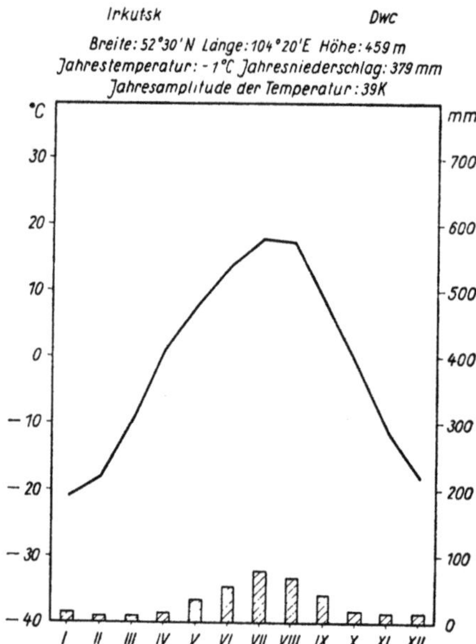

Abb. 154. *Dwc*-Klima

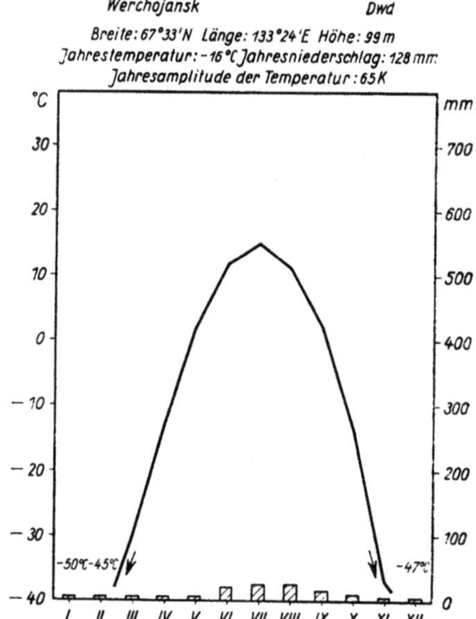

Abb. 155. *Dwd*-Klima

raturen im allgemeinen höher erscheinen (geringere Abkühlungsgröße) als im *Dfc*-Klima. Das absolute Minimum liegt bei —57°C, das absolute Maximum meist bei 18 bis 27°C, steigt aber auch bis 32°C an. Die Jahresamplitude entspricht denen der *Dwa*- und *Dwb*-Klimate, wobei die Sommertemperaturen im *Dwc*-Klima um 5 bis 11 K tiefer liegen.

Das *Dwd*-Klima (Abb. 155) weist die tiefsten Temperaturen außerhalb der eisbedeckten Polargebiete (Antarktis) auf. In Werchojansk beträgt das Januarmittel —50°C, das Julimittel 16°C, so daß sich eine Jahresamplitude von 66 K ergibt. Insgesamt verhalten sich die Sommer in diesem Klimagebiet wie im *Dfc*- und *Dwc*-Klima (drei Monate haben eine Mitteltemperatur von mindestens 10°C), doch sind die Winter wesentlich strenger. Die Jahresmittel der Temperatur bewegen sich zwischen —11 und —16°C. Auch in diesem Gebiet läßt die Trockenheit die tiefen Temperaturen weniger fühlbar werden.

Die Niederschläge sind im *Dwa*-Klima etwas geringer als im *Dfa*-Klima; die Jahressummen liegen um 625 mm. Während der sehr niederschlagsarmen Winter bleibt auch die Feuchte und damit die Bewölkung gering. Dadurch kommt es zu einem starken Absinken der Win-

tertemperaturen. Mit Ausnahme der höheren Lagen erhält das *Dwa*-Gebiet weniger Schnee als das *Dfa*-Klima.

Im *Dwb*-Klima fallen die höchsten Temperaturwerte und die größten Niederschlagssummen auf denselben Monat. Die Niederschlagssummen sind geringer als an den trockensten *Dfb*-Stationen. Die Bewölkung bleibt im Winter gering; es fällt verhältnismäßig wenig Schnee.

Das *Dwc*-Klima weist geringe Niederschläge auf, die ihr Maximum im Spätsommer erreichen. In den Monaten Oktober bis Mai fällt so wenig Schnee, daß die Schneedecke dünn bleibt bzw. verweht wird. Der sehr geringen winterlichen Bewölkung steht eine sommerliche Himmelsbedeckung von etwa 50% gegenüber, so daß die Bewölkung insgesamt nicht sehr stark ist.

Im *Dwd*-Klima zeigt sich ein starker Wechsel der Niederschlagssummen von Ort zu Ort, wobei die Niederschläge allgemein gering bleiben. Die Niederschlagssummen betragen 125 bis 350 mm im Jahr. In den drei kältesten Wintermonaten fallen nur etwa 10 bis 15% der Jahressumme. Die geringe winterliche Bewölkung begünstigt die Ausstrahlung und damit das Absinken der Temperaturen erheblich. Die Schneedecke ist im allgemeinen nicht sehr mächtig, hält sich aber fünf bis sieben Monate.

In ähnlicher Weise wie in den *Df*-Klimaten reicht auch in den wintertrockenen Schnee-Wald-Klimaten die Vegetation vom Grasland im Süden über die verschiedenartigsten Wälder bis zur Tundra im Norden. Auch die höheren Lagen der Bergländer sind zum größten Teil grasbestanden. Infolge der im wintertrockenen Gebiet meist geringeren Niederschläge sind die Wälder – insbesondere im Norden – offener als im *Df*-Klima.

Die hydrologischen Verhältnisse sowie die Vorgänge der Verwitterung und somit auch der Bodenbildung zeigen etwa dieselbe Verteilung wie in den *Df*-Klimaten. Da die Schneedecke verbreitet schwächer ausgebildet ist als in den *Df*-Klimaten, kann der Frost tiefer in den Boden eindringen. Insbesondere die Gebiete mit strengen Wintern sind bei den großen jährlichen Temperaturamplituden die hauptsächlichen Verbreitungsgebiete der Dauerfrostböden.

Die *Dw*-Klimate treten nur in Asien auf. Dabei erstreckt sich das *Dwa*-Klima von etwa 36 bis 47° n. Br. und umfaßt große Teile Nordchinas sowie Koreas. Dieses Klimagebiet wird von dem kühleren *Dwb*-Klima umgeben, das allerdings im Süden als Umrandung fehlt. Als höher gelegene Gebiete gehören

einige Gebirge Chinas zwischen 28 und 37° n. Br. dem *Dwb*-Klima an.

Das *Dwc*-Klima nimmt den Osten der UdSSR zwischen 40 und 60° n. Br. sowie 90 und 150° ö. L. ein. Es erstreckt sich mit seinem Kerngebiet weiter nach Süden als das *Dfc*-Klima.

Schließlich umfaßt das *Dwd*-Klima ein Gebiet, das nördlich des 60. Breitenkreises liegt und vom Flußgebiet der Lena bis zu dem der Kolyma reicht. Das Polarmeer wird nur an wenigen Stellen erreicht, da sich zwischen dem Meer und dem *Dwd*-Klima meist ein mehr oder weniger breiter Streifen der *E*-Klimate einschiebt. Im Innern des *Dwd*-Gebietes gehören die Höhenlagen oberhalb 600 m den *E*-Klimaten an.

Die kalten Klimate (E)

In dieser Klimazone, die ihre Verbreitung in höheren Breiten findet, der aber auch hochgelegene Gebiete anderer Breiten angehören, lassen sich zwei Klimatypen unterscheiden. Als Unterscheidungsmerkmal ist die Mitteltemperatur des wärmsten Monats zu verwenden. Denn während dort, wo diese Temperatur über dem Gefrierpunkt liegt, noch Pflanzenwuchs möglich ist, kann es in den Gebieten dauernden Frostes nicht mehr zur Ausbildung der Vegetation kommen. Demnach werden nach der Temperatur des wärmsten Monats Tundrenklima (*ET*) und Frostklima (*EF*) unterschieden.

ET. Tundrenklima (Abb. 156)

Das gemeinsame Kennzeichen der Temperatur innerhalb des *ET*-Klimas besteht darin, daß die Mitteltemperatur des wärmsten Monats zwischen 0 und 10 °C liegt. Diese Definition läßt im einzelnen sehr weite Spielräume der Temperatur zu; denn es wird beispielsweise nichts darüber ausgesagt, wieviel Monate eine Mitteltemperatur oberhalb des Gefrierpunktes aufweisen. Es ergibt sich somit innerhalb des *ET*-Klimas eine große Verschiedenheit der Temperaturverhältnisse. Es treten Jahresmitteltemperaturen zwischen −6 und −17 °C auf. Im allgemeinen ist mit einem hohen Jahresmittel der Temperatur eine gerin-

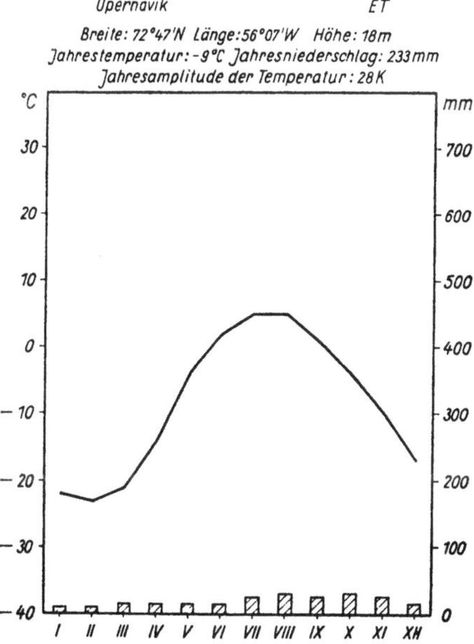

Abb. 156. ET-Klima

ge jährliche Temperaturamplitude verbunden. Das weist darauf hin, daß die Unterschiede in der Temperatur und ihrem Verlauf innerhalb des *ET*-Klimas auf ozeanische bzw. kontinentale Lage zurückzuführen sind. Die Jahresamplituden der Temperatur bewegen sich zwischen etwa 11 und 43 K.

Gegenüber den Jahresamplituden bleiben die Tagesamplituden der Temperatur gering. Sie bewegen sich allgemein zwischen 3 und 8 K. Während der kalten Jahreszeit können die Temperaturen teilweise sehr tief absinken, so daß sich absolute Minima von —45 bis —57°C in den kältesten Gebieten ergeben. Die Mitteltemperaturen des wärmsten Monats bewegen sich allgemein um 4 bis 9 °C. Es können absolute Höchstwerte der Temperatur von mehr als 27 °C erreicht werden; in den meisten Fällen bleiben die absoluten Maxima allerdings bei 10 bis 13 °C.

Die Niederschläge sind in ihrer Höhe und in ihrer Verteilung über das Jahr sehr verschieden. Im allgemeinen werden Niederschlagssummen von 500 bis 1100 mm im Jahr erreicht; diese Summe kann vereinzelt erheblich überschritten werden, während andererseits der Niederschlag in kontinentalen Gebieten auf 75 mm pro Jahr zurückgeht. In Abhängigkeit von den Temperaturverhältnissen geht ein großer Teil des Niederschlags in Form von Schnee nieder.

Im allgemeinen tritt im Sommer eine starke Bewölkung auf; vielfach wird Nebel beobachtet. Das Fehlen höherwüchsiger Vegetation führt zu meist verhältnismäßig hohen Windgeschwindigkeiten und Stürmen, die von starkem Schneetreiben begleitet sind.

Innerhalb des *ET*-Klimas nimmt mit abnehmender Temperatur sowie mit abnehmendem Niederschlag auch die Vegetation ab. Dabei folgen polwärts, aber auch in Gebirgen mit zunehmender Höhe, verschiedene Formen der Tundra aufeinander. Sind in den wärmeren und feuchteren Gebieten kleine Bäume eingestreut (Waldtundra), so sind es unter ungünstigeren Bedingungen nur noch Sträucher; schließlich fehlen Bäume und Sträucher völlig. Außer den klimatischen Gegebenheiten wird die Zusammensetzung der Vegetationsdecke auch vom Boden bestimmt. Je nach Vorherrschen verschiedener Pflanzen sind Flechtentundra, Rasentundra, Moos- und Krauttundra sowie Flachmoortundra zu unterscheiden. Mit

abnehmender Temperatur und Feuchtigkeit wird die Vegetation immer spärlicher, so daß sie einen nahezu wüstenhaften Charakter annimmt.

Die chemische Verwitterung kann nur während eines Teiles des Jahres wirksam werden, ihre Wirksamkeit sinkt mit abnehmender Temperatur. Damit bleibt praktisch die mechanische Verwitterung, die aber ebenfalls im Vergleich zu anderen Klimagebieten schwach bleibt, da die tägliche Temperaturamplitude nur geringe Werte aufweist. Bei Temperaturschwankungen um den Gefrierpunkt (Frostwechsel) kommt die Frostsprengung zur Wirkung. Insgesamt aber muß die Schutzwirkung der Schneedecke berücksichtigt werden, die die mechanische Verwitterung herabsetzt.

Für den Materialtransport spielt neben dem fließenden Wasser, dessen Tätigkeit auf einen Teil des Jahres beschränkt bleibt, der Wind eine nicht unwesentliche Rolle. Wesentlich für das *ET*-Klima – auch wenn sie über diesen Bereich hinausgreifen – sind die mit dem Dauerfrostboden zusammenhängenden Erscheinungen. Das sommerliche Auftauen der oberen Schicht, die durchfeuchtet bleibt, hat Rutschbewegungen dieser Schicht auf dem darunterliegenden gefrorenen Boden zur Folge, falls die Neigung der Flächen eine Bewegung zuläßt (Solifluktion). Weiterhin kommt es zu wirbelartigen Bewegungen innerhalb der aufgetauten Bodenschicht, die zu charakteristischen Strukturen des Lockerbodens führen. Schließlich bringen die Bewegungen im Auftauboden eine Sortierung des Materials nach seiner Größe zustande, so daß die Struktur- und Frostmusterböden entstehen. Die Rückwirkung der Bewegungen im Auftauboden auf die Vegetation führt zum Zerreißen der Vegetationsdecke, so daß sich die Formen der Fleckentundra im Bereich der Strukturböden und der Torfhügeltundra im moorigen Gelände ergeben.

Die Tundrengebiete sind an den Nordrändern von Eurasien und Nordamerika weit verbreitet. Während die Inseln des Polarmeeres meist dem *ET*-Klima angehören, zählen auf Grönland nur die Südwest- und Südostküste zu diesem Klima, während der übrige Teil der Insel infolge der Breiten- und Höhenlage dem *EF*-Gebiet angehört. Auch am Rande von Antarktika reicht nur an wenigen Stellen die

Wärme aus, um noch Tundrenklima zuzulassen.

Außer diesen breitenbedingten *ET*-Klimaten treten praktisch in allen geographischen Breiten höhenbedingte *ET*-Klimate auf. In diesen Gebieten ist das Kennzeichen die Temperatur des wärmsten Monats, wie sie mit der Bezeichnung *ET* in Zusammenhang steht. Der Jahresgang der Temperatur sowie die Verteilung der Niederschläge entspricht im wesentlichen dem Klimagebiet, dem das *ET*-Klima als Höhenklima aufgesetzt ist.

E F. Frostklima (Abb. 157)

Die Monatsmittel der Temperatur steigen in keinem Monat über den Gefrierpunkt an. Daraus folgt, daß nur gebietsweise die Maxima einzelner oder mehrerer Tage über dem Gefrierpunkt liegen. Auch im *EF*-Klima sind die in Küstennähe gelegenen Stationen verhältnismäßig warm, während die Temperaturen bei zunehmender Höhe und zunehmender Entfernung vom Meer abnehmen. Als Bei-

spiel seien die Messungen an der Station Wostok (Antarktika) für das Jahr 1957 angegeben (Tab. 45).

Es ergibt sich die recht erhebliche Jahresschwankung von 41 K; das absolute Minimum wurde mit −87,4 °C gemessen, was auf eine vergleichsweise geringe Tagesamplitude hinweist.

Die Niederschläge sind im allgemeinen verhältnismäßig gering, wobei aber größere örtliche Unterschiede auftreten. So wurde an der genannten Station Wostok 1957 eine Niederschlagssumme von etwa 100 mm gemessen. Da praktisch die Bremswirkung in Bodennähe fehlt, können die Winde häufig zu Sturmesstärke anwachsen, was Schneefegen und Schneetreiben zur Folge hat.

Infolge der tiefen Temperaturen ist das *EF*-Klima vegetationslos (Kältewüste). Aus demselben Grunde fehlt die chemische Verwitterung; es bleibt die mechanische Verwitterung wirksam, soweit nicht Schnee und Eis eine genügende Schutzwirkung ausüben. Die Niederschläge können nicht in Form von Flüssen abfließen; vielmehr erfolgt der Abfluß durch Gletscher, wodurch im Untergrund besondere, der Eiswirkung eigentümliche Formen entstehen.

Dem *EF*-Klima gehören die beiden Polarkappen an. Dabei ergeben sich zwischen Nord- und Südhalbkugel Unterschiede infolge der Meer- bzw. Landbedeckung und insbesondere durch die Höhenlage. Dem ausgedehnten antarktischen Kontinent entspricht auf der Nordhalbkugel das vergleichsweise kleine Gebiet Grönlands (etwa $^1/_7$ des antarktischen Kontinents). Die in Höhenlagen mittlerer Breiten auftretenden *EF*-Klimate sind nach Verteilung von Temperatur und Niederschlag – aber nicht nach der Höhe der Temperatur – den Klimazonen angeglichen, denen sie als Höhenklimate angehören.

In der hier dargestellten Klimaklassifikation findet die Vertikalgliederung der Klimate nur wenig Beachtung. Der Versuch, die Höhenklimate niederer Breiten den Niederungsklimaten höherer Breiten gleichzusetzen, kann nicht befriedigen. Wenn auch beispiels-

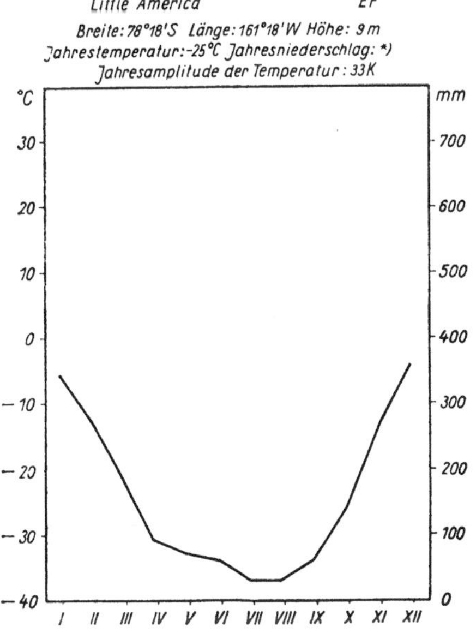

Abb. 157. *EF*-Klima (ohne Niederschlagsangabe)

Tabelle 45. Monats- und Jahresmittel der Temperatur in °C (1957) in Wostok, 78° 27′ s. Br., 106° 52′ ö. L., 3420 m

I	II	III	IV	V	VI	VII	VIII	IX	X	XI	XII	Jahr
−31	−45	−57	−64	−62	−68	−65	−72	−66	−61	−43	−33	−56

weise die Jahresmitteltemperatur eines tropischen Höhenklimas die Zugehörigkeit zu einem gemäßigten Klima nahelegt, so trifft das bereits bei der Betrachtung des Jahresganges nicht mehr zu; so hat zwar Quito in 2850 m Höhe eine dem *C*-Klima entsprechende Jahresmitteltemperatur, der Jahresgang der Temperatur zeigt aber die für die *A*-Klimate charakteristische geringe Amplitude. Zur Darstellung der Vertikalgliederung der Klimate muß der aerologische Aufbau der unteren Atmosphäre (Grundschicht der Troposphäre) berücksichtigt werden. Von den Betrachtungen über die Grundschicht der Troposphäre kann die Klimaeinteilung in die dritte Dimension entsprechend der in Tab. 46 mitgeteilten Übersicht erweitert werden, die einer von K. SCHNEIDER-CARIUS (1953) gegebenen Einteilung folgt.

7.3.2. Klimaeinteilung von C. E. Koeppe

Die von C. E. KOEPPE (1958) – vgl. C. E. KOEPPE und G. C. DE LONG (1958) – gegebene Einteilung der Klimate beruht ebenfalls auf Schwellenwerten von Temperatur und Niederschlagsmengen sowie auf Andauerwerten. In den verschiedenen Klimazonen sind die ozeanisch bzw. kontinental beeinflußten Gebiete jeweils schärfer voneinander getrennt; dadurch ergibt sich eine größere Anzahl (16) von Klimatypen als nach W. KÖPPEN. Weiterhin ist zu beachten, daß KOEPPE im Gegensatz zu KÖPPEN die infolge der Höhenlage kühleren Gebiete der Tropen nicht anderen Klimazonen zuordnet, sondern in die Klimatypen

der tiefer gelegenen Gebiete einbezieht. In der Klimaeinteilung nach KOEPPE sind die Temperaturwerte in Fahrenheitgraden, die Niederschlagsmengen in Zoll (inch) angegeben; in der folgenden Übersicht erscheinen die Werte in Celsiusgraden bzw. Millimetern.

Um einen Vergleich der Klimaeinteilungen nach KÖPPEN und KOEPPE zu ermöglichen, werden im folgenden die Klimatypen KOEPPES in ihrer Abgrenzung und Verbreitung dargestellt. Danach wird angegeben, welche Klimatypen KÖPPENS dem dargestellten Typ entsprechen. Es werden die folgenden 16 Klimatypen unterschieden.

1. *Feucht-äquatoriales Klima.* Die Mitteltemperatur liegt in keinem Monat unter 21 °C; die Jahresamplitude der Temperatur bleibt unter 3 K. Die Jahressumme des Niederschlags beträgt mindestens 1500 mm.

Das Klimagebiet bildet einen Gürtel längs des Äquators und geht von dort aus auf beiden Seiten im Mittel bis 10° Breite; nur in Ostafrika ist dieser Klimagürtel unterbrochen. Es ist das Gebiet der äquatorialen Tiefdruckrinne mit ihren umlaufenden oder westlichen Winden, sehr starker Konvektion und der Konvergenz der Passate (äquatoriale Westwindzone).

Die meisten *Af*- und *Am*-Gebiete der Köppenschen Klassifikation gehören diesem Klimatyp an. Es kommen die nach KÖPPEN anderen Klimazonen angehörenden Höhenklimate hinzu.

2. *Passatküstenklima.* Die Jahresmitteltemperatur beträgt mindestens 21 °C; die Jahresamplitude liegt allgemein unter 11 K. Kein

Tabelle 46. Kennzeichnung der Höhenklimate

Stockwerk der Troposphäre	Klimazone	Zeichen	Vegetation
Luftraum oberhalb der Peplopause	Hochgebirgsklima (alpines Klima), geringe Jahresschwankung von Temperatur und Feuchte, aber größere unperiodische Schwankungen, große Tagesschwankungen der Temperatur, häufig rascher Wechsel im Strahlungsklima	*H*	Alpine Wüste und alpine Grasflur
Wolkenraum der Grundschicht	Gebirgsklima, geringe Temperatur- und Feuchteschwankung, meist hohe Feuchte, oft Sättigung	*G*	Bergwald oder Nebelwald (Urwald)
Wolkenfreier Raum der Grundschicht	Klima der Niederung	*A* bis *F*	Regenwald (Urwald), Wald, Savanne, Steppe, Tundra, Wüste

Monat ist regenlos; die jährlichen Niederschlagsmengen übersteigen 900 mm.

Das Passatküstenklima findet sich an den Ostküsten der Kontinente, die im Bereich der Passate liegen; es erstreckt sich von der Nähe des Äquators bis zu den Wendekreisen. Die Küstenstreifen sind allgemein verhältnismäßig schmal; die Erhebungen des Hinterlandes müssen so hoch sein, daß sie ein Aufsteigen der Passatströmung und damit die Niederschlagsbildung ermöglichen. Herbst und Winter haben eine recht stetige Passatströmung, während die Winde im späten Frühjahr zu stärkeren Schwankungen nach Richtung und Stärke neigen.

Af, Am und *Aw* längs der Ostküsten entsprechen dem Passatküstenklima. Stellenweise – z.B.im Gebiet von Hongkong – gehört auch *Cw* zum Passatküstenklima.

3. *Wechselfeuchtes Tropenklima.* Das Jahresmittel der Temperatur beträgt mindestens 21 °C; die Jahresamplitude der Temperatur liegt unter 8 K mit Ausnahme der unter starkem Monsuneinfluß stehenden Gebiete, wo die Amplitude auf etwa 18 K ansteigen kann. Das Temperaturmaximum tritt gewöhnlich vor dem Sonnenhöchststand ein. Die Niederschlagsmenge ist größer als 900 mm und erreicht in extremen Fällen Jahreswerte von 2000 mm (Bombay: 2017 mm). Es besteht eine deutliche winterliche Trockenzeit. Das wechselfeuchte Tropenklima ist gekennzeichnet durch den jahreszeitlich wechselnden Einfluß der äquatorialen Westwindzone und der Passate.

Das wechselfeuchte Tropenklima schließt polwärts an das feuchtäquatoriale Klima an. Die größte Entfernung vom Äquator erreicht es in Indien, wo es sich bis zu 30° n. Br. erstreckt. Während das wechselfeuchte Tropenklima in Mexiko, Südamerika und Madagaskar über den Wendekreis hinausreicht, wird seine Südgrenze auf dem afrikanischen Kontinent sowie in Australien bei nahezu 20° s. Br. erreicht. Demgegenüber wird die Nordgrenze des wechselfeuchten Tropenklimas in Afrika bereits bei etwa 15° n. Br. angetroffen. Diesem Klimatyp entspricht *Aw* in den äquatornahen Tiefländern, *Am* in Teilen von Indien, Sri Lanka und Burma, *Cw* in den tropischen Hochländern und in höheren Breiten. Danach gehören die *Cw*-Gebiete in Äthiopien,

in Teilen Südafrikas sowie in Südbrasilien, aber auch in Nordindien und Nordargentinien dem wechselfeuchten Tropenklima an.

4. *Tropisch-semiarides Klima.* Die Jahresmitteltemperatur beträgt mindestens 21 °C. Die Jahresschwankung der Temperatur ist etwas höher als im wechselfeuchten Tropenklima und steigt in monsunbeeinflußten Gebieten auf etwa 22 K an, bleibt aber meist unter 14 K. Die Niederschlagssummen liegen zwischen 250 und 900 mm im Jahr; wenigstens fünf Wintermonate haben weniger als 25 mm Niederschlag. Die Gebiete des tropisch-semiariden Klimas werden im Sommer von der äquatorialen Westwindzone erreicht, in deren Grenzbereich sie liegen, während sie im Winter unter dem Einfluß der Passate stehen.

Das tropisch-semiaride Klima schließt sich polwärts an das wechselfeuchte Tropenklima an, wie das beispielsweise in Afrika und Australien der Fall ist. Weiterhin tritt es im Innern der Kontinente, besonders im Bereich von Hochflächen, auf, so z. B. in Mexiko, Nordostbrasilien, Peru, Bolivien, aber auch in höher gelegenen Teilen von Wüstengebieten.

Im Sudan, in Äthiopien und in Südafrika sowie in Nordwestindien und im Hochland von Dekan, weiterhin in Nordaustralien entspricht das *BSh*-Klima dem tropisch-semiariden Klima. In Mexiko entsprechen diesem Klima *BSh* und *Aw*, während in Peru und Bolivien *BSk* dem tropisch-semiariden Klima zuzurechnen ist. Schließlich gehören verbreitet *Cw*-Gebiete in den Bereich des tropisch-semiariden Klimas.

5. *Tropisches Wüstenklima.* Die Jahresmitteltemperatur liegt oberhalb 21 °C. Die Jahresamplitude der Temperatur ist gewöhnlich für die geographische Breite recht beträchtlich; nur an der Küstenstation Swakopmund geht sie auf $4^1/_2$ K zurück. Das Wüstenklima hat die höchsten Tagesamplituden der tropischen Klimate als Folge stark wirksamer Ein- und Ausstrahlung. Die Niederschlagssumme bleibt an der Äquatorseite des Wüstenklimas unter 350 mm im Jahr mit einem Sommermaximum. An der polaren Seite liegen die Jahressummen des Niederschlags unter 250 mm mit der Neigung zu einem Wintermaximum. Einige Wüstengebiete sind regenlos.

Die meisten Wüsten befinden sich im Bereich

der Passate oder der Roßbreitenhochs, im Binnenland oder an Küsten, die auf der Leeseite liegen. So tritt das Wüstenklima polwärts des tropisch-semiariden Klimas in Afrika, Australien, Pakistan und um den Golf von Kalifornien auf. An der Küste von Somalia wehen die Winde im Sommer und Winter küstenparallel, was im Küstengebiet zu geringen Niederschlägen und damit zu Wüstenklima führt. Die Lage im Lee der Passatströmung und die Wirkung kalter Meeresströmungen ruft Wüsten an den Westküsten Perus und Nordchiles sowie an der Westküste Südafrikas hervor. Schließlich kommt es in Argentinien bei etwa 30° s. Br. auf der Ostseite der Anden zu Wüsten.

Die *BWh*-Gebiete entsprechen im allgemeinen dem hier genannten Wüstenklima. An einzelnen Stellen werden *BSh*-Gebiete, und zwar deren polare Seite, in das tropische Wüstenklima einbezogen.

6. *Sommertrocken-subtropisches Klima*. Die Mitteltemperatur des kältesten Monats liegt über 7 °C. Während in Küstengebieten das Monatsmittel des wärmsten Monats unter 21 °C bleibt, steigt es im Binnenlande teilweise über 27 °C an. Demnach bewegt sich die Jahresamplitude zwischen etwa 7 K an den Küsten und über 22 K im Binnenlande. Im Winter können Temperaturen unter dem Gefrierpunkt auftreten. Die Jahressumme des Niederschlags geht nicht unter 250 mm zurück; das Niederschlagsmaximum tritt im Winter ein. Der feuchteste Monat hat gewöhnlich mindestens die dreifache Niederschlagsmenge des trockensten Monats; einige Sommermonate können ohne Niederschlag bleiben. Im allgemeinen wird eine jährliche Niederschlagssumme von 900 oder 1000 mm nicht überschritten; allerdings können in Luvlagen bis zu 2500 mm erreicht werden. Die Niederschlagssummen zeigen zum Teil große Schwankungen von Jahr zu Jahr, so daß die tatsächlichen Jahressummen zwischen 30 und 250% der mittleren Jahressumme liegen können. Das Wintermaximum der Niederschläge erscheint stellenweise aufgespalten in je ein Maximum im Herbst und im zeitigen Frühjahr. Das sommertrocken-subtropische Klima ist durch die Wirksamkeit der Roßbreitenhochs im Sommer, die Vorherrschaft der außertropischen Westwinde im Winter gekennzeichnet.

Das Gebiet des sommertrocken-subtropischen Klimas liegt an den Westküsten der Kontinente und schließt dort polwärts an die tropischen Klimate an. Besondere Verbreitung findet dieser Klimatyp am europäischen Mittelmeer, wo er mit dem Meer weit in die Kontinentalmasse eingreift. Dieses typische Verbreitungsgebiet rechtfertigt den Namen „Mittelmeerklima". An der Westküste Nordamerikas erstreckt sich dieses Klima etwa zwischen 30 und 45° n. Br., an der Westküste Südamerikas etwa von 30 bis 40° s. Br., während es in Südafrika auf das Kapland beschränkt bleibt.

Meist entspricht dem sommertrocken-subtropischen Klima das *Csa* oder *Csb*. Die äquatorwärts gelegenen Grenzbereiche gehören vielfach dem *BSh*-Klima an.

7. *Feucht-subtropisches Klima*. Der kälteste Monat hat eine mittlere Temperatur von mehr als 4,5 °C. Die Mitteltemperatur des wärmsten Monats liegt in den einzelnen Gebieten verschieden hoch; sie bleibt teilweise unter 21 °C, steigt aber vielfach auch über 27 °C an. Die Jahresamplitude ist mit 8 K an Küstenstationen am niedrigsten und erreicht unter kontinentalen Verhältnissen Werte von 22 K und mehr. Alle Monate sind feucht. Das Maximum des Niederschlags tritt zumeist im Sommer auf; allerdings ergeben sich in einzelnen Gebieten auch mehr oder weniger starke Verschiebungen des Maximums. Mit Ausnahme von Australien und Südamerika sowie Südafrika treten in diesem Klimatyp häufig Wirbelstürme (Hurrikane, Taifune, Tornados) in Erscheinung. Wie das sommertrocken-subtropische Klima liegt das feucht-subtropische Klima während des Sommers im Bereich der subtropischen Hochdruckgebiete, im Winter unter dem Einfluß der außertropischen Westwinde.

Das feucht-subtropische Klima ist eine Erscheinung der Ostküsten der Kontinente; außerdem tritt es auf nicht zu weit von den Ostküsten entfernten Inseln auf. Es ergibt sich eine recht ausgedehnte zonale Erstreckung in Nord- und Südamerika sowie in Asien. Demgegenüber bleiben die Gebiete dieses Klimatyps in Australien und besonders in Südafrika schmaler, da die Gebirge in Küstennähe eine weitere Ausdehnung verhindern.

Die feucht-subtropischen Gebiete in Nordamerika, Südamerika, in Japan und im Küstenbereich Chinas gehören dem *Cfb*-Klima an. In Südafrika, Australien und Neuseeland sind es *Cfb*-Klimate und schließlich im Westteil von Innerchina *Cwa*-Gebiete, die dem feucht-subtropischen Bereich entsprechen.

8. *Kühles Seeklima.* Die Mitteltemperatur des kältesten Monats liegt zwischen −1 und 4,5 °C, während sich das Monatsmittel des wärmsten Monats zwischen 16 und 18 °C bewegt. Entsprechend der Küstenlage bleiben die Jahresamplituden der Temperatur gering; sie belaufen sich auf 8 bis 19 K. Die Jahressumme des Niederschlags beträgt allgemein mindestens 900 mm und erreicht vielfach 1500 mm. An einzelnen Stationen kann der Niederschlag auf weniger als 625 mm im Jahr zurückgehen, während in Luvlagen über 5000 mm niedergehen können. Es zeigt sich ein ausgesprochenes Wintermaximum des Niederschlags. Kein Monat bleibt ohne Niederschlag; einige Küstenstationen empfangen mehr als 75 mm während des trockensten Monats. Zeitweise können ansehnliche Schneefälle auftreten. Das kühle Seeklima ist eine Folge der außertropischen Westwinde; warme Meeresströmungen lassen die Wintertemperaturen höher ansteigen, als der geographischen Breite entspricht.

Das kühle Seeklima schließt sich an den Westküsten der Kontinente polwärts an das sommertrocken-subtropische Klima an. Es bleibt auf die Küstenbereiche beschränkt und kommt damit auf den britischen Inseln zu besonderer Ausdehnung; im übrigen tritt das kühle Seeklima an den Westküsten Nord- und Südamerikas, in Tasmanien und in Neuseeland auf. Die größte meridionale Ausdehnung wird in Europa erreicht, wo es sich von 42° n. Br. auf der Pyrenäen-Halbinsel bis zu 63° n. Br. in Norwegen erstreckt. Dem kühlen Seeklima entspricht in der Hauptsache das *Cfb*-Klima.

9. *Kühles Küstenklima.* Die Mitteltemperatur des kältesten Monats liegt meist unter 4,5 °C, in Australien etwas höher. Die Mitteltemperaturen des wärmsten Monats bewegen sich im allgemeinen zwischen 16 und 21 °C. Damit bleibt die Jahresschwankung der Temperatur meist unter 22 K. Die Jahressummen des Niederschlags bewegen sich in den europäischen Gebieten zwischen 600 und 750 mm und steigen in anderen Gebieten auf 1250 oder 1500 mm

an. Es herrscht eine im allgemeinen gleichmäßige oder fast gleichmäßige Verteilung des Niederschlags über das Jahr, so daß kein Monat ohne Niederschlag bleibt. Für den Winter sind mäßige Schneefälle kennzeichnend.

Das kühle Küstenklima liegt im Bereich der außertropischen Westwinde; es unterscheidet sich vom Seeklima dadurch, daß die kontinentalen Einflüsse bereits stärker in Erscheinung treten. Somit erweist sich das kühle Küstenklima als ein Übergangsklima in gemäßigten Breiten. Als solches ist es in Europa entwickelt, wo es sich in einem Streifen zwischen dem kühlen Seeklima und dem humid-kontinentalen Klima von Frankreich bis zur Ostsee erstreckt; dabei umfaßt es einerseits Teile Südostenglands, andererseits die Ostsee-Küstengebiete bis zu etwa 59° n. Br. Weiterhin tritt das kühle Küstenklima in einem verhältnismäßig schmalen küstenparallelen Streifen in den höher gelegenen Gebieten Südostaustraliens südlich des 30. Breitengrades sowie in der südöstlichen Hälfte der Südinsel Neuseelands auf.

Dem kühlen Küstenklima entspricht im wesentlichen das *Cfb*-Klima.

10. *Humid-kontinentales Klima.* Die Temperaturmittel des kältesten Monats bleiben unter 4,5 °C und unterschreiten teilweise −18 °C. In drei Monaten bleibt die Mitteltemperatur über 16 °C; die Temperatur des wärmsten Monats kann 27 °C überschreiten. Damit ergeben sich Jahresschwankungen der Temperatur von mehr als 22 K, die gegen die angrenzenden kälteren und trockeneren Gebiete auf etwa 39 K anwachsen können. Zwischen den Kontinenten bestehen im Gebiet des humid-kontinentalen Klimas recht beträchtliche Temperaturunterschiede. So sind die Ostküsten Asiens im Winter um 6 bis 8 K kälter als die entsprechenden Breiten in Nordamerika, dagegen im Sommer um 2 bis 3 K wärmer. Die europäischen Temperaturverhältnisse sind den nordamerikanischen vergleichbar. Die Jahressummen des Niederschlags gehen nicht unter 400 mm an den polaren, nicht unter 550 mm an den äquatorialen Rändern des betrachteten Klimagebietes zurück. Die Niederschlagsverteilung ist durch ein Sommermaximum gekennzeichnet, das auf die starke sommerliche Konvektion zurückzuführen ist. Das humid-kontinentale Klimagebiet liegt im Be-

reich der außertropischen Westwinde, wobei sich mit zunehmender Meeresentfernung der kontinentale Einfluß, gekennzeichnet durch die Zunahme der jährlichen Temperaturamplitude, die Abnahme der Niederschlagssumme und das deutliche Auftreten des sommerlichen Niederschlagsmaximums, verstärkt.

Das humid-kontinentale Klima erstreckt sich auf den Kontinenten der Nordhalbkugel vom Innern der Kontinente bis zu den Ostküsten. Dabei ergibt sich in Asien infolge der Trockenheit oder starker Kälte eine Unterbrechung dieses Klimagebietes. Auf der Südhalbkugel tritt das humid-kontinentale Klima nicht auf, da die Ausdehnung der Kontinente in den entsprechenden Breiten nicht zu seiner Ausbildung ausreicht. In Nordamerika erstreckt es sich von etwa 35 bis 50° n. Br. Während in Europa die größte Breitenerstreckung von etwa 40 bis 60° n. Br. reicht, geht sie in Ostasien von etwa 29 bis 55° n. Br.

Diesem sehr ausgedehnten Klimagebiet entsprechen verschiedene Klimatypen der Köppenschen Einteilung. Dem nordamerikanischen humid-kontinentalen Klima entsprechen im Süden *Cfa*, im Norden *Cfb*, *Dfa* und *Dfb*. Das Verbreitungsgebiet des humid-kontinentalen Klimas in Mitteleuropa gehört dem *Cfb*-Klima an. Der osteuropäische und westsibirische Teil des humid-kontinentalen Klimas entspricht dem *Dfb*, während in Nordchina *Cwa* und *Cfa* diesem Klima angehören. In den übrigen Teilen Ostasiens zählen noch *BSk*, *Dwa* und *Dwb* zum humid-kontinentalen Klima.

11. *Semiarid-kontinentales Klima.* Während die Temperaturverhältnisse ähnliche Werte zeigen wie im humid-kontinentalen Klima, sind die Niederschläge geringer. An den polaren Grenzen bewegen sich die Jahressummen des Niederschlags zwischen 150 und 400 mm, an den äquatorialen Grenzen zwischen 300 und 550 mm. Im allgemeinen zeigt sich ein Sommermaximum des Niederschlags; nur in der Nähe von Westküsten tritt die Neigung zu einem doppelten Maximum auf, so daß sich in diesen Gebieten ein Übergang zwischen Westküstenklima und dem Klima des Kontinentinneren zeigt. Die Schwankungen der Niederschlagssummen von Jahr zu Jahr sind erheblich.

Das Innere der Kontinente in mittleren Breiten ist das Verbreitungsgebiet des semiarid-kontinentalen Klimas. Dabei ist die Trockenheit entweder eine Folge der Meeresentfernung oder einer Leewirkung. Auf der äquatorialen Seite ergibt sich ein Anschluß an das tropisch semiaride Klima, so in Mexiko, Argentinien, Australien und Pakistan; somit sind die beiden semiariden Typen nur durch die Temperaturverhältnisse voneinander unterschieden. Die größte Ausdehnung des semiarid-kontinentalen Klimas ergibt sich in Eurasien, wo es verbreitet in Hochländern auftritt; allerdings werden in Eurasien, Südamerika und Australien auch Tiefländer von diesem Klima eingenommen.

An den polwärts gelegenen Seiten entspricht dem semiarid-kontinentalen Klima das *BSk*, im übrigen das *BSh*.

12. *Wüstenklima gemäßigter Breiten* (Intermediate Desert Climate). Auch in diesem Bereich sind die Temperaturabgrenzungen dieselben wie im humid-kontinentalen Klima. Es ergeben sich allerdings größere Tages- und Jahresamplituden der Temperatur. Die Jahressummen des Niederschlags bleiben auf der polaren Seite unter 150 mm, auf der äquatorialen Seite unter 300 mm. Die jährliche Verteilung des Niederschlags entspricht derjenigen im semiarid-kontinentalen Klima; die Schwankungen von Jahr zu Jahr sind größer.

Dieses Wüstenklima tritt inselartig im Innern von semiarid-kontinentalen Gebieten auf, wie in Mexiko, im Großen Becken Nordamerikas und in Innerasien. Außerdem findet sich dieses Klima in ausgeprägten Leelagen, wie das in Patagonien der Fall ist.

Im allgemeinen ist das Wüstenklima gemäßigter Breiten als *BWk* zu kennzeichnen. In Nordamerika und Südiran tritt an dessen Stelle allerdings verbreitet *BWh*.

13. *Subpolares Seeklima.* Milde Winter und kühle Sommer kennzeichnen dieses Klima. Ein bis vier Monate haben Mitteltemperaturen unter —1 °C; in mindestens einem Monat wird ein Mittel von 10 °C überschritten, jedoch übersteigt das Monatsmittel in höchstens zwei Monaten den Wert von 16 °C. Die Jahresschwankung der Temperatur bleibt verhältnismäßig gering; sie bewegt sich zwischen 11 und 17 K. Die Niederschlagssummen variieren in recht weiten Grenzen; während 900 mm

selten unterschritten werden, wird an einigen Stellen eine Jahressumme von 2000 mm und mehr erreicht. Im allgemeinen zeigt sich ein Herbstmaximum des Niederschlags. Das subpolare Seeklima liegt im Bereich der subpolaren Tiefdruckfurche und weist daher rege Zyklonentätigkeit auf; an den Küsten sind Nebel häufig.

Das subpolare Seeklima zeigt sich im wesentlichen in schmalen Küstenstreifen der Westküsten höherer Breiten, so in Alaska und Kanada sowie in Norwegen und Südisland. Damit liegt das Verbreitungsgebiet dieses Klimas zwischen 50 und 70° n. Br. Auf der Südhalbkugel tritt das subpolare Seeklima nur in einem eng begrenzten Küstengebiet Südchiles auf.

Die dem subpolaren Seeklima entsprechenden Klimate nach der Einteilung von KÖPPEN sind *Cfb* und *Cfc* in Abhängigkeit von der geographischen Breite.

14. *Gemäßigt-subpolares Klima.* Die Temperaturgrenzen entsprechen denen des subpolaren Seeklimas. Die jährlichen Temperaturamplituden sind aber im allgemeinen größer als dort; nur in den Höhengebieten niederer Breiten sind sie geringer. So beträgt die Jahresamplitude der Temperatur in Peru etwa 6 K, in den Alpen dagegen 19 K. Jährliche Niederschlagssummen zwischen 600 mm und 1000 mm sind die Regel. Dabei tritt meist ein Sommermaximum auf; nur die Luvseiten von Gebirgen zeigen bei mäßigen bis starken Niederschlägen die Neigung zu einem Maximum in der kalten Jahreszeit. Ein erheblicher Teil des Jahresniederschlags geht als Schnee nieder.

Das gemäßigt-subpolare Klima erscheint in den höheren Breiten in solchen Lagen, in denen sich maritime und kontinentale Einflüsse etwa die Waage halten; Teile von Alaska, Schweden und Finnland sowie Neufundland haben dieses Klima. Das andere Verbreitungsgebiet sind die höheren Lagen der mittleren Breiten: Felsengebirge, Anden, Alpen, Karpaten, Pyrenäen, Kaukasus.

Das gemäßigt-subpolare Klima ist in den meisten Fällen mit *Dfc* gleichzusetzen.

15. *Extrem subpolares Klima.* Lange und kalte Winter kennzeichnen dieses kontinentale Klima. Mindestens fünf Monate haben Mitteltemperaturen unter −1°C; die Sommertemperaturen bewegen sich in denselben Grenzen wie bei den beiden anderen subpolaren Klimaten. Es ergeben sich die größten Jahresamplituden aller Klimate mit 42 K in Kanada und über 55 K in Nordostsibirien. Mäßige bis schwache Niederschläge, die gebietsweise unter 250 mm bleiben und in ihrer Jahresverteilung ein Sommermaximum aufweisen, kennzeichnen das extrem subpolare Klima. Ein erheblicher Teil des Niederschlags fällt als Schnee, so daß sich verbreitet eine lang andauernde Schneedecke ergibt.

Das extrem subpolare Klima bleibt als kontinentales Klima auf die Nordhalbkugel beschränkt. Es reicht im Innern der Kontinente etwa bis 48° n. Br. in Nordamerika, bis 30° n. Br. in Asien infolge der Höhenlage der Gebiete.

Das extrem subpolare Klima entspricht im wesentlichen den *D*-Klimaten: in Nordamerika *Dfb* in den südlichen Grenzbereichen, sonst *Dfc*; in Europa und Westsibirien *Dfc*; in Ostsibirien *Dfd*, *Dwc* und *Dwd*; im Innern Ostasiens *Dwc* und *BSk*; in Tibet *E*.

16. *Polarklima.* Die Monatsmitteltemperatur bleibt in allen Monaten unter 10 °C. Temperatur und Niederschlag wechseln sehr stark innerhalb des Polarklimas.

Das Polarklima umfaßt im wesentlichen die Polkappen der Erde bis zu den Polarkreisen, geht aber auf den Kontinenten auch über die Polarkreise hinaus. Ein weiteres Verbreitungsgebiet des Polarklimas ist durch die Höhenlage gegeben, so daß Teile von Tibet sowie die Südspitze Südamerikas diesem Klima angehören.

Dem Polarklima entsprechen die *E*-Klimate KÖPPENS.

7.3.3. Klimaeinteilung von A. Penck

Die von A. PENCK (1910) gegebene Einteilung der Klimate folgt einem Gedankengang von A. WOJEIKOW (1884). WOJEIKOW war davon ausgegangen, daß sich in den Abflußverhältnissen der Gewässer ein Komplex klimatischer Faktoren auswirkt, daß man demzufolge in den Abflußverhältnissen der Flüsse mehrere Klimafaktoren in ihrem Zusammenwirken erfassen könne. Im Anschluß an diesen Gedankengang betrachtet PENCK das Verhältnis von Niederschlag und Verdunstung. Damit ergibt sich als Ausgangspunkt die Grundgleichung des Wasserhaushaltes

$$N = A + V,$$

die Niederschlag (N), Abfluß (A) und Verdunstung (V) zueinander in Beziehung setzt (vgl. R. KELLER, 1962).

Die Niederschlagssumme kann größer oder kleiner sein als die Wassermenge, die dem betreffenden Gebiet durch Verdunstung entzogen wird. Danach lassen sich zwei Klimate unterscheiden: humides und arides Klima. Im humiden Klima bringt der Niederschlag mehr Wasser, als unter den gegebenen Bedingungen verdunsten kann, so daß ein Teil abfließt. Demgegenüber kann im ariden Klima mehr Wasser verdunsten, als durch den Niederschlag zugeführt wird; demnach verdunstet im ariden Gebiet auch das Wasser, das gegebenenfalls durch Flüsse aus Gebieten mit höheren Niederschlägen herangeführt wird. Die Grenze zwischen humidem und aridem Klima ist dort gegeben, wo Niederschlag und Verdunstung gleich sind.

Gegenüber den geschilderten Verhältnissen tritt dort eine Veränderung ein, wo der Niederschlag vorherrschend in fester Form fällt. In diesen Gebieten wird der nicht verdunstende Niederschlag nicht durch Flüsse, sondern durch Gletscher abgeführt. Daraus ergeben sich aber erhebliche Verzögerungen zwischen Niederschlag und Abfluß. Diese Gebiete haben deshalb ein eigenes Klima, das nivale Klima.

Aus den vorstehenden Klimaten lassen sich durch die jahreszeitlich unterschiedliche Verteilung des Niederschlags verschiedene Klimatypen ableiten. Diese sind folgendermaßen zu kennzeichnen:

1. *Vollhumides Klima.* Die Niederschläge sind meist gleichmäßig über das Jahr verteilt; ein etwa vorhandener Jahresgang des Niederschlages führt nicht zu ausgeprägten Trockenzeiten. Damit zeigen auch die Flüsse eine dauernde, wenn auch in einzelnen Gebieten jahreszeitlich etwas schwankende Wasserführung.

2. *Semihumides Klima.* Es besteht im Jahresablauf ein deutlicher Unterschied zwischen humiden und ariden Zeiten. Insgesamt aber bleibt der Niederschlag höher als die Verdun-

stung. Entsprechend den Niederschlägen zeigen die Flüsse stärkere Jahresschwankungen der Wasserführung.

3. *Subnivales Klima.* Es kommt zu einer ausgedehnten Schneedecke, deren Schmelzwasser zur Zeit der Schneeschmelze großenteils durch die Flüsse abgeleitet wird. Damit zeigen die Flüsse im subnivalen Klima ein Hochwasser zur Zeit der Schneeschmelze.

4. *Vollarides Klima.* Die jährlichen Niederschlagssummen bleiben unter 100 mm. Die hohen Temperaturen verhindern ein Eindringen der spärlichen Niederschläge in den Boden. Die Verdunstung könnte wesentlich größere Wassermengen entfernen, als durch den Niederschlag zugeführt werden.

5. *Semiarides Klima.* Die jährliche Niederschlagsmenge bleibt geringer als die Verdunstung, wenn auch in weniger als fünf Monaten der Niederschlag größer ist als die Verdunstung. Damit ist im semiariden Gebiet die Niederschlagssumme im allgemeinen höher als in den ariden Gebieten. Die häufig als Starkregen fallenden Niederschläge fließen großenteils oberflächlich ab.

6 *Vollnivales Klima.* Der Niederschlag fällt in Form von Schnee. Da mehr Niederschlag fällt, als durch die Ablation entfernt werden kann, erfolgt der Abtransport durch Gletscher.

7 *Seminivales Klima.* Der überwiegende Teil des Niederschlags fällt in Form von Schnee. Gelegentlich allerdings werden die Schneefälle durch Regen abgelöst.

Die humiden Klimate treten in den Tropen sowie in den gemäßigten Zonen auf. Zwischen diesen beiden Verbreitungsgebieten erstrekken sich die ariden Gebiete Die Übergänge sind durch semihumide bzw. semiaride Gebiete gekennzeichnet. Die hohen Breiten, im wesentlichen die Polkappen innerhalb der Polarkreise, sind die Bereiche des nivalen Klimas; die Übergänge zum humiden Klima sind durch seminivales Klima auf der nivalen, durch subnivales Klima auf der humiden Seite charakterisiert. Außerhalb der Polkappen kann nivales Klima als Höhenklima in allen Breiten auftreten.

7.3.4. Klimaeinteilung von N. Creutzburg

In der Klimaklassifikation, die N. CREUTZBURG (1950) gab, liegt ebenfalls eine beschreibende Einteilung vor. Zur Abgrenzung der Klimate werden keine Jahresmittel, sondern Monatsmittelwerte sowie Andauerwerte verwendet. Die Grundlage bilden Temperatur und Niederschlag in ihrem verschiedenen Verhalten bezüglich der geographischen Breite, der Lage eines Ortes zum Meer sowie bezüglich der Höhenlage. Unter Berücksichtigung der Gegebenheiten grenzt CREUTZBURG tropische, subtropische, gemäßigte und kalte Klimate gegeneinander ab; diese Klimate werden nach den Niederschlagsverhältnissen in jeweils mehrere Typen unterteilt, so daß die Darstellung von 15 Klimatypen möglich wird, die in manchen Fällen noch weiter unterteilt sind. Außer diesen Klimatypen werden Hochland- und Hochgebirgsklimate unterschieden.

Die Abgrenzung der Tropen gegen die Subtropen geschieht nicht durch feste Schwellenwerte einzelner klimatischer Elemente. Es werden vielmehr mehrere Gesichtspunkte für die Abgrenzung herangezogen, wobei das Verhältnis von Tages- und Jahresamplitude der Temperatur eine wesentliche Rolle spielt.

Die Grenze zwischen den Subtropen und dem gemäßigten Gürtel wird dort gezogen, wo noch kein Monatsmittel unter 6 °C absinkt, gleichzeitig aber wenigstens zwei Monate noch eine Mitteltemperatur von mehr als 20 °C aufweisen.

Für die gemäßigten und kalten Klimate ist die Schneedecke in ihrer unterschiedlichen Ausbildung ein wesentliches Kennzeichen. Daher wird als Grenze des gemäßigten gegen den kalten Klimagürtel die Linie einer Schneedeckendauer von 150 Tagen im Jahr angesetzt. Das bedeutet, daß in den kalten Klimaten eine Schneedecke länger als fünf Monate anhält.

Innerhalb der tropischen, subtropischen und gemäßigten Klimagürtel erfolgt die Abgrenzung der Klimatypen nach der Anzahl der humiden und ariden Monate sowie nach der Jahresverteilung der Niederschläge. Die Abgrenzung geschieht mit Hilfe der Formel

$$r' [12r' - 20(t' + 7)] = 3000.$$

Dabei bedeutet r' die mittlere monatliche Niederschlagssumme in mm und t' das Monatsmittel der Temperatur in °C.

Die angegebene Formel stellt die Gleichung einer Hyperbel dar, wobei als Abszissenwerte die Niederschläge, als Ordinatenwerte die Temperaturen aufgetragen werden. Bei dieser Anlage der Hyperbel liegen oberhalb der Kurve die ariden, unterhalb die humiden Werte. Setzt man also Temperatur und Niederschlag des zu untersuchenden Monats in das Koordinatensystem der Hyperbel ein, so ist ohne weiteres ersichtlich, ob es sich um einen ariden oder humiden Monat handelt.

Mit dieser Möglichkeit, humide und aride Monate zu kennzeichnen, werden im tropischen, subtropischen und gemäßigten Gürtel jeweils feuchte, halbfeuchte, halbtrockene und trockene Klimatypen unterschieden.

Als feuchte Klimatypen erscheinen in den Tropen, Subtropen und im gemäßigten Gürtel die ständig feuchten Gebiete mit 10 bis 12 humiden Monaten. In den Tropen und Subtropen gehören auch Gebiete mit kurzen Trockenzeiten, bei denen 8 bis 10 humide Monate auftreten, zu den feuchten Klimaten. Weiterhin zählen zu diesen Klimaten in den Subtropen und im gemäßigten Klimagürtel die ständig feuchten Gebiete mit Sommermaximum; sie weisen 9 bis 12 humide Monate auf. Somit ergeben sich in den drei feuchten Klimatypen sieben Untertypen aus der jahreszeitlichen Verteilung der Niederschläge.

Zu den halbfeuchten Typen zählen in den Tropen, Subtropen und im gemäßigten Gürtel die sommerfeuchten (periodisch trockenen) Gebiete mit 5 bis 9 humiden Monaten. Schließlich gehört in diesen Klimatyp aus dem gemäßigten Klimagürtel das ständig mäßig feuchte Gebiet mit Sommermaximum. Demnach entsprechen den drei halbfeuchten Klimatypen fünf Untertypen.

Die halbtrockenen Klimatypen treten im tropischen, subtropischen und gemäßigten Gürtel als kurz sommerfeucht mit 3 bis 5 humiden Monaten auf. Im subtropischen Klima kommt ein kurz winterfeuchtes Gebiet mit 3 bis 5 humiden Monaten hinzu. Auch das ständig schwach feuchte Klima des gemäßigten Gürtels wird zu den halbtrockenen Klimatypen gerechnet. Somit ergeben sich drei halbtrockene Klimatypen mit fünf Untertypen.

Als trocken wird im tropischen, subtropischen und gemäßigten Gürtel je ein ständig trockenes Gebiet bezeichnet, das durch 0 bis 3 humide Monate gekennzeichnet ist. Bei diesen drei Klimatypen werden keine Untertypen ausgesondert.

Innerhalb der kalten Klimate erfolgt eine Unterteilung zunächst nach der Schneedecke. Die Gebiete mit einer Schneedeckendauer von 150 bis 240 Tagen (5 bis 8 Monate) werden als subpolar, diejenigen mit einer länger als 240 Tage anhaltenden Schneedecke als polar bezeichnet. In beiden Klimatypen wird, allerdings ohne zahlenmäßig feste Abgrenzung, jeweils ein feuchter und trockener Untertyp unterschieden. Die extremen Verhältnisse des antarktischen Kontinents, die dadurch zu kennzeichnen sind, daß die Schneegrenze unter den Meeresspiegel herabgedrückt erscheint, werden als hochpolar bezeichnet. Damit ergeben sich in den kalten Klimaten drei Klimatypen, von denen zwei je zwei Untertypen aufweisen.

Innerhalb der vorher erwähnten Klimagürtel werden Hochland- und Hochgebirgsklimate ausgeschieden. Dabei ergeben sich drei Typen: mittlere Hochländer, extreme Hochländer als Hochlandklimate und ausgedehnte Gebirge als Hochgebirgsklimate. Die mittleren Hochländer erstrecken sich in Höhen zwischen 1200 und 3000 m, während die extremen Hochländer über 3000 m liegen. Die Hochgebirgsklimate werden oberhalb 2000 m angesetzt. In jedem der drei genannten Klimatypen werden je ein feuchter und ein trockener Untertyp unterschieden. Allerdings fehlt auch hier eine zahlenmäßige Abgrenzung.

Nach einer etwas vereinfachten Darstellung von J. BLÜTHGEN (1960) ergeben sich fünf Klimagürtel, die nach der jahreszeitlichen Niederschlagsverteilung weiter unterteilt werden. Die zu kennzeichnenden Klimatypen werden durch eine römische Zahl (Klimagürtel) und einen der Buchstaben *f, t* oder *v* formelmäßig dargestellt. Dabei bedeutet:

f ständig feucht bzw. ständig feucht mit Sommermaximum: mindestens 8 humide Monate;

t ständig oder vorwiegend trocken: 0 bis 3 humide Monate;

v wechselfeucht: 4 bis 7 humide Monate.

Es ergeben sich folgende Klimagürtel:

I. *Tropischer Gürtel.* Innerhalb der Gleichgewichtslinien zwischen täglicher und jähr-

licher Temperaturamplitude. Dieser Gürtel erstreckt sich in wechselnder Breite etwa zwischen den Wendekreisen. Es treten die Klimatypen I*f*, I*t*, I*v* auf beiden Halbkugeln auf.

II. *Subtropischer Gürtel.* Äquatorwärts wird er durch die erwähnte Gleichgewichtslinie der Temperaturamplituden begrenzt. Die Grenze auf der polaren Seite wird durch die 1-Tag-Isochione (Andauer der Schneedecke 1 Tag) in 0 m NN bzw. durch die 6-°C-Isotherme des kältesten Monats bzw. durch die 13-°C-Jahresisotherme (in maritimen Gebieten) gebildet. Der subtropische Gürtel erstreckt sich auf der Nordhalbkugel im Anschluß an die Tropen im allgemeinen bis zu 35 bis 40° n. Br.; an den Westküsten der Kontinente greifen die Subtropen etwas weiter nach Norden aus. Auf der Südhalbkugel nehmen die Subtropen einen Gürtel von recht gleichmäßiger Breite zwischen dem Wendekreis und etwa 40° s. Br. ein. Auf beiden Halbkugeln sind die Klimatypen II*f*, II*t*, II*v* ausgebildet.

III. *Gemäßigter Gürtel.* Er erstreckt sich von der polaren Grenze der Subtropen bis zur 150-Tage-Isochione in 0 m NN bzw. bis zur 11-°C-Isotherme des wärmsten Monats in maritimen bzw. 18-°C-Isotherme des wärmsten Monats in kontinentalen Gebieten. Dieser Gürtel ist auf der Nordhalbkugel in wechselnder Breite ausgebildet; im Bereich der Westküsten der Kontinente greift er wesentlich weiter nach Norden aus – an der europäischen Westküste noch über den Polarkreis – als an den Ostküsten. Somit weist dieser Gürtel auf der Nordhalbkugel eine meridionale Erstreckung von mehr als 30° auf. Auf der Südhalbkugel ist der gemäßigte Gürtel wesentlich schmaler ausgebildet; die südlichste Lage seiner Polargrenze wird südlich von Südamerika bei 60° s. Br. erreicht. Von den möglichen drei Klimatypen ist auf der Südhalbkugel nur III*f* vorhanden.

IV. *Subpolarer Gürtel.* Dieser Gürtel schließt polwärts an den gemäßigten Gürtel an und wird auf der Polarseite durch die 240-Tage-Isochione in 0 m NN bzw. durch die 7-°C-Isotherme des wärmsten Monats in maritimen Gebieten begrenzt. Auf der Nordhalbkugel schließt dieser Gürtel nördlich an den gemäßigten Gürtel in wechselnder Breite an. Die größte Breitenerstreckung wird in Ostasien erreicht, wo der subpolare Gürtel von etwa

45° n. Br. bis über den Polarkreis hinaus reicht; demgegenüber bleibt der subpolare Gürtel im Nordatlantik auf nur wenige Breitengrade beschränkt. Auf der Südhalbkugel nimmt das subpolare Klima als recht gleichmäßiger Gürtel das Gebiet zwischen etwa 55 und 60° s. Br. ein. Auf der Nordhalbkugel treten die Klimatypen IV*f* und IV*t*, auf der Südhalbkugel IV*f* auf.

V. *Polarer Gürtel*. Er schließt polwärts an die subpolaren Gebiete an und beginnt daher auf der Südhalbkugel recht gleichmäßig bei etwa 60° s. Br. Auf der Nordhalbkugel dagegen greift das polare Klima einerseits über Labrador bis etwa 60° n. Br. nach Süden aus, während es in Westgrönland und im Nordatlantik erst bei 72° n. Br. beginnt. Beide Halbkugeln zeigen die Klimatypen V*f* und V*t*.

7.3.5. Klimaeinteilung von C. Troll und K. H. Paffen

Die Bezeichnung Jahreszeitenklimate (vgl. C. TROLL, 1964) läßt als Grundlage der Einteilung den jahreszeitlichen Wechsel von Klimaelementen – Strahlung, Temperatur, Niederschlag, Humidität – erkennen. Besonders stark kommt die Beziehung zur Vegetation zum Ausdruck. Es ergibt sich eine sehr detaillierte Klimagliederung, deren Unterscheidungsmerkmale die nachfolgende Zusammenstellung zeigt. Dabei werden die Höhenklimate als Varianten der lagebedingten Zonenklimate aufgefaßt.

Klimatypen nach TROLL *und* PAFFEN (1964)

Es bedeutet:

K Mitteltemperatur des kältesten Monats in °C,
W Mitteltemperatur des wärmsten Monats in °C,
A Jahresamplitude der Lufttemperatur in K,
V Vegetationsdauer in Tagen,
h Zahl der humiden Monate nach W. LAUER (vgl. 7.2.2).

I. Polare und subpolare Zonen

1. Hochpolare Eisklimate: polare Eiswüsten.
2. Polare Klimate: geringe Sommerwärme (W unter 6); polare Frostschuttzone.
3. Subarktische Tundrenklimate: milde Sommer, große Winterkälte (K unter —8, W 6 bis 10); Tundren.
4. Subpolare, hochozeanische Klimate: mäßig kalte, schneearme Winter, kühle Sommer (K + 2 bis —8, W 5 bis 12; A unter 13, meist unter 10); subpolares Tussock-Grasland und Moore.

II. Kaltgemäßigte boreale Zonen

1. Ozeanische Borealklimate: mäßig kalte, relativ schneereiche Winter (winterliches Niederschlagsmaximum), mäßig warme Sommer (K + 2 bis —3, W 10 bis 15, V 120 bis 180); ozeanisch-feuchte Nadelwälder.
2. Kontinentale Borealklimate: lange, kalte, sehr schneereiche Winter, kurze, relativ warme Sommer (W 10 bis 20, A 20 bis 40, V 100 bis 150); kontinentale Nadelwälder.
3. Hochkontinentale Borealklimate: sehr lange, extrem kalte und trockene Winter, kurze, ausreichende sommerliche Erwärmung (K unter —25, W 10 bis 20, A über 40); Dauerfrostboden mit tiefem Auftauboden; hochkontinentale, trockene Nadelwälder.

III. Kühlgemäßigte Zonen

Waldklimate:

1. Hochozeanische Klimate: sehr milde Winter mit hohem Niederschlagsmaximum, kühle bis mäßig warme Sommer (K 2 bis 10, W unter 15, A unter 10); immergrüne Laub- und Mischwälder.
2. Ozeanische Klimate: milde Winter, mäßig warme Sommer (K über 2, W unter 20, A unter 16), Herbst- und Wintermaximum des Niederschlages; ozeanische Fallaub- und Mischwälder.
3. Subozeanische Klimate: milde bis mäßig kalte Winter; mäßig warme bis warme und lange Sommer (K + 2 bis —3, A 16 bis 25, V über 200), Herbst- und Sommermaximum des Niederschlags; subozeanische Fallaub- und Mischwälder.
4. Subkontinentale Klimate: kalte Winter (ausgeprägte Winterruhe), mäßig warme Sommer (K —3 bis —13, W meist unter 20, A 20 bis 30, V 160 bis 210), sommerliches Niederschlagsmaximum; subkontinentale Fallaub- und Mischwälder.
5. Kontinentale Klimate: winterkalt, schwach wintertrocken, mäßig warme und mäßig feuchte Sommer (K —10 bis —20, W 15 bis 20, A 30 bis 40, V 150 bis 180); kontinentale Fallaub- und Mischwälder sowie Waldsteppen.
6. Hochkontinentale Klimate: winterkalt, wintertrocken, kurze, warme und feuchte Sommer (K —10 bis —30, W über 20, A meist über 40); hochkontinentale Fallaub- und Mischwälder sowie Waldsteppen.
7. Sommerwarme, sommerfeuchte Klimate: mäßig kalte, trockene Winter (K 0 bis 8, W 20 bis 26, A 25 bis 35); wintertrockene und winterharte, wärmeliebende Fallaub- und Mischwälder sowie Waldsteppen.
7a. Sommerwarme und winterfeuchte Klimate: Winterhalbjahr mild bis mäßig kalt (K + 2 bis —6, W 20 bis 26); mild temperierte bis winterharte, wärmeliebende Trockenwälder und Waldsteppen.
8. Sommerwarme, ständig feuchte Klimate: milde bis mäßig kalte Winter (K + 2 bis —6, W 20 bis 26, A 20 bis 30); feuchte, wärmeliebende Fallaub- und Mischwälder.

Steppen- und Wüstenklimate:

9. Winterkalte Feuchtsteppenklimate: Wachstumszeit im Frühjahr und Frühsommer (h 6 und mehr, K unter 0); kraut- und staudenreiche Hochgrassteppen.

9 a. Wintermilde Feuchtsteppenklimate (K über 0, sonst wie 9).

10. Winterkalte Trockensteppenklimate: Sommerdürre (h weniger als 6, K unter 0); Kurzgras-, Zwergstrauch- und Dornsteppen.

11. Winterkalte, sommerfeuchte Steppenklimate: wintertrocken (K unter 0); zentral- und ostasiatische Gras- und Zwergstrauchsteppen.

12. Winterkalte Halbwüsten- und Wüstenklimate (K unter 0); winterkalte Halb- und Vollwüsten.

12 a. Wintermilde Halbwüsten- und Wüstenklimate (K 6 bis 0); wintermilde Halb- und Vollwüsten.

IV. Warmgemäßigte Zonen

Alle Ebenen- und Hügellandklimate wintermild (K 13 bis 2 auf der Nord-, 13 bis 6 auf der Südhalbkugel).

1. Winterfeucht-sommertrockene Mediterranklimate (h meist mehr als 5); subtropische Hartlaub- und Nadelgehölze.

2. Winterfeucht-sommerdürre Steppenklimate (h meist unter 5); subtropische Gras- und Strauchsteppen.

3. Kurz sommerfeuchte Steppenklimate (h unter 5); subtropische Dorn- und Sukkulentensteppen.

4. Lang sommerfeuchte, wintertrockene Klimate (h meist 6 bis 9); subtropische Kurzgrassteppen und hartlaubige Monsunwälder und -waldsteppen.

5. Halbwüsten- und Wüstenklimate: ohne strenge Winter, meist mit kurzdauernden Frösten oder Nachtfrösten (h meist unter 2); subtropische Halbwüsten und Vollwüsten.

6. Ständig feuchte Graslandklimate der Südhalbkugel (h 10 bis 12); subtropische Grasfluren.

7. Ständig feuchte, sommerheiße Klimate: sommerliches Niederschlagsmaximum; subtropische Feuchtwälder (Lorbeer- und Nadelgehölze).

V. Tropenzone

1. Tropische Regenklimate: Regenzeit ohne oder mit kurzer Unterbrechung (h 12 bis $9\frac{1}{2}$); immergrüne tropische Regenwälder und halblaubwerfende Übergangswälder.

2. Tropisch-sommerhumide Feuchtklimate (h $9\frac{1}{2}$ bis 7); regengrüne Feuchtwälder und feuchte Grassavannen.

2 a. Tropisch-winterhumide Feuchtklimate (h $9\frac{1}{2}$ bis 7); halblaubwerfende Übergangswälder.

3. Wechselfeuchte Tropenklimate (h 7 bis $4\frac{1}{2}$); regengrüne Trockenwälder und Trockensavannen.

4. Tropische Trockenklimate (h $4\frac{1}{2}$ bis 2); tropische Dorn-Sukkulenten-Wälder und -Savannen.

4 a. Tropische Trockenklimate mit humiden Monaten im Winter.

5. Tropische Halbwüsten- und Wüstenklimate (h unter 2); tropische Halb- und Vollwüsten.

Unter IV und V werden weiterhin jahreszeitlich luftfeuchte Küstengebiete – Küstennebel vorwiegend im Sommer bzw. Winter – unterschieden. Die Gebiete sind feuchter, als es dem Regionalklima entspricht; daher treten hier nebelgrüne bis immergrüne, epiphytenreiche Küsten- und Küstengebirgsvegetationstypen auf.

7.3.6. Klimaeinteilung von B. P. Alissow

Im Gegensatz zu den bisher besprochenen Klimaeinteilungen ist die Klassifikation von B. P. ALISSOW (1950) genetischer Art. Den Ausgangspunkt dieser Klassifikation bildet die allgemeine Zirkulation der Atmosphäre in ihren jahreszeitlichen Schwankungen. Als Indikator für die Auswirkungen der allgemeinen Zirkulation dienen die Luftmassen, die in ihren charakteristischen Eigenschaften jeweils einen Komplex klimatischer Elemente und Erscheinungen zusammenfassen und andererseits in ihren Ausbreitungsgebieten von der allgemeinen Zirkulation der Atmosphäre abhängig sind.

Aus den vier Luftmassen – äquatoriale, tropische, gemäßigte, arktische bzw. antarktische Luft – sowie aus der jahreszeitlichen Verlagerung ihrer Begrenzungen, der klimatischen Fronten, wird die Klimaeinteilung abgeleitet. Dabei ergeben sich auf jeder Halbkugel vier Gebiete, die während des ganzen Jahres unter dem Einfluß derselben Luftmasse stehen, während in je drei Gebieten benachbarte Luftmassen im jahreszeitlichen Wechsel zur Geltung kommen (Abb. 158). Diese sieben Klimazonen werden folgendermaßen gekennzeichnet:

1. *Äquatorialgürtel.* Während des ganzen Jahres ist hier die äquatoriale Luft wirksam, die aus der von den Passaten herangeführten Tropikluft durch Umformung entsteht. Der Äquatorialgürtel ist nicht geschlossen, sondern besteht aus drei Teilstücken (Abb. 159).

2. *Subäquatorialer Gürtel oder Gürtel der tropischen Monsune.* Im Sommer liegt dieser Gürtel im Einflußbereich der äquatorialen Luft, die mit der innertropischen Konvergenz insbesondere auf den Kontinenten weit polwärts ausgreift. Im Winter dagegen stehen diese Gebiete unter dem Einfluß der durch die Passate herangeführten Tropikluft. Im allgemeinen liegen diese Gürtel innerhalb der Wendekreise, greifen in Indien aber wesentlich über die mathematischen Tropen hinaus und erstrecken sich hier bis zu 30° n. Br.

3. *Tropikluftgürtel.* Während des ganzen Jahres liegen diese Gebiete im Bereich der Tropikluft. Begrenzt werden sie durch die sommerliche Lage der Tropikfront (ITC) sowie die winterliche Lage der Polarfront. Diese Gürtel

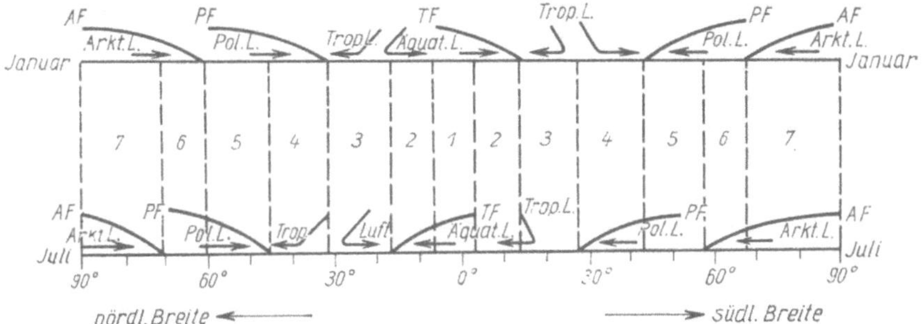

Abb. 158. Lage der Klimagürtel (nach B. P. Alissow, O. A. Drosdow, E. S. Rubinstein, 1956).
TF Tropikfront, *PF* Polarfront, *AF* Arktik- bzw. Antarktikfront

sind zu beiden Seiten der Wendekreise ausgebildet. Lediglich in Indien findet der Tropikluftgürtel eine Unterbrechung, da hier der Gürtel der tropischen Monsune sehr weit nach Norden reicht und unmittelbar an den Subtropengürtel anschließt.

4. *Subtropengürtel.* Diesen Gürtel kennzeichnen tropische Luft im Sommer und gemäßigte Luft im Winter. Die Begrenzung auf der äquatorialen Seite bildet die winterliche Lage der Polarfront, während auf der Polarseite die sommerliche Lage der Polarfront die Grenze darstellt. Auf der Nordhalbkugel ist dieser Gürtel breiter entwickelt als auf der Südhalbkugel; dabei reichen die Subtropen auf der Nordhalbkugel an den Westseiten der Kontinente weiter polwärts als an den Ostseiten, so daß an den Ostseiten die Grenzen bis fast zum Wendekreis zurückweichen.

5. *Gürtel der gemäßigten Luft.* Während des ganzen Jahres stehen diese Gürtel unter dem Einfluß der Luft der gemäßigten Breiten, die auch als Polarluft bezeichnet wird. Die Begrenzung ist auf der Äquatorseite durch die sommerliche Lage der Polarfront, auf der Polarseite durch die winterliche Lage der Arktikfront gegeben. Dieser Gürtel ist besonders über den Landmassen Eurasiens breit ausgebildet, wo er in Nordeuropa bis 70° n. Br. nach Norden, in Ostasien bis 40° n. Br. nach Süden reicht. Auf der Südhalbkugel findet der Gürtel der gemäßigten Luft seine Südgrenze um 60° s. Br.

6. *Subarktischer Gürtel.* Im jahreszeitlichen

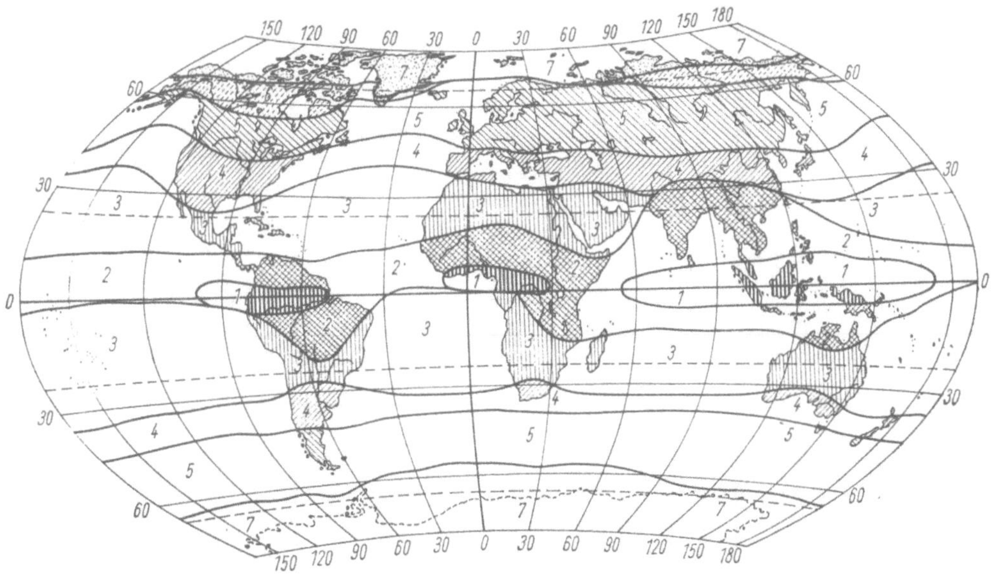

Abb. 159. Klimagürtel B. P. Alissows (nach B. P. Alissow, O. A. Drosdow, E. S. Rubinstein, 1956)

Tabelle 47. Die Klimazonen und Klimatypen nach B. P. ALISSOW (nach B. P. ALISSOW, O. A. DROSDOW und E. S. RUBINSTEIN, 1956)

Die Klimazonen

1. Der Gürtel mit vorherrschender Äquatorialluft	2. Der Gürtel der äquatorialen Monsune oder der subäquatoriale Gürtel	3. Der Gürtel mit vorherrschender Tropikluft	4. Der Subtropengürtel	5. Der Gürtel mit vorherrschend gemäßigter Luft	6. Der subarktische (subantarktische) Gürtel	7. Der Gürtel der Arktik- oder Antarktikluft

Die Klimatypen[1])

1. Kontinental-äquatorial. Feuchter Äquatorialwald	1. Kontinental-monsunal. Savanne	1. Kontinental-tropisch. Tropische Wüste	1. Kontinental-subtropisch. Subtropische Wüsten und Steppen	1. Kontinental-gemäßigt. Halbwüsten, Steppen, Wald der gemäßigten Breiten	1. Kontinental-subarktisch. Taiga, Wald-tundra	1. Arktisch. Polartundra, Eis
2. Ozeanisch-äquatorial	2. Ozeanisch-monsunal	2. Ozeanisch-tropisch	2. Ozeanisch-sub-tropisch	2. Ozeanisch ge-mäßigt	2. Ozeanisch-subarktisch. Meeresnahe Tundra	2. Antarktisch. Polartundra, Eis
	3. Monsunal an den Westküsten der Kontinente. Savanne	3. An den Ost-rändern der ozeanischen Antizyklonen. Feuchte Wüste	3. Maritim-subtropisch an den Westküsten der Kontinente. Mittelmeer-landschaft	3. Maritim an den Westküsten. Wiesen, Laub-wald		
	4. Monsunal an den Ostküsten der Kontinente. Feuchter Äquatorial-wald	4. An den West-rändern der ozeanischen Antizyklonen. Trockenwald	4. Monsunal-subtropisch an den Ostküsten. Subtropischer Wald	4. Monsunal an den Ostküsten. Wald und Steppen des gemäßigten Gürtels		

[1]) In jedem Klimatyp kann man zwei Hautpformen unterscheiden: das Tieflands- und das Gebirgsklima.

Wechsel kommen im Sommer gemäßigte (polare), im Winter arktische Luftmassen zur Vorherrschaft. Damit ist die äquatoriale Grenze durch die winterliche Lage der Arktikfront, die Polargrenze durch die sommerliche Lage der Arktikfront gegeben. Dieser Gürtel ist eine Erscheinung der Kontinente; daher ist er über dem Nordatlantik und über Nordeuropa unterbrochen, er fehlt auf der Südhalbkugel.

7. Arktischer bzw. antarktischer Gürtel. Während des ganzen Jahres stehen diese Gebiete unter dem Einfluß arktischer bzw. antarktischer Luftmassen. Somit ist die Äquatorialgrenze durch die Linie gegeben, bis zu der gemäßigte Luftmassen polwärts vordringen können. Auf der Nordhalbkugel reicht dieser Gürtel teilweise bis zum Polarkreis, über Grönland noch etwas weiter südwärts, während auf der Südhalbkugel der Polarkreis durchweg, z. T. sogar recht erheblich, äquatorwärts überschritten wird.

In diesen Klimazonen ergeben sich Klimatypen aus der jeweiligen Lage der betrachteten Gebiete. Denn es können jeweils ozeanische und kontinentale sowie zwei Küstentypen unterschieden werden. Die Küstentypen unterscheiden sich nach der Lage der Gebiete an den Ost- oder Westküsten der Kontinente. Im äquatorialen Klimagürtel werden die Unterschiede zwischen dem ozeanischen und kontinentalen Typ bereits so gering, daß beson-

dere Küstentypen nicht mehr in Erscheinung treten. Auch in den höheren Breiten treten nur noch die ozeanischen und kontinentalen Erscheinungen hervor, so daß hier nur jeweils zwei Klimatypen zu unterscheiden sind. Somit ergeben sich im äquatorialen, subarktischen und arktischen bzw. antarktischen Gürtel je zwei, in den übrigen Klimagürteln je vier Klimatypen. Es sei noch bemerkt, daß in jedem Klimatyp Tieflands- und Gebirgsklima als Untertypen unterschieden werden können. Einen Überblick über die Klimazonen und Klimatypen, die sich aus der Klassifikation von B. P. ALISSOW ergeben, zeigt Tab. 47; eine weitergehende Unterteilung der sieben Klimazonen enthält der Physisch-Geographische Weltatlas (1964).

7.3.7. Klimaeinteilung von H. Flohn

Die von H. FLOHN (1950) angegebene Klimaklassifikation hat ebenfalls genetischen Charakter. Den Ausgangspunkt der Einteilung bildet ebenso wie bei ALISSOW die allgemeine Zirkulation der Atmosphäre und die jahreszeitliche Verlagerung ihrer Teilstücke. Im Gegensatz zu ALISSOW aber verwendet FLOHN keinen besonderen Indikator (Luftmassen bei ALISSOW), sondern führt die verschiedenen Teilstücke der Zirkulation unmittelbar in die Betrachtung ein. Aus der jahreszeitlichen Verlagerung der gesamten Zirkulation ergeben sich einerseits Gebiete, die während des ganzen Jahres innerhalb desselben Teilstückes der Zirkulation liegen, während in anderen Gebieten jahreszeitlich verschiedene Anteile der Zirkulation zur Wirkung kommen. Es entstehen stetige und alternierende Klimate, die durch die im Sommer und Winter herrschenden Zirkulationsanteile gekennzeichnet werden. So ergibt sich für die einzelnen Klimate eine Kennung durch jeweils zwei Buchstaben, die ihren Vorläufer in der von W. KÖPPEN (1923) gegebenen Windverteilung der Weltmeere findet.

Die Lage der einzelnen Zirkulationsanteile im Januar und Juli zeigt Abb. 160. Die Zahlen am unteren Rand der Darstellung weisen auf die witterungsklimatischen Zonen hin, die weiterhin zu kennzeichnen sein werden. Dabei läßt es sich unschwer erkennen, daß die ungeraden Zahlen stetige, die geraden Zahlen

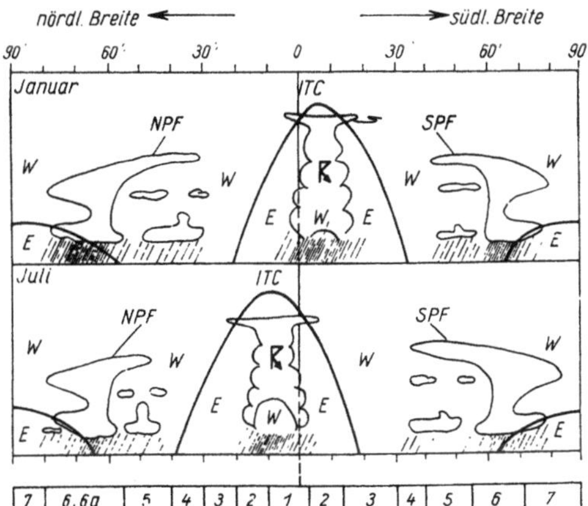

Abb. 160. Lage der planetarischen Windgürtel im Januar und Juli und die witterungsklimatischen Zonen 1...7 (nach H. FLOHN, 1950).
NPF, SPF planetarische Frontalzone bzw. Polarfront; *ITC* innertropische Konvergenz

alternierende Klimate bedeuten. Im einzelnen gibt Tab. 48 über die Klimazonen Auskunft. Die einzelnen Zonen sind in Gürteln wechselnder Breite ausgebildet. An den Ostseiten der Kontinente greift die feuchtgemäßigte Zone besonders weit äquatorwärts aus und schließt hier unmittelbar an die Randtropen an; damit fehlt sowohl die subtropische Trockenzone als auch die subtropische Winterregenzone an den Ostseiten der Kontinente. Die boreale Zone wurde deshalb besonders betrachtet, weil sie als Folge maximaler Landbedeckung um 60° n. Br. extrem kontinentale Züge aufweist und auf der Südhalbkugel kein Gegenstück hat.

Es mag auffallen, daß sowohl in der borealen als auch in der subpolaren Zone im Sommer Ostwinde, im Winter Westwinde angegeben werden, obwohl man die umgekehrte Verteilung erwarten sollte. Hier zeigt sich ein Vorherrschen der kontinentalen Wirkung gegenüber den Auswirkungen der allgemeinen Zirkulation. Die kontinentalen Kältehochs des Winters sowie die entsprechenden flachen Hitzetiefs des Sommers haben in den kontinentalen Bereichen des borealen und subpolaren

Klimas der Nordhalbkugel im Sommer östliche, im Winter westliche Winde zur Folge. Demgegenüber zeigen sich auf den Meeren in diesen Bereichen sowohl auf der Nord- wie auf der Südhalbkugel sehr unregelmäßige, jahreszeitlich nur gering schwankende Winde. Aus diesen Verhältnissen ergibt sich die Verwendung der kontinentalen Strömungen als Kennzeichen für diese Klimazonen.

7.3.8. Klimaeinteilungen von E. Kupfer und E. Neef

E. KUPFER (1954) und E. NEEF (1954) unternahmen es, auf Grund der revidierten Anschauungen von der allgemeinen Zirkulation der Atmosphäre eine Kartierung der Klimate durchzuführen. Es ergeben sich sieben Klimazonen, die den von B. P. ALISSOW (1950) und H. FLOHN (1950) dargestellten entsprechen, wenn auch in den Einzelheiten der Abgrenzungen Abweichungen auftreten. Um einen Vergleich der genannten genetischen Klimaeinteilungen zu erleichtern, werden die Klimazonen nach KUPFER und NEEF im folgenden

Tabelle 48. Witterungsklimatische Zonen nach H. FLOHN (1950)

Zone	Luftdruck- und Windgürtel	Winde So	Wi	Niederschläge	Typische Vegetationsformen
1. Innere Tropenzone	Äquatoriale Westwinde mindestens 8 Monate	*T*	*T*	Immerfeucht, meist Starkregen	Tropischer Regenwald
2. Äußere Tropenzone (Randtropen)	Äquatoriale Westwinde weniger als 8 Monate im Wechsel mit Passat	*T*	*P*	Sommerregen	Savanne mit Galeriewald, Trockenwald
3. Subtropische Trockenzone	Passat oder Subtropenhoch	*P*	*P*	Vorwiegend trocken	Steppe, Wüstensteppe, Halbwüste, Kernwüste
4. Subtropische Winterregenzone	Sommer Subtropenhoch, Winter außertropische Westwinde	*P*	*W*	Winterregen, z. T. Äquinoktialregen	Hartlaubgehölze
5. Feuchtgemäßigte Zone	Außertropische Westwinde	*W*	*W*	Niederschläge in allen Jahreszeiten	Laubwald, Mischwald
6a. Boreale Zone	Außertropische Westwinde, z. T. polare Ostwinde	*E*	*W*	Niederschläge vorwiegend im Sommer, winterliche Schneedecke	Nadelwald, Birken
6. Subpolare Zone	Polare Ostwinde und Westwinde (Subpolartief)	*E*	*W*	Ganzjährig geringe Niederschläge	Tundra
7. Hochpolare Zone	Polare Ostwinde	*E*	*E*	Ganzjährig geringe Niederschläge	Kältewüste (Eis)

Es bedeutet: So Sommer, Wi Winter, *T* äquatoriale Westwinde (bzw. Mallungen), *P* tropische Ostwinde (Passat), *W* außertropische Westwinde, *E* polare Ostwinde.

nicht in der Reihenfolge der Originale (Numerierung vom Pol zum Äquator), sondern umgekehrt angegeben. Tabelle 49 möge einen Vergleich der Klimaeinteilungen nach KUPFER und NEEF geben.

Wenn man davon absieht, daß KUPFER die beiden ersten Klimazonen ALISSOWS und FLOHNS als innertropische Klimazone zusammenfaßt, während sie bei NEEF getrennt bleiben, ergeben sich in den Klimazonen zwischen KUPFER und NEEF weitgehende Übereinstimmungen. Der Vergleich der Klimatypen ergibt allerdings neben zahlreichen Übereinstimmungen auch einige erhebliche Unterschiede. So unterscheidet NEEF zwischen den Typen „Kühles Kontinentalklima" und „Ostseitenklima" innerhalb der gemäßigten Klimazone, während diese beiden Typen bei KUPFER zusammengefaßt als „Landklima" innerhalb der Klimate der planetarischen Frontalzone erscheinen.

Wesentlich allerdings erscheint folgender Unterschied: Es entsprechen sich jeweils die Klimatypen „Sommerfeuchte Ostküsten" und „Subtropisches Ostseitenklima" sowie „Geringer Frühlingsregen" und „Warmes Kontinentalklima". Die jeweils einander entsprechenden Klimatypen zeigen ungefähr gleiche Verteilung; sie gehören aber verschiedenen

Tabelle 49. Klimazonen und Klimatypen nach E. KUPFER (1954) *und* E. NEEF (1954)

KUPFER Klimazone	Klimatyp	NEEF Klimazone	Klimatyp
Innertropische Klimate (TT), (TP)	Dauernd feucht, immergrüne Urwälder	Äquatoriale Zone	Äquatorialklima
	Periodisch feucht (Zenitalregen)	Zone des tropischen Wechselklimas	Tropisches Wechselklima
Passatklimate (PP)	Feuchte Ostküsten	Passatklimazone	Feuchtes Passatklima (trockenere Binnenabdachungen und stark beregnete Außenseiten)
	Trockene Westküsten und Binnenländer		Trockenes Passatklima
Subtropische Klimate (PW)	Mäßiger Winterregen	Subtropische Klimazone	Winterregenklima der Westseiten
	Geringer Frühlingsregen		Subtropisches Ostseitenklima
Klimate der planetarischen Frontalzone (WW)	Sommerfeuchte Ostküsten	Gemäßigte Klimazone	Warmes Kontinentalklima
	Seeklima Übergangsklima zwischen Land- und Seeklima Landklima		Seeklima der Westseiten Übergangsklima
			Kühles Kontinentalklima (einschl. Patagonisches Klima) Ostseitenklima
Subpolares Klima (WE) oder (EW)	Subpolares Klima	Subpolare Klimazone	Subpolares Klima
Polares Klima (EE)	Polares Klima	Polare Klimazone	Polarklima

T Zone der innertropischen Westwinde
P Passatzone
W außertropische Westwinde (planetarische Frontalzone)
E Zone der polaren Ostwinde

14 Heyer, Witterung

Klimazonen an. Während nämlich KUPFER den Klimatyp „Geringer Frühlingsregen" den subtropischen Klimaten zurechnet, zählt der entsprechende Typ „Warmes Kontinentalklima" nach NEEF zu der gemäßigten Klimazone. Umgekehrt ist es bei den beiden anderen Klimatypen: Der Typ „Sommerfeuchte Ostküsten" gehört nach KUPFER den Klimaten der planetarischen Frontalzone an; nach NEEF aber wird der entsprechende Typ „Subtropisches Ostseitenklima" zu der subtropischen Klimazone gezählt. Die Zuordnung der sommerfeuchten Ostküsten zu den Klimaten der planetarischen Frontalzone durch KUPFER erscheint nicht gerechtfertigt; denn aus der Kartendarstellung ergibt sich die Zugehörigkeit dieser Gebiete zu den sommerlichen Wirkungsbereichen der Passate, so daß es sich bei diesem Klimatyp um ein Wechselklima, also um ein subtropisches Klima, handelt.

In dem anderen Falle der beiden genannten Verschiedenheiten greift das nach NEEF zur gemäßigten Klimazone gehörende warme Kontinentalklima sehr weit gegen den Äquator hin aus. Da in den Gebieten dieses Klimatyps eine jahreszeitlich wechselnde Zugehörigkeit zu verschiedenen Teilen der allgemeinen Zirkulation auftritt, erscheint es zweckmäßiger, diesen Klimatyp – wie es KUPFER mit seinem Typ „Geringer Frühlingsregen" tut – den subtropischen Klimaten zuzuordnen.

Die Übereinstimmung in den Klimazonen sowie in einer Reihe von Klimatypen schließt naturgemäß kleine Differenzen zwischen den Klimaeinteilungen nicht aus. So gehört beispielsweise der Rand des antarktischen Kontinents nach KUPFER vielfach dem subpolaren Klima an, während er nach NEEF in seiner gesamten Ausdehnung zum Polarklima gehört. Auf der Nordhalbkugel weisen polares und subpolares Klima nach KUPFER eine weitere Verbreitung auf als nach NEEF; während NEEF in Nordostasien das subpolare Klima bei 60° n. Br. enden läßt, reicht es bei KUPFER bis etwa 50° n. Br. Die Karte KUPFERS zeigt weiter in Nordostasien ein Gebiet polaren Klimas, das bis etwa 58° n. Br. nach Süden ausgreift; nach NEEF tritt in diesem Gebiet kein polares Klima auf.

E. KUPFER hat den Versuch unternommen, in seiner Karte die Klimate nicht scharf gegeneinander abzugrenzen, sondern in vielen Fällen Übergangsgebiete zu kennzeichnen. Das gilt besonders für die Grenzbereiche zwischen den gemäßigten und kalten, den gemäßigten und trockenen, aber auch zwischen den tropischen und den trockenen Klimaten. Demgegenüber hebt E. NEEF in seiner Karte die Höhengebiete schärfer hervor; das gilt für weite Gebiete Asiens, Nordamerikas sowie einen Streifen parallel zur Westküste Südamerikas. Bei KUPFER werden nur die Höhengebiete Asiens und Südamerikas durch den Buchstaben *H* gekennzeichnet.

Während in der Karte von NEEF die Luftdruckverhältnisse am Boden stärker berücksichtigt werden, greift KUPFER in seiner Darstellung mehr auf die Höhenströmung zurück. Das hat zur Folge, daß in der Karte von NEEF meist die sommerlichen Bodendruckgebilde mit den zugehörigen Luftströmungen erscheinen; für den asiatischen Kontinent wird allerdings auch das winterliche Hochdruckgebiet und die entsprechende Luftströmung angegeben. Demgegenüber gibt KUPFER neben den Hinweisen auf die allgemeine Luftströmung die mittlere Lage der Höhentröge an. Das ergibt für die klimatische Betrachtung deutliche Hinweise auf die Wichtigkeit des Mäandrierens der Frontalzone und läßt gleichzeitig den zellularen Charakter der – nicht dargestellten – Luftdruckgürtel erkennen. Die Abweichungen der Strömung in der Frontalzone von der Westrichtung auf der Vorder- und Rückseite der Tröge weisen auf verstärkte Warmluft- bzw. Kaltluftadvektion und damit wieder auf die Wichtigkeit der Höhentröge für die Klimagestaltung hin.

7.3.9. Weitere Klimaeinteilungen

Eine von M. HENDL (1963) auf einem Entwurf von 1960 fußende Einteilung nimmt die unterschiedliche Struktur der allgemeinen atmosphärischen Zirkulation zur Grundlage und gehört damit den genetischen Klimaeinteilungen an. Aus starker Zyklonentätigkeit außerhalb und relativ geringer zyklonaler Tätigkeit innerhalb der Tropen werden drei Zonenklimate – tropisch, subtropisch (als Übergangsbereich) und außertropisch – abgeleitet. Die weitere Unterteilung sowie die besondere Betrachtung des parautochthonen Plateauklimas führen zu 18 Klimatypen, deren Verbreitung in einer Karte dargestellt wird.

Im Unterschied zu anderen genetischen Klimaeinteilungen wird eine äquatoriale Westwindzone nicht dargestellt. Der Erläuterung der einzelnen Klimatypen dienen Klimadiagramme, die jeweils für ein ausgewähltes Jahr die täglichen Temperatur- und Niederschlagswerte mitteilen; die als charakteristische jährliche Witterungsabläufe bezeichneten Diagramme stellen keine klimatologischen Mittelwerte dar.

Mit der Köppenschen verwandte effektive Klimaeinteilungen wurden von C. W. THORNTHWAITE (1931, 1948), G. T. TREWARTHA (1954) und W. RUDLOFF (1981) vorgelegt. THORNTHWAITE betrachtete Wärme- und Feuchtefaktor sowie deren Jahresgänge. Es ergaben sich 32 (für Europa 20) mit Buchstabenkennungen versehene Klimatypen (1931, 1933). Eine Änderung der Indizes erfolgte 1948 ohne Zusammenfassung zu Klimatypen. Bei TREWARTHA (1954) ergaben sich Abweichungen von der Köppenschen Einteilung durch Verwendung anderer Schwellenwerte. RUDLOFF (1981) brachte auf der Grundlage der Einteilungen von KÖPPEN und TREWARTHA eine reformierte Köppensche Einteilung. Diese umfaßt 6 Klimaklassen (A bis F) mit 16 Hauptklimaten:

A Tropische Klimate: Regenklima (Ar), monsunales Regenklima (Am), Sommerregenklima (Aw), Winterregenklima (As);
B Trockenklimate: Steppenklima (BS), Wüstenklima (BW), Wüstenklima der Ozeane (BM);
C Subtropische Klimate: Regenklima (Cr), Sommerregenklima (Cw), Winterregenklima (Cs);
D Gemäßigte Klimate: ozeanisches Klima (DO), kontinentales Klima (DC);
E Subarktische Klimate: ozeanisches Klima (EO), kontinentales Klima (EC);
F Polarklimate: Tundrenklima (ET), Eisklima (FI).
Weiterhin werden in der Klimaformel Temperaturwerte gekennzeichnet, wie folgendes Beispiel zeigt: Magdeburg (Cfb nach KÖPPEN) DCbo, gemäßigtes Kontinentalklima (4 bis 7 Monate über 9 °C), wärmster Monat warm (18 bis 22 °C), kältester Monat kalt (−1 bis −9 °C). Die Einteilung betont die zonale Anordnung der Klimate, was besonders bei C und D hervortritt. Da die Buchstaben in den Formeln bei KÖPPEN und RUDLOFF unterschiedliche Bedeutung haben, sind die beiden Einteilungen nicht vergleichbar.

Eine nach dem Modell von KÖPPEN aufgebaute Einteilung legte D. SCHREIBER (1973) vor, bei der die Klimaformel durch eine achtziffrige Klimakennzahl ersetzt wurde. „Korrekturen" bei der Errechnung der Mittelwerte bringen die allgemeine Anwendbarkeit der wesentlich für die Landwirtschaft bestimmten Einteilung mit sich.

7.4. Vergleich der Klimaeinteilungen

Eine Übersicht über die bisher besprochenen und die in der Literatur zahlreich vorhandenen Klimaeinteilungen ergibt, daß eine große Zahl von Klimaklassifikationen aus bestimmten Fragestellungen heraus entstanden sind. Dabei handelt es sich meist um die Auswirkung der Klimate für fest umrissene Erscheinungen – z. B. auf dem Gebiet der Hydrologie oder der Botanik –, so daß sich wesentlich Beschreibungen der Klimate ergeben. In welcher Weise dann auch die Unterteilung der Klimate durchgeführt wird, welche Schwellenwerte als Begrenzungen angesetzt werden, es werden sich stets in mehr oder weniger großer Übereinstimmung die großen Klimazonen darstellen. Daher zeigt sich zwischen den verschiedenen effektiven Klimaeinteilungen eine im allgemeinen gute Vergleichsmöglichkeit bezüglich der Klimazonen. Anders wird es dann bei den Klimatypen, weil sich hier vielfach verschiedene Abgrenzungen vertreten lassen; auch ist es möglich, die Unterteilung gegebener Klimazonen nach verschiedenen Gesichtspunkten vorzunehmen, was unterschiedliche Ergebnisse zur Folge haben muß. Der weitgehenden Übereinstimmung der Klimazonen entspricht also nicht die gleiche Übereinstimmung der Klimatypen.

Etwas anders liegen die Verhältnisse bei den genetischen Klassifikationen. Da hierbei als Ausgangspunkt die allgemeine Zirkulation der Atmosphäre gegeben ist, müssen sich in den Klimazonen weitgehende Übereinstimmungen ergeben. Wie weit selbst bei der Verwendung verschiedener Indikatoren die Übereinstimmung geht, zeigen die Einteilungen von H. FLOHN (1950) und B. P. ALISSOW (1950). Auch eine Unterteilung der Klimazonen in

Tabelle 50. Vergleich einiger Klimaeinteilungen

H. Flohn	Winde		B. P. Alissow	E. Kupfer	E. Neef	W. Köppen	N. Creutzburg/ J. Blüthgen	A. Penck
	So	Wi						
1. Innere Tropenzone	T	T	Zone der äquatorialen Luft	Innertropische Klimate	Äquatoriale Zone	Af, Am	If	Vollhumid
2. Äußere Tropenzone (Randtropen)	T	P	Zone der äquatorialen Monsune	Innertropische Klimate	Zone des tropischen Wechselklimas	Am, z. T. Cw	If, Iv	Semihumid
3. Subtropische Trockenzone	P	P	Zone tropischer Luft	Passatklimate	Passatklimazone	BS, BW	$It, Iv, IIt, IIv, [IIIt, IIIv]$	Arid
4. Subtropische Winterregenzone	P	W	Subtropische Zone	Subtropische Klimate	Subtropische Klimazone	Cs	IIv	Semihumid
5. Feuchtgemäßigte Zone	W	W	Zone der Luft der gemäßigten Breiten	Klimate der planetarischen Frontalzone	Gemäßigte Klimazone	Cf, z. T. Cw	$IIf, IIIf$	Humid
6a. Boreale Zone	E	W }	Subarktische Zone	Subpolares Klima	Subpolare Klimazone {	Df, Dw	$IIIf, IIIv, IVf,$	Subnival
6. Subpolare Zone	E	W }				ET	IVf, IVt, Vf	Polar
7. Hochpolare Zone	E	E	Zone arktischer bzw. antarktischer Luft	Polares Klima	Polare Klimazone	EF	Vt	Nival

Klimatypen wird im allgemeinen nicht so große Abweichungen bringen wie bei den effektiven Einteilungen. In der von HENDL auf Strukturtypen der atmosphärischen Zirkulation aufgebauten Klimaeinteilung ergeben sich abweichend von anderen Klassifikationen drei Klimazonen; ihre Unterteilung führt zu Abgrenzungen, die mit anderen genetischen Klimaklassifikationen vergleichbar sind. Wesentlich für klimatologische Betrachtungen ist die Frage nach der Möglichkeit, genetische und effektive Klimaeinteilungen zueinander in Beziehung zu setzen. Denn es liegt in der Zielsetzung der Klimatologie, Klimate zu beschreiben und zu erklären, was eine parallele Verwendung effektiver und genetischer Klimaeinteilungen wünschenswert erscheinen läßt. Solange ein eindeutiger Zusammenhang zwischen den Ursachen der Klimate und den Klimaten besteht, werden genetische und effektive Klimaeinteilungen übereinstimmen. Dort aber, wo verschiedene Ursachen zu den gleichen oder zumindest sehr ähnlichen Erscheinungen führen, kann eine Übereinstimmung nicht mehr erwartet werden. Hier sei nur auf das Beispiel der Köppenschen *BS*- und *BW*-Klimate hingewiesen, die sowohl in niederen als auch in den gemäßigten Breiten, wenn auch teilweise mit anderer Temperaturverteilung, auftreten. Da die Trockenheit der Steppen und Wüsten in den niederen Breiten durch die Passatströmung bzw. durch die subtropischen Hochdruckgebiete, in den gemäßigten Breiten aber durch Meeresferne bzw. durch die Lage im Lee von Gebirgen bedingt ist, führen verschiedene Ursachen zu ähnlichen Ergebnissen. Daher gehören die *BS*- und *BW*-Klimate verschiedenen Klimazonen der genetischen Einteilung an. Es sei erwähnt, daß C. E. KOEPPE (1958) diese Unstimmigkeit dadurch umgeht, daß er einen Klimatyp „Wüstenklima der gemäßigten Breiten" aufstellt.
Eine vergleichende Zusammenstellung einiger Klimaklassifikationen wird in Tab. 50 gegeben, wobei die genetische Einteilung von H. FLOHN (1950) den Ausgangspunkt bildet. Innerhalb der genetischen Klassifikationen ist die Übereinstimmung der Klimazonen nicht verwunderlich. Darauf, daß es bei einem Vergleich von Klimatypen in Einzelfällen zu Abweichungen kommen kann, wurde bereits hingewiesen. Im Vergleich effektiver Einteilun-

gen mit den genetischen Klassifikationen ergibt sich, daß auch zwischen den Klimazonen z. T. nur wenig Übereinstimmung besteht; darauf weist z. B. das Auftreten von *C*-Klimaten in drei verschiedenen Zonen FLOHNS hin. Darauf, daß der in Tab. 50 gegebene Vergleich nur in großen Zügen zutreffen kann, möge folgendes hinweisen. Die subtropische Zone wird mit den ariden Gebieten gleichgesetzt, denen Steppen und Wüsten (*BS* und *BW*) angehören. An dieser Stelle erscheinen aber auch die Steppen und Wüsten der gemäßigten Breiten unter „arid", obwohl sie nicht der Passatzone zugehören. Um diese Unstimmigkeit wenigstens anzudeuten, wurden die Kennungen III*t* und III*v*, soweit sie diese ariden Gebiete kennzeichnen, in eckige Klammern gesetzt. Man hätte – das sei ergänzend erwähnt – *BS* und *BW* noch einmal in der feucht-gemäßigten Zone erscheinen lassen können, um auf das Auftreten dieser Trockenklimate in verschiedenen Zirkulationszonen hinzuweisen.
Um mit einer Klimabeschreibung im Einzelfall die Erklärung unmittelbar verbinden zu können, ist es möglich, eine Doppelkennzeichnung – Erweiterung der Köppenschen Klimaformel – einzuführen. Das kann in der Weise geschehen, daß man der effektiven Kennzeichnung – z. B. Klimaformel nach W. KÖPPEN – eine genetische Kennzeichnung – etwa in der Art der Kennzeichnung der sommerlichen und winterlichen Winde nach H. FLOHN – anfügt. Dadurch besteht die Möglichkeit, die in der Klimaformel festgestellte Beschreibung eines Klimas mit Hilfe der beigefügten Zirkulationskennzeichnung zu erklären. Hierfür seien im Anschluß an FLOHN (1950) einige Beispiele gegeben (Tab. 51).

Tabelle 51. Klimakennzeichnung nach W. KÖPPEN *und* H. FLOHN (Die Kennzeichnung nach FLOHN steht in Klammern)

Station	Klima-kennzeichnung
Singapore	*Af (TT)*
Rangun	*Amw (TP)*
Nullagine (Westaustralien)	*BWb (PP)*
Semipalatinsk	*BWk (WW)*
Palermo	*Csa (PW)*
Hamburg	*Cfb (WW)*
Werchojansk	*Dwd (EW)*
Ramah (Labrador)	*ET (EW)*
Little America	*EF (EE)*

In diesem Zusammenhang sei noch ein Beispiel von Flohn (1950) erwähnt. In einem Teil Nordwestindiens kommen im Sommer die Niederschläge an der ITC, im Winter die Niederschläge der außertropischen Westwindzone zur Geltung, während in den Übergangszeiten das Subtropenhoch wirksam wird. Dieses Gebiet, für das z. B. Peshawar kennzeichnend ist, hat nach Köppen ein *BSh*-Klima. Die Einordnung nach Flohn (1950) ergibt *TPW* (äquatoriale Westwinde im Sommer, Subtropenhoch in der Übergangszeit, außertropische Westwinde im Winter). Daher lautet die Doppelkennzeichnung für Nordwestindien *BSh* (*TPW*); sie weist gleichzeitig darauf hin, daß in diesem Gebiet Sommer und Winter etwas stärkere Niederschläge erhalten, während die Übergangszeiten trocken bleiben.

Vergleicht man die Kartendarstellung einer effektiven und einer genetischen Klassifikation miteinander, so lassen sich Klimabeschreibung und -erklärung vereinigen. Die Möglichkeit eines solchen Vergleichs soll durch die beigefügten Karten (Einteilung nach W. Köppen als Grundkarte, Einteilung nach E. Kupfer, 1954, als Deckblatt) gegeben werden. Dabei wurde die Köppensche Klimaeinteilung

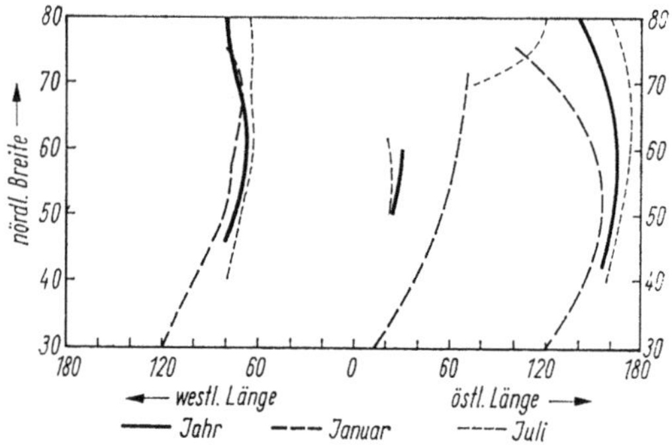

Abb. 161. Lage der quasipersistenten Höhentröge (500-hPa-Fläche) auf der Nordhalbkugel (nach M. Teich, 1955)

im wesentlichen nach C. E. Koeppe und G. C. de Long (1958) angegeben. Die genetische Einteilung nach E. Kupfer (1954) wurde nach Veröffentlichungen von H. Flohn (1957) und M. Teich (1955) abgeändert. Die bei der genetischen Klimaeinteilung angegebene Lage der quasipersistenten Höhentröge innerhalb der außertropischen Westwindzone weist auf die klimatische Wichtigkeit

dieser Gebilde hin. Denn im Bereich von Höhentrögen und Hochdruckrücken kommt es zu einer Veränderung der Westwindzone. Während auf der Vorderseite eines Troges ein verstärkter Lufttransport in der Richtung Äquator–Pol vonstatten geht, zeigt sich auf der Rückseite der Tröge die entgegengesetzte Richtung. Die hier angedeutete Strömungsverteilung gilt natürlich in entsprechend abgewandelter Weise im Bereich der Hochdruckrücken. Die quasipersistente Lage der Höhentröge bringt es mit sich, daß in ihrem Bereich mehr oder weniger starke Abweichungen von der planetarischen Westströmung auftreten, was verstärkte Zufuhr wärmerer bzw. kälterer Luftmassen zur Folge hat.

Während für die Südhalbkugel die mittlere Lage der Höhentröge noch mehr oder weniger unsicher ist, läßt sich für die Nordhalbkugel nicht nur die mittlere Lage im Jahr, sondern auch in den verschiedenen Jahreszeiten angeben. Abb. 161 gibt nach Teich (1955) die Lage der Höhentröge auf der Nordhalbkugel im Jahr, Januar und Juli wieder. Es zeigt sich, daß sich in jedem Falle die Höhentröge im Januar (Nordwinter) weiter gegen den Äquator hin ausdehnen als im Juli (Nordsommer), was mit der jahreszeitlichen Verlagerung der Zirkulationszonen in Zusammenhang steht. Außer dieser Veränderung zeigt sich aber auch eine jahreszeitliche Lageveränderung der Höhentröge in zonaler Richtung. Dabei ergibt sich, daß der ostamerikanische Trog die geringsten jahreszeitlichen Lageschwankungen zeigt. Demgegenüber rückt der winterliche Höhentrog über Europa weit nach Osten vor, so daß er zwischen 50° und 60° n. Br. bei etwa 60° ö. L. liegt, während er sich im Sommer im Mittel bei 20° ö. L. befindet. Umgekehrt verlagert sich der ostasiatische Höhentrog im Winter nach Westen, so daß er zwischen 50 und 70° n. Br. im Winter bei etwa 120 bis 150° ö. L., im Sommer bei etwa 170° ö. L., im Jahresmittel bei 150° ö. L. liegt. Es ist selbstverständlich, daß Einzellagen von den genannten Mittelwerten recht erheblich abweichen können. Diese jahreszeitlichen Lageänderungen der Höhentröge müssen sich in ihren Auswirkungen im Klima der betroffenen Gebiete in irgendeiner Form abzeichnen, falls sie nicht durch andere Einflüsse überdeckt werden.

Diese Andeutungen mögen hier genügen. Bei

der Betrachtung der Klimate der Kontinente soll auf die Verbindung effektiver und genetischer Klimaklassifikationen zurückgegriffen werden.

7.5. Klimate der Kontinente und Ozeane

Wenn bei der Darstellung der einzelnen Klimate auf ihre Verbreitungsgebiete hingewiesen wurde, so soll nunmehr ein kurzer Überblick über die Verteilung der Klimate in den einzelnen Erdräumen gegeben werden. Dabei sollen Kontinente und Ozeane getrennt betrachtet werden, da auf den Kontinenten Klimafaktoren auftreten, die auf dem Meer nicht wirksam werden. Außerdem ist zu berücksichtigen, daß sich die effektiven Klimaeinteilungen – zum Teil bedingt durch die verhältnismäßig geringe Zahl von Beobachtungen auf den Ozeanen – wesentlich auf die Kontinente beschränken. Im Zusammenhang mit der kurzen Darstellung der Klimate der Kontinente und Ozeane soll versucht werden, die in den einzelnen Gebieten besonders wirksamen Klimafaktoren zu kennzeichnen, was durch einen Vergleich effektiver und genetischer Klimaklassifikationen möglich ist.

7.5.1. Afrika

In Afrika zeigt sich die Gürtelanordnung der Klimate besonders deutlich. Sie zeigt sich in einer weitgehenden Parallelität zwischen effektiver und genetischer Einteilung. Denn in der gleichen Weise, wie vom Äquator zum Mittelmeer die verschiedenen Anteile der allgemeinen Zirkulation der Atmosphäre zur Wirkung kommen, folgen immerfeuchte und wechselfeuchte Tropengebiete, die Trockengebiete und schließlich die gemäßigten Winterregengebiete aufeinander.
Der in Äquatornähe von der Westküste bis etwa zum Viktoriasee ausgebildeten äquatorialen Westwindzone entspricht das tropische Regenwaldklima. Dabei treten im Grenzbereich bereits stärkere jahreszeitliche Niederschlagsunterschiede auf, die aber noch nicht zu einer ausgeprägten Trockenzeit führen.

Da über Ostafrika keine jahreszeitliche Aufspaltung der ITC eintritt, die ITC vielmehr während des ganzen Jahres etwas nördlich des Äquators liegt, stoßen hier die Zonen der tropischen Wechselklimate von Nord- und Südhalbkugel ohne Zwischenschaltung einer Westwindzone aneinander. Den in diesem Wechselklima polwärts abnehmenden Niederschlägen entspricht der Übergang von den Savannen- zu den Steppengebieten. Es ist verständlich, daß im Übergang zu den Trockengebieten eine Übereinstimmung der Grenzlinien einer effektiven und genetischen Klimaklassifikation schwer zu erzielen ist; denn am Rande des wechselfeuchten Klimas kann der Niederschlag schon so weit abnehmen, daß sich ein Wüstenklima herausbildet. Anders ausgedrückt: Die Wüsten erstrecken sich vom Passatklima in das Gebiet der wechselfeuchten Tropen hinein.
Im Bereich des wechselfeuchten Tropenklimas treten in Ostafrika stärkere Unterschiede zwischen effektiver und genetischer Gliederung in Erscheinung, die einerseits auf die Höhenlage, andererseits auf den Küstenverlauf des betreffenden Gebietes zurückzuführen sind. Infolge der Höhenlage tritt in Äthiopien an die Stelle des Aw- das Cw-Klima; die Temperaturabnahme mit der Höhe hat hier also die Zugehörigkeit des Cw-Klimas zum Bereich des wechselfeuchten Tropenklimas zur Folge. Weiterhin tritt auf der Somali-Halbinsel und in den südlich anschließenden Gebieten bis zu etwa 5° s. Br. im Bereich der wechselfeuchten Tropen BSh- und BWh-Klima auf. Die Ursache ist darin zu suchen, daß die westlichen Winde (äquatoriale Westwinde) des Sommers ablandig sind und daher nur wenig Niederschlag bringen können; sie stehen im jahreszeitlichen Wechsel mit den trockenen Passaten.
Das polwärts an das wechselfeuchte Tropenklima anschließende Gebiet des Passats bzw. Subtropenhochs stellt ein Trockengebiet dar. In diesem Bereich liegen fast durchweg Wüstengebiete, die nur in den höchsten Gebieten der zentralen Bergländer in der Sahara durch semiarid-tropische Klimate (nach C. E. KOEPPE) abgelöst werden. Das besagt, daß in den hochgelegenen Gebieten die Niederschlagstätigkeit etwas stärker ist als in den tiefer gelegenen Teilen Nordafrikas. Die Trockengebiete greifen nach Süden – wie bereits er-

wähnt –, aber auch nach Norden über die Zone der Passate bzw. der subtropischen Hochdruckgebiete hinaus; die Nordgrenze der Trockengebiete liegt bereits im Bereich der subtropischen Winterregenzone.

Ein großer Teil der nordafrikanischen Küste gehört – bei Zugehörigkeit des gesamten Küstenstreifens zum subtropischen Winterregenklima – dem *Cs*-Klima an, während an anderen Stellen die Wüste ans Mittelmeer heranreicht. Als Übergang zwischen *Cs*- und *BW*-Klima tritt in den tiefer gelegenen Gebieten *BSh* als schmaler, im Atlas *BSk* als breiterer Bereich in Erscheinung. Die Temperaturabnahme mit zunehmender Höhe führt im Atlasgebiet stellenweise auch zu *Df*-Klima im Bereich der subtropischen Winterregenzone.

Südlich des Äquators bleibt zwar die zonale Anordnung der Klimate erkennbar, es zeigt sich aber hier eine stärkere Modifikation durch die Wirkung der Orographie. So bringt es die wechselnde Höhenlage mit sich, daß dem wechselfeuchten Tropenklima teilweise zwar das *Aw*-, verbreitet aber auch das *Cw*-Klima entspricht. Deutlicher als bei KÖPPEN werden die dem Passat ausgesetzten Ostküsten bei KOEPPE von den Nachbargebieten unterschieden. Hier kommt es an den Gebirgen zu Stauerscheinungen, die z. T. nicht unerhebliche Niederschläge zur Folge haben. Das hier auftretende Küstenklima der Passatgebiete greift von den Randtropen auf die subtropische Trockenzone über.

Die Zone der Passatklimate ist mit Ausnahme der bereits erwähnten Gebiete an der Ostküste durch Trockengebiete gekennzeichnet, wobei die Wüsten gegen den Westrand des Kontinents verschoben sind. Auch hier greifen die Trockengebiete auf die benachbarten Zonen alternierender Klimate über. Die wechselnde Höhenlage hat zur Folge, daß neben *BSh* und *BWh* auch Gebiete mit *BSk* und *BWk* auftreten.

Der Südrand des Kontinents reicht in die subtropische Winterregenzone hinein. Dabei bleibt das *Cs*-Klima auf ein kleines Gebiet um Kapstadt beschränkt, während im übrigen Küstenbereich *Cf*-Klima auftritt. Das hat seinen Grund darin, daß an der Südostküste auch die Passate als auflandige Winde Niederschläge bringen.

Eine besondere Verteilung der Klimate zeigt Madagaskar. Obwohl die Nordspitze der Insel dem tropischen, die Südspitze dem außertropischen Wechselklima angehört, während der größte Teil der Insel in der Passatklimazone liegt, zeigt sich doch keine zonale Anordnung der effektiven Klimate. Die meridionale Anordnung der Gebirge bringt eine meridionale Klimaanordnung mit sich, die im einzelnen nach KÖPPEN recht kompliziert ist; nach KOEPPE gehört der Ostteil der Insel dem Passatküstenklima, der Westteil dem wechselfeuchten Tropenklima an.

7.5.2. Australien

Ähnlich wie in Afrika ist die zonale Anordnung der Klimate in Australien gut ausgebildet. Im Osten des Erdteils ergibt sich allerdings infolge der Gebirge eine meridionale Anordnung der Klimate.

Das zentrale Gebiet des Erdteils befindet sich zwischen etwa 20 und 30° s. Br. während des ganzen Jahres im Bereich des Passats bzw. des subtropischen Hochdruckgebietes. Es gehört somit dem Passatzonenklima an. Demgegenüber zählt der Nordteil zum Klima der Randtropen, während der Südteil mit Tasmanien der subtropischen Winterregenzone, Neuseeland der feuchtgemäßigten Zone (außertropische Westwinde) zugehört.

Die Passatklimazone wird mit Ausnahme der Ostküste von Trockengebieten eingenommen, die in dieser Klimazone im wesentlichen als Wüsten (*BWh*) in Erscheinung treten. Nur einige höher gelegene Gebiete gehören dem Steppenklima (*BSh*) an. Nach Norden und Süden greifen die Trockengebiete in die benachbarten Wechselklimate ein, so daß die hier an die Wüsten anschließenden Steppen (*BSh*, im Südosten als Folge der Höhenlage *BSk*) den Randtropen bzw. der subtropischen Winterregenzone angehören. Die östlich der Wüste auftretenden Steppen innerhalb der Passatklimazone sind eine Folge der meridionalen Anordnung der Klimate in Ostaustralien.

Nordaustralien gehört dem Gebiet der Randtropen an. Damit hat es außerhalb der Steppenklimate in der Hauptsache das *Aw*-Klima, das in den höheren Lagen des Nordostens infolge des Temperaturrückganges bei zunehmender Höhe dem *Cw*-Klima Platz macht.

Die subtropische Winterregenzone Südaustraliens umfaßt außer den Trockenklimaten

(*BSh*) Gebiete mit einem ausgesprochenen Wechsel von Regen- und Trockenzeit (*Cs*-Klima). Östlich von 145° ö. L. gehört der Küstenbereich dieses alternierenden Klimas dem *Cf*-Klima an.

Schließlich weist das im Bereich der außertropischen Westwinde liegende Neuseeland meist *Cf*-Klima auf. Nur in den höchsten Lagen der Südinsel gehen die Temperaturwerte so weit zurück, daß hier das *Cf*- dem *Df*-Klima weicht.

Der zonalen Aufeinanderfolge der genetischen Klimate steht an der Ostküste eine deutliche meridionale Anordnung der effektiven Klimate gegenüber. Infolge der Gebirge erhält die Ostküste innerhalb der Passatklimazone und im subtropischen Wechselklima so viel Niederschlag, daß hier das *Cf*-Klima erscheint, das landeinwärts in *BS*-Klima übergeht. Diese meridionale Anordnung der Klimate ist östlich 145° ö. L. deutlich ausgeprägt. An der Westküste Australiens dagegen ist eine meridionale Anordnung der Klimate nur dadurch angedeutet, daß innerhalb der Passatklimazone – im Gegensatz zu Nordafrika – die Wüstengebiete nur an zwei Stellen bis an den Ozean vordringen, während sonst Steppen (*BSh*) den Küstenbereich einnehmen.

7.5.3. Südamerika

Die Aufspaltung der ITC läßt über Südamerika einen Gebietsstreifen entstehen, in dem die äquatorialen Westwinde ganzjährig herrschen. Dieser Bereich umfaßt etwa das Stromgebiet des Amazonas und greift nach Westen über die Anden hinweg. Nördlich und südlich folgt je eine Zone des tropischen Wechselklimas, die auf der Südhalbkugel breiter ausgebildet ist als auf der Nordhalbkugel. Während die anschließende Passatklimazone im Norden nur einen schmalen Küstenstreifen erfaßt, ist sie auf der Südhalbkugel um 20° s. Br. recht breit ausgebildet; an den Küsten rückt die Zone der Passatklimate weit gegen den Äquator hin vor. Um etwa 30° s. Br. folgt ein Streifen des subtropischen Wechselklimas, während die Südspitze des Kontinents der feuchtgemäßigten Zone angehört.

Der Verlauf der Gebirge Südamerikas führt dazu, daß die zonale Anordnung der Klimate in den effektiven Klimaeinteilungen im wesentlichen nur in den Tropen – etwa bis zum Wendekreis – außerhalb der Gebirge zur Geltung kommt. In den Anden sowie im Südteil des Kontinents tritt dagegen eine meridionale Anordnung der Klimate deutlich in Erscheinung.

Dem *Af*- bzw. *Am*-Klima um den Äquator schließt sich das *Aw*-Klima an, an dessen Stelle in höheren Lagen das *Cw*-Klima tritt. An der Nordküste kommt es in der Passatklimazone zu einem kleinen Gebiet mit *BW*-Klima. Demgegenüber fehlen die Trockenklimate in dem Teil des Kontinents, in dem die Klimate eine zonale Anordnung zeigen. Das Passatklima bringt auf der Südhalbkugel an der Ostküste so viel Niederschläge, daß diese Klimabereiche dem *Af*- und *Cf*-Klima zugehören; landeinwärts erfolgt der Übergang zu *Aw* bzw. *Cw* je nach Höhenlage.

Die Anordnung der Gebirge führt dazu, daß die Zone des *Af*-Klimas in Äquatornähe unterbrochen wird; hier tritt in der Höhe *E*-Klima auf. Das *Aw*-Klima wird bei zunehmender Höhe durch *Cw* abgelöst. Im zentralen Teil der Anden, der großenteils der Passatklimazone angehört, treten im Osten in Abhängigkeit von der Höhenlage *Cw*- und *BSk*-Klima auf, während die höchsten Gebiete *E*-Klima (subpolar-gemäßigt nach Koeppe) aufweisen. Die Westküste des Kontinents wird von etwa 5° s. Br. bis über 30° s. Br. von Trockengebieten (*BWh* und *BWk*) eingenommen; um den Wendekreis erreicht das Wüstengebiet, das im Verhältnis zu seiner Längserstreckung recht schmal ist, seine größte Breite.

Innerhalb des subtropischen Wechselklimas ist die meridionale Anordnung der Klimate, die der Erstreckung der Anden folgt, voll ausgebildet. Dem *Cs*-Klima an der Westküste folgt im Höhenbereich der Anden *E*-Klima. Auf der Ostseite der Anden schließen sich Trockenklimate in meridionaler Erstreckung an, wobei in Gebirgsnähe infolge der über das Gebirge hinweggreifenden Niederschläge ein Streifen mit *BSk* auftritt; diesem schließt sich nach Osten *BWk*, dann wieder *BSk* an. Nördlich von 30° s. Br. tritt an die Stelle der kalten Steppen und Wüsten *BSh* und *BWh*. Im Ostteil des Kontinents ergibt sich zwischen etwa 30 und 40° s. Br. ein *Cf*-Klima, wobei die sommerlichen Niederschläge im Küstenbereich dem Passat, im Innern der binnenländischen Verdunstung entstammen.

Südlich von 40° s. Br. wird der Kontinent so schmal, daß nur die meridionale Verteilungskomponente der Klimate bleibt. Zwischen 40 und 50° s. Br. folgen von West nach Ost *Cf*, in den größten Höhenlagen durch *E* unterbrochen, *BSk* und *BWk* aufeinander. Südlich von 50° s. Br. greift das *Cf*-Klima bis zur Ostküste hinüber, während die höchsten Erhebungen der Anden sowie die Südspitze des Kontinents von *E*-Klima eingenommen werden. Höhenlage und Anordnung der Gebirge haben zur Folge, daß in Südamerika die feuchtgemäßigte Zone neben dem *Cf*-Klima einerseits Trockenklimate, andererseits aber auch *E*-Klimate umfaßt.

7.5.4. Nord- und Mittelamerika

Der Kontinent erstreckt sich von den Randtropen über die subtropische Trockenzone, die subtropische Winterregenzone, die feuchtgemäßigte und die subpolare Zone bis in die hochpolare Zone hinein. Damit hat der Erdteil an allen Klimazonen mit Ausnahme der inneren Tropenzone Anteil.

Diese Zonenanordnung tritt in den effektiven Einteilungen erst nördlich von etwa 40° n. Br. deutlich in Erscheinung. Südlich davon tritt die meridionale Anordnung in Abhängigkeit von den Gebirgen in den Vordergrund. Die große Ausdehnung des Kontinents bringt es mit sich, daß im Mittelteil Nordamerikas sowohl die zonale als auch die meridionale Anordnung der Klimate ausgeprägt ist.

Das Klima der Randtropen stellt sich im Südteil Mittelamerikas ein. Es erscheint je nach Höhenlage und Exposition als *Af*, *Cf*, *Aw* oder *Cw*. Dabei treten die immerfeuchten Klimate an der Ostküste auf, weil hier auch die Passatströmung zu Niederschlägen führt. Der etwas komplizierten Einteilung nach KÖPPEN steht hier die einfachere nach KOEPPE gegenüber, die dem Passatküstenklima der Ostseite das wechselfeuchte Tropenklima der Westseite entgegenstellt.

Die anschließende subtropische Trockenzone, die bis etwa 30° n. Br. ausgreift, zeigt im Erscheinungsbild einen völlig anderen Charakter als in gleicher Lage über Afrika. Die schmale Landbrücke Mittelamerikas, die Land-Meer-Verteilung sowie das Relief ergeben im Passatbereich feuchte Klimate. Auch führen die in die Passatströmung eingelagerten Wellen, die easterly waves, sowie tropische Zyklonen gebietsweise zu ausgiebigen Niederschlägen (S. NIEUWOLT, 1977). So findet man in Mittelamerika und auf den Antillen *Af*, *Cf*, *Aw* und *Cw*; nach KOEPPE herrscht an der Ostküste Mittelamerikas und auf den Antillen das Passatküstenklima, an der Westküste Mittelamerikas das wechselfeuchte Tropenklima. Erst dort, wo sich in Mexiko der Kontinent verbreitert, schiebt sich zunächst in der Mitte von Norden her eine Zunge trockener Klimate zwischen die feuchteren Klimate der Küstenbereiche. Etwa vom Wendekreis ab bis an die Nordgrenze bei ungefähr 30° n. Br. erscheinen Steppen und Wüsten. Dabei zeigt sich eine dem Gebirgsverlauf folgende meridionale Anordnung: Wüsten (*BWh*) auf der Halbinsel Kalifornien, an der Westküste sowie im Innern Mexikos, Steppen (*BSh*) im Bereich der höchsten Erhebungen sowie an der mexikanischen Golfküste. Die verschiedene Anordnung der Klimate innerhalb der Passatklimazone läßt deutlich erkennen, welche Modifikationen das durch die allgemeine Zirkulation der Atmosphäre verursachte Klima durch die Verteilung von Land und Meer sowie durch die Lage und Höhe der Gebirge erfährt.

Die subtropische Klimazone umfaßt Florida und erstreckt sich dann vom Golf von Mexiko bei etwa 30° n. Br. zur Pazifikküste bei etwa 40° n. Br. Dabei ergibt sich in Florida ein *Aw*-Klima an der Südspitze, sonst *Cf*, während an der Westküste des Golfes von Mexiko *BSh* und *Cf* diesem Bereich angehören. Demgegenüber tritt an der Pazifikküste in einem schmalen Streifen *Cs* auf. Im übrigen bedingt die Höhenlage vielfach *Df*-Klima, während die Leewirkung der Gebirge verbreitet *BS* und *BW* zur Folge hat. Hier wirkt die Breitenabhängigkeit der Temperatur dahin, daß die *BSk*- und *BWk*-Klimate des Nordens nach Süden hin in *BSh* und *BWh* übergehen. Die Verteilung der effektiven Klimate folgt der Erstreckung der Gebirge und ist durch Höhenlage sowie durch Luv- und Lee-Erscheinungen bedingt.

Über etwa 20 Breitengrade hinweg erstreckt sich in Nordamerika die feuchtgemäßigte Zone, das Gebiet der außertropischen Westwinde. Sie liegt im Westen des Kontinents etwa zwischen 40 und 60°, im Osten zwischen 30 und 50° n. Br. Aus dieser Lageverteilung wird die Neigung der planetarischen Frontalzone zur Mäanderbildung deutlich; darauf weist auch der ostamerikanische Höhentrog hin, dem ein Höhenhochkeil an der Westküste des Kontinents gegenübersteht.

In der feuchtgemäßigten Zone ergibt sich östlich von 100° w. L. eine zonale Klimaanordnung. Hier ist die von Süden nach Norden zu beobachtende Abstufung durch die Temperatur bedingt. Daher folgt einem ausgedehnten Gebiet mit *Cfa*, das nur in höher gelegenen Gebieten von *Cfb* unterbrochen ist, ein zonaler Streifen mit *Dfa*. An der Nordgrenze tritt *Dfb*, auf Neufundland auch noch *Dfc* in Erscheinung.

Westlich 100° w. L. wird die zonale Klimaanordnung durch den Verlauf der Gebirge in eine meridionale Anordnung abgewandelt, wobei eine recht starke Verzahnung der verschiedenen Klimate eintritt. *Cs* und *Cf* im Küstenbereich gehen landeinwärts bei zunehmender Höhe rasch in *Df*, stellenweise auch in *Ds* über. Weiterhin sind *BSk* und *BWk*, gebietsweise schließlich *E*-Klimate beteiligt. Wie an allen Stellen, wo starke Höhenunterschiede auftreten, erscheint die Einteilung nach KOEPPE einfacher als nach KÖPPEN. Nach KOEPPE treten in diesem Gebiet auf: kühles Seeklima, gemäßigt-subpolares, semiarid-kontinentales Klima und Wüstenklima der gemäßigten Breiten. Dabei folgen die niederschlagsreicheren Klimate der Küste sowie den Rocky Mountains, während in den Leegebieten semiarides oder Wüstenklima auftritt.

Auch die subpolare Zone liegt im Westen Nordamerikas um etwa 10 Breitengrade nördlicher als im Osten. Einer Erstreckung von etwa 60° n. Br. bis zum Polarkreis im Westen steht im Gebiet nördlich der Großen Seen eine solche von etwa 46 bis 56° n. Br. gegenüber. Dieser Zone entspricht recht einheitlich das *Dfc*-Klima bzw. das extremsubpolare Klima. Nur die höheren Erhebungen, besonders in Alaska, gehören den *E*-Klimaten an.

Nördlich an die subpolare Zone schließt sich die hochpolare Zone an, die im wesentlichen durch *E*-Klimate gekennzeichnet ist. Nur bei etwa 120 bis 130° w. L. reicht das *Dfc*-Klima an das Polarmeer heran. Die Temperaturunterschiede, die den Unterschied zwischen *ET* und *EF* ergeben, sind auf die geographische Breite oder auf die Höhenlage (besonders deutlich bei Grönland) zurückzuführen.

7.5.5. Europa

Der größte Teil des Kontinents liegt in der feuchtgemäßigten Zone, die sich von etwa 40 bis über 70° n. Br. erstreckt. Ähnlich wie vor der Westküste Nordamerikas greift die Zone der außertropischen Westwinde an den Westküsten Europas weit nach Norden aus, während sie nach Osten hin schmaler wird. Im Bereich des osteuropäischen Höhentroges umfaßt die außertropische Westwindzone das Gebiet von etwa 45 bis 62° n. Br. Südlich an die feuchtgemäßigte Zone schließt die subtropische Winterregenzone an, während im Norden die subpolare und polare Klimazone anschließen. Dabei beginnt die subpolare Zone schmal zwischen Nordkap und Spitzbergen und verbreitert sich nach Osten hin auf etwa 10 Breitengrade.

Aus den Verhältnissen der allgemeinen Zirkulation ergibt sich im Überblick eine zonale Anordnung vom *Cs*-Klima über *Cfb* und *Cfc* zum *Dfb* und *Dfc* und schließlich zum *E*-Klima. Abweichungen in Einzelheiten zeigen sich im *BSk*-Klima an einzelnen Stellen der Iberischen Halbinsel, in den *D*-Klimaten der Alpen und einiger Mittelgebirge sowie in den *E*-Klimaten Skandinaviens. Dabei macht sich über Skandinavien die Anordnung der Gebirge dadurch bemerkbar, daß das *Cfc*-Klima auf einen nach Norden schmaler werdenden Küstensaum beschränkt bleibt, dem landeinwärts bei zunehmender Höhe *Df*- und *E*-Klimate folgen.

Außer der durch die Gebirge modifizierten zonalen Anordnung der Klimate zeigt sich in Europa auch eine azonale Anordnungskomponente. Diese tritt nach der Einteilung KÖPPENS schwach, nach KOEPPE stärker in Erscheinung. Es handelt sich um den mit wachsender Entfernung von den Küsten stärker werdenden kontinentalen Einfluß. Er zeigt sich in der Aufeinanderfolge des kühlen Seeklimas, des kühlen Küstenklimas und des humid-kontinentalen Klimas in West-, Mittel- und Osteuropa. Weiterhin wird im Osten das humid-kontinentale Klima mehr und mehr durch das semiarid-kontinentale Klima ersetzt, was sich nach KÖPPEN in einem Übergang des *Df*-Klimas in das *BSk*-Klima kennzeichnen läßt. Auch im Norden des Kontinents ist die azonale Anordnungskomponente dadurch angedeutet, daß die Mitteltemperaturen von Westen nach Osten abnehmen, so daß sich die jeweils kälteren Klimate nach Osten hin immer weiter auch in südlicher Richtung ausbreiten. Es sei bemerkt, daß das Vordringen kälterer Klimate nach Süden auch durch die Strömung auf der Rückseite des osteuropäischen Höhentroges begünstigt wird.

Insgesamt zeigt Europa eine starke Beeinflussung seiner Klimaanordnung durch den asiatischen Kontinent. Damit ergibt sich eine Abwandlung der zonalen Anordnung der Klimate durch den Übergang von vorherrschend ozeanischem zu kontinentalem Einfluß auf das Klima.

7.5.6. Asien

Asien hat an allen Zirkulationszonen der Nordhalbkugel Anteil und reicht mit Indonesien in das tropische Wechselklima der Südhalbkugel hinein. Der ausgedehnte Kontinent hat eine Veränderung einiger Zirkulationszonen zur Folge. So wird durch die sommerliche Erhitzung des Kontinents in den entstehenden seichten Hitzetiefs die NITC so weit nach Norden gezogen, daß die Zonen des wechselfeuchten Tropen- und Subtropenklimas einander berühren. Die nördlichste Lage der NITC wird dabei über Nordwestindien bei 30° n. Br. erreicht. Die Folge ist, daß die Passatklimazone von Afrika über Arabien immer schmaler wird und schließlich in Nordwestindien ausläuft; sie setzt erst bei den Philippinen in etwa 20° n. Br. wieder ein.

Eine Erscheinung, die sich bereits bei Nordamerika zeigte, tritt in Asien verstärkt auf: eine von Westen nach Osten fortschreitende Südwärtsverlagerung der Zirkulationszonen. Die Verlagerung zeigt sich bei der subtropischen Winterregenzone, deren Nordgrenze von etwa 45° n. Br. über Europa auf etwa 30° n. Br. über dem Ostchinesischen Meer zurückweicht. Die Nordbegrenzung der feuchtgemäßigten Zone zeigt diese Verlagerung noch stärker; liegt sie vor der Küste Nordeuropas bei etwa 72° n. Br., so erreicht sie über Japan etwa 45° n. Br. Die durch diese Lagen ihrer Begrenzungen gekennzeichnete Einengung der außertropischen Westwindzone über Asien erfolgt zugunsten der subpolaren Zone. Bei ihrem Beginn zwischen dem Nordkap und

Spitzbergen liegt die subpolare Zone, die über dem Nordatlantik fehlt, um etwa 10° nördlicher als in den entsprechenden Gebieten Nordamerikas; erst im Bereich des ostasiatischen Höhentroges buchtet diese Zone in ähnlicher Weise nach Süden aus wie über dem östlichen Nordamerika. Das im Sommer in Nähe des Kontinents mehr oder weniger offene Polarmeer sowie die sommerliche Erwärmung des asiatischen Kontinents lassen die subpolare Zone auch weit nach Norden ausgreifen. Damit liegt die Grenze der hochpolaren Zone über Asien im allgemeinen wesentlich weiter im Norden als über Nordamerika. Im Bereich des ostasiatischen Höhentroges erscheint dann aber auch die polare Klimazone mit einer starken Ausbuchtung nach Süden.

Es zeigt sich, daß der ausgedehnte asiatische Kontinent die Lage der Zirkulationszonen abwandelt, eine Erscheinung, die auch bei anderen Kontinenten nicht fehlt, am deutlichsten aber bei Asien ausgebildet ist. Damit ist zu erwarten, daß die Wirkungen des Kontinents auf die einzelnen Klimate recht erheblich sein werden und somit eine größere Mannigfaltigkeit effektiver Klimate über Asien zu verzeichnen ist.

Schon in der inneren Tropenzone machen sich die Höhenunterschiede stark bemerkbar, so daß neben dem *Af*- bzw. *Am*-Klima in höheren Lagen *Cf*, in den höchsten Lagen Neuguineas *Df* auftritt. Demgegenüber zeigt wieder die Einteilung nach KOEPPE eine Vereinfachung, da nach ihr das gesamte Gebiet dem feuchten Tropenklima angehört.

Das wechselfeuchte Tropenklima der Südhalbkugel ist nur in einem recht schmalen Streifen vertreten und stimmt im allgemeinen mit der Verbreitung des *Aw*-Klimas überein. Sehr breit ist die Randtropenzone der Nordhalbkugel ausgebildet. In dieser Zone herrscht an den Westküsten und auf den Philippinen verbreitet *Am*-Klima, da die Niederschläge trotz einer Trockenzeit für immergrüne Tropenvegetation ausreichen. Im übrigen tritt je nach Höhenlage *Aw*- oder *Cw*-Klima auf. Schließlich erfolgt über Nordwestindien der Übergang zu *BSh* und *BWh*; auch auf der Halbinsel Dekan tritt im Lee der Gebirge ein Streifen mit *BSh* auf. Südarabien zeigt ebenfalls, soweit es der äußeren Tropenzone angehört, Wüstenklima (*BWh*). Nach KOEPPE ergibt sich im wesentlichen das wechselfeuchte Tropenklima; es wird an der Ostküste Hinterindiens durch das Passatküstenklima, in Nordwestindien und Südarabien durch semiarid-tropisches Klima und tropisches Wüstenklima abgelöst. Auf der Halbinsel Dekan entspricht dem *BSh* das semiarid-tropische Klima. In den Randtropen Südasiens zeigt sich die deutlichste Ausprägung der tropischen Monsune. Dabei gehören die Sommermonsune mit westlicher Windkomponente und labil geschichteter, feuchter Luft der äquatorialen Westwindzone an, während die Wintermonsune bei östlicher Windkomponente den stabil geschichteten, trockenen Passaten angehören. Nur im Bereich der Küsten bringt der Passat infolge der durch Gebirge erzwungenen Vertikalbewegung Niederschläge (Passatküstenklima).

Im Monsungebiet Asiens ergibt sich, bedingt durch Höhenlage und Lage zum Meer, eine recht mannigfaltige Verteilung der Klimate nach KÖPPEN. Die in einzelnen Gebieten von Jahr zu Jahr auftretenden Unterschiede in der Zugehörigkeit zu Klimatypen führte zur Kennzeichnung durch die „Jahresklima-Methode" (für jedes Jahr wird der Klimatyp nach KÖPPEN ermittelt und die zahlenmäßige Häufigkeit der auftretenden Klimatypen für einen längeren Zeitraum festgestellt); die Methode gestattet die Kennzeichnung der von Jahr zu Jahr eintretenden Variationen. Nach dieser Methode lassen sich stabile und instabile (geringe bzw. große Variation) Klimate in Monsunasien unterscheiden, die einerseits im Innern Chinas, im östlichen Teil Hinterindiens sowie in einigen äquatornahen Gebieten (stabile Klimate), andererseits in Ostasien und Indien (instabile Klimate) auftreten (M. MIZUKOSHI, 1971).

Die Passatklimazone bleibt im wesentlichen auf Arabien südlich des Wendekreises – mit Ausnahme des südarabischen Küstenstreifens – beschränkt. Nur in einem schmalen Streifen greift diese Zone auf Nordwestindien über, wo sie etwa am mittleren Indus ihr Ende findet. Weiterhin fehlt die Passatklimazone über dem asiatischen Kontinent. Dieser Klimazone entspricht – wie auf den anderen Kontinenten – das tropische Wüstenklima bzw. das *BWh*-Klima.

Ein recht ausgedehntes Gebiet nimmt in Asien die subtropische Klimazone ein. Da in diesem Bereich gleichzeitig erhebliche Höhenunterschiede und im Zusammenhang mit diesen Luv- und Leewirkungen auftreten, ergibt sich in den effektiven Klimaeinteilungen ein mannigfaches Bild dieser Zone. Die West-Ost-Erstreckung des Kontinents hat zur Folge, daß das für die Subtropen charakteristische *Cs*-Klima auf kleine Teilgebiete beschränkt bleibt; es tritt im wesentlichen an den Küsten des Mittelmeeres und des Schwarzen Meeres auf. Allerdings findet sich das *Cs*-Klima auch noch in recht großer Entfernung vom Meer, wo es in mittleren Höhen erscheint. In diesen Gebieten, die nach KOEPPE bereits dem semiarid-kontinentalen Klima angehören, rufen die Erhebungen noch einmal eine Verstärkung des Niederschlags hervor. Ein wesentlicher Unterschied gegenüber dem *Cs*-Klima der mediterranen Küstenbereiche ergibt sich dabei aus einer erheblich größeren Jahresamplitude der Temperatur, die den höheren Kontinentalitätsgrad kennzeichnet. Es gehören nach KÖPPEN Palermo und Taschkent dem *Csa*-Klima an; während aber die Jahresamplitude der Temperatur in Palermo nur 15 K beträgt, erreicht sie in Taschkent 28 K.

In Südchina tritt in der subtropischen Klimazone das *Cfa*-Klima auf, das nach Westen hin in höheren Lagen von *Cw* und schließlich *Dw* abgelöst wird. Hierin zeigt sich auf der einen Seite die Niederschlagtätigkeit innerhalb der Passate im Küstenbereich und in den Gebirgen, auf der anderen Seite eine verhältnismäßig große Trockenheit der winterlichen außertropischen Westwinde im Lee der hohen Gebirge.

Im übrigen gehören dem ausgedehnten Bereich der subtropischen Klimazone Asiens *BS*- und *BW*-Klimate auf der einen, *E*-Klimate auf der anderen Seite an. Die *E*-Klimate sind in der Höhenlage begründet und umfassen die Hochgebiete Asiens, deren Kern Tibet darstellt. Unterschiedliche Höhenlagen lassen eine Unterscheidung in extrem subpolares und polares Klima zu, wobei man nicht außer acht lassen darf, daß es sich um Höhenklimate handelt, worauf die Kennzeichnung *EH* nach KÖPPEN hinweist. Die Trockenklimate der subtropischen Zone haben ihre Ursache in der kontinentalen Lage sowie in der Leewirkung von Gebirgen. Die Höhenlage sowie die geographische Breite bedingt in den meisten Fällen *BSk* und *BWk*; die Einteilung KOEPPES trägt diesen Verhältnissen durch die Bezeichnungen semiarid-kontinentales Klima sowie Wüstenklima der gemäßigten Breiten Rechnung.

Die Zone der außertropischen Westwinde, die den asiatischen Kontinent überquert, wird unter dem Einfluß des Kontinents in ihrer klimatischen Wirkung stark modifiziert. Das zeigt sich in den mit zunehmender Kontinentalität abnehmenden Niederschlägen, was schließlich dazu führt, daß in den Wintermonaten eine Trockenzeit eintritt, da die Niederschläge wesentlich der binnenländischen Verdunstung entstammen. *Df*- und *Dw*-Klimate sind die Folge, die auf der Äquatorseite der Westwindzone in ausgedehnten Gebieten durch *BSk* und *BWk* abgelöst werden, da hier bei höheren Temperaturen die Niederschläge nicht mehr ausreichen, um feuchte Klimate hervorzurufen. Über Ostasien wirkt sich der quasipersistente Höhentrog in der häufigen Zufuhr polarer Luftmassen aus; als Folge davon greift das *Dw*-Klima auf der Rückseite des Höhentroges bis über den 40. Breitenkreis hinaus nach Süden vor.

Die polwärts an die außertropischen Westwinde anschließende subpolare Zone bringt den Übergang von den *D*- zu den *E*-Klimaten, wobei besonders die höheren Lagen des Nordostens Inseln der *E*-Klimate innerhalb der *D*-Klimate darstellen.

Die hochpolare Zone greift nur im Osten, im Bereich des Höhentroges, weiter auf den Kontinent über, wo sie stellenweise *D*-Klima bringt. Im übrigen ist die hochpolare Zone das Gebiet der *E*-Klimate.

Die Übersicht zeigt, daß über dem ausgedehnten asiatischen Kontinent, der ausgedehnte Hochgebirge umfaßt, eine weitgehende Modifizierung der durch die allgemeine Zirkulation der Atmosphäre begründeten Klimate erfolgt. Daher entspricht der verhältnismäßig einfachen Gürtelanordnung der genetischen Klassifikationen eine mehr oder weniger komplizierte Anordnung der effektiven Klimate. Gerade dadurch aber ergibt sich die Notwendigkeit, effektive und genetische Einteilungen gemeinsam zu betrachten.

7.5.7. Antarktika

Nur an den Randgebieten hat die subpolare Zone Anteil, während im übrigen die hochpolare Zone zur Geltung kommt. Verstärkt wird die Wirkung der hochpolaren Zone durch die Höhenlage großer Gebiete des Kontinents. Die Folge ist, daß der Kontinent nahezu völlig dem *EF*-Klima angehört; nur an der Küste kann örtlich *ET*-Klima auftreten.

7.5.8. Ozeane

Mit Ausnahme der äquatorialen Westwinde, die als Folgeerscheinung der Land-Meer-Verteilung auf den Ozeanen vielfach fehlen, sind alle Zonen der allgemeinen Zirkulation ausgebildet. Dabei zeigt sich eine azonale Anordnungskomponente insofern, als die Zonen auf der Westseite der Kontinente gegen den Pol, auf der Ostseite gegen den Äquator hin ausgebuchtet sind; diese Erscheinung ist stark auf der Nordhalbkugel, schwächer auf der Südhalbkugel ausgeprägt. Als Folgeerscheinung der Golfstromwirkung kommt es über dem Nordatlantik zur Unterbrechung der subpolaren Zone. In deren Wirkungsbereich kommt es über dem Südteil von Island zu *Cf*-Klima, während die Insel im übrigen *E*-Klima aufweist.

Allgemein geht die Wirkung der Ozeane dahin, daß die Temperaturen in ozeanischen Bereichen einen schwächeren Tages- und Jahresgang aufweisen als in kontinentalen Gebieten. Auch die Niederschläge zeigen über den Ozeanen dadurch eine andere Verteilung, daß die durch Erhitzung des Landes bedingten Konvektionsniederschläge fehlen. Daß schließlich das Klima der Ozeane auch von den Kontinenten her beeinflußt wird, zeigt sich an der unterschiedlichen Lage der Klimazonen an den West- und Ostseiten der Kontinente.

Eine weitere klimatische Besonderheit der Ozeane stellen die gegenüber dem Land infolge der geringeren Reibung an der Erdoberfläche hohen Windstärken dar. Eine weitere Folge der verringerten Reibung ist eine geringere Abweichung der Windrichtung von der Isobarenrichtung, was eine größere Lebensdauer der Druckgebilde über dem Ozean gegenüber dem Land zur Folge hat. Eine besondere Rolle spielen die tropischen Wirbelstürme als verhältnismäßig eng begrenzte Gebilde; sie gehören zunächst den Tropen an, treten aber auch oft in außertropische Breiten über, wobei sie ihren Charakter völlig ändern.

7.5.9. Zusammenfassung

Die Übersicht über die Verteilung der Klimate auf Kontinenten und Ozeanen ergibt folgendes. Die klimatischen Gegebenheiten der Ozeane folgen wesentlich den durch die allgemeine Zirkulation der Atmosphäre darge-

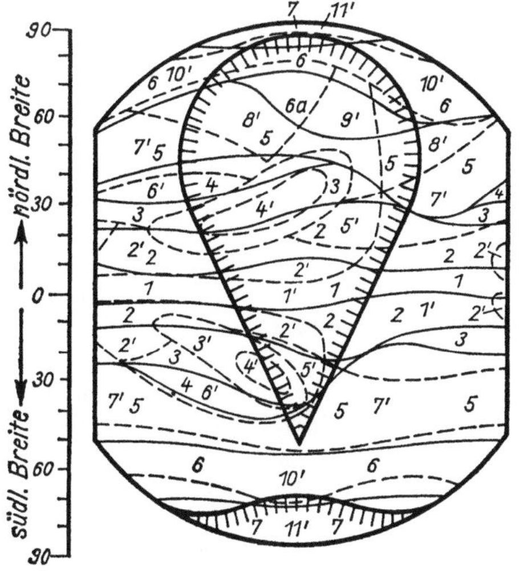

Abb. 162. Verteilung der Klimate nach H. FLOHN (1950) und W. KÖPPEN (1931) auf dem Idealkontinent. Ausgezogene (gestrichelte) Linien nach FLOHN (KÖPPEN). Bedeutung der Zahlen:

H. FLOHN		W. KÖPPEN	
1	Innere Tropenzone	1′	*Af*
2	Äußere Tropenzone	2′	*Aw*
3	Subtropische Trockenzone	3′	*BS*
		4′	*BW*
4	Subtropische	5′	*Cw*
	Winterregenzone	6′	*Cs*
5	Feuchtgemäßigte Zone	7′	*Cf*
		8′	*Df*
6, 6a	Subpolare Zone	9′	*Dw*
	(Boreale Zone)	10′	*ET*
7	Hochpolare Zone	11′	*EF*

stellten Ursachen. Demgegenüber werden diese Ursachen auf den Kontinenten mehr und mehr modifiziert. Daher wird die Mannigfaltigkeit der effektiven Klimate auf den Kontinenten besonders dort stark, wo verschiedene Faktoren des Festlandes einwirken können. Daraus ergibt sich, daß die kontinentalen Klimaerscheinungen mit besonderer Deutlichkeit in Asien, recht deutlich aber auch in Nordamerika auftreten. Eine gemeinsame Betrachtung effektiver und genetischer Klimaeinteilungen ergibt die Verbindung von Erscheinung und Erklärung der Klimate; diese Betrachtung erweist sich in allen Fällen, besonders aber bei den Klimaten ausgedehnter Kontinente, als vorteilhaft.

Eine Zusammenfassung der Übersicht über die Klimate der Kontinente und Ozeane gibt Abb. 162. Sie stellt die Verteilung der Klimate nach W. KÖPPEN (1931) und nach H. FLOHN (1950) auf dem „Idealkontinent" – „Klimarübe" nach H. FLOHN (1957) – dar. Die sehr vereinfachte Darstellung läßt einerseits die Parallelen zwischen genetischer und effektiver Klimaeinteilung, andererseits aber auch die Abweichungen erkennen. Vor allem kommt die Abwandlung der zirkulationsbedingten Klimate durch die ausgedehnten Landmassen der Nordhalbkugel gut zum Ausdruck. Auch ein gewisser Übergangscharakter der Köppenschen Steppen- und Wüstenklimate kommt in Abb. 162 zur Geltung, da sich die Trockengebiete jeweils über mehrere Zirkulationszonen erstrecken; diese Erscheinung ist auf der Nordhalbkugel infolge der Landausdehnung stärker ausgeprägt als auf der Südhalbkugel. Es zeigt sich, daß sich aus der zusammenfassenden Darstellung der Abb. 162 die wichtigsten der vorher gegebenen Einzeltatsachen in schematischer Form ablesen lassen.

8. Klimaänderungen und Klimaschwankungen

Die Tatsache, daß unter dem Begriff Klima letzten Endes die in der Atmosphäre ablaufenden Prozesse und ihre Ergebnisse zusammengefaßt werden, läßt vermuten, daß das Klima nicht konstant ist. Vielmehr ist damit zu rechnen, daß auch im Klima dauernde Veränderungen vor sich gehen. Da die Geschichte der instrumentellen Beobachtungen selbst in günstigen Fällen nur etwa 200 Jahre zurückreicht, war es zunächst schwierig, Veränderungen des Klimas nachzuweisen. Als dann das Beobachtungsmaterial mehr und mehr anwuchs, wurden Veränderungen sichtbar, deren Ausmaße teilweise überraschten.

Bei der Betrachtung von Klimaveränderungen werden zunächst Klimaänderungen und Klimaschwankungen unterschieden. Dabei wird unter einer Klimaänderung eine Veränderung verstanden, die in einer Richtung verläuft. Demgegenüber versteht man unter Klimaschwankung ein rhythmisches Pendeln um einen mittleren Wert, wobei mehr oder weniger große Amplituden auftreten können. Danach geht in die Bestimmung der Klimaänderung der Zeitfaktor mit ein; denn eine für eine bestimmte Zeit in einer Richtung verlaufende Veränderung kann sich bei Verlängerung des überblickten Zeitraumes als Teil einer Klimaschwankung erweisen. Es wird daher vielfach zweckmäßig sein, Klimaänderungen und Klimaschwankungen unter der gemeinsamen Bezeichnung Klimaveränderungen zusammenzufassen. Neuerdings hat H. v. RUDLOFF (1967) eine Reihe von Begriffen für Klimaveränderungen vorgeschlagen, in denen Zeitdauer und Größe (unter Heranziehung der Streuung um einen Mittelwert) der Änderung von Klimaelementen berücksichtigt werden. H. v. RUDLOFF unterscheidet: Klimaschwankungen, Klimaverschiebung, Klimaänderung, Klimaverwerfung, Klimawende und Klimapendelungen.

Die Betrachtung von Klimaveränderungen zeigt, daß sie z. T. recht plötzlich in Erscheinung treten, und man spricht in solchen Fällen von einer Klimaverwerfung. Sie kommt dadurch zustande, daß eine langsame Veränderung der klimabildenden Faktoren infolge der mannigfachen Übertragungsmechanismen in den Erscheinungen zunächst verborgen bleibt, dann aber plötzlich und auffallend zutage tritt.

Die Klimaveränderungen werden an verschiedenen Klimaelementen mit unterschiedlicher Deutlichkeit zum Ausdruck kommen. In vielen Fällen wird ein Klimaelement besonders stark auf Veränderungen der Ursachen reagieren, so daß man die Klimaveränderung durch die Veränderung dieses einen Elementes kennzeichnen kann. Solche auffälligen Erscheinungen sind beispielsweise Temperaturanstieg oder Temperaturrückgang. Mit der Veränderung eines Elementes sind im allgemeinen auch Veränderungen anderer Elemente oder Erscheinungen verknüpft, so daß z. B. mit einer Temperaturänderung meist auch eine Veränderung der Niederschlagsverhältnisse einhergehen wird.

Es sei darauf hingewiesen, daß man sich hüten sollte, festgestellte Klimaveränderungen schon in der Definition mit Bewertungen zu versehen. Denn jede Bewertung geht von einer bestimmten Fragestellung aus, so daß ihre Ergebnisse mit der Änderung der Fragestellung sinnlos werden können. Es muß deshalb davor gewarnt werden, beispielsweise eine Temperaturerhöhung allgemein als Klimaverbesserung zu bezeichnen. Nach Feststellung einer Veränderung muß sich ihre Bewertung aus der jeweiligen Fragestellung ergeben.

Wenn im folgenden im wesentlichen auf den Klimaablauf in Europa eingegangen wird, so muß doch bemerkt werden, daß auch aus anderen Gebieten der Erde Beweise für Klimaveränderungen vorliegen. Die Untersuchung rezenter Klimaveränderungen wird dort besonders wichtig, wo mit Variationen der klimatischen Gegebenheiten erhebliche Auswirkungen auf die Produktion von Nahrungsmitteln gegeben sind (vgl. K. TAKAHASHI und M. M. YOSHINO, 1978).

8.1. Rezente Klimaveränderungen

Eine Klimaveränderung, die in der jüngsten Vergangenheit ablief und die die Aufmerksamkeit erneut auf die Frage der Klimaveränderungen gerichtet hat, ist unter der Bezeichnung „Erwärmung der Arktis" bekannt geworden. Diese Erwärmung tritt deutlich in der Erhöhung der Wintertemperaturen von Spitzbergen in Erscheinung. Die Reihe der Wintertemperaturen zeigt eine starke Erwärmung im Verlaufe der herangezogenen Jahre, wobei die Wintertemperatur der Jahre 1931 bis 1935 höher liegt als die Jahresmitteltemperatur der Jahre 1912 bis 1920, die —8,9 °C betrug.

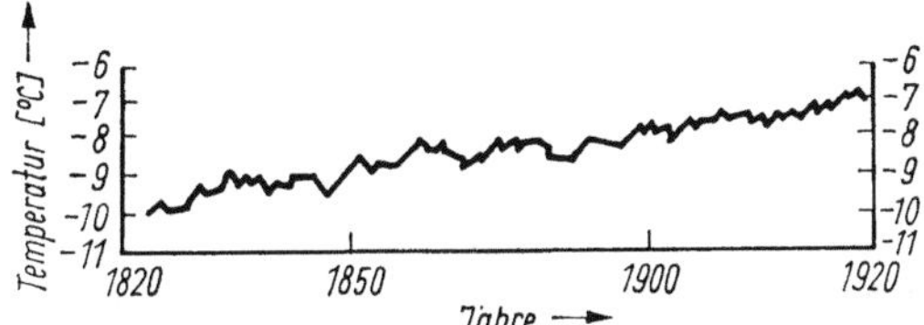

Abb. 163. Anstieg der Januartemperaturen (35jährig übergreifende Mittel) in Leningrad (nach B. P. ALISSOW, O. A. DROSDOW, E. S. RUBINSTEIN, 1956)

Die hier gekennzeichnete Erwärmung wirkte sich beispielsweise in einer Erhöhung der Wassertemperatur in der Barentssee aus. Hier war die Oberflächentemperatur des Wassers in der Zeit von 1919–1928 bis zu 8 K höher als in den Jahren 1912 bis 1918. Die Folge dieser Erwärmung zeigte sich im Auftreten wärmeliebender Fischarten, die früher in der Barentssee fehlten. Auch in den Meeresgebieten um Grönland zeigten sich ähnliche Erscheinungen.

In der Davisstraße ergab sich infolge der Erwärmung ein Rückgang der Eismengen. In dem Jahrzehnt von 1921–1930 war die Vereisung in der Davisstraße die geringste seit 110 Jahren.

Die Erwärmung der Arktis machte sich auch in einem Rückgang der Eismengen an den Nordküsten Europas und Asiens bemerkbar. Damit wuchs die Benutzbarkeit und Bedeutung des nördlichen Seeweges (nordöstliche Durchfahrt, Nordostpassage).

Diese Erwärmung trat auch außerhalb der Arktis in Erscheinung. Abb. 163 zeigt, daß die Januarmitteltemperatur in Leningrad im Laufe eines Jahrhunderts um nahezu 3 K gestiegen ist. Es sei bemerkt, daß es sich bei den in Abb. 163 angegebenen Temperaturwerten um 35jährig übergreifende Mittel handelt; es gehen also in den für jedes Jahr angegebenen Wert außer dem Wert des betreffenden Jahres auch die Werte der 17 vorhergegangenen und der 17 nachfolgenden Jahre ein. Damit wird die Temperaturkurve geglättet, kurzfristige Veränderungen werden ausgeschaltet; auf diese Weise wird der Temperaturanstieg während des letzten Jahrhunderts besonders deutlich erkennbar.

Neuere Untersuchungen weisen nach, daß die Erwärmung, die in der zweiten Hälfte des 19. Jahrhunderts sehr deutlich in Erscheinung trat, in der zweiten Hälfte des 20. Jahrhunderts einer erneuten Abkühlung Platz gemacht hat. Diese Unterschiede wurden für maritime und kontinentale Gebiete Europas dargelegt (vgl. MEYER ZU DÜTTINGDORF, 1978).

Aus der bis 1756 zurückreichenden Berliner Temperaturreihe ergibt sich, daß die Winter im Mittel der Jahre 1848–1907 um 0,7 K wärmer waren als in den Jahren 1756–1847. Die Erwärmung tritt besonders deutlich im Monat Januar in Erscheinung; denn das Januarmittel der Temperatur war in den Jahren 1848–1907

Tabelle 52. *Wintertemperaturen (November-März) auf Spitzbergen in °C* (nach A. WAGNER, 1940)

	1911–1915	1916–1920	1921–1925	1926–1930	1931–1935
Temperatur	—17,6	—17,6	—12,5	—13,9	—8,6

Tabelle 53. *Die Eisverhältnisse in der Davisstraße (0 eisfrei, 10 schweres Eis)* (nach A. WAGNER, 1940)

	1821 ⋮ 1830	1831 ⋮ 1840	1841 ⋮ 1850	1851 ⋮ 1860	1861 ⋮ 1870	1871 ⋮ 1880	1881 ⋮ 1890	1891 ⋮ 1900	1901 ⋮ 1910	1911 ⋮ 1920	1921 ⋮ 1930
Eis	3,9	6,2	4,3	4,8	4,8	5,6	6,7	5,6	5,1	3,7	3,4

Abb. 164. Kältesummen von Berlin (11jährig übergreifende Mittel)

um 1,5 K höher als in den Jahren 1756 bis 1847.

In ähnlicher Weise zeigt sich im Verlaufe der letzten beiden Jahrhunderte eine Abnahme der Winterstrenge in Berlin. Die Strenge der Winter wird dabei definiert durch die Kältesummen, unter denen man die Summen der negativen Temperaturtagesmittel aus den Monaten

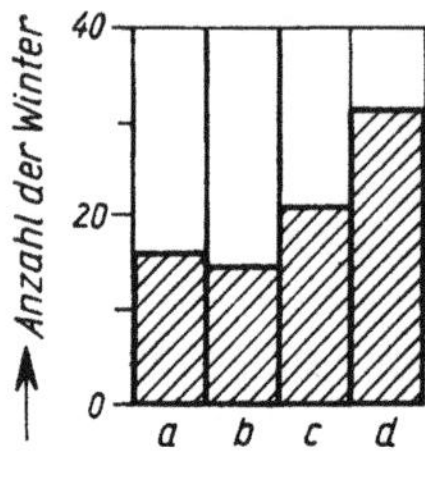

Abb. 165. Anzahl der Winter verschiedener Stärke (nach Kältesummen) in Berlin 1780/81 bis 1939/40

November bis März versteht. Es werden folgende Bezeichnungen verwendet:

Angaben über die Strenge der Winter in Berlin zeigt Abb. 164. Um kleinere Schwankungen in den Zahlen der Kältesummen auszuschalten, wurden die Kältesummen 11jährig übergreifend gemittelt.

Es ergibt sich, daß neben im einzelnen recht erheblichen kurzdauernden Schwankungen in den Kältesummen eine über längere Zeiten hinweggreifende Rhythmik zu erkennen ist. Die Darstellung der Kältesummen zeigt hohe Werte um 1810, niedrige Werte um 1910. Der erneute Anstieg der Kältesummen etwa ab 1920 könnte darauf hinweisen, daß nunmehr die Entwicklung wieder strengeren Wintern zuneigt.

Auch die folgende Tatsache weist auf eine Veränderung des Klimas hin. Von 1780/81 bis 1939/40 hat sich die Zahl der strengen und mäßig kalten Winter in Berlin stark vermindert (Abb. 165). Demgegenüber zeigt die Zahl der milden und mäßig warmen Winter während der gleichen Zeit einen starken Anstieg.

Darauf, daß Veränderungen in den klimatischen Erscheinungen nahezu schlagartig er-

Tabelle 54. *Winterstrenge in Berlin nach Kältesummen (KS, in negativen Celsiusgraden)*

	KS unter 100	100···200	200···300	über 300
Winter	mild	mäßig warm	mäßig kalt	streng

folgen können (Klimaverwerfung), weisen folgende Untersuchungsergebnisse von A. Schmauss (1932) hin. Die Temperaturdifferenzen zwischen einer ozeanisch beeinflußten und einer mehr kontinentalen Station eines Klimagebietes sind im Sommer negativ, im Winter positiv (es wurden in diesem speziellen Falle die Stationen Emden und Wrocław verwendet). Betrachtet man nun den Zeitpunkt, zu dem die Temperaturdifferenz Null wird, was im Frühjahr und Herbst der Fall ist, so zeigt sich folgendes: Die herbstliche Temperaturgleichheit trat im Mittel im Zeitraum 1881 bis 1900 am 18. Oktober, im Zeitraum 1901 bis 1920 dagegen am 14. September ein. Das bedeutet, daß der Zeitpunkt der herbstlichen Temperaturgleichheit der Vergleichsorte etwa um die Jahrhundertwende um mehr als einen Monat vorverlegt wurde. Für die beiden betrachteten Zeiträume erfuhr der Zeitpunkt der Temperaturgleichheit im Frühling praktisch keine Veränderung; allerdings muß für diesen Zeitpunkt zwischen 1850 und 1900 eine Vorverlegung eingetreten sein.

Die Erwärmung, die aus den angegebenen Beispielen ersichtlich ist, blieb nicht auf die Arktis beschränkt. Abb. 166 zeigt, daß die Jahresmitteltemperaturen des Zeitraumes 1929 bis 1938 fast auf der gesamten Nordhalbkugel nördlich des 20. Breitenkreises wärmer waren, als dem langjährigen Mittel entspricht.

Besonders hoch lagen die Jahresmitteltemperaturen über Nordgrönland, wo sie im Mittel der genannten Jahre um mehr als 2,5 K über dem langjährigen Mittel lagen. Lediglich über dem Innern des asiatischen Kontinents zeigte sich südlich des 50. Breitenkreises eine Temperaturabnahme, die allerdings den Wert von 0,5 K nicht erreichte.

Die „Erwärmung der Arktis" trat im wesentlichen in den Wintermonaten auf. Allerdings war dabei die Temperaturerhöhung in den einzelnen Wintermonaten verschieden verteilt (Abb. 167 bis 170).

Im Dezember (Abb. 167) lag das Zentrum der Erwärmung auf dem 80. Breitenkreis zwischen Grönland und Spitzbergen. Die Temperaturerhöhung betrug hier im Vergleichszeitraum mehr als 5 K gegenüber dem langjährigen Mittel. Im Gegensatz zu der starken Zunahme der Temperatur auf der atlantischen Seite des Nordpolargebietes bleibt die Erwärmung über den übrigen Teilen des Polarbeckens gering. Abkühlung zeigte sich über großen Teilen Nordamerikas, die ihre größte Stärke mit mehr als 2 K über Alaska erreichte. Auch über dem asiatischen Kontinent zeigte sich eine Abkühlung, die in ihrem Kerngebiet den Betrag von 2 K überstieg und in ihren Ausläufern bis nach Südosteuropa hineinreichte.

Im Januar (Abb. 168) lag das Zentrum der Erwärmung mit Werten von mehr als 5 K über

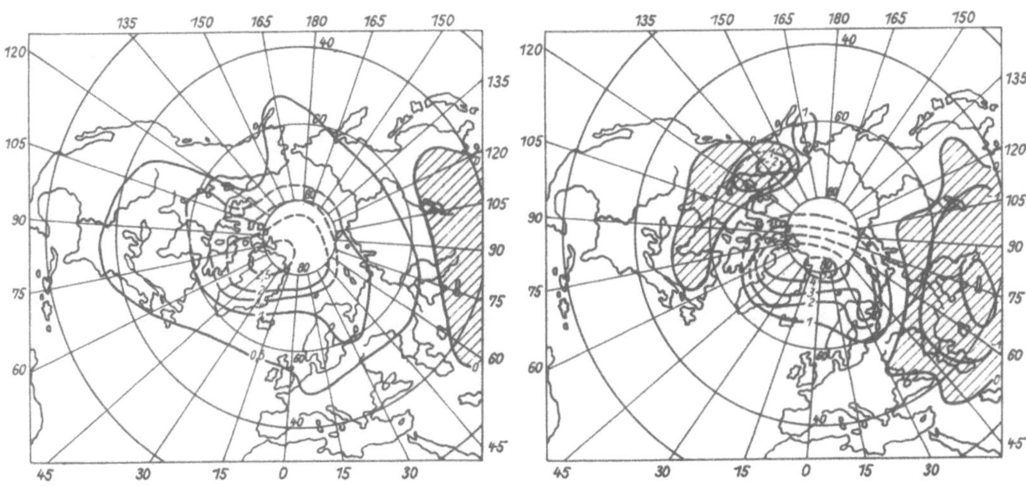

Abb. 166. Abweichungen der Jahresmitteltemperaturen 1929–1938 vom langjährigen Mittel auf der Nordhalbkugel (nach B. P. Alissow, O. A. Drosdow, E. S. Rubinstein, 1956)

Abb. 167. Abweichungen der mittleren Dezembertemperaturen 1929–1938 vom langjährigen Mittel auf der Nordhalbkugel (nach B. P. Alissow, O. A. Drosdow, E. S. Rubinstein, 1956)

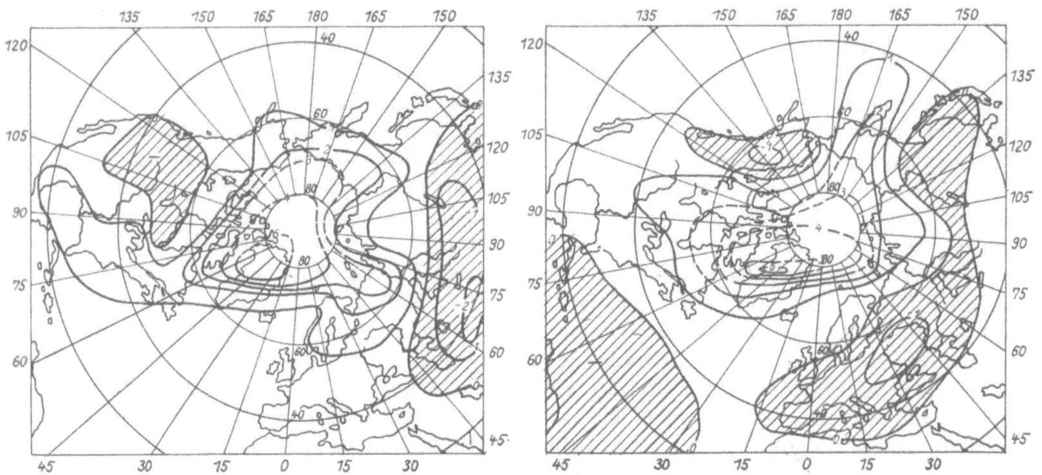

Abb. 168. Abweichungen der mittleren Januartemperaturen 1929–1938 vom langjährigen Mittel auf der Nordhalbkugel (nach B. P. ALISSOW, O. A. DROSDOW, E. S. RUBINSTEIN, 1956)

Abb. 169. Abweichungen der mittleren Februartemperaturen 1929–1938 vom langjährigen Mittel auf der Nordhalbkugel (nach B. P. ALISSOW, O. A. DROSDOW, E. S. RUBINSTEIN, 1956)

Nordgrönland. Gegenüber dem Vormonat umfaßte eine verhältnismäßig starke Erwärmung die gesamte Arktis. Dementsprechend war auch das Abkühlungsgebiet über dem nordamerikanischen Kontinent abgeschwächt und nach Süden verschoben. Auch das asiatische Abkühlungsgebiet war nach Süden zurückgedrängt; es reichte im Mittel bis zum 55. Breitenkreis, wobei sich in seinem Kerngebiet eine

Temperaturabnahme von 2 K gegenüber dem langjährigen Mittel zeigte.

Im Monat Februar (Abb. 169) wurde das Gebiet der Erwärmung, in dessen Kern über Mittelgrönland Temperaturerhöhungen von 6 K auftraten, eingeengt. Denn einerseits hatte sich das asiatische Abkühlungsgebiet des Vormonats nach Westen hin über Europa mit Ausnahme des Nordens ausgedehnt, wobei sein Kern mit Abkühlungen um 1 K über Osteuropa lag; andererseits zeigte sich eine Abkühlung über dem Nordwesten von Nordamerika. Weiterhin war der Februar der einzige Wintermonat, in dem sich über dem Atlantik, und zwar im westlichen Teil südlich von etwa 35° n. Br., eine schwache Abkühlung gegenüber dem langjährigen Mittel bemerkbar machte. Danach stand in diesem Monat einer starken Erwärmung in großen Teilen der Arktis eine – wenn auch schwächere – Abkühlung in mittleren und niederen Breiten der nördlichen Halbkugel gegenüber.

Schließlich erstreckte sich im März (Abb. 170) die Erwärmung gegenüber dem langjährigen Mittel vom Osten Nordamerikas über Nordgrönland nach Europa hinein. Das Kerngebiet der Erwärmung lag mit mehr als 4 K über Mittel- und Nordgrönland. Demgegenüber erstreckte sich ein Abkühlungsgebiet vom westlichen Nordamerika über Nord- und

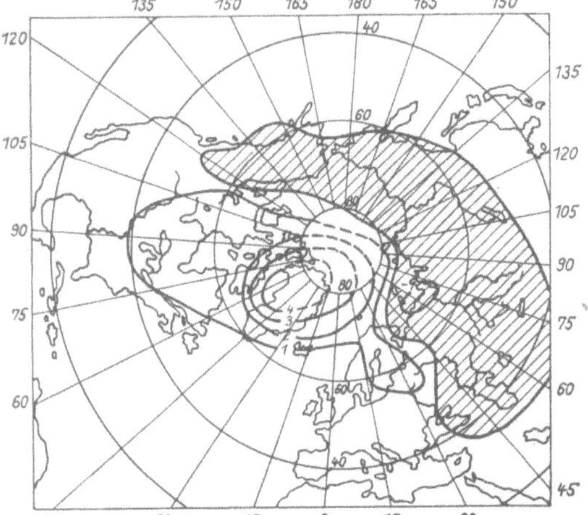

Abb. 170. Abweichungen der mittleren Märztemperaturen 1929–1938 vom langjährigen Mittel auf der Nordhalbkugel (nach B. P. ALISSOW, O. A. DROSDOW, E. S. RUBINSTEIN, 1956)

Mittelasien bis nach Südosteuropa hinein. Trotz seiner großen Ausdehnung war das Abkühlungsgebiet schwächer ausgebildet als das Gebiet mit Erwärmung; der Temperaturrückgang überschritt nur in einem kleinen Gebiet Nordwestasiens den Wert von 1 K.

Es sei bemerkt, daß nicht nur auf der Nordhalbkugel, sondern auch auf der Südhalbkugel in der für die Arktis näher gekennzeichneten Zeit die Neigung zu Temperaturanstieg festgestellt wurde. Darauf weisen Beobachtungen aus Afrika, Südamerika und Australien hin. Damit ergibt sich eine weltweite Erwärmung in den genannten Jahren, eine Klimaveränderung, die wahrscheinlich als Teil einer Klimaschwankung aufzufassen ist.

Daß Klimaveränderungen, wie sie bei der „Erwärmung der Arktis" gezeigt wurden, sich nicht nur auf ein Klimaelement beschränken, sei an einem Vergleich der Jahrzehnte 1886 bis 1895 und 1911–1920 dargestellt. Im Vergleich beider Jahrzehnte ergibt sich allgemein eine Erhöhung der Jahresmitteltemperatur über den Kontinenten, dagegen eine Abkühlung über den Meeren. Die Erwärmung der Kontinente liegt nach den Vergleichswerten bei etwa 0,5 K, doch wird dieser Wert vielerorts überschritten; die Abkühlung überschreitet den Wert von 0,5 K nur über dem Ochotskischen Meer. Daraus wäre zu schließen, daß die „Erwärmung der Arktis", die oben als weltweite Erwärmung gekennzeichnet wurde, zunächst auf den Kontinenten einsetzte und erst später die Ozeane erfaßte.

Während der vorher erwähnten Veränderung der Jahresmitteltemperaturen veränderten sich auch die Jahresamplituden der Temperatur. Diese Veränderung zeigt im wesentlichen eine zonale Anordnung: In niederen Breiten erfolgte von 1886–1895 bis 1911–1920 eine geringe Zunahme der Jahresamplitude, während sich in mittleren Breiten eine Abnahme ergab. In Mitteleuropa hat die Jahresschwankung der Temperatur um mehr als 3 K, im Nordosten von Nordamerika und Westgrönland um mehr als 2 K abgenommen. Im Nordpolargebiet zeigte sich verbreitet eine schwache Zunahme der Jahresamplitude, die nur an wenigen Stellen den Wert von 1 K überschritt.

Die hier am Vergleich zweier Jahrzehnte gekennzeichnete Veränderung der Jahresamplitude der Temperatur ist nur ein Teil einer länger andauernden Veränderung und somit Teil eines klimatischen Prozesses. Denn der Rückgang der Jahresamplitude zeigte sich in Europa bereits seit Beginn des 19. Jahrhunderts. Dabei verlagerte sich das Kerngebiet der Abnahme von Norden nach Süden; lag um 1820 das Gebiet raschester Abnahme der Jahresamplitude etwa zwischen Berlin und Stockholm, so hatte es sich um die Mitte des vorigen Jahrhunderts bis zu etwa 50° n. Br., zu Beginn dieses Jahrhunderts bis zum Alpennordrand verlagert. Entsprechend der Verlagerung der Abnahme der Jahresamplitude von Norden nach Süden begann der Rückgang der Temperatur-Jahresschwankung in Italien erst in der zweiten Hälfte des 19. Jahrhunderts.

Auch in den Niederschlagsmengen traten vom Jahrzehnt 1886–1895 bis zum Jahrzehnt 1911 bis 1920 deutliche Veränderungen ein. In den Tropen und Subtropen zeigte sich allgemein eine Niederschlagsabnahme; nur in Äquatornähe ergab sich in einigen kleineren Gebieten eine leichte Zunahme des Niederschlags. Die höheren Breiten, auf der Nordhalbkugel etwa ab 40°, auf der Südhalbkugel etwa ab 30° Breite, sind durch eine Erhöhung der Niederschlagssummen gekennzeichnet; nur im Bereich Südgrönland–Skandinavien sowie in Ostasien waren Rückgänge in der Niederschlagsmenge zu verzeichnen. Die Veränderungen, die von einem zum anderen Jahrzehnt eintraten, betrugen zum Teil mehr als 20% der Niederschlagsmenge des ersten Vergleichsjahrzehnts.

Die angedeuteten Veränderungen von Temperatur, Temperaturamplitude und Niederschlag stehen mit Veränderungen des Luftdrucks in Zusammenhang. Mit Ausnahme einiger äquatornaher Gebiete hat der Luftdruck im Jahresmittel vom ersten zum zweiten Vergleichsjahrzehnt in den Tropen und Subtropen zugenommen. Demgegenüber erfolgte in den höheren Breiten eine Druckabnahme, die ihren höchsten Werte von nahezu 0,7 hPa über weiten Gebieten des Nordatlantiks erreichte. Die Luftdruckabnahme der höheren Breiten wird im nördlichen Teil der beiden Kontinente Asien und Nordamerika von Luftdruckanstieg abgelöst.

Diese Veränderungen des Luftdrucks weisen auf eine Veränderung der Zirkulation in der Atmosphäre hin. Die Vertiefung der äquatorialen und der subpolaren Tiefdruckgebiete einerseits, die Erhöhung des Luftdrucks in den subtropischen Hochdruckgebieten andererseits bedeuten eine Verstärkung der allgemeinen Zirkulation. Damit wird auch der meridionale Wärmetransport erhöht, und zwar besonders im Winter, der Jahreszeit verstärkter Zirkulation. Es wird dabei den höheren Breiten im Winter verstärkt Wärme zugeführt, die den niederen Breiten entzogen wird; daraus folgt eine Abschwächung der jährlichen Temperaturamplitude in höheren, eine Vergrößerung dagegen in den niederen Breiten. Da mit der Verstärkung der horizontalen Windkomponente auch eine Erhöhung der vertikalen Komponente eintrat, ergab sich in den Gebieten mit vorherrschend aufsteigender Luftbewegung eine Vermehrung, in Gebieten mit hauptsächlich absteigender Luftbewegung eine Verminderung des Niederschlags.

Es zeigt sich, daß die angeführten Veränderungen im Verhalten verschiedener klimatologischer Elemente und Erscheinungen in Parallele mit einer Veränderung der allgemeinen Zirkulation der Atmosphäre auftraten und durch sie zu erklären sind.

Während die vorher genannten Zusammenhänge zwischen den klimatologischen Elementen und Erscheinungen sowie ihren Veränderungen im Laufe der Zeit einigermaßen zu übersehen sind, ist man bezüglich der letzten Ursachen für derartige Klimaveränderungen auf Vermutungen angewiesen. Es liegt zunächst nahe, die geschilderten Klimaveränderungen auf eine Veränderung der von der Sonne zugestrahlten Energie, also der Solarkonstanten, zurückzuführen. Tatsächlich treten von Jahrzehnt zu Jahrzehnt Schwankungen der Solarkonstanten auf, die sich auf etwa 1% ihres Mittelwertes belaufen. Würde sich die Erde wie ein schwarzer Körper verhalten, so würde eine Erhöhung der Solarkonstanten um 1% des

Mittelwertes eine Temperaturerhöhung von 0,7 K für die Erdoberfläche erbringen. Da aber mit der Veränderung der zugestrahlten Energiemenge auch eine Veränderung der Verdunstung sowie der Bewölkungsverhältnisse verbunden ist, wird nur ein Teil der zusätzlich zugestrahlten Energie der Erwärmung der Luft dienen können. Die exakte Feststellung eines zahlenmäßigen Zusammenhangs zwischen erhöhter Sonnenstrahlung und Erhöhung der Lufttemperatur ist somit nicht möglich.

Als eine andere Möglichkeit zur Erklärung der angeführten Klimaveränderungen könnte eine Veränderung der Transmissionskoeffizienten der Atmosphäre angenommen werden. Danach müßte zur Erreichung einer Erwärmung die Durchlässigkeit der Atmosphäre für kurzwellige Strahlung zugenommen haben; die Menge der die Strahlung schwächenden Beimengungen müßte also abgenommen haben.

Da weder für die Zunahme der Sonnenstrahlung noch für die Abnahme der die Strahlung abschwächenden Beimengungen in der Atmosphäre sichere Beweise zu erbringen sind, ergibt sich folgendes: Die oben dargestellten Veränderungen der klimatischen Verhältnisse kennzeichnen eine stark entwickelte Klimaveränderung, für die aber eine bestimmte Ursache nicht angegeben werden kann.

Bringt man die Veränderungen des Klimas mit Schwankungen der Sonnenstrahlung in Verbindung, so liegt es nahe, rhythmische Schwankungen im Ablauf der Klimaelemente zu vermuten. Da sich nun in den seit dem Jahre 1794 vorliegenden Sonnenfleckenrelativzahlen eine im Mittel elfjährige Periode nachweisen ließ, ergab sich der Hinweis auf entsprechende periodische Veränderungen der Klimaelemente.

Die Jahresmittel der Sonnenfleckentätigkeit (Sonnenfleckenrelativzahlen) zeigen einen periodischen Gang der Sonnenaktivität (Abb. 171). Die Länge der Sonnenfleckenperiode beträgt im Mittel 11,1 Jahre; dabei beläuft sich die Länge der extremen Perioden auf 7,3 bzw. 17,1 Jahre. Die rhythmische Veränderung der Maxima in Abb. 171 weist darauf hin, daß der elfjährigen Sonnenfleckenperiode eine längere Periode überlagert ist.

Eine allgemeine Übersicht deutet auf einen recht engen Zusammenhang zwischen der Periode der Sonnenflecken und dem Gang der Jahresmitteltemperaturen hin. Dabei ergibt sich für das Sonnenfleckenmaximum ein Tempe-

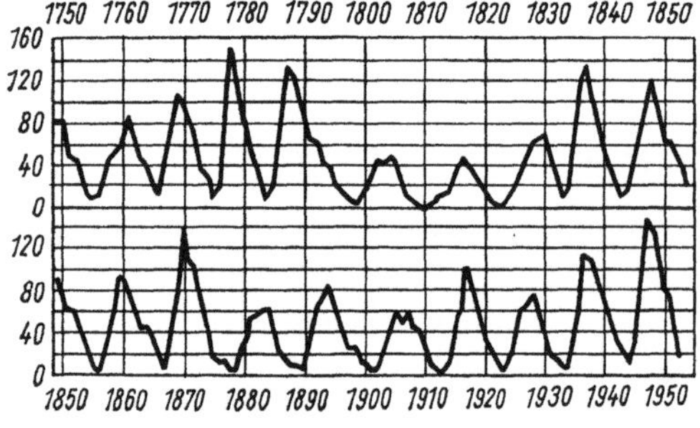

Abb. 171. Jahresmittel der Sonnenfleckenrelativzahlen (nach M. WALDMEIER, 1955)

raturminimum und umgekehrt. Besonders deutlich ist dieser Zusammenhang in den Tropen ausgebildet, während er außerhalb der Tropen geringer wird. Dabei erreicht die Amplitude der Temperaturschwankung in den Tropen etwa den zehnfachen Wert der höheren Breiten; die Amplitude liegt in den Tropen bei etwa 0,3 K.

Eingehendere Untersuchungen lassen aber erkennen, daß die Zusammenhänge zwischen der Sonnenfleckenrelativzahl und der Jahresmitteltemperatur offenbar doch etwas komplizierter sind. Nach einer von H. VOIGTS (1952) gegebenen Zusammenstellung lassen sich fünf Typen des Zusammenhangs zwischen Sonnenfleckentätigkeit und Jahresmitteltemperatur erkennen:

1. *Polarer Typ.* Die Jahresmitteltemperatur zeigt eine Doppelschwingung im Sonnenfleckenzyklus mit den Maxima ein Jahr vor bis ein Jahr nach den Fleckenextremen. Die Minima befinden sich in den Zwischenlagen. Das wesentliche Verbreitungsgebiet dieses Typs ist das Gebiet von Grönland über Island bis Nordeuropa.

2. *Mittelmeertyp.* In der Doppelwelle zeigen sich die Maxima zwei Jahre vor den Fleckenextremen, die Minima ein bis zwei Jahre nach den Fleckenextremen. Dieser Typ erscheint im europäischen Mittelmeer; ähnliche Typen, bei denen sich gegenüber dem reinen Mittelmeertyp eine Phasenverschiebung zeigt, treten in Zentralafrika, in Südafrika sowie in Nordaustralien auf.

3. *Atlantischer Typ.* In einer einfachen Welle liegt das Maximum der Temperatur zwei Jahre vor dem Fleckenminimum, das Minimum zwei bis drei Jahre vor dem Fleckenmaximum. Der Nordatlantik nördlich des Wendekreises gehört einschließlich der Ostküste Nordamerikas und der Westküste Europas diesem Typ an.

4. *Mitteleuropäischer Typ.* Auch hier tritt eine einfache Welle der Jahresmitteltemperaturen im Sonnenfleckenzyklus auf, wobei das Maximum der Temperatur zwei bis drei Jahre nach dem Fleckenminimum, das Minimum ein bis drei Jahre vor dem Fleckenminimum erreicht wird. Mitteleuropa und die Westküste Nordamerikas sind die Verbreitungsgebiete dieses Typs.

5. *Tropischer und subtropischer Typ.* Auch hier herrscht eine einfache Schwingung vor. Die Maxima der Jahresmitteltemperaturen liegen um das Fleckenminimum, die Minima der Temperatur um das Fleckenmaximum. Die Ostküste Amerikas zwischen den Wendekreisen, Indien und die äquatornahen Inseln des Pazifiks sind die Verbreitungsgebiete dieses Typs. Derselbe Typ tritt noch einmal in den kontinentalen Gebieten der gemäßigten Breiten, in Nordamerika und Osteuropa, in Erscheinung.

Es ist verständlich, daß sich die vorstehenden Darlegungen wesentlich auf Beobachtungsergebnisse vom Festland, und hier wieder von der Nordhalbkugel stützen. Da das Beobachtungsmaterial noch nicht ausreicht, um eine eingehende Kennzeichnung der Verhältnisse auf der ganzen Erde durchzuführen, mögen die hier gegebenen Andeutungen zunächst genügen.

In vielen Fällen werden die Zusammenhänge zwischen Sonnenfleckentätigkeit und Temperatur deutlicher, wenn man zur Betrachtung kürzerer Zeiträume übergeht. So zeigt sich beispielsweise, daß im Innern Nordamerikas in 50° n. Br. die Winter in fleckenreichen Jahren kalt, in fleckenarmen Jahren dagegen mild sind. Besonders macht sich diese Wirkung im Dezember bemerkbar; denn fleckenarme Dezember sind durchschnittlich um 10 K wärmer als fleckenreiche Dezember.

Auch die bisher festgestellten Zusammenhänge zwischen der Sonnenfleckentätigkeit und den Niederschlägen ergeben gebietsweise recht unterschiedliche Resultate. Für die Hochsommermonate Mitteleuropas hat sich gezeigt, daß sehr trockene Hochsommer etwa zwei Jahre vor den Fleckenextremen besonders häufig vorkommen. Demgegenüber häufen sich nasse Hochsommer kurz vor dem Fleckenminimum sowie kurz nach dem Fleckenmaximum.

Aus den angeführten Beispielen mag hervorgehen, daß zwar besonders für die Temperatur Zusammenhänge mit dem Sonnenfleckenzyklus nachweisbar sind, daß diese Zusammenhänge aber nicht über die ganze Erde hinweg einheitlich sind. Eine Erklärung der gefundenen Zusammenhänge ist auch nicht zuletzt deshalb sehr schwierig bzw. zur Zeit noch unmöglich, weil sich zwischen der Sonnenfleckentätigkeit und der Solarkonstanten, also der von der Sonne ausgestrahlten Energie, noch kein eindeutiger Zusammenhang feststellen ließ. Da aber die klimatologischen Elemente und Erscheinungen im wesentlichen auf Änderungen der zugestrahlten Energie ansprechen, kann eine endgültige Erklärung der dargestellten Zusammenhänge erst dann gegeben werden, wenn feststeht, welchen periodischen Veränderungen die von der Sonne ausgestrahlte Energie im Zusammenhang mit dem Sonnenfleckenzyklus unterliegt.

Ist schon der Zusammenhang zwischen dem elfjährigen Sonnenfleckenzyklus und den periodischen Veränderungen der klimatologischen Elemente und Erscheinungen vielfach schwierig zu erfassen, so mehren sich die Schwierigkeiten bei anderen Periodenlängen, die festgestellt wurden.

Das gilt zunächst für eine etwa drei- bis vierjährige Periode, die besonders im Bereich des malaiischen Archipels am Luftdruck beschrieben wurde. Diese Periode hat sich aber als nicht persistent erwiesen. Daraus ergibt sich der Hinweis, daß es sich bei dieser Periode um Schwingungen handelt, die durch terrestrische Ereignisse erzeugt werden und dann in einem etwa $3^1/_2$jährigen Rhythmus abklingen. Als anregende Ereignisse für diese Schwingungen könnte man an Vulkanausbrüche und die damit verbundene Veränderung der die Erde erreichenden Strahlungsenergie denken.

Bei längeren Perioden nimmt naturgemäß mit zunehmender Periodenlänge die Möglichkeit der sicheren Feststellung ab, da dann die vorliegenden Beobachtungsreihen im allgemeinen noch nicht ausreichen, um entweder die gefundene Periode als zufällig oder aber als gesichert erscheinen zu lassen. Erschwerend kommt hinzu, daß Interferenzerscheinungen verschiedener Rhythmen zur Verstärkung oder Abschwächung, aber auch zu einem plötzlichen Abbrechen einer festgestellten Periode führen können.

Nach den vorstehenden Bemerkungen ist es verständlich, daß beispielsweise 16- oder 35jährige Perioden, die im Klimaablauf entdeckt wurden, mit einer gewissen Unsicherheit behaftet sind. Das hat zur Folge, daß man diese Perioden nicht zur Vorhersage des künftigen Klimaablaufs verwenden kann.

Die Unsicherheit der längeren Perioden hat sich besonders deutlich bei der 35jährigen (Brücknerschen) Periode gezeigt. Diese Periode ist deshalb sehr bekannt geworden, weil sie an einer Reihe von Klimaelementen demonstriert

wurde; außerdem wurde der Versuch gemacht, diese Periode mit praktischen Fragen (Ernteerträge) in Zusammenhang zu bringen. Allerdings ergaben dann genauere Untersuchungen, daß bei der Brückner-Periode ein Zusammenhang mit der Sonnenfleckenperiode zu vermuten ist; danach wäre die Brückner-Periode eine rhythmische Verstärkung der Sonnenfleckenperiode. Schließlich konnte A. WAGNER (1940) zeigen, daß das bei der Berechnung der Brückner-Periode angewandte Rechenverfahren auch mit Zufallszahlen zu einer „35jährigen Periode" führt.

Die vorstehenden Betrachtungen mögen zeigen, daß bei der Feststellung von Klimaperioden äußerste Vorsicht geboten ist. Das gilt, wie gezeigt, bereits für verhältnismäßig kurze Perioden; es muß um so mehr für lange Perioden gelten, die nicht mehr aus Messungen festgestellt werden können, sondern die auf indirektem Wege erschlossen werden müssen. Vor allem wird man eine Periode erst dann als Realität ansehen dürfen, wenn sie durch physikalische Vorgänge begründet ist; anders ausgedrückt: Zur endgültigen Feststellung einer Periode muß diese statistisch und physikalisch gesichert sein.

8.2. Klimate in historischer und erdgeschichtlicher Zeit

Mit den Klimaänderungen und Klimaschwankungen steht die Betrachtung des Klimaablaufs während der Erdgeschichte in engem Zusammenhang. Denn die Annahme einer kontinuierlichen Abkühlung der Erde war nach dem Erkennen der pleistozänen und älterer Vereisungen nicht mehr haltbar. Damit wurde die Aufmerksamkeit auf rhythmische Veränderungen im Klimaablauf gelenkt.

Mit der Fragestellung nach Rhythmen im Klimaablauf ergibt sich sofort die Frage nach der Feststellung solcher Rhythmen. Reichen die vorhandenen klimatologischen Messungen schon zur Feststellung verhältnismäßig kurzer Perioden nicht aus, so müssen sie für langfristige Veränderungen völlig versagen. Da auch Chroniken mit Angaben über besondere Witterungsereignisse zwar wertvolle Anhaltspunkte bieten, insgesamt aber für die Fragestellung nach Veränderungen des Klimas über lange

Zeiträume hinweg ebenfalls keinen wesentlichen Beitrag liefern, muß nach anderen Hinweisen gesucht werden. Zur Erforschung des Klimas langer Zeiträume müssen die Auswirkungen der klimatologischen Prozesse, soweit sie erhalten sind, herangezogen werden.

8.2.1. Klimazeugen

Auf der Suche nach Klimazeugen, die uns von früheren Klimaverhältnissen Kunde geben, geht man von den heutigen Klimaverhältnissen aus. Da nämlich die Auswirkung des Klimas auf die anorganische Natur zeitlich unabhängig ist, sind hier die Verbindungen ziemlich leicht herzustellen. Weiß man also aus der Beobachtung, welche Erscheinungen ihr Entstehen bestimmten Klimaten verdanken, so ist umgekehrt aus dem Vorhandensein solcher Erscheinungen auf das Klima zur Zeit ihrer Entstehung zu schließen. Das gilt beispielsweise für die Bildung bestimmter Ablagerungen oder Oberflächenformen.

Bei der organischen Natur ist zu berücksichtigen, daß die Anpassungsfähigkeit von Tier und Pflanze an das Klima in Rechnung gestellt werden muß. Daher kann man aus dem Vorkommen von Pflanzen und Tieren, die den heutigen gleich oder ähnlich sind, in früheren geologischen Zeiten nicht mehr schließen, daß das Klima der entsprechenden Zeit dem heutigen gleich oder ähnlich gewesen sei. Damit nimmt die Sicherheit, mit der man über das Klima nach dem Vorkommen von Tieren und Pflanzen Aussagen machen kann, um so mehr ab, je weiter der betrachtete Zeitraum zurückliegt. Allerdings ist hier zu bedenken, daß gewisse allgemeine physiologische Merkmale als relativ konstant zu betrachten sind.

Aus dem Komplex „Klima" treten manchmal einzelne Elemente oder Erscheinungen besonders in den Vordergrund. Das ist z. B. recht häufig bei der Temperatur der Fall, so daß diese in manchen Fällen fälschlicherweise mit dem Klima gleichgesetzt wird. Mit der Temperatur sind andere Elemente und Erscheinungen des Klimas eng verknüpft. Daher geben die meisten Klimazeugen über das Zusammenwirken mehrerer Klimaelemente Auskunft, wenn dabei auch ein Element, beispielsweise die Temperatur, vorherrschen kann.

In jedem Falle ist die Rekonstruktion früherer Klimate mit Unsicherheiten behaftet, die im allgemeinen um so größer sind, je weiter der betrachtete Zeitraum zurückliegt. Es ist daher selbstverständlich, daß Schlüsse auf das Klima weit zurückliegender Zeiten nur auf Grund mehrerer Klimazeugen gezogen werden dürfen. Aber selbst bei sorgfältigster Bearbeitung der Klimazeugen wird man für das Klima des betrachteten Zeitraums nur eine mehr oder weniger gute Näherungslösung erhalten. Diese Tatsache kommt in den Beschreibungen zum Ausdruck, die in ihrem Charakter immer allgemeiner werden, je weiter der in Frage stehende Zeitraum zurückliegt.

Je nach der Fragestellung kann man zu verschiedenen Einteilungen der Klimazeugen kommen. Man kann sie nämlich einmal nach meteorologischen Prinzipien einteilen, also danach, worüber die Zeugen aussagen. Andererseits ist eine Einteilung nach Natur und Eigenart der Klimazeugen möglich, die den Gesichtspunkten des Geologen entspricht. Eine Einteilung nach dem zweiten Prinzip wurde von M. SCHWARZBACH (1950) gegeben und unterscheidet folgende Klimazeugen:

I. Biologische Klimazeugen
Pflanzen und Tiere

   a) auf Grund systematischer Verwandtschaft;

   b) auf Grund allgemeiner, ökologischer und physiologischer Verhältnisse.

II. Lithogenetische Zeugen

   a) Verwitterungsvorgänge;

   b) Sedimente

      1. auf Grund ihrer mineralogisch-petrographischen Zusammensetzung;

      2. auf Grund ihrer besonderen Ablagerungsverhältnisse.

III. Morphologische Klimazeugen.

Eine Einteilung der Klimazeugen nach der meteorologischen oder klimatologischen Fragestellung, also nach ihrer Aussage bezüglich des Klimas, kommt naturgemäß zu denselben Klimazeugen, wenn auch in anderer Anordnung. Im folgenden soll auf einige Klimazeugen für verschiedene klimatische Erscheinungen hingewiesen werden. Dabei werden manche Klimazeugen, die über mehrere Klimaelemente aussagen, mehrfach zu betrachten sein.

Klimazeugen für Temperaturverhältnisse

Die folgenden Klimazeugen geben Hinweise auf ein warmes Klima.

Durch hohe Verdunstung entstehen die *Salzablagerungen*, wobei der Vorgang der Salzausscheidung durch hohe Temperaturen begünstigt wird. Demnach ist die Salzbildung eher in warmariden als in kühlariden Gebieten zu erwarten. Salzlager weisen daher auf relativ warmes Klima hin, ohne allerdings im Einzelfall als Beweis für ein solches Klima gelten zu können.

Auf warme und trockene Gebiete weist die *Rotfärbung* der Böden hin. Während es bei Trockenheit zur Anreicherung von Eisenoxiden (Fe_2O_3) und damit zur Rotfärbung kommt, bilden sich bei größerer Feuchtigkeit braune Eisenhydroxide, die eine Braunfärbung der Böden zur Folge haben.

Die heutigen tropischen Roterdebildungen, die als Laterite bezeichnet werden, sind wesentlich auf die Savannenklimate beschränkt. Dabei ist das Kennzeichen des Laterits eine starke Verarmung an Kieselsäure, zu der ein gegenüber anderen Roterden verstärkter Gehalt an Fe_2O_3 kommt.

Nach der heutigen Entstehung weisen Roterden allgemein auf ein warmes, jahreszeitlich trockenes Klima hin, so daß aus dem fossilen Vorkommen von Roterden auf solche Klimate zu schließen ist. Insbesondere weisen fossile Laterite auf Savannenklima hin.

Die Bildung von *Kaolin* scheint nach M. SCHWARZBACH (1950) hauptsächlich in warmen Klimaten vor sich zu gehen. Allerdings ist dieser Hinweis nicht völlig gesichert, da teilweise auch eine Kaolinbildung in kühleren Klimaten angenommen wird. Damit wird das Vorhandensein von Kaolin zu einem recht unsicheren Temperaturzeugen.

Als besonders wichtige Zeugen für warmes Klima sind ausgedehnte und mächtige *Kalkablagerungen* anzusehen. Denn die Löslichkeit des Kalkes im Wasser ist temperaturabhängig, und zwar in folgender Weise: Je mehr Kohlendioxid (CO_2) das Wasser enthält, um so mehr Kalk vermag es zu lösen. Der CO_2-Gehalt aber ist temperaturabhängig, er steigt mit abnehmender Temperatur; so vermag beispielsweise Meereswasser von 0 °C doppelt soviel CO_2 zu lösen wie Wasser von 20 °C. Damit nimmt auch die Löslichkeit des Kalkes im Wasser mit ab-

nehmender Temperatur zu. Umgekehrt führt die Erwärmung einer mit Kalk gesättigten Lösung zur Ausscheidung des Kalkes.

Da große Ozeantiefen Gebiete der Kalklösung darstellen, weisen fossile Kalkablagerungen auf warme und verhältnismäßig seichte Meere hin. *Pflanzen* und *Tiere* sind wegen ihrer mehr oder weniger großen Anpassungsfähigkeit an klimatische Verhältnisse als Klimazeugen nur sehr bedingt brauchbar. Bei den Pflanzen wird beispielsweise Artenreichtum als Kennzeichen warmen Klimas angesehen. Auch aus der systematischen Verwandtschaft rezenter und fossiler Pflanzen können sich Rückschlüsse klimatischer Art ergeben. Da nämlich die Temperaturansprüche der rezenten Pflanzen bekannt sind, können die Temperaturansprüche der fossilen Pflanzen und damit die zu ihnen gehörigen Temperaturverhältnisse wenigstens näherungsweise erschlossen werden. Während die anpassungsfähigsten Säugetiere im allgemeinen als Klimazeugen nicht brauchbar sind, weisen die Reptilien, die weniger anpassungsfähig sind, auf ein warmes Klima hin.

Sehr wichtige und oft genannte Klimazeugen sind die *Korallenriffe*. Die heutigen riffbildenden Korallen sind auf warme Meere und geringe Tiefen angewiesen, so daß Riffe heute im wesentlichen auf die Küstenzonen zwischen 30° nördlicher und 30° südlicher Breite beschränkt sind. Polwärts dieser Grenzen treten bankbildende Steinkorallen auf. Schließlich wurden einzelne Korallenrassen auch in größeren Tiefen bei geringeren Temperaturen in den norwegischen Fjorden gefunden. Damit treten heute die meisten Korallen zwar in den Tropen bei mittleren Wassertemperaturen von mindestens 21 °C und in Tiefen von 20 bis 50 m auf, es finden sich aber auch Korallen bei 350 bis 500 m Tiefe und Temperaturen von 6 bis 7 °C (Norwegen).

Damit erscheint die Aussagekraft fossiler Riffkalke bezüglich der Temperatur zunächst stark herab gemindert. Allerdings weist die bedeutende Kalkabscheidung nach dem, was vorher über die Löslichkeit des Kalkes in Abhängigkeit von der Temperatur bemerkt wurde, darauf hin, daß auch die fossilen Riffe in verhältnismäßig warmem Wasser entstanden sein müssen. Damit deuten also auch die fossilen Korallenriffe auf ein relativ warmes Klima hin.

Als solche Klimazeugen, die auf ein kühles

Klima hinweisen, seien die folgenden genannt.

Alle Ablagerungen und Formen, die mit *Gletschern* in Zusammenhang stehen, weisen in heute unvergletscherten Gebieten auf ein gegenüber dem heutigen kühleres Klima hin. Es ist dabei zu beachten, daß kleine Gletscher auch in wärmeren Klimazonen, wie beispielsweise in den Hochlagen heutiger tropischer Gebirge, auftreten können. Einzelgebilde geben also keinen Einblick in die Klimaverhältnisse ausgedehnter Gebiete; nur eine größere Verbreitung der mit Gletschern zusammenhängenden Ablagerungen und Formen läßt Schlüsse auf das Klima ausgedehnterer Gebiete zu.

Bei der Interpretation fossiler Ablagerungen und Formen, die mit Gletschern in Verbindung zu bringen sind, muß man beachten, daß Gletscher nicht nur von der Temperatur abhängig sind. Vielmehr besteht auch eine Abhängigkeit von den Niederschlägen. So erreicht die heutige klimatische Schneegrenze ihre höchste Lage nicht im Äquatorgebiet, sondern bereits in den subtropischen Trockengebieten. Auch ist es auf das Zusammenwirken von Temperatur und Niederschlag zurückzuführen, daß das Ende vieler Gletscher wesentlich unterhalb der klimatischen Schneegrenze liegt. Diese Höhendifferenz beträgt bei einer Reihe von Alpengletschern über 1000 m und übersteigt im Himalaja vereinzelt sogar 2000 m.

Es ergibt sich, daß aus gletscherbedingten Klimazeugen in heute unvergletscherten Gebieten allgemein auf ein kühleres Klima – im Vergleich mit dem heutigen – des betreffenden Gebietes geschlossen werden kann. Das Ausmaß der Abkühlung ist allerdings infolge des Zusammenspiels von Temperatur und Niederschlag nicht in jedem Falle mit Sicherheit anzugeben.

Flußterrassen weisen dort, wo tektonische Vorgänge ausgeschlossen sind, auf Klimawechsel hin. Im allgemeinen ist den Flüssen in den Zeiten der Vereisung mehr Schutt zugeführt worden, als sie abtransportieren konnten, so daß es zur Aufschotterung kam. In Warmzeiten schnitt sich der Fluß dann bei erhöhtem Abfluß wieder ein. Man kann daher aus der Aufschotterung auf Kalt-, aus der Erosion des Flusses auf Warmzeiten schließen.

Das Verhalten küstennaher Flüsse deutet allerdings darauf hin, daß die vorher genannte Parallelisierung nur bedingt gilt. Da in den Kaltzeiten größere Wassermassen in fester Form gebunden waren, sank der Mereesspiegel, so daß die Flüsse infolge Tieferlegung der Erosionsbasis erodieren mußten. Umgekehrt erfolgte bei Erhöhung des Meeresspiegels in den Warmzeiten eine Aufschotterung. Die meernahen Flüsse verhalten sich also umgekehrt wie die meerfernen, worauf natürlich bei der Auswertung von Terrassen bezüglich des Klimas geachtet werden muß.

Die *Verschiedenartigkeit der Verwitterung* während der Kalt- und Warmzeiten des Pleistozäns gibt die Möglichkeit, auf die Längen der Warmzeiten zu schließen. Denn während der Warmzeiten wurden die kalkhaltigen glazialen Sedimente oberflächlich entkalkt und in Lehm umgewandelt. Die auf diese Weise entstandenen Verlehmungszonen lassen zwar keine genaue Temperaturangabe zu, sie geben aber durch ihre Mächtigkeit Hinweise auf die Zeitdauer des jeweils wärmeren Klimas. Auf diese Weise kamen A. PENCK und E. BRÜCKNER (1909) zu folgendem zeitlichen Verhältnis:

Nacheiszeit: Riß/Würm-Interglazial: Mindel/Riß-Interglazial = 1 : 3 : 12.

Pflanzen und *Tiere* sind als Indikatoren für kühles Klima zu verwenden, wenn ihre Temperaturansprüche bekannt sind. Man kann daher bei Kenntnis der Temperaturansprüche auch aus dem Verhältnis auftretender Arten auf warmes oder kaltes Klima schließen. Das beste Beispiel für dieses Verfahren bietet die Pollenanalyse; aus dem Vorherrschen verschiedener Pflanzen kann auf das jeweilige Klima geschlossen werden. Bei den Tieren ergeben sich größere Schwierigkeiten, die insbesondere eine Folge der Wanderungen der Tiere sind. Die Tatsache, daß das Tundra-Ren noch heute jahreszeitliche Wanderungen über manchmal mehr als 700 km unternimmt, zeigt, daß vereinzelte Funde keine Rückschlüsse auf das Klima zulassen.

Die Tatsache, daß sich heute bei weitem die meisten *Torfmoore* in den gemäßigten Breiten bilden – etwa 90% der heutigen Torfmoore liegen nördlich 40° n. Br. –, läßt nicht ohne weiteres den Schluß auf gemäßigte Klimaverhältnisse beim Vorhandensein von Torfmooren zu. Denn es kann auch bei rascher Senkung des Untergrundes zur Bildung von Torfmooren kommen. Außerdem kommen auch heute in den Tropen einzelne Torfmoore vor. Es folgt daraus, daß Torfmoore zwar Hinweise auf gemäßigtes Klima geben, daß sie allein aber noch keinen Beweis für ein solches Klima darstellen.

Klimazeugen für Niederschlagsverhältnisse

Für trockenes Klima ergeben sich folgende Hinweise.

Salze werden in oder auf den Böden arider Gebiete ausgeschieden. Da aber zum Transport der Salze eine gewisse Wassermenge erforderlich ist, erfolgt die Salzausscheidung besonders in den Steppen, weniger dagegen in den Wüsten, sowie in den Salzseen und Lagunen der Trockengebiete. Salzausscheidungen in anderen Klimagebieten sind zwar vorhanden, bleiben aber örtlich stark beschränkt. Da die Salzausscheidung durch die Wärme begünstigt wird, weisen große Salzablagerungen auf ein vorherrschend warmarides Klima hin.

Wüsten sind durch Vorherrschen der mechanischen und weitgehendes Zurücktreten der chemischen Verwitterung gekennzeichnet. Da das sowohl für heiße als auch für kalte Wüsten zutrifft, sind Wüsten keine Zeugen für Temperaturverhältnisse; dagegen stellen sie eindeutige Zeugen für trockene Klimate dar.

Besondere Bedeutung für den Materialtransport kommt in den Wüsten dem Wind zu. Danach weisen auch Windrippeln auf trockenes Klima hin, wobei allerdings die Möglichkeit der Verwechslung von Wind- und Wasserrippeln zu beachten ist. An den Sandkörnern läßt sich eine Windbearbeitung feststellen (Mattierung), die ihrerseits auch wieder auf einen wüstenhaften Charakter der Landschaft und damit auf trockenes Klima hinweisen kann.

Schließlich deutet auch der Löß auf die Wirkung des Windes in Trockengebieten hin. Kühle oder kalte Steppen sind die Ablagerungsgebiete des Lößes. Daher läßt das Vorhandensein von Löß auf trockenes, aber auch auf kühles Klima schließen.

Inselberge bilden sich in ariden und halbariden (wechselfeuchten) warmen Gebieten. Demgegenüber sind aus den Polargebieten nur wenige Inselberge bekannt. Damit ist dort, wo fossile Inselberge auftreten, auf ein warmes, arides bzw. halbarides Klima zu schließen.

Auch unter den *Pflanzen* und *Tieren* gibt es Zeugen für trockene Klimate. Es ist allerdings zu berücksichtigen, daß sich bei manchen Pflanzen xerophile Eigenschaften entwickeln können, ohne durch arides Klima bedingt zu sein. – Besondere Anpassungsmerkmale von Steppentieren lassen bei fossilem Vorkommen Rückschlüsse auf das Klima zu. Im allgemeinen aber sind auch für arides Klima Tiere und Pflanzen nur bedingt als Zeugen brauchbar.

Die nachfolgenden Klimazeugen deuten auf ein feuchtes Klima hin.

War für die trockenen Klimate die Vorherrschaft der mechanischen Verwitterung kennzeichnend, so tritt in den feuchten Klimaten die chemische Verwitterung mehr und mehr in den Vordergrund. Typisch für diese chemische Verwitterung sind die aus feldspatreichen Gesteinen entstandenen *Kaoline*. Damit weist das Vorhandensein von Kaolinen auf feuchtes Klima hin. Es ist allerdings noch nicht völlig geklärt, ob das für die Bildung der Kaoline notwendige Klima tropisch sein muß oder ob es auch in kühl-humiden Klimaten zur Kaolinbildung kommt.

Die Bildung von *Torfmooren* und damit letzten Endes auch von Kohlenflözen ist an feuchtes, vielfach auch an kühles Klima gebunden. Damit geben Kohlenflöze und Torflagerstätten Hinweise auf humides Klima.

Deutliche Beweise für humides Klima sind fossile Seen, die an ihren Ablagerungen sowie gut ausgebildeten Erosionsformen in den heutigen Wüstengebieten erkennbar sind. Besonders deutlich treten die fossilen Seen im Great Basin Nordamerikas in Erscheinung. Auf Grund des Einzugsgebietes dieser Seen wurde versucht, auf die Niederschlagsmengen zur Zeit ihrer Existenz zu schließen; es ergibt sich dabei eine jährliche Niederschlagsmenge von 890 mm (vgl. M. SCHWARZBACH, 1950).

Ebenfalls aus dem Great Basin sind aus dem Vergleich rezenter und fossiler Florenelemente Angaben über die jährlichen Niederschlagsmengen verschiedener Zeiten abgeleitet worden (Tab. 55).

Gerade für die Pflanzen als Klimazeugen ist immer wieder darauf hinzuweisen, daß sie im allgemeinen über das *Zusammenwirken* von Temperatur und Niederschlag aussagen. Daher ist es nicht immer möglich, aus diesen Klimazeugen exakte Aussagen über nur einen der beiden Klimafaktoren herzuleiten.

Aus manchen Ablagerungen, beispielsweise aus dem Rotliegenden und dem Buntsandstein, sind *fossile Regentropfen* bekannt. Denn einzelne Regentropfen hinterlassen in Sand oder Schlamm Eindrücke, die teilweise verfestigt werden können. Voraussetzung dafür ist, daß der Regen großtropfig ist und nicht zu häufig fällt, weil bei häufigeren Niederschlägen die Spuren vorhergehender Regenfälle wieder verwischt werden. Damit weisen fossile Regentropfen nicht auf humides, sondern auf arides Klima mit vereinzelten Schauern hin.

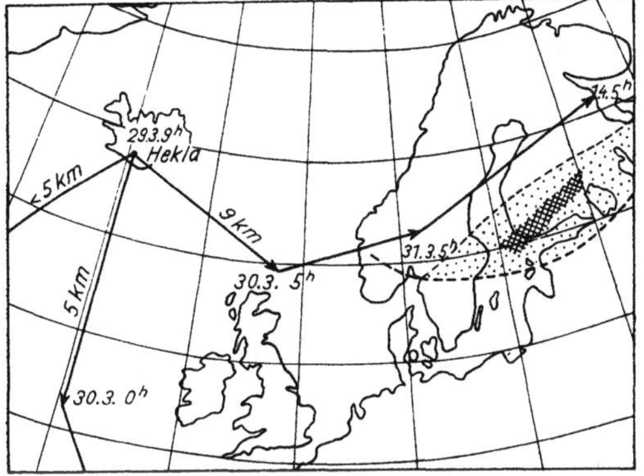

Abb. 172. Wirkung der Luftströmung auf den Transport vulkanischer Aschen beim Ausbruch des Hekla 1947 (nach M. SCHWARZBACH, 1950)

Zeugen für Luftdruck und Wind

Da bei Dünen und Windrippeln die flache Seite dem Winde zugekehrt, die Steilseite dem Wind abgewandt ist, kann man aus dem Vorhandensein derartiger Formen auf die Windrichtung während ihrer Entstehung schließen. Weiterhin ist ein Zusammenhang zwischen Windgeschwindigkeit und Korngröße des transportierten Materials bekannt. Demzufolge ist aus der Korngröße des in den Dünen abgelagerten Materials die Windgeschwindigkeit zur Zeit der Ablagerung zu ermitteln. Wind-

richtung und Windgeschwindigkeit geben Hinweise auf die Luftdruckverteilung. Daher kann man aus der Lage und dem Material fossiler Dünen auf die Luftdruckverteilung während der Entstehung dieser Dünen schließen, wie das H. POSER (1948) getan hat.

Etwas komplizierter werden die Verhältnisse, wenn es sich bei dem vom Winde transportierten Material um sehr feines, leichtes Material handelt, das nicht in Bodennähe verfrachtet, sondern durch die Turbulenz in große Höhen gebracht wird. In diesen Fällen müssen die Höhenwindverhältnisse berücksichtigt werden, die von den Bodenwinden erheblich abweichen können. Ein Beispiel dafür bietet der Ausbruch des Hekla auf Island 1947 (Abb. 172). Die ausgeworfene Asche wurde in Höhen über 9 km zunächst nach Südosten, dann nach Osten bis Nordosten verfrachtet, sank gegen Ende ihres Weges langsam in tiefere Schichten ab und wurde schließlich durch Regen über Finnland niedergeschlagen. Demgegenüber wurde die Asche in tieferen Schichten von Island unmittelbar nach Süden bzw. Südwesten transportiert.

Vergleicht man mit diesem Ergebnis den Befund, daß im Gebiet von Göttingen Bimssteintuffe vom letzten Ausbruch des Laacher-See-Vulkans, der 10- bis 12000 Jahre zurückliegt, gefunden wurden, so ergibt sich daraus: Zur Zeit des genannten Ausbruchs müssen in den Höhen, in denen das vom Laacher-See-Vulkan ausgeworfene Material verfrachtet wurde, südwestliche Winde vorgeherrscht haben.

Weitere Hinweise auf die Windrichtung erhält man aus Windschliffpflastern, aus der Lage der Kare sowie aus der Lage umgestürzter Bäume. Kare weisen insofern auf die Windrichtung hin, als sie in verstärktem Maße auf der Leeseite von Gebirgen auftreten; allerdings dürfte für die Karbildung nicht nur die Windrichtung, sondern auch die Exposition gegen die Sonnenstrahlung eine wichtige Rolle spielen. Als Folge davon ergibt sich, daß man auf der Nordhalb-

Tabelle 55. Jährliche Niederschlagsmengen im Great Basin (nach M. SCHWARZBACH, 1950)

Zeit	Jahresniederschlag in mm
Oberoligozän	1000
Miozän (?)	750
Unter- oder Mittelpliozän	500 oder mehr
Oberpliozän	500 oder mehr
Oberpliozän (nach einer anderen Pflanzenart)	400
Jetztzeit	400

kugel, auf der die Nordseite für die Karbildung begünstigt ist, aus der Lage der Kare nur auf westliche oder östliche Winde schließen kann; die Nord- oder Südrichtung kann auf diese Weise nicht bzw. nur unsicher erfaßt werden.

Die Verteilung von Meeresablagerungen läßt teilweise Schlüsse auf die Meeresströmungen zur Zeit der entsprechenden Ablagerung zu. Die Verbindung zwischen Meeresströmungen und Luftströmungen gibt dann die Möglichkeit, auf die atmosphärische Zirkulation während der fraglichen Zeit zu schließen.

Zeugen für jahreszeitliche Witterungsänderungen

Die unterschiedlichen Temperatur- und Abflußverhältnisse der Jahreszeiten haben einen Einfluß auf die Sedimentführung der Flüsse und damit auf die Flußablagerungen. In wasserreichen Zeiten wird durch die Flüsse gröberes, in den wasserarmen Zeiten feineres Material mitgeführt und abgelagert. Dieser jahreszeitliche Wechsel der Sedimentation konnte beispielsweise am Züricher See (vgl. M. Schwarzbach, 1950) rezent nachgewiesen werden, wo im Sommer gröberes, im Winter feineres Material abgelagert wird.

In gleicher Weise deutet die Schichtung eiszeitlicher *Bändertone* auf jahreszeitliche Unterschiede in der Wasserführung hin. In diesen Bändertonen wechseln dicke, helle, sandige „Sommerschichten" (gröberes Material) mit dünnen, dunklen, sehr tonigen „Winterschichten" (sehr feines Material) ab. Eine zusammengehörige Doppelschicht wird als Warwe bezeichnet und ist in den meisten Fällen mehrere Zentimeter mächtig.

Aus der Zahl der Warwen läßt sich die Mindestzahl der zur Bildung der Ablagerung nötigen Jahre ablesen, allerdings nur näherungsweise, weil es im periglazialen Klima durchaus möglich ist, daß bei geringeren Temperaturen der wärmeren Jahreszeit die „Sommerschicht" ausfallen kann.

Bekannt sind die Jahresringe der Bäume, die auf Wachstumsunterschiede in den Jahreszeiten hinweisen. Besonders in den mittleren Breiten sind die Jahresringe regelmäßig ausgebildet, so daß sie zu einer Altersbestimmung der Bäume verwendet werden können. Wenn sich nun beispielsweise in unseren Karbonschichten kaum Jahresringe finden, so könnte man daraus zu-

nächst auf ein gleichmäßig tropisches Klima während des Karbons schließen. Allerdings deuten andere Befunde darauf hin, daß dieser Schluß nicht zutrifft; es muß vielmehr damit gerechnet werden, daß die Pflanzen jener Zeiten noch nicht in der Lage waren, auf jahreszeitliche Änderungen der Wachstumsbedingungen mit ausgeprägten Jahresringen zu reagieren. Daraus folgt aber, daß die Jahresringe insofern unsichere Klimazeugen darstellen, als zwar ihr Vorhandensein auf jahreszeitliche Unterschiede in den klimatischen Wachstumsbedingungen hinweist, ihr Fehlen aber kein Beweis für ein gleichförmiges Klima ist. Das gilt um so mehr, je weiter die betrachtete Zeit zurückliegt.

In den Warwen der Bändertone ist vielfach eine weitere Unterteilung zu beobachten, die man als „Tageswarven" bezeichnet. Es handelt sich hierbei um die Folgen kurzfristiger, mehr oder weniger unregelmäßiger Schwankungen in der Wasserführung. Diese können durch die Tagesperiode der Temperatur bedingt sein (echte Tageswarven), können aber auch auf den Wechsel länger anhaltender Witterungen zurückgehen. Danach ist es möglich, mit Hilfe der Tageswarven auf wärmere und kühlere Perioden während des Jahres zu schließen.

Eine Schwierigkeit in der Interpretation der Warwen liegt darin, daß es nicht in jedem Falle möglich sein wird, Jahres- und Tageswarven streng zu trennen. Damit ergeben sich aber zwangsläufig gewisse Unsicherheiten in der Bestimmung der Sedimentationsdauer, die für die Zeitberechnung zu beachten sind.

Eine kurzfristig wechselnde Schichtung ist an verschiedenen Stellen in Form der *Gezeitenschichtung* beobachtet worden. Sie ist bedingt durch die verschiedene Richtung und Stärke von Flut- und Ebbestrom. Es ist allerdings fraglich, ob eine solche Schichtung längere Zeit erhalten bleibt; wahrscheinlich fallen diese Ablagerungsformen im allgemeinen recht bald der Zerstörung anheim. Immerhin gibt es Hinweise dafür, daß solche Gezeitenschichtungen im Flysch der Nordalpen erhalten sind (vgl. M. Schwarzbach, 1950).

8.2.2. Ablauf des Klimas

Bei der Betrachtung der Klimazeugen wurde immer wieder darauf hingewiesen, daß die

Interpretation der einzelnen Klimazeugen mehr oder weniger große Schwierigkeiten bereitet. Das hat zur Folge, daß man eine Aussage über ein Klima nicht nur auf einen Klimazeugen stützen, sondern durch Verwendung möglichst vieler Klimazeugen fundieren soll. Dadurch kann man zwar den allgemeinen Charakter des Klimas eines Zeitabschnittes kennzeichnen, darf aber nicht erwarten, daß man für die Klimate der Vorzeit zu einer solch exakten Kennzeichnung kommen kann, wie wir das für das gegenwärtige Klima gewöhnt sind. Als nahezu selbstverständlich ergibt sich, daß die Aussagen über das Klima um so eingehender und genauer werden können, je mehr wir uns im Laufe der Betrachtung der Jetztzeit nähern.

Aus der sorgfältigen Bearbeitung aller verfügbaren Klimazeugen läßt sich ein Klimabild der Erdgeschichte entwerfen, wie es im folgenden im wesentlichen nach den Angaben von M. SCHWARZBACH (1950) gegeben werden soll.

Aus dem *Präkambrium* liegen nur spärliche Klimazeugen vor. Immerhin finden sich Hinweise auf eine Vereisung im Unteralgonkium, und zwar in Nordamerika und Südafrika. Andererseits lassen manche Sedimente auf arides oder halbarides Klima schließen. Daraus folgt, daß die Temperaturen schon im Algonkium zeitweise unter denen der späteren Warmzeiten gelegen haben. Das bedeutet, daß der Urzustand der Erde mit wesentlich höheren Temperaturen viel weiter zurückliegen muß; er ist durch paläoklimatologische Methoden nicht mehr erfaßbar.

Für die Wende vom Algonkium zum Kambrium ergeben sich aus Ablagerungen (Tilliten) verbreitete Hinweise auf Vereisungen. Obwohl in manchen Fällen die zeitliche Einordnung noch nicht völlig sicher ist, bezeichnet man diese Vereisungen allgemein als *eokambrische Vereisungen*. Zeugen dieser Vereisung sind mit Ausnahme von Südamerika und Antarktika in allen Erdteilen gefunden worden (Abb. 173.)

Besonders mächtige Tillitserien – bis zu 500 m – sind aus Grönland und Australien bekannt; auch die südafrikanischen Vorkommen sind recht ausgedehnt. Trotz mancher Unsicherheit in der Alterseinordnung und auch in der Erklärung der Ablagerungen ist doch der Hinweis auf eine einheitliche Entstehungszeit gegeben. Das bedeutet eine weltweite Vereisung, die ein entsprechend kühles Klima bei entsprechender Niederschlagstätigkeit voraussetzt.

Aus dem *Kambrium* sind im Gegensatz zu dem vorher erwähnten Zeitraum sehr weit verbreitete Kalkablagerungen bekannt. Diese Ablagerungen lassen auf ein recht gleichmäßig warmes Klima auf der gesamten Erde schließen. Besonders in Sibirien, aber auch an einigen anderen Stellen der Erde, weisen Gips und Steinsalz auf das Vorhandensein von Trockengebieten in dieser Zeit hin.

Im *Silur* kam es ebenfalls zur Ablagerung von Kalken, die als Zeugen wärmerer Meere aufzufassen sind. Besonders verbreitet war diese Riffsedimentation in Nordamerika, Nordeuropa und Nordasien, also in den polaren Gebieten der nördlichen Halbkugel. Im Gotlandium herrschte in diesen Gebieten vielfach arides Klima. Allgemein waren offenbar die nordpolaren Gebiete besonders warm. Andererseits werden von einzelnen Stellen, insbesondere von Nordamerika, Vereisungsspuren angegeben, die aber sehr unsicher sind. Damit bleibt die Klimabeschreibung für diese Zeit unvollständig, was dadurch verstärkt wird, daß von der Südhalbkugel Klimazeugen fehlen.

Für das *Devon* ergibt sich aus der Verbreitung von Korallenriffen auf der Nordhalbkugel (Mitteleuropa–Kanada–Nordasien) ein warmes Klima. Die Nachbargebiete der kaledonischen Gebirgsketten erscheinen als Trockengebiete. In Südafrika treten Vereisungsspuren auf, während sich für Australien aus Korallenriffen Hinweise auf warmes Klima ergeben.

Warmes und feuchtes Klima kennzeichnet die Nordhalbkugel im *Karbon*. Dabei war aber das Klima nicht, wie gelegentlich angegeben wurde, völlig gleichförmig. Die Verschiebung des Hauptkohlengürtels in Europa vom Norden in die zentralen Gebiete des Kontinents steht wahrscheinlich mit der entsprechenden Verlagerung eines humiden Klimagürtels in Zusammenhang. Demgegenüber zeigt sich auf der

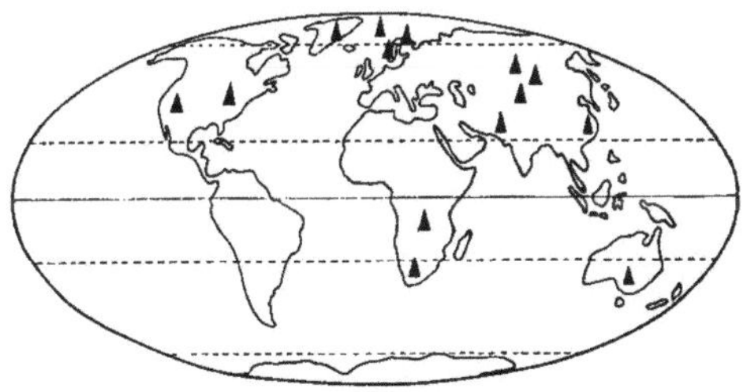

Abb. 173. Verbreitung der eokambrischen Vereisung (nach M. SCHWARZBACH, 1950)

Südhalbkugel – besonders in Australien – der Beginn von Vereisungen (permokarbonische Vereisung).

Im *Perm* zeigen die Südkontinente (einschließlich Indien) eine weitgehende Vereisung (Abb. 174), die bereits im Karbon begann (permokarbonische Vereisung). Nur in Antarktika fehlen bisher die Beweise für eine Vereisung. Es kam zu mehreren Vereisungen, bei denen die Eisbewegung teilweise vom heutigen Äquator weggerichtet war. Die Hauptvereisung dürfte im Unterperm gelegen haben.

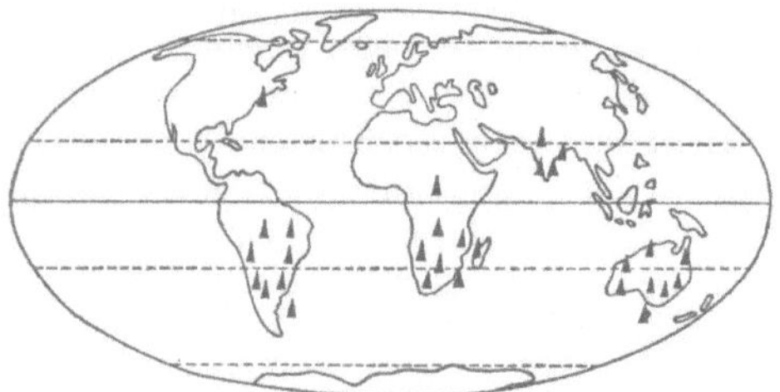

Abb. 174. Verbreitung der permokarbonischen Vereisung (nach R. BRINKMANN, 1954)

Im Gegensatz zu den Südkontinenten, zu denen in diesem Fall Indien hinzuzurechnen ist, sind auf den Nordkontinenten die Spuren dieser Vereisung sehr fraglich. Hier sind die Zeugen ariden Klimas kennzeichnend. Teilweise extreme Trockenheit ist für Europa und große Teile Nordamerikas nachgewiesen (Rotlie-

gendes, Salz). Außerdem war es zumindest zeitweise bis in die Arktis hinein sehr warm.

Die *Trias* ist für die Nordhalbkugel sowie große Teile der Südhalbkugel durch Trockenheit und Wärme charakterisiert. Dabei kam es zur Bildung von Wüsten und Steppen sowie zur Entstehung ausgedehnter Salzlager. Bis in die Arktis hinein waren die Temperaturen verhältnismäßig hoch. Die Temperaturgegensätze auf der Erde dürften nicht allzu groß gewesen sein. Erst am Ende der Trias – gegen Ende des Keupers – wurde es feuchter und kühler.

Im *Jura* war es im allgemeinen wärmer als in der Jetztzeit. Im Lias wurden die Temperaturen ausgesprochener Warmzeiten der Erde nicht erreicht; es blieb verhältnismäßig kühl und feucht. Dem humiden Klima des Lias folgten trockenere Zeiten nach. Während im Lias starke Temperaturgegensätze auf der Erde fehlten (reiche Flora in beiden Polgebieten), wurden die Gegensätze im weiteren Verlauf des Jura größer; darauf weist das Fehlen von Korallen im Norden hin, was ein boreales Gebiet kennzeichnet.

Während der *Kreidezeit* waren große Teile der Erde warm und zum Teil feucht. Diesem Mittelstreifen schlossen sich gemäßigte Zonen an, die auch die Polargebiete umfaßten. Einzelne warme Meeresströmungen (z. B. Golfstrom, Agulhas-Strom) waren bereits angedeutet. Die Trockenzonen zeigten etwa die heutige Lage. Somit ergibt sich auf den Halb-

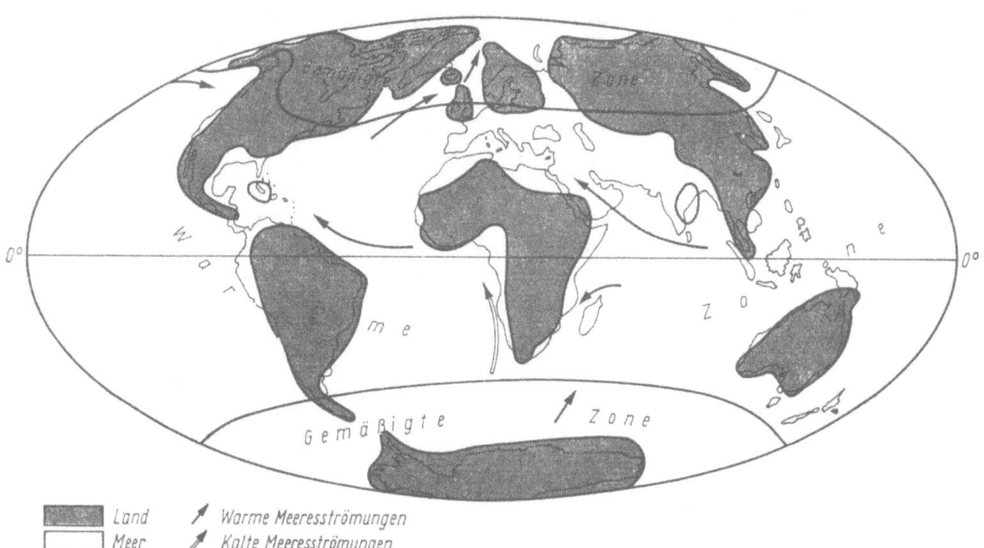

Abb. 175. Klimazonen im Alttertiär (nach M. SCHWARZBACH, 1950)

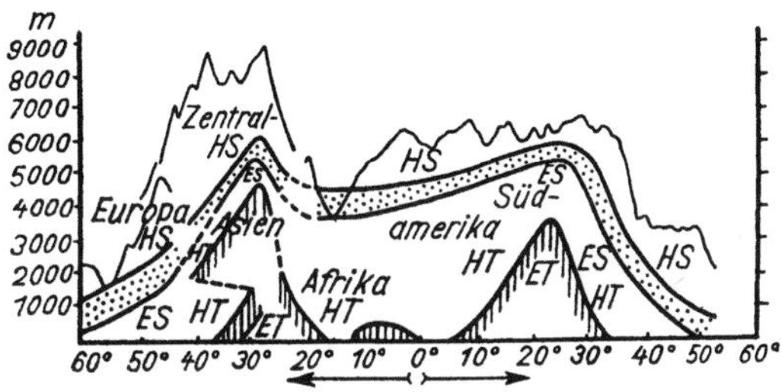

Abb. 176. Lage der heutigen und der pleistozänen Schnee- und Trockengrenze (nach M. SCHWARZBACH, 1950).

▨ Verschiebungsgürtel der Schneegrenze: *HS, ES* heutige bzw. ehemalige Schneegrenze; ⫼ Verschiebungsgürtel der Trockengrenze; *HT, ET* heutige bzw. ehemalige Trockengrenze

kugeln eine Dreiteilung: warm/feucht – trokken – gemäßigt. Im Verlauf der Kreidezeit stiegen Temperatur und Trockenheit an, wenn auch nicht so stark wie im Jura.

Im *Alttertiär* (Paläozän–Eozän–Oligozän) war ein gleichförmiges, warmes Klima allgemein kennzeichnend. Demzufolge ergaben sich außer einer warmen Zone, die bis in 40 bis 50° Breite reichte, zwei gemäßigte Zonen, in denen Baumvegetation bis in die Polargebiete reichte (Abb. 175).

Im *Miozän* machte sich bereits eine Abkühlung bemerkbar. Trotzdem blieb das Klima allgemein, besonders aber in Europa, noch wärmer als heute. Europa zeigte zeitweise eine größere Trockenheit als heute.

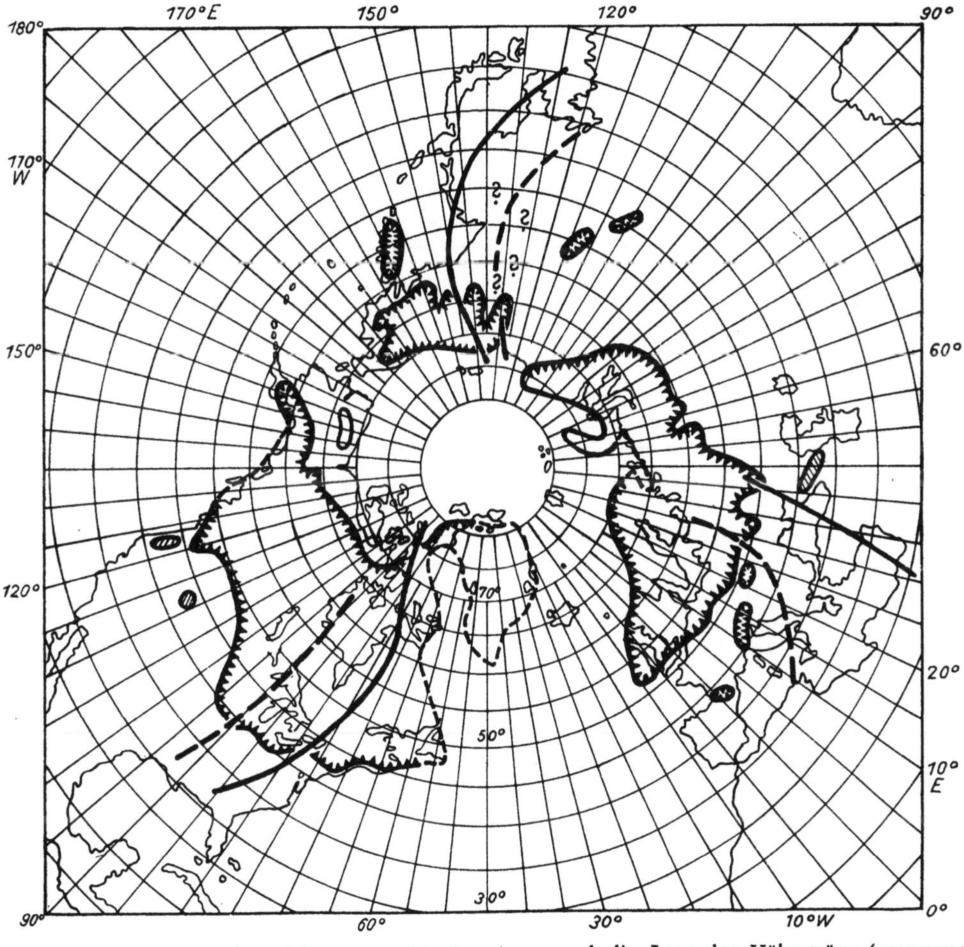

Abb. 177. Verbreitung der pleistozänen Inlandvereisung und die Lage der Höhentröge (ausgezogen: normal; gestrichelt: bei starker Meridionalzirkulation bzw. in strengen Wintern) der Nordhalbkugel (nach P. WOLDSTEDT, 1954)

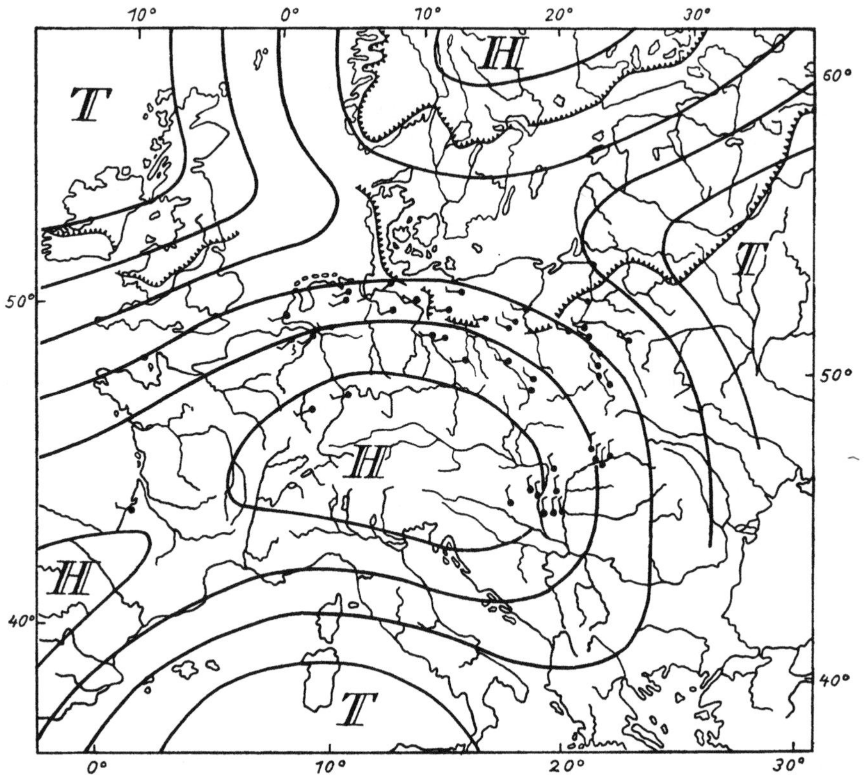

Abb. 178. Sommerliche Wind- und Luftdruckverteilung im Spätglazial (nach H. POSER, 1950).
Gezähnte Linien: Eisrandlagen zu Anfang und Ende des Spätglazials

Kennzeichnend für das *Pliozän* war ein dem heutigen ähnliches, wenn auch etwas wärmeres Klima. Besonders zu beachten ist, daß die Verteilung der Klimazonen der heutigen Verteilung entsprochen haben muß. Denn die heutigen humiden Gebiete lassen schon vor dem Pleistozän Niederschlagsreichtum erkennen, während die heute ariden Gebiete durch Trockenheit gekennzeichnet waren. Allerdings dürften die Trockengürtel im Pliozän polwärts etwas ausgedehnter gewesen sein.

Das *Quartär* (Pleistozän und Holozän) ist einmal durch mehrfache ausgedehnte Vereisungen, zum anderen durch einen ungleichmäßig erfolgenden Übergang zum heutigen Klima gekennzeichnet. Während des Pleistozäns traten mehrfach weltweite Temperaturerniedrigungen ein, die 10 K und mehr betrugen. Damit verbunden war ein Absinken der Schneegrenze um im Mittel 1000 m sowie ein Absinken der Trockengrenze (Abb. 176). Aus dieser Verschiebung der Grenzen folgt, daß in vielen heute ariden Gebieten Niederschläge auftraten, so daß man dort von Pluvialzeiten spricht. Insgesamt ergibt sich eine Verschiebung der heutigen Klimagürtel gegen den Äquator hin zugunsten der kalten und zuungunsten der warmen Gürtel.

Mehrfacher Wechsel von Vereisung und Erwärmung ließ jeweils die Klimagürtel wandern. Allgemein war das Klima in den Kaltzeiten kälter als heute, in den Warmzeiten ähnlich dem heutigen oder wenig wärmer.

Über das Ausmaß des Temperaturrückganges während der Kaltzeiten gehen die Meinungen noch auseinander, ebenso darüber, in welcher Mächtigkeit die Schichten der Atmosphäre von der Abkühlung erfaßt wurden. H. MORTENSEN (1952) nimmt für die Würmeiszeit im Jahresmittel über Mitteleuropa eine Temperaturinversion an, deren Obergrenze bei etwa 2500 m liegt. Das würde besagen, daß in Höhen oberhalb von 2500 m dieselbe Temperaturverteilung herrschte wie heute. Da eine solche

Temperaturinversion Folge, aber nicht Ursache einer Vereisung sein kann, ergibt sich hier unmittelbar die Frage nach den die Vereisung auslösenden Faktoren.

Ein Vergleich der pleistozänen Inlandvergletscherung der Nordhalbkugel mit der heutigen allgemeinen Zirkulation der Atmosphäre führte H. FLOHN (1952) zu dem Ergebnis, daß die Mittellinien der Vereisung mit der heutigen Lage der Höhentröge in strengen Wintern übereinstimmen. Es zeigt sich nämlich, daß in strengen Wintern die Höhentröge in der allgemeinen Zirkulation der Nordhalbkugel nach Westen verschoben sind, was in diesen Gebieten eine erhöhte Meridionalzirkulation zur Folge hat (Abb. 177). Dadurch kann auf der

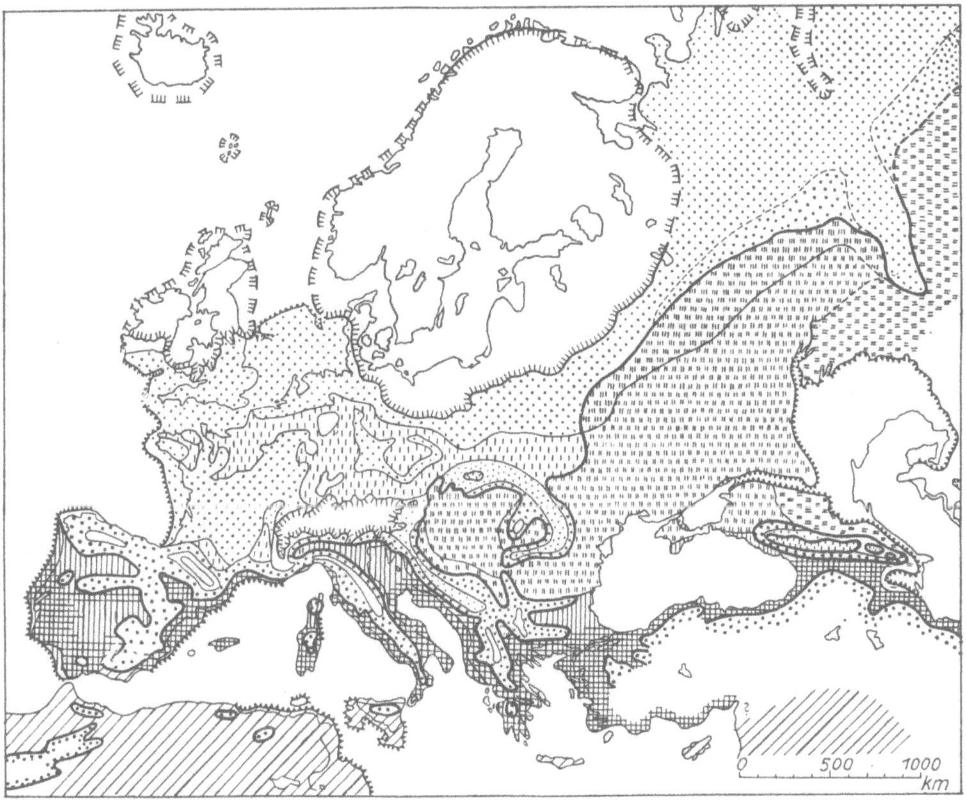

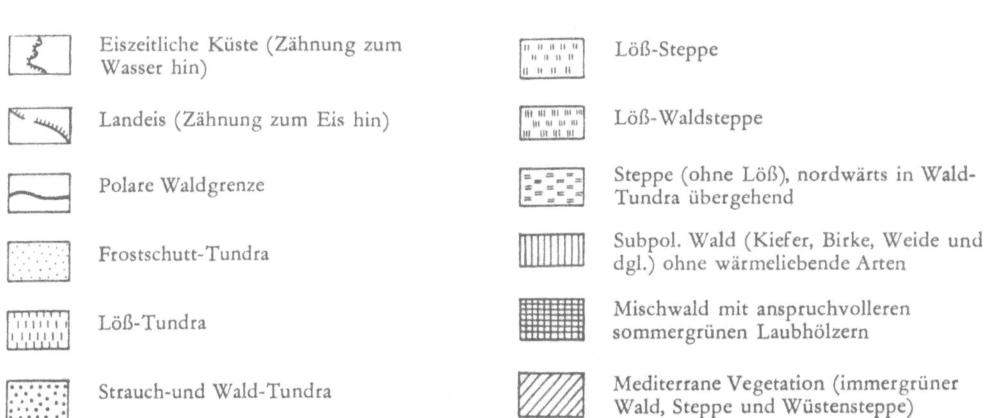

Abb. 179. Klimatische Zonen Europas in der Würmeiszeit (nach P. WOLDSTEDT, 1954)

16*

Rückseite der Höhentröge polare Kaltluft weit nach Süden geführt werden. Der auf der Vorderseite der Tröge zu erwartende verstärkte Warmlufttransport konnte offenbar infolge allgemeiner Abkühlung nicht zum Schmelzen des Eises führen; vielmehr scheint dieser Warmlufttransport die Möglichkeit verstärkter Niederschläge in Form von Schnee in den höheren Breiten gegeben zu haben.

Die Inlandvereisung führte gebietsweise zur Veränderung der Windverhältnisse zumindest' in der unteren Luftschicht. Dünenablagerungen lassen die Rekonstruktion der Wind- und damit der Luftdruckverhältnisse zu. So ergibt sich für Europa im Sommer des Spätglazials nach H. POSER (1950) ein Ausläufer des Azorenhochs über Mitteleuropa (Abb. 178), während über Südskandinavien ein weiteres Hoch liegt, das die Folge der Eisbedeckung ist (glaziale Antizyklone) und daher nur eine geringe vertikale Mächtigkeit haben dürfte.

Die Klimazonen für Europa während der Würmeiszeit, die durch die Vegetation gekennzeichnet sind, ergeben sich aus einer von J. BÜDEL (1949) gegebenen Darstellung (Abb. 179). Primär wird das Klima um so wärmer, je weiter man sich vom Eisrand entfernt. Die danach zu erwartende, zum Rande des nordischen Inlandeises parallele Anordnung der Vegetationszonen wird allerdings durch die von den Gebirgen ausgehende Vereisung abgeändert. Daher ergibt sich gerade für Mittel-

Tabelle 56. Klimaverlauf während des Quartärs in Mitteleuropa (nach M. SCHWARZBACH, 1950)

Kaltzeiten	Warmzeiten und Nacheiszeit	Klima
	Subatlantikum	Heutiges Klima; ozeanisch
	Subboreal	Späte Wärmezeit; kontinental
	Atlantikum	Mittlere Wärmezeit; wärmer als heute,
	(Ostsee: Litorina)	ozeanisch
	Boreal	Frühe Wärmezeit; kontinental
	(Ostsee: Yoldia und Ancylus)	
Jüngere Dryaszeit		Subarktisch
	Alleröd	Gemäßigt subarktisch
Ältere Dryaszeit		Subarktisch
Würm (Weichsel)		Etwa 8···12 K kälter als heute
	Riß/Würm	Etwas wärmer als heute
Riß (Saale)		Etwa 8···12 K kälter als heute
	Mindel/Riß	Einige Grad wärmer als heute
Mindel (Elster)		Wesentlich kälter als heute
	Günz/Mindel	Gemäßigt
Günz		Kälter als heute

Tabelle 57. Klimaentwicklung in Mitteleuropa (nach M. SCHWARZBACH, 1950)

	Temperatur	Niederschlag
Holozän	Vor 5000···6000 Jahren etwas wärmer als heute	Etwa wie jetzt
Pleistozän	Mehrmaliger Wechsel von Kalt- und Warmzeiten	Etwa wie jetzt
Tertiär	Zuerst recht warm (subtropisch), allmählich kühler werdend	Örtlich zeitweise arid
Kreide	Recht warm	Besonders Unterkreide feucht
Jura	Oberer Jura recht warm, unterer kühl	Unterer Jura feucht
Trias	Recht warm	Vorwiegend arid, oberer Keuper feucht
Zechstein	Recht warm	Sehr arid
Rotliegendes	Warm	Zuerst gelegentlich noch feucht, dann arid
Karbon	Recht warm	Feucht
Devon	Mindestens mittleres Devon recht warm	
Silur	Recht warm	
Kambrium	Recht warm	

europa ein recht kompliziertes Verteilungsbild der Klima- und Vegetationszonen.

Die Zeit nach der Inlandvereisung war durch eine Temperaturzunahme gekennzeichnet, die vor etwa 5000 bis 6000 Jahren (Wärmeoptimum) einer leichten Temperaturabnahme wich. Allerdings ging diese Veränderung der Temperatur keineswegs gleichmäßig vor sich, worauf Tab. 56 hinweist.

Ein zusammenfassender Überblick über die Klimaentwicklung in Mitteleuropa wird in Tab. 57 gegeben.

Trotz der mit der Entfernung von der Jetztzeit zunehmenden Unsicherheit der Klimaangaben läßt sich doch ein im Verlaufe der Erdgeschichte wechselnder Gang von Temperatur und Feuchte erkennen. Dabei ergeben sich drei Zeitabschnitte, die als wirkliche Eiszeitalter anzusprechen sind:

a) die Wende Algonkium–Kambrium,
b) die Wende Karbon–Perm,
c) das Pleistozän.

Wenn sich auch die im Verlaufe der Erd-

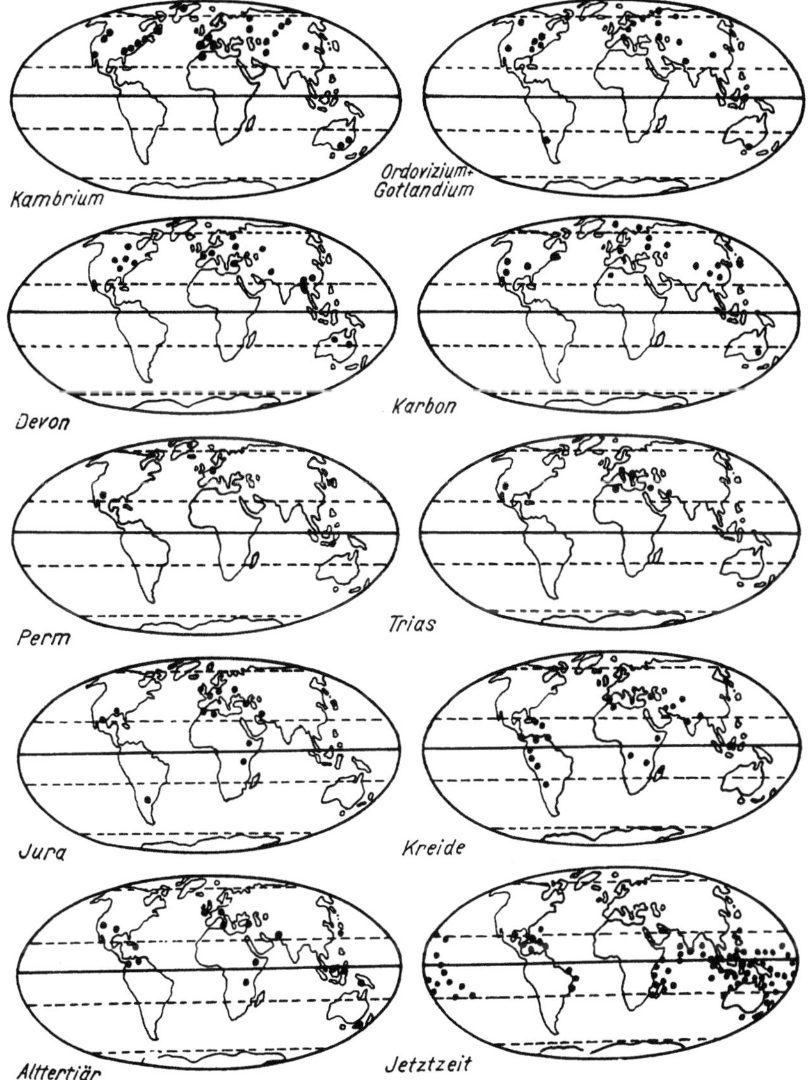

Abb. 180a. Verschiebung des äquatorialen Riffgürtels im Verlaufe der Erdgeschichte (nach M. Schwarzbach, 1950)

geschichte auftretenden Klimaveränderungen im allgemeinen als Klimaschwankungen, wenn auch über sehr lange Zeiten hinweg, erwiesen haben, so scheinen doch auch echte Klimaänderungen beteiligt zu sein. Darauf scheint die Verlagerung des Riffgürtels im Laufe der Erdgeschichte hinzuweisen, wie sie von M. SCHWARZBACH (1950) dargestellt wurde (Abb. 180 a und b). Danach verlagerte sich der Riffgürtel im Laufe der Zeit mehr und mehr gegen den Äquator, was besonders bei einer Betrachtung von Europa und Afrika deutlich wird.

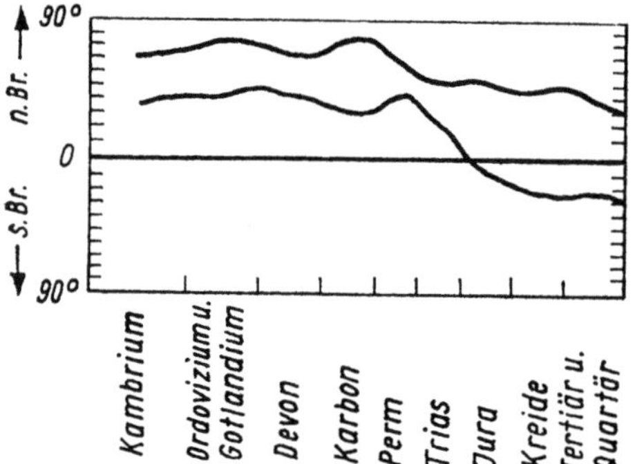

Abb. 180 b. Verschiebung des Riffgürtels während der Erdgeschichte für 40° ö. L. (nach M. SCHWARZBACH, 1950)

Eine Interpretation der Klimazeugen in Verbindung mit der heutigen allgemeinen Zirkulation der Atmosphäre gestattet den Schluß, daß die allgemeine Zirkulation bereits im Tertiär in ihrer heutigen Grundform bestand (J. F. GELLERT, 1958). Weitergehende Hinweise (z. B. G. VIETE, 1951) besagen, daß in der geologischen Vorzeit das Grundschema der atmosphärischen Zirkulation immer das gleiche war. Allerdings müssen sowohl die Intensität des Kreislaufs als auch die Einzelheiten der Strömungsverteilung in den verschiedenen Zeiten recht unterschiedlich gewesen sein. In ähnlicher Weise, wie im Laufe der Entwicklung gewisse Rhythmen des Klimas auftreten, ist dies auch bei anderen Ereignissen der Erdgeschichte der Fall. R. BRINKMANN (1954) gab eine zeitliche Zusammenstellung einiger wichtiger Ereignisse der Erdgeschichte (Abb. 181). Daraus geht hervor, daß nicht nur im Klima, sondern beispielsweise auch bei den Orogenesen oder den Meeresbewegungen rhythmische Veränderungen im Laufe der Zeit auftreten sind. Die mögliche zeitliche Parallelisierung gestattet allerdings noch keine Aussagen über etwaige ursächliche Zusammenhänge.

8.2.3. Ursachen für Klimaveränderungen während der Erdgeschichte

War schon die Feststellung der Klimate für die verschiedenen Zeitabschnitte schwierig, so erscheint es erst recht schwer, wenn nicht nahezu unmöglich, die beschriebenen Klimaveränderungen zu erklären. Selbstverständlich besteht die Frage nach den Ursachen des Klimaablaufs, seit die Tatsache verschiedener Klimate in verschiedenen Zeiten bekannt ist. Die ganze Schwierigkeit des Problems mag aber daraus hervorgehen, daß es bis heute keine Theorie gibt, die alle festgestellten Tatsachen erklären kann. Von der Vielzahl der Hypothesen kann jede einzelne nur Teilerklärungen und damit auch nur Teilergebnisse bringen.

Zwei Gruppen von Ursachen sind es, die zur Erklärung der besprochenen Klimaveränderungen herangezogen werden. Die eine Gruppe von Ursachen steht mit der Erde in Zusammenhang und wird daher als Gruppe der terrestrischen Ursachen bezeichnet; die andere Gruppe von Ursachen wirkt von außen her ein, es handelt sich um extraterrestrische Ursachen. In den beiden Gruppen sind jeweils mehrere Ursachen zusammengefaßt, und zwar:

A. Terrestrische Ursachen
1. Erdinneres,
2. Erdoberfläche,
3. Salzgehalt der Ozeane,
4. Atmosphäre,
5. Polwanderungen und Kontinentaldrift.

B. Extraterrestrische Ursachen
1. Änderungen der Erdbahnelemente,
2. Absorption an interstellarer Materie,
3. primäre Änderungen der Sonnenstrahlung.

Es wurde lange Zeit hindurch angenommen, daß das *Erdinnere* insofern an der Klimagestaltung beteiligt sei, als die Erde Wärme an die Atmosphäre und den Weltraum abgibt. Das ließ zunächst auf einen kontinuierlichen Abkühlungsprozeß des Erdkörpers schließen. Mit der Entdeckung, daß es in verschiedenen geo-

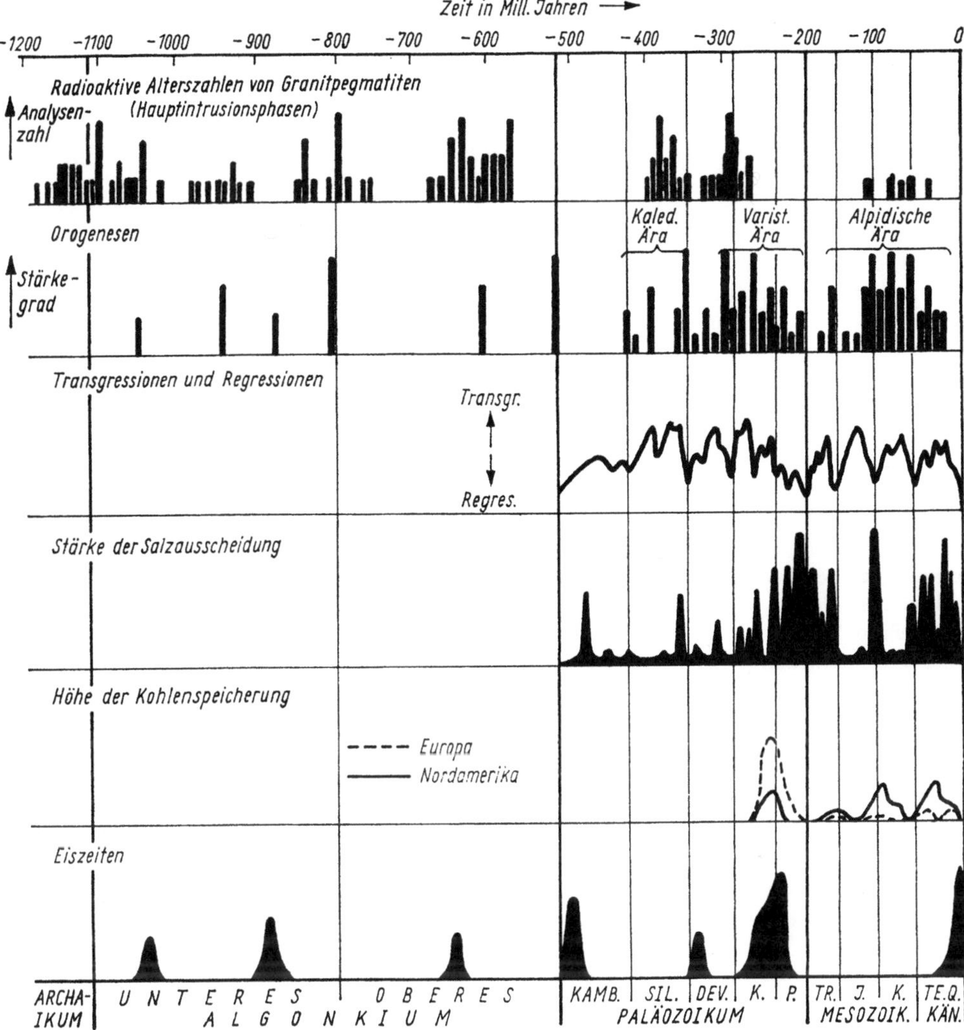

Abb. 181. Wichtige Ereignisse während der Erdgeschichte (nach R. BRINKMANN, 1954)

logischen Epochen Vereisungen gegeben hat, wurde aber auf langfristige Klimaschwankungen hingewiesen, die aus einem kontinuierlichen Abkühlungsprozeß nicht mehr zu erklären waren.

Eine moderne Hypothese von A. WAGNER (1940) schreibt dem Erdinneren wieder eine große, wenn auch anders geartete Wirkung auf das Klima zu. Diese Hypothese geht davon aus, daß ein Zusammenhang zwischen Orogenesen und Eiszeiten bestehe, auf den die oben gegebene Abb. 181 hinweist. Die im Erdinnern durch den Zerfall radioaktiver Stoffe frei gewordene Wärme wird zu Zeiten der Gebirgsbildung weitgehend für diese aufgebraucht; das führt zu Abkühlung an der Erdoberfläche, zum Wachstum der Gletscher und zu Eiszeiten. In Zeiten tektonischer Ruhe dagegen erreicht ein verstärkter Wärmestrom aus dem Erdinnern die Erdoberfläche und kann dort zum Abtauen der Eismassen führen.

Es muß allerdings bemerkt werden, daß gegen diese Hypothese ernsthafte Bedenken bestehen, die vor allem davon ausgehen, daß sie keine quantitativen Angaben erlaubt. Auch die räumliche und zeitliche Trennung von Orogenesen und nachfolgenden Vereisungen läßt Bedenken gegen die genannte Hypothese aufkommen.

Die mit der *Erdoberfläche* zusammenhängenden Ursachen für Klimaschwankungen sind in der Verteilung von Land und Meer, in der Höhenlage und in den Gebirgen zu suchen. Wie die Betrachtung der heutigen Klimate zeigte, liegen hier zweifellos starke Einflüsse auf das Klima vor; es sei nur an die Auswirkung der verschiedenen Verteilung von Land und Meer auf den beiden Halbkugeln sowie an die Wirkung der amerikanischen Gebirge auf den Verlauf der planetarischen Westwindzone erinnert. Trotzdem können aus der Veränderung der Erdoberfläche die Klimaschwankungen während der geologischen Entwicklung nicht erklärt werden. Denn wenn man, wie das meist geschieht, eine Abkühlung als Folge einer Hebung ansieht, wobei die Abkühlung speziell in dem gehobenen Gebiet wirksam wird, so ergibt sich schon hieraus ein schwerwiegender Einwand. Die mehrmaligen Vereisungen setzen eine mehrmalige, mehr oder weniger gleichzeitige Heraushebung weiter Gebiete voraus, die in dieser Form unwahrscheinlich ist.

Einige Hypothesen gehen vom *Salzgehalt der Ozeane* aus. Der heutige Salzgehalt von 3,5% erniedrigt den Gefrierpunkt gegenüber Süßwasser um 2 K. Ein geringerer Salzgehalt des Ozeans würde dazu führen, daß sich das Meer rascher mit Eis bedeckt, während ein erhöhter Salzgehalt geringere Eisbildung bei gleichen Temperaturverhältnissen zur Folge hat. Zu diesen Hypothesen ist zu bemerken, daß eine wesentliche Veränderung im Salzgehalt der Ozeane seit dem Kambrium nicht nachweisbar ist.

In der *Atmosphäre* führen Verstärkung der Bewölkung, Erhöhung des Gehaltes an CO_2 sowie an vulkanischen Aschen zu verstärkter Absorption der Strahlung. Dadurch wird die bis zum Erdboden durchdringende Sonnenstrahlung geschwächt, was eine mehr oder weniger starke Abkühlung hervorrufen muß. Für Zeiten der Abkühlung müßte demnach eine Zunahme des Wasserdampfes oder des CO_2 oder der vulkanischen Aschen nachweisbar sein. Die Veränderungen dieser Faktoren im Verlaufe der Erdgeschichte sind schwer abzuschätzen. Daher bleiben auch die Erklärungsversuche, die von einer veränderten Zusammensetzung der Atmosphäre ausgehen, durchaus hypothetisch.

Polwanderungen und *Kontinentaldrift* stellen weitere mögliche Ursachen für klimatische Veränderungen im Verlaufe der Erdgeschichte dar. Dabei sind Polwanderungen im Sinne einer Verlagerung der Rotationsachse der Erde höchstens für die Frühzeit der Erde, nicht mehr aber seit dem Kambrium anzunehmen. In der jüngeren Erdgeschichte handelt es sich vielmehr um „relative" Polverlagerungen, d. h. um Ortsveränderungen innerhalb eines festen Gradnetzes, wobei der Abstand vom festen Rotationspol eine Änderung erfährt. Solche Veränderungen der Lage können beispielsweise bei Gebirgsfaltungen, aber auch bei der Drift leichter Kontinentalschollen auf schwererem Untergrund (Drift-Hypothese) eintreten.

Auf solche Polwanderungen führten W. KÖPPEN und A. WEGENER (1924) die Klimaveränderungen im Laufe der Erdgeschichte zurück. Dabei wurde eine Verlagerung des Nordpols seit dem Karbon angenommen, die auf einer mehrfach gewundenen Schleife vom nördlichen Pazifik zur heutigen Lage führt.

Die Polverlagerungen können für die pleistozäne Vereisung keine Ursache liefern, da sich in dieser Zeit – und auch schon vorher – die Pole etwa in der heutigen Lage befanden. Andererseits muß man die Polwanderungen für die Erklärung älterer Eiszeiten, z. B. der permokarbonischen Vereisung, ernstlich in Erwägung ziehen.

Die Gruppe der extraterrestrischen Ursachen für Klimaveränderungen umfaßt zunächst die *Änderung der Erdbahnelemente*, die periodisch erfolgt. Es verändert sich die Schiefe der Ekliptik zwischen den Werten 24° 36′ und 21° 58′ (Periodenlänge 4000 Jahre), die Exzentrizität der Erdbahn in einer Periode von 92000 Jahren; zu diesen Veränderungen kommt die Präzession der Tag- und Nachtgleiche, so daß der Termin der Sonnennähe der Erde im Verlaufe von 21000 Jahren das ganze Kalenderjahr durchläuft.

Die Veränderungen in der gegenseitigen Lage Sonne–Erde führen zu Änderungen der der Erde von der Sonne zugestrahlten Energiemengen. Die unterschiedliche Periodenlänge der einzelnen Vorgänge führt zu einem jeweils verschiedenen Zusammenwirken der genannten Faktoren. Unter Berücksichtigung der verschiedenen Faktoren stellte M. MILANKOWITSCH erstmals 1930 eine Strahlungskurve auf, die im Laufe der Zeit noch einige Verbesserungen erfahren hat. Abbildung 182 stellt diese Strahlungskurve für die Nordpolarkalotte dar, wobei die Strahlung durch Hebung oder Senkung der Schneegrenze ausgedrückt wird. Es zeigt sich, daß man die pleistozänen Vereisungen an Hand der Strahlungskurve hinreichend genau festlegen kann, so daß die Strahlungsverhältnisse als Ursache für diese Vereisungen recht wahrscheinlich sind. Verlängert man aber die Strahlungskurve weiter in das Tertiär hinein, so ergeben sich hier zwar Zeiten mit geringer Strahlung, sie sind aber nicht von nachweisbaren Vereisungen begleitet.

Es zeigt sich, daß auch die periodischen Veränderungen der von der Sonne zugestrahlten Energie allein nicht in der Lage sind, alle während der Erdgeschichte nachgewiesenen Vereisungen zu erklären.

Die *Absorption der Sonnenstrahlung an interstellarer Materie* wird manchmal als Ursache für Klimaschwankungen genannt. Helligkeitsschwankungen gewisser veränderlicher Sterne deuten auf das Vorhandensein von Anhäufungen interstellarer Materie, Dunkelwolken, hin. Die wechselnde Dichte dieser Dunkelwolken führt zu einer wechselnden Schwächung der von dem betreffenden Stern ausgestrahlten Energie. Der Durchgang des Sonnensystems durch mehr oder weniger dichte Teile solcher Dunkelwolken kann die Klimaveränderungen im Laufe der Erdgeschichte erklären. Diese Hypothese, die die Möglichkeit gibt, z. B. die gesamte Erde betreffende Temperaturerniedrigungen zu erklären, läßt sich aber weder beweisen noch widerlegen; es muß also zumindest an diese Möglichkeit gedacht werden.

Es bleiben als weitere Ursachen die *primären Änderungen der Sonnenstrahlung*. Allgemein wird angenommen, daß einer Abnahme der Sonnenstrahlung auf der Erde Temperaturrückgang und damit Bereitschaft zur Vereisung folge. Andererseits hat beispielsweise G. C. SIMPSON (1927) eine Hypothese aufgestellt, nach der eine Verstärkung von Gletschern (Gletschervorstoß) nicht nur bei abnehmender, sondern auch bei zunehmender Strahlung kurz nach dem Durchgang durch das Minimum anzunehmen ist. Nach dieser Hypothese entspricht einer einzigen Schwankung der Sonnenstrahlung eine zweimalige Schwankung der Gletscher. Zu der genannten Hypothese ist allerdings zu bemerken, daß der von ihr geforderte Wechsel von „warm-feuchten" und „kalt-trockenen Interglazialzeiten" im Pleistozän nicht vorhanden war.

Eine Reihe von Erklärungsversuchen für die Klimaveränderungen im Laufe der Erdgeschichte zeigt, daß man mit den aufgestellten Hypothesen einzelne Klimaveränderungen mehr oder weniger gut erklären kann, daß aber eine Erklärung aller Erscheinungen durch eine Theorie nicht möglich ist. Die Klimaveränderungen stellen komplexe Vorgänge dar, die mit hoher Wahrscheinlichkeit jeweils durch einen Komplex von Ursachen ausgelöst werden. Dabei ist anzunehmen, daß gleichartige Erscheinungen – z. B. Temperaturrückgänge – durch verschiedene Kombinationen von Ursachen ausgelöst werden können.

Als wesentliche Ursachen für Klimaschwankungen erscheinen wechselnde Sonnenstrahlung auf der einen und wechselndes Erdbild auf der anderen Seite. Das Zusammenwirken dieser Faktoren führt nur verhältnismäßig selten zu extremen Verhältnissen, wie sie beispielsweise durch die Eiszeiten dargestellt werden. Die Erklärungsversuche der Klima-

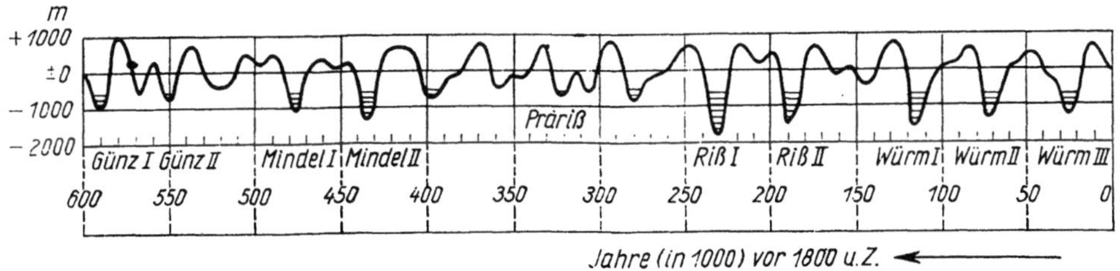

Abb. 182. Strahlungskurve nach M. MILANKOWITSCH für die Nordpolargebiete bis 55° n. Br., ausgedrückt durch Hebung oder Senkung der Schneegrenze in Metern (nach P. WOLDSTEDT, 1954)

schwankungen werden dadurch erschwert, daß die verschiedenen klimatologischen Elemente und Erscheinungen in gegenseitiger Abhängigkeit voneinander stehen. Es läßt sich zwar eine gewisse Zusammenfassung erreichen, indem man nicht die einzelnen Elemente, sondern die allgemeine Zirkulation der Atmosphäre betrachtet. Beim Festhalten am Grundschema der planetarischen Zirkulation ergeben sich klimatisch wirksame Unterschiede beim Vorherrschen zonaler bzw. meridionaler Zirkulation. Allerdings führt auch eine Betrachtung der planetarischen Zirkulation und ihrer Veränderung noch nicht zu den primären Ursachen für diese Veränderungen.

Es folgt, daß man zur Erklärung der Klimaschwankungen, die für den Verlauf der Erdgeschichte festgestellt wurden, eine Reihe von Hypothesen annehmen muß, die jeweils nur Teilerklärungen geben können. Dabei ist bemerkenswert, daß man auch für verhältnismäßig kurze Zeitabschnitte, beispielsweise für das Pleistozän, noch keine endgültige Theorie über die Ursachen der Klimawechsel besitzt; auch hier bleibt zur Erklärung nur eine Reihe von Hypothesen.

Daraus mag schon ersichtlich werden, daß eine Vorhersage für die weitere Entwicklung des Klimas heute noch praktisch unmöglich ist. Trotzdem ist die Beschäftigung mit der zukünftigen Entwicklung des Klimas nicht als müßig zu bezeichnen, auch wenn die Ergebnisse sehr zweifelhaft bleiben müssen. Für die Möglichkeiten, die für die Klimaentwicklung gegeben sind, seien zwei Beispiele genannt:

a) „Für die nächsten 20000 Jahre und noch weit darüber hinaus ist für die Nordhalbkugel der Wiedereintritt einer Eiszeit nach den astronomischen Daten ausgeschlossen" (W. KÖPPEN, 1931).

b) „Some thousands of years hence ice will again spread out from Norway and the Alps"[1] (C. E. P. BROOKS, 1947; zitiert nach M. SCHWARZBACH, 1950).

Mit diesen beiden Bemerkungen scheint die derzeitige Unmöglichkeit einer Klimavorhersage über längere Zeiträume bewiesen zu sein. Es müssen also zur Lösung des Problems der Klimavorhersage noch weitgehende Untersuchungen durchgeführt werden; auf eine Reihe von Fragen, die mit diesen Problemen in enger Verbindung stehen, hat beispielsweise J. G. CHARNEY (1960) hingewiesen.

In diesem Zusammenhang verdient Beachtung, daß die Möglichkeiten des Menschen, das Klima zu beeinflussen, mit der wissenschaftlich-technischen Entwicklung erheblich zugenommen haben. In die Betrachtung zukünftiger Klimaentwicklung muß daher auch die Klimabeeinflussung durch den Menschen einbezogen werden (vgl. 11.5).

---

[1] In einigen Jahrtausenden wird sich das Eis wieder von Norwegen und den Alpen ausbreiten.

9. Meso- und Mikroklima

9.1. Besonderheiten von Meso- und Mikroklima im Vergleich zum Makroklima

Es wurde schon mehrfach angedeutet, daß die im Makroklima betrachteten Verhältnisse wesentlich durch die allgemeine Zirkulation der Atmosphäre bestimmt werden. Dabei erfährt die allgemeine Zirkulation durch die Wirkungen, die von der Erdoberfläche ausgehen, gewisse Modifikationen. Trotz derartiger Veränderungen der Zirkulationsverhältnisse erlaubt es aber die makroklimatische Betrachtungsweise, Klimaübersichten über weit ausgedehnte Gebiete zu geben. Der Übergang zu verhältnismäßig kleinen, in sich geschlossenen Gebieten und besonders der Übergang zu den für viele Fragen der Landwirtschaft wichtigen Klimaverhältnissen in unmittelbarer Nähe der Erdoberfläche führt dazu, daß die Betrachtung des Makroklimas in vielen Fällen nicht mehr ausreicht. Es ergibt sich nämlich, daß in der Nähe der Bodenoberfläche – also im mikroklimatischen Bereich – die vom Boden ausgehenden Wirkungen die wesentlichen klimabeeinflussenden Faktoren darstellen. Das Mikroklima, auch als Klima der bodennahen Luftschicht oder Klima auf kleinstem Raum (nach R. GEIGER, 1950) bezeichnet, ist naturgemäß nicht unabhängig vom Makroklima, es erscheint vielmehr in dieses eingebettet. Das bedeutet, daß die vom Boden ausgehenden klimatischen Wirkungen zwar in ihrer Art vom Makroklima unabhängig sind, im Schwankungsbereich ihrer Auswirkung aber – man denke z. B. an die erreichbaren Temperaturextreme – durch das Makroklima jeweils modifiziert werden.

Im Mesoklima überlagern sich die Einflüsse des Makro- und des Mikroklimas. Das hat zur Folge, daß eine scharfe Abgrenzung vielfach weder gegen das Mikro- noch gegen das Makroklima zu geben ist. So enthält die Betrachtung des Mesoklimas schon in der Beobachtungsmethode wesentliche Züge sowohl der mikroklimatischen als auch der makroklimatischen Meßmethoden. Da die Abgrenzung der Mesoklimate häufig durch bestimmte Geländeformen gegeben ist, wird manchmal auch der Begriff Geländeklima für das Mesoklima verwendet, obwohl sich – was beachtet werden muß – die beiden Begriffe nicht völlig decken.

Eine gewisse Schwierigkeit ergibt sich daraus, daß Makro-, Meso- und Mikroklima nicht voneinander zu trennen sind, so daß sich Meso- und Mikroklima als verschiedene Varianten eines Klimas darstellen (vgl. W. BÖER, 1959). Zur Vermeidung solcher Schwierigkeiten wird vielfach von einem makro-, meso- oder mikroklimatischen Bereich gesprochen, die sich nach BÖER (1959) im wesentlichen folgendermaßen unterscheiden:

Im *makroklimatischen* Bereich kommen die allgemeine Zirkulation der Atmosphäre, die geographische Breite, die Lage zu Festland und Meer sowie die Seehöhe bestimmend zur Wirkung;

im *mesoklimatischen* Bereich wirken im wesentlichen die Geländeform, Stärke und Richtung der Hangneigung sowie die Beschaffenheit der Erdoberfläche;

im *mikroklimatischen* Bereich kommt die unmittelbare Nähe der Energie-Umsatzflächen zur Wirkung; als hauptsächliche Umsatzfläche tritt die Erdoberfläche einschließlich der Vegetationsdecke in Erscheinung.

Die von den verschiedenen Bereichen ausgehenden Einflüsse wirken gemeinsam und sind nicht immer eindeutig zu trennen; je nach den Gegebenheiten werden die Wirkungen eines der drei Bereiche stärker als die der anderen hervortreten können. Die folgende Darstellung von Meso- und Mikro„klimaten" ist als Übersicht über die in den meso- und mikroklimatischen Bereichen wirksamen Faktoren und Vorgänge aufzufassen.

Meso- und Mikroklima – insbesondere das letztere – ergeben sich als mehr oder weniger selbständige Bereiche innerhalb des Makroklimas. Dabei gehen die wesentlichen Klimaeinwirkungen von der Bodenoberfläche aus und werden durch die klimatischen Auswirkungen der allgemeinen Zirkulation der Atmosphäre abgewandelt.

Da sich die von der Bodenoberfläche ausgehenden klimatischen Wirkungen teilweise nur auf eine äußerst dünne Luftschicht über dem Erdboden erstrecken, ergeben sich vielfach Meßmethoden, die von den im Makroklima verwendeten abweichen. Das ist dadurch bedingt, daß die verwendeten Meßkörper oft sehr klein sein müssen, um eine Veränderung der zu messenden Verhältnisse durch den Meßkörper zu vermeiden. Neben Unterschieden in der Beobachtungsmethode stehen Unterschiede in der Beobachtungsdauer. Der Bevorzugung des langjährigen Mittelwertes in der Makroklimatologie stehen kurzfristige Meßergeb-

nisse in Mikro- und Mesoklimatologie gegenüber, da hier gerade die kurzfristig auf verhältnismäßig kleinem Raum auftretenden Abweichungen vom Makroklima interessieren. Denn gerade diese Abweichungen vom Makroklima sind es, die das Meso- und besonders das Mikroklima charakterisieren.

Über das Mikro- und Mesoklima unterrichtet eine Fülle von Einzeluntersuchungen, die jeweils die klimatischen Besonderheiten unter speziellen Fragestellungen betrachten. Eine Zusammenfassung und damit einen Überblick über die Gesamtheit mikro- und mesoklimatischer Probleme gab R. GEIGER (erstmals 1927, dann 1950 bzw. 1961).

9.2. Klima in der Nähe der Bodenoberfläche

Die Kennzeichnung des Mikroklimas – und in gewissem Umfang auch die des Mesoklimas – erfordert die genaue Kenntnis von der Beeinflussung der einzelnen klimatologischen Elemente durch die Oberfläche des Erdbodens. Dabei wird einmal der Erdboden selbst durch seine physikalischen Eigenschaften wirksam, zum anderen übt aber auch die Bedeckung des Bodens einen wesentlichen mikroklimatischen Einfluß aus. Aus der Kenntnis der verschiedenartigen Wirkungen ergibt sich im Einzelfall die Kennzeichnung des Mikroklimas sowie – mit gewissen Einschränkungen, die auf dem stärkeren Hervortreten makroklimatischer Einflüsse beruhen – auch des Mesoklimas.

9.2.1. Wärmeumsatz in der bodennahen Luftschicht

Während bei der Betrachtung des Makroklimas die Kenntnis der mittleren Ein- und Ausstrahlung zur Kennzeichnung genügte, müssen die Übersichten hier stärker spezialisiert werden. Denn die Verhältnisse im bodennahen Luftraum werden bestimmt durch den jeweiligen Wärmeumsatz an der Bodenoberfläche.

Man kann zwei Typen des Wärmeumsatzes unterscheiden, die durch das Vorherrschen der Einstrahlung oder der Ausstrahlung gekennzeichnet sind. Man bezeichnet sie daher als Einstrahlungs- und Ausstrahlungstyp. Der Ein-

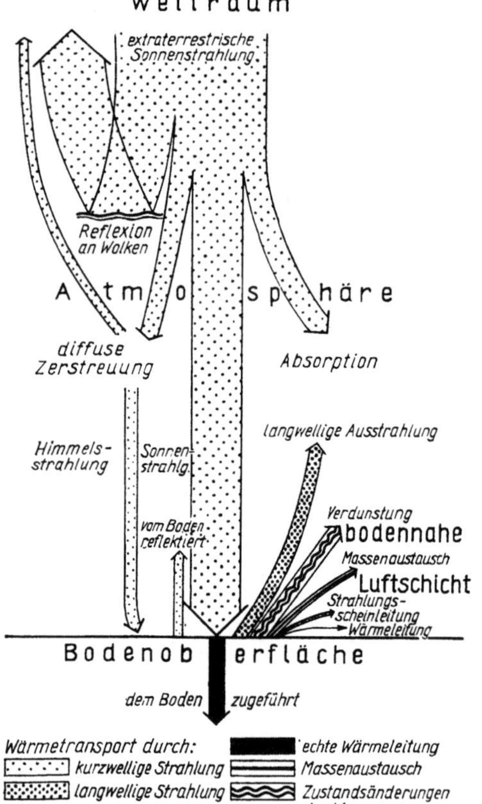

Abb. 183. Wärmeumsatz am Boden an einem Sommermittag (nach R. GEIGER, 1950)

strahlungstyp tritt am besten im Sommer um Mittag bei windstillem Wetter in Erscheinung, während der Ausstrahlungstyp nachts bei wolkenlosem Himmel besonders deutlich sichtbar wird.

Während beim Einstrahlungstyp (Abb. 183) die kurzwellige Strahlung überwiegt, ist es beim Ausstrahlungstyp die langwellige. Für den Einstrahlungstyp ist charakteristisch, daß zwar die Einstrahlung vorherrscht, die Ausstrahlung aber keineswegs völlig fehlt.

Von der kurzwelligen Strahlung, die an der Obergrenze der Atmosphäre auftrifft, gelangt bekanntlich nur ein Teil, etwa 43% im Mittel, bis zur Erdoberfläche. Durch diese Strahlung wird der Erdboden erwärmt, wobei sich in den gemäßigten Breiten im Sommer Temperaturen von 60 °C, zuweilen sogar von 70 bis 80 °C ergeben können. Ein Teil der Wärme wird in den Boden abgeleitet und dort aufgespeichert. Ein anderer Teil wird wieder an die Luft abgegeben. Diese Abgabe geschieht auf verschiedene Weise, und zwar

1. durch langwellige Ausstrahlung,
2. durch Verdunstung,
3. durch Massenaustausch,
4. durch Strahlungsscheinleitung,
5. durch Wärmeleitung.

Die hier genannten Arten des Wärmetransports von der Bodenoberfläche in die darüber liegende Luft sind folgendermaßen zu kennzeichnen.

1. Durch die langwellige Ausstrahlung geht ein Teil der Wärme in den Weltraum verloren. Dieser Anteil ist allerdings gering, da der größte Teil der langwelligen Strahlung von der Luft, insbesondere von dem darin enthaltenen Wasserdampf und Kohlendioxid, absorbiert und in der sogenannten Gegenstrahlung wieder der Erde zugestrahlt wird. Dabei ist zu berücksichtigen, daß die Erdoberfläche als nahezu schwarzer Körper ein Kontinuum ausstrahlt, während Wasserdampf und Kohlendioxid bestimmte Wellenlängen der Strahlung besonders stark absorbieren und demzufolge auch wieder ausstrahlen (Bandenstrahler). Die Differenz zwischen der langwelligen Ausstrahlung und der Gegenstrahlung wird als effektive Ausstrahlung bezeichnet. Die Wirkung der Gegenstrahlung ist bekannt unter dem Namen „Glashauswirkung der Atmosphäre"; wie in einem Glashaus dringt die Lichtstrahlung ein, die

Wärmestrahlung wird aber nicht nach außen durchgelassen.

2. Bei der Verdunstung wird Wärme verbraucht, die der bodennahen Luftschicht entzogen wird. Mit der Feuchtigkeit wird diese Wärme in höhere Luftschichten transportiert, wo sie bei der Kondensation bzw. Sublimation des Wasserdampfes wieder frei wird.

3. Die am Boden erwärmten Luftteilchen steigen auf und nehmen die Wärme mit in die Höhe, wo sie sie an Luftteilchen anderer Schichten abgeben. Da hier die Vertikalbewegung der Luft maßgebend ist, spricht man von Wärmetransport durch Massenaustausch.

4. An der Strahlungsscheinleitung ist ein Teil der langwelligen Strahlung beteiligt. Ein Teil dieser Strahlung hat nämlich eine sehr geringe Reichweite von wenigen Metern bis herab zu 0,85 m. Innerhalb der Reichweite wird diese Strahlung absorbiert, dann aber durch erneute Ausstrahlung an andere Luftteilchen weitergegeben. Es handelt sich also um einen Wechsel zwischen Ausstrahlung und Absorption. Da die Strahlungsenergie durch diesen Vorgang scheinbar wie bei der Wärmeleitung transportiert wird, spricht man von Strahlungsscheinleitung.

5. Die Wärmeleitung geschieht durch Übergang der Wärme von Molekül zu Molekül bei gegenseitiger Berührung der Moleküle entsprechend dem bestehenden Temperaturgefälle. In festen Körpern ist die Wärmeleitung die einzige Form der Wärmeübertragung; in der Luft dagegen spielt sie gegenüber den anderen Möglichkeiten eine geringe Rolle, darf aber trotzdem nicht vernachlässigt werden.

Beim Ausstrahlungstyp (Abb. 184) fehlt die Einstrahlung völlig, so daß der Wärmeverlust nicht aus der Einstrahlung gedeckt werden kann. Ein großer Teil der Wärme wird dem Boden entnommen, in dem er bei vorherrschender Einstrahlung gespeichert wurde. Wirksam sind die langwellige Ausstrahlung (in der Form der effektiven Ausstrahlung) und der Wärmetransport durch Verdunstung, durch die Wärme vom Erdboden wegtransportiert wird. Während beim Einstrahlungstyp Massenaustausch, Strahlungsscheinleitung und Wärmeleitung die Wärme von der Bodenoberfläche in die Luft transportieren, führen sie beim Ausstrahlungstyp der Bodenoberfläche Wärme zu. Das bedeutet, daß die aus dem Boden herangeführte Wärme den Verlust durch Ausstrahlung und Verdunstung nicht decken kann, daß vielmehr auch den unteren Luftschichten

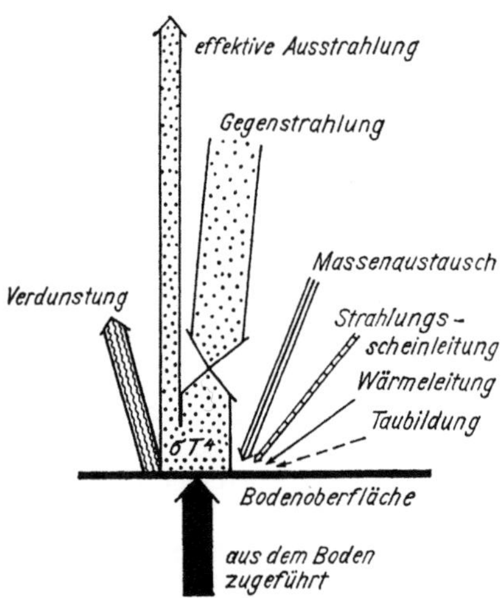

Abb. 184. Wärmeumsatz am Erdboden bei Nacht (nach R. Geiger, 1950).
Maßstab und Signaturen wie in Abb. 183

Wärme entzogen wird. Die bodennahen Luftschichten kühlen sich also ab, während beim Einstrahlungstyp die bodennahe Luftschicht erwärmt wird.

Es sei noch eine Bemerkung zur Verdunstung beim Ausstrahlungstyp angefügt. Die Verdunstung kann nur so lange wirken, wie die bodennahe Luft noch nicht mit Feuchtigkeit gesättigt ist. Wird bei Abkühlung der Luft der Taupunkt unterschritten, so schlägt sich der überschüssige Wasserdampf als Tau bzw. Reif nieder oder kondensiert als Nebel. Bei diesen Vorgängen wird aber Wärme frei, die der bodennahen Luftschicht zugute kommt. Tatsächlich kann man feststellen, daß bei der Bildung von Tau, Reif oder Nebel ein strahlungsbedingter Temperaturrückgang unterbrochen, zum Teil sogar durch einen schwachen Anstieg ersetzt wird. Dadurch wird der nächtliche Temperaturabfall abgeschwächt, so daß bei feuchter Luft die Temperatur nicht so stark absinkt wie bei trockener Luft.

Die Abb. 183 und 184 zeigen, daß beim Einstrahlungstyp eine Wärmeableitung in den Boden, beim Ausstrahlungstyp Wärmezufuhr aus dem Boden zur Bodenoberfläche erfolgt. Damit wird aber das Material, aus dem der Boden besteht, wichtig für die Wärmeverhältnisse der

bodennahen Luft. Dabei ist ausschlaggebend, wie schnell der Boden Temperatur und Wärme weiterleitet und welche Wärmemenge er aufspeichern kann. Es sind also die Größen Wärmeleitfähigkeit, spezifische Wärmemenge und Temperaturleitfähigkeit maßgebliche Materialkonstanten.

Die Wärmeleitfähigkeit gibt diejenige Wärmemenge an, die bei einem Temperaturgradienten von 1 K eine gegebene Strecke durchfließt; sie wird in

$$W/(m \cdot K)$$

angegeben. Je größer die Wärmeleitfähigkeit ist, um so schneller kann die Wärme in den Boden eindringen.

Die spezifische Wärmemenge gibt an, welche Wärmemenge man der Masseneinheit zuführen muß, um sie um 1 K zu erwärmen; sie wird in

$$J/kg$$

angegeben. Je größer die spezifische Wärmemenge ist, um so größer ist die Wärmemenge, die für eine bestimmte Temperaturänderung zugeführt oder abgegeben werden muß.

Auf die Frage, wie schnell sich eine Temperaturänderung in einem Körper fortpflanzt, gibt die Temperaturleitfähigkeit oder Temperaturleitzahl Auskunft. Sie wird angegeben in

$$m^2/s.$$

Je größer diese Zahl ist, um so rascher macht sich ein z. B. an der Bodenoberfläche auftretender Temperaturunterschied in der Tiefe bemerkbar.

Der zwischen diesen drei Größen bestehende Zusammenhang ergibt, daß die Änderung der Temperatur in einer bestimmten Bodentiefe nicht nur von der Wärmezufuhr an der Bodenoberfläche, sondern auch von den Eigenschaften des Bodens abhängt. Diese Eigenschaften werden durch Dichte und spezifische Wärme des Bodens gekennzeichnet.

Besondere Wichtigkeit kommt der Wärmeleitfähigkeit zu. Denn je größer diese Zahl ist, um so besser wirkt der Boden als Wärmespeicher. Das hat zur Folge, daß der Boden bei vorherrschender Einstrahlung große Wärmemengen aufnimmt, die also nicht der Erhitzung der bodennahen Luft dienen können.

Bei vorherrschender Ausstrahlung wird genügend Wärme aus dem Boden abgegeben, so daß der bodennahen Luft weniger Wärme entzogen werden muß. Mikroklimate über gut leitendem Boden zeigen daher einen ausgeglichenen, solche über schlecht leitendem Boden einen extremen Temperaturgang.

Bei hoher Temperaturleitfähigkeit dringen Temperaturänderungen von der Bodenoberfläche her rasch und verhältnismäßig tief in den Boden ein. Geringe Temperaturleitfähigkeit ist ein Zeichen dafür, daß Temperaturänderungen von der Oberfläche nur langsam und bis zu geringer Tiefe eindringen. Damit ist die in einer bestimmten Bodentiefe gegenüber der Oberfläche auftretende Phasenverschiebung für den Eintritt bestimmter Temperaturwerte bei hoher Temperaturleitfähigkeit klein, bei geringer Leitfähigkeit aber groß.

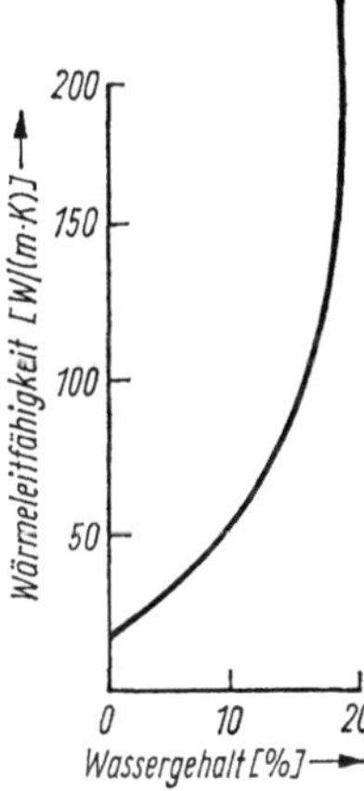

Abb. 185. Abhängigkeit der Wärmeleitfähigkeit in grobkörnigem Sand vom Wassergehalt des Bodens (nach B. P. ALISSOW, O. A. DROSDOW, E. S. RUBINSTEIN, 1956)

Wesentliche Änderungen erfährt die Wärmeleitfähigkeit bei Änderungen des Feuchtigkeitsgehaltes im Boden (Abb. 185). So steigt in dem angegebenen Beispiel des grobkörnigen Sandes bei Erhöhung des Feuchtigkeitsgehaltes von 5 auf 15% die Wärmeleitfähig-

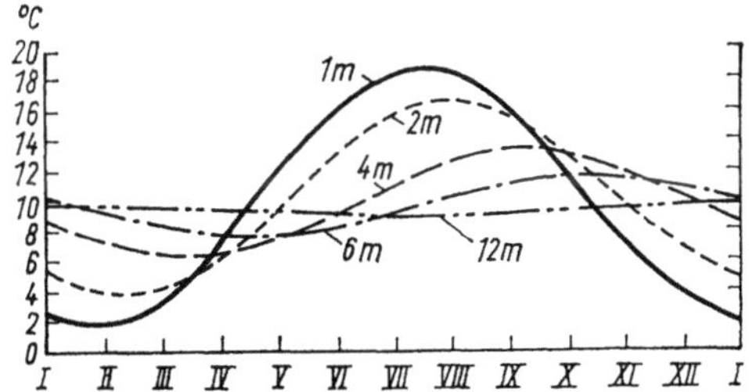

Abb. 186. Jahresgang der Erdbodentemperatur in Potsdam 1896–1945 (nach G. HAUSMANN, 1950)

keit auf mehr als das Doppelte. Daraus ergibt sich, daß die Herabsetzung der Feuchtigkeit im Boden auch eine Erniedrigung der Wärmeleitfähigkeit bedingt.

Die Wirkung des Bodens auf die Fortbewegung der Wärme hat zur Folge, daß mit zunehmender Tiefe eine Abschwächung der Amplitude und eine zunehmende Verspätung einander entsprechender Temperaturen eintritt (Abb. 186). Die Phasenverschiebung führt z. B. im Sandboden von Potsdam dazu, daß das höchste Monatsmittel der Temperatur in der Luft im Juli, in 1 m Tiefe im Boden im August, in 12 m Tiefe im Februar auftritt; die tiefsten Monatsmittel werden entsprechend im Januar, Februar und August erreicht. Es kommt also hier in 12 m Bodentiefe gewissermaßen zu einer Inversion der Jahreszeiten.

Die Wärmemengen, die in verschiedenen Gebieten an der Bodenoberfläche umgesetzt werden, sind einerseits vom Boden, andererseits aber auch von der geographischen Breite und damit der Zugehörigkeit zum Makroklima abhängig. Dabei interessieren für die Wärmebilanz verschiedene Größen, und zwar hauptsächlich

1. die der Bodenoberfläche zugeführte Wärmemenge (Strahlung) S,

2. die von der Bodenoberfläche an die Luft abgegebene Wärme L,

3. die von der Bodenoberfläche in den Boden abgegebene Wärme B,

4. die für die Verdunstung verbrauchte Wärme V.

Über die Jahreswerte der vorgenannten Größen in verschiedenen Klimagebieten gibt Tab. 59 Auskunft.

Sowohl die der Bodenoberfläche zugeführte Strahlung als auch der gesamte jährliche

Tabelle 58. Wärmeleitfähigkeit und Temperaturleitfähigkeit in verschiedenen Bodenarten (nach B. P. ALISSOW, O. A. DROSDOW und E. S. RUBINSTEIN, 1956)

	Wärmeleitfähigkeit W/(m · K)	Temperaturleitfähigkeit m²/s
Sand	1,17	112
Sandstein	4,48	231
Lehmboden	1,67	79
Torfboden	0,88	22
Granit	4,05	190

Wärmeumsatz wächst bei abnehmender geographischer Breite. Wenn in Grönland die Erdoberfläche mehr Energie in Form von Strahlung abgibt, als sie empfängt, so muß die Differenz durch Wärmeadvektion gedeckt werden. Die für die Verdunstung verbrauchten Wärmemengen sind hoch in den humiden, geringer in den ariden und besonders niedrig in den nivalen Gebieten. Es sei bemerkt, daß bei Jakarta infolge gleichbleibender Bodentemperaturen der Umsatz im Boden vernachlässigt werden kann; die hier in der Tabelle unter *B* erscheinende Zahl stellt die zur Erwärmung des gefallenen Niederschlags verwendete Wärme dar.

Zwei Gebiete lassen auch im Jahreswert die bodennahe Luftschicht besonders deutlich in Erscheinung treten: die Frost- und die Trockenklimate. Im Frostklima – hier durch Eismitte repräsentiert – geben Boden bzw. Schneedecke durch Strahlung so viel Energie ab, daß auch die bodennahe Luftschicht mehr und mehr ausgekühlt wird; der Fehlbetrag muß durch Advektion gedeckt werden. Demgegenüber stellen die Trockengebiete, in denen wenig Wärme für die Verdunstung verbraucht wird, Quellgebiete für die Erwärmung der Atmosphäre dar, was besonders in der bodennahen Luftschicht in Erscheinung tritt.

9.2.2. Temperaturverhältnisse

Die Temperaturverhältnisse der bodennahen Luftschicht werden natürlich von den Strahlungsverhältnissen beeeinflußt.

In nächster Nähe des Bodens, in einer wenige Millimeter dicken Luftschicht, ist die Wärmeleitung wirksam. Hier kommt es zu vertikalen Temperaturunterschieden bis zu 10 K in den untersten 0,1 mm über dem Boden. Diese Schicht wird als Grenzschicht bezeichnet.

Die nächste Schicht ist etwa 1 cm mächtig. In ihr ist zwar schon ein lebhafter Austausch vorhanden, wird aber durch die Bodennähe noch gebremst. Diese Schicht wird Zwischenschicht genannt.

Über diesen beiden Schichten folgt die Oberschicht, in der der Austausch voll wirksam wird. Trotz des lebhaften Austauschs ist der Wärmenachschub so groß, daß sich beim Einstrahlungstyp ein vertikales Temperaturgefälle von wesentlich mehr als 1 K/100 m auf die Dauer erhalten kann.

Die Temperaturverteilung entwickelt sich derart, daß beim Einstrahlungstyp am Boden die höchste Temperatur, beim Ausstrahlungstyp die tiefste Temperatur gemessen wird. Abnahme und Zunahme der Temperatur erfolgt in den Boden hinein sehr rasch, in die Luft hinein langsamer. In den gemäßigten

Tabelle 59. Der jährliche Wärmeumsatz in verschiedenen geographischen Breiten in 1000 J/cm² (nach R. GEIGER, 1950)

Ort und Zeit der Beobachtung	Klima	Geographische Breite	Länge	Höhe m	Wärmebilanz im Jahr				
					S	L	B	V	JU
„Eismitte", Grönland (1930/31)	*EF*	70° 54′N	40° 42′W	3030	−31,4	−32,2	0,0	0,8	147,4
Sodankylä, Finnland (1915/16)	*Dfc*	67° 22′N	26° 39′E	180	46,7	2,5	7,1	38,9	207,1
Potsdam (1903)	*Cfb*	52° 23′N	13° 04′E	85	82,2	− 1,6	0,8	83,8	266,7
Irkutsk, Ostsibirien (1889)	*Dwc*	52° 16′N	104° 19′E	467	83,4	32,6	2,5	28,0	245,9
Ikengüng, Gobi (1931/32)	*BSk*	41° 54′N	107° 45′E	1500	177,7	121,5	−0,8	57,1	376,7
Jakarta, Java (1922)	*Af*	6° 11′S	106° 50′E	8	226,7	27,7	(15,9)	183,1	453,8

S, *L*, *B* und *V* haben die vorher erwähnte Bedeutung mit Ausnahme der Größe *B* bei Jakarta (vgl. Text). *JU* gesamter jährlicher Wärmeumsatz, unabhängig vom Vorzeichen.

Breiten überwiegt der Ausstrahlungstyp; im Winter wird der Einstrahlungstyp auf eine sehr kurze Zeit zusammengedrängt. Bei Sonnenaufgang vollzieht sich der Übergang vom Ausstrahlungs- zum Einstrahlungstyp nicht sofort, sondern mit einer Verzögerung von ein bis zwei Stunden, so daß während dieser Zeit noch der Ausstrahlungstyp erhalten bleibt.

Beim Übergang zur Nacht stellt sich der Ausstrahlungstyp meist bereits vor Sonnenuntergang ein; nur im Hochsommer erfolgt der Übergang nach Sonnenuntergang.

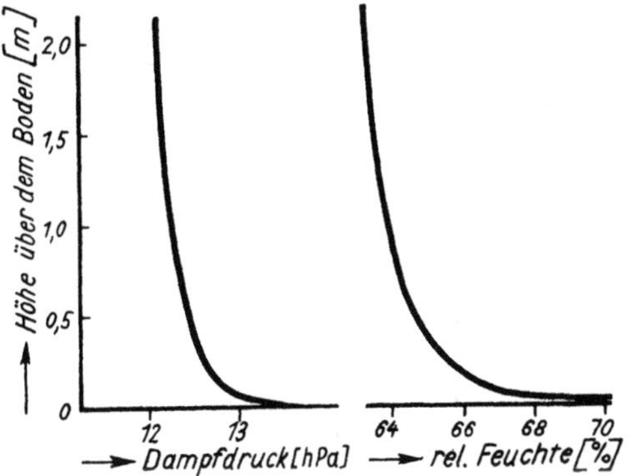

Abb. 187. Tagesmittel von Dampfdruck und relativer Feuchte in der bodennahen Luftschicht (nach R. GEIGER, 1950)

Es ist selbstverständlich, daß die beiden angegebenen Typen nur die Extreme darstellen. In der Natur kommen mannigfache Übergänge zwischen diesen reinen Typen vor, die

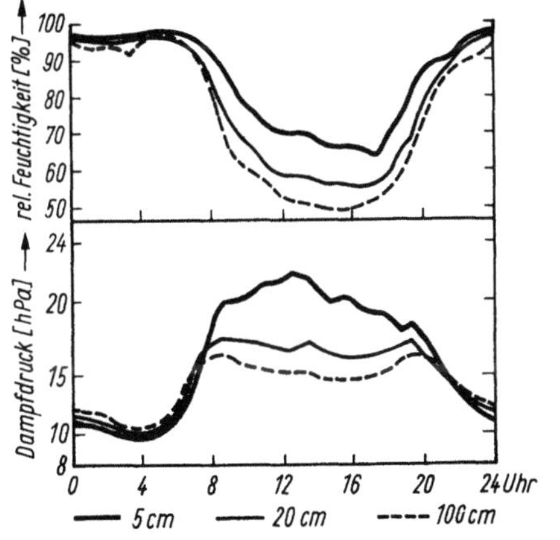

Abb. 188. Tagesgang von relativer Feuchte und Dampfdruck in Finnland (nach R. GEIGER, 1950)

sich aber stets als Überlagerung von Einstrahlungs- und Ausstrahlungstyp deuten lassen.

Aus dem genannten Temperaturgang geht hervor, daß die Temperaturschwankungen mit Annäherung an den Erdboden größer werden, das Mikroklima weist also mit Annäherung an den Erdboden zunehmend extremere Temperaturverhältnisse auf.

Das wird z. B. für die Verwitterung dort wichtig, wo bei den Schwankungen die Nullgradgrenze unterschritten wird, wo ein häufiger Wechsel zwischen Gefrieren und Tauen eintritt. Daher kommt der Frostwechselzahl besondere Bedeutung zu (Frostwechselzahl ≙ Zahl der Durchgänge der Temperatur durch den Gefrierpunkt). Die Frostwechseldichte (≙ Zahl der Frostwechsel pro Frostwechseltag) liegt in den gemäßigten Breiten bei 1,5 bis 2,0, in hochgelegenen Gebieten der Tropen über 2,0. Am Boden steigt die Frostwechseldichte in gemäßigten Breiten auf etwa 3,0 an. Die Frostwechselzahl nimmt gegen die Bodenoberfläche hin rasch zu, so daß z. B. in Eberswalde die Jahressumme der Frostwechsel am Boden das 2,5fache derjenigen in 2 m Höhe über dem Erdboden beträgt (vgl. HEYER, 1938).

Die hier angedeuteten Temperaturverhältnisse der bodennahen Luftschicht werden jeweils durch den Wetterablauf, beispielsweise durch die Bewölkung, modifiziert.

9.2.3. Feuchtigkeit und Wind

Die in der Luft enthaltene Feuchtigkeit entstammt der Verdunstung an der Bodenoberfläche bzw. an Oberflächen der Pflanzen. Daher nimmt die Feuchtigkeit mit zunehmender Höhe ab. Da die Feuchtigkeit am Boden am höchsten ist, spricht man vom Naßtyp (Abb. 187), der in der Feuchteverteilung dem Einstrahlungstyp der Temperaturverteilung entspricht. Allerdings ist auch das Gegenstück, der Trockentyp, zu finden, bei dem am Boden eine geringere Feuchtigkeit auftritt als darüber. Der Trockentyp setzt ein, wenn der Boden Feuchtigkeit aufnimmt, wie das zur Nachtzeit der Fall ist.

Der Dampfdruck zeigt im täglichen Gang zwei Minima (Abb. 188). Das eine, in den Frühstunden, läuft mit dem Temperaturminimum parallel. Das schwächere Minimum um

Mittag ist durch den lebhaften Austausch veranlaßt, der größere Feuchtigkeitsmengen in höhere Luftschichten transportiert. Dieses durch den Austausch hervorgerufene Minimum wird im „kontinentalen Typ" oder „Wüstentyp" zum Hauptminimum.

In Bodennähe (5 cm über dem Boden) dagegen finden wir um Mittag ein Maximum des Dampfdrucks. Der Austausch reicht also hier nicht aus, um die große Menge der nachgelieferten Feuchtigkeit wegzutransportieren.

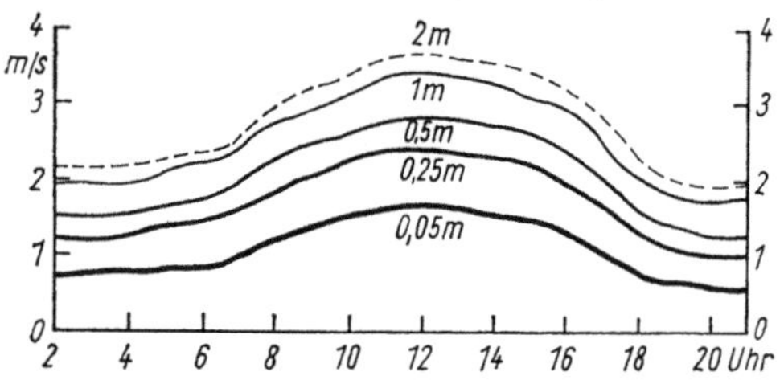

Abb. 189. Tagesgang der Windgeschwindigkeit in der bodennahen Luft (nach R. Geiger, 1950)

Im Gegensatz zum Dampfdruck weist die relative Feuchtigkeit (vgl. Abb. 188) das Minimum am frühen Nachmittag, das Maximum am frühen Morgen auf. Dabei sind die Maxima für die angegebenen Höhen nahezu gleich, während das Minimum in 1 m Höhe wesentlich stärker absinkt als in 5 cm über dem Erdboden.

Dampfdruck und relative Feuchtigkeit zeigen einen entgegengesetzten Tagesgang. Das hat zur Folge, daß der Normaltyp der Feuchteverteilung einen Mischtyp darstellt. Beim Dampfdruck besteht er aus dem Naßtyp bei Tage und dem Trockentyp in der Nacht, bei der relativen Feuchte aus dem täglichen Trockentyp und dem nächtlichen Naßtyp. Während die Dampfdruckverteilung überall den Normaltyp zeigt, ergeben sich bei der relativen Feuchte zwei Ausnahmen, die R. Geiger (1950) als Naßklimatyp und Trockenklimatyp bezeichnet. Beim Naßklimatyp herrscht immer der Naßtyp vor; dieser Typ tritt in kalten und feuchten Gebieten auf. Demgegenüber herrscht im Trockenklimatyp, der in Vorderindien beobachtet wird, während des ganzen Tages der Trockentyp der Feuchteverteilung.

Eine gewisse Parallelität mit der Temperatur ist insofern gegeben, als auch die Feuchtegrößen in der bodennahen Luftschicht eine starke Unruhe zeigen. Somit kann man die Unruhe von Temperatur und Feuchte als Hauptkennzeichen für das Klima der bodennahen Luftschicht bezeichnen.

Mit Annäherung an die Bodenoberfläche wird die Luftbewegung stark abgebremst; denn in der Bodenoberfläche selbst ist die Windgeschwindigkeit Null. Umgekehrt zeigt sich vom Boden aus nach oben eine starke Windzunahme, wie an Nebelfrostablagerungen zu beobachten ist. In Bodennähe ist der Wind um Mittag am stärksten (Abb. 189), in der Nacht am schwächsten, weil am Tage durch den Austausch Luftteilchen mit höherer Windgeschwindigkeit aus der Höhe zum Boden gebracht werden. In der Nacht wird die bodennahe Lufttemperatur um so höher sein, je größer die Windgeschwindigkeit ist. Bei sehr starken Windgeschwindigkeiten wird das eigenständige Mikroklima der bodennahen Luftschicht nahezu völlig beseitigt.

9.3. Einfluß der Unterlage auf das Mikroklima

Die Abhängigkeit des Mikroklimas von den Strahlungsverhältnissen hat zur Folge, daß das Mikroklima grundlegend von der Unterlage beeinflußt wird. Die Einwirkungen sind verschieden, je nachdem, ob es sich um festen Boden, Wasser oder Schnee handelt. Schon beim Boden ergeben sich durch wechselnde Bodenart, veränderlichen Wassergehalt und unterschiedliche Bearbeitung erhebliche Unterschiede in den Auswirkungen auf das Mikroklima.

9.3.1. Einfluß des Bodens

Der feste Boden reflektiert einen Teil des sichtbaren Lichtes, und zwar sind es bei Sand 10% bis 25%; die übrige Lichtstrahlung – bei Sand 90% bis 75% – wird absorbiert. Im Bereich der langwelligen Strahlung, d. h. im Bereich der Wärmestrahlen, absorbieren dagegen die meisten Substanzen die Strahlung fast völlig; es findet also in diesem Bereich keine wesentliche Reflexion statt.

Je mehr Strahlung eine Bodenoberfläche absorbiert, um so stärker erhitzt sie sich am Tage.

So können auch im gemäßigten Klima unter besonders günstigen Bedingungen an der Bodenoberfläche Temperaturen bis zu 80 °C erreicht werden.

Auch die Bodenfarbe spielt eine Rolle. Je heller der Boden ist, um so stärker ist der reflektierte Anteil der Strahlung. Demzufolge wird auch die Temperatur der Bodenoberfläche um so geringer sein, je heller der Boden ist. Durch ihre Einwirkung auf den Wärmetransport im Boden, damit auf die Wärmezufuhr von der Oberfläche und die Wärmezuleitung zur Oberfläche, sowie auf Verdunstung und effektive Ausstrahlung hat die Bodenoberfläche Einfluß auf das Mikroklima, das sie bis zu einem gewissen Grade steuert.

Der Unterschied in der Wirkung der Böden auf das bodennahe Klima wird deutlich, wenn man zwei typische Böden, Sandboden und Moorboden, miteinander vergleicht.

Der Sandboden zeigt am Tage eine starke Erhitzung der Oberfläche. Die tägliche Temperaturamplitude dringt aber nur bis zu etwa 0,5 m in den Sandboden ein; denn infolge des recht erheblichen Lufteinschlusses im Sandboden ist die Wärmeleitfähigkeit stark herabgesetzt.

Im Moorboden ist die Wärmeleitfähigkeit noch wesentlich geringer, so daß die Tagesschwankung der Temperatur nur bis etwa 0,25 m in den Boden eindringt. Der Moorboden nimmt also am Tage sehr wenig Wärme auf und kann demzufolge bei Nacht auch nur geringe Wärmemengen abgeben. Infolgedessen wird die bodennahe Luft am Tage stark erhitzt, in der Nacht aber stark ausgekühlt; es ergibt sich also über dem Moorboden ein extremer Temperaturgang. Das im Moorboden gegebenenfalls enthaltene Wasser mildert den Temperaturgang gegenüber dem in trockenem Moorboden infolge seiner hohen Wärmeleitfähigkeit; trockener Moorboden weist daher eine geringere Wärmeleitfähigkeit auf als nasser Moorboden und ruft besonders extreme Temperaturverhältnisse in der bodennahen Luft hervor. Eine Entwässerung des Moorbodens bringt also eine Verschlechterung des Mikroklimas mit sich. Durch Übersanden des Moorbodens kann man hier Abhilfe schaffen; auch offene Wasserflächen in der Nähe von Moorböden bringen eine gewisse Milderung des Temperaturganges.

Wesentlich anders als die genannten lockeren Böden verhält sich festes Gestein. Die Tageswärme kann bei hoher Wärmeleitfähigkeit tief eindringen und wird in der Nacht wieder abgegeben. Daher ist die Temperatur der festen Gesteinsoberfläche während der Nacht längere Zeit höher als die der umgebenden Luft. Je höher der an die Luft abgegebene Anteil der zugestrahlten Wärme ist, um so geringer ist das Wärmespeicherungsvermögen des Untergrundes, um so größer aber ist die Temperaturschwankung in der bodennahen Luft.

Tabelle 60 zeigt die ungünstige mikroklimatische Wirkung von Torfmoos – also auch von Moorboden, der ja aus dem Torfmoos entsteht – sowie von Schnee.

Auch die Bodenbearbeitung wirkt sich auf das Mikroklima aus. So ergibt beispielsweise die Aufrauhung des Bodens durch Pflügen, daß der Wärmeumsatz nur in geringe Tiefen vordringen kann, da die Luft, die durch die Bearbeitung in den Boden gebracht wird, eine geringe Wärmeleitfähigkeit besitzt. Das hat zur Folge, daß über dem bearbeiteten Boden am Tage eine größere Erwärmung, nachts eine verstärkte Abkühlung eintritt, so daß die Tagesamplitude der Temperatur ansteigt, was seinerseits eine höhere Frostgefährdung nach sich ziehen kann.

Den Einfluß der Bodenart auf den Wärmehaushalt in der Bodenoberfläche lassen drei Vorgänge in ihrem unterschiedlichen Ablauf deutlich erkennen: das Schmelzen frisch gefallenen Schnees, Reifbildung und Bildung von Glatteis.

Da eine dünne Schneedecke bei guter Wärmeleitung des Bodens rascher verschwindet als bei schlechter Wärmeleitung, kann man an der

Tabelle 60. Abgabe der dem Untergrund zugestrahlten Wärme an die Luft in % der zugestrahlten Wärme (nach R. GEIGER, 1950)

	Meer	Granit	Sand	Wasser ruhend	Torfmoos (*Sphagnum*)	Schnee	Laubstreu
Wärmeabgabe	3	27	36	42	76	85	97

17*

unterschiedlichen Auflösung einer Schneedecke auf Unterschiede in der Wärmeleitfähigkeit des Bodens schließen. Ist beim Abtauen einer Schneedecke die aus dem Boden zugeführte Wärme allein oder vorherrschend beteiligt, so schmilzt die Schneedecke zunächst über dem Boden mit der höchsten, zuletzt über dem mit der geringsten Wärmeleitfähigkeit.

Die Bildung von Reif erfolgt bei schlechter Wärmeleitfähigkeit der Unterlage eher als bei guter Wärmeleitung. Umgekehrt schmilzt Reif bei geringer Wärmeleitung der Unterlage später ab als bei guter Wärmeleitung. Deshalb ist eine Unterlage mit geringer Wärmeleitfähigkeit länger mit Reif bedeckt als eine solche mit hoher Wärmeleitfähigkeit.

Sehr empfindlich reagiert die Glatteisbildung auf verschiedene Wärmezuführung von der Unterlage her. Das hat zur Folge, daß mit der wechselnden Wärmeleitfähigkeit der Unterlage Art und Dicke des Glatteises sehr rasch variieren. „Wer eine Prüfung in Mikroklimatologie ablegen will, der gehe bei Glatteis auf die Wanderung und beantworte alle Fragen, die ihm die Natur stellt!" (R. GEIGER, 1950).

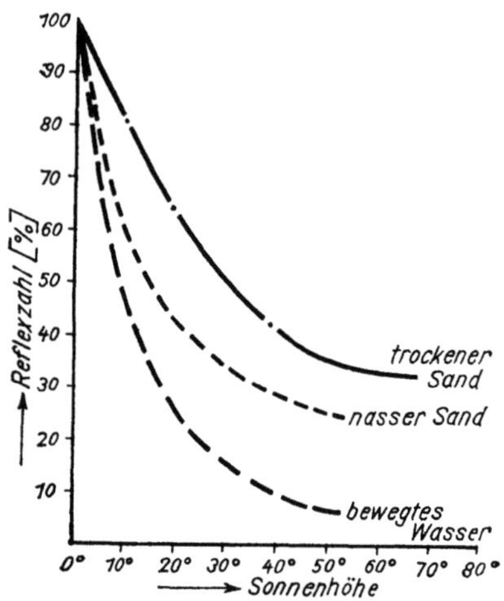

Abb. 190. Reflexzahl der Gesamtstrahlung in Abhängigkeit von Sonnenhöhe und Bodenbeschaffenheit (nach R. GEIGER, 1950)

9.3.2. Einfluß von Wasserflächen

In das Wasser kann die Strahlung eindringen. Die Eindringtiefe ist abhängig von der Wellenlänge der Strahlung, doch gelangen etwa 10% bis 40% (je nach Reinheit des Wassers) der einfallenden Strahlung bis in eine Tiefe von 1 m. Außerdem wird im Wasser, ähnlich wie in der Luft, der Massenaustausch wirksam.

Zu beachten ist weiterhin die Reflexion an einer Wasseroberfläche, die in ihrer Stärke vom Sonnenstand abhängt. Je flacher die Strahlung einfällt, um so größer ist die Reflexion. Bei hohem Sonnenstand dagegen werden im sichtbaren Bereich der Strahlung etwa 9%, im Ultraviolett etwa 5% der einfallenden Strahlung reflektiert. Die reflektierte Strahlung kommt der Umgebung zugute, so daß die Westufer von Seen und Flüssen morgens, die Ostufer abends einen zusätzlichen Energiebetrag aus dieser Reflexstrahlung empfangen.

Die Menge der reflektierten Strahlung (Reflexzahl) ist allgemein von der Sonnenhöhe und von der Beschaffenheit des Untergrundes abhängig (Abb. 190). Bei zunehmender Sonnenhöhe nimmt die Reflexzahl besonders stark über bewegtem Wasser, weniger über nassem Sand und am wenigsten über trockenem Sand ab. Demzufolge beträgt die Reflexzahl, die bei einer Sonnenhöhe von 0° den Wert 100% hat, bei einer Sonnenhöhe von 50° über bewegtem Wasser etwa 8%, über nassem Sand rund 25%, über trockenem Sand ungefähr 33%.

Die in den oberen Schichten des Wassers auftretende tägliche Temperaturschwankung hängt von der Tiefe der Gewässer ab. Auf dem freien Meere verschwindet diese Schwankung fast völlig. In flachen Gewässern allerdings nähert sich die Temperaturschwankung immer mehr jener im festen Boden. Auf diese Unterschiede der Temperaturschwankung ist eine unterschiedliche Wärmeabgabe an die Luft zurückzuführen.

Wurde beim festen Boden eine Steuerung des Temperaturganges der bodennahen Luftschicht durch die Bodenoberfläche beobachtet, so fehlt diese über einer Wasseroberfläche fast völlig. Eine gleichmäßige räumliche und zeitliche Temperaturverteilung über Wasserflächen ist die Folge, solange nicht Luft anderer Temperatur aus den umliegenden Gebieten zugeführt wird. Kalte Luft wird über wärmerem Wasser erwärmt, wärmere Luft über kaltem Wasser abgekühlt; allerdings geht dieser Vorgang verhältnismäßig langsam vor sich.

Im Gegensatz zum festen Boden übt eine Wasserfläche nur eine geringe Bremswirkung auf die Luftbewegung aus. Daher erreicht die Luft über Wasserflächen in 1 cm Höhe schon fast die Hälfte der in 2 m Höhe beobachteten Geschwindigkeit.

Die Feuchte weist ihre höchsten Werte unmittelbar über der Wasserfläche auf, so daß die Feuchteverteilung (Dampfdruck) dem Naßtyp entspricht. Auch die relative Feuchtigkeit zeigt gegen die Wasseroberfläche hin eine schwache Zunahme.

9.3.3. Einfluß der Schneedecke

Für den Schnee ist kennzeichnend, daß er sich gegenüber der langwelligen Strahlung wie ein „schwarzer" Körper verhält. Langwellige Strahlung, die allerdings im Spektrum der Einstrahlung praktisch fehlt, wird also von Schnee absorbiert und dementsprechend auch in starkem Maße emittiert. Das bedeutet aber,

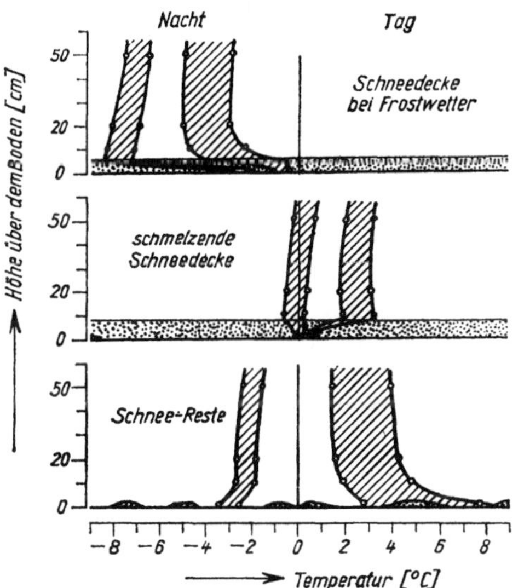

Abb. 191. Temperaturverhältnisse (Streubereiche) über einer Schneedecke (nach R. GEIGER, 1950). Links: Nacht; rechts: Tag

daß vom Schnee eine recht erhebliche Wärmestrahlung ausgeht, die letzten Endes fast ausschließlich aus der bodennahen Luft gedeckt werden muß, was zu starker Auskühlung der Luft führt. Diese Wirkung ist besonders stark beim Fehlen einer Wolkendecke.

Der kurzwelligen Strahlung gegenüber verhält sich der Schnee völlig anders. Von dieser Strahlung werden 75% bis 90%, in besonders günstigen Einzelfällen sogar 100% reflektiert. Für Altschnee und nassen Schnee gelten allerdings andere Werte; hier geht der Betrag der Reflexion auf 43% der eingestrahlten Energie zurück.

Die Folge davon ist, daß über der Schneedecke zwar ein gutes „Lichtklima" besteht, daß aber im Mikroklima weitgehend der Ausstrahlungstyp herrscht. Damit wird die Auskühlung der Luft über einer Schneedecke ererklärt.

Bei Frostwetter (Abb. 191) ergeben sich nachts die tiefsten Temperaturen an der Oberfläche der Schneedecke; von der Schneeoberfläche aus nimmt die Temperatur in die Luft hinein langsam, zum Boden hin schnell zu. Am Tage dagegen ergeben sich die tiefsten Temperaturwerte wenige Zentimeter oberhalb der Schneedecke. Beim Vorhandensein einer schmelzenden Schneedecke ist in der Nacht der Ausstrahlungstyp angedeutet, während am Tage der Einstrahlungstyp in Erscheinung tritt. Im Falle von Schneeresten ist am Tage der Einstrahlungstyp, bei Nacht der Ausstrahlungstyp ausgeprägt, so daß die Temperaturverhältnisse in diesem Falle schon weitgehend denen über schneefreiem Boden ähnlich sind.

Es sei noch bemerkt, daß die für die Strahlung wirksame Oberfläche beim Vorhandensein einer Schneedecke nicht die Bodenoberfläche, sondern die Oberfläche der Schneedecke ist. Infolge des hohen Lufteinschlusses im Schnee (besonders bei Neuschnee) und der damit verbundenen geringen Wärmeleitfähigkeit wird die Bodenoberfläche durch eine Schneedecke gegen starke Abkühlung geschützt.

Der hier dargestellte extreme Temperaturverlauf über einer Schneedecke stellt an die über den Schnee hinausragende Vegetation, soweit sie sich in der bodennahen Luft befindet, besonders hohe Anforderungen, denen auch sonst winterharte Pflanzen nicht immer gewachsen sind.

9.3.4. Einfluß einer Rasendecke

Ist der Boden mit einer kurzen Rasendecke überzogen, so wird dadurch die für den Strahlungsumsatz wichtige Schicht vergrößert, da nur ein Teil der Strahlung bis zum Boden durchdringt. Da sich also die Wärme auf eine dickere Schicht verteilt, können die Temperaturen um Mittag nicht so hoch ansteigen wie über unbewachsenem Boden. Entsprechendes gilt für die Ausstrahlung in der Nacht, da die Bodenoberfläche zunächst mit den Pflanzen in Austausch tritt. Dadurch ist der Temperaturgang über einer Grasdecke gegenüber dem über unbewachsenem Boden gemildert.

Einen Überblick über die Temperaturverhältnisse über einer kurz gehaltenen Grasdecke und in 2 m Höhe geben die nächtlichen Temperaturminima dieser beiden Meßstellen (Abb. 192). In heiteren Nächten ist die Temperatur

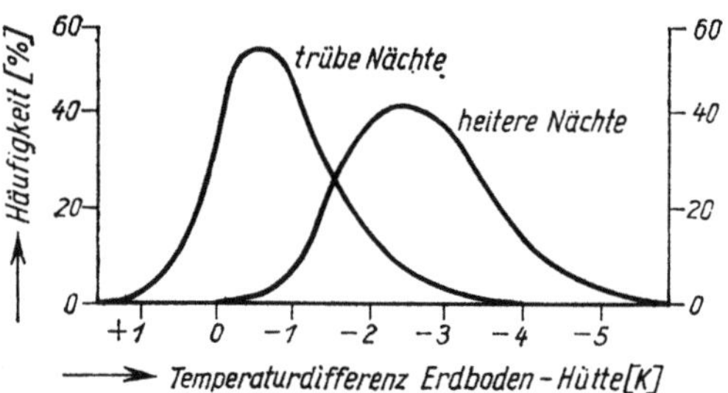

Abb. 192. Nächtliche Temperaturdifferenzen zwischen Erdbodenminimum (in 5 cm) und Hüttenminimum in Geisenheim am Rhein (nach R. GEIGER, 1950)

in 5 cm Höhe über einer Grasnarbe stets geringer als in 2 m Höhe. Die Differenz beträgt in den meisten Fällen etwa 2,5 K und erreicht im extremen Falle 6,5 K. In trüben Nächten dagegen kann die Temperatur in 5 cm Höhe bis zu 1,4 K über derjenigen in 2 m Höhe liegen. Am häufigsten tritt der Fall ein, daß die Temperatur in 2 m Höhe um etwa 0,5 K höher liegt als in 5 cm Höhe. Die hier genannten Ergebnisse lassen sich recht gut für eine Temperaturvorhersage für die bodennahe Luftschicht verwenden, wenn man die zu erwartende Lufttemperatur und den Bewölkungsgrad abschätzen kann.

Auch die Feuchtigkeitsverhältnisse der bodennahen Luftschicht werden durch eine Pflanzendecke entscheidend verändert.

Als Dürretage werden Tage mit verhältnismäßig hoher Temperatur und geringer relativer Luftfeuchtigkeit bezeichnet. Liegt an vier aufeinanderfolgenden Tagen das Temperaturmaximum über dem mittleren Maximum bei einer relativen Feuchte von höchstens 40% um 14 Uhr, so spricht man von einer Dürreperiode. Die Summe der Dürretage eines vorgegebenen Zeitraums wird als Dürrezahl bezeichnet.

Die Pflanzen verdunsten demnach wesentlich mehr Wasser als der unbewachsene Boden. Während auf der Sandoberfläche schon bald keine Feuchtigkeit mehr vorhanden ist, die Verdunstung also aufhört, geht die Verdunstung von den Pflanzen weiter. An Dürretagen wird von der Rasendecke etwa das Fünffache der von dem trockenen Sandboden abgegebenen Wassermenge verdunstet. In ihrer Verdunstungswirkung steht die Rasenoberfläche meist zwischen dem unbewachsenen Boden und einer Wasserfläche.

9.4. Mikroklimatischer Einfluß des Geländes

9.4.1. Bildung von Kaltluftseen

Die Geländeform muß, wenn sich ihre Wirkung schon im Makroklima (Verhalten der nächtlichen Temperaturminima) zeigt, im Mikroklima, dessen Temperaturgang im allgemeinen extremer ist als der in 2 m Höhe, auf die Temperatur der bodennahen Luft besonders stark einwirken.

Diese Einwirkung zeigt sich bei der Bildung von Kaltluftseen, wobei vielfach der Bereich des Mikroklimas bereits überschritten wird und ein Übergang in das Mesoklima erfolgt. In erster Näherung kann man sich vorstellen, daß die Kaltluft an einer geneigten Fläche infolge ihrer Schwere herabgleitet und sich vor etwai-

Tabelle 61. Verdunstungshöhe in mm/Tag in den Monaten Mai bis August (nach R. GEIGER, 1950)

	Von einer Sandfläche	Von einer Rasenfläche	Von einer Wasserfläche
An Tagen nach Regen	2,38	2,80	2,24
An heiteren Tagen	0,47	2,15	3,61
An Dürretagen	0,26	1,14	3,80

gen Hindernissen staut. Daher sind beispielsweise Gärten, die in abfallendem Gelände oberhalb eines Bahn- oder Straßendammes liegen, besonders frostgefährdet (Abb. 193).

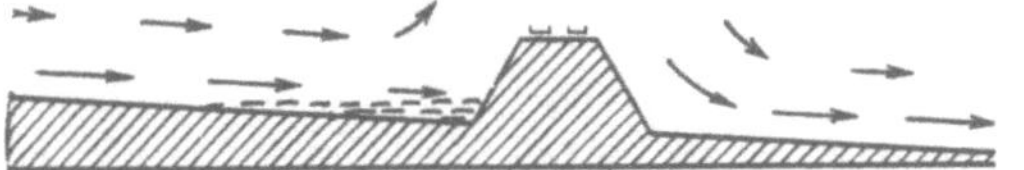

Abb. 193. Luftbewegung auf einer geneigten Fläche beiderseits eines Dammes (nach R. GEIGER, 1950)

Eine Veränderung ist in solchen Fällen verhältnismäßig einfach zu erzielen, indem man der Kaltluft die Möglichkeit gibt, durch einen Durchlaß abzufließen. Liegen die vor Frost zu schützenden Gebiete in einem Tal, so kann man – je nach Gelände – die Kaltluft durch

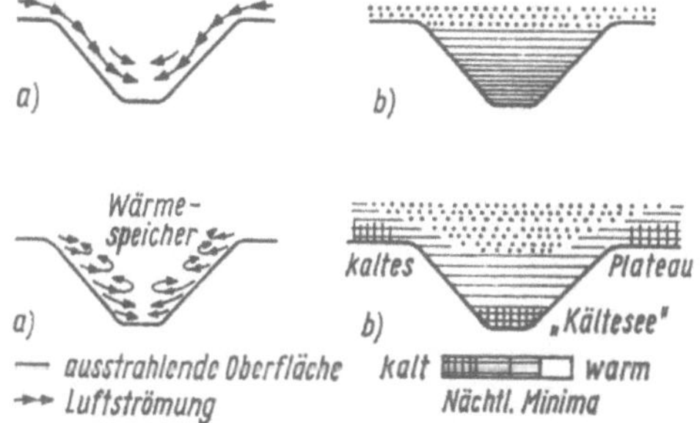

Abb. 194. Entstehung der warmen Hangzone (nach R. GEIGER, 1950).
a) Vorgang der nächtlichen Abkühlung in einem Tal;
b) entsprechende Verteilung der nächtlichen Temperaturminima

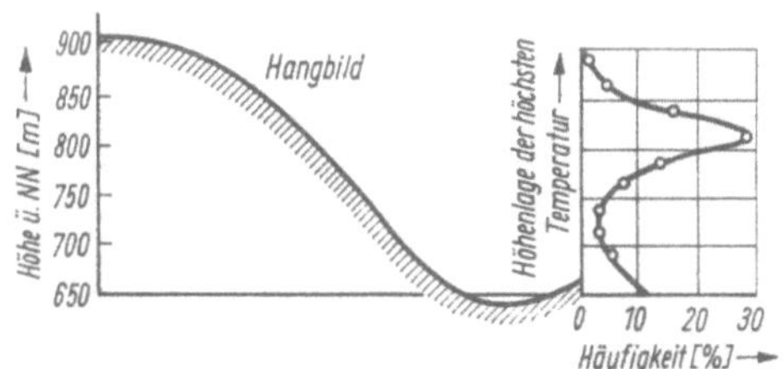

Abb. 195. Lage der warmen Hangzone (nach R. GEIGER, 1950)

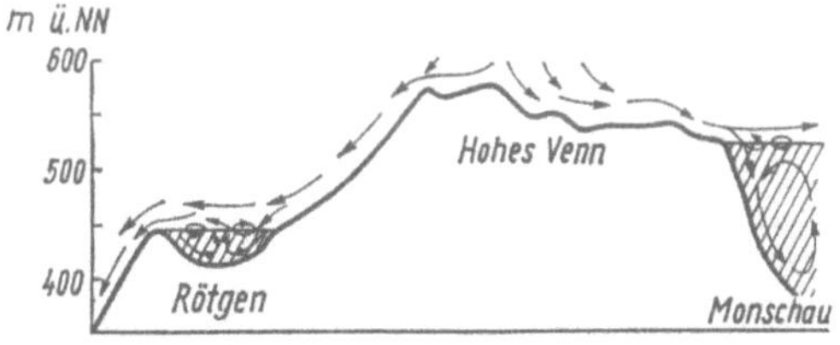

Abb. 196. Luftzirkulation (schraffiert: Kaltluftseen) über dem Hohen Venn (nach H. BERG, 1951)

einen am Hang angebauten Wald- oder Heckenstreifen ableiten.

Bei der Bildung eines Kaltluftsees in einer Mulde oder einem Tal ist zu beachten, daß sich Luft anders verhält als z. B. Wasser (Abb. 194). Denn einmal findet beim Herabgleiten der Luft am Hang eine gewisse Erwärmung (adiabatische Erwärmung) statt; zum anderen steht die am Hang herabfließende Luft im Austausch mit der über der Mulde oder dem Tal befindlichen Luft, die vom Abkühlungsvorgang noch nicht erfaßt ist. Dadurch wird immer wieder wärmere Luft an den Hang herangeführt, so daß es zur Ausbildung einer warmen Hangzone kommt. Abkühlung findet man demnach im Tal und auf einem seitlichen Plateau, während der dazwischenliegende Hang wärmer ist. Die höchsten Temperaturen am Hang (warme Hangzone) ergeben sich am häufigsten in der oberen Hälfte des Hanges (Abb. 195), was auch aus Messungen im Flachland – bei relativ geringen Höhenunterschieden – hervorgeht (A. WEISE, 1978).

Daraus folgt, wie auch Messungen von H. BERG (1951) in der Eifel zeigen (Abb. 196), daß das Herabfließen von Kaltluft nicht die Ursache für die Bildung von Kaltluftseen größeren Ausmaßes ist, da dieser Zufluß praktisch unterbrochen ist. Vielmehr ergeben sich die Kaltluftseen aus den örtlichen Strahlungsverhältnissen. Das Zusammenfließen der Kaltluft kommt insbesondere in kleinen Mulden bis zur Tiefe von etwa 3 m hinzu.

Die Wirkung der Strahlungsverhältnisse auf die Bildung von Kaltluftseen gibt die Möglichkeit, der Bildung von Kaltluftseen entgegenzuwirken. Das geschieht durch die Anlage offener Wasserflächen in frostgefährdeten Tälern und Mulden.

Die Bildung von Kaltluftseen bleibt nicht auf das Mikroklima beschränkt; sie greift teilweise sogar über das Mesoklima hinaus in das Makroklima ein, wie aus den besonders tiefen Minima der Lufttemperatur an manchen Stationen ersichtlich ist.

9.4.2. Hangklima

Für die Ausbildung des Hangklimas ist die dem Hang zugeführte Strahlung wichtig. Die direkte Sonnenstrahlung, die auf einen Hang auftrifft, ist abhängig von der Exposition und

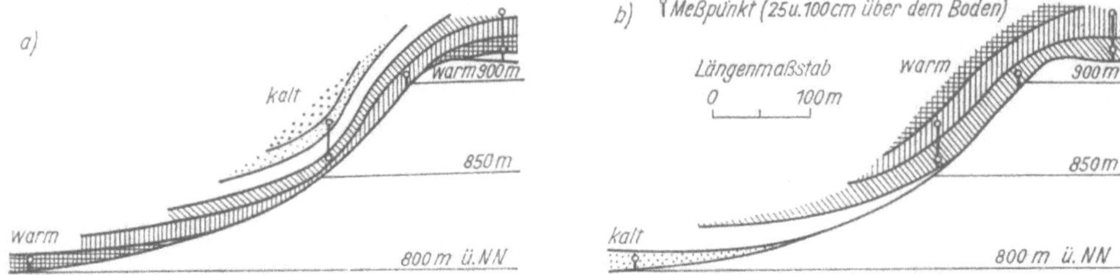

Abb. 197. Ausbildung einer Lufthaut bei Tag (a) und Nacht (b) an einem Hang (nach R. GEIGER, 1950)

Neigung des Hanges, aber auch von der Bewölkung.

Die angegebenen Zahlen zeigen im Sommer eine Strahlungsbegünstigung der Ostseite gegenüber der Westseite, die auf die unsymmetrische zeitliche Anordnung der sommerlichen Quellbewölkung zurückzuführen ist. Weiterhin zeigt sich, daß eine Südwand nicht im Juni, sondern im September die größte Strahlungsmenge erhält. In den Monaten Mai bis August ist die auf die Südwand fallende Strahlungsenergie geringer als im März und Oktober; im Juli ergibt sich ein verhältnismäßig geringer Wert.

Diese Verteilung der Sonnenstrahlung spiegelt sich in dem Mikroklima, das sich an Hängen entwickelt, wider. Zwar zeigt sich zunächst an Hängen eine Aufwärtsbewegung warmer und eine entsprechende Abwärtsbewegung kalter Luft. Es bildet sich aber auch am Hang eine bodennahe Luftschicht, eine Lufthaut, mit besonderen Eigenschaften aus; diese Lufthaut ist auch an steilen Hängen zu beobachten.

Bei einem freistehenden Berg ergab sich für das Mittel aller Hangrichtungen (Abb. 197) eine bodennahe Luftschicht, in der am Tage die Temperatur bei zunehmender Höhe über dem Boden abnimmt, nachts dagegen zunimmt. Diese Temperaturverteilung entspricht der über ebenem Gelände.

Die Temperatur der bodennahen Luft am Hang verhält sich ähnlich wie die Erdbodentemperatur. Daher sind die niedrigsten Tagestemperaturen am Nordhang, die höchsten am Süd- bis Südwesthang zu erwarten. Der Pflanzenwuchs am Hang verhindert den Austausch. Demzufolge werden die Unterschiede an einem Hang mit Vegetation besonders markant in Erscheinung treten, dagegen am vegetationslosen Hang verwischt werden. Während also im allgemeinen die Vegetation mildernd auf das bodennahe Klima einwirkt, ist es beim Hangklima gerade umgekehrt.

Tabelle 62. Tagessummen der Sonnenstrahlung in J/cm² in Potsdam (nach R. GEIGER, 1950)

Strahlungssumme	I	II	III	IV	V	VI	VII	VIII	IX	X	XI	XII
Auf die Horizontalfläche	84	185	428	820	1175	1342	1131	935	692	339	105	63
Auf den Südhang von 30°	210	378	675	1040	1270	1358	1185	1100	985	625	264	188
Auf den Osthang von 30°	67	176	402	763	1050	1208	1005	854	641	318	100	59
Auf den Westhang von 30°	80	176	385	734	1025	1176	1001	830	625	318	105	63
Auf den Nordhang von 30°	–	–	63	378	758	954	578	519	209	–	–	–
Auf die Südwand	314	445	529	662	570	503	473	598	772	658	343	272
Auf die Ostwand	55	122	256	439	557	670	511	469	381	205	71	42
Auf die Westwand	59	122	234	415	528	583	507	444	368	205	76	50
Auf die Nordwand	–	–	–	4	46	92	59	17	0	–	–	–

Die Niederschlagsverteilung wird bestimmt durch das Windfeld und die Bodenneigung. Mißt man nämlich den Niederschlag mit einer waagerechten Auffangfläche, so kommt man auf der Luvseite zu geringeren, auf der Leeseite zu stärkeren Niederschlägen. Die Niederschläge werden also auf der Luvseite infolge des stärkeren Windes weitertransportiert und können dann auf der Leeseite bei Abschwächung des Windes ausfallen. Diese für den Regen zu beobachtende Erscheinung tritt beim Schnee naturgemäß noch stärker auf. Betrachtet man aber nicht die horizontale, sondern eine dem Hang parallele Auffangfläche, so empfängt die geneigte Fläche auf der Luvseite mehr Niederschlag als die horizontale Fläche. Je lebhafter der Wind ist, um so mehr ist die schräge Auffangfläche gegenüber der horizontalen begünstigt. Demgegenüber erhält auf der Leeseite die horizontale Fläche eine größere Niederschlagsmenge als die hangparallele Fläche.

Werden die hier gegebenen Betrachtungen auf ein größeres Gebiet erweitert und geht man dabei von der Darstellung der bodennahen Lufthaut ab, so kommt man zur „Hangatmosphäre", die also höher über den Boden hinaufreicht als die vorher erwähnte Lufthaut an Hängen. In diesem und ähnlichen Begriffen – wie Gebirgsatmosphäre – vollzieht sich der Übergang zum Mesoklima, vielfach sogar zum Makroklima. Auch in diesem Falle zeigt sich, daß die Übergänge vom Mikroklima zum Meso- und Makroklima fließend sind.

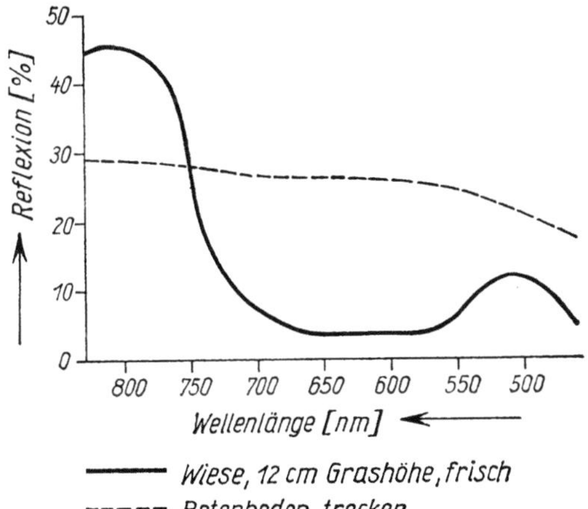

Abb. 198. Reflexion an einer Wiese und an Betonboden in Abhängigkeit von der Wellenlänge (nach R. Geiger, 1950)

9.5. Einfluß der Pflanzendecke auf das Mikroklima

Die Entwicklung der Pflanze wird von dem an ihrem Standort herrschenden Klima beeinflußt. Die Pflanze ihrerseits wirkt aber auch vermittels ihres Strahlungs-, Wärme- und Feuchtehaushaltes auf das Klima ein. Diese Einwirkung der Pflanze auf das Klima erfolgt zunächst im Bereich des Mikroklimas. Mit dem Wachsen der Pflanze und mit der Vergrößerung des Bestandes ergeben sich aber auch Einwirkungen der Pflanze auf das Mesoklima und schließlich auf das Makroklima. Es ist für das Klima eines Landes nicht gleichgültig, ob das Land bewaldet ist oder nicht.

Eine Pflanzendecke wirkt dahin, daß die Luft nicht mehr unmittelbar mit der Bodenoberfläche in Austausch steht. Die Bodenoberfläche ist also nicht mehr wirksame Oberfläche, sondern diese Rolle wird von der Oberseite der Pflanzen übernommen. Von den Pflanzen wird ein Teil der Strahlung reflektiert; diese Reflexion erfolgt nicht für alle Wellenlängen gleich stark, sondern in Abhängigkeit von der Wellenlänge der Einstrahlung (Abb. 198). Während trockener Betonboden die Strahlung verschiedener Wellenlänge nahezu gleichmäßig reflektiert, ergibt sich für eine Wiese eine starke Reflexion bei Wellenlängen über 750 nm, eine geringe Reflexion dagegen bei Wellenlängen unter 700 nm. Ein weiterer Teil der Strahlung wird durchgelassen; die Größe dieses Betrages ändert sich je nach der Pflanzenart und ist ebenfalls von der Wellenlänge der Strahlung abhängig. Schließlich wird ein Teil der Strahlung von den Pflanzen absorbiert. Die Menge der absorbierten Strahlung ist dort hoch, wo Reflexion und Durchlässigkeit gering sind, da die Summe der absorbierten, durchgelassenen und reflektierten Strahlung die einfallende Strahlung ergibt. Die stärkste Absorption (etwa 90% der auffallenden Strahlung) ergibt sich im Ultraviolett; im Gelbgrün beträgt die Absorption etwa 25%, während im Infrarot nach einem Minimum von 5 bis 10% die Absorption wieder ansteigt.

Das Zusammenwirken aller Faktoren ergibt die Temperatur der Pflanzen bzw. ihrer einzelnen Teile. Im allgemeinen wird die Pflanze, insgesamt und in ihren Teilen, eine andere Temperatur aufweisen als die umgebende

Luft. Die Unterschiede zwischen Luft- und Pflanzentemperatur sind u. a. von der Pflanzenart abhängig. Da die Pflanze nicht nur mit der über ihr befindlichen Luft, sondern auch dem Boden in Austausch tritt, ergeben sich im einzelnen recht verwickelte Verhältnisse.

9.5.1. Niedere Pflanzendecke

Während bei unbewachsenem Boden der Strahlungsumsatz in der Bodenoberfläche erfolgt, wird in einer niederen Pflanzendecke der Strahlungsumsatz verteilt, worauf Messungen der einfallenden Strahlung hindeuten.

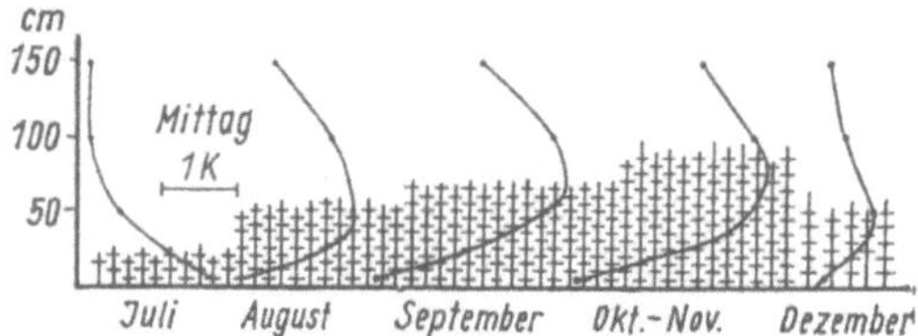

Abb. 199. Einstrahlungstyp der Temperatur in einem Blumenbeet (nach R. GEIGER, 1950)

Von der auftreffenden Strahlung gelangt nur ein geringer Teil zum Erdboden, der größte Teil wird von den Pflanzen absorbiert. Im Gegensatz dazu erreicht bei unbewachsenem Boden die volle Strahlungsmenge die Bodenoberfläche (vgl. Tab. 63).

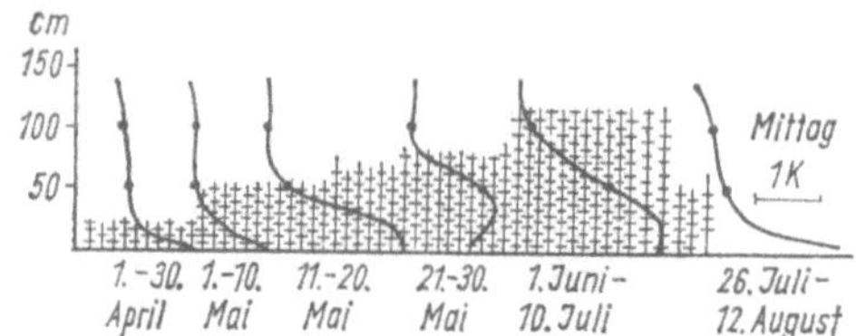

Abb. 200. Einstrahlungstyp der Temperatur in einem Winterroggenfeld (nach R. GEIGER, 1950)

Obwohl die Oberfläche der Pflanzendecke dieselbe Energiemenge empfängt wie der nackte Boden und die Ausstrahlung in beiden

Zabelle 63. Einstrahlung in W/m² über einer Wiese und über unbewachsenem Boden (nach R. GEIGER, 1950)

	Wiese				unbewachsener Boden
Höhe in m	1,0	0,5	0,1	0,0	0,0
Einstrahlung	751	724	193	133	751

Fällen gleich ist, werden durch die Pflanzendecke Wärmegewinn und Wärmeverlust anders verteilt. Ein- und Ausstrahlungstyp in verschiedenen Vegetationsformen zeigen die Unterschiede.

In einem Blumenbeet fangen die Blütenpflanzen mit ihren horizontal liegenden Blättern einen großen Teil der Strahlung ab, woraus sich die Temperaturverteilung (Einstrahlungstyp) ergibt (Abb. 199). Die „äußere tätige Oberfläche" mit dem Temperaturmaximum liegt daher dicht unter der Oberfläche der Pflanzendecke. Die Höhenlage des Temperaturmaximums variiert also mit der Höhe der Pflanzendecke.

Anders verhält sich der Einstrahlungstyp bei einer Pflanzendecke aus verhältnismäßig locker stehenden senkrechten Pflanzen, also beispielsweise in einem Winterroggenfeld (Abb. 200). Da die Strahlung zwischen den senkrechten Halmen gut eindringen kann, bleibt das Temperaturmaximum immer in der Nähe des Erdbodens. Nach dem Schnitt stellt sich der normale Einstrahlungstyp wieder ein (vgl. Abb. 200).

Beim Ausstrahlungstyp erfolgt die Abkühlung zunächst in Höhe der Pflanzenoberfläche. Da aber die Luft zwischen den Pflanzen mehr oder weniger stark absinken kann, wird sich letzten Endes die tiefste Temperatur in verschiedener Höhe einstellen. So konnte in dem bereits betrachteten Blumenbeet (Abb. 201) die erkaltete Luft bis zum Boden absinken, so daß die tiefste Temperatur am Boden auftrat. Im Roggenfeld (Abb. 202) dagegen sind die unteren Teile der Halme so verfilzt, daß das Temperaturminimum in einiger Höhe über dem Boden beobachtet wurde, weil die Luft nicht mehr weiter nach unten absinken konnte.

Die angegebenen Beispiele zeigen, daß zur Erklärung der Verhältnisse stets eine Reihe von wirksamen Faktoren in ihrer gegenseitigen Abhängigkeit betrachtet werden muß. Denn erst aus dem recht komplizierten Zusammenwirken verschiedener Faktoren ergibt sich das Mikroklima im Bereich der Pflanzendecke.

Die Feuchtigkeit wird im allgemeinen infolge der Verdunstungsmöglichkeit innerhalb der Pflanzendecke höher sein als außerhalb derselben. Allerdings besteht die Möglichkeit der Umkehr dieser Verhältnisse, wenn die Pflanzen so licht stehen, daß sich der Erdboden infolge der bis zu ihm vordringenden Strahlung sehr stark erwärmen kann. In diesem Falle werden die Temperaturverhältnisse vorherrschend, und es kommt zu einem Feuchterückgang am Erdboden, also innerhalb der Pflanzendecke. Auch hier sind im einzelnen die auftretenden Feuchtigkeitsverhältnisse erheblich von der Art des Pflanzenbestandes abhängig.

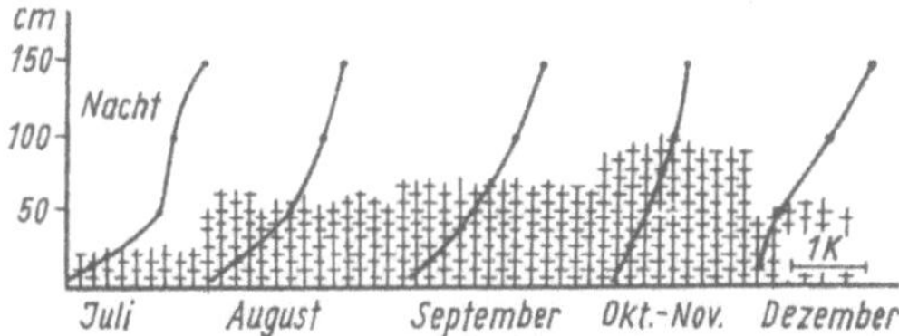

Abb. 201. Ausstrahlungstyp der Temperatur in einem Blumenbeet (nach R. GEIGER, 1950)

Im niederen Pflanzenbestand wird die Luftströmung stark abgeschwächt und geht vielfach bis zur Windstille zurück. Der Wind wird nun nicht mehr in der Bodenoberfläche abgebremst, sondern in einer Höhe, die von der Höhe und Art der Pflanzendecke abhängig ist. Man bezeichnet diese Höhe als die Rauhigkeitshöhe, die im allgemeinen nicht wesentlich oberhalb der Obergrenze der Pflanzendecke liegt.

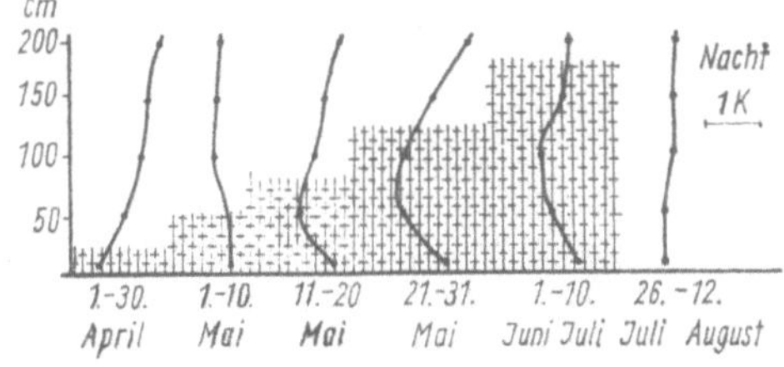

Abb. 202. Ausstrahlungstyp der Temperatur in einem Winterroggenfeld (nach R. GEIGER, 1950)

Hier wurden einige Fragen über das Verhalten des Mikroklimas bei einer niederen Pflanzendecke nur angedeutet. Ein besonderer Zweig der Meteorologie, die Agrarmeteorologie, befaßt sich speziell mit diesen Fragen, die in der Landwirtschaft von großer Wichtigkeit sind. Dabei werden neben den Fragen der gegenseitigen Beeinflussung von Klima und Pflanze auch Fragen der Schädlingsbekämpfung betrachtet, soweit diese mit klimatischen Fragen in Verbindung stehen.

9.5.2. Einwirkung des Waldes

Die wirksame Oberfläche des Waldes ist die Oberfläche der Baumkronen. An der Kronenoberfläche und im Kronenraum wird ein solcher Anteil der Strahlung absorbiert, daß am Boden nur noch etwa 5% der an der Kronenoberfläche einfallenden Strahlung beobachtet werden. Die Menge der Strahlung, die den Erdboden erreicht, hängt von der Art des Waldbestandes und von seiner Belaubung ab. Auch das Alter des Bestandes spielt in diesem Zusammenhang eine Rolle. Denn bei zunehmendem Alter wachsen die Kronen mehr und mehr zusammen, so daß die anfänglich vorhandene Strahlungsdurchlässigkeit abnimmt. Interessant ist, daß an einem sonnigen Tage die Helligkeit im Walde zum Boden hin schneller abnimmt als an einem trüben Tage. Das ist darauf zurückzuführen, daß die diffuse Strahlung den Kronenraum besser durchdringen kann als die direkte Sonnenstrahlung.

Infolge der verhältnismäßig großen Höhe der Bäume kann sich in einem Altbestand unterhalb des Kronenraumes ein Austausch entwickeln. Dieser Massenaustausch nimmt vom Boden zum unteren Stammraum hin zu, im oberen Stammraum erfolgt dann wieder eine Abnahme. Im Kronenraum liegt ein sekundäres Minimum des Massenaustausches. Oberhalb der Baumkronen nimmt dann der Massenaustausch rasch zu.

Strahlungshaushalt und Massenaustausch führen zu einem Stockwerkaufbau des Klimas im Walde. Man unterscheidet 1. das Klima des Waldbodens, 2. das Klima des Stammraumes, 3. das Klima des Kronenraumes, 4. das Klima der Waldoberfläche. Diese Klimate sind an sich Mikroklimate, die aber in ihrem Zusammenwirken ein Mesoklima aufbauen können. Es sei erwähnt, daß zu den genannten vier Mikroklimaten noch weitere hinzukommen, sobald der Wald, wie das für manche Klimagebiete kennzeichnend ist, aus mehreren Vegetationsstockwerken besteht.

Weiterhin ergeben Strahlungshaushalt und Massenaustausch die Temperaturverhältnisse des Waldes (Abb. 203). In der Nacht sind die Temperaturunterschiede gering. Während der Zeit der Einstrahlung wird zunächst die Temperatur der Kronenoberfläche stark erhöht, der dann auch rasch die Temperatur im Kronen-

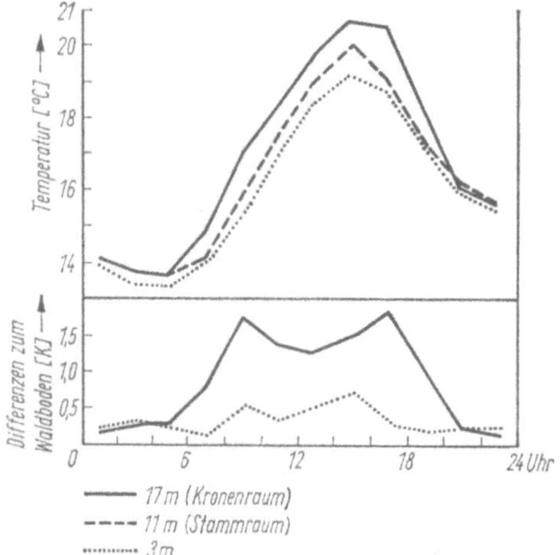

Abb. 203. Sommerlicher Tagesgang der Temperatur in einem Buchenbestand (nach R. Geiger, 1950)

raum folgt. Sehr bald übersteigt die Temperatur im Kronenraum diejenige an der Kronenoberfläche, so daß um Mittag und am frühen Nachmittag die höchste Temperatur im Kronenraum festgestellt wird. Die Temperaturen

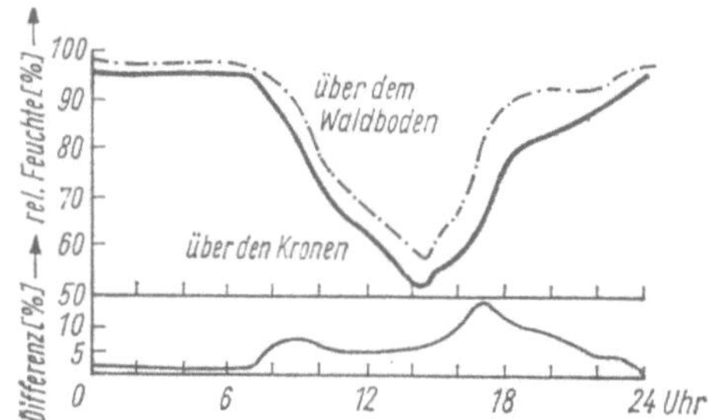

Abb. 204. Tagesgang der relativen Feuchtigkeit in einem Kiefernbestand (nach R. Geiger, 1950)

unterhalb des Kronenraumes folgen der Temperaturerhöhung nur zögernd, so daß der tägliche Temperaturgang an der Bodenoberfläche sehr gering ist. Am Abend sinken die tagsüber erhöhten Temperaturen rasch wieder ab,

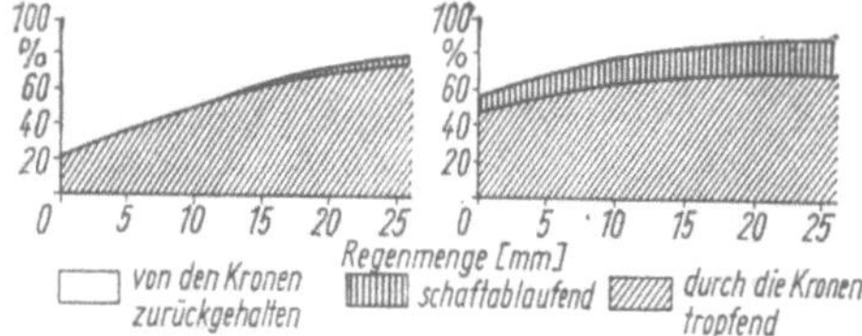

Abb. 205. Verteilung des Regens im Fichten- (links) und Buchenwald (rechts) (nach R. Geiger, 1950)

so daß im Laufe der Nacht die Ausgangslage mit geringen Temperaturunterschieden zwischen den einzelnen Höhen wieder erreicht wird.

Ist der Waldboden mit einer niederen Vegetationsdecke bedeckt, so ist hier die Feuchtigkeit am größten. Die oberhalb des Bodens zunächst auftretende Abnahme mit der Höhe kommt bald zum Erliegen. Erst oberhalb des Kronenraumes, in dem manchmal eine Feuchtezunahme zu beobachten ist, erfolgt dann die weitere Feuchteabnahme. Es ergibt sich ein nahezu paralleler Tagesgang der relativen Feuchte am Boden des Waldes und über den Baumkronen (Abb. 204), wobei die Feuchtigkeitswerte über dem Waldboden höher liegen als über den Kronen; die Differenz der Feuchtigkeitswerte zwischen beiden Höhen erreicht ihr Maximum am frühen Nachmittag.

Die Luftströmung wird meist im Kronenraum schon weitgehend abgebremst. Die Abbremsung des Windes geht im Kronenraum des belaubten Waldes rascher vor sich als bei unbelaubtem Bestand. Im Wald selbst herrscht eine gleichförmige, geringe Windgeschwindigkeit, die gegenüber der stärkeren Luftbewegung über dem Freiland häufig als Stille empfunden wird.

Der auf einen Wald fallende Regen wird je nach Art des Bestandes in verschiedener Weise weitergeleitet (Abb. 205). Bei schwachem Regen werden im Fichtenwald 60 bis 80% von den Kronen zurückgehalten, im Buchenwald etwa 40%. Mit zunehmender Niederschlagsstärke nimmt dieser Anteil ab. Im Buchenwald ist der an den Stämmen ablaufende Anteil mit etwa 20% recht hoch; er ist im Fichtenwald wesentlich geringer. Der durch die Kronen tropfende Anteil beträgt im Buchenwald recht gleichmäßig 50 bis 60%; im Fichtenwald dagegen schwankt er zwischen 20% bei schwachem und etwa 70% bei starkem Regen.

Durch Art und Beschaffenheit des Bestandes werden die klimatischen Verhältnisse im Wald in mannigfaltiger Weise modifiziert. So wird beispielsweise eine Waldlichtung ein anderes Klima haben als der geschlossene Bestand; hier kann es in der Nacht zu einem stärkeren Absinken der Temperaturen kommen als im Wald. Auch in einer Schneise wird ein anderes Klima herrschen als im geschlossenen Bestand;

hier wird je nach Windrichtung das Klima einer Waldlichtung oder aber eine besonders starke Wirkung des Windes (Düsenwirkung) auftreten (Abb. 206).

Wichtig ist die Wirkung, die ein Wald auf seine Umgebung ausübt. Es wird häufig behauptet, daß der Wald die Niederschläge erhöhe. Das ist aber wohl nur in seltenen Fällen und in geringem Ausmaße (Stauwirkung) der Fall, soweit es sich um fallende Niederschläge handelt. Anders ist es allerdings mit

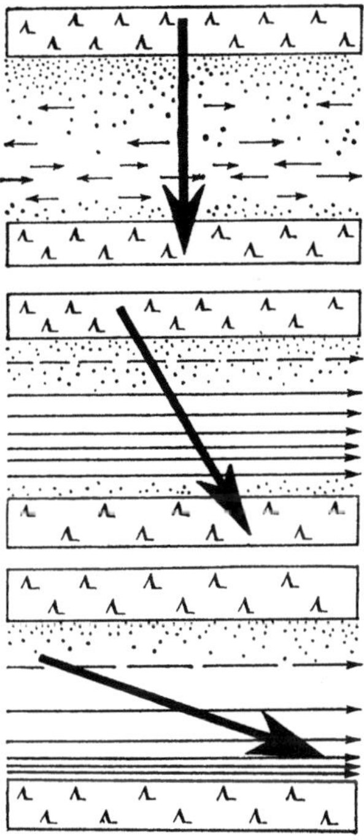

Abb. 206. Luftbewegung in einer Schneise in Abhängigkeit vom Oberwind (dicker Pfeil) (nach R. GEIGER, 1950)

den abgesetzten Niederschlägen, die gebietsweise für die Vegetation eine erhebliche Rolle spielen können (vgl. R. KELLER, 1962). Viel weitgehender sind die Wirkungen, die dadurch hervorgerufen werden, daß durch das Wurzelwerk der gefallene Niederschlag festgehalten und nur langsam an die Umgebung abgegeben wird. Weiterhin ist wichtig, daß der Wald infolge der hohen Verdunstung des Kronenraumes der Luft immer wieder erhebliche Feuchtigkeitsmengen zuführt, die unter Umständen anderen Gebieten zugute kommen können.

9.5.3. Veränderung der Windverteilung durch die Vegetation

Da die Vegetation die Rauhigkeit der Erdoberfläche verstärkt und je nach der Höhe des Bestandes auch die Rauhigkeitshöhe anwachsen läßt, verändert sie die Windverteilung, was wiederum Rückwirkungen auf die Verteilung von Temperatur und Niederschlag haben kann. Die Veränderungen der Windverteilung bleiben nicht auf den Bestand, z. B. einen Wald, beschränkt, sondern werden auch außerhalb des Bestandes wirksam.

Besonders deutlich werden diese Wirkungen, wenn man Hecken oder Windschutzstreifen betrachtet, die in der Windrichtung eine verhältnismäßig geringe Ausdehnung zeigen. Da sich diese Streifen dem Wind als Hindernis in den Weg stellen, wird vom Boden bis zu ihrer Höhe der Wind mehr oder weniger stark abgebremst. Diese Abbremsung sowie die Reichweite ihrer Wirkung ist abhängig von der Durchlässigkeit, also der Dichte des Schutzstreifens (Abb. 207). Die Luftströmung wird im Bereich des Hindernisses um so stärker und rascher abgeschwächt, je geringer die Durchlässigkeit des Hindernisses ist. Nimmt die Dichte ab, so wird die Schwächung geringer und ist so verteilt, daß die geringste Windgeschwindigkeit erst in einer gewissen Entfernung, die der drei- bis fünffachen Hindernishöhe entspricht, hinter dem Hindernis eintritt. In größerer Entfernung verliert das Hindernis seine Wirkung, so daß die Windgeschwindigkeit wieder zunimmt, bis sie schließlich wieder die vor dem Hindernis beobachtete Größe erreicht. Während nun bei geringer Durchlässigkeit des Hindernisses die Luftströmung zwar sehr stark abgebremst wird, nimmt die Geschwindigkeit hinter dem Hindernis verhältnismäßig rasch wieder auf den Ausgangswert zu. Demgegenüber ist bei mittlerer Durchlässigkeit (mittlere Dichte) des Hindernisses die Abbremsung der Luftströmung noch ziemlich stark, der Wind wird auf weniger als 40% seiner Ausgangsgeschwindigkeit abgebremst; gleichzeitig aber nimmt die Windstärke nur langsam wieder zu, so daß der Ausgangswert erst in größerer Entfernung vom Hindernis erneut erreicht wird. Der Bereich der Windschwächung reicht bei mittlerer Durchlässigkeit bis zu einer Entfernung, die der 30fachen Hindernishöhe entspricht.

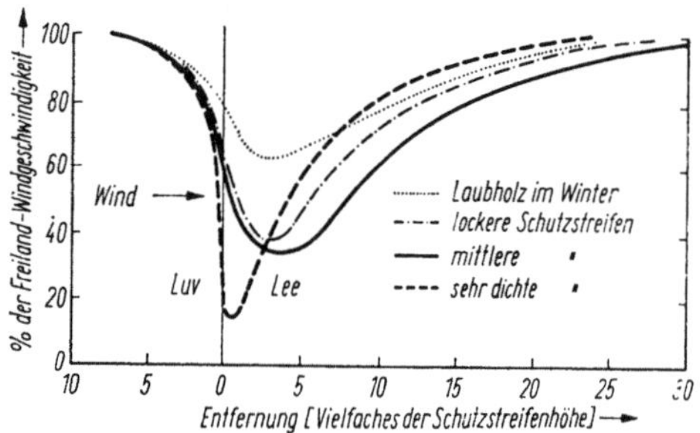

Abb. 207. Abbremsung der Luftströmung durch Schutzstreifen verschiedener Durchlässigkeit (nach R. Geiger, 1950)

Wie Abb. 207 zeigt, setzt die Abschwächung der Windgeschwindigkeit bereits vor dem Hindernis ein; neben der Leewirkung zeigt sich demnach auch eine Luvwirkung. Diese Luvwirkung besteht darin, daß die Luft vor dem Hindernis gezwungen wird, aufzusteigen, was eine Herabsetzung der Horizontalgeschwindigkeit mit sich bringt.

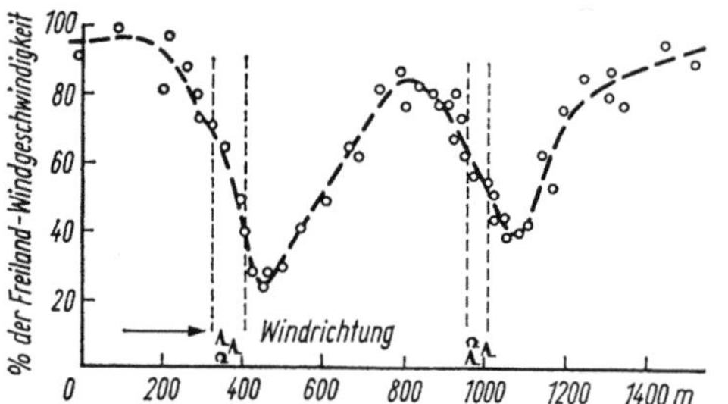

Abb. 208. Bremsung der Luftströmung durch hintereinander gestaffelte Schutzstreifen (nach R. Geiger, 1950)

Eine Staffelung von Hecken oder Schutzstreifen führt dazu, daß bei geeignetem Abstand der Hindernisse voneinander eine allgemeine Schwächung der Luftströmung in einem aus-

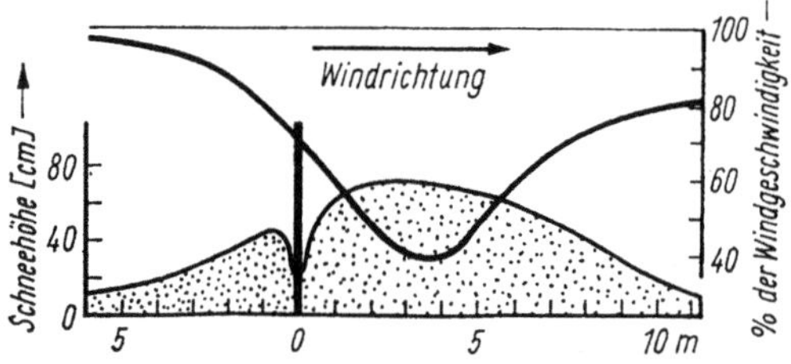

Abb. 209. Wind- und Schneedeckenverhältnisse an einem Schneezaun (nach R. Geiger, 1950)

gedehnten Gebiet erreicht wird (Abb. 208). Denn bei richtig gewähltem Abstand von Schutzstreifen setzt die Luvwirkung eines Streifens ein, bevor die Leewirkung des vorhergehenden Streifens völlig abgeklungen ist. Gleichzeitig weist Abb. 208 nochmals auf die Abhängigkeit der Windschwächung von der Durchlässigkeit des Hindernisses hin, die bei dem ersten dargestellten Schutzstreifen geringer war als beim zweiten.

Die Abschwächung der Windgeschwindigkeit hat mikroklimatisch mehrere Wirkungen. Da die Verdunstung von der Windgeschwindigkeit abhängig ist, so daß sich eine Parallelität zwischen Verdunstung und Windgeschwindigkeit ergibt, hat die Abschwächung des Windes eine Verringerung der Verdunstung zur Folge. Für die Temperatur folgt aus der Abschwächung des Windes eine Erhöhung am Tage und eine Erniedrigung bei Nacht; das bedeutet die Verstärkung der Tagesamplitude der Temperatur, was eine erhöhte Frostgefährdung mit sich bringen kann. Auch die Niederschlagsverteilung wird verändert, und zwar in der Weise, daß im windschwachen Gebiet eine Erhöhung des Niederschlags erfolgt, was besonders bei Schnee in Erscheinung tritt (Abb. 209).

9.6. Stadtklima als Beispiel eines Mesoklimas

Das Stadtklima nimmt insofern eine Zwischenstellung ein, als sich trotz der Verwendung der makroklimatischen Beobachtungen in der Stadt wesentliche Unterschiede gegenüber der Umgebung ergeben. Andererseits gehen in die Betrachtung des Stadtklimas auch mikroklimatische Untersuchungen mehr oder weniger stark ein, besonders wenn man von der allgemeinen Übersicht zur Darstellung von Teilgebieten übergeht. Aus dieser Zwischenstellung des Stadtklimas zwischen Makro- und Mikroklima ergibt sich die Bezeichnung Mesoklima. Dabei ist zu bemerken, daß das Stadtklima nicht das einzige, aber ein sehr deutliches Beispiel eines Mesoklimas gibt. Die Besonderheiten des Stadtklimas gehen aus einer Vielzahl von Untersuchungen hervor, die in der Darstellung von A. Kratzer (1956) eine Zusammenfassung gefunden haben.

9.6.1. Stadtluft und ihre Verunreinigungen

Kennzeichnend für das Klima einer Stadt ist die Dunsthaube, die sehr häufig über einer Stadt lagert. Diese Dunsthaube, die durch das verstärkte Auftreten von Luftverunreinigungen im Bereich der Stadt entsteht, ist nicht nur als äußeres Kennzeichen des Stadtklimas zu werten, sondern sie hat auf das Klima wesentlichen Einfluß. Denn infolge veränderter Luftzusammensetzung werden die Strahlungs- und Temperaturverhältnisse in der Stadt gegenüber der Umgebung verändert.

Die Verunreinigungen der Luft über der Stadt sind im wesentlichen auf Verbrennungsprozesse zurückzuführen und bestehen vor allem aus Ionen verschiedener Größenklassen sowie Kernen (Kondensationskerne), die elektrisch neutral sind und ebenfalls in mehreren Größenklassen auftreten. Diese Verunreinigungen der Luft stellen also einen Hauptbestandteil des Aerosols dar. Von der Größe der Kerne hängt es ab, wie weit sie durch den Wind von ihrem Entstehungsort entfernt werden; große Kerne (Staub) sinken bald wieder zu Boden, während kleine Kerne über große Strecken verfrachtet werden und dann zu Dunstbildung Anlaß geben.

Die Zahl der in den Städten produzierten Kerne ist sehr hoch, was besonders im Vergleich mit den auf dem Ozean anzutreffenden Verhältnissen deutlich wird.

Die Kernzahlen zeigen einen täglichen Gang, der einerseits von der Produktion der Kerne, sodann aber auch von der Durchmischung der Luft abhängig ist. Während nämlich nachts die Kernzahl verhältnismäßig gering ist, steigt sie am Vormittag rasch an, was auf erhöhte Kernproduktion zurückzuführen ist. In den Mittags- und frühen Nachmittagsstunden zeigt sich ein vorübergehender Rückgang der Kernzahlen infolge der stärkeren Durchmischung der Luft. Gegen Abend steigt bei Nachlassen der Durchmischung die Kernzahl nochmals an und sinkt dann erst auf die nächtlichen Werte ab.

Der jährliche Gang der Kernzahlen zeigt das Maximum im Winter, das Minimum im Sommer. Höhere Produktion von Kernen und geringere vertikale Durchmischung ergeben hohe Kernzahlen im Winter. Demgegenüber wird im Sommer bei verstärkter vertikaler Durchmischung und geringerer Kernproduktion ein Minimum der Kernzahlen erreicht.

Im Einzelfall ist die Kernzahl an einem bestimmten Beobachtungspunkt stark von der Windrichtung abhängig. Im Lee verstärkter Kernproduktion ergibt sich eine hohe, im Luv eine geringe Kernzahl (Abb. 210). Mit der Entfernung vom Ort der Entstehung nimmt in Richtung des Windes die Kernzahl ab. Neben der Großstadt machen sich auch weniger ausgedehnte Siedlungen in der Kernzahl bemerkbar.

Neben diesen Hauptanteilen der Luftverunreinigungen in Städten treten andere Bestandteile mehr oder weniger stark zurück. So enthält die Stadtluft eine gegenüber der Umgebung erhöhte Zahl an Bakterien, wobei das Maximum des Bakteriengehaltes im Sommer, das Minimum im Winter auftritt. Der Gehalt der Stadtluft an verschiedenen Gasen ist recht unterschiedlich; da diese Gase im allgemeinen durch die verschiedensten Verbrennungsvorgänge entstehen, sind sie in den Städten stärker vertreten als über dem Freiland. Das mehr oder weniger starke Vorhandensein mancher Gase steht mit der jeweils vorhandenen Industrie in Zusammenhang. Die Menge der jeweiligen Gase ist u. a. abhängig von der Durchmischung der Luft, sie steigt mit der Abnahme der Durchmischung.

Tabelle 64. Kernzahlen je cm³ (nach A. KRATZER, 1956)

	Durch-schnitt	Durchschnittliches Maximum	Minimum	Absolutes Maximum
Großstädte	147 000	379 000	49 100	4 000 000
Kleinstädte	34 300	114 000	5 900	400 000
Land	9 500	66 500	1 050	336 000
Küste	9 500	33 400	1 560	150 000
Berge 500…1000 m	6 000	36 000	1 390	155 000
Berge 1000…2000 m	2 130	9 830	450	37 000
Berge über 2000 m	950	5 830	160	27 000
Ozean	940	4 680	840	39 800

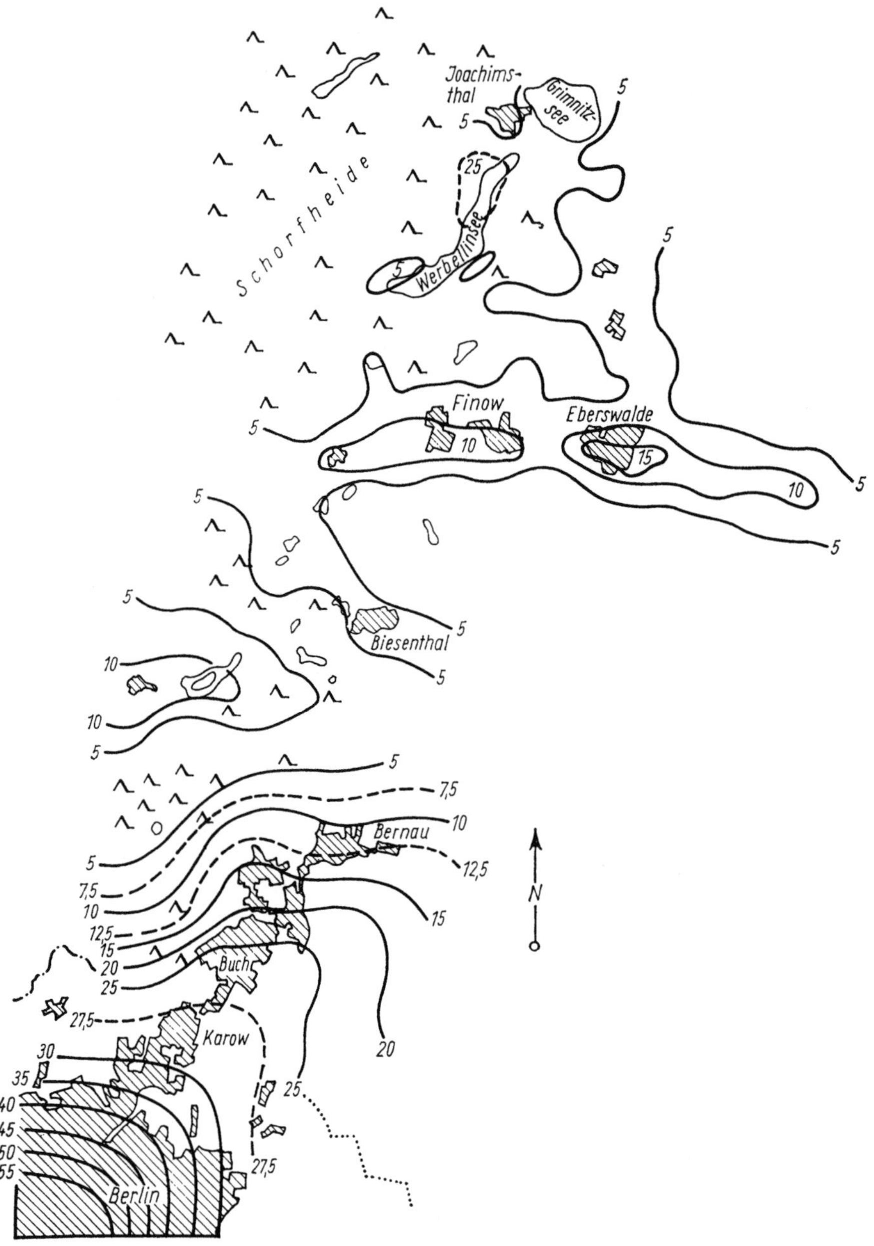

Abb. 210. Kernverteilung im Norden Berlins bei SW- bzw. W-Wind am 27. 7. 1951, Kernzahlen in Tausend pro cm³ (nach E. FLACH 1952)

9.6.2. Strahlung und Temperatur

Die stärkere Verunreinigung der Stadtluft gegenüber der Luft in der Umgebung, die ihren sichtbaren Ausdruck in der Dunsthaube über der Stadt findet, schwächt die einfallende Strahlung ab.

Die Schwächung betrifft die gesamte direkte Strahlung und wird besonders groß im kurzwelligen Bereich. Einer stärkeren Schwächung der direkten Sonnenstrahlung steht eine verhältnismäßig geringe Schwächung der Himmelsstrahlung gegenüber.

Eine deutlich sichtbare Wirkung der Dunsthaube über einer Stadt ist darin gegeben, daß die Himmelsfarbe über der Großstadt weißlich getrübt erscheint. Diese Abschwächung des Himmelsblaus ist einmal auf die verstärkte, gleichmäßige Zerstreuung des Sonnenlichtes an den Beimengungen der Stadtluft, zum anderen auf den hohen Wasserdampfgehalt der Stadtluft zurückzuführen.

Auch die Sonnenscheindauer erfährt gegenüber der Umgebung eine Veränderung, die mit dem verschiedenen Verhalten der Bewölkung in Verbindung steht. Im Sommer ergibt sich infolge stärkerer Quellbewölkung eine Verminderung der Sonnenscheindauer über der Stadt gegenüber der Umgebung. Im Gegensatz dazu führt die höhere Temperatur über der Stadt im Winter offenbar zu rascherer Auflösung von Nebel und Hochnebeldecken, so daß in dieser Jahreszeit die Sonnenscheindauer in der Stadt höher ist als in der Umgebung.

Für die mikroklimatischen Verhältnisse innerhalb einer Stadt wird die infolge der Bebauung unterschiedliche Exposition der Hauswände gegen die Sonnenstrahlung stark wirksam. Für diese Unterschiede ist nicht nur die Richtung der Straße, also der Hauswände, maßgebend, sondern auch die Breite der Straße. Denn je schmaler die Straße ist, um so weniger direkte Sonnenstrahlung erreicht sowohl im Tages- als auch im Jahresdurchschnitt den Erdboden in den Straßen. Die jahreszeitlichen

Unterschiede, die sich in diesem Falle ergeben, sind breitenabhängig; sie wachsen mit der geographischen Breite.

Die Temperatur, die wesentlich von der Strahlung abhängig ist, muß in der Stadt ein anderes Verhalten zeigen als in der Umgebung. Die Dunsthaube über der Stadt vermindert zwar die Einstrahlung, setzt aber auch die effektive Ausstrahlung herab, wobei besonders die langwellige Wärmestrahlung zurückgehalten wird. Damit ist bereits eine Erhöhung der Lufttemperatur in der Stadt gegenüber der Umgebung gegeben. Eine weitere Abänderung erfährt die Temperatur dadurch, daß sich die Gebäude der Stadt infolge der Eigenschaften des Baumaterials langsamer, aber stärker erwärmen als die Böden in der Umgebung der Stadt; damit steht eine langsamere und länger andauernde Wärmeabgabe – also eine Verzögerung der Abkühlung – in Zusammenhang. Schließlich sci als eine weitere Ursache für die Temperaturerhöhung in der Stadt die große Zahl von Wärmequellen genannt, die besonders in winterkalten Gebieten zur Geltung kommen muß.

Die verschiedenen Faktoren, die die Temperaturverhältnisse in der Stadt bestimmen, wirken dahin, daß im Mittel die Temperaturen in der Stadt höher liegen als in der Umgebung. Im Jahresmittel liegt der Unterschied der Temperaturen zwischen den Großstädten und der Umgebung durchschnittlich bei etwa 1 K. Durch die einzelnen Monatswerte ergibt sich ein im allgemeinen schwach ausgeprägter Jahresgang der Temperaturdifferenzen zwischen den Städten und ihrer Umgebung. Die Monatsmittel der Temperatur und ebenso die mittleren monatlichen Maxima der Temperatur sind in den Städten in allen Monaten höher als in der Umgebung (Abb. 211). Dagegen gehen die mittleren Minima der Temperatur in den Städten nicht unter die der Umgebung herab.

Der Tagesgang der Lufttemperatur in der Stadt wird insbesondere durch die Abschwächung des nächtlichen Temperaturminimums

Tabelle 65. Die Intensität der Sonnenstrahlung an klaren Junitagen in Berlin in % der in Potsdam festgestellten Werte (nach A. Kratzer, 1956)

Wellenlänge in nm	310	320	370	480	Gesamte Strahlung	Rotstrahlung
Intensität in %	77	78	79	81	79	81

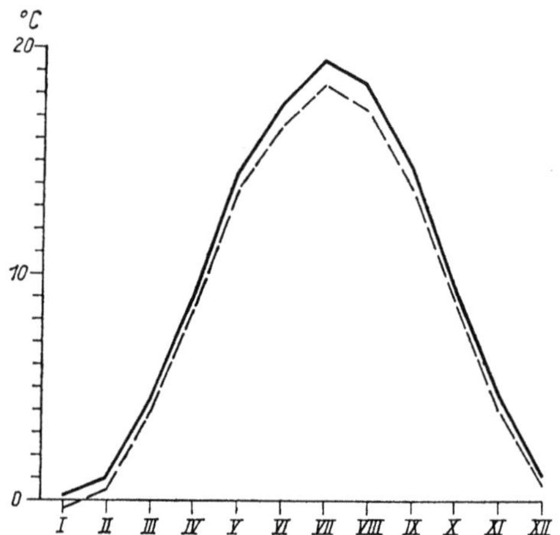

Abb. 211. Jahresgang der Lufttemperatur im Innern und am Rande von Berlin 1901–1950.
— Innenstadt; — — — Außenstadt

abgeändert. Dadurch ergibt sich in der Stadt eine geringere Tagesamplitude der Temperatur als in der Umgebung. Gleichzeitig ergibt sich infolge der langsameren Erwärmung und Abkühlung der Hauswände in der Stadt eine Verspätung der Temperaturextreme gegenüber der Umgebung. Bezüglich der Veränderung der Temperaturextreme und ihrer zeitlichen Verzögerung gegenüber der Umgebung zeigt das Stadtklima Ähnlichkeit mit dem See- und Waldklima.

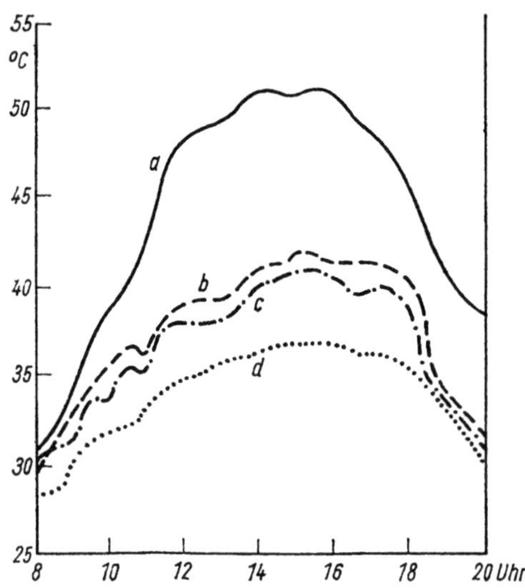

Abb. 212. Tagestemperaturen über einer Asphaltstraße (nach A. Kratzer, 1956)
a) an der Oberfläche; b) in 30 cm; c) in 120 cm; d) in 10 m seitwärts der Straße im Schatten

Die betrachteten Temperaturverhältnisse finden ihren Ausdruck in der Anzahl von Frost- und Eistagen auf der einen, von Sommertagen auf der anderen Seite. Die Zahl der Frost- und Eistage bleibt in der Stadt geringer als in der Umgebung, während die Zahl der Sommertage in der Stadt im allgemeinen etwas höher ist. In entsprechender Weise tritt der erste Frost in der Stadt später, der letzte Frost früher ein als in der Umgebung, so daß die frostfreie Zeit in der Stadt länger ist; für Mitteleuropa ergibt sich in den Städten eine gegenüber der Umgebung um drei bis acht Wochen verlängerte frostfreie Zeit, was sich in einem zeitigeren Frühlingsbeginn zeigt.

Die verschiedenen Bodenverhältnisse in der Stadt führen zu starken mikroklimatischen Temperaturunterschieden (Abb. 212). So ergibt sich beispielsweise bei ungehinderter Sonnenstrahlung eine starke tägliche Temperaturerhöhung über Asphaltstraßen, die mit zunehmender Höhe über dem Boden abklingt. Demgegenüber bleibt die Erwärmung über dem benachbarten Grünland wesentlich geringer. Danach ergibt sich an der Oberfläche der Asphaltstraße eine wesentlich größere Tagesamplitude der Temperatur als über dem Grünland. Die Tatsache, daß das Stadtklima als Mesoklima nicht unabhängig vom Makroklima existiert, sondern von diesem beeinflußt wird, geht daraus hervor, daß sich das Stadtklima je nach den herrschenden Wettertypen verschieden stark und deutlich ausbildet. Sobald die örtlichen Faktoren voll zur Wirkung kommen können, also bei heiterem und windschwachem Wetter, kann sich der Temperaturunterschied zwischen Stadt und Umgebung gut entwickeln. Besonders groß wird der Temperaturunterschied zugunsten der Stadt beim Vorhandensein einer Schneedecke, die im freien Gelände verstärkte Ausstrahlung zur Folge hat. Demgegenüber werden die Temperaturunterschiede zwischen der Stadt und ihrer Umgebung bei windigem Wetter geringer, wobei der Tagesgang des Temperaturunterschiedes fast völlig verschwindet.

9.6.3. Windverhältnisse

Bezüglich der Windverhältnisse ergeben sich im Stadtklima zwei Besonderheiten. Einerseits folgt aus den Temperaturverhältnissen ein besonderes Windsystem, andererseits beeinflußt die Stadt durch die Veränderung der Rauhigkeit die Luftströmung. Dabei hat die Änderung des Windes im Bereich der Stadt recht verschiedenartige mikroklimatische Auswirkungen.

Die höhere Temperatur in der Stadt hat dort eine aufsteigende Luftbewegung zur Folge, die ihrerseits eine zur Stadt gerichtete Windkomponente nach sich zieht, die als „Flurwind" – nach der Entstehungsursache auch wohl als Stadtwind – bezeichnet wird. Je größer der Temperaturunterschied zwischen der Luft in der Stadt und der der Umgebung ist, um so stärker kann diese Windströmung anwachsen. Dieses besondere Windsystem kann naturgemäß nur bei sonst windstillem Wetter – Hochdrucklagen – in voller Ausbildung erscheinen. Ein in den Entstehungsursachen analoges Windsystem ist bei Bränden, aber auch bei kleinen Feuern zu beobachten, über denen die erwärmte Luft aufsteigt, während von allen Seiten in Bodennähe kältere Luft nachströmt.

Die abbremsende Wirkung der Stadt auf die Luftströmung – Vergrößerung der Rauhigkeit – führt dazu, daß über der Stadt ein Luftkissen entsteht, an dessen Luvseite die nachfolgende Luft zum Aufsteigen gezwungen wird. Innerhalb des erwähnten Luftkissens über der Stadt ist die Windgeschwindigkeit gegenüber dem Freiland herabgesetzt. Gleichzeitig wird aber oberhalb des Luftkissens die Strömung eingeengt, so daß sich in verhältnismäßig geringer Höhe über der Stadt eine Erhöhung der Windgeschwindigkeit gegenüber dem Freiland ergibt.

Mikroklimatisch ergeben sich in der Stadt zahlreiche besondere Windsysteme, die durch die verschiedene Erwärmung der Dächer in Abhängigkeit von der Exposition sowie durch die verschiedenen Auswirkungen der Strahlung in den Straßen und im Bereich von Grünflächen hervorgerufen werden. Diese örtlichen Windsysteme werden durch die allgemeine Luftströmung abgewandelt, wobei es in der Stadt vielfach zu lokaler Verstärkung des Windes – Düsenwirkung – oder zu besonderen Turbulenzerscheinungen auf freien Plätzen kommt.

Die Gesamtwirkung der Stadt auf die Windverhältnisse geht dahin, daß die Windströmung gegenüber der Umgebung abgeschwächt wird. Somit ergibt sich auch bezüglich des Windes eine Ähnlichkeit zwischen den Auswirkungen des Waldes und der Stadt.

9.6.4. Bewölkung und Niederschlag

Infolge der Temperaturverhältnisse ist die relative Feuchtigkeit in der Stadt im allgemeinen geringer als in der Umgebung. An heißen und warmen Tagen gilt das auch für die absolute Feuchtigkeit; demgegenüber ist an feuchten, regnerischen sowie an heiteren, kalten Tagen die Stadtluft infolge höherer Temperatur absolut etwas feuchter als die Luft der Umgebung, weil ausreichende Feuchtigkeitsmengen zur Verfügung stehen.

Diesen Zusammenhängen scheinen die Beobachtungen über Stadtnebel, die für manche Städte geradezu das Charakteristikum bilden, zu widersprechen. So ist beispielsweise der Londoner Nebel „berühmt"; tatsächlich weist das Stadtinnere von London im Jahresmittel über 20 Nebeltage mehr auf als Greenwich, wobei der Überschuß an Nebeltagen in der Stadt im Winter besonders hervortritt. Ähnliche Wirkungen ergeben sich auch für andere Städte, zu denen z. B. Hamburg gehört. Die Ursache der größeren Nebelhäufigkeit und auch der oft stärkeren Sichtbehinderung durch den Nebel ist bei ausreichender Feuchte in der hohen Zahl von Kondensationskernen zu suchen, was sich darin anzeigt, daß im allgemeinen in den Vormittagsstunden eine Verstärkung des Stadtnebels eintritt. Entscheidend ist, daß bei sehr hoher Anzahl von **Kondensationskernen die Kondensation vor** Erreichen der Sättigung, und zwar bei etwa 90% relativer Feuchtigkeit einsetzt. Damit ergibt hohe Luftfeuchtigkeit bei starker Kernproduktion günstige Verhältnisse für die Nebelbildung, die besonders in küstennahen Industriestädten gegeben sind.

Die stärkere Erwärmung der Luft über der Stadt führt dazu, daß hier eine größere Bereitschaft zur Bildung von Quellbewölkung herrscht als in der Umgebung. Besonders deutlich zeigt sich diese Wirkung bei örtlich starker Erwärmung der Luft von unten her, wie sie durch einzelne Industriewerke – gekennzeichnet z. B. durch stärkere Quellungen einer Stratocumulusdecke über Industriegebieten –, aber auch durch Brände verursacht sein kann. Die Stadt in ihrer Gesamtheit zeigt eine ähnliche Wirkung wie die genannten Einzelerscheinungen. Es kommt weiter hinzu, daß das erzwungene Aufsteigen der Luftströmung an dem bereits erwähnten Luftkissen über der Stadt zu verstärkter Wolkenbildung, zumindest auf der Luvseite, führen muß. Insgesamt zeigt sich über der Stadt eine stärkere Labilisierung der Luft als über der Umgebung. Das hat einerseits verstärkte Quellbewölkung zur Folge, kann aber andererseits auch zur teilweisen Auflösung einer vorhandenen Stratus- oder Stratocumulusdecke führen.

Die verstärkte Wolkenbildung über der Stadt hat im Stadtgebiet auch größere Niederschlagsmengen zur Folge. Die Beobachtungstatsachen, die in einer Reihe von Fällen eine Vermehrung der schwachen Niederschläge, in anderen die der Schauer und teilweise auch der Starkregen nachweisen, deuten darauf hin, daß bei der Niederschlagsbildung im Stadtgebiet verschiedene Faktoren wirksam sind. Die Erhöhung der Kernzahl führt nicht nur zur Verstärkung von Nebel, sondern auch zur häufigeren Bildung von Sprühregen, was sich besonders im Winter in den Küstenstädten – in Parallele zur Nebelhäufigkeit – bemerkbar macht. Weiterhin führt der Stau an dem über der Stadt entstehenden Luftkissen zu verstärkter Niederschlagsbildung; allerdings wird dieser Niederschlag, besonders wenn es sich um Schnee handelt, durch die verstärkte Luftströmung über die Stadt hinweggeführt und kommt dann erst auf der Leeseite der Stadt zur Ablagerung. Schließlich hat die über der Stadt verstärkte Konvektionsbewölkung Schauer und Starkregen über der Stadt zur Folge.

Die genannten Faktoren wirken dahin, daß in den Städten eine höhere Niederschlagssumme beobachtet wird als in ihrer Umgebung. So ergaben die Messungen der Jahre 1901–1910 in Moskau eine mittlere Jahressumme des Niederschlags von 668 mm, auf dem Lande eine solche von 572 mm, was einen Unterschied von 96 mm zugunsten der Stadt bedeutet. Die für verschiedene Städte mitgeteilten Ergebnisse der Niederschlagsmessungen in Städten und ihrer Umgebung – vgl. A. Kratzer (1956) – zeigen recht unterschiedliche Differenzen der Niederschläge in Stadt und Land. Das weist darauf hin, daß die Faktoren, die den Niederschlag über der Stadt beeinflussen, recht verschiedenartig zusammenwirken können. In manchen Fällen können die Städte auch einen geringeren Niederschlag aufweisen als ihre Umgebung, was möglicherweise auf die Aufstellung der Regenmesser oder auch auf besondere orographische Gegebenheiten zurückzuführen ist.

Es muß noch erwähnt werden, daß die „Weiterverwendung" des gefallenen Niederschlags in der Stadt völlig anders ist als in der Umgebung. Während auf dem Lande ein hoher Prozentsatz des Niederschlags vom Boden und der Vegetation verdunstet und dadurch benachbarten Gebieten zugute kommen kann, wird der Niederschlag in der Stadt rasch durch die Kanalisation abgeleitet. Daraus ergibt sich eine durch die Stadt hervorgerufene Austrocknung der Umgebung; niederschlagsärmere Gebiete, die sich im Lee der Städte bei einer für die Niederschlagsbildung vorherrschenden Windrichtung in einiger Entfernung der Städte ausbilden können, dürften eine Folge dieser Austrocknung sein.

Die verstärkte Quellbewölkung über der Stadt bringt neben dem Starkregen eine verstärkte Gewitter- und auch Hagelbildung mit sich. Dabei wird der Hagel, der sich in großen Höhen bildet, auf die Leeseite der Stadt verfrachtet, so daß er im allgemeinen außerhalb des Stadtzentrums niedergeht.

Zu Schneefall kommt es in der Stadt meist früher als in der Umgebung, während der letzte Schneefall in der Stadt etwas später eintritt. Das ist darauf zurückzuführen, daß die von der Stadt der Luft zugeführte Wärme oft die noch fehlende Auslöseenergie liefert. Andererseits ergibt sich in der Stadt infolge der höheren Temperatur eine geringere Schneedeckendauer als in der Umgebung.

Die Wirkungen, die eine Stadt auf das Klima ausübt, sind sehr mannigfaltig und hängen vom Zusammenwirken zahlreicher Faktoren ab. Je nach der Wirksamkeit der makroklimatischen Faktoren kann in der Stadt ein mehr oder weniger deutlich ausgeprägtes Mesoklima zustande kommen. Außer dem Mesoklima einer Stadt, das die Stadt als Gesamtheit charakterisiert, ergibt sich innerhalb der Stadt eine große Anzahl verschiedenartiger Mikroklimate, die ihrerseits zum Gesamtbild des Stadtklimas mehr oder weniger stark beitragen.

9.7. Geländeklimatologische Aufnahme

Die geländeklimatologische Aufnahme, von K. KNOCH (1942) angeregt und später mehrfach (z. B. 1951) gefordert, hat die Aufgabe, meso- und z. T. auch mikroklimatische Verhältnisse festzuhalten. Dieser Aufnahme dienen Messungen, die entweder dem makroklimatologischen oder aber dem mikroklimatologischen Arbeitsgebiet angehören. Da es aber bei der geländeklimatologischen Aufnahme darum geht, das recht weitmaschige Netz der makroklimatischen Beobachtungen zu verdichten, wird man im allgemeinen Messungen nur mehr oder weniger als Stichprobenmessungen durchführen können. Daher ist die Beobachtung der Auswirkungen des Klimas – z. B. Windwirkung, Frostwirkung, Überschwemmungen und dgl. – für die geländeklimatologische Aufnahme besonders wichtig. Da sich viele Wirkungen des Klimas vor allem in der Entwicklung der Pflanzen widerspiegeln, kommt den Betrachtungen der Phänologie in diesem Zusammenhang besondere Bedeutung zu. Auch die an den beobachteten Stellen auftretenden Pflanzengesellschaften sind geeignet, Hinweise auf bestimmte klimatische Wirkungen – Wärme-, Feuchtigkeits- und Lichtverhältnisse – zu geben.

Die geländeklimatologische Aufnahme soll es ermöglichen, die mesoklimatischen Gegebenheiten eines Gebietes zu erkennen. Das bedeutet, daß auf Karten großen Maßstabes – meist 1:25000, gegebenenfalls größer – die klimatischen Besonderheiten zu kartieren sind. Hier interessiert vielfach besonders das Auftreten extremer Verhältnisse, also z. B. besonders tiefer Temperaturen und häufiger Fröste (in der Luft und am Boden). Weiterhin sind Gebiete mit besonderen Windwirkungen und solche mit bemerkenswerten Niederschlägen (oder mit auffallender Trockenheit) aufzunehmen.

Die geländeklimatologische Aufnahme dient als Grundlage für klimatische Bewertungen. Diese Bewertung – z. B. bezüglich der Frostgefährdung – richtet sich selbstverständlich nach der gegebenen Fragestellung und bedeutet damit eine gewisse Einengung der geländeklimatologischen Aufnahme. Mit anderen Worten: Eine geländeklimatologische Aufnahme kann als Grundlage für verschiedene Bewertungen und damit für verschiedene Fragestellungen dienen. Es muß allerdings bemerkt werden, daß für eine umfassende geländeklimatische Aufnahme erst mehr oder weniger ausgedehnte Ansätze vorliegen.

Auch die geländeklimatologische Aufnahme kann und darf auf objektive Messungen von Klimaelementen nicht verzichten. Denn erst die Messung gibt die Grundlage für Aufnahme und Bewertung, wobei selbstverständlich Meßergebnisse von einem Ort zum anderen unter Berücksichtigung der entsprechenden Gegebenheiten übertragen werden können.

Im vorliegenden Zusammenhang konnte nur auf die Grundzüge der geländeklimatologischen Aufnahme hingewiesen werden; für Einzelheiten ist die zusammenfassende Darstellung von K. KNOCH (1963) heranzuziehen. Es sei noch bemerkt, daß geländeklimatische Arbeiten einen wesentlichen Bestandteil physisch-geographischer Arbeiten darstellen (vgl. hierzu E. HEYER u. a., 1968). Die praktische Bedeutung geländeklimatischer Untersuchungen wächst rasch; denn ihre Ergebnisse erlauben eine weitgehende Nutzung und Beeinflussung klimatischer Gegebenheiten in verschiedenen Bereichen gesellschaftlicher Tätigkeit, z. B. in Land- und Forstwirtschaft, Industrie, im Städtebau, Erholungswesen, Umweltschutz. Zahlreiche Untersuchungen kennzeichnen die Arbeitsweise der Geländeklimatologie, wie sie die Landesklimaaufnahme vorschlägt; als Beispiel sei hier nur auf die Untersuchung von R. L. MARR (1970), die sich mit einem Gebiet südlich von Basel befaßt, sowie von M. M. BJELANOVIČ (1967) verwiesen. Diese und andere Arbeiten stellen Arbeitsmethoden und Ergebnisse geländeklimatischer Forschung dar.

10. Einige Fragen der Phänologie

Wie die Übersicht über die Klimate gezeigt hat, steht die Verbreitung verschiedener Pflanzen, etwas weniger die Verbreitung von Tieren, in enger Beziehung zum Klima. Diese Verbindungen ergeben sich nicht nur bei der Verbreitung von Pflanzen und Tieren, sondern auch in den periodisch wiederkehrenden Wachstumserscheinungen. Die Betrachtung dieser Erscheinungen ist die Aufgabe der Phänologie, in deren Bereich man Pflanzen- und Tierphänologie unterscheidet. Von diesen beiden Zweigen der Phänologie hat die Pflanzenphänologie die weitaus größere Bedeutung, so daß sie meist schlechthin als Phänologie (ohne Zusatzbenennung) bezeichnet wird.

In der Phänologie handelt es sich nach F. SCHNELLE (1955) um die Beobachtung auffallender, leicht erkennbarer Wachstumserscheinungen (Wachstumsphasen) der Pflanzen; die Wachstumsphasen geben die Möglichkeit, den Ablauf der jährlichen Pflanzenentwicklung zu fixieren und den Wachstumsrhythmus der einzelnen Pflanze zu erkennen. Dieser Wachstumsrhythmus steht im Einzelfall (Einzeljahr) mit der Witterung in Verbindung, die auf ihn einwirkt. Der mittlere Ablauf des Pflanzenwachstums ist mit dem mittleren Verlauf der Witterungen in Zusammenhang zu bringen und kann somit für klimatologische Betrachtungen herangezogen werden.

Für die Auswertung phänologischer Beobachtungen bezüglich klimatologischer Fragen ist es allerdings erschwerend, daß auf die Pflanze und ihre Entwicklung nicht nur das Klima einwirkt. Denn auch die Geländeform und der Boden beeinflussen neben einigen anderen, allerdings stärker zurücktretenden Faktoren den Wachstumsrhythmus der Pflanzen. Den bestimmenden Einfluß übt jedoch das Klima aus, und die enge Verbindung der Wachstumserscheinungen der Pflanzen mit klimatischen Gegebenheiten hat dazu geführt, daß die Beobachtungen beider Gebiete, der Klimatologie und der Phänologie, sehr häufig organisatorisch vereinigt sind.

10.1. Wirkung klimatischer Faktoren auf das Pflanzenwachstum

Die verschiedenen klimatologischen Elemente und Erscheinungen beeinflussen das Pflanzenwachstum in mannigfacher Weise. Dabei ist zu berücksichtigen, daß die einzelnen wirksamen Faktoren in gegenseitiger Abhängigkeit voneinander zur Wirkung kommen. Die Gesamtheit dieser Wirkungen findet dann im Wachstumsrhythmus der Pflanzen ihren Ausdruck.

Der Zusammenhang zwischen Klima und Pflanzenwachstum hat zur Folge, daß man den Beginn der Jahreszeiten durch bestimmte phänologische Phasen kennzeichnen kann. Für Mitteleuropa ergeben sich folgende Zusammenhänge (Tab. 66).

10.1.1. Strahlung

Die Strahlung wirkt einmal unmittelbar, zum anderen aber auch mittelbar über die Tempera-

Tabelle 66. Phänologische Phase und Jahreszeit in Mitteleuropa (nach F. SCHNELLE, 1955)

Phänologische Phase	Jahreszeit
Beginn der Schneeglöckchenblüte	Vorfrühling (Beginn)
Beginn der Haferaussaat	Erstfrühling (Beginn)
Beginn der Apfelblüte	Vollfrühling (Beginn)
Beginn der Winterroggenblüte	Frühsommer (Beginn)
Beginn der Winterroggenernte	Hochsommer (Mitte)
Beginn der Winterroggenaussaat	Vollherbst (Mitte)

tur auf die Pflanze ein, wobei beide Wirkungen in Abhängigkeit voneinander stehen. Es ist nämlich für die unmittelbare Wirksamkeit der Sonnenstrahlung auf das Wachstum der Pflanze eine bestimmte Temperatur erforderlich. Anderseits wird bei gleicher Temperatur durch stärkere Strahlung das Wachstum der Pflanzen beschleunigt. Somit werden bestimmte phänologische Phasen bei gleicher Temperatur dort früher eintreten, wo die Sonnenscheindauer und die Strahlungsintensität höher sind. Daraus ergibt sich eine dreifache Abhängigkeit der Wachstumsphasen der Pflanzen von der Strahlung, und zwar eine Abhängigkeit von der geographischen Breite, von der Kontinentalität und von der Höhe. Die Zunahme der Strahlung vom Pol zum Äquator führt zu einer Beschleunigung des Pflanzenwachstums in der gleichen Richtung. Die breitenabhängige Änderung der Strahlung im Frühling zeigt sich darin, daß ein Phasenbeginn im Frühjahr in vier Tagen um einen Breitengrad fortschreitet; diese Verlagerung entspricht der Änderung der Sonnenhöhe im Frühling. Da mit zunehmender Kontinentalität bei gleicher geographischer Breite eine Abnahme der Bewölkungsmenge auftritt, nimmt mit der Kontinentalität auch der Strahlungsgenuß zu. Das äußert sich beispielsweise darin, daß die Winterweizenernte unter 50° n. Br. in Westeuropa in der ersten Augusthälfte beginnt, in Osteuropa aber bereits zu Anfang bzw. um die Mitte des Juli einsetzt. Es zeigt sich also auch hier eine Wachstumsbeschleunigung und damit Vorverlegung bestimmter phänologischer Phasen. Etwas anders verhält es sich mit der Höhenabhängigkeit der Strahlung; denn die Wirkung der mit der Höhe zunehmenden Strahlung wird durch die Temperaturabnahme überdeckt, so daß sich der Eintritt der phänologischen Phasen mit zunehmender Höhe verspätet.

10.1.2. Temperatur

Da die Temperatur je nach ihrem Wert die Pflanzenentwicklung fördert oder hemmt, ergeben sich mehr oder weniger enge Beziehungen zwischen den Eintrittszeiten phänologischer Phasen und der Temperatur. Auf den Zeitpunkt eines Phaseneintritts wirken jedoch auch andere Faktoren ein, und es ist des-

halb verständlich, daß eine Parallelisierung des Eintritts bestimmter phänologischer Phasen mit Temperaturmittelwerten nicht in allen Fällen möglich sein wird. Immerhin weist Abb. 213 darauf hin, daß die Linien gleichen Phaseneintritts (Isophanen) und die Isothermen die gleiche Tendenz aufweisen. Diese Gleichsinnigkeit der Tendenz deutet auf die starke Abhängigkeit der phänologischen Phasen von der Temperatur hin, die besonders im Frühjahr in Erscheinung tritt. Die Isophanen und Isothermen (in der gegebenen Form der Monatsisothermen) sind zwar nicht streng vergleichbar, da die Isophanen einen dynamischen Vorgang – Fortschreiten von phänologischen Phasen –, die Isothermen einen statischen Zustand – Monatsmittel der Temperatur – kennzeichnen, der Zusammenhang zwischen ihnen zeigt aber, daß man die Isophanen zur Darstellung klimatischer Verhältnisse, und zwar besonders der Temperatur, verwenden kann.

Die Abhängigkeit des Eintritts phänologischer Phasen von der Temperatur macht sich auch in der Höhenverteilung des Eintritts verschiedener Phasen bemerkbar. Der allgemeinen Temperaturabnahme mit zunehmender Höhe entspricht eine Verzögerung der phänologischen Phasen, die sich trotz der bei zunehmender Höhe auftretenden Strahlungszunahme zeigt. Andererseits spiegeln sich aber auch Erscheinungen wie die warme Hangzone im Verlauf der Isophanen wider. Danach wird die Phasenverschiebung in verschiedenen Höhen sehr stark durch die Temperaturverteilung beeinflußt.

Ein anderer Zusammenhang zwischen der Temperatur und dem Eintritt einer phänologischen Phase besteht darin, daß sich für jede Phase eine Grenztemperatur ermitteln läßt, die errreicht sein muß, ehe die betrachtete Phase eintreten kann. Diese Grenztemperaturen ergeben sich im langjährigen Mittel zu bestimmten Tagen des Jahres, doch kommt es im Einzelfall zu mehr oder weniger großen Abweichungen von diesen Terminen.

Die Wärmemenge, die zum Erreichen einer bestimmten phänologischen Phase erforderlich ist, wird häufig durch sogenannte Temperatursummen gekennzeichnet. Unter diesen Temperatursummen versteht man die Summe der Temperaturtagesmittel von einem vorgegebenen Zeitpunkt (Startpunkt) bis zum Ein-

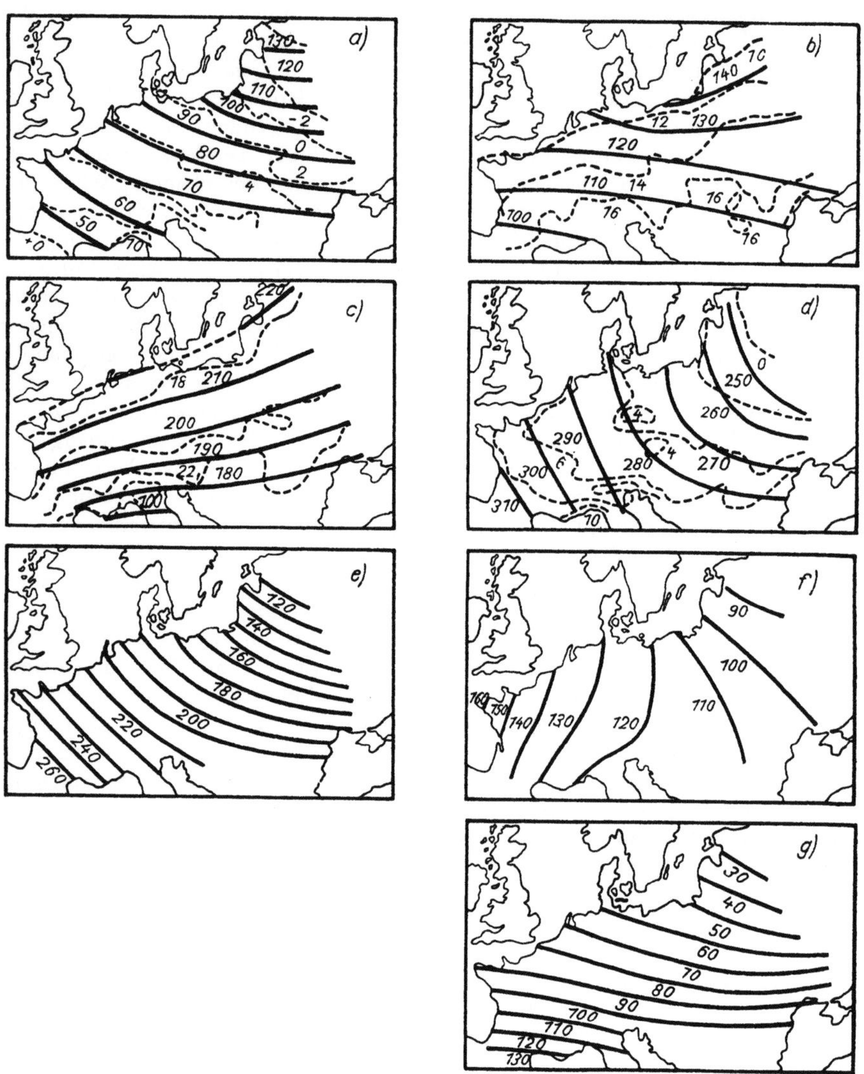

Abb. 213. Durchschnittlicher phänologischer Jahresablauf (Mittel 1936–1939) und Isothermen verschiedener Monate im mittleren Europa (nach F. SCHNELLE, 1955).

a) Sommergetreideaussaat, Märzisothermen;
b) Apfelblüte, Maiisothermen;
c) Winterweizenernte , Juliisothermen;
d) Winterweizenaussaat, Novemberisothermen;
e) Andauer zwischen Sommergetreide- und Winterweizenaussaat (in Tagen);
f) Andauer zwischen Sommergetreideaussaat und Winterweizenernte (in Tagen);
g) Andauer zwischen Winterweizenernte und -aussaat (in Tagen).
--- Isothermen in °C
Die Isophanen in a) bis d) geben die Zahl der Tage seit Jahresbeginn an

tritt der Phase. Es kommt hinzu, daß Temperaturen, die unter einem bestimmten Schwellenwert liegen, nicht berücksichtigt werden, weil ihnen keine Wirkung auf das Pflanzenwachstum zugeschrieben wird. Zur Aufstellung der Temperatursummen werden von verschiedenen Autoren unterschiedliche Methoden angegeben. Am wesentlichen Inhalt wird dabei nichts geändert, die Unterschiede liegen in der Wahl von Basistemperatur und Startpunkt. Die Temperatursummen wurden zur Darstellung der Beziehungen zwischen phänologischen Phasen und Temperaturverlauf während des Jahres mit verschiedenem Erfolg angewendet, so daß sie nicht für alle phänologischen Phasen charakteristische Wirkungsgrößen darstellen und daher auch nicht für alle Phasen anwendbar sind.

Neben der Lufttemperatur ist auch die Bodentemperatur von Wichtigkeit für den Eintritt phänologischer Phasen. Das gilt besonders für die Phasen, die in oder dicht über dem Erdboden eintreten. Denn für das Keimen der Pflanze muß der Boden eine bestimmte Mindesttemperatur erreicht haben. Aber auch bei anderen phänologischen Phasen ist ein Einfluß der Temperatur des Bodens vorhanden, da jede Pflanze unter dem ständigen Einfluß der Bodentemperatur steht.

10.1.3. Wind und Niederschlag

Die Wirkungen von Wind und Niederschlag auf die phänologischen Phasen sind gegenüber den Temperatureinflüssen vergleichsweise gering. Es ist allerdings vielfach möglich, Abweichungen, die sich von der mittleren Auswirkung der Temperaturverhältnisse ergeben, durch die Einflüsse von Wind und Niederschlag zu erklären. So konnte beispielsweise festgestellt werden, daß in Geländeabschnitten, die im Windschatten liegen, die Winterroggenernte zwei bis drei Tage eher beginnen kann als dort, wo das Gelände völlig dem Wind ausgesetzt ist. Da sich beim Wind offenbar nur sehr geringe Wirkungen auf die phänologischen Phasen zeigen, sind zu ihrer Feststellung sehr eingehende Untersuchungen erforderlich. Einflüsse, die in der gleichen Größenordnung wie die Verfrühung der Winterroggenernte im Windschatten liegen, dürften auch auf andere phänologische Phasen vorhanden sein.

Auch der Niederschlag und im Zusammenhang mit diesem die Verdunstung bleiben von recht geringem phänologischem Einfluß. Manchmal allerdings läßt sich z. B. eine Verzögerung der Getreidereife und -ernte durch ergiebige Niederschläge feststellen. Im Frühjahr kann eine übermäßig starke Durchfeuchtung des Bodens zu größeren Verzögerungen bei der Aussaat führen. Naturgemäß ergeben sich ähnliche Verzögerungen in Tallagen, die ein rechtzeitiges Abtrocknen des Bodens verhindern. Insgesamt ist zu bemerken, daß die phänologischen Wirkungen von Wind und Niederschlag im allgemeinen recht gering bleiben. Diese klimatologischen Erscheinungen bleiben in ihrer phänologischen Wirksamkeit auf die Modifikation der Temperatureinflüsse beschränkt.

10.2. Anwendung phänologischer Ergebnisse in der Klimatologie

Die Abhängigkeit phänologischer Faktoren vom Klima läßt vermuten, daß sich aus den Eintrittszeiten verschiedener Phasen des Pflanzenwachstums Aussagen über das Klima herleiten lassen. Dabei ist zunächst zu berücksichtigen, daß die phänologischen Phasen auf den Gesamtkomplex der wirksamen klimatischen Faktoren hinweisen, wobei allerdings die Temperatur besonders stark beteiligt ist. Andererseits muß aber auch beachtet werden, daß außer dem Klima noch andere Faktoren, die bereits erwähnt wurden, das Wachstum der Pflanze beeinflussen. Daher sagt das Wachstum der Pflanzen über einen recht ausgedehnten Ursachenkomplex aus, zu dem allerdings das Klima einen wesentlichen Beitrag leistet.

Die Pflanze unterliegt in ihrem Wachstum sowohl den Einflüssen des Makroklimas als auch denen des Meso- und Mikroklimas. Daher weist das Pflanzenwachstum einerseits auf das Makroklima, andererseits aber auch auf das Meso- und Mikroklima hin.

10.2.1. Phänologie und Makroklima

In der Makroklimatologie geben die phänologischen Ergebnisse die Möglichkeit, die Meßergebnisse des recht weitmaschigen Beobachtungsnetzes zu ergänzen. Die Verbindung phänologischer Aussagen mit den klimatischen Werten läßt klimatologische Aussagen auch in den Zwischenräumen zwischen den Klimastationen zu. Damit dient das phänologische Beobachtungsnetz der Ergänzung klimatologischer Meßergebnisse. Die phänologischen Beobachtungen lassen dabei Feinheiten in der Klimaverteilung eines Gebietes erkennen, die mit dem Klimanetz nicht zu erfassen sind. Es muß allerdings berücksichtigt werden, daß es Fälle gibt, in denen das Klima nicht mehr die Ursache auftretender phänologischer Unterschiede ist, so daß bei der Interpretierung solcher Unterschiede auch die außer dem Klima wirksamen Einflüsse beachtet werden müssen.

In den Phasen des Pflanzenwachstums, die oben mit den einzelnen Jahreszeiten parallelisiert wurden, zeigt sich in Mitteleuropa im Frühjahr ein Fortschreiten von Westen nach Osten bzw. Südwesten nach Nordosten, während die Herbstphasen in umgekehrter Richtung fortschreiten. So beginnt beispielsweise der Vorfrühling (Beginn der Schneeglöckchenblüte) am Niederrhein vor dem 19. Februar, während etwa 8 Längengrade weiter östlich der Vorfrühling erst gegen Ende der ersten Märzdekade beginnt. Diese Verzögerung des Vorfrühlingsbeginns von Westen nach Osten geht allerdings nicht gleichmäßig vor sich; vielmehr zeigen Erhebungen (Harz) einen verspäteten Beginn der Schneeglöckchenblüte, während insbesondere die Flußtäler einen verhältnismäßig frühen Einzug des Vorfrühlings zeigen. Die durch die Höhenlage gegebenen Unterschiede im Termin des Vorfrühlingsbeginns führen dazu, daß im Bereich der Mittelgebirge die zeitliche Verteilung des Beginns der Schneeglöckchenblüte sehr unruhig wird, da hier Schutzlagen mit frühem Blühbeginn dicht neben Höhenlagen mit spätem Blühbeginn liegen; hier treten als Gebiete frühen Vorfrühlingsbeginns das Oberrheintal, aber auch Teile des Neckar- und Maintales hervor. Bei zunehmender Höhe wird die Schneeglöckchenblüte verzögert, so daß sie in den höchsten Lagen der Mittelgebirge erst nach dem 21. März einsetzt. Verspätungen gegenüber den umliegenden Gebieten ergeben sich auch im Bereich ausgedehnter Moorgebiete, was z. B. in Ostfriesland in Erscheinung tritt.

Für den Beginn des Vollfrühlings (Apfelblüte) zeigt sich eine ähnliche Verteilung. Demgegenüber ergibt sich für den Beginn der Winterroggenernte (Hochsommer) eine andere Verteilung. Diese Phase setzt an der mittleren Oder um dieselbe Zeit ein wie in großen Teilen des Niederrheingebietes. Während die Frühlingsphasen im Nordosten verhältnismäßig spät einsetzen, tritt der Hochsommer früher ein, was auf die Wachstumsbeschleunigung durch die zunehmende Kontinentalität in diesen Gebieten hinweist. Auch im Sommer zeigt sich die Höhenabhängigkeit durch verspäteten Eintritt der Phasen.

Die für den Herbst kennzeichnende Phase zeigt eine entgegengesetzte Verteilung wie die Frühjahrsphase. Ein später Herbstbeginn in den stärker ozeanisch beeinflußten Gebieten, in strahlungsbegünstigten Gebieten sowie in Tallagen steht einem frühen Herbstbeginn in Höhenlagen sowie in kontinentalen und auch in Gebieten mit geringerem Strahlungsgenuß gegenüber. Im allgemeinen entspricht dem Fortschreiten des Frühlings von Südwesten nach Nordosten eine Fortbewegung des Herbsteintritts von Nordosten nach Südwesten.

Ein weiteres Beispiel für den Zusammenhang zwischen dem Klima und den phänologischen Phasen ist der Zeitpunkt des Beginns der Weizenernte (Abb. 214). Auf der Nordhalbkugel beginnt die Weizenernte in niederen Breiten im Februar, polwärts setzt sie später ein, bis schließlich an der nördlichen Polargrenze des Weizenanbaus die Ernte im September liegt. Demgegenüber beginnt auf der Südhalbkugel die Ernte in Äquatornähe im September, an der Polargrenze des Anbaus im Februar. Damit zeigt sich in den meisten Gebieten des Weizenanbaus eine Abhängigkeit des Erntetermins von Temperatur und Strahlung, so daß die Darstellung des Erntebeginns auf die großräumige Verteilung dieser Elemente auf der Erde hinweist. Nur in den tropischen Gebieten ist die hier angegebene Anordnung der Erntetermine teilweise abgewandelt, weil hier vielfach nicht mehr die Temperatur, sondern die Verteilung des Niederschlags für den Termin der Aussaat und damit auch für den Erntetermin maßgebend wird; so ergeben sich gebietsweise bei zwei Regenzeiten auch zwei Weizenernten.

Deutlich zeigt sich in der Verteilung der Eintrittszeiten für den Beginn der Weizenernte

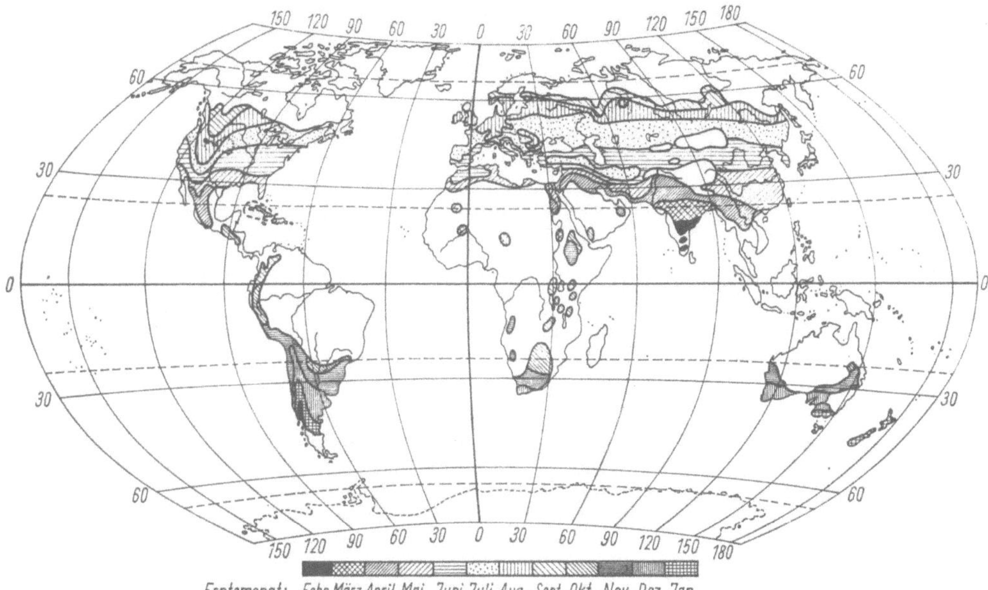

Abb. 214. Beginn der Weizenernte (nach F. SCHNELLE, 1955)

die Wirkung der Gebirge. Die Ernte setzt im Bereich der Gebirge später ein als in den benachbarten, tiefer gelegenen Gebieten, soweit in diesen Weizen angebaut wird. Auf der Nordhalbkugel ergibt sich allgemein eine Vorverlegung des Termins der Weizenernte von Westen nach Osten, worin sich die zunehmende Kontinentalität, die zu immer mehr zunehmendem Strahlungsgenuß führt, ausdrückt.

10.2.2. Phänologie und Mikro- bzw. Mesoklima

Für die Beschreibung und Feststellung von Mikro- und Mesoklimaten stellen phänologische Beobachtungen ein wertvolles Hilfsmittel dar. Die phänologische Beobachtung zeigt unmittelbar die mikroklimatische Auswirkung der Summe aller das Mikroklima beeinflussenden Faktoren. Damit ergibt sich für den aufmerksamen Beobachter die Möglichkeit, ohne Meßgeräte auf mikroklimatische Unterschiede zu schließen. Welcher der das Mikroklima beeinflussenden Faktoren im Einzelfall für das beobachtete Mikroklima ausschlaggebend ist, bedarf dann allerdings noch besonderer Nachprüfung.

Auch im Mesoklima spiegeln sich klimatische Unterschiede im Pflanzenwachstum wider. Klimatische Besonderheiten von Mulden, die verschiedene Besonnung gegenüberliegender Talseiten, die Gegebenheiten des Hangklimas finden ihren Ausdruck in unterschiedlichen Eintrittszeiten phänologischer Phasen. Damit kann die Phänologie Hinweise auf mesoklimatische Unterschiede geben, die in ihrer Summierung teilweise auch zu makroklimatischen Unterschieden führen können, worauf die verhältnismäßig große Unruhe in der Verteilung phänologischer Phasen – z. B. der Schneeglöckchen- oder der Apfelblüte – im Mittelgebirge hinweist.

Da die Phänologie geeignet ist, Lücken der im allgemeinen recht weitmaschigen Klimabeobachtungsnetze zu schließen, erhält sie besondere Bedeutung für die Geländeklimatologie. Die zur Darstellung örtlicher klimatischer Besonderheiten angestrebte großmaßstäbige Klimakartierung der Geländeklimatologie wird sich weitgehend auf die Phänologie stützen. Daß eine geländeklimatologische Kartierung aber nicht einfach mit einer phänologischen Kartierung gleichzusetzen ist, folgt daraus, daß auf das Pflanzenwachstum nicht nur klimatische Faktoren einwirken. Daher müssen bei der Verwendung phänologischer Daten für geländeklimatologische Untersuchungen auch

Boden und Wasserhaushalt berücksichtigt werden. Dort aber, wo die klimatischen Faktoren in ihrer Wirkung auf das Pflanzenwachstum dominieren, ergibt sich eine wesentliche Unterstützung der Geländeklimatologie durch die phänologische Geländeaufnahme.

10.2.3. Fragen der phänologischen Klimatologie

Die phänologische Klimatologie ergibt eine sehr enge Verbindung von Klimatologie und Phänologie, da in ihr die Zeiten der Wachstumsphasen der Pflanzen und der Klimawerte einheitlich festgelegt werden. Das erfordert allerdings eine Aufbereitung klimatologischer Beobachtungen nach neuen Gesichtspunkten.

Als zeitliche Abgrenzungen dienen in der phänologischen Klimatologie die einzelnen Wachstumsphasen der Pflanzen. Für diese Phasen werden beispielsweise die Temperaturen und Niederschläge nicht nur in den Mittelwerten, sondern auch in ihrer Verteilung – z. B. relative Häufigkeiten bestimmter Werte in den einzelnen Wachstumsphasen – angegeben.

Die Auswirkungen dieser engen Verbindung zwischen Phänologie und Klimatologie zeigen sich im wesentlichen in den gemeinsamen Anwendungsbereichen von Klimatologie und Phänologie. Die in Land- und Forstwirtschaft gegebene unmittelbare Anwendung der phänologischen Klimatologie läßt diese zu einem wesentlichen Bestandteil der Agrarklimatologie werden.

11. Anwendung klimatologischer Forschungsergebnisse

Die Klimatologie liefert vielfältige Anwendungsmöglichkeiten und stellt damit ein Gebiet der Grundlagenforschung dar, das bei bestimmter praktischer Fragestellung sehr rasch nutzbar gemacht werden kann. Daraus ergibt sich der ausgedehnte Zweig der angewandten Klimatologie, in dem mehrere Teilgebiete zusammengefaßt sind, die sich ihrerseits entweder bereits zu mehr oder weniger selbständigen Bereichen entwickelt haben oder in dieser Entwicklung begriffen sind. Es kann deshalb nicht die Aufgabe der vorliegenden Darstellung sein, diese Teilgebiete, die jeweils eine umfangreiche Literatur aufweisen, eingehend darzulegen. Es soll vielmehr nur auf einige Beispiele aus den Anwendungsbereichen der Klimatologie hingewiesen werden.

Eine wesentliche Anwendung finden klimatologische Ergebnisse bei Fragen, die den Menschen und seine Umwelt betreffen. Es geht heute nicht mehr allein darum, z. B. Verunreinigungen in der Atmosphäre festzustellen, sondern auch darum, aus klimatologischer Sicht Wege zu ihrer Bekämpfung zu zeigen. Damit sind alle Zweige der angewandten Klimatologie, wenn auch in verschiedenem Maße, in diese Aufgabe einbezogen; ihre Forschungen stehen im Dienst des in vielen Staaten durch Gesetze – in der DDR durch das Landeskulturgesetz vom 14. Mai 1970 – geregelten Umweltschutzes.

Im Rahmen der angewandten Klimatologie ergeben sich zwei Teilaufgaben, die in enger Beziehung zueinander stehen und die Arbeitsrichtung und Untersuchungsmethoden bestimmen. Diese Teilaufgaben der angewandten Klimatologie lauten:

1. bestmögliche Ausnutzung der klimatischen Gegebenheiten,
2. Veränderung gegebener klimatischer Verhältnisse.

Beide Aufgaben sind insofern eng miteinander verknüpft, als die Veränderung gegebener klimatischer Verhältnisse nicht unabhängig von den klimatischen Gegebenheiten erfolgen kann und selbstverständlich die erzielten Rückwirkungen berücksichtigt werden müssen. Vor allem ist zu beachten, daß die Veränderung eines Klimaelementes die Änderung anderer Elemente und Erscheinungen nach sich zieht. Im allgemeinen wird sich die Ausnutzung klimatischer Gegebenheiten besonders auf das Makroklima, aber auch auf Meso- und Mikroklima erstrecken, während die Veränderung des Klimas wesentlich auf Mikro- und Mesoklima beschränkt bleibt. Es bedarf wohl keines besonderen Hinweises, daß die Grenzen für die Veränderung des Klimas keineswegs starr festliegen, sondern daß sich das Gebiet möglicher Veränderungen mit fortschreitender Entwicklung mehr und mehr erweitert.

Die Anwendungsgebiete der Klimatologie sind, wie bereits angeführt, so vielfältig, daß eine ausführliche Beschreibung hier unmöglich ist. Es seien daher im folgenden nur einige Beispiele genannt, während für eine eingehende Betrachtung auf die umfangreiche Spezialliteratur verwiesen werden muß.

11.1. Agrarklimatologie

Die Aufgabe der Agrarklimatologie besteht einerseits darin, die für verschiedene Pflanzen günstigsten Klimabedingungen festzustellen, zum anderen darin, die günstigsten Klimabedingungen durch Veränderung der Gegebenheiten zu schaffen. Dabei darf auch die Rückwirkung der Pflanzen auf das Klima nicht unberücksichtigt bleiben. Damit erstreckt sich das Aufgabengebiet der Agrarklimatologie vom Makroklima über das Mesoklima bis zum Mikroklima.

Bei den Fragestellungen, die sich in der Agrarklimatologie, zu der in diesem Zusammenhang auch die forstliche Klimatologie zu rechnen ist, ergeben, ist zu beachten, daß das Klima in mehrfacher Hinsicht auf die Pflanzen einwirkt. Denn neben der unmittelbaren Einwirkung der klimatischen Faktoren auf die Pflanze ergibt sich ein mittelbarer Einfluß über die Böden, die in ihrer Bildung in engem Zusammenhang mit dem Klima stehen.

Unter dem Einfluß klimatischer Faktoren, der Temperatur und der Feuchtigkeit, entstehen die Bodentypen, die in ihrer zonalen Anordnung deutliche Parallelen zu den Klimagürteln der Erde zeigen. Während in den kalten Gebieten Tundren- und Podsolböden sowohl in den trockenen als auch in den feuchten Gebieten auftreten, ergibt sich bei zunehmender Wärme eine stärkere Differenzierung der Böden nach der Feuchtigkeit. Die Verschiedenheiten der in den einzelnen Klimagebieten auftretenden Böden zeigt in schematischer Darstellung Tab. 67.

Eine weitere mittelbare Wirkung des Klimas erfolgt ebenfalls über den Boden und steht mit den physikalischen Eigenschaften des Bodens in Zusammenhang. Hier wird das Wärmespeicherungsvermögen des Bodens wichtig. Denn je größer die vom Boden gespeicherte Wärmemenge ist und je langsamer die Wärme an die Luft abgegeben wird, um so länger kann sie für das Pflanzenwachstum nutzbar werden. Andererseits folgt aus einer verhältnismäßig geringen Wärmebewegung im Boden nicht nur eine langsame Abkühlung, sondern auch eine entsprechende Erwärmung des Bodens. Damit ergibt sich ein ausgeglichener Temperaturgang im Boden und an der Bodenoberfläche. Für die Pflanzen und ihr Wachstum wird also auch die klimatische Wirkung der verschiedenen Bodenarten, die aus den physikalischen Eigenschaften des Bodens folgt, maßgebend.

Der unmittelbare Einfluß des Klimas auf den Pflanzenwuchs kommt in der zonalen Anordnung der Vegetationsgebiete zum Ausdruck, die weitgehend der Anordnung der Klimagürtel entspricht. Neben diese Wirkung des Makroklimas tritt der Einfluß des Meso- und Mikroklimas, wie er beispielsweise in den Ergebnissen phänologischer Beobachtungen zutage tritt. In den Fragen des Meso- und Mikroklimas handelt es sich nicht mehr nur darum, klimatische Gegebenheiten auszunutzen; vielmehr ist hier eine Veränderung in mehr oder weniger nachhaltiger Weise möglich.

Die Fülle der Aufgaben, die der Agrarklimatologie gestellt sind, sei hier, nachdem auf die Fragen der phänologischen Klimatologie bereits hingewiesen wurde, an zwei Beispielen betrachtet. Die Fragen des Windschutzes und des Frostschutzes, auf die etwas näher eingegangen werden soll, zeigen neben der Möglichkeit der Ausnutzung des Klimas auch die der Veränderung, wobei der Zusammenhang zwischen den verschiedenen klimatologischen Elementen und Erscheinungen deutlich zum Ausdruck kommt.

Für landwirtschaftliche Fragen spielt vielfach der Windschutz eine wesentliche Rolle. Dabei handelt es sich im allgemeinen weniger um einen unmittelbaren Schutz der Pflanzen als vielmehr darum, eine Verwehung der Bodenkrume zu verhindern. Die in diesem Falle erforderliche Abschwächung des Windes wird durch Hecken bzw. Waldstreifen erreicht, auf deren Wirkung bei der Betrachtung des Mikroklimas hingewiesen wurde. Derartige Anpflanzungen erhöhen die Rauhigkeit der Erdober-

Tabelle 67. Die Bodentypen in ihrer Beziehung zu Temperatur und Niederschlag (nach H. J. Critchfield, 1960)

<table>
<tr><td></td><td colspan="5" align="center">*Böden*</td><td></td></tr>
<tr><td>*Trocken*
Kalt</td><td colspan="5" align="center">Beständig Schnee und Eis</td><td>*Feucht*
Kalt</td></tr>
<tr><td></td><td colspan="5" align="center">Tundrenböden</td><td></td></tr>
<tr><td></td><td colspan="5" align="center">Podsol</td><td></td></tr>
<tr><td rowspan="4">*Trocken*
Heiß</td><td rowspan="4">Serosem (Grauboden) und Wüstenböden</td><td rowspan="4">Kastanienfarbene Böden und braune Böden der Trockensteppen</td><td rowspan="4">Schwarzerde</td><td rowspan="4">Prärieböden; degradierte Schwarzerde</td><td>Podsol</td><td rowspan="4">*Feucht*
Heiß</td></tr>
<tr><td>Graubraune podsolige Böden</td></tr>
<tr><td>Rote und gelbe podsolige Böden</td></tr>
<tr><td>Lateritböden</td></tr>
</table>

fläche gegenüber der Luftströmung und heben damit die Luftströmung von der Bodenoberfläche und der bodennahen Luftschicht ab, schaffen also in Bodennähe eine Zone schwacher Luftbewegung.

Die angestrebte und durch Hecken und Waldstreifen verhältnismäßig leicht zu erreichende Abschwächung des Windes zieht einige Begleiterscheinungen nach sich, die nicht in jedem Falle günstig zu sein brauchen. Zunächst sei darauf hingewiesen, daß die Abschwächung des Windes ihre Grenzen in einem durch die landwirtschaftlichen Feldbearbeitungsmethoden bedingten Mindestabstand der Schutzstreifen findet. Weiter ist zu bemerken, daß es im Bereich der Schutzstreifen oder Hecken zu einer Verstärkung der Schattenwirkung kommt, was u. U. eine Veränderung der Vegetation zur Folge haben kann.

Die Abschwächung des Windes in Bodennähe hat eine Temperaturveränderung zur Folge, da im windschwachen Bereich sowohl die tägliche Erwärmung als auch die nächtliche Abkühlung stärker ist als außerhalb dieses Gebietes. Damit ergibt sich insbesondere in Nähe der Bodenoberfläche eine Vergrößerung der täglichen Temperaturamplitude. Das kann je nach den herrschenden Temperaturen dazu führen, daß im windgeschützten Gebiet der Gefrierpunkt unterschritten wird, während im ungeschützten Gebiet die Temperatur oberhalb des Gefrierpunktes bleibt. Das bedeutet, daß im windgeschützten Bereich eine erhöhte Nachtfrostgefahr auftreten kann, die sich naturgemäß besonders in Bodennähe bemerkbar macht.

Die Verteilung der Niederschläge, insbesondere des Schnees, wird insofern beeinflußt, als auf der Leeseite in Nähe der Schutzstreifen mehr Niederschlag fällt als auf der Luvseite. Da gleichzeitig der einmal gefallene Schnee kaum mehr aufgewirbelt wird, ergibt sich im geschützten Bereich eine verhältnismäßig gleichmäßige Verteilung des Schnees und damit auch der Schneedecke. Demgegenüber können ungeschützte Gebiete stellenweise freigeweht werden, während an anderen Stellen, wo das Gelände dies begünstigt, starke Verwehungen auftreten können. Eine möglichst gleichmäßige Verteilung der Schneedecke wird man aber anstreben, um eine gleichmäßige Schutzwirkung auf den Boden zu erreichen und dadurch Auswinterungsschäden

zu vermeiden oder zumindest zu verringern. Es sei daran erinnert, daß eine Neuschneedecke einer bestimmten Dicke dem Boden den gleichen Kälteschutz gibt wie eine dreimal so hohe Sandschicht.

Die vorstehenden Bemerkungen über die Fragen des Windschutzes mögen darauf hinweisen, daß mit der Veränderung des Windes in Bodennähe auch andere klimatische Elemente und Erscheinungen eine Veränderung erfahren. Es ist daher erforderlich, bei Änderung eines Elementes stets den gesamten Komplex zu beachten, um etwaige schädliche Auswirkungen zu vermeiden. Insbesondere muß man in nachtfrostgefährdeten Gebieten berücksichtigen, daß eine Abschwächung des Windes zu einer Erhöhung der Frostgefährdung führt.

Als weitere Fragen, die für die landwirtschaftliche Nutzung von großer Bedeutung sind, sei auf Frostgefährdung und Frostschutz hingewiesen. Während die Frostgefährdung durch Messungen und Beobachtungen festgestellt wird, führen die Maßnahmen des Frostschutzes zu Veränderungen der klimatischen Gegebenheiten.

Eine erhöhte Frostgefährdung steht in engem Zusammenhang mit der Geländeform. Da sich nämlich kalte Luft vielfach ähnlich wie Wasser verhält – darauf, daß der Vergleich nur teilweise zutrifft, deutet die früher erwähnte warme Hangzone hin –, kann sie sich in Mulden sammeln. Damit kommt es zur Bildung der sogenannten Kaltluft- oder Kälteseen. Es folgt daraus, daß konkave Geländeformen als Kälteinseln besonders frostgefährdet sind, daß aber andererseits eine Verhinderung des Kaltluftflusses die Frostgefährdung verringern kann.

Durch eine Reihe von Faktoren, die die Abkühlung der Luft begünstigen, wird die Frostgefährdung erhöht. Zu diesen Faktoren gehört schwache oder überhaupt fehlende Bewölkung, da, während starke Bewölkung die effektive Ausstrahlung vermindert, bei wolkenlosem Himmel eine Erhöhung der effektiven Ausstrahlung und damit eine verstärkte Abkühlung der bodennahen Luft eintritt. Auch geringer Wasserdampfgehalt der Luft trägt zur Erhöhung der Frostgefährdung bei, da infolge geringer Luftfeuchtigkeit die Gegenstrahlung herabgesetzt wird. Weiterhin wird die Abkühlung durch Luftruhe gefördert, so daß bei Windstille mit erhöhter Frostgefährdung zu rechnen ist. Auch eine geringe Wärmeleitfähigkeit des Bodens, die den Wärmenachschub aus dem Boden behindert, sowie das Fehlen eines natürlichen Ausstrahlungsschutzes – z. B. Bäume oder Sträucher – führt zu einer Verstärkung der Frostgefährdung. Für die landwirtschaftliche Praxis kommt es darauf an, Beurteilungen über die Frostgefährdung bestimmter Gebiete zu geben. Dabei ist meist die Zeit zu eingehenden Messungen nicht gegeben; es besteht vielmehr die Notwendigkeit, an anderer Stelle erkannte und durch Messungen belegte Ergebnisse in einem vorgegebenen Gelände anzuwenden, wobei Art und Form des zu beurteilenden Geländes maßgeblich in die Betrachtung eingehen. S. UHLIG (1954) gab ein Schema für eine geländeklimatische Beurteilung der Frostgefährdung. Nach einem Punktsystem werden dabei die charakteristischen Merkmale des Geländes in der Umgebung und am Standort der Beurteilung, die Höhenverhältnisse, die Bodenbedeckung in der Umgebung (Acker, Wiese, Wald u. dgl.) sowie besondere Lokaleffekte berücksichtigt. Nach der Summe der Punktzahlen werden zehn Frostgefahrenzonen unterschieden, und zwar von 0 bis 1 „Frostschäden sehr selten" bis zu 7 bis 9 „Frostschäden häufig". Mit dem genannten Schema ist die Möglichkeit der visuellen Beurteilung eines vorgegebenen Gebietes bezüglich seiner Frostgefährdung gegeben. Der Bereich der Beurteilung umfaßt sowohl mikro- als auch mesoklimatische Verhältnisse.

Aus der Kenntnis des Zustandekommens von Frösten und der besonderen Frostgefährdung bestimmter Gebiete ergibt sich die Möglichkeit des Frostschutzes. Dieser Frostschutz kann sowohl vorübergehend wirkende Maßnahmen als auch dauernde Veränderungen umfassen. Zu den nur zeitweise wirksamen Maßnahmen gehört der Frostschutz durch Schirme oder Hauben. Dadurch wird die ausstrahlende Oberfläche in den Raum oberhalb der geschützten Pflanze verlegt. Es ist allerdings auf die teilweise sehr komplizierten mikroklimatischen Verhältnisse zu achten, die durch derartige Schutzmaßnahmen entstehen, da man bei ungeeignetem Material der Schutzvorrichtungen einen dem gewünschten entgegengesetzten Erfolg erreichen kann. Eine wirksame Methode des Frostschutzes, gleichzeitig eine der ältesten, ist das Frost-

räuchern; hierbei wird durch den Rauch die effektive Ausstrahlung und damit die Frostgefährdung herabgesetzt. Zum Schutz ausgedehnter Flächen hat sich die Wärmezufuhr durch Heizung bewährt; bei geeigneter Verteilung der Heizanlagen läßt sich in Bodennähe, also im Bereich der zu schützenden Vegetation, eine Temperaturerhöhung von 3 bis 4 K erzielen. Schließlich ist auch durch künstliche Beregnung ein Frostschutz zu erreichen, wenn die Beregnung nach dem Absinken der Temperatur unter den Gefrierpunkt einsetzt; an den zu schützenden Pflanzen bildet sich dann eine Eiskruste, wobei die Gefrierwärme einen weiteren Temperaturrückgang verhindert. Während die vorstehend erwähnten Maßnahmen jeweils nur zeitweise wirksam werden können, besteht auch die Möglichkeit, durch Dauermaßnahmen die Frostgefährdung eines Gebietes zu vermindern. Zu diesen Maßnahmen gehört z. B. die Verhinderung des Kaltluftflusses auf einer geneigten Fläche; so ist es möglich, die Frostgefährdung einer Mulde durch Hecken- oder Waldanpflanzungen am Hang zu vermindern. Andererseits kann unerwünschter Kaltluftstau an einer geneigten Fläche, wie er beispielsweise durch Eisenbahn- oder Straßendämme hervorgerufen sein kann, dadurch beseitigt werden, daß man der Kaltluft einen Abfluß schafft. Eine dauernde Verminderung der Frostgefährdung in Mulden ist dadurch zu erreichen, daß man dort größere Wasserflächen schafft, die eine zu starke Auskühlung der Luft verhindern bzw. zufließende Kaltluft erwärmen.

Die kurze Zusammenstellung einiger Frostschutzmaßnahmen zeigt, daß man in der Lage ist, in vielen Fällen eine Frostgefährdung dauernd herabzusetzen. Die genannten Maßnahmen, die dem Schutz der Vegetation dienen, bewirken eine Veränderung des Mikroklimas, teilweise auch des Mesoklimas. Dadurch werden mikro- bzw. mesoklimatische Auswirkungen des Makroklimas verändert, während das Makroklima unverändert bleibt.

11.2. Bioklimatologie

Der Begriff der Bioklimatologie hat im Laufe der Zeit insofern eine Einengung erfahren, als man in der Bioklimatologie häufig nur die

Wirkung des Klimas auf den Menschen, nicht aber auf andere Lebewesen betrachtet. E. FLACH (1957) bezeichnet als Teilgebiete der Bioklimatologie neben der Bioklimatologie des Menschen die Agrar- und Forstmeteorologie, während H. MROSE (1955) die Aufgabe der Bioklimatologie dahin kennzeichnet, daß sie die Wirkung von Klima und Wetter auf den gesunden und kranken Menschen erforscht. G. HENTSCHEL (1978) versteht unter Bioklima die Gesamtheit der physikalischen und chemischen Eigenschaften der atmosphärischen Umwelt, die auf den Menschen einwirken und mit denen er sich auseinandersetzen muß. Damit erweist sich die Bioklimatologie als ein Grenzgebiet, das nicht nur innerhalb der Klimatologie, sondern auch in der Medizin von großem Interesse ist. Aus dieser Mittelstellung der Bioklimatologie ergibt sich, daß an der Lösung ihrer Probleme von klimatologischer wie von medizinischer Seite gearbeitet wird.

Die atmosphärischen Vorgänge wirken in verschiedener Weise auf den Menschen ein, wobei zu bemerken ist, daß die Einwirkungen nicht nur körperlicher, sondern auch seelischer Art sind. Es zeigen sich im wesentlichen vier bioklimatische Einflußkomplexe: die Luftzusammensetzung, die Strahlung, die Wärme und der Ablauf atmosphärischer Ereignisse. Auf die Wirkung der verschiedenen Komplexe soll im folgenden an einzelnen Beispielen hingewiesen werden, die notwendigerweise im gegebenen Rahmen unvollständig bleiben müssen.

Als Beispiel für die Wirkungen der Luftdruckabnahme bei zunehmender Höhe über dem Meeresspiegel und der damit verbundenen Abnahme des Partialdruckes des Sauerstoffs sei auf die „Höhenkrankheit" hingewiesen. Bei der „Höhenkrankheit" („Bergkrankheit") lassen sich in den einzelnen Höhen im Mittel mehrere Schwellen erkennen, die verschiedene Auswirkungen der Höhenabhängigkeit zeigen. Während bis zu etwa 3000 m Höhe keine nennenswerten Funktionsänderungen eintreten, machen sich bei 3000 m erste Veränderungen der Körperfunktionen bemerkbar; allerdings führen bis etwa 4500 m Höhe die Reaktionen des Körpers zur Kompensation der durch die Abnahme des Sauerstoffdrucks hervorgerufenen Erscheinungen. Bei 4500 m beginnen Störungen der Körperfunktionen, die mit zunehmender Höhe mehr und mehr unkompensiert bleiben, so daß es zur Herabsetzung der geistigen und körperlichen Leistungsfähigkeit kommt. Zwischen 6000 und 7000 m Höhe bilden sich dann lebensbedrohende Zustände aus, während die Region oberhalb 7000 m Höhe als Zone des Höhentodes bezeichnet wird. Es muß erwähnt werden, daß die genannten Höhenangaben Mittelwerte darstellen und daß andererseits eine gewisse Anpassung an die Höhenverhältnisse möglich ist.

Da die Stärke der Luftverunreinigung nicht nur über die Veränderung der Strahlungsverhältnisse, sondern auch unmittelbar auf den menschlichen Organismus einwirkt, ist das Gebiet der Luftverunreinigungen ein Forschungsbereich der Bioklimatologie. Aus der Anzahl der in 1 cm^3 Luft befindlichen Kondensationskerne ergibt sich die erste Maßzahl für eine lufthygienische Bewertung (s. BÖER, 1964); genaue lufthygienische Untersuchungen erfordern die Messung der Bestandteile der Luftverunreinigung. Bei einer Kondensationskernzahl unter 1000 pro cm^3 Luft kann man die Luft als völlig rein bezeichnen, während mehr als 1 Million Kerne pro cm^3 Luft eine hochgradige Verschmutzung darstellen. Die Bewertungsskala weist darauf hin, daß kleine Ortschaften und Stadtrandgebiete als gering oder mäßig verunreinigt, mittlere Städte als verunreinigt, Großstädte meist als sehr stark bis hochgradig verunreinigt zu bezeichnen sind.

Durch die Verunreinigungen wird die Strahlung mehr oder weniger geschwächt, wodurch sich die biologische Wirkung der verschiedenen Strahlungsanteile ändert. Nach diesen Wirkungen werden folgende Strahlungsanteile unterschieden: Ultraviolett, sichtbares Licht, Infrarot. Während das Ultraviolett z. B. für die Heilung der Rachitis sowie zur Bakterientötung wichtig ist, kommt das Infrarot (Wärmestrahlung) auch in der Temperaturstrahlung der menschlichen Haut zur Geltung. Somit ergeben sich aus der Veränderung der Strahlung einmal Temperaturänderungen, zum anderen aber auch Wirkungen auf bestimmte Krankheiten. Besonders nachteilig kann die Abschirmung der UV-Strahlung in der Großstadt werden, während andererseits in höheren Lagen – insbesondere beim Vorhandensein einer starken Reflexstrahlung – das UV schädigend wirken kann.

Auf den Wärmehaushalt des menschlichen Körpers wirkt die Lufttemperatur in mannigfacher Weise ein. Dabei ist zu bemerken, daß die Lufttemperatur nicht allein wirksam wird – der Mensch ist kein Thermometer –, sondern stets im Zusammenhang mit anderen Faktoren, dem Feuchtigkeitsgehalt der Luft und

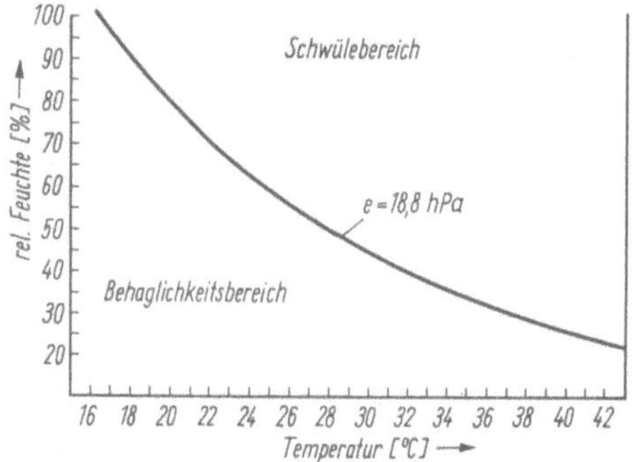

Abb. 215. Schwülegrenze (Dampfdruck $e = 18,8\ hPa$) (nach H. MROSE, 1955)

der Luftbewegung. Diesen Zusammenhängen trägt man in der Bioklimatologie dadurch Rechnung, daß man weniger die Temperatur als vielmehr die Abkühlungsgröße sowie die Schwüle betrachtet; in diese Begriffe gehen außer der Temperatur die Feuchtigkeits- und Windverhältnisse der Luft ein.

Die Abkühlungsgröße stellt die Summe der

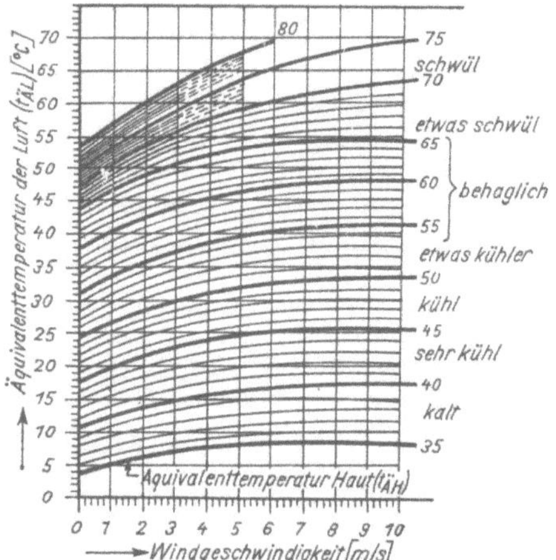

Abb. 216. Die „Empfindungsbereiche" im Nordseeküstenklima in Abhängigkeit von Äquivalenttemperatur und Windgeschwindigkeit (nach E. FLACH, 1957)

auf den menschlichen Organismus einwirkenden thermischen Reize dar. Sie ist nicht nur von der Temperatur, sondern auch von Luftfeuchtigkeit und Luftbewegung abhängig; Erhöhung von Temperatur und Luftfeuchtigkeit setzen die Abkühlungsgröße herab, während bei erhöhter Windgeschwindigkeit auch die Abkühlungsgröße steigt. Auf Grund der Abkühlungsgröße ergeben sich in der Bioklimatologie „Empfindungsskalen", die bei geringen Werten der Abkühlungsgröße Bezeichnungen wie „Überhitzungsklima", „schwül" oder „sehr heiß", bei hohen Werten „äußerst kalt", „unerträglich kalt" oder „Unterkühlungsklima" enthalten. Die zahlenmäßige Abgrenzung der Empfindungsbereiche stößt auf Schwierigkeiten, so daß es eine größere Anzahl solcher „Empfindungsskalen" gibt, die bei Übereinstimmung in der Grundeinteilung doch in Einzelheiten größere Unterschiede aufweisen.

Aus dem Zusammenwirken von Lufttemperatur und Luftfeuchtigkeit ergeben sich die Empfindungen „schwül" und „behaglich", die in ihrer zahlenmäßigen Darstellung durch die Luftbewegung modifiziert werden. Als Abgrenzung zwischen dem „Schwülebereich" und dem „Behaglichkeitsbereich", also als „Schwülegrenze", wird ein Dampfdruck von 18,8 mbar bezeichnet. Aus der Definition folgt, daß die Schwüleempfindung bei hoher Luftfeuchtigkeit schon im Bereich verhältnismäßig tiefer Temperaturwerte auftritt, während geringe Feuchtigkeit die Schwüle erst bei hohen Temperaturen eintreten läßt (Abb. 215).

Das Zusammenwirken von Temperatur und Feuchte wird vielfach durch die Äquivalenttemperatur ausgedrückt. Diese ist ein Maß für den Wärmeinhalt der Luft, also die Summe der fühlbaren und latenten Wärme. Mit Hilfe der Äquivalenttemperatur lassen sich Aussagen über Schwüle-, Behaglichkeits- und Kälteempfindungen machen (Abb. 216). Die Darstellung, die für die Nordseeküste gilt und die Windgeschwindigkeit mit einbezieht, zeigt bei verschiedenen Vorbedingungen die Äquivalenttemperatur der Haut, die ihrerseits zur Abgrenzung verschiedener „Empfindungsbereiche" verwendet wird. Danach sind die „Kühleempfindungen" in ihrer Verteilung weniger stark von der Windgeschwindigkeit abhängig als die „Schwüleempfindungen", die je nach Windgeschwindigkeit bei 50 oder

65 °C Äquivalenttemperatur der Luft auftreten.

Zahlreich sind die Beziehungen, die zwischen dem Wetterablauf und einer großen Anzahl von Krankheitserscheinungen bestehen. So sind es teilweise die Übergänge von einer Luftmasse zur anderen oder das Vorherrschen zyklonaler oder antizyklonaler Wetterlagen, die auf eine Reihe von Krankheiten einwirken. Dabei muß allerdings beachtet werden, daß der Wetterablauf im allgemeinen nur einen zusätzlichen Faktor darstellt, der zwar den Krankheitsablauf verändern kann, ihn aber nicht verursacht. Es ist selbstverständlich, daß die Einwirkungen des Wetterablaufs auf den Verlauf von Krankheiten sehr verschiedenartig sind; während sie in manchen Fällen sehr deutlich in Erscheinung treten, sind sie in anderen Fällen nur mehr oder weniger angedeutet.

In enger Abhängigkeit vom Witterungsablauf des Jahres steht eine Reihe von Saisonkrankheiten. Manche Krankheiten zeigen einen Gipfel ihrer Häufigkeit in bestimmten Jahreszeiten. Die Saisonkrankheiten sind allerdings nur zu einem kleinen Teil unmittelbar witterungsbedingt, in den meisten Fällen spielen andere Faktoren, die ebenfalls einen Jahresrhythmus aufweisen und auch teilweise witterungsabhängig sein können, eine Rolle bei der Entstehung von Häufigkeitsgipfeln bestimmter Krankheiten.

Außer den Wirkungen des Bioklimas untersucht die Bioklimatologie die Nutzung und Beeinflussung des Bioklimas. In diesem Zusammenhang hat z. B. die Kurortklimatologie die Aufgabe, die bioklimatischen Wirkungen bestimmter Lagen festzustellen und in Bewertungen darzulegen. Im Bereich der Beeinflussung des Bioklimas besteht die Aufgabe darin, wissenschaftlich begründete Voraussetzungen für eine weltweite Prophylaxe des Bioklimas zu schaffen (vgl. G. HENTSCHEL, 1978).

11.3. Klima und Städtebau

Die Übersicht über das Stadtklima ließ bereits erkennen, daß sich im Städtebau große Möglichkeiten zur Veränderung des Mikroklimas ergeben. Dabei stellt letzten Endes fast jede Baumaßnahme im Rahmen einer Stadt eine Veränderung des Mikroklimas dar. Es kommt für die Klimatologie darauf an, jede größere Baumaßnahme vor ihrer Durchführung auf ihre klimatische Auswirkung zu überprüfen, um schädliche Wirkungen zu vermeiden. Das gilt ebenso für einzelne Bauwerke wie für Stadtteile und ganze Städte, wodurch sich die Veränderungen bereits über das Mikroklima hinaus in das Mesoklima erstrecken.

Schon A. KRATZER (1956) wies im Zusammenhang mit der Darstellung des Stadtklimas darauf hin, daß man die Kenntnisse von den Einzelheiten des Stadtklimas zu einer „Klimatechnik des Städtebaues" ausbauen müsse. Im Zusammenhang damit wurde der Hinweis gegeben, daß man das Stadtklima in gewissen Grenzen gestalten könne, und zwar durch die Wahl des Standortes, durch einen klimatisch richtigen Stadtplan, durch Bekämpfung des Stadtdunstes und weitere Maßnahmen.

Um aber zu einer Anwendung klimatologischer Forschungsergebnisse in der angedeuteten Richtung zu kommen, ist zumindest eine zahlenmäßig definierte lokalklimatische Bewertung erforderlich. Eine solche geländeklimatische Bewertung unter Berücksichtigung städtebaulicher Gesichtspunkte wurde von W. BÖER (1952) vorgeschlagen. Die Bewertungsskala umfaßt sechs Stufen, die einerseits eine Beschreibung des Lokalklimas, zum anderen die Klimaansprüche städtebaulicher Objekte wiedergeben. In die Bewertung gehen, ebenfalls in einer jeweils sechsstufigen Einteilung, folgende Elemente ein:

A. Verhältnisse bezüglich der Ausbildung und Lage eines „Kaltluftsees",

B. Temperaturverhältnisse,

C. Strahlungsverhältnisse,

D. Windverhältnisse,

E. Niederschlagsverhältnisse,

F. sonstige meteorologische Elemente und Ereignisse (z. B. Nebel, Gewitter).

Die aus den Bewertungsziffern A bis F ermittelte Gesamtbewertung zeigt Tab. 68.

Diese zunächst recht allgemein gehaltenen Bewertungen geben für bestimmte Fragestellungen erste Hinweise. Die Untersuchung, worauf im Einzelfall eine festgestellte Klimaungunst zurückzuführen ist, ergibt Hinweise auf mögliche Veränderungen durch bauliche Maßnahmen.

Mit der Aufstellung eines geländeklimatischen Bewertungsmaßstabes für städtebauliche Fragen ist die Anwendungsmöglichkeit der Klimatologie im Städtebau noch keineswegs erschöpft. Vielmehr weist BÖER (1954) darauf hin, daß die Anwendung klimatologischer Forschungsergebnisse im Städtebau in mehreren Phasen erfolgen muß, um den besten Erfolg zu gewährleisten.

In der ersten Phase soll eine klimatologische und lufthygienische Bewertung der einzelnen Bauobjekte gegeben werden, wobei festzustellen ist, ob und in welchem Grade die geplanten Bauobjekte klimaempfindlich oder klimabeeinflussend sind. Dabei sind beispielsweise Heilstätten und Krankenhäuser stark klimaempfindlich, während etwa ein Lichtspieltheater wenig klimaempfindlich ist. Auf der anderen Seite beeinflußt z. B. die chemische Industrie das Klima sehr stark in einem für den Menschen ungünstigen Sinne, während Parkanlagen einen starken Einfluß im günstigen Sinne ausüben.

Die zweite Phase der Verwendung klimatologischer Unterlagen im Städtebau stellt nach BÖER (1954) die klimatologische Bewertung des vorgesehenen Standortes dar. Hier ergibt sich zunächst eine möglichst umfassende Übersicht über das Makroklima des vorgesehenen Standortes. Diese Zusammenstellung wird ergänzt und erweitert durch eine mikro- und mesoklimatische (lokalklimatische) Übersicht, die beispielsweise auf die Bildung von Kaltluftseen, besondere Strahlungsverhältnisse, auf die Verteilung des Windes und der Niederschläge, auf Nebel, Gewitter und andere Erscheinungen sowie auf die lufthygienischen Eigenschaften hinzuweisen hat.

Die dritte Phase bringt dann die Auswertung der vorher zusammengestellten Daten. In dieser Stellungnahme müssen die für das geplante Bauobjekt wichtigen klimatischen Faktoren zusammengestellt und Vorschläge zur städtebaulichen Lösung unter klimatologischen Gesichtspunkten gegeben werden. Dabei ist besonders hinzuweisen auf die mikro- und mesoklimatischen Änderungen, die in Verbindung mit dem geplanten Bauobjekt zu erwarten sind. Das von klimatologischer Seite anzustrebende Ziel besteht darin, alle klimaempfindlichen Objekte möglichst in ein klimabegünstigtes Gebiet der Stadt, die klimaverschlechternden dagegen in die klimatisch ungünstigen Gebiete zu verlegen. Weiterhin sollen alle geplanten Baumaßnahmen, insbesondere in klimatisch günstigen Gebieten der Stadt, auf ihre klimatische Auswirkung überprüft werden.

Nicht nur für die Planung von Städten, sondern auch für die Planung von Einzelbauwerken ist die Anwendung klimatologischer Forschungsergebnisse wichtig. Dabei sei beispielsweise an Bauwerke gedacht, die ihre Umgebung wesentlich überragen und damit der Luftströmung besonders ausgesetzt sind. Für derartige Bauten ist die Kenntnis der stärksten Winde – nach Richtung und Geschwindigkeit – erforderlich; außerdem sind etwaige besondere Turbulenzerscheinungen am geplanten Standort zu berücksichtigen. Andererseits ist gerade bei einzelnstehenden Bauten ihre Auswirkung auf die Luftströmung – Turbulenzerscheinungen – zu berücksichtigen.

Es sei in dem vorliegenden Zusammenhang darauf hingewiesen, daß nicht nur für die Planung, sondern auch für die Bauausführung meteorologische Angaben von großem Nutzen sein können. Hier kommen einerseits klimatologische Ergebnisse, beispielsweise die Übersicht über Frostperioden und die zu erwartenden Tiefsttemperaturen, andererseits synoptische Angaben – z. B. Frostvorhersagen für Betonarbeiten – zur Anwendung.

Tabelle 68. Gesamtbewertung des Lokalklimas (nach W. BÖER, 1952)

	a) Für die klimatische Geländeaufnahme	b) Für die Ansprüche der städtebaulichen Objekte
0	–	Stellt keine Ansprüche
1	Sehr ungünstiges Lokalklima	Stellt sehr geringe Ansprüche
2	Ungünstiges Lokalklima	Stellt geringe Ansprüche
3	Mäßig günstiges Lokalklima (normale Verhältnisse)	Stellt mäßige Ansprüche
4	Günstiges Lokalklima	Stellt höhere Ansprüche
5	Sehr günstiges Lokalklima	Stellt sehr hohe Ansprüche

Es sei abschließend darauf hingewiesen, daß die klimatischen Anforderungen, die an den Städtebau – und hier besonders an den Wohnungsbau – gestellt werden, ihrerseits klimaabhängig sind. Das besagt, daß in den verschiedenen Klimaten den Bauten unterschiedliche Aufgaben zufallen, über die im einzelnen Tab. 69 unterrichtet.

11.4. Klima und Technik

In vielen Bereichen der Technik besteht die Aufgabe, klimatische Gegebenheiten zu berücksichtigen, sie zu verändern und schädliche Wirkungen solcher Veränderungen zu vermeiden. Die Einflüsse des Klimas treten in verschiedener Stärke auf, sollten aber jeweils nach Möglichkeit Berücksichtigung finden. Die zahlreichen Anwendungsgebiete der Klimatologie in der Technik können hier nur angedeutet werden.

Ein umfangreiches Anwendungsgebiet klimatologischer Ergebnisse ist das Verkehrswesen. Dabei denkt man im allgemeinen in erster Linie an den Luftverkehr und weiterhin an den Seeverkehr. Es darf aber nicht übersehen werden, daß auch der Landverkehr in vielfacher Weise klimaabhängig ist. Dabei ist für das Verkehrswesen die Kenntnis der Temperatur-, Wind-, Bewölkungs- und Niederschlagsverhältnisse wichtig, wobei je nach Fragestellung jeweils die eine oder andere Erscheinung stärker in den Vordergrund gerückt erscheint. So werden für den Straßenverkehr, den man im allgemeinen für wenig klimabeeinflußt hält, beispielsweise Nebel- und Glatteisbildung oft zu stark behindernden Erscheinungen; daher sind bei der Straßenführung besonders nebel- und glatteisgefährdete Gebiete zu berücksichtigen. Wind und Niederschlag können zu Verkehrsbehinderungen führen (Schneeverwehungen), so daß für das Verkehrswesen auch die Kenntnis der Andauer und Höhe einer Schneedecke vielfach wichtig werden kann. Besonders dort, wo das Transportwesen weite Strecken zu überwinden hat, haben die meteorologischen Größen Einfluß auf die transportierten Güter; daraus ergibt sich besonders für den Seetransport die Laderaummeteorologie als Spezialzweig der technischen Meteorologie (vgl. U. Scharnow, 1977).

Die Abhängigkeit des Luftverkehrs vom Wetter ist bekannt. Daneben besteht aber auch eine Abhängigkeit vom Klima. So sind beispielsweise bei der Festlegung von Flugstrecken klimatische Gegebenheiten zu beachten; das gilt sowohl für kurze als auch für lange Strecken. Es ist selbstverständlich, daß der allgemeinen Auswertung klimatologischer Ergebnisse im Einzelfall die Wetterberatung zur Seite treten muß. Die Anlage von Flugplätzen ist weitgehend von den Windverhältnissen

Tabelle 69. Anforderungen an die Städte (besonders Wohnbauten) in verschiedenen Klimaten (nach W. Böer, 1954)

Klimazone	Bauten sollen schützen vor	Bauten sollen gewährleisten
Tropenzone (gleichmäßig warm, kältester Monat über 18°C)	Regen, Hitze, Besonnung	Lüftung und Kühlung
Subtropische Zone (jahreszeitlich wechselnd, Trockenheit und ergiebige Niederschläge)	Regen und zu große Luftfeuchtigkeit, Besonnung	Belüftung, Kühlung
Trockenzone (unregelmäßige, sporadische Niederschläge)	Sand, Staub, Wind, Trockenheit, meist Besonnung	Ausnutzung auch kleinster Regenmengen, ausreichende Luftfeuchtigkeit
Gemäßigte Zone (alle vier Jahreszeiten sind deutlich ausgeprägt, z. T. im Winter andauernde Schneedecke)	Regen, Schnee, im Sommer zu große Wärme, im Winter zu große Kälte	Ausreichende Besonnung
Subarktische Zone (langer Winter, kurzer Sommer mit Mitternachtssonne, Boden taut z. T. im Sommer nur oberflächlich auf)	Kälte, Wind	Besonnung bei tiefstehender Sonne, gute Wärmeisolation und möglichst geringe Wärmeverluste

abhängig, die die Anlage der Start- und Landebahnen beeinflussen; ebenso ist die Nebelhäufigkeit eines Gebietes bei der Anlage eines Flugplatzes zu berücksichtigen.

Auch der Seeverkehr ist vom Klima abhängig. Der Zusammenhang zwischen Luft- und Meeresströmungen gibt die Möglichkeit, diese Gegebenheiten bei der Festlegung von Schifffahrtsrouten zu berücksichtigen. Sehr wichtig ist die Kenntnis besonders nebel- oder eisgefährdeter Gebiete. Dabei gibt beispielsweise die Kenntnis von der Dauer der Eisbedeckung und der Dicke der Eisdecke in einem Gebiet die Möglichkeit, durch Einsatz geeigneter Mittel (Eisbrecher) die Schiffahrtssaison zu verlängern. Auch im Seeverkehr muß an die Seite der Anwendung klimatologischer Ergebnisse für den Einzelfall die Wetterberatung treten, wie sie beispielsweise im Sturm- und Eiswarndienst in Erscheinung tritt.

Für die Industrie ist die Kenntnis klimatischer Gegebenheiten in mehrfacher Hinsicht wichtig. Es ergeben sich nämlich zwei Besonderheiten bezüglich des Klimas, die bei der Planung von Industriebauten berücksichtigt werden müssen, und zwar

1. der Einfluß der Außenluft auf die Produktion und in Verbindung damit die Frage der Klimatisierung,
2. der klimatische Einfluß der Industrie auf ihre Umgebung.

Der Einfluß der Industrie auf das Klima der Umgebung steht im Zusammenhang mit der Frage der Luftverunreinigung und deren Folgen. Es ist daher erforderlich, die Industrieanlagen der Städte in klimatisch ungünstige Gebiete zu legen. Die Lage muß so gewählt werden, daß die Industrieanlagen für die Hauptwindrichtung auf der Leeseite der Stadt liegen. Bei Industriewerken, die nicht in unmittelbarer Nähe von Städten liegen, ist der je nach Art der Luftverunreinigung mehr oder weniger ausgedehnte Schädigungsbereich für die Landwirtschaft zu beachten.

Die Klimaabhängigkeit der Produktion ist naturgemäß für jeden Industriezweig nach Art und Stärke verschieden. So wird für die chemische Industrie – um nur ein Beispiel anzuführen – wichtig, daß sich die Abgase nicht ansammeln können. Das bedeutet, daß der Standort der chemischen Industrie eine ausreichende Luftbewegung aufweisen muß, daß Nebellagen und Temperaturinversionen möglichst gering sein müssen. Da auch größere Temperatur- und Feuchtigkeitsschwankungen ungünstige Wirkungen haben, ist es zweckmäßig, Gebiete mit solchen Schwankungen nach Möglichkeit zu meiden.

Die Klimaabhängigkeit der verschiedenen Industriezweige ist so mannigfaltig, daß hier nur ein grober Überblick gegeben werden kann. Tabelle 70 gibt Hinweise auf die Ele-

Tabelle 70. Klima und industrielle Standortwahl (nach G. GRUNDKE, 1955)

Klimaelement	Begünstigte Industrie
Temperatur	Niedrige Lufttemperaturen für Schokoladenfabriken und pharmazeutische Betriebe, Bierherstellung, Käsereifung sowie für Lagerräume von Nahrungsmitteln, Bier und Weinen
Luftfeuchtigkeit	Hohe Luftfeuchtigkeit für das Spinnen und Weben von Wolle und Baumwolle sowie für die Käsereifung Niedrige Luftfeuchtigkeit für Schokoladen- und Süßwarenfarbiken, Teigwarenherstellung, Betriebe der feinmechanisch-optischen und elektrotechnischen Industrie und den Maschinenbau, ebenso für die Pelzwarenherstellung
Reinheit der Luft	Möglichst geringer Gehalt an chemischen, biologischen und staubförmigen Verunreinigungen für Filmabriken, chemisch-pharmazeutische Betriebe, für Luftverflüssigungsanlagen sowie für die Herstellung von Nahrungs- und Genußmitteln, hochwertigen technischen Papieren, Radioröhren und feinmechanisch-optischen Präzisionsgeräten
Luftbewegung	Starke Luftbewegung überall dort vorteilhaft, wo größere Mengen industrieller Abgase anfallen, d. h. besonders bei Viskose-Kunstseiden-Werken, Zellstoffabriken, Farbenfabriken und anderen Betrieben der chemischen Industrie, ebenso bei Molkereien und Käsereien, insbesondere Quarkereien, sowie bei Bonbonkochereien
Nebel	Nebelfreiheit für Schokoladen- und Süßwarenindustrie, für Filmfabriken und Abgase erzeugende chemische Betriebe
Schwankungen der Klimaelemente	Extreme Schwankungen sind besonders im Hinblick auf Temperatur, Luftfeuchtigkeit und Luftbewegung für alle Industriezweige mehr oder minder ungünstig

mente und Erscheinungen des Klimas, die bei der industriellen Standortwahl zu beachten sind.

Die Bedeutung der Klimatologie für Fragen der Technik wird auch unterstrichen durch eine Empfehlung des Amtes für Standardisierung der DDR (1958), die den Zweck hat, einen Überblick über die klimatologischen Grundlagen des Klimaschutzes technischer Erzeugnisse zu geben. Aus dem Bestreben, die vielfältigen klimatologischen Ergebnisse für die technische Praxis nutzbar zu machen, ergibt sich eine Klimaklassifikation für technische Zwecke, die zu der Einteilung nach W. Köppen in Beziehung gesetzt wird (Tab. 71).

Aus den klimatischen Kennzeichen, die für die einzelnen Klimate festgestellt werden, ergeben sich Hinweise auf diejenigen klimatologischen Elemente und Erscheinungen, die bei der Produktion technischer Güter für bestimmte Länder und ihrem Versand dorthin jeweils besonders beachtet werden müssen.

11.5. Veränderung des Klimas durch den Menschen

Die Anwendung klimatologischer Forschungsergebnisse findet ihren sichtbaren Ausdruck in der Veränderung gegebener klimatischer Verhältnisse, d. h. in der Veränderung des Klimas durch den Menschen. Daß derartige Veränderungen bewußt, also unter Beachtung und Berücksichtigung aller möglichen Folgeerscheinungen zu geschehen haben, muß, je weiter die wissenschaftliche Entwicklung der Klimatologie fortschreitet, mehr und mehr selbstverständlich werden. Es ist dabei die Veränderung des Komplexes Klima abzuschätzen, die sich bei der Änderung auch nur

eines Elementes infolge des Zusammenwirkens der Klimaelemente und -erscheinungen ergibt.

Danach ist die Veränderung des Klimas durch den Menschen ein wesentlicher Bestandteil der Anwendung klimatologischer Forschungsergebnisse und spielt in allen Anwendungsbereichen der Klimatologie eine bedeutende Rolle. Ein großer Teil der in den vorhergehenden Abschnitten dieses Kapitels angeführten Maßnahmen, sei es im Bereich der Agrarklimatologie, der Bioklimatologie oder der anderen Anwendungsgebiete, hat letztlich eine Veränderung des Klimas zum Ziel.

Dabei ist, wie schon mehrmals angedeutet, zu beachten, daß man in diesem Zusammenhang das Klima oder einzelne Klimafaktoren nie abstrakt betrachten darf, sondern ihre Auswirkungen und ihr Zusammenspiel erkennen und berücksichtigen muß. Das kann u. U. dazu führen, daß eine geplante Veränderungsmaßnahme unterlassen werden muß, weil sie neben dem erzielten Nutzen auch einen größeren Schaden bringen würde.

Eine solche Überlegung ist beispielsweise dort anzustellen, wo eine Windschwächung zu erhöhter Frostgefährdung führt, wenn es nicht z. B. wichtiger ist, den Abtrag der Bodenkrume durch die Luftströmung zu vermindern. Auch die Trockenlegung von Moorgebieten kann, wenn nicht andere Maßnahmen dem entgegenwirken, zur Erhöhung der Frostgefahr nicht nur über dem Moorgebiet, sondern auch in seiner Umgebung führen.

Ein Rückblick auf die besprochenen Veränderungen des Klimas zeigt, daß diese auf Änderungen **verschiedener Klimafaktoren** zurückgehen können. Klimaänderungen können bedingt sein

1. durch eine Veränderung des Strahlungshaushalts (Sonnenstrahlung, Strahlungsverhältnisse der Atmosphäre),

---

Tabelle 71. Klimaklassifikation für technische Zwecke (nach TGL 6351, 1958)

Klimaklassifikation für technische Zwecke	Klimate nach W. Köppen
1 Gemäßigtes Klima (Normalklima)	*Cf* (außer in Südchina und im südlichen Teil der USA), *Df* in Südkanada und Osteuropa
2 Feucht-warmes Klima (feuchtes Tropenklima)	*Af, Aw, Cw, Cf* in Südchina und im südlichen Teil der USA
3 Trockenklima (trockenes Tropenklima)	*BW, BS, Cs* (teilweise)
4 Kälteklima	*Dw, ET, EF*
6 Höhenklima	*EH*

2. durch eine Veränderung der Eigenschaften der wirksamen Erdoberfläche (hier spielen die Wärmeeigenschaften, Feuchtigkeitsverhältnisse, die Rauhigkeit sowie orographische Gegebenheiten eine Rolle),

3. durch Veränderungen des Wärme- und Feuchtigkeitstransportes.

Die Einwirkungsmöglichkeit auf den Strahlungshaushalt ist noch verhältnismäßig gering, kann aber infolge der technischen Entwicklung – z. B. zunehmende Frequentierung der Luftverkehrswege in der Stratosphäre – zu Klimaveränderungen von globalem Ausmaß führen (vgl. M. I. Budyko, 1974). Als hauptsächliche Möglichkeit der Änderung des Klimas durch den Menschen ergibt sich zur Zeit die Veränderung der Eigenschaften der wirksamen Erdoberfläche. Soweit nicht durch die Abschirmung ein anderes Klima geschaffen wird (z. B. in Innenräumen), werden Klimaveränderungen durch den Menschen stets auf diesem Wege bewirkt, worauf die früher gegebenen Beispiele (vgl. 9.3.1, 9.3.4, 9.5.3) hinweisen.

Werden die Eigenschaften der wirksamen Erd-oberfläche verändert, so sind Veränderungen des Strahlungshaushaltes und des Massenaustausches in Bodennähe die Folge. Die damit verbundenen Änderungen des Wärme- und Feuchtigkeitstransportes ergeben die beabsichtigten klimatischen Veränderungen.

Die Veränderungen des Klimas durch den Menschen betreffen zunächst den mikro- und mesoklimatischen Bereich. Das gilt auch dann, wenn sich Änderungen in diesen Bereichen auf ausgedehnte Gebiete erstrecken. Den makroklimatischen Bereich betreffen die bislang durchgeführten Klimaänderungen durch den Menschen nur mittelbar insofern, als die im mikro- und mesoklimatischen Bereich ausgeführten Veränderungen in den makroklimatischen Bereich eingreifen, ohne daß die grundlegenden Wirkungsfaktoren des makroklimatischen Bereichs verändert werden. Es muß aber beachtet werden, daß der Mensch „mit seiner Tätigkeit die Grenze geringfügiger Beeinflussungen der Atmosphäre überschreitet" (Ch. P. Pogosjan und S. L. Turketti, 1975, S. 329), was zu dem dringenden Problem führt, „die Klimaänderungen im globalen Maßstab zu regeln" (ebenda, S. 330).

12. Aus der Geschichte der Klimatologie

Es kann hier nicht die Aufgabe sein, einen vollständigen Überblick über die geschichtliche Entwicklung der Klimatologie zu geben, zumal auf diesem Gebiet umfassende Arbeiten vorliegen, wie beispielsweise diejenige von K. SCHNEIDER-CARIUS (1955). Es soll hier vielmehr nur an wenigen Beispielen auf die Entwicklung der Klimatologie hingewiesen werden, die in enger Verbindung mit den Fortschritten der Geographie und Meteorologie vor sich ging.

Die Abhängigkeit des Menschen von Wetter und Klima führte schon sehr früh zu Beobachtungen von Wettererscheinungen und mit der Erweiterung des Gesichtskreises, also dem wachsenden geographischen Überblick, zur Beobachtung verschiedenartiger Witterungsabläufe, d. h. verschiedener Klimate. Der Beobachtung aber, die sich dem Menschen aufdrängte, fehlte die wissenschaftliche Verarbeitung. Trotzdem ergeben sich bereits im Altertum beachtliche Sammlungen von Wetterbeobachtungen.

Den frühen Wetterangaben, wie sie sich bei HOMER um 700 v. u. Z. finden, folgen genauere und gründlichere Zusammenstellungen bei den Naturphilosophen von Milet, von denen uns die ältesten Wissenschaftslehren bekannt wurden. Den Zusammenhang zwischen dem Menschen und seiner Umwelt und damit besonders mit dem Klima versuchte HIPPOKRATES (um 460–375 v. u. Z.) zu ergründen. Daraus ergaben sich die Elemente einer Lehre von den Klimaten. Auch das Wort Klima wird auf HIPPOKRATES zurückgeführt; der Klimabegriff fand also bereits im Altertum Verwendung. Die umfangreichste und bezüglich ihrer weiteren Wirksamkeit wichtigste Zusammenfassung über die klimatologischen Elemente und Erscheinungen gab ARISTOTELES (384–322 v. u. Z.) in seiner Meteorologie. In diesem Lehrbuch der Meteorologie – der Begriff Meteorologie war im Altertum umfassender als heute, wo er als Physik der Atmosphäre zu umschreiben ist – beschrieb ARISTOTELES wichtige klimatologische Erscheinungen wie Winde, Wolken und Niederschläge, aber auch optische Erscheinungen, z. B. Halo und Regenbogen.

Neben einer beachtlichen Reihe anderer Beschreibungen klimatologischer Erscheinungen blieb die Meteorologie des ARISTOTELES besonders stark wirksam. Ihre Überlieferung und Kommentierung durch arabische Gelehrte war der Grund dafür, daß das Mittelalter Anschluß an die meteorologischen Lehren der Antike fand. Das Mittelalter brachte auf der einen Seite die Weiterführung der aus der Antike übernommenen Lehren aus dem Bereich der Meteorologie. Andererseits aber ergab sich von der Mitte des 12. Jahrhunderts an eine enge Verbindung zwischen der Meteorologie und der Astrologie, die man als Astrometeorologie bezeichnet. Die Wirksamkeit der Astrometeorologie reicht über den Wetteraberglauben bis in unsere Zeit hinein. Nahm man aber im Mittelalter seine Zuflucht zur Astrometeorologie mangels besserer Kenntnis, so wird in unserer Zeit der Wetteraberglaube mancherorts trotz besseren Wissens noch ernst genommen und verbreitet (als Beispiel sei der „Hundertjährige Kalender" genannt).

Der Übergang zur Neuzeit ist dadurch gekennzeichnet, daß die Erfindung einiger Geräte (Thermometer, Barometer) die Möglichkeit zu meteorologisch-klimatologischen Messungen gibt. Die Meßergebnisse führten zur Aufstellung von Gesetzmäßigkeiten, wodurch die physikalische Begründung der Meteorologie erfolgte. Damit begann die Entwicklung der Meteorologie zur Physik der Atmosphäre. Gleichzeitig aber ergaben sich mit der Entwicklung einer Erforschung des Wetters und der Witterung auch zusammenfassende Übersichten auf Teilgebieten der Klimatologie. Die erste zusammenfassende Darstellung erfuhren, ausgehend von den Bedürfnissen und Beobachtungen der Seefahrt, etwa um die Mitte des 17. Jahrhunderts die Windsysteme der Erde. Neben beschreibenden Darstellungen, beispielsweise von VARENIUS (1622–1650) oder DAMPIER (1672 bis 1715), erschien 1686 die erste, von dem

Astronomen HALLEY (1656–1724) zusammengestellte Windkarte, die im wesentlichen eine Darstellung der Passate bringt. Zugleich mit der Möglichkeit, einzelne Elemente und Erscheinungen des Klimas messend zu erfassen, entstanden die ersten Anleitungen und Anweisungen für Beobachtungen. Erst die Durchführung solcher Anweisungen führte dazu, vergleichbare Wetter- und Klimabeobachtungen von verschiedenen Orten zu erhalten. Einen Höhepunkt fanden die Anleitungen in der Beobachteranleitung der Pfälzischen Meteorologischen Gesellschaft (1781), die für ein zunächst über Europa, später auch auf andere Erdteile auszudehnendes Beobachtungsnetz bestimmt war. Darauf aber, daß mit einwandfrei durchgeführten Beobachtungen in Auswirkung der Astrometeorologie auch ausgedehnter Mißbrauch getrieben wurde, weist die Entstehung des „Hundertjährigen Kalenders" hin, in dem zu Beginn des 18. Jahrhunderts Wetterbeobachtungen in Wettervorhersagen verfälscht wurden.

Die besonders im 17. und 18. Jahrhundert in großer Fülle gesammelten meteorologischen und klimatologischen Beobachtungsergebnisse erforderten eine zusammenfassende Darstellung, eine klimatologische Übersicht. Neben der bereits erwähnten Windkarte waren Übersichten über das „solare" Klima entstanden, in denen eine gesetzmäßige Verknüpfung der Sonnenstrahlung mit der Wärme an der Erdoberfläche gefunden und damit auch ein Zusammenhang zwischen Sonnenstrahlung und Lufttemperatur hergestellt wurde. Nunmehr mußte noch eine Einbeziehung der geographischen Gegebenheiten folgen, um das tatsächliche Klima zunächst in seinen Temperaturverhältnissen darstellen zu können. Im Zusammenhang mit der Verteilung der Pflanzen stellte A. v. HUMBOLDT (1817) die Temperaturverteilung dar, wozu er Linien gleicher Jahrestemperatur, die er Isothermen nannte, verwendete. Damit wurde der Gegensatz zwischen dem „solaren" und dem „realen" Klima verdeutlicht, da die Isothermen erhebliche Abweichungen von dem zu erwartenden zonalen Verlauf zeigten (vgl. hierzu Abb. 63). Auch Übersichten über die Luftdruckverhältnisse sowie über Niederschläge in den Tropen wurden von A. v. HUMBOLDT zusammengestellt; dabei kam HUMBOLDT 1828 zum Nachweis der äquatorialen Tiefdruckfurche.

In seinen Betrachtungen über Fragen der Klimatologie stellte HUMBOLDT fest, daß „jeder Ort gleichsam ein zweifaches Klima" hat: „eines, das von allgemeinen und fernen Ursachen, von der Stellung der Continental-Massen und ihrer Gestaltung abhängt, ein anderes, welches specielle, nahe liegende Verhältnisse der Localität bestimmen" (zitiert nach H.-G. KÖRBER, 1959). Die hier genannten zwei Seiten eines Klimas, der makroklimatische und der mesoklimatische Anteil, gehören bis heute zu den beachteten Fragen der Klimatologie. Auf diesen Doppelcharakter der klimatologischen Betrachtung hat z. B. K. KNOCH (1942) erneut aufmerksam gemacht.

Die überragende Wirkung, die A. v. HUMBOLDT für die Entwicklung der Klimatologie hatte, zeigt sich u. a. in seiner Klimadefinition (vgl. Kap. 1), die bis heute ihre Gültigkeit behalten hat. Aber auch die durch A. v. HUMBOLDT gegebene Klimadarstellung mittels Isothermen war von großer Wirksamkeit. Denn nach dem Vorbild der Isothermen wurden auch für andere Elemente und Erscheinungen des Klimas Isolinien angegeben, so daß von der Isothermenkarte aus eine kartenmäßige Darstellung des Klimas überhaupt erst möglich wurde. Weiterhin setzt die Darstellung klimatischer Verhältnisse durch Isolinien eine Mittelwertbildung voraus. Damit erhielten Fragen der mathematischen Statistik Eingang in die Klimatologie. Je mehr im Laufe der Zeit die Menge der Beobachtungsergebnisse anwuchs, um so mehr war man gezwungen, auch in der Klimatologie Methoden der Statistik zu verwenden. Es sei erwähnt, daß es unter Anwendung statistischer Methoden möglich ist, in gewissem Umfange Vorhersagen zu geben – man denke z. B. an die langfristige Witterungsvorhersage.

Die zweite Hälfte des 19. Jahrhunderts brachte eine große Zahl von Zusammenfassungen im Bereich der Klimatologie, die ihren Ausdruck in einer erheblichen Anzahl von Klimaklassifikationen gefunden haben. Als Grundlage dienten die Ergebnisse fester klimatologischer Beobachtungsnetze sowie die auf Reisen durchgeführten Beobachtungen. Die um die Mitte des 19. Jahrhunderts erfolgte Einsetzung des Telegraphen zur Nachrichtenübermittlung führte auch zu einem rascheren und umfassenderen Austausch klimatologischer Beobachtungsergebnisse. Weiterhin wirkte es sich für die Klimatologie fördernd aus, daß auch die physikalischen Grundlagen klimatologischer Betrachtungen ausgebaut wurden; so wurden beispielsweise die für die Temperaturverhältnisse wichtigen Strahlungsgesetze – Stefan-Boltzmannsches Gesetz, Wiensches Verschiebungsgesetz – in der zweiten Hälfte des 19. Jahrhunderts formuliert. In ähnlicher Weise wurden auch für andere klimatologische Elemente und Erscheinungen die physikalischen Grundlagen erweitert, so daß eine exakte Verknüpfung verschiedener Elemente und Erscheinungen des Klimas gefördert, teilweise überhaupt erst ermöglicht wurde.

Mit der Aufstellung von Klimaklassifikationen wird das geographische Moment stärker in den Vordergrund gerückt. Das zeigt sich nicht nur in der allgemeinen Verteilung der Klimate, sondern in der verschiedenen Einwirkung geographischer Gegebenheiten auf die meteorologischen Vorgänge, wie die Veränderung des solaren Klimas zum realen Klima verdeutlicht. Bei genauerer Kenntnis der Wettervorgänge ergab sich zwangsläufig die Frage nach der Aussagekraft des Mittelwertes. In diesem Fall wird der mittlere Zustand, wie er durch den Mittelwert gekennzeichnet ist, nicht mehr als „normal" und jede Abweichung vom Mittelwert als „Störung" aufgefaßt. Vielmehr wurde seit Anfang des 20. Jahrhunderts die Forderung erhoben, bei der Einteilung der Klimate von der allgemeinen Zirkulation der Atmosphäre auszugehen. Damit zeichnete sich die bereits von J. HANN (1883) in seiner Klimadefinition angedeutete zweiseitige Betrachtungsweise der Klimatologie deutlich ab, wie sie dann späterhin in den effektiven und genetischen Klimaeinteilungen zum Ausdruck kam. Das Wechselspiel zwischen effektiven und genetischen Einteilungen der Klimate zeigt sich in den Arbeiten W. KÖPPENS, in denen beide Einteilungsprinzipien vertreten sind, wenn auch die effektiven Einteilungen überwiegen, da für genetische Einteilungen das Beobachtungsmaterial noch nicht ausreichte. Es liegt in der Fortsetzung der hier skizzierten Entwicklungsrichtung, wenn man heute versucht, die Elemente effektiver und genetischer Klimaeinteilungen gemeinsam in ihrem Zusammenwirken zu betrachten.

Die Ausdehnung regelmäßiger Beobachtungen in die Troposphäre und z. T. in die Stratosphäre hinein ermöglichte auch eine Ausdehnung klimatologischer Betrachtungen. So führte die Entwicklung der Aerologie zur dreidimensionalen Betrachtung des Klimas. Weiterhin führte der Ausbau der Satellitenmeteorologie in den letzten Jahren zu Wetterübersichten über große Gebiete, die Grundlagen für Klimabetrachtungen darstellen. Das Ziel der Klimatologie formulierte K. SCHNEIDER-CARIUS (1955) folgendermaßen: „In der Klimatologie werden die mittleren Zustände des Wetters und die Häufigkeit der verschiedenen Einzeltypen des Wetters in ihrer geographischen Verteilung und Bedingtheit für die Erscheinungen auf der Erdoberfläche nicht nur aus Beobachtungswerten der unteren Luftschicht (der Biosphäre im engeren Sinne), sondern für die gesamte Troposphäre, in der sich das Wetter abspielt, dargestellt."

Eingehendere Messungen und Beobachtungen führten nicht nur zur dreidimensionalen Betrachtung in der Klimatologie, sondern auch zur Entwicklung eines neuen Zweiges der Klimatologie, der Mikroklimatologie. Zahlreich sind die Arbeiten, die auf dem Gebiet der Mikroklimatologie geleistet wurden und weiterhin geleistet werden. Dabei zeichnet sich bereits die Verselbständigung der Mesoklimatologie ab, die zur Zeit noch verhältnismäßig eng mit der Mikroklimatologie verbunden ist.

In der Geschichte der Klimatologie zeigt es sich, daß den Ausgangspunkt dieser Wissenschaft die Beobachtung der in der Natur ablaufenden Prozesse und Erscheinungen bildet. Aus dem genannten Material wurden in langer Entwicklungszeit Theorien und Modellvorstellungen gebildet, die es ermöglichten, die **Zusammenhänge zwischen den verschiedenen** Erscheinungen zu erkennen und darzustellen. Diese Phase der Entwicklung ist noch keineswegs abgeschlossen; trotzdem reichen aber das vorhandene Beobachtungsmaterial und die daraus gewonnenen Erkenntnisse bereits aus, die Klimatologie im praktischen Leben wirksam werden zu lassen. Darauf weisen die an früherer Stelle erwähnten Anwendungsbereiche klimatologischer Forschungsergebnisse hin. Zwar ist die Klimatologie heute noch weit von der Möglichkeit entfernt, z. B. künftige Klimaänderungen und Klimaschwankungen vorauszusagen; sie kann und muß aber in zunehmendem Maße Anteil nehmen an der Lösung praktischer Aufgaben, die auf vielen Gebieten der Mithilfe der Klimatologie bedarf.

Literatur

(Bei dem großen Umfang der vorliegenden Literatur kann hier nur eine Auswahl gegeben werden.)

ALISSOW, B. P., Die Klimate der Erde. Berlin 1954 (russ.: Moskau 1950).

–, O. A. DROSDOW u. E. S. RUBINSTEIN, Lehrbuch der Klimatologie. Berlin 1956 (russ.: Leningrad 1952).

Atlas der Aserbaidshanischen SSR (herausgegeben von der Akademie der Wissenschaften der ASSR, Institut für Geographie). Baku – Moskau 1963.

BAUR, F., u. H. PHILIPPS, Der Wärmehaushalt der Lufthülle der Nordhalbkugel im Januar und Juli und zur Zeit der Äquinoktien und Solstitien. Gerl. Beitr. Geophys. *45* (1935) 82–132.

– –, Der Wärmehaushalt der Lufthülle der Nordhalbkugel. Gerl. Beitr. Geophys. *47* (1936) 218–223.

BEELITZ, P., Radiosonden. Berlin 1954.

BERG, H., Allgemeine Meteorologie. Bonn 1948.

–, Klimatologische Messungen im Hohen Venn. Z. Meteorol. *5* (1951) 229–235.

BERNHARDT, F., u. H. PHILIPPS, Die räumliche und zeitliche Verteilung der Einstrahlung, der Ausstrahlung und der Strahlungsbilanz im Meeresniveau. Abh. des Meteorol. u. Hydrol. Dienstes der DDR Nr. 45 und 77. Berlin 1958 und 1966.

BJELANOVIČ, M. M., Mesoklimatische Studien im Rhein- und Moselgebiet. Bonn 1967.

BLÜTHGEN, J., Klimawerte der Länder der Erde. Geogr. Taschenbuch 1960/61. Wiesbaden 1960.

–, Allgemeine Klimageographie. Berlin (West) 1964, 2. Aufl. 1966, 3. Aufl. 1980.

BÖER, W., Einige Vorschläge zur praktischen Durchführung einer geländeklimatischen Aufnahme. Angew. Meteorol. *1* (1952) 219–222.

–, Klimaforschung im Dienste des Städtebaues. Berlin 1954.

–, Zum Begriff des Lokalklimas. Z. Meteorol. *13* (1959) 5–11.

–, Technische Meteorologie. Leipzig 1964.

BRINKMANN, K., Abriß der Geologie, Bd. II. Stuttgart 1954.

BROSE, K., Der jährliche Gang der Windgeschwindigkeit auf der Erde. Wiss. Abh. des Reichsamtes f. Wetterdienst, Bd. I, Nr. 4. Berlin 1936.

BUBNOFF, S. VON, Einführung in die Erdgeschichte. Berlin 1956.

BUDYKO, M. I., Klimaänderungen. Leningrad 1974 (russ.).

BÜDEL, J., Die räumliche und zeitliche Gliederung des Eiszeitklimas. Naturwissensch. *36* (1949).

CANNEGIETER, H. G., Was lehren uns die Wolken? Bern 1950.

CHARNEY, J. G., Numerical prediction and the general circulation. In: PFEFFER, R. L., Dynamics of climate. Oxford – London – New York – Paris 1960.

CHROMOW, S. P., Die geographische Anordnung der klimatischen Fronten. Sowjetwissensch., Naturwiss. Abt., 1950, H. 2, S. 29–43.

–, Der Monsun als geographische Realität. Sowjetwissensch., Naturwiss. Abt., 1950, H. 4, S. 39–62.

–, Die geographische Verbreitung der Monsune. Peterm. Geogr. Mitt. *101* (1957) 234–237.

–, Meteorologie und Klimatologie (russ.). Leningrad 1964.

CLAYTON, H. H., World Weather Records. Washington 1927, 1934, 1947, 1959.

Climatological Normals (CLINO) for Climat and Climat Ship Stations for the Period 1931–1960. World Meteorological Organisation. Genf 1962, 1971.

CONRAD, V., Die klimatologischen Elemente und ihre Abhängigkeit von terrestrischen Einflüssen. Handb. d. Klimatologie von W. KÖPPEN und R. GEIGER, IB. Berlin 1936.

–, Zur Definition des Monsuns. Meteorol. Z. *54* (1937) 313–317.

– u. L. W. POLLAK, Methods in climatology. Cambridge, Mass., 1950.

CREUTZBURG, N., Klima, Klimatypen und Klimakarten. Peterm. Geogr. Mitt. *94* (1950) 57–69.

CRITCHFIELD, H. J., General climatology. New York 1960.

DIETZE, G., Einführung in die Optik der Atmosphäre. Leipzig 1957.

DINIES, E., Luftkörper-Klimatologie. Arch. Dt. Seewarte *50* (1932), Nr. 6. Hamburg 1932.

FAUST, H., Der Aufbau der Atmosphäre. Braunschweig 1968.

FICKER, H., u. B. DE RUDDER, Föhn und Föhnwirkungen. Leipzig 1948.

FLACH, E., Über ortsfeste und bewegliche Messungen mit dem Scholzschen Kernzähler und dem Zeissschen Freiluftkonimeter. Z. Meteorol. *6* (1952) 97 bis 112.

–, u. H. WÜRFEL, Zur Kenntnis der lufthygienischen Eigenschaften Berlins und seiner Randgebiete. Angew. Meteorol. *1* (1952) 161–169.

–, Grundbegriffe und Grundtatsachen der Bioklimatologie. In: LINKES Meteorol. Taschenbuch, Neue Ausg., Bd. III. Leipzig 1957.

FLIRI, F., Niederschlag und Lufttemperatur im Alpenraum. Wissenschaftliche Alpenvereinshefte, Heft 24. Innsbruck 1974.

FLOHN, H., Studien zur allgemeinen Zirkulation der Atmosphäre. Ber. des dt. Wetterdienstes in der US-Zone, Nr. 18, Bad Kissingen 1950.

–, Neue Anschauungen über die allgemeine Zirkulation der Atmosphäre und ihre klimatische Bedeutung. Erdkunde IV (1950) 141–162.

–, Probleme der großräumigen Synoptik. Ber. des dt. Wetterdienstes in der US-Zone, Nr. 35, S. 12–22. Bad Kissingen 1952.

–, Allgemeine atmosphärische Zirkulation und Paläoklimatologie. Geol. Rundsch. *40* (1952).

–, Zur Didaktik der allgemeinen Zirkulation der Atmosphäre. Geogr. Rundsch. 1953, S. 41–56.

–, Witterung und Klima in Mitteleuropa. Forsch. z. dt. Landeskunde, Bd. 78. Remagen 1954.

–, Zur Frage der Einteilung der Klimazonen. Erdkunde XI (1957) 161–175.

GEIGER, R., Das Klima der bodennahen Luftschicht, 3. bzw. 4. Aufl. Braunschweig 1950 bzw. 1961.

–, Die Auswirkungen der Dürre. Meteorol. Rundsch. *1* (1948) 513–516.

GELLERT, J. F., Alexander von Humboldt. Urania *18* (1955) 329–335.

–, Kurze Bemerkungen zur Klimazonierung der Erde und zur planetarischen Zirkulation der Atmosphäre in der jüngeren erdgeschichtlichen Vorzeit, ausgehend vom Tertiär. Wiss. Z. Päd. Hochschule Potsdam, math.-naturwiss. Reihe *3* (1958) 145–151.

GÖHRE, K., Forstliche Wetter- und Klimakunde. Berlin 1952.

GORCZYŃSKI, W., Sur le calcul du degré du continentalisme et son application dans la climatologie. Geogr. Annalen *2* (1920) 324–331.

GRUNOW, J., Allgemeine Wetterkunde. Berlin-Kleinmachnow 1955.

GRUNDKE, G., Die Bedeutung des Klimas für den industriellen Standort. Gotha 1955.

HANN, J., – K. KNOCH, Handbuch der Klimatologie. Stuttgart 1932.

–, – R. SÜRING, Lehrbuch der Meteorologie. Leipzig 1939–1951.

HAURWITZ, B., u. J. M. AUSTIN, Climatology. New York 1944.

HAUSMANN, G., Unperiodische Schwankungen der Erdbodentemperaturen in 1 m bis 12 m Tiefe. Z. Meteorol. *4* (1950) 363–372.

HAVLIK, D., Die Höhenstufe maximaler Niederschlagssummen in den Westalpen. Freiburger Geogr. Hefte 7. Freiburg/Br. 1974.

HEBNER, E., Die Dauer der Schneedecke in Deutschland. Forsch. z. dt. Landes- und Volkskunde, Bd. 26. Stuttgart 1928.

HENDL, M., Einführung in die physikalische Klimatologie, Bd. II: Systematische Klimatologie. Berlin 1963.

HENTSCHEL, G., Das Bioklima des Menschen. Berlin 1978.

HESSE, W., Handbuch der Aerologie. Leipzig 1961.

–, Grundlagen der Meteorologie für Landwirtschaft, Gartenbau und Forstwirtschaft. Leipzig 1966.

HESS, P., u. H. BREZOWSKY, Katalog der Großwetterlagen Europas. Ber. des Dt. Wetterdienstes in der US-Zone, Nr. 33. Bad Kissingen 1952.

HEYER, E., Über Frostwechselzahlen in Luft und Boden. Gerl. Beitr. Geophys. *52* (1938) 68–112.

–, Über die Kennzeichnung der Winter durch Kältesummen und den Temperaturverlauf der Folgezeit. Z. Meteorol. *8* (1954) 211–215.

–, Der Monsunbegriff. Geogr. Ber. 1959, H. 13, S. 218 bis 227.

–, Zur Frage des Monsunbegriffs. Geogr. Ber. 1961, H. 19, S. 107–113.

–, Das Klima des Landes Brandenburg. Abh. des Meteorol. und Hydrol. Dienstes der DDR, Nr. 64, Berlin 1962.

–, Geländeklimatische Arbeitsmethoden. In: HEYER, E., R. SCHNEIDER, E. SCHOLZ, H. J. FRANZ, R. WEISSE, H. BARSCH u. A. SCHUSTER, Arbeitsmethoden in der physischen Geographie. Berlin 1968.

HOFFMEISTER, J., Kleine Wetterkunde. Braunschweig 1950.

HOFMANN, A., Probleme um die Wettervorhersage. Stuttgart 1955.

HÖHN, R., Wetter, Winde, Wolken. Leipzig 1955.

HUMBOLDT, A. VON, Des lignes isothermes et de la distribution de la chaleur sur le globe. Mém. de physique et de chimie Soc. d'Arceuil, Bd. III, S. 462–602. Paris 1817.

–, Über den mittleren Barometerstand am Meere unter den Tropen. Poggendorfs Ann. Phys. u. Chemie *12* (1828) 399–402.

Internationaler Wolkenatlas, gekürzte Ausgabe. Meteorol. Weltorganisation 1956. Herausgeber Meteorol. u. Hydrol. Dienst der DDR, Potsdam 1959.

ISRAËL, H., Das Gewitter. Leipzig 1950.

KELLER, R., Gewässer und Wasserhaushalt des Festlandes. Leipzig 1962.

KILINSKI, E. VON, Lehrbuch der Luftelektrizität. Leipzig 1958.

KLEINSCHMIDT, E., Handbuch der meteorologischen Instrumente. Berlin 1935.

KNOCH, K., Klima und Klimaschwankungen. Leipzig 1930.

–, Weltklimatologie und Heimatklimakunde. Meteorol. Z. *59* (1942) 245–249.

–, Über die Strenge der Winter in Norddeutschland. Meteorol. Rundsch. *1* (1947) 137–144.

–, Über das Wesen der Landesklimaaufnahme. Z. Meteorol. *5* (1951) 173–177.

– u. A. SCHULZE, Methoden der Klimaklassifikation. Gotha 1952.

–, Eine Chronik der Winterstrenge seit 1766 in Norddeutschland. Peterm. Geogr. Mitt. *101* (1957) 27–30.

–, Die Landesklimaaufnahme, Wesen und Methodik. Offenbach a. M. 1963.

KOEPPE, C. E., u. G. C. DE LONG, Weather and climate. New York – Toronto – London 1958.

KÖNIG, W., Grundzüge der Meteorologie. Leipzig 1953.

KÖPPEN, W., Die Wärmezonen der Erde. Meteorol. Z. *1* (1884) 215–226.

–, Versuch einer Klassifikation der Klimate, vorzugsweise ihrer Beziehungen zur Pflanzenwelt. Geogr. Z. *6* (1900) 593–611 und 657–679.

–, Klassifikation der Klimate nach Temperatur, Niederschlag und Jahreslauf. Peterm. Geogr. Mitt. *64* (1918) 193–203 und 243–248.

–, Die Klimate der Erde, Grundriß der Klimakunde. Berlin und Leipzig 1923.

– u. A. WEGENER, Die Klimate der geologischen Vorzeit. Berlin 1924.

–, Grundriß der Klimakunde. Berlin und Leipzig 1931.

– u. R. GEIGER, Handbuch der Klimatologie. Berlin 1930–1939.

KÖRBER, H.-G., Über Alexander von Humboldts Arbeiten zur Meteorologie und Klimatologie. Alexander von Humboldt, Gedenkschrift zur 100. Wiederkehr seines Todestages. Herausgegeben von der Akad. d. Wissensch. Berlin 1959.

KRATZER, A., Das Stadtklima. Braunschweig 1956.

KÜCHLE-SCHEIDEMANTEL, I., Die Dauer der Schneedecke in Europa. Peterm. Geogr. Mitt. *100* (1956) 185–192.

KUPFER, E., Entwurf einer Klimakarte auf genetischer Grundlage. Z. Erdkundeunterricht *6* (1954) 5–13.

LANG, R., Verwitterung und Bodenbildung als Einführung in die Bodenkunde. Stuttgart 1920.

LAUER, W., Hygrische Klimate und Vegetationszonen der Tropen mit besonderer Berücksichtigung Ostafrikas. Erdkunde V (1951) 284–293.

–, Klimadiagramme. Erdkunde XIV (1960) 232–242.

LAUTENSACH, H., u. E. MAYER, Humidität und Aridität, insbesondere auf der Iberischen Halbinsel. Peterm. Geogr. Mitt. *104* (1960) 249–270.

LOCKWOOD, J. G., World Climatology. London 1974.

LUNDEGÅRDH, H., Klima und Boden in ihrer Wirkung auf das Pflanzenleben. Jena 1954.

MARR, R. L., Geländeklimatische Untersuchung im Raum südlich von Basel. Basel 1970.

MARTONNE, E. DE, Une nouvelle fonction climatologique: l'indice d-aridité. La Météorologie 1926, S. 449–458.

MARX, S., Über die extremsten Niederschlagsmengen auf der Erde. Z. Meteorol. *21* (1969) 118–119.

MEINARDUS, W., Die räumliche und zeitliche Verteilung der Beleuchtung in den Polargebieten. Geogr. Anzeiger *31* (1930) 1–6.

–, Allgemeine Klimatologie. Handb. d. Geogr. Wissensch., Bd. I. Potsdam 1933.

Meteorologischer und Hydrologischer Dienst der DDR, Klimatologische Normalwerte für das Gebiet der DDR (1901–1950). Berlin 1955 ff.

MEYER ZU DÜTTINGDORF, A.-M., Klimaschwankungen im maritimen und kontinentalen Raum Europas seit 1871. Bochumer Geogr. Arbeiten, H. 32. Paderborn 1978.

MIZUKOSHI, M., Regional Divisions of Monsoon Asia by Köppen's Classification of Climate. In: YOSHINO, M. M., Water Balance of Monsoon Asia. Honolulu 1971.

MILANKOWITSCH, M., Mathematische Klimalehre. Handb. d. Klimatologie I. Berlin 1930.

MORAWETZ, S., Zur Erfassung des Kontinentalitätsgrades. Peterm. Geogr. Mitt. *90* (1944) 185–188.

MORTENSEN, H., Heutiger Firnrückgang und Eiszeitklima. Erdkunde VI (1952) 145–160.

MROSE, H., Klima und Wetter in ihrer Wirkung auf den Menschen. Wittenberg 1955.

MULTANOWSKI, B. P., Grundlegende Leitsätze der synoptischen Methode der langfristigen Wettervorhersage. Leningrad 1933.

NEEF, E., Allgemeine physische Erdkunde, Lehrbuch für das 9. Schuljahr. Berlin 1954.

NEUMEISTER, H., Das Wetter aus kosmischer Sicht. Gotha/Leipzig 1972.

NIEUWOLT, S., Tropical Climatology. London – New York – Sidney – Toronto 1977.

PÉDELABORDE, P., Les moussons. Paris 1958.

PENCK, A., u. E. BRÜCKNER, Die Alpen im Eiszeitalter, Bd. I. Leipzig 1909.

–, Versuch einer Klimaklassifikation auf physiogeographischer Grundlage. Sitz.-Ber. d. Preuß. Akad. d. Wiss., Phys.-math. Kl., 1910, S. 236–246.

PFEFFER, R. L., Dynamics of climate. Oxford – London – New York – Paris 1960.

Physisch-Geographischer Weltatlas (herausgegeben von der Akademie der Wissenschaften der UdSSR und Hauptverwaltung für Geodäsie und Kartographie des Staatlichen Komitees der UdSSR). Moskau 1964.

POGOSJAN, CH. P., u. S. L. TURKETTI, Wolken, Wind und Wetter. Moskau und Leipzig/Jena/Berlin 1975.

POSER, H., Zur Rekonstruktion der spätglazialen Luftdruckverhältnisse in Mittel- und Westeuropa auf Grund der vorzeitlichen Binnendünen. Erdkunde IV (1950) 81–88.

REGULA, H., Elementare Wetterkunde. Frankfurt/M. 1956.

REICHEL, E., Vergleich der Frühjahrs- und Herbstmittel für Temperatur und Niederschlag in Deutschland. Ann. Hydrogr. Marit. Meteorol. *58* (1930) 84–89.

REUTER, H., Methoden und Probleme der Wettervorhersage. Wien 1954.

RIEHL, H., Tropical Meteorology. New York – Toronto – London 1954.

RINGLEB, F., Die thermische Kontinentalität im Klima West- und Nordwest-Deutschlands. Meteorol. Rundsch. *1* (1947) 87–95.

–, Die hygrische Kontinentalität im Klima West- und Nordwest-Deutschlands. Meteorol. Rundsch. *1* (1948) 276–282.

RINK, J., Über das Verhalten des mittleren vertikalen Temperaturgradienten der bodennahen Luftschicht und seine Abhängigkeit von speziellen Witterungsfaktoren und Wetterlagen. Abh. d. Meteorol. u. Hydrol. Dienstes der DDR, Nr. 18. Berlin 1953.

ROSENKRANZ, F., Klimacharakter und Pflanzendecke. Österr. Bot. Z. *85* (1936) 183–212.

RUDLOFF, H. v., Die Schwankungen und Pendelungen des Klimas in Europa seit dem Beginn der regelmäßigen Instrumenten-Beobachtungen (1670). Braunschweig 1967.

RUDLOFF, W., World Climates. Stuttgart 1981.

RUMPF, H., Die Abhängigkeit der Dauer der Schneedecke von der Temperatur in Norddeutschland. Gerl. Beitr. Geophys. *42* (1934) 291–320.

SCHARNOW, U., Laderaummeteorologie, 2. Aufl. Berlin 1977.

SCHERHAG, R., Neue Methoden der Wetteranalyse und Wetterprognose. Berlin – Göttingen – Heidelberg 1948.

SCHICK, M., Die geographische Verbreitung des Monsuns. Nova Acta Leopoldina, Abh. d. Dt. Akad. d. Naturforscher (Leopoldina) zu Halle/Saale; Neue Folge, Bd. 16, Nr. 112. Leipzig 1953.

SCHMAUSS, A., Zur Klimaverwerfung um die Jahrhundertwende. Beitr. Phys. freien Atmosphäre *19* (1932) 137–144.

SCHMIDT, G., Das Kleinklima und seine Probleme. Z. Erdkundeunterricht (1952) 223–235.

SCHNEIDER-CARIUS, K., Die Grundschicht der Troposphäre. Leipzig 1953.

–, Wetterkunde und Wetterforschung. Freiburg/München 1955.

–, A. von Humboldt in seinen Beziehungen zur Meteorologie und Klimatologie. In: Wiss. Abh. der Geogr. Gesellsch. der DDR, Bd. 2. Berlin 1960.

–, Das Klima, seine Definition und Darstellung; zwei Grundsatzfragen der Klimatologie. Veröff. d. Geophys. Inst. d. Karl-Marx-Univers. Leipzig. Berlin 1961.

SCHNELLE, F., Pflanzen-Phänologie. Leipzig 1955.

SCHREIBER, D., Physische Geographie von Deutschland III (Klima). Lehrbrief für das Fernstudium der Oberstufenlehrer. Berlin 1957.

–, Entwurf einer Klimaeinteilung für landwirtschaftliche Belange. Bochumer Geogr. Arbeiten, Sonderreihe Band 3. Paderborn 1973.

SCHREPFER, H., Die Kontinentalität des deutschen Klimas. Peterm. Geogr. Mitt. *71* (1925) 49–51.

SCHUBARTH, L., Praktische Orkankunde. Berlin 1942.

SCHULZE, A., Eine Methode zur Erfassung von Jahresgängen mit praktischer Anwendung auf Lufttemperatur und Niederschlagsmenge in Europa. Peterm. Geogr. Mitt. *100* (1956) 24–39.

SCHÜTT, K., Einführung in die Meteorologie auf physikalischer Grundlage. Berlin 1950.

SCHWARZBACH, M., Das Klima der Vorzeit. Stuttgart 1950.

SEYFERT, F., Anleitung zur Durchführung phänologischer Beobachtungen. Berlin 1959.

–, Phänologie. Wittenberg 1960.

SUPAN, A., Die Verteilung des Niederschlages auf der festen Erdoberfläche. Gotha 1898.

SÜRING, R., Die Wolken. Leipzig 1950.

TAKAHASHI, K., u. M. M. YOSHINO, Climatic Change and Food Production. Tokyo 1978.

TEICH, M., Beitrag zum Problem der allgemeinen Zirkulation, insbesondere der mitteltroposphärischen Hochdruckgebiete der nördlichen Nordhemisphäre. Abh. d. Meteorol. u. Hydrol. Dienstes der DDR, Nr. 36. Berlin 1955.

TGL 6351, Beschreibung der Klimazonen der Erde zum Zwecke der Klimaklassifikation nach technischen Gesichtspunkten. Herausgegeben vom Amt für Standardisierung der DDR. Berlin 1958.

THORNTHWAITE, C. W., The climates of North America according to a new classification. Geogr. Rev. *21* (1931) 633–655.

–, Climates of the earth. Geogr. Rev. *23* (1933) 433 bis 440.

–, An approach toward a rational classification of climate. Geogr. Rev. *38* (1948) 55–94.

TREWARTHA, G. T., An introduction to climate. New York – London 1954.

TROLL, C., Thermische Klimatypen der Erde. Peterm. Geogr. Mitt. *89* (1943) 81–89.

–, Karte der Jahreszeitenklimate der Erde. Erdkunde *18* (1964) 5–28.

UHLIG, S., Beispiel einer kleinklimatologischen Geländeuntersuchung. Z. Meteorol. *8* (1954) 66–75.

VIETE, G., Zum Klima der Vorzeit. Z. Meteorol. *5* (1951) 102–110.

VOIGTS, H., Gang der Jahresmitteltemperatur im Sonnenfleckenzyklus. Z. Meteorol. *5* (1951) 110–116; *6* (1952) 174–181; *7* (1953) 183–188.

WAGNER, A., Untersuchung der säkularen Änderung der Jahresschwankung der Temperatur in Europa. Gerl. Beitr. Geophys. *20* (1928) 134–158.

–, Klimaänderungen und Klimaschwankungen. Braunschweig 1940.

WALDMEIER, M., Ergebnisse und Probleme der Sonnenforschung. Leipzig 1955.

WALTER, H., u. H. LIETH, Klimadiagramm-Weltatlas. Jena 1960.

WEHNER, H., u. R. ZIEMANN, Wie entsteht die Wettervorhersage? Leipzig/Jena 1955.

WEISCHET, W., Einführung in die Allgemeine Klimatologie. Stuttgart 1977.

WEISE, A., Zum Auftreten der „Warmen Hangzone" im Tiefland der DDR. Z. Meteorol. *28* (1978) 281 bis 283.

WOJEIKOW, A. I., Die Klimate der Erde. Petersburg 1884.

WOLDSTEDT, P., Das Eiszeitalter, Bd. I. Stuttgart 1954.

YOSHINO, M. M., Water Balance of Monsoon Asia. Honolulu 1971.

Klimadaten

Temperatur und Niederschlag

1931 bis 1960

nach Climatological normals (Clino) for climat and climat ship stations for the period 1931–1960[1])

Temperaturangaben in ^{0}C
Niederschlagswerte in mm

[1]) Es wurde auf vergleichbare Beobachtungsreihen Wert gelegt. Da für manche Gebiete die Daten der Jahre 1931 bis 1960 nicht vorliegen, bleibt die Tabelle lückenhaft. Die Stationen sind jeweils nach der geographischen Breite geordnet.

Station	Geographische Breite ° ′	Länge ° ′	Höhe m		I	II	III	IV	V	VI	VII	VIII	IX	X	XI	XII	Jahr
Afrika																	
Tunis	36 50 N	10 14 E	4	°C	11,0	11,7	13,4	15,7	19,1	23,4	25,9	26,6	24,6	20,4	15,9	12,4	18,3
				mm	70	47	43	42	23	11	1	11	37	56	57	70	466
Algier	36 43 N	03 15 E	25	°C	10,3	10,8	13,0	15,2	18,0	21,8	24,4	25,1	23,1	18,9	14,9	11,7	17,2
				mm	116	76	57	65	36	14	2	4	27	84	93	117	691
Oran	35 38 N	00 37 W	99	°C	10,2	11,0	13,3	15,4	18,3	21,8	24,5	25,1	22,9	18,4	14,9	11,1	17,2
				mm	70	54	35	33	10	7	1	3	16	43	46	67	394
Tébessa	35 26 N	08 08 E	816	°C	6,1	7,5	10,5	13,7	17,7	23,1	26,4	25,9	22,0	16,3	11,1	7,2	15,6
				mm	26	23	21	46	38	24	5	18	33	38	34	32	338
Biskra	34 48 N	05 44 E	81	°C	11,0	13,0	16,3	20,6	25,2	30,8	33,7	33,1	28,9	22,2	16,3	12,2	21,9
				mm	13	11	19	15	9	4	1	6	17	18	19	16	148
Meknès	33 53 N	05 32 W	549	°C	9,7	11,0	13,3	15,1	17,8	21,9	25,3	25,5	22,6	18,6	14,2	10,7	17,1
				mm	82	67	79	63	33	9	3	2	19	54	69	105	585
Gabès	33 53 N	10 06 E	5	°C	11,2	12,7	15,1	17,4	20,6	24,4	26,5	27,3	25,6	21,8	16,7	12,5	19,3
				mm	17	17	17	17	9	2	0	1	14	41	30	19	183
Laghouat	33 46 N	02 56 E	767	°C	7,5	9,3	12,7	16,3	20,8	26,5	30,1	29,2	24,4	18,0	12,1	8,1	17,9
				mm	12	11	15	16	14	11	5	8	24	22	12	19	169
Casablanca	33 34 N	07 40 W	58	°C	12,4	13,0	14,7	16,1	18,0	20,5	22,5	22,9	21,8	19,4	16,3	13,4	17,6
				mm	66	53	55	38	21	2	0	1	7	39	57	87	426
Béchar	31 38 N	02 15 W	806	°C	9,2	11,9	16,0	19,9	24,4	29,9	34,0	33,0	28,2	21,4	14,9	9,9	21,1
				mm	7	9	13	8	3	2	0	4	7	14	13	10	90
Marrakech	31 37 N	08 02 W	466	°C	11,4	13,4	16,1	18,6	21,3	24,8	28,7	28,8	25,3	21,2	16,5	12,3	19,9
				mm	28	29	32	31	17	8	2	3	10	21	28	33	242
Port Said	31 17 N	32 14 E	7	°C	14,8	15,6	17,2	19,2	22,7	25,5	27,4	28,0	26,8	24,6	21,2	16,6	21,6
				mm	12	11	7	2	4	0	0	0	0	3	9	15	63
Alexandria	31 12 N	29 57 E	7	°C	14,7	15,2	16,8	19,1	20,0	24,5	26,2	27,1	26,2	24,2	20,9	16,6	21,1
				mm	41	25	11	3	2	0	0	1	1	7	30	48	169
Ouarzazate	30 56 N	06 54 W	1136	°C	9,2	11,4	14,8	18,3	22,0	26,7	29,8	29,2	25,0	19,5	14,0	9,4	19,1
				mm	6	6	12	9	5	4	2	9	20	18	17	15	123
Agadir	30 23 N	09 34 W	19	°C	13,8	15,0	16,7	18,0	19,2	20,8	22,1	22,6	21,9	20,5	18,1	14,6	18,6
				mm	48	32	24	16	5	0	0	1	6	22	30	42	226
Kairo	30 08 N	31 34 E	74	°C	14,0	15,1	17,8	21,2	25,3	27,6	28,9	28,6	26,3	24,2	19,9	15,5	22,0
				mm	4	4	3	1	1	0	0	0	0	1	1	7	22
Heluan	29 52 N	31 20 E	141	°C	13,7	15,0	17,6	21,2	25,4	27,0	28,4	28,4	26,3	24,4	20,0	15,4	20,8
				mm	3	4	3	1	3	0	0	0	0	1	4	7	26
Siwa	19 12 N	25 29 E	−14	°C	11,9	13,8	16,6	21,0	25,6	28,2	29,4	29,2	26,7	23,3	18,2	13,6	21,5
				mm	1	3	0	1	2	0	0	0	0	0	0	2	9

Station	Geographische		Höhe		Monat												Jahr
	Breite ° '	Länge ° '	m		I	II	III	IV	V	VI	VII	VIII	IX	X	XI	XII	
Baharia	28 20 N	28 54 E	130	°C	12,3	14,4	17,2	21,4	25,9	27,8	28,7	28,8	24,4	23,4	18,7	14,1	21,6
				mm	0	0	0	1	0	0	0	0	0	0	1	1	4
El Ghurdaqa	27 17 N	33 46 E	3	°C	15,4	15,8	20,9	21,5	25,5	27,9	28,4	28,9	26,6	24,5	20,8	17,2	22,8
				mm	0	0	0	0	0	0	0	0	0	0	2	2	4
Dakhla	25 29 N	29 00 E	112	°C	12,5	15,0	18,6	23,5	28,6	30,4	30,8	30,9	28,2	24,7	19,8	15,0	23,2
				mm	0	0	0	0	0	0	0	0	0	0	0	0	0
Kharga	25 26 N	30 34 E	73	°C	14,1	15,8	19,7	24,4	29,4	31,0	31,2	31,2	29,0	26,3	20,8	16,1	24,1
				mm	0	0	0	0	0	0	0	0	0	0	0	0	0
Port Sudan	19 35 N	37 13 E	2	°C	24,4	22,9	24,1	26,3	29,4	31,8	33,7	34,2	31,9	29,3	27,4	24,8	28,3
				mm	4	1	1	1	2	0	9	3	0	12	52	25	110
Gebeit	18 57 N	36 50 E	796	°C	19,5	19,5	21,5	24,5	28,1	30,7	31,0	30,5	30,0	25,9	23,3	20,8	25,4
				mm	1	0	1	2	9	5	32	55	13	6	6	1	131
Atbara	17 42 N	33 58 E	345	°C	21,6	22,8	26,1	30,0	33,5	34,7	33,1	32,1	33,3	31,6	27,1	23,1	29,1
				mm	0	0	0	1	4	1	20	38	7	1	0	0	72
Saint-Louis	16 03 N	16 27 W	4	°C	22,0	22,3	22,2	21,8	22,3	25,7	27,6	28,0	28,5	28,1	25,6	23,1	24,8
				mm	1	1	0	0	1	7	44	161	97	29	2	3	347
Chartum	15 36 N	32 33 E	380	°C	22,5	23,8	27,2	30,7	33,1	33,3	30,8	29,4	30,9	31,4	27,5	23,7	28,7
				mm	0	0	0	1	5	7	46	72	27	4	0	0	164
Dakar	14 44 N	17 30 W	23	°C	21,1	20,4	20,9	21,7	23,0	26,0	27,3	27,3	27,5	27,5	26,0	23,2	24,3
				mm	0	2	0	0	1	15	88	249	163	49	5	6	578
Wad Medani	14 24 N	33 29 E	408	°C	22,5	23,8	27,1	30,4	31,8	31,2	28,0	26,5	27,5	28,9	26,3	23,2	27,3
				mm	0	0	0	3	16	31	122	129	25	16	1	0	373
El Dueim	14 00 N	32 20 E	378	°C	24,6	25,5	28,5	31,2	32,7	32,3	29,7	28,3	29,3	30,9	28,5	25,3	28,9
				mm	1	0	1	2	9	5	32	55	13	6	3	1	128
El Obeid	13 10 N	30 14 E	574	°C	20,7	22,3	25,9	29,1	30,5	29,5	26,8	25,5	26,5	27,9	25,2	21,7	26,0
				mm	0	0	0	3	20	33	121	145	77	19	0	0	418
Ziguinchor	12 33 N	16 16 W	10	°C	24,0	25,7	27,3	28,0	28,5	28,4	27,0	26,4	27,0	27,8	27,0	24,5	26,8
				mm	0	1	0	0	10	125	363	532	361	146	8	1	1547
Malakal	09 33 N	31 39 E	388	°C	25,7	27,4	29,6	30,2	28,1	26,1	24,9	24,7	25,5	26,3	26,5	25,6	26,7
				mm	0	0	3	24	95	115	153	167	144	75	6	1	783
Wau	07 42 N	28 01 E	438	°C	25,5	27,0	28,9	29,0	27,5	26,1	25,0	24,7	25,3	26,0	26,3	25,6	26,4
				mm	0	4	20	69	132	170	199	234	179	130	8	0	1145
Juba	04 52 N	31 36 E	457	°C	27,4	28,4	28,5	27,5	26,2	25,3	24,2	24,1	24,9	25,7	26,3	26,2	26,3
				mm	5	10	43	107	157	116	136	154	105	101	35	13	982
Gulu	02 45 N	32 20 E	1109	°C	24,4	24,8	24,6	23,7	22,8	22,3	21,6	21,7	22,3	22,8	23,2	23,4	23,1
				mm	16	48	91	176	185	137	164	253	178	157	88	47	1540

Station	Geographische Breite ° ′	Länge ° ′	Höhe m		I	II	III	IV	V	VI	VII	VIII	IX	X	XI	XII	Jahr
Entebbe	00 03 N	32 27 E	1146	°C	22,0	22,1	22,2	21,8	21,6	21,1	20,6	20,7	21,2	21,7	21,8	21,6	21,5
				mm	79	85	170	278	279	113	73	84	77	84	137	115	1574
Luanda	08 51 S	13 14 E	70	°C	25,9	26,6	26,9	26,4	25,0	22,2	20,2	20,3	21,8	24,0	25,2	25,5	24,2
				mm	26	35	97	124	19	0	0	1	2	6	34	23	367
Kabwe	14 25 S	28 29 E	1208	°C	20,9	20,8	20,7	19,9	18,0	15,7	15,4	17,8	21,8	24,6	23,2	21,4	20,0
				mm	226	207	121	20	1	0	0	2	2	18	96	232	923
Quelimane	17 53 S	36 53 E	7	°C	27,5	27,4	26,9	25,8	23,5	21,3	20,8	21,9	23,8	25,9	27,0	27,4	24,9
				mm	248	254	261	99	76	67	56	34	20	16	81	169	1381
Harare	17 56 S	31 06 E	1497	°C	20,0	19,8	19,4	18,7	15,9	13,6	13,6	15,6	19,0	21,3	20,8	20,4	18,2
				mm	15	13	9	4	1	1	0	0	1	3	10	13	71
Beira	19 48 S	34 54 E	8	°C	27,4	27,6	26,7	25,5	23,1	20,9	20,5	21,3	23,0	25,0	26,2	26,6	24,5
				mm	265	225	244	105	58	42	37	30	27	29	133	234	1429
Bulawayo	20 09 S	28 37 E	1345	°C	20,9	20,8	19,9	18,9	15,9	13,4	13,6	15,9	19,3	22,1	21,6	21,3	18,7
				mm	134	111	65	21	9	3	0	1	5	25	89	125	589
Inhambane	23 52 S	35 23 E	15	°C	26,6	26,6	25,8	24,5	22,4	20,4	19,9	20,7	22,1	23,8	24,8	25,9	23,6
				mm	135	146	107	71	58	63	45	30	31	29	80	124	919
Lourenço Marques	25 58 S	32 36 E	59	°C	25,4	25,6	24,8	23,4	21,0	18,7	18,4	19,6	20,8	22,3	23,5	24,7	22,4
				mm	130	124	97	64	28	27	12	13	38	46	86	103	768

Australien

Station	Geographische Breite ° ′	Länge ° ′	Höhe m		I	II	III	IV	V	VI	VII	VIII	IX	X	XI	XII	Jahr
Brisbane	27 28 S	153 02 E	41	°C	25,0	24,7	23,6	21,2	18,2	15,8	15,0	16,1	18,1	20,7	22,5	24,3	20,4
				mm	143	183	147	78	57	56	49	30	45	77	92	136	1092
Perth	31 57 S	115 51 E	60	°C	23,4	23,9	22,2	19,2	16,1	13,7	13,1	13,5	14,7	16,3	19,2	21,5	18,1
				mm	7	12	22	52	125	192	183	135	69	54	23	15	889
Sydney	33 52 S	151 02 E	42	°C	21,9	21,9	21,2	18,3	15,7	13,1	12,3	13,4	15,3	17,6	19,4	21,0	17,6
				mm	104	125	129	101	115	141	94	83	72	80	77	86	1205
Adelaide	34 56 S	138 35 E	44	°C	22,6	21,0	20,9	17,2	14,6	12,1	11,2	12,0	13,4	16,0	18,5	20,7	16,7
				mm	23	23	21	50	66	61	61	59	49	47	36	27	523
Melbourne	37 49 S	144 58 E	28	°C	19,9	19,7	18,4	15,1	12,5	10,2	9,6	10,5	12,4	14,3	16,2	18,4	14,8
				mm	45	59	50	69	54	52	54	50	58	74	70	58	691
Wellington	41 17 S	174 46 E	119	°C	15,4	15,7	14,6	13,2	10,7	8,8	7,8	8,4	9,5	11,0	12,6	14,4	11,8
				mm	74	104	80	90	127	123	128	116	92	116	79	95	1224
Hobart	42 53 S	147 20 E	54	°C	16,3	16,1	15,1	12,4	10,5	8,3	7,8	8,8	10,6	11,8	13,6	15,1	12,2
				mm	42	47	52	63	51	66	47	53	53	72	58	64	668

Station	Geographische		Höhe		Monat												Jahr
	Breite ° '	Länge ° '	m		I	II	III	IV	V	VI	VII	VIII	IX	X	XI	XII	
Südamerika																	
Georgetown	06 49 N	58 11 W	1	°C	26,3	26,4	26,8	27,1	27,0	26,7	26,2	27 7	27,7	27,7	27,4	26,7	27,0
				mm	251	122	113	178	296	346	281	185	88	98	147	313	2418
Nickerie	05 57 N	57 02 W	4	°C	26,5	26,7	26,9	27,2	27,2	27,1	27,2	27,8	28,3	28,1	27,9	27,1	27,3
				mm	190	114	111	191	247	317	266	167	61	63	79	174	1978
Boa Vista	02 49 N	60 40 W	74	°C	27,8	27,9	28,2	27,9	26,7	25,9	25,7	26,2	27,8	28,4	28,5	28,0	27,4
				mm	75	75	80	151	304	365	346	226	110	74	66	69	1941
Quito	00 08 S	78 29 W	2812	°C	13,0	13,0	12,9	13,0	13,1	13,0	12,9	13,1	13,2	12,9	12,8	13,0	13,0
				mm	119	131	154	185	130	54	20	25	81	134	96	104	1233
Uaupés	00 08 S	67 05 W	86	°C	25,4	25,5	25,6	25,3	25,0	24,5	24,3	24,8	25,4	25,6	25,9	25,5	25,4
				mm	275	250	285	267	317	250	246	195	148	173	202	309	2917
Belém	01 28 S	48 29 W	24	°C	25,6	25,5	25,4	25,7	26,0	26,6	25,9	26,0	26,0	26,2	26,5	26,3	25,9
				mm	318	407	436	382	265	165	161	116	116	105	94	197	2762
Turiaçu	01 41 S	45 22 W	8	°C	27,0	26,5	26,1	26,1	26,3	26,2	26,1	26,6	27,0	27,3	27,5	26,6	26,7
				mm	141	260	446	425	328	221	181	69	17	10	20	59	2177
Guayaquil	02 12 S	79 53 W	6	°C	25,5	26,0	26,4	26,3	25,6	24,4	23,5	23,2	23,8	24,0	24,6	25,4	24,9
				mm	212	289	292	207	54	11	4	0	0	1	2	28	1100
Santarém	02 25 S	54 43 W	72	°C	25,8	25,5	25,5	25,6	25,6	25,4	25,6	26,2	26,7	27,0	26,9	26,6	26,0
				mm	179	275	258	262	293	174	112	50	39	46	85	123	1896
Manaus	03 08 S	60 01 W	83	°C	25,9	25,8	25,8	25,9	26,4	26,6	26,9	27,5	26,9	27,7	27,3	26,7	26,7
				mm	276	277	301	287	193	99	61	41	62	112	165	228	2102
Fernando Noronha	03 51 S	32 25 W	45	°C	26,2	26,6	26,8	26,5	26,3	25,8	25,1	25,1	25,5	25,8	26,1	26,0	26,0
				mm	35	124	158	254	244	170	174	43	20	10	12	15	1259
Coari	04 05 S	63 08 W	48	°C	25,2	25,2	25,4	25,2	25,3	25,3	25,4	26,0	26,0	25,9	25,9	25,6	25,5
				mm	316	274	281	288	226	134	88	75	99	158	188	222	2349
Teresina	05 03 S	42 49 W	50	°C	27,0	26,3	26,2	26,2	26,5	26,4	26,5	27,5	28,9	28,9	29,0	28,1	27,3
				mm	171	235	311	254	91	15	8	6	9	28	60	105	1293
Quixeramobim	05 12 S	39 18 W	198	°C	29,0	28,4	27,6	27,1	26,7	26,5	26,9	27,7	28,3	28,6	28,7	29,1	27,9
				mm	43	88	171	160	101	40	21	9	4	2	6	16	661
Barra do Corda	05 30 S	45 16 W	82	°C	25,7	25,6	25,5	25,6	25,2	24,6	24,3	25,5	27,7	27,9	27,3	26,4	25,9
				mm	185	175	228	156	53	14	5	7	16	42	75	118	1074
Natal	05 55 S	35 15 W	49	°C	27,2	27,3	27,3	26,7	26,0	24,9	24,4	24,5	25,5	26,3	26,7	27,0	26,2
				mm	43	86	189	255	263	284	208	124	46	15	14	20	1547
Alto Tapajos	07 21 S	57 31 W	125	°C	25,1	25,2	25,3	25,5	25,5	24,9	24,4	25,5	25,8	25,6	25,5	25,3	25,3
				mm	408	375	435	285	128	26	11	33	138	238	215	329	2621
Cruzeiro do Sul	07 38 S	72 40 W	170	°C	24,4	24,6	24,4	24,2	24,1	23,4	22,9	23,8	24,5	24,6	24,7	24,6	24,2
				mm	246	244	269	241	138	105	47	85	147	251	216	241	2230

Station	Geographische		Höhe	Monat														Jahr
	Breite ° ′	Länge ° ′	m		I	II	III	IV	V	VI	VII	VIII	IX	X	XI	XII		
Olinda	08 09 S	34 55 W	10	°C	27,0	27,1	26,9	26,5	25,6	24,6	24,1	24,1	25,0	25,9	26,4	26,7	25,8
				mm	41	90	197	241	335	318	224	147	62	37	25	40	1757
Conceiçao do Araguaia	08 16 S	49 17 W	157	°C	24,9	24,8	24,9	25,4	25,6	24,9	24,5	25,5	26,4	25,7	25,3	25,0	25,2
				mm	252	225	256	193	52	10	5	6	46	133	215	246	1639
Porto Velho	08 46 S	63 55 W	105	°C	25,0	25,1	25,2	25,2	25,2	25,0	24,8	26,2	26,4	26,0	25,7	25,4	25,4
				mm	337	305	337	225	108	32	11	26	99	207	241	317	2245
Sena Madureira	09 08 S	68 40 W	135	°C	25,2	25,3	25,2	24,9	24,2	23,4	23,0	24,1	25,3	25,2	25,5	25,5	24,7
				mm	301	259	264	217	104	69	31	32	157	185	207	257	2083
Remanso	09 41 S	42 04 W	411	°C	27,4	27,5	27,1	27,3	26,0	26,0	25,6	25,9	27,2	28,3	28,0	27,5	27,0
				mm	92	65	108	35	10	2	1	0	4	10	78	93	498
Porto Nacional	10 42 S	48 25 W	135	°C	25,2	25,2	25,3	25,9	25,7	24,7	24,6	26,2	27,7	26,9	25,8	25,3	25,7
				mm	274	229	273	150	37	1	2	3	35	142	233	284	1663
Aracaju	10 55 S	37 03 W	6	°C	26,5	26,8	26,9	25,7	25,3	24,5	23,7	23,7	24,5	25,3	25,8	26,2	25,4
				mm	43	46	107	162	263	177	161	104	54	50	49	38	1254
Lima	12 06 S	77 02 W	155	°C	21,5	22,3	21,9	20,1	17,8	16,0	15,3	15,1	15,4	16,3	17,7	19,4	18,2
				mm	1	0	1	0	6	4	6	7	6	2	1	1	36
Salvador	12 54 S	38 20 W	6	°C	26,2	26,6	26,6	26,0	24,9	24,1	23,3	23,3	23,9	24,8	25,2	25,7	25,0
				mm	77	85	153	291	293	107	207	97	83	91	135	104	1863
Utiariti	13 02 S	58 17 W	385	°C	23,6	24,1	24,1	23,7	22,8	21,3	20,9	23,0	24,7	24,7	24,4	24,2	23,5
				mm	335	338	289	203	46	22	8	17	81	194	278	323	2134
Caetité	14 04 S	42 29 W	878	°C	22,0	22,3	22,4	21,6	20,4	19,2	18,7	19,5	21,6	22,8	22,2	22,1	21,1
				mm	86	93	127	70	19	11	12	10	13	59	185	161	846
Formosa	15 32 S	47 20 W	906	°C	22,0	22,1	22,0	21,5	20,1	19,0	18,9	20,7	22,8	22,9	21,9	21,6	21,3
				mm	252	204	227	93	17	3	5	3	30	127	255	343	1559
Cuiabá	15 36 S	56 06 W	165	°C	26,5	26,5	26,2	25,5	24,3	23,2	22,8	25,0	26,9	27,2	26,8	26,6	25,6
				mm	216	198	232	115	52	14	6	12	39	130	165	194	1373
Meruri	15 43 S	52 45 W	416	°C	24,2	24,3	24,3	23,7	21,8	20,0	19,6	21,7	24,3	25,2	24,5	24,2	23,2
				mm	286	251	214	95	32	12	4	5	53	130	212	273	1567
Goiania	16 38 S	49 13 W	747	°C	22,7	22,9	22,9	22,1	20,1	18,2	18,4	20,6	22,9	23,4	23,0	22,7	21,6
				mm	243	220	192	91	34	7	8	6	37	162	219	274	1493
Caravelas	17 38 S	39 15 W	4	°C	25,5	25,7	25,4	24,5	22,9	21,7	20,8	21,2	22,2	23,5	24,2	25,0	23,6
				mm	125	97	183	218	141	113	119	81	98	144	239	173	1731
Corumbá	19 00 S	57 39 W	145	°C	27,1	26,9	26,4	24,7	23,1	21,6	21,4	23,4	25,4	26,2	27,0	27,4	25,0
				mm	170	158	119	71	62	35	29	20	52	83	118	145	1062
Araxá	19 34 S	46 56 W	961	°C	21,7	21,7	21,4	20,2	18,4	17,5	16,9	19,2	20,8	21,4	21,3	21,1	20,1
				mm	318	261	234	96	43	21	10	14	46	153	226	370	1792

Station	Geographische Breite ° '	Länge ° '	Höhe m		I	II	III	IV	V	VI	VII	VIII	IX	X	XI	XII	Jahr
Belo Horizonte	19 51 S	43 57 W	785	°C	22,7	22,9	22,3	21,1	19,1	18,0	17,7	19,0	20,8	21,5	21,8	21,6	20,7
				mm	268	194	165	77	22	10	7	9	38	113	215	354	1472
Campo Grande	20 28 S	54 40 W	552	°C	24,3	24,2	23,8	21,9	20,3	19,3	19,1	21,1	22,8	23,5	24,0	24,5	22,4
				mm	229	199	140	101	81	50	36	29	62	162	157	191	1437
Tres Lagos	20 47 S	51 42 W	314	°C	25,7	25,7	25,2	22,9	20,3	19,0	18,8	21,2	23,1	24,6	25,4	25,8	23,1
				mm	238	203	139	92	63	41	24	19	47	109	128	205	1308
La Quiaca	22 06 S	65 36 W	3459	°C	12,4	12,4	12,2	10,3	6,6	3,9	4,0	6,4	9,2	11,1	12,3	12,6	9,4
				mm	89	77	43	5	1	2	1	0	2	9	31	63	323
Ponta Pora	22 33 S	55 42 W	660	°C	23,4	23,1	22,2	19,2	17,1	15,6	15,5	17,5	19,7	21,1	22,1	23,2	20,0
				mm	189	180	158	138	119	103	62	51	120	207	161	170	1658
Rio de Janeiro	22 54 S	43 10 W	27	°C	25,9	26,1	25,5	23,9	22,3	21,3	20,8	21,1	21,5	22,3	23,1	24,4	23,2
				mm	137	137	143	116	73	43	43	43	53	74	97	127	1086
Sao Paulo	23 37 S	46 39 W	801	°C	22,1	21,4	21,3	19,5	17,3	15,8	15,0	16,5	17,3	18,7	19,5	21,1	18,8
				mm	248	289	152	62	48	41	36	29	48	113	134	186	1386
Salta	24 51 S	65 29 W	1182	°C	21,4	20,5	19,2	16,1	13,6	11,1	10,6	12,8	15,8	18,5	20,2	21,5	16,8
				mm	176	149	94	25	6	3	2	4	5	25	60	122	671
Asunción	25 16 S	57 38 W	64	°C	28,8	28,2	26,8	23,1	20,9	18,9	18,2	20,1	21,7	23,7	25,7	27,9	23,7
				mm	145	137	154	138	124	84	53	35	82	133	124	131	1340
Foz do Iguaçu	25 31 S	54 35 W	180	°C	25,0	24,2	23,2	19,6	17,1	15,8	14,5	16,3	18,1	20,3	22,3	23,7	20,0
				mm	152	136	166	142	154	157	130	81	132	146	124	140	1660
Curitiba	25 31 S	49 10 W	908	°C	20,1	20,0	19,3	16,8	14,5	13,4	12,6	14,0	14,8	16,2	17,4	18,9	16,5
				mm	191	163	124	78	85	89	81	83	119	130	105	147	1395
Formosa	26 11 S	58 13 W	60	°C	27,6	26,9	24,9	21,4	18,8	17,4	16,8	16,5	19,9	22,2	24,4	26,8	22,1
				mm	124	136	157	137	117	77	48	48	82	143	138	119	1326
Presidencia Roque Sáenz Peña	26 49 S	60 27 W	92	°C	27,1	26,1	23,7	19,9	17,7	15,6	15,1	17,0	19,2	22,0	24,1	26,4	21,2
				mm	136	125	133	97	49	35	23	23	44	101	113	111	987
Tucuman	26 50 S	65 12 W	420	°C	24,9	23,7	22,0	18,3	15,3	12,4	12,1	14,2	17,1	20,2	22,5	24,6	18,9
				mm	183	159	162	59	29	19	10	8	12	77	108	151	977
Resistencia	27 28 S	58 59 W	51	°C	27,1	26,2	24,2	20,4	18,1	16,1	15,1	16,8	18,7	21,2	23,6	26,1	21,1
				mm	134	127	151	122	78	54	47	38	67	125	125	119	1187
Corrientes	27 27 S	58 46 W	62	°C	27,6	26,7	24,9	20,9	18,6	16,4	15,7	17,4	19,2	21,5	24,0	26,5	21,6
				mm	149	127	151	135	86	60	47	42	74	139	139	119	1268
Santiago del Estero	27 46 S	64 18 W	199	°C	27,3	25,8	23,5	19,5	16,4	13,6	12,9	15,2	18,6	21,9	24,4	26,7	20,5
				mm	90	93	91	27	14	10	3	3	8	39	60	79	517
Catamarca	28 26 S	65 46 W	547	°C	27,7	26,0	24,1	19,7	15,4	11,6	11,4	14,5	18,6	22,2	25,0	27,0	20,3
				mm	66	82	49	20	11	6	4	4	7	29	41	51	370
La Rioja	29 23 S	66 49 W	450	°C	27,4	25,9	23,4	19,0	15,1	11,8	11,3	14,1	17,7	21,0	24,4	26,6	19,8
				mm	60	56	57	16	6	3	3	3	6	24	31	51	316

Each month and the year column give two values per station: upper = temperature (°C), lower = precipitation (mm), shown here as "°C / mm".

Station	Breite °'	Länge °'	Höhe m	I	II	III	IV	V	VI	VII	VIII	IX	X	XI	XII	Jahr
Paso de los Libres	29 42 S	57 09 W	70	26,2 / 130	25,6 / 107	23,5 / 129	19,4 / 169	16,9 / 114	14,6 / 98	13,6 / 70	15,2 / 67	16,9 / 115	19,3 / 148	22,5 / 107	25,0 / 107	19,9 / 1361
Alegrete	29 47 S	55 47 W	103	24,6 / 145	24,2 / 109	22,1 / 121	18,3 / 165	15,3 / 149	13,0 / 129	12,6 / 109	14,6 / 108	15,9 / 128	18,4 / 191	20,9 / 133	23,3 / 123	18,6 / 1610
Ceres	29 53 S	61 57 W	88	25,8 / 113	24,8 / 101	22,3 / 124	18,1 / 58	15,6 / 37	12,9 / 27	12,1 / 22	13,6 / 20	16,0 / 36	19,1 / 84	22,0 / 103	24,6 / 110	18,9 / 835
Porto Alegre	30 00 S	51 11 W	3	24,8 / 119	24,5 / 104	23,3 / 89	19,7 / 103	17,1 / 115	14,9 / 140	14,3 / 128	15,3 / 114	16,8 / 124	19,1 / 115	21,3 / 75	23,4 / 88	19,5 / 1314
Cordoba	31 24 S	64 11 W	425	24,4 / 101	23,2 / 88	20,7 / 93	16,8 / 39	13,9 / 24	11,1 / 10	10,7 / 8	12,5 / 15	15,1 / 29	17,9 / 77	20,8 / 88	23,0 / 108	17,5 / 680
San Juan	31 36 S	68 33 W	630	26,0 / 18	24,5 / 12	21,4 / 9	16,2 / 5	11,6 / 1	8,3 / 2	8,1 / 2	10,7 / 2	14,3 / 5	18,4 / 9	22,2 / 11	25,1 / 10	17,2 / 86
Pilar	31 40 S	63 53 W	338	23,7 / 104	22,6 / 81	20,2 / 89	16,2 / 43	13,3 / 25	10,5 / 11	9,8 / 11	11,4 / 14	14,0 / 31	17,0 / 83	20,1 / 101	22,6 / 107	16,8 / 700
Parana	31 47 S	60 28 W	62	25,2 / 136	23,6 / 101	21,6 / 154	17,4 / 94	14,8 / 52	12,4 / 46	11,8 / 31	12,8 / 37	15,0 / 55	17,7 / 101	20,9 / 108	23,3 / 101	18,0 / 1015
Mendoza	32 53 S	68 51 W	827	23,7 / 28	22,5 / 21	19,6 / 21	14,8 / 10	10,9 / 11	7,7 / 8	7,7 / 7	9,7 / 10	13,0 / 14	16,6 / 23	20,0 / 20	22,6 / 23	15,7 / 196
Rio Cuarto	33 07 S	64 14 W	421	23,4 / 113	22,4 / 88	19,5 / 99	15,5 / 62	12,2 / 24	9,1 / 18	8,7 / 15	10,3 / 15	13,1 / 37	16,3 / 93	19,6 / 106	22,2 / 122	16,0 / 892
San Luis	33 16 S	66 21 W	713	24,0 / 90	23,0 / 74	20,2 / 60	15,8 / 33	12,5 / 14	9,1 / 13	8,8 / 10	10,7 / 6	14,0 / 17	17,1 / 53	20,5 / 67	23,2 / 105	16,6 / 548
Santa Vitoria do Palmar	33 31 S	53 22 W	6	22,1 / 92	21,8 / 91	20,6 / 128	17,1 / 124	14,5 / 106	12,0 / 119	11,3 / 97	11,9 / 109	13,3 / 119	15,7 / 101	17,9 / 70	20,5 / 80	16,6 / 1236
Buenos Aires	34 35 S	58 29 W	25	25,7 / 104	23,0 / 82	20,7 / 122	16,6 / 90	13,7 / 79	11,1 / 68	10,6 / 61	11,5 / 68	13,6 / 80	16,5 / 100	19,5 / 90	22,1 / 83	16,9 / 1027
Eseiza	34 49 S	58 32 W	20	23,2 / 94	22,3 / 82	19,8 / 110	15,6 / 81	12,7 / 79	10,2 / 54	9,6 / 61	10,5 / 61	12,5 / 72	15,3 / 70	18,6 / 90	21,3 / 83	16,0 / 937
Dolores	36 16 S	57 41 W	9	21,7 / 73	21,0 / 71	18,7 / 105	14,7 / 76	11,8 / 86	9,1 / 82	8,6 / 72	9,4 / 68	11,6 / 70	14,3 / 70	17,4 / 75	20,0 / 76	14,9 / 924
Azul	36 45 S	59 50 W	132	21,6 / 68	20,6 / 77	17,6 / 118	13,3 / 65	10,1 / 76	7,5 / 49	7,1 / 49	8,0 / 41	10,3 / 60	13,3 / 83	16,7 / 86	19,7 / 80	13,8 / 852
Cipoletti	38 55 S	68 00 W	xxx	21,6 / 17	20,5 / 9	17,4 / 14	12,8 / 13	9,0 / 22	5,8 / 14	5,8 / 13	7,8 / 15	11,2 / 11	14,8 / 21	18,5 / 13	20,8 / 13	13,8 / 175
Neuquen	38 57 S	68 08 W	270	22,6 / 15	21,4 / 11	17,6 / 12	12,4 / 13	8,5 / 22	5,3 / 15	5,0 / 11	7,0 / 19	10,6 / 10	14,3 / 23	18,9 / 8	21,6 / 11	13,8 / 170

Station	Geographische		Höhe	Monat												Jahr
	Breite ° ′	Länge ° ′	m	I	II	III	IV	V	VI	VII	VIII	IX	X	XI	XII	
San Antonio Oueste	40 44 S	64 57 W	7	°C	22,5	21,8	19,0	15,0	11,1	8,2	8,0	9,1	11,5	15,3	18,8	21,0	15,1
				mm	14	17	27	17	33	19	26	17	21	20	17	15	224
Bariloche	41 06 S	71 10 W	836	°C	14,4	14,0	11,6	8,5	5,7	3,6	2,8	3,2	5,0	7,7	10,6	12,9	8,3
				mm	33	27	47	65	160	165	161	121	67	41	34	33	954
Sarmiento	45 35 S	69 04 W	268	°C	17,3	16,9	14,3	10,8	7,0	3,9	4,0	5,5	8,0	11,6	12,8	15,4	10,6
				mm	10	8	11	15	24	16	17	14	10	6	12	9	152
Comodore Rivadavia	45 47 S	67 30 W	61	°C	18,6	18,2	16,0	12,7	9,4	7,0	6,9	7,6	9,6	12,8	15,4	17,3	12,6
				mm	16	11	21	22	35	20	21	18	15	10	16	13	218
Est. Aeronaval Ushuaia	54 48 S	68 19 W	6	°C	9,2	9,0	7,8	5,7	3,2	1,7	1,6	2,2	3,9	6,2	7,3	8,3	5,5
				mm	58	50	57	46	48	45	47	49	38	37	50	49	547
Santa Cruz	50 01 S	68 34 W	111	°C	13,8	13,5	11,4	8,0	3,7	1,2	1,4	2,9	5,5	9,2	11,4	12,9	7,9
				mm	21	16	18	13	25	15	15	17	12	7	15	18	171

Nord- und Mittelamerika

Station	Geographische		Höhe	Monat												Jahr
	Breite ° ′	Länge ° ′	m	I	II	III	IV	V	VI	VII	VIII	IX	X	XI	XII	
Barrow	71 18 N	156 47 W	4	°C	−26,8	−27,9	−25,9	−17,7	−7,6	0,6	3,9	3,3	−0,8	−8,6	−18,2	−24,0	−12,4
				mm	5	4	3	3	3	9	20	23	16	13	6	4	110
Barter Island	70 08 N	143 38 W	15	°C	−27,1	−28,7	−26,1	−17,3	−6,3	1,2	5,2	4,4	0,1	−8,2	−17,2	−23,6	−12,0
				mm	10	9	5	4	6	13	22	27	24	21	10	7	160
Inuvik	68 18 N	133 29 W	61	°C	−28,8	−27,6	−22,6	−12,7	−0,7	9,4	13,6	10,4	3,4	−7,0	−19,9	−27,0	−9,1
				mm	14	11	10	12	9	19	32	33	27	27	19	13	226
Coppermine	67 49 N	115 05 W	0	°C	−28,6	−30,1	−25,8	−17,2	−5,6	3,4	9,3	8,4	2,6	−6,9	−19,9	−26,3	−11,4
				mm	13	8	15	14	12	20	34	44	29	27	17	13	246
Kotzebue	66 52 N	162 38 W	5	°C	−20,9	−20,0	−18,9	−10,4	−0,6	6,6	11,5	10,3	4,9	−4,1	−13,7	−19,8	−6,3
				mm	10	8	7	8	8	12	37	55	31	15	9	7	208
Fairbanks	64 49 N	147 52 W	138	°C	−23,9	−19,4	−12,8	−1,4	8,4	14,7	15,4	12,4	6,4	−3,2	−15,6	−22,1	−3,4
				mm	23	13	10	6	18	35	47	56	28	22	15	14	287
Nome	64 30 N	165 26 W	7	°C	−15,3	−14,7	−13,4	−6,0	1,7	7,7	9,7	9,4	5,5	−1,3	−8,6	−14,3	−3,3
				mm	26	24	22	20	18	24	58	97	68	43	29	25	454
Mc Grath	62 58 N	155 37 W	103	°C	−22,8	−17,7	−13,2	−2,4	6,7	13,6	14,8	12,3	6,6	−2,9	−14,8	−21,7	−3,4
				mm	32	29	24	12	22	42	62	96	66	34	27	26	472
Anchorage	61 10 N	147 59 W	40	°C	−10,9	−7,8	−4,8	2,1	7,7	12,5	13,9	13,1	8,8	1,7	−5,4	−9,8	1,8
				mm	20	18	13	11	13	25	47	65	64	47	26	24	374
Bethel	60 47 N	161 48 W	46	°C	−15,8	−13,2	−11,3	−3,4	3,9	10,9	12,6	11,3	7,0	−0,3	−8,2	−15,1	−1,8
				mm	28	28	26	15	24	30	52	107	66	39	27	26	468
Cordova/Mile 13	60 30 N	145 30 W	15	°C	−4,9	−3,2	−1,6	2,3	6,5	10,1	11,8	11,3	8,7	4,3	−0,5	−3,6	3,4
				mm	155	118	98	110	129	88	159	205	318	302	204	172	2057

Station	Geographische Breite ° '	Länge ° '	Höhe m		I	II	III	IV	V	VI	VII	VIII	IX	X	XI	XII	Jahr
									Monat								
Fort Smith	60 01 N	111 58 W	203	°C	-25,4	-22,2	-14,4	-2,8	7,6	12,9	16,2	14,2	7,9	0,2	-11,7	-21,3	-3,2
				mm	16	17	19	17	26	31	53	35	42	30	26	27	339
Yakutat	59 31 N	139 40 W	9	°C	-2,6	-1,9	-0,3	2,8	7,0	10,3	12,3	12,1	9,6	5,5	1,0	-2,2	4,4
				mm	276	208	221	184	203	129	214	277	420	498	407	312	3348
King Salomon	58 41 N	156 39 W	15	°C	-10,3	-8,1	-6,9	0,4	6,3	10,8	12,7	12,6	8,8	2,1	-5,6	-10,4	1,0
				mm	27	24	24	16	24	36	52	87	78	55	37	26	487
Port Harrison	58 27 N	78 08 W	20	°C	-25,0	-25,3	-19,8	-10,8	-2,2	4,4	8,9	8,6	5,0	-0,3	-8,1	-18,3	-6,9
				mm	14	9	16	17	23	30	51	54	62	49	47	23	395
Juneau	58 22 N	134 35 W	7	°C	-3,8	-2,9	-0,9	3,3	7,6	11,3	12,9	12,3	9,4	5,3	1,3	-2,0	4,5
				mm	102	78	83	73	82	86	114	128	169	212	154	107	1387
St. Paul-Insel	57 09 N	170 13 W	9	°C	-3,7	-4,8	-4,3	-2,0	1,6	4,9	7,5	8,7	7,0	3,0	0,5	-3,1	1,3
				mm	46	31	27	24	33	29	57	84	78	80	64	46	599
Cold Bay	55 12 N	126 45 W	31	°C	-2,2	-1,8	-1,9	0,7	4,2	7,4	9,8	10,7	8,6	4,5	1,3	-2,1	3,3
				mm	59	81	44	37	58	50	46	108	110	117	96	66	871
Annette Island	55 02 N	131 34 W	34	°C	1,3	1,7	3,2	6,1	9,3	12,1	13,8	14,4	12,0	8,2	4,7	2,2	7,4
				mm	289	217	243	232	180	144	153	191	251	429	372	308	3006
Prince George	53 53 N	122 41 W	176	°C	-10,4	-7,4	-1,8	4,5	9,9	13,2	15,2	14,0	10,2	4,9	-2,2	-7,1	3,6
				mm	56	44	36	28	43	62	64	65	56	59	57	56	626
Edmonton	53 34 N	113 31 W	676	°C	-14,1	-11,6	-5,5	4,2	11,2	14,3	17,3	15,6	10,8	5,1	-4,2	-10,4	2,7
				mm	24	20	21	28	47	80	85	65	34	23	22	25	474
Shemya Island	52 43 N	174 06 E	31	°C	-0,4	-0,7	0,5	1,9	3,3	5,4	8,0	9,8	9,1	4,3	2,1	-0,3	3,6
				mm	64	58	65	52	61	34	55	54	57	70	69	54	693
Regina	50 26 N	104 40 W	574	°C	-16,9	-14,8	-8,1	3,4	11,2	15,3	19,3	17,8	11,9	5,1	-5,4	-12,3	2,2
				mm	19	17	21	21	40	83	55	49	34	18	20	17	394
Winnipeg	49 54 N	97 14 W	240	°C	-17,7	-15,5	-7,9	3,3	11,3	16,5	20,2	18,9	12,8	6,2	-4,8	-12,9	2,5
				mm	26	21	27	30	50	81	69	70	55	37	29	22	517
Lethbridge	49 38 N	112 48 W	929	°C	-8,2	-7,1	-2,4	5,4	11,2	14,7	18,9	17,4	12,7	7,4	-0,4	-4,6	5,4
				mm	21	23	29	35	52	74	39	40	35	29	26	21	424
International Falls	48 34 N	93 23 W	361	°C	-16,1	-13,8	-7,0	3,0	10,4	15,5	18,7	17,3	11,6	5,8	-4,6	-12,6	2,3
				mm	21	18	26	40	66	98	89	92	74	44	37	21	627
Tatoosh Island	48 23 N	124 44 W	26	°C	5,6	6,2	6,8	8,6	10,6	12,2	13,1	13,3	12,7	11,1	8,4	6,9	9,6
				mm	275	221	212	133	76	72	59	50	90	209	267	309	1973
Spokane	47 37 N	117 31 W	721	°C	-3,7	-1,1	3,4	8,5	13,2	16,3	20,8	19,7	15,5	9,2	1,8	-1,3	8,5
				mm	62	47	38	23	31	38	10	10	19	40	57	62	437
Great Falls	47 29 N	111 21 W	1115	°C	-5,2	-4,3	-0,4	6,7	12,2	15,8	21,1	19,6	14,4	9,2	1,8	-2,1	7,4
				mm	15	19	23	25	53	74	33	32	30	19	19	15	357

Station	Geographische		Höhe		Monat												Jahr
	Breite ° '	Länge ° '	m		I	II	III	IV	V	VI	VII	VIII	IX	X	XI	XII	
Chatham	47 01 N	65 27 W	34	°C	−9,6	−8,8	−3,7	3,2	9,7	15,2	19,3	18,2	13,6	7,4	0,8	−7,1	4,8
				mm	87	80	76	73	75	95	74	74	93	89	104	77	997
Olympia	46 58 N	122 54 W	61	°C	3,4	4,9	6,8	10,0	12,8	15,1	17,7	17,4	14,7	10,8	6,6	8,4	10,4
				mm	199	168	137	75	51	46	19	23	53	134	195	230	1330
Caribou	46 52 N	68 01 W	191	°C	−11,9	−10,8	−5,1	2,4	9,9	15,0	18,1	17,0	12,1	6,1	−1,0	−9,2	3,6
				mm	54	51	60	67	77	103	103	93	90	85	77	62	922
Duluth	46 50 N	92 11 W	432	°C	−12,9	−11,5	−5,7	3,1	9,8	15,2	18,9	17,9	12,6	6,7	−2,9	−10,0	3,4
				mm	29	24	41	60	84	108	90	97	73	55	45	29	736
Bismarck	46 46 N	100 45 W	506	°C	−12,8	−10,8	−3,8	6,1	13,0	18,1	22,3	21,0	14,8	7,9	−2,0	−8,4	5,4
				mm	11	11	20	31	50	86	56	44	30	22	15	9	385
Sault Ste. Marie	46 28 N	84 22 W	221	°C	−9,3	−9,3	−4,8	3,1	9,5	14,7	17,8	17,5	12,9	7,4	0,2	−6,4	4,4
				mm	53	38	46	55	70	84	63	73	97	72	85	58	793
Maniwaki	46 22 N	75 59 W	170	°C	−12,4	−11,3	−4,7	4,1	11,8	17,3	19,6	18,3	13,3	6,1	−0,9	−9,7	4,3
				mm	59	46	51	61	63	85	95	79	91	68	66	63	827
Sydney	46 10 N	60 03 W	60	°C	−4,3	−5,4	−2,3	2,8	8,2	13,3	18,3	18,3	14,4	9,1	4,2	−1,6	6,2
				mm	130	119	112	98	94	89	71	103	104	115	143	128	1306
Portland	45 36 N	122 36 W	12	°C	3,6	5,6	7,8	11,0	14,1	16,7	19,6	19,2	16,8	12,3	7,3	5,2	11,6
				mm	136	107	97	53	51	42	10	17	41	92	135	162	944
St. Cloud	45 35 N	94 11 W	318	°C	−12,2	−10,3	−3,6	6,0	13,1	18,4	21,7	20,3	14,9	8,5	−1,4	−8,6	5,6
				mm	18	20	33	51	89	114	83	95	61	42	34	19	658
Sheridan	44 46 N	106 58 W	1209	°C	−5,9	−4,6	−0,5	6,4	12,0	16,6	21,8	20,8	14,9	8,8	0,8	−3,2	7,3
				mm	16	19	36	55	65	65	30	23	30	29	20	16	404
Burlington	44 28 N	73 09 W	104	°C	−7,7	−7,0	−1,6	6,2	13,2	18,7	21,4	20,1	15,5	9,2	2,7	−5,0	7,2
				mm	50	45	54	67	76	89	98	86	84	75	67	54	844
Rapid City	44 03 N	103 04 W	966	°C	−5,6	−4,4	−0,5	6,9	13,2	18,3	23,2	22,2	16,4	10,0	1,7	−2,7	8,2
				mm	9,	12	26	42	68	78	45	31	24	20	10	8	374
Sable Island	43 56 N	60 21 W	4	°C	−0,2	−1,1	0,4	3,4	6,8	10,9	15,7	17,8	16,1	11,6	7,3	2,4	7,6
				mm	125	114	106	94	87	81	74	101	97	110	126	133	1248
Boise	43 34 N	116 13 W	871	°C	−1,9	1,1	5,1	9,9	14,3	18,2	23,7	22,3	17,3	11,4	3,9	0,1	10,4
				mm	34	34	34	29	33	23	5	4	10	21	30	34	290
Buffalo	42 56 N	78 44 W	215	°C	−4,7	−4,9	−0,8	6,1	12,4	18,2	21,0	20,2	16,3	10,4	3,7	−2,7	7,9
				mm	72	69	82	76	75	65	65	77	80	76	91	76	906
Medford	42 22 N	122 52 W	405	°C	2,7	5,3	7,7	10,9	14,4	17,9	22,2	21,5	18,2	12,2	6,3	3,6	11,9
				mm	80	61	45	27	37	26	5	5	15	49	66	86	502
Boston	42 22 N	71 01 W	9	°C	−1,2	−0,9	3,2	8,8	14,9	19,9	23,2	22,1	18,5	12,8	7,2	0,7	10,8
				mm	100	84	107	96	85	88	73	93	88	80	100	92	1086

Station	Geographische Breite ° '	Länge ° '	Höhe m		Monat I	II	III	IV	V	VI	VII	VIII	IX	X	XI	XII	Jahr
Blue Hill Observatorium	42 13 N	71 07 W	195	°C	−2,8	−2,6	1,6	7,6	13,7	18,4	21,6	20,8	16,9	11,5	5,6	−1,1	9,3
				mm	114	95	115	102	88	95	83	103	100	95	115	101	1207
Chicago	41 47 N	87 45 W	190	°C	−3,3	−2,3	2,4	9,5	15,6	21,5	24,3	23,6	19,1	13,0	4,4	−1,6	10,5
				mm	47	41	70	77	95	103	86	80	69	71	56	48	843
Des Moines	41 32 N	93 39 W	294	°C	−5,9	−3,9	1,7	9,9	16,6	22,2	25,0	23,6	18,8	12,6	3,3	−3,1	10,1
				mm	33	28	53	64	103	120	78	93	73	52	45	29	771
Nantucket	41 15 N	70 04 W	4	°C	0,3	−0,3	2,3	6,6	11,4	16,0	19,7	19,8	16,9	12,1	7,4	2,0	9,5
				mm	107	96	115	96	73	74	69	93	89	94	103	100	1109
North Platte	41 08 N	100 41 W	849	°C	−4,4	−2,3	1,7	8,7	14,7	20,6	24,5	23,6	17,6	10,6	1,9	−2,6	9,6
				mm	11	13	25	51	75	83	64	54	42	23	13	10	464
Winnemucca	40 54 N	117 48 W	1322	°C	−2,7	0,2	3,3	7,7	12,1	16,4	21,7	19,8	14,8	8,7	2,1	−1,2	8,6
				mm	27	24	21	21	21	19	7	4	9	21	20	24	219
Salt Lake City	40 46 N	111 58 W	1288	°C	−2,1	0,6	4,7	9,9	14,7	19,4	24,7	23,6	18,3	11,5	3,4	−0,2	10,7
				mm	34	30	40	45	36	25	15	22	13	29	33	31	353
New York	40 46 N	73 52 W	16	°C	0,9	0,9	4,9	10,7	16,7	21,9	24,9	24,1	20,4	14,8	8,6	2,4	12,6
				mm	84	78	107	91	91	86	94	129	100	86	91	86	1123
Columbus	40 00 N	82 53 W	254	°C	−0,6	0,1	4,4	10,7	16,7	21,8	23,8	22,9	19,1	12,9	5,7	0,3	11,5
				mm	80	59	80	89	102	106	100	73	67	54	64	59	931
Dayton	39 54 N	84 13 W	306	°C	−1,3	−0,6	3,8	10,4	16,4	21,9	24,0	23,2	19,3	13,1	5,4	−0,1	11,3
				mm	81	59	79	84	95	104	90	73	66	57	68	60	916
Denver	39 46 N	104 53 W	1625	°C	−1,1	0,3	3,3	8,6	13,7	19,4	23,0	22,2	17,5	11,3	4,0	0,6	10,2
				mm	14	18	31	54	69	37	39	33	29	26	174	118	640
Ely	39 17 N	114 51 W	1909	°C	−5,1	−3,0	0,8	5,9	10,2	14,8	19,7	18,9	14,2	7,7	0,9	−2,9	6,8
				mm	20	18	22	24	22	13	17	12	14	19	15	17	212
Grand Junction	39 07 N	108 32 W	1475	°C	−3,3	0,3	5,3	11,3	16,8	21,8	25,7	24,2	19,9	12,8	3,9	−1,6	11,4
				mm	16	18	19	19	15	11	14	27	23	19	15	14	211
Columbia	38 58 N	92 22 W	237	°C	−0,9	1,0	5,5	12,6	18,0	23,3	25,9	25,1	20,7	14,8	6,3	1,0	12,8
				mm	43	46	67	84	119	110	87	97	99	79	58	50	939
Washington	38 51 N	77 02 W	20	°C	2,7	3,2	7,1	13,2	18,8	23,4	25,7	24,7	20,9	15,0	8,7	3,4	13,9
				mm	77	63	82	80	105	82	105	124	97	78	72	71	1036
St. Louis	38 45 N	90 23 W	172	°C	−0,1	1,8	6,2	13,0	18,7	24,2	26,4	25,4	21,1	14,9	6,7	1,6	13,3
				mm	50	52	78	94	95	109	84	77	70	73	65	50	897
Sacramento	38 31 N	121 30 W	8	°C	7,9	10,1	12,4	15,5	18,9	22,5	25,2	24,5	23,1	18,3	12,4	8,6	16,6
				mm	81	76	60	36	15	3	0	1	5	20	37	82	414
Oakland	37 44 N	122 12 W	3	°C	8,9	10,4	12,0	13,7	15,4	17,1	17,9	17,9	18,4	16,2	12,6	9,7	14,2
				mm	97	82	61	35	17	3	0	1	5	20	44	91	455

Station	Geographische Breite ° '	Länge ° '	Höhe m		I	II	III	IV	V	VI	VII	VIII	IX	X	XI	XII	Jahr
Wichita	37 39 N	97 25 W	408	°C	0,0	2,4	6,9	13,7	18,9	24,7	27,2	27,1	21,8	15,5	6,9	2,1	13,9
				mm	21	23	42	58	101	107	92	73	82	61	38	24	722
San Francisco	37 37 N	122 23 W	5	°C	9,2	10,5	11,8	13,2	14,6	16,2	17,1	17,1	17,7	15,8	12,7	10,1	13,8
				mm	102	88	68	33	12	3	0	1	5	19	40	104	475
Nashville	36 07 N	86 41 W	184	°C	4,4	5,6	9,5	15,3	20,3	25,2	26,8	26,2	22,7	16,4	9,2	5,2	15,6
				mm	139	115	132	95	94	83	94	73	73	59	83	106	1147
Las Vegas	36 05 N	115 10 W	664	°C	6,4	9,1	12,9	18,3	23,2	28,6	32,3	30,9	26,9	19,5	11,7	7,3	18,9
				mm	13	11	9	6	2	1	13	12	9	5	8	10	99
Oklahoma	35 24 N	97 36 W	397	°C	2,5	4,9	8,9	14,9	19,7	24,7	27,2	27,4	22,9	16,9	8,8	4,3	15,3
				mm	33	35	50	79	132	114	60	64	77	64	40	36	783
Ashville	35 36 N	82 32 W	687	°C	4,3	4,8	7,9	13,3	18,0	22,1	23,6	23,1	19,9	14,2	8,1	4,4	13,6
				mm	81	77	95	81	73	89	109	92	71	63	56	74	962
Kap Hatteras	35 16 N	75 33 W	3	°C	8,1	8,1	10,6	15,2	20,0	24,0	25,6	25,3	23,4	18,6	13,4	9,0	16,8
				mm	99	100	106	58	101	105	156	163	150	108	104	116	1366
Albuquerque	35 03 N	106 37 W	1629	°C	1,7	4,4	7,9	13,2	18,4	23,8	25,8	24,8	21,4	14,7	6,7	2,8	13,8
				mm	10	10	12	12	19	14	30	34	24	19	10	12	207
Santa Maria	34 54 N	120 27 W	73	°C	10,1	11,0	11,8	13,1	14,2	15,3	16,8	16,9	17,1	15,8	13,4	11,3	13,9
				mm	72	64	52	30	6	4	1	1	4	15	26	66	340
Little Rock	34 44 N	92 14 W	81	°C	4,8	6,9	11,0	16,9	21,4	26,1	27,7	27,4	23,5	17,3	9,7	5,5	16,5
				mm	133	110	122	125	134	92	85	72	82	73	105	104	1236
Atlanta	33 39 N	84 25 W	315	°C	7,1	8,1	11,1	16,1	20,9	24,9	26,0	25,8	22,8	17,1	10,6	6,7	16,4
				mm	113	115	136	114	80	97	120	91	83	62	75	111	1197
Phoenix	33 26 N	112 01 W	337	°C	10,4	12,5	15,8	20,4	25,0	29,8	32,9	31,7	29,1	22,3	15,1	11,4	21,4
				mm	19	22	17	8	3	2	20	28	19	12	12	22	183
Charleston	32 54 N	80 02 W	15	°C	10,2	10,8	13,7	17,9	22,2	25,7	26,7	26,5	24,2	19,0	13,3	10,0	18,3
				mm	65	84	100	73	92	126	196	168	148	72	53	72	1249
San Diego	32 44 N	117 10 W	9	°C	13,1	13,7	14,7	16,1	17,5	18,7	20,9	21,5	20,8	18,7	16,3	14,2	17,2
				mm	51	55	40	20	4	1	0	2	4	12	23	52	264
Shreveport	32 28 N	93 49 W	79	°C	8,6	10,2	13,7	18,5	22,8	27,0	28,4	28,5	25,4	19,6	12,9	9,8	18,8
				mm	122	104	105	116	122	85	95	65	58	71	107	125	1176
Abilene	32 26 N	99 41 W	534	°C	7,0	9,1	12,8	17,9	22,1	26,8	28,4	28,3	24,4	19,0	11,7	7,8	17,9
				mm	22	28	26	58	110	68	58	37	53	72	28	32	592
El Paso	31 48 N	106 24 W	1194	°C	6,6	9,8	12,7	17,4	22,2	26,9	27,4	26,6	23,9	18,6	11,2	7,3	17,6
				mm	12	10	9	7	10	18	33	30	29	22	8	12	200
Jacksonville	30 25 N	81 39 W	9	°C	13,3	14,2	16,8	20,4	24,3	27,1	28,1	27,9	26,3	21,7	16,5	13,4	20,8
				mm	62	74	89	90	88	161	195	174	192	131	43	56	1355

Station	Geographische		Höhe		Monat												Jahr
	Breite ° ′	Länge ° ′	m		I	II	III	IV	V	VI	VII	VIII	IX	X	XI	XII	
New Orleans	29 59 N	90 15 W	9	°C	12,3	13,4	15,8	19,4	23,3	26,4	27,3	27,4	25,4	21,1	15,3	12,7	20,0
				mm	98	101	136	116	111	113	171	136	128	72	85	104	1369
San Antonio	29 32 N	98 28 W	242	°C	11,1	13,0	16,1	20,1	24,1	27,7	28,9	28,8	25,9	21,4	15,2	12,1	20,4
				mm	44	42	42	72	88	75	53	60	89	64	35	44	707
Brownsville	25 54 N	97 26 W	6	°C	16,3	17,8	19,9	23,3	26,1	28,2	28,9	28,9	27,3	24,4	19,8	17,2	23,2
				mm	34	38	26	39	60	75	43	70	127	90	34	44	679
Miami	25 48 N	80 16 W	3	°C	19,4	19,9	21,4	23,4	25,3	27,1	27,7	27,9	27,4	26,4	22,4	20,1	23,9
				mm	52	47	58	99	164	187	171	177	241	209	72	42	1518
Mazatlan[1]	23 12 N	106 25 W	78	°C	19,8	19,7	20,2	21,8	24,4	26,9	28,0	28,0	27,8	27,0	24,0	21,2	24,1
				mm	12	8	3	0	1	34	174	215	250	63	17	27	805
Zacatecas[1]	22 47 N	102 35 W	2612	°C	9,5	10,8	12,9	15,1	16,7	16,1	14,5	14,8	13,8	13,1	11,4	10,0	13,2
				mm	7	3	2	3	14	50	69	62	60	23	13	7	313
Tampico[1]	22 13 N	97 51 W	13	°C	18,9	20,3	22,0	24,7	26,8	28,0	28,3	28,3	26,5	25,6	22,0	19,7	24,2
				mm	38	19	13	19	49	143	151	130	297	146	48	30	1038
Guanajuato[1]	21 01 N	101 15 W	2037	°C	14,1	15,8	18,2	20,2	21,2	20,2	18,9	19,0	18,4	17,6	16,1	14,7	17,9
				mm	12	5	6	14	31	130	144	132	130	46	18	13	683
Merida[1]	20 59 N	89 39 W	22	°C	23,0	23,8	25,7	27,2	27,9	27,7	27,3	27,4	27,1	26,0	24,2	23,1	25,8
				mm	31	23	17	21	82	141	133	143	173	97	34	32	930
Puerto Plata	19 47 N	70 40 W	16	°C	22,4	22,3	23,2	24,0	24,9	26,1	26,5	26,7	26,6	26,0	24,7	22,2	24,7
				mm	209	162	134	160	168	82	78	88	97	158	283	307	1924
Morelia[1]	19 42 N	101 11 W	1923	°C	13,5	15,9	18,0	19,7	20,7	19,9	18,5	18,4	18,2	17,4	15,8	14,5	17,5
				mm	13	6	7	15	42	135	171	153	134	59	19	9	763
Tacubaya[1]	19 24 N	99 12 W	2306	°C	12,1	13,8	16,1	17,1	17,4	17,0	15,9	15,9	15,6	14,7	13,3	12,2	15,1
				mm	8	5	10	23	55	118	160	145	129	49	17	6	726
Veracruz[1]	19 12 N	96 08 W	16	°C	21,1	22,2	23,4	25,3	27,1	27,6	27,5	27,8	27,3	26,3	24,0	22,3	25,1
				mm	22	16	14	19	65	263	358	283	353	175	76	26	1672
Santo Domingo	18 28 N	69 53 W	13	°C	23,9	24,0	24,5	25,3	25,9	26,5	26,7	27,0	26,8	26,4	24,6	24,6	25,6
				mm	47	45	45	65	190	175	158	147	168	165	113	67	1386
San Juan	18 26 N	66 00 W	19	°C	23,6	23,6	24,1	24,7	25,9	26,7	26,9	27,2	26,9	26,7	25,7	24,6	25,6
				mm	119	74	56	94	181	144	159	181	172	148	165	138	1631
Swan Island	17 24 N	83 56 W	11	°C	25,7	25,8	26,7	27,5	28,1	27,9	28,1	28,4	28,3	27,6	26,7	25,9	27,2
				mm	87	29	16	21	84	164	107	93	132	246	188	143	1311
Acapulco[1]	16 50 N	99 55 W	3	°C	26,1	26,1	26,6	27,2	28,5	28,6	28,7	28,7	28,7	28,0	27,5	26,6	27,6
				mm	8	1	0	1	36	325	230	236	353	170	30	9	1401

[1]) Periode 1921–1960.

Station	Geographische Breite ° '	Länge ° '	Höhe m		I	II	III	IV	V	VI	VII	VIII	IX	X	XI	XII	Jahr
Salina Cruz¹)	16 10 N	95 12 W	4	°C	25,4	25,7	26,7	28,2	29,2	28,0	28,5	28,4	27,4	26,5	26,5	27,2	27,2
				mm	4	3	1	3	56	266	166	153	246	94	8	2	1003
Guatemala Ob-servatorio	14 35 N	90 32 W	1502	°C	16,3	17,0	18,4	19,5	19,6	18,7	18,5	18,7	18,3	17,7	16,7	16,3	18,0
				mm	3	2	7	19	141	265	211	187	257	159	23	7	1281
San Salvador	13 43 N	89 12 W	689	°C	22,1	22,4	23,5	24,2	23,7	23,1	22,9	23,0	22,5	22,4	22,0	22,0	22,8
				mm	5	3	8	60	190	322	304	297	325	220	35	7	1775
Europa																	
Vardö	70 22 N	31 06 E	15	°C	−4,3	−5,2	−4,0	−0,8	2,6	6,2	9,1	9,7	6,8	2,5	−0,5	−2,7	1,6
				mm	32	23	28	23	31	33	40	49	52	52	38	31	432
Tromsö	69 42 N	19 11 E	24	°C	−2,7	−3,3	−2,0	1,0	4,6	8,7	12,0	11,1	7,7	3,7	0,5	−1,3	3,3
				mm	118	94	113	75	65	57	56	83	115	131	97	115	1119
Murmansk	68 58 N	33 03 E	46	°C	−10,9	−11,4	−8,1	−1,4	3,9	10,0	13,4	11,1	6,9	0,9	−3,8	−7,9	0,2
				mm	19	16	18	19	25	40	54	60	44	30	28	23	376
Karesuando	68 27 N	22 30 E	327	°C	−14,0	−13,9	−9,9	−3,6	3,0	9,8	13,7	11,2	5,4	−1,6	−7,3	−11,2	−1,5
				mm	19	18	17	19	26	46	63	57	41	26	26	22	380
Sodankylä	67 22 N	26 39 E	180	°C	−13,5	−13,0	−9,0	−2,1	4,9	11,3	14,7	12,0	6,2	−0,5	−5,8	−9,8	−0,4
				mm	27	26	20	31	31	56	74	71	57	43	39	31	508
Bodö	67 17 N	14 25 E	13	°C	−2,1	−2,4	−1,0	2,2	6,2	9,9	13,6	12,7	9,4	5,1	1,9	−0,1	4,6
				mm	93	71	74	75	52	72	70	87	123	131	95	107	1050
Haparanda	65 50 N	24 09 E	7	°C	−10,7	−10,9	−7,4	−0,8	5,8	12,3	16,3	14,0	8,4	2,1	−2,7	−6,8	1,6
				mm	40	36	24	34	30	41	54	71	65	53	58	46	552
Akureyri	65 41 N	18 05 W	5	°C	−1,5	−1,6	−0,3	1,7	6,3	9,3	10,9	10,3	7,8	3,6	1,3	−0,5	3,9
				mm	45	42	42	32	15	22	35	39	46	57	45	54	474
Stensele	65 04 N	17 10 E	327	°C	−12,2	−11,2	−6,8	−0,2	5,8	11,0	14,3	12,2	7,2	1,0	−4,0	−8,3	0,7
				mm	30	23	21	25	33	57	80	67	47	37	38	36	494
Archangelsk	64 35 N	40 30 E	13	°C	−11,7	−11,7	−8,1	−0,1	5,9	13,0	16,3	14,5	8,3	1,9	−3,4	−8,6	1,4
				mm	33	28	28	28	39	59	63	57	66	55	44	39	539
Kajaani	64 17 N	27 41 E	136	°C	−10,6	−10,5	−6,7	0,3	6,9	12,9	16,1	14,0	8,3	2,1	−2,6	−7,0	1,9
				mm	31	22	23	33	36	66	71	70	61	51	40	32	536
Hólar i Hornafirdi	64 18 N	15 12 W	17	°C	0,3	0,0	1,5	3,0	6,5	9,3	10,9	10,4	8,2	4,9	2,7	1,2	4,9
				mm	191	115	132	108	90	83	93	116	162	170	187	185	1632
Reykjavik	64 08 N	21 56 W	16	°C	−0,4	−0,1	1,5	3,1	6,9	9,5	11,2	10,8	8,6	4,9	2,6	0,9	5,0
				mm	90	65	65	53	42	41	48	66	72	97	85	81	805

¹) Periode 1921–1960.

| Station | Geographische | | Höhe | | Monat | | | | | | | | | | | | Jahr |
	Breite °'	Länge °'	m		I	II	III	IV	V	VI	VII	VIII	IX	X	XI	XII	
Örlandet	63 42 N	09 37 E	7	°C	−0,8	−0,8	0,8	4,1	7,9	10,8	13,7	13,4	10,3	6,6	−3,5	1,4	5,9
				mm	92	83	81	76	53	59	65	68	111	125	95	91	999
Trondheim	63 25 N	10 27 E	133	°C	−3,4	−2,9	−0,7	3,2	7,9	11,3	14,4	13,3	9,5	5,1	1,5	−1,0	4,9
				mm	68	67	67	60	48	66	70	78	92	98	67	76	857
Östersund	63 11 N	14 30 E	366	°C	−8,4	−7,1	−4,1	1,2	6,7	11,3	14,7	13,4	8,9	3,8	−0,8	−4,5	2,9
				mm	34	23	23	29	31	69	77	74	51	43	42	36	532
Vaasa	63 03 N	21 46 E	8	°C	−7,3	−7,5	−4,7	1,3	7,5	12,8	16,2	14,6	9,6	3,8	−0,5	−3,7	3,5
				mm	32	21	18	30	31	47	62	63	65	58	49	37	513
Härnösand	62 38 N	17 57 E	8	°C	−6,4	−5,8	−2,9	2,1	7,7	12,8	16,4	15,1	10,4	5,0	0,7	−2,8	4,4
				mm	62	37	32	46	34	52	58	78	68	63	87	80	697
Luonetjärvy	62 24 N	25 40 E	145	°C	−9,4	−9,2	−5,4	1,4	8,1	13,4	16,3	14,1	8,8	3,0	−1,6	−5,8	2,8
				mm	40	27	26	35	41	54	81	85	71	63	53	43	619
Thorshavn	62 03 N	06 45 W	24	°C	3,9	3,7	4,6	5,4	7,3	9,2	11,0	11,1	10,0	7,9	6,1	5,0	7,1
				mm	149	136	114	106	67	74	79	96	132	156	156	167	1433
Jokioinen	60 49 N	23 29 E	103	°C	−7,2	−7,8	−4,6	2,2	8,8	13,7	16,4	14,7	9,7	4,3	−0,1	−3,5	3,9
				mm	35	27	25	33	39	42	66	74	61	61	51	41	555
Turku	60 31 N	22 16 E	54	°C	−6,0	−6,6	−3,6	2,2	8,7	13,9	17,1	15,7	10,6	5,2	0,9	−2,7	4,6
				mm	44	28	24	35	31	46	64	78	65	64	58	51	588
Bergen	60 24 N	05 19 E	44	°C	1,5	1,3	3,1	5,8	10,2	12,6	15,0	14,7	12,0	8,3	5,5	3,3	7,8
				mm	179	139	109	140	83	126	141	167	228	236	207	203	1958
Helsinki	60 19 N	24 58 E	58	°C	−6,8	−7,4	−4,1	2,2	9,0	14,3	17,1	15,6	10,4	4,8	0,6	−3,2	4,4
				mm	49	34	32	41	38	47	68	71	70	72	61	58	641
Lerwick	60 08 N	01 11 W	82	°C	3,1	2,9	3,9	5,4	7,8	10,0	12,0	12,1	10,6	8,2	5,9	4,4	7,2
				mm	122	96	78	76	58	63	79	80	99	118	127	133	1129
Oslo	60 12 N	11 05 E	203	°C	−6,9	−6,3	−2,3	3,2	9,4	13,6	16,0	14,6	10,0	4,5	−0,6	−3,9	4,3
				mm	59	43	32	48	51	72	94	105	84	86	82	76	832
Leningrad	59 58 N	30 18 E	4	°C	−7,6	−7,9	−4,3	3,3	9,9	15,4	18,4	16,8	11,2	5,1	−0,2	−4,4	4,6
				mm	36	32	25	34	41	54	69	77	58	52	45	36	559
Karlstad	59 22 N	13 28 E	47	°C	−4,2	−4,3	−1,3	4,1	9,9	14,2	16,9	15,7	11,5	6,5	2,0	−0,8	5,9
				mm	40	25	22	39	35	48	60	78	68	62	67	50	594
Stockholm	59 21 N	17 57 E	11	°C	−2,9	−3,1	−0,7	4,4	10,1	14,9	17,8	16,6	12,2	7,1	2,8	0,1	6,6
				mm	43	30	26	31	34	45	61	76	60	48	53	48	555
Wologda	59 17 N	39 52 E	118	°C	−11,3	−11,6	−6,2	2,3	9,5	15,2	17,4	15,6	9,2	2,7	−3,2	−8,6	2,6
				mm	2	2	4	10	19	48	118	104	48	9	6	4	374
Stavanger	58 53 N	05 28 E	8	°C	0,7	0,4	2,3	5,5	9,6	12,2	14,7	14,7	12,3	8,5	5,2	2,8	7,4
				mm	88	59	38	55	48	69	89	108	122	122	112	105	1015

Station	Geographische Breite ° '	Länge ° '	Höhe m		I	II	III	IV	V	VI	VII	VIII	IX	X	XI	XII	Jahr
										Monat							
Kirow	58 39 N	49 37 E	164	°C	-13,5	-13,3	-7,2	2,4	9,9	16,3	18,1	15,8	9,3	1,7	-5,8	-11,5	1,8
				mm	33	24	26	28	45	58	72	69	54	56	38	35	538
Stornoway	58 13 N	06 20 W	3	°C	4,3	4,4	5,7	7,0	9,3	11,6	13,3	13,3	11,8	9,3	6,9	5,5	8,6
				mm	107	75	63	65	52	68	87	88	97	118	111	110	1041
Jönköping	57 46 N	14 11 E	99	°C	-2,7	-2,9	-0,6	4,5	9,2	13,8	16,3	15,3	11,4	6,7	2,7	0,9	6,2
				mm	34	24	24	31	40	55	71	68	57	49	41	42	536
Göteborg	57 42 N	11 58 E	31	°C	-1,1	-1,2	1,0	5,6	11,0	14,5	17,0	16,3	12,9	8,8	4,2	1,6	7,6
				mm	51	34	29	39	34	54	86	84	75	65	62	57	670
Visby	57 40 N	18 21 E	47	°C	-0,9	-1,4	-0,2	4,3	8,9	14,0	17,0	16,6	12,9	8,3	4,2	1,7	7,1
				mm	53	42	29	31	30	32	52	56	51	52	48	53	529
Aberdeen	57 12 N	02 12 W	59	°C	2,4	2,8	4,5	6,6	9,0	12,0	14,0	13,6	11,7	8,8	5,6	3,7	7,9
				mm	77	54	52	50	62	53	92	73	65	90	91	78	837
Aalborg	57 06 N	09 52 E	3	°C	-0,5	-0,8	1,6	5,8	10,6	14,1	16,4	16,0	12,8	8,6	4,6	1,7	7,6
				mm	45	31	26	31	33	42	70	72	69	58	55	44	576
Kasan	55 47 N	49 11 E	64	°C	-13,1	-13,2	-7,2	3,8	12,0	17,6	19,4	17,7	11,1	3,5	-4,6	-10,3	3,1
				mm	16	17	18	25	46	50	66	63	45	45	21	23	435
Moskau	55 45 N	37 34 E	156	°C	-9,9	-9,5	-4,2	4,7	11,9	16,8	19,0	17,1	11,2	4,5	-1,9	-6,8	4,4
				mm	31	28	33	35	52	67	74	74	58	51	36	36	575
Kopenhagen	55 38 N	12 40 E	5	°C	0,1	-0,1	1,9	6,6	11,8	15,6	17,8	17,3	13,9	9,3	5,4	2,5	8,5
				mm	49	39	32	38	42	47	71	66	62	59	48	49	602
Malin Head	55 22 N	07 20 W	25	°C	5,2	5,4	6,6	8,0	10,2	12,5	14,0	14,2	13,0	10,5	7,9	6,4	9,5
				mm	101	67	58	54	53	71	94	82	99	102	96	103	980
Eskdalemuir	55 19 N	03 12 W	239	°C	1,4	1,8	3,6	5,8	8,9	11,7	13,3	12,9	10,8	7,6	4,6	2,8	7,1
				mm	175	112	98	97	87	108	131	120	136	148	153	162	1527
Dueodde	55 00 N	15 05 E	6	°C	0,3	-0,2	1,3	5,0	9,4	14,0	17,0	17,1	14,0	9,6	5,5	2,7	8,0
				mm	48	33	29	31	32	42	57	58	61	60	54	48	553
Aldergrove	54 39 N	06 13 W	66	°C	3,7	4,2	5,9	7,8	10,5	13,3	14,7	14,6	12,7	9,7	6,4	4,9	9,1
				mm	80	52	50	48	52	68	94	77	80	83	72	90	846
Schleswig	54 32 N	09 33 E	48	°C	0,1	0,2	2,5	6,7	11,3	14,8	16,7	16,2	13,3	8,9	5,0	2,1	8,2
				mm	74	60	46	58	61	63	95	104	87	89	73	70	880
Warnemünde	54 11 N	12 05 E	10	°C	-,01	0,1	2,7	6,7	11,5	15,4	17,6	17,4	14,3	9,6	5,1	1,8	8,5
				mm	44	32	33	40	49	54	78	64	60	52	46	43	595
Greifswald-Wieck	54 06 N	13 27 E	3	°C	-1,0	-0,6	2,4	7,1	12,3	16,1	18,1	17,7	14,4	9,2	4,5	1,0	8,3
				mm	40	33	30	39	45	55	69	55	59	51	36	41	553
Hamburg	53 38 N	10 00 E	14	°C	0,0	0,4	3,3	7,6	12,2	15,6	17,3	16,8	13,6	9,1	4,9	1,8	8,6
				mm	57	48	39	52	53	64	84	83	63	59	59	59	720

Station	Geographische Breite (° ')	Länge (° ')	Höhe (m)		I	II	III	IV	V	VI	VII	VIII	IX	X	XI	XII	Jahr
Dublin	53 26 N	06 15 W	81	°C	4,7	5,1	6,4	8,2	10,6	13,6	15,1	15,0	13,2	10,3	7,4	5,8	9,6
				mm	70	52	49	45	58	55	70	72	73	70	68	76	758
Emden	53 22 N	07 13 E	1	°C	0,9	1,3	3,8	7,6	11,8	15,1	16,8	16,6	13,9	9,6	5,6	2,7	8,8
				mm	57	46	39	43	51	59	92	88	68	68	69	57	737
Manchester	53 21 N	02 16 W	77	°C	3,3	3,4	5,9	8,2	11,7	14,2	15,8	15,6	13,6	10,3	6,8	5,1	9,5
				mm	77	53	45	49	57	61	79	81	67	78	80	72	799
Neustrelitz	53 21 N	13 05 E	70	°C	-1,3	-0,8	2,5	7,3	12,3	15,7	17,3	16,6	13,2	8,1	3,9	0,6	8,0
				mm	37	34	29	44	56	66	70	65	53	52	38	37	581
Waddington	53 10 N	00 31 W	68	°C	3,0	3,6	5,6	8,3	11,2	14,3	16,3	16,1	13,8	10,1	6,4	4,2	9,4
				mm	54	42	37	37	46	51	62	58	47	53	62	48	597
Shannon	52 41 N	08 55 W	7	°C	5,1	5,5	7,4	9,1	11,5	14,3	15,5	15,6	13,7	10,7	7,6	6,1	10,2
				mm	95	65	55	53	62	60	84	77	88	90	93	108	930
Gorleston	52 35 N	01 43 E	2	°C	4,1	4,2	5,6	8,1	10,8	14,1	16,3	16,5	14,8	11,3	7,7	5,3	9,9
				mm	57	42	37	36	38	44	57	56	53	65	68	52	605
Berlin	52 28 N	13 26 E	50	°C	-0,5	0,2	3,9	9,0	14,3	17,7	19,4	18,8	15,0	9,6	4,7	1,2	9,5
				mm	41	37	30	39	44	60	67	65	45	45	44	39	556
Hannover	52 28 N	09 42 E	55	°C	0,2	0,6	3,6	8,2	12,9	16,1	17,6	17,2	13,9	9,1	5,1	1,9	8,9
				mm	50	48	39	47	53	66	83	72	52	57	55	50	672
Potsdam	52 23 N	13 04 E	93	°C	-1,1	-0,3	3,3	8,3	13,4	16,8	18,4	17,7	14,2	8,9	4,2	0,7	8,7
				mm	44	39	32	42	47	66	71	71	45	47	46	40	590
Lindenberg	52 13 N	14 07 E	105	°C	-1,5	-0,8	3,0	8,1	13,4	16,8	18,5	17,9	14,2	8,9	3,9	0,4	8,6
				mm	41	39	34	38	45	54	77	69	41	42	43	40	563
De Bilt	52 06 N	05 11 E	0	°C	1,7	2,0	5,0	8,5	12,4	15,5	17,0	16,8	14,3	10,0	5,9	3,0	9,3
				mm	69	52	44	49	52	57	78	89	71	72	70	64	766
Magdeburg	52 06 N	11 35 E	85	°C	-0,7	0,1	3,6	8,4	13,3	16,5	18,1	17,4	14,0	8,8	4,4	1,1	8,7
				mm	35	33	28	34	49	61	64	57	38	43	40	33	515
Valentia	51 56 N	10 15 W	14	°C	7,0	6,8	8,3	9,4	11,5	13,8	15,0	15,4	14,0	11,6	9,1	7,8	10,8
				mm	164	107	103	74	86	81	107	95	122	140	151	168	1398
Wernigerode	51 51 N	10 46 E	240	°C	-0,4	0,1	3,3	7,7	12,3	15,5	17,2	16,8	13,9	9,0	4,7	1,5	8,5
				mm	49	41	36	46	60	69	73	60	43	51	50	49	627
Brocken	51 48 N	10 37 E	1152	°C	-4,6	-4,7	-2,0	1,2	5,7	9,1	10,8	10,7	7,9	3,6	-0,3	-3,0	2,9
				mm	158	126	94	105	96	115	143	117	105	122	115	126	1422
Kew	51 28 N	00 19 W	5	°C	4,2	4,4	6,6	9,3	12,4	15,8	17,6	17,2	14,8	10,8	7,2	5,2	10,5
				mm	53	40	37	38	46	46	56	59	50	57	64	48	594
Essen	51 25 N	06 57 E	129	°C	1,5	1,9	5,3	8,9	13,1	16,0	17,5	17,3	14,6	10,0	5,8	2,8	9,6
				mm	73	63	47	61	63	75	86	90	66	67	72	66	829

Station	Geographische		Höhe		Monat												Jahr
	Breite ° ′	Länge ° ′	m		I	II	III	IV	V	VI	VII	VIII	IX	X	XI	XII	
Leipzig	51 24 N	12 24 E	137	°C	−0,8	−0,3	3,4	8,3	13,0	16,3	18,1	17,6	14,3	9,1	4,5	0,9	8,7
				mm	37	36	34	38	47	67	73	59	38	46	39	45	559
Kassel	51 19 N	09 29 E	163	°C	0,0	0,8	4,6	8,8	13,2	16,4	17,8	17,3	14,0	9,1	4,8	1,3	9,0
				mm	46	43	32	47	58	66	72	66	52	53	49	46	630
Görlitz	51 10 N	14 57 E	238	°C	−2,0	−1,6	2,3	7,5	12,5	16,1	17,7	17,2	13,6	8,4	3,9	0,0	8,0
				mm	47	42	44	48	65	71	98	76	52	54	46	45	688
Wahnsdorf	51 07 N	13 41 E	232	°C	−1,2	−0,7	3,2	8,2	13,0	16,5	18,1	17,8	14,4	9,1	4,3	0,4	8,6
				mm	38	36	37	46	63	68	109	72	48	52	42	37	648
Erfurt	50 59 N	10 58 E	316	°C	−1,6	−0,8	2,8	7,5	12,1	15,5	17,3	16,5	13,1	8,0	3,8	−0,1	7,8
				mm	33	31	28	34	58	67	71	55	46	45	34	30	532
Uccle	50 48 N	04 21 E	104	°C	2,2	2,6	6,0	9,2	13,6	16,0	17,5	17,3	14,7	10,3	6,2	3,3	9,9
				mm	73	59	52	54	57	57	79	75	68	72	71	68	785
Fichtelberg	50 26 N	12 57 E	1215	°C	−5,7	−5,4	−2,5	1,5	6,5	9,8	11,5	11,3	8,3	3,5	−0,9	−3,8	2,8
				mm	94	92	79	81	94	101	141	102	87	89	74	77	1109
Kiew	50 24 N	30 27 E	179	°C	−6,1	−5,2	−0,5	7,6	14,7	18,6	20,4	19,3	14,2	7,5	1,4	−2,9	7,4
				mm	43	39	35	46	56	66	70	72	47	47	53	41	615
Plymouth	50 21 N	04 07 W	27	°C	6,2	5,8	7,3	9,2	11,7	14,5	15,9	16,2	14,7	11,9	8,9	7,2	10,8
				mm	105	77	73	55	65	58	71	80	82	94	115	115	990
Praha	50 06 N	14 17 E	374	°C	−2,6	−1,6	2,7	7,8	12,9	16,2	17,9	17,4	13,9	8,2	3,1	−0,8	7,9
				mm	23	24	23	32	61	67	82	66	36	42	26	26	508
Cheb	50 05 N	12 24 E	474	°C	−3,0	−1,9	2,2	6,6	11,7	15,1	16,7	15,8	12,4	7,4	2,5	−1,3	7,0
				mm	38	36	32	39	53	67	84	64	46	45	37	37	578
Geisenheim	49 59 N	07 58 E	108	°C	0,7	1,7	5,8	9,9	14,2	17,2	18,8	18,1	14,8	9,7	5,4	1,9	9,8
				mm	43	35	30	37	54	56	54	60	44	39	42	42	536
Ostrava	49 47 N	18 16 E	257	°C	−2,9	−1,4	2,9	8,0	13,1	16,4	18,2	17,4	13,9	8,2	3,8	0,0	8,1
				mm	30	29	35	39	79	91	99	92	59	51	39	32	675
Cherbourg	49 39 N	01 38 W	12	°C	6,5	6,3	7,7	9,6	12,1	14,8	16,4	16,8	15,8	12,9	9,7	7,5	11,3
				mm	109	75	62	49	41	39	55	71	79	99	133	119	931
Luxembourg	49 37 N	06 03 E	330	°C	0,3	1,0	4,9	8,5	12,8	15,7	17,4	16,7	13,8	9,0	4,6	1,3	8,8
				mm	73	56	43	54	60	64	66	74	63	55	64	68	740
Nürnberg	49 30 N	11 05 E	318	°C	−1,4	−0,4	3,7	8,2	13,0	16,6	18,2	17,4	13,7	8,3	3,8	0,1	8,4
				mm	43	39	35	40	55	71	90	75	46	46	41	42	623
Brno	49 09 N	16 42 E	238	°C	−2,7	−1,0	3,7	8,7	14,1	17,8	19,3	18,5	14,8	9,1	4,0	−0,2	8,8
				mm	26	24	21	33	55	81	73	67	37	41	39	30	527
Poprad	49 04 N	20 15 E	707	°C	−5,8	−3,9	0,0	5,6	10,9	14,2	16,0	15,1	11,6	6,3	1,3	−2,7	5,7
				mm	28	25	34	34	68	85	90	78	43	42	48	33	608

Station	Geographische		Höhe		Monat												Jahr
	Breite ° ′	Länge ° ′	m		I	II	III	IV	V	VI	VII	VIII	IX	X	XI	XII	
Paris	48 58 N	02 27 E	53	°C	3,1	3,8	7,2	10,3	14,0	17,1	19,0	18,5	15,9	11,1	6,8	4,1	10,9
				mm	54	43	32	38	52	50	55	62	51	49	50	49	585
Stuttgart	48 50 N	09 12 E	315	°C	0,2	1,1	5,3	9,6	13,6	16,9	18,6	18,0	14,7	9,6	4,8	1,2	9,5
				mm	48	42	38	51	74	94	79	79	62	48	48	40	703
Trappes	48 46 N	02 01 E	168	°C	2,6	3,0	6,5	9,5	13,0	15,8	17,8	17,4	14,8	10,5	6,2	3,5	10,0
				mm	57	45	37	44	55	50	52	63	58	54	56	52	623
Nancy	48 41 N	09 13 E	217	°C	0,8	1,6	5,5	9,2	13,3	16,5	18,3	17,7	14,7	9,4	5,2	1,8	9,5
				mm	67	55	41	49	54	77	60	67	65	55	61	61	712
Sliač	48 38 N	19 09 E	318	°C	−2,7	−2,2	2,5	8,5	13,6	17,0	18,8	17,8	13,7	8,1	3,4	−1,2	7,9
				mm	45	46	45	40	77	86	83	66	48	57	69	55	717
Strasbourg	48 33 N	07 38 E	153	°C	0,4	1,5	5,6	9,8	14,0	17,2	19,0	18,3	15,1	9,5	4,9	1,3	9,7
				mm	39	33	30	39	60	77	77	80	58	42	41	31	607
Brest	48 27 N	04 25 W	103	°C	6,1	5,8	7,8	9,2	11,6	14,4	15,6	16,0	14,7	12,0	9,0	7,0	10,8
				mm	133	96	83	69	68	56	62	80	87	104	138	150	1126
Wien	48 15 N	16 22 E	212	°C	−1,4	0,4	4,7	10,3	14,8	18,1	19,9	19,3	15,6	9,8	4,8	1,0	9,8
				mm	40	43	45	45	70	67	83	72	41	56	53	45	660
St. Pölten	48 12 N	15 38 E	282	°C	−2,2	−0,7	3,7	9,0	13,7	17,0	18,8	18,0	14,5	8,8	3,9	0,0	8,7
				mm	32	37	40	49	89	102	108	92	58	53	45	36	741
München	48 08 N	11 42 E	528	°C	−2,2	−1,0	3,3	7,9	12,5	15,9	17,7	16,9	13,7	8,2	3,1	−0,7	7,9
				mm	59	55	51	62	107	125	140	104	87	67	57	50	964
Miskolc	48 08 N	20 48 E	120	°C	−3,3	−0,9	4,1	10,3	16,0	19,1	21,1	20,2	15,9	9,5	4,1	−0,3	9,7
				mm	31	31	28	39	70	84	66	66	40	49	56	40	600
Magyaróvár	47 53 N	17 16 E	121	°C	−1,8	0,0	4,7	10,6	15,6	18,9	20,8	19,9	16,1	10,2	5,1	0,8	10,1
				mm	33	36	40	38	63	67	80	68	35	56	53	46	615
Salzburg	47 48 N	13 00 E	435	°C	−2,5	−1,1	3,7	8,3	13,2	16,0	17,8	17,1	14,0	8,4	3,3	−0,9	8,1
				mm	73	70	70	89	127	167	191	163	111	82	70	65	1278
Friedrichshafen	47 39 N	09 29 E	407	°C	−1,0	0,2	4,1	8,6	13,2	16,7	18,5	17,7	14,3	8,9	4,2	0,5	8,8
				mm	63	56	53	60	95	112	137	113	93	66	59	54	961
Debrecen	47 33 N	21 37 E	128	°C	−2,7	−0,6	4,5	11,0	16,5	19,8	21,8	20,8	16,4	10,2	4,9	0,5	10,3
				mm	35	36	30	36	61	80	59	64	41	49	53	40	584
Budapest	47 31 N	19 02 E	130	°C	−1,1	1,0	5,8	11,8	16,8	20,2	22,2	21,4	17,4	11,3	5,8	1,5	11,2
				mm	42	44	39	45	72	76	54	51	34	56	69	48	630
Zürich	47 23 N	08 34 E	569	°C	−1,1	0,3	4,5	8,6	12,7	15,9	17,6	17,0	14,0	8,6	3,7	0,1	8,5
				mm	75	70	66	80	107	136	143	131	108	80	76	65	1137
Dijon	47 16 N	05 05 E	227	°C	1,3	2,6	6,9	10,4	14,3	17,7	19,6	19,0	15,9	10,5	5,7	2,1	10,5
				mm	64	42	42	46	64	81	58	77	72	60	76	57	739

Station	Geographische Breite ° '	Länge ° '	Höhe m		I	II	III	IV	V	VI	VII	VIII	IX	X	XI	XII	Jahr
Innsbruck	47 16 N	11 24 E	582	°C	-2,8	-0,5	4,8	9,3	13,8	16,7	18,1	17,4	14,6	9,0	3,4	-1,1	8,6
				mm	57	52	43	55	77	114	140	113	84	71	57	48	911
Säntis	47 15 N	09 21 E	2496	°C	-9,0	-9,0	-6,6	-4,1	0,4	3,6	5,6	5,5	3,5	-0,6	-4,5	-7,6	-1,9
				mm	202	180	164	166	197	249	302	278	208	183	190	169	2488
Rostow/Don	47 15 N	39 49 E	77	°C	-5,3	-4,9	-0,1	9,4	16,8	20,9	23,5	22,3	16,4	9,0	2,4	-2,7	9,0
				mm	38	41	32	39	36	58	49	37	32	44	40	37	483
Nantes	47 10 N	01 37 W	27	°C	5,0	5,3	8,4	10,8	13,9	17,2	18,8	18,6	16,4	12,2	8,2	5,5	11,7
				mm	81	66	57	45	58	44	48	63	73	75	83	89	782
Iasi	47 10 N	27 35 E	104	°C	-4,1	-2,3	2,5	10,0	16,0	19,5	21,6	20,7	16,2	10,0	4,0	-1,0	9,4
				mm	32	30	21	37	48	73	62	64	36	35	39	29	506
Bistrita	47 09 N	24 30 E	366	°C	-4,2	-2,2	3,0	9,3	14,4	17,7	19,5	18,6	14,3	8,6	3,6	-1,3	8,5
				mm	35	42	35	56	74	90	84	71	50	51	51	41	679
Bourges	47 04 N	02 23 E	162	°C	3,0	3,9	7,6	10,6	14,2	17,6	19,4	19,0	16,2	11,3	6,8	3,8	11,1
				mm	58	50	44	46	68	60	52	63	57	58	61	58	675
Sonnblick	47 03 N	12 57 E	3107	°C	-13,2	-13,0	-11,2	-8,2	-3,8	-0,6	1,6	1,4	-0,5	-4,3	-8,3	-11,4	-6,0
				mm	115	108	112	153	136	142	154	134	104	118	108	111	1495
Graz	46 59 N	15 27 E	342	°C	-3,8	-1,5	3,4	9,0	13,7	17,1	19,0	18,0	14,3	8,6	3,3	-1,3	8,3
				mm	31	35	34	52	93	126	114	91	80	79	57	48	840
Klagenfurt	46 39 N	14 21 E	452	°C	-5,3	-2,6	3,1	8,7	13,3	17,0	18,6	17,7	14,1	8,1	2,3	-2,5	7,7
				mm	39	42	39	69	88	124	122	102	87	87	73	54	926
Szeged	46 15 N	20 09 E	97	°C	-1,4	0,7	5,8	11,9	17,3	20,8	23,3	22,2	18,2	12,0	6,1	1,5	11,5
				mm	34	38	35	41	63	63	51	47	42	46	59	39	558
Genf	46 12 N	06 09 E	405	°C	1,1	2,2	6,1	10,0	14,1	17,8	19,9	19,1	15,8	10,3	5,7	2,1	10,3
				mm	63	56	55	51	67	89	64	94	99	72	83	59	852
Pécs	46 03 N	18 14 E	124	°C	-0,7	1,3	6,1	11,9	16,9	20,4	22,6	21,9	17,9	11,8	6,2	1,8	11,5
				mm	41	46	41	58	66	69	64	55	47	64	71	45	667
Udine	46 02 N	13 11 E	92	°C	3,5	4,4	8,1	12,5	16,8	20,5	22,7	22,4	19,4	14,0	8,9	4,8	13,2
				mm	79	84	89	109	129	170	129	92	129	153	136	122	1421
Lugano	46 00 N	08 58 E	276	°C	1,9	3,6	7,5	11,7	15,4	19,3	21,4	20,5	17,4	12,1	6,9	3,1	11,7
				mm	63	67	98	148	215	198	185	196	159	173	147	95	1744
Limoges	45 49 N	01 17 E	284	°C	3,1	3,9	7,4	9,9	13,3	16,8	18,4	17,8	15,3	10,7	6,7	3,8	10,6
				mm	89	76	66	65	80	67	71	72	84	80	88	94	932
Zagreb	45 49 N	15 59 E	163	°C	0,2	2,2	6,8	12,0	16,4	19,9	22,0	21,3	17,7	11,8	6,6	2,4	11,6
				mm	56	54	47	59	86	95	79	74	70	88	89	67	864
Sibiu	45 48 N	24 09 E	452	°C	-3,5	-1,3	3,2	8,5	12,4	15,2	16,7	16,5	13,2	8,3	3,7	-0,4	7,7
				mm	29	30	28	59	77	111	82	73	46	46	33	30	643

Station	Geographische Breite ° '	Geographische Länge ° '	Höhe m		I	II	III	IV	V	VI	VII	VIII	IX	X	XI	XII	Jahr
Timișoara	45 47 N	21 17 E	90	°C	-1,6	0,4	5,5	11,4	16,4	19,7	21,7	21,0	17,2	11,3	6,0	1,5	10,9
				mm	46	43	40	43	71	76	56	50	40	53	59	49	625
Lyon	45 43 N	04 57 E	201	°C	2,1	3,3	7,7	10,9	14,9	18,5	20,7	20,1	16,9	11,4	6,7	3,1	11,4
				mm	52	46	53	56	69	85	56	89	93	77	80	57	813
Trieste	45 39 N	13 45 E	20	°C	4,8	5,6	8,9	13,1	17,8	21,6	24,5	24,0	20,6	15,3	10,4	6,8	14,5
				mm	66	71	52	69	72	81	84	78	90	109	100	89	961
Venezia	45 30 N	12 09 E	2	°C	2,2	3,8	7,7	12,2	17,1	20,7	23,4	22,6	18,9	13,3	8,1	3,8	12,8
				mm	50	54	62	70	82	84	67	67	66	95	90	67	854
Milano	45 26 N	09 17 E	103	°C	0,6	3,8	8,1	12,5	16,8	20,8	23,0	22,3	18,6	12,7	6,9	1,9	12,3
				mm	52	49	65	70	85	89	55	71	72	114	101	80	903
Verona	45 24 N	10 53 E	74	°C	0,9	2,8	8,1	12,3	16,9	20,8	23,2	22,3	18,6	13,0	7,4	2,8	12,4
				mm	37	43	50	72	72	64	70	59	65	72	77	74	755
Sulina	45 09 N	29 40 E	9	°C	-0,8	0,3	3,5	9,5	15,6	20,2	22,7	22,0	17,8	12,5	6,9	2,3	11,0
				mm	30	25	18	28	31	40	22	37	23	35	34	29	352
Bordeaux	44 50 N	00 42 W	51	°C	5,2	5,9	9,3	11,7	14,7	18,0	19,6	19,5	17,1	12,7	8,4	5,7	12,3
				mm	90	75	63	48	61	65	56	70	84	83	96	109	900
Beograd	44 48 N	20 28 E	132	°C	-0,2	1,6	6,2	12,2	17,1	20,5	22,6	22,0	18,3	12,5	6,8	2,5	11,8
				mm	48	46	46	54	75	96	60	55	50	55	61	55	701
București	44 25 N	26 08 E	82	°C	-2,7	-0,6	4,6	11,7	17,0	20,9	23,3	22,7	18,3	12,0	5,5	0,4	11,1
				mm	43	36	35	47	69	87	55	49	30	44	43	41	578
Nîmes	43 52 N	04 24 E	60	°C	5,7	6,8	10,1	13,0	16,6	20,8	23,6	22,9	19,7	14,6	9,8	6,5	14,2
				mm	49	36	69	61	68	38	21	42	109	90	82	78	743
Sarajevo	43 52 N	18 26 E	637	°C	-1,4	0,7	4,9	9,8	14,3	17,4	19,5	19,7	16,0	10,2	5,4	1,7	9,8
				mm	71	69	50	59	84	86	68	62	71	84	98	87	889
Lom	43 49 N	23 14 E	33	°C	-2,0	0,5	5,6	12,6	17,8	21,5	23,8	23,0	18,5	12,0	5,8	0,4	11,7
				mm	40	32	34	50	69	71	40	36	35	50	54	45	555
Pisa	43 41 N	10 24 E	11	°C	6,8	7,8	10,3	13,1	16,9	20,9	23,5	23,3	20,6	15,9	11,5	8,1	14,9
				mm	83	81	67	66	74	50	24	33	81	148	119	109	935
Nice	43 39 N	07 12 E	10	°C	7,5	8,5	10,8	13,3	16,7	20,1	22,7	22,5	20,3	16,0	11,5	8,2	14,8
				mm	68	61	73	73	68	35	20	27	77	124	129	107	862
Toulouse	43 37 N	01 22 E	152	°C	4,5	5,4	9,0	11,4	14,8	18,6	20,8	20,7	18,0	13,0	8,3	5,3	12,5
				mm	49	46	53	50	75	61	44	54	64	45	51	67	659
Split	43 31 N	16 26 E	128	°C	7,8	8,1	10,3	14,0	18,6	22,9	25,4	25,6	21,6	16,8	12,3	10,1	16,1
				mm	76	74	53	62	60	53	40	32	55	71	110	130	816
Marseille	43 27 N	05 13 E	8	°C	5,5	6,6	10,0	13,0	16,8	20,8	23,3	22,8	19,9	15,0	10,2	6,9	14,2
				mm	43	32	43	42	46	24	11	34	60	76	69	66	546

Station	Geographische		Höhe		Monat												Jahr
	Breite ° ′	Länge ° ′	m		I	II	III	IV	V	VI	VII	VIII	IX	X	XI	XII	
La Coruña	43 22 N	08 25 W	67	°C	9,9	9,8	11,5	12,4	14,0	16,5	18,2	18,9	17,8	15,3	12,4	10,2	13,9
				mm	121	80	95	70	60	46	29	47	71	92	125	139	975
Kolarovgrad	43 16 N	26 56 E	198	°C	−1,0	0,9	4,5	10,5	15,6	19,4	22,0	21,7	17,5	12,0	6,3	1,7	10,9
				mm	40	35	36	52	62	77	56	41	26	49	55	59	587
Vraca	43 12 N	23 32 E	348	°C	−1,8	0,4	5,0	11,5	16,3	19,9	22,3	22,0	17,8	11,8	5,6	1,0	11,0
				mm	49	39	49	71	114	106	79	57	57	71	61	54	807
Sofia	42 49 N	23 23 E	588	°C	−1,7	0,6	4,6	10,6	15,4	19,0	21,3	20,7	16,7	11,1	5,5	0,6	10,4
				mm	42	31	37	55	71	90	59	43	42	55	52	44	622
Perpignan	42 44 N	02 52 E	48	°C	7,5	8,4	11,3	13,9	17,1	21,1	23,8	23,3	20,5	15,9	11,5	8,6	15,2
				mm	39	52	66	39	52	38	24	31	82	74	55	87	639
Karnobat	42 39 N	26 59 E	195	°C	0,2	1,9	4,9	10,4	15,4	19,4	22,3	21,9	17,8	12,7	7,2	2,7	11,4
				mm	36	30	28	47	66	71	43	33	33	44	56	53	540
Titograd	42 26 N	19 17 E	53	°C	5,6	6,2	9,5	14,0	18,6	23,5	26,4	26,3	21,6	15,3	10,6	7,6	15,4
				mm	179	195	135	98	105	60	40	63	113	202	213	229	1632
Shkodra	42 06 N	19 32 E	43	°C	5,3	7,1	10,1	14,7	19,1	23,2	26,4	26,0	22,2	16,5	11,6	7,4	15,8
				mm	216	173	149	101	114	58	30	44	128	262	241	227	1741
Skopje	41 59 N	21 28 E	241	°C	1,1	2,9	6,5	12,1	17,0	21,6	23,8	23,7	18,6	11,9	7,2	2,9	12,4
				mm	46	41	38	34	52	49	35	37	42	58	71	43	546
Ajaccio	41 55 N	08 48 E	5	°C	7,7	8,7	10,5	12,6	15,9	19,8	22,0	22,2	20,3	16,3	11,8	8,7	14,7
				mm	76	65	53	48	50	21	10	16	50	88	97	98	672
Bragança	41 49 N	06 46 W	692	°C	3,8	5,6	7,9	10,2	12,8	17,3	20,2	20,3	16,8	12,0	7,6	4,4	11,6
				mm	149	104	133	73	69	42	15	16	39	79	110	144	973
Roma	41 48 N	12 14 E	5	°C	8,0	9,0	10,9	13,7	17,5	21,6	24,4	24,2	21,5	17,2	12,7	9,5	15,9
				mm	83	73	52	50	48	18	9	18	70	110	113	105	749
Tbilissi	41 41 N	44 57 E	490	°C	1,3	3,1	8,0	12,1	17,5	21,4	24,6	24,4	19,8	13,7	7,8	2,9	12,9
				mm	36	28	46	36	43	34	14	14	30	38	44	46	409
Edirne	41 40 N	26 34 E	48	°C	2,0	3,8	6,8	12,6	17,7	21,9	24,6	24,1	19,7	14,4	9,0	4,4	13,4
				mm	65	48	43	48	48	57	35	23	30	60	79	73	609
Valladolid	41 39 N	04 43 W	715	°C	3,8	5,2	8,6	10,9	14,0	18,5	21,4	20,9	18,3	12,8	7,6	4,2	12,2
				mm	36	28	46	36	43	34	14	14	30	38	44	46	409
Zaragoza	41 39 N	00 53 W	233	°C	6,1	7,6	11,3	13,7	17,0	21,2	23,9	23,7	20,6	15,4	10,2	6,7	14,8
				mm	16	16	30	31	48	73	17	19	31	34	28	32	339
Barcelona	41 24 N	02 09 E	95	°C	9,5	10,3	12,4	14,6	17,7	21,5	24,3	24,3	21,8	17,6	13,5	10,3	16,5
				mm	30	40	53	45	54	40	30	47	79	77	54	49	598
Tirana	41 20 N	19 47 E	89	°C	7,3	8,3	10,6	14,4	18,4	22,4	25,0	24,9	21,8	17,4	12,9	9,2	16,0
				mm	132	120	100	87	99	60	28	39	73	157	152	142	1189

Station	Geographische		Höhe		Monat												Jahr
	Breite ° '	Länge ° '	m		I	II	III	IV	V	VI	VII	VIII	IX	X	XI	XII	
Porto	41 14 N	08 41 W	73	°C	9,0	9,6	11,9	13,6	15,2	18,0	19,6	19,8	18,6	15,8	12,2	9,6	14,4
				mm	159	112	147	86	87	41	20	26	51	105	148	168	1150
Istanbul	40 58 N	29 05 E	40	°C	4,6	4,3	5,3	9,7	14,9	19,6	22,2	22,0	17,9	13,8	10,3	6,9	12,6
				mm	88	80	61	37	32	28	27	22	49	62	87	96	669
Thessaloniki	40 31 N	22 58 E	7	°C	5,5	7,1	9,6	14,5	19,6	24,7	27,3	26,8	22,5	17,1	12,0	7,5	16,1
				mm	44	34	35	36	40	33	20	14	28	55	56	54	449
Penhas Douradas	40 25 N	07 33 W	1388	°C	2,4	3,0	4,7	6,7	9,2	13,9	17,2	17,0	14,3	9,6	5,6	3,2	8,9
				mm	276	190	238	143	147	67	25	27	82	154	262	305	1916
Madrid	40 24 N	03 41 W	657	°C	4,9	6,5	10,0	12,7	15,7	20,6	24,2	23,7	19,8	14,0	8,9	5,6	13,9
				mm	38	34	45	44	44	27	11	14	31	53	47	48	436
Vlore	40 28 N	19 29 E	3	°C	9,2	10,2	11,8	14,9	18,7	22,4	24,7	24,6	22,0	18,4	14,6	11,0	16,9
				mm	148	102	73	60	49	29	9	25	65	133	167	170	1028
Coimbra	40 12 N	08 25 W	140	°C	9,7	10,8	13,2	15,1	16,8	19,8	21,9	22,2	20,6	17,4	13,2	10,2	15,9
				mm	132	95	132	76	76	38	12	18	48	87	105	142	961
Mahon	39 52 N	04 16 E	59	°C	10,3	10,5	12,2	14,2	15,4	21,3	24,1	24,4	22,4	18,2	14,4	11,9	16,6
				mm	60	44	48	34	30	21	4	22	72	133	92	77	637
Palma/Mallorca	39 36 N	02 42 E	45	°C	10,1	10,5	12,2	14,5	17,4	21,4	24,1	24,5	22,6	18,4	14,3	11,6	16,8
				mm	39	33	36	28	14	19	5	26	61	74	60	52	447
Badajoz	38 53 N	06 49 W	192	°C	8,6	9,9	12,7	15,2	18,0	22,8	25,8	25,5	22,6	17,8	12,6	9,1	16,7
				mm	61	47	68	42	37	18	3	4	25	48	61	60	474
Lisboa	38 46 N	09 08 W	110	°C	10,8	11,6	13,6	15,6	17,2	20,1	22,2	22,5	21,2	18,2	14,4	11,5	16,6
				mm	111	76	109	54	44	16	3	4	33	62	93	103	708
Alicante	38 22 N	00 30 W	82	°C	11,0	11,7	13,9	15,2	18,2	22,6	25,2	25,8	23,6	19,2	15,1	11,5	17,8
				mm	28	21	20	39	29	14	5	12	47	48	35	30	328
Patrai	38 15 N	21 44 E	3	°C	9,7	10,4	11,9	15,6	19,6	23,8	26,3	26,4	23,1	18,7	14,4	10,9	17,6
				mm	123	87	72	50	27	13	1	6	27	82	113	148	749
Beja	38 01 N	07 52 W	247	°C	9,2	10,2	12,4	14,6	17,0	21,0	23,8	24,0	21,7	17,8	13,1	9,8	16,2
				mm	72	53	90	51	38	15	2	2	21	51	69	85	549
Athen	37 58 N	23 43 E	107	°C	9,3	9,9	11,3	15,3	20,0	24,6	27,6	27,4	23,5	19,0	14,7	11,0	17,8
				mm	62	36	38	23	23	14	6	7	15	51	56	71	402
Trapani	37 54 N	12 32 E	79	°C	10,1	11,1	12,1	14,2	17,7	22,0	24,0	24,9	23,2	19,3	15,7	12,3	17,2
				mm	71	52	47	34	18	9	2	8	31	83	84	77	516
Sevilla	37 22 N	06 00 W	13	°C	10,3	11,6	14,1	16,4	19,2	23,4	26,3	26,3	23,7	19,2	14,5	11,0	18,0
				mm	73	59	90	51	36	9	1	5	25	66	68	76	559
Faro	37 01 N	07 58 W	9	°C	12,2	12,8	14,3	16,1	18,2	21,4	23,8	24,0	22,2	19,0	15,8	13,0	17,8
				mm	70	52	72	31	20	5	1	1	18	51	65	67	453

| Station | Geographische | | Höhe | | Monat | | | | | | | | | | | | Jahr |
	Breite ° '	Länge ° '	m		I	II	III	IV	V	VI	VII	VIII	IX	X	XI	XII	
Almeria	36 50 N	02 28 W	7	°C	11,8	12,3	14,2	16,2	18,6	22,1	24,7	25,4	23,5	19,4	15,7	12,9	18,1
				mm	28	19	21	28	15	5	0	5	16	26	28	35	226
Luga	35 51 N	14 29 E	80	°C	12,3	12,4	13,5	15,6	18,8	23,0	25,7	26,3	24,3	21,1	17,4	14,0	18,7
				mm	92	46	46	36	14	2	2	7	41	157	114	83	640
Asien																	
Ostrov Dikson	73 30 N	80 14 E	20	°C	−24,1	−24,3	−25,0	−16,4	−7,0	0,7	4,9	5,4	1,9	−6,6	−17,0	−21,4	−10,7
				mm	20	13	17	9	11	23	32	46	42	21	14	18	266
Werchojansk	67 35 N	133 23 E	137	°C	−46,8	−43,1	−30,2	−13,5	2,7	12,9	15,7	11,4	2,7	−14,3	−35,7	−44,5	−15,2
				mm	7	5	5	4	5	25	33	30	13	11	10	7	155
Uelen	66 10 N	169 50 W	7	°C	−21,0	−21,7	−20,0	−12,6	−4,5	2,0	5,8	5,4	2,7	−2,1	−9,0	−17,5	−7,7
				mm	26	27	24	23	25	27	36	57	45	36	35	33	394
Turuchansk	65 47 N	87 57 E	32	°C	−25,6	−22,8	−16,9	−7,2	0,8	10,8	16,1	12,6	6,3	−4,5	−19,7	−24,9	−6,2
				mm	23	16	20	24	32	55	67	74	67	55	32	31	496
Anadyr	64 47 N	177 34 E	62	°C	−21,5	−22,0	−19,9	−12,2	−3,2	5,4	10,8	9,6	4,0	−5,2	−14,2	−20,1	−7,4
				mm	21	14	16	13	9	13	39	46	26	27	17	19	260
Tura	64 10 N	100 04 E	140	°C	−36,5	−31,1	−20,0	−6,6	3,7	13,0	16,4	12,3	5,1	−6,5	−26,4	−33,8	−9,2
				mm	10	10	9	12	22	48	62	48	34	24	20	16	317
Viljuisk	63 46 N	121 37 E	107	°C	−37,5	−32,2	−20,6	−7,4	4,9	15,2	18,4	14,3	5,8	−7,5	−26,7	−35,8	−9,1
				mm	9	7	6	11	16	33	43	36	24	18	13	10	226
Jakutsk	62 05 N	129 45 E	103	°C	−42,7	−36,6	−23,2	−6,9	6,6	16,1	19,5	15,5	6,3	−7,9	−28,4	−39,8	−10,1
				mm	7	6	5	7	16	31	43	38	22	16	13	9	213
Syktywkar	61 40 N	50 51 E	96	°C	−14,3	−14,0	−8,5	0,9	7,4	14,5	16,9	14,5	7,7	0,8	−6,1	−12,5	0,6
				mm	24	19	23	30	48	55	68	57	60	49	30	29	492
Surgut	61 15 N	73 30 E	43	°C	−21,0	−19,2	−14,0	−2,2	4,7	13,6	17,0	14,3	7,7	−0,7	−12,8	−20,0	−2,7
				mm	19	17	19	23	44	62	66	68	62	47	30	27	484
Ochotsk	59 22 N	143 12 E	6	°C	−22,4	−19,2	−14,2	−5,4	1,4	6,4	11,9	13,1	8,7	−2,1	−13,5	−20,1	−4,6
				mm	11	6	14	17	38	44	65	55	54	39	25	10	378
Jenisscisk	58 27 N	92 09 E	78	°C	−22,4	−19,6	−11,3	−0,2	7,6	15,5	18,5	14,8	8,2	0,2	−13,0	−20,9	−1,8
				mm	24	17	17	19	44	57	60	60	53	42	41	36	470
Kolpaschewo	58 18 N	82 54 E	76	°C	−20,4	−17,9	−11,3	−0,4	7,8	15,4	18,1	14,9	8,9	0,5	−12,2	−19,7	−1,4
				mm	18	12	15	21	51	58	77	79	52	37	31	24	475
Krasnojarsk	56 00 N	92 53 E	194	°C	−17,2	−15,2	−8,2	1,8	9,2	16,2	18,5	15,2	9,1	2,2	−9,5	−15,8	0,5
				mm	12	9	10	22	38	58	83	65	47	34	25	17	419
Ostrow Bering	55 12 N	165 59 E	6	°C	−3,5	−3,9	−3,2	−1,0	2,0	5,1	8,7	10,6	9,1	4,6	0,3	−2,4	2,2
				mm	38	23	30	24	31	28	48	59	53	72	64	46	516

Station	Geographische		Höhe		Monat												Jahr
	Breite ° '	Länge ° '	m		I	II	III	IV	V	VI	VII	VIII	IX	X	XI	XII	
Omsk	54 56 N	73 24 E	94	°C	−19,2	−17,7	−11,4	2,3	11,3	17,2	18,8	16,2	10,4	2,2	−9,3	−16,5	0,4
				mm	8	6	9	18	30	53	72	46	33	23	15	12	325
Minussinsk	53 42 N	91 42 E	251	°C	−21,3	−19,4	−9,9	2,9	10,4	17,2	19,4	16,9	9,6	2,0	−9,7	−17,9	0,1
				mm	9	9	10	15	32	54	66	43	33	16	17	13	316
Barnaul	53 20 N	83 42 E	196	°C	−17,7	−16,3	−9,1	2,8	11,8	18,0	20,0	17,3	10,8	3,3	−8,6	−15,3	1,4
				mm	19	18	20	26	38	52	79	52	39	40	40	31	454
Kustanai	53 13 N	63 37 E	171	°C	−17,8	−17,2	−11,0	3,6	13,0	18,7	20,1	18,2	11,6	2,9	−7,4	−14,9	1,8
				mm	10	9	9	18	26	35	46	34	25	28	15	13	268
Nikolajewsk/Amur	53 09 N	140 42 E	47	°C	−24,1	−20,0	−13,0	−3,4	3,7	11,9	16,8	16,5	10,9	2,1	−9,9	−20,0	−2,4
				mm	19	20	18	32	43	41	55	72	74	55	43	31	503
Irkutsk	52 16 N	104 21 E	485	°C	−20,8	−17,8	−9,3	1,6	8,8	15,4	17,9	15,1	8,2	1,1	−10,8	−18,5	−0,8
				mm	12	8	9	15	29	83	102	99	49	20	17	15	458
Semipalatinsk	50 21 N	80 15 E	206	°C	−16,8	−15,8	−8,1	5,5	14,3	20,3	22,2	19,6	12,8	5,0	−7,0	−13,8	3,4
				mm	14	15	17	19	22	30	32	23	21	22	27	22	264
Blagowest-schensk	50 16 N	127 30 E	137	°C	−24,2	−19,0	−9,6	2,6	11,3	18,4	21,7	19,3	12,3	2,6	−11,6	−21,4	0,2
				mm	5	3	9	21	45	100	120	106	80	26	13	6	534
Turgai	49 38 N	63 30 E	123	°C	−16,8	−15,6	−8,6	6,6	16,1	22,2	24,0	22,0	15,1	5,5	−5,2	−13,7	4,3
				mm	12	10	9	17	16	18	27	14	9	19	12	14	177
Chabarowsk	48 31 N	135 10 E	72	°C	−22,0	−17,4	−8,4	2,8	11,1	17,7	21,3	20,3	13,9	5,1	−8,2	−18,4	1,5
				mm	9	8	13	32	55	73	102	115	87	39	15	10	558
Abashiri	44 01 N	144 17 E	39	°C	−6,7	−7,0	−2,9	3,6	8,7	12,4	17,0	19,5	15,8	10,1	3,1	−3,2	5,9
				mm	60	42	52	47	71	65	89	99	121	81	67	52	845
Asahikawa	43 46 N	142 22 E	113	°C	−8,9	−7 9	−3,3	4,1	10,9	16,0	20,3	21,1	15,4	8,6	1,3	−5,1	6,0
				mm	82	61	56	61	78	75	125	144	136	109	118	101	1144
Nemuro	43 20 N	145 35 E	26	°C	−4,8	−5,6	−2,2	2,8	6,8	10,0	14,3	17,5	15,5	10,8	4,7	−1,3	5,7
				mm	49	40	77	77	99	97	104	106	152	124	92	63	1081
Alma Ata	43 14 N	76 56 E	847	°C	−6,7	−5,1	1,6	10,8	16,0	20,4	23,3	22,3	17,4	10,0	−0,1	−5,4	8,7
				mm	26	32	64	89	99	59	35	23	25	46	48	35	581
Sapporo	43 03 N	141 20 E	18	°C	−5,5	−4,7	−1,0	5,7	11,3	15,5	19,6	21,4	17,5	11,5	4,1	−1,0	8,2
				mm	111	83	67	66	59	67	100	107	145	113	112	104	1136
Tschimbai	42 57 N	59 49 E	66	°C	−6,2	−4,1	2,0	12,0	19,6	24,2	26,2	24,0	17,5	9,7	0,9	−4,7	10,1
				mm	7	14	13	12	10	6	2	2	3	7	5	8	89
Urakawa	42 10 N	142 47 E	34	°C	−3,4	−3,3	−0,4	4,5	8,9	12,7	17,3	20,1	17,0	11,6	5,4	−0,6	7,5
				mm	47	34	54	88	101	101	147	120	143	121	91	66	1111
Kastamonu	41 22 N	33 46 E	40	°C	−1,3	0,5	3,8	9,4	14,4	17,6	20,3	19,9	15,6	10,8	5,3	0,7	9,7
				mm	27	27	34	46	78	64	28	24	25	30	29	27	439

Station	Geographische Breite ° '	Länge ° '	Höhe m		I	II	III	IV	V	VI	VII	VIII	IX	X	XI	XII	Jahr
Samsun	41 17 N	36 20 E	44	°C	6,9	6,8	7,5	11,0	15,4	20,0	23,0	23,3	19,9	16,3	12,6	9,3	14,3
				mm	81	71	75	56	42	39	39	33	56	74	86	79	731
Taschkent	41 16 N	69 16 E	428	°C	-0,2	2,7	7,3	14,5	20,1	24,8	27,1	24,8	19,1	12,6	5,4	0,9	13,3
				mm	49	51	81	58	32	12	4	3	3	23	44	57	417
Rize	41 02 N	40 30 E	4	°C	6,9	6,9	7,8	11,4	15,7	19,8	22,4	22,6	19,7	16,3	11,9	8,9	14,2
				mm	259	215	187	97	97	131	150	211	270	299	278	246	2440
Bursa	40 11 N	29 04 E	100	°C	5,4	6,1	8,0	12,6	17,4	21,6	24,2	24,0	19,9	15,6	11,2	7,2	14,4
				mm	97	86	73	56	57	33	35	18	42	57	81	90	725
Ankara	39 57 N	32 53 E	894	°C	-0,2	1,1	4,9	11,0	16,0	20,0	23,3	23,3	18,4	12,9	7,3	2,1	11,7
				mm	37	36	36	37	49	30	14	9	17	24	30	43	362
Erzurum	39 55 N	41 16 E	1893	°C	-8,6	-7,0	-3,1	5,0	10,9	15,0	19,1	19,6	15,1	8,7	1,7	-5,5	5,1
				mm	40	23	36	40	34	44	42	45	39	46	34	35	458
Sivas	39 45 N	37 01 E	1285	°C	-4,2	-2,9	1,4	8,3	13,2	16,6	19,5	19,7	15,7	10,6	4,6	-1,5	8,4
				mm	44	42	42	56	59	32	8	5	16	31	40	40	415
Akita	39 43 N	140 06 E	10	°C	-1,1	-0,8	2,2	8,1	13,4	18,3	22,5	24,2	19,3	13,0	7,1	1,7	10,7
				mm	123	102	107	128	119	138	190	164	205	176	179	158	1789
Afyon	38 45 N	30 32 E	1014	°C	0,3	1,7	4,8	10,4	15,2	19,0	22,0	22,1	17,6	12,3	6,9	2,2	11,2
				mm	50	47	49	47	61	41	25	10	20	28	36	48	462
Izmir	38 26 N	27 10 E	25	°C	8,6	9,2	11,0	15,3	20,2	24,8	27,6	27,3	23,3	18,5	14,0	10,2	17,5
				mm	141	100	72	43	39	8	3	3	11	41	93	141	695
Malatya	38 21 N	38 18 E	998	°C	-1,2	0,4	6,2	12,7	18,0	22,8	26,8	26,9	22,3	15,3	8,0	1,4	13,3
				mm	45	46	46	53	41	16	2	2	5	32	42	39	369
Sendai	38 16 N	140 54 E	40	°C	0,1	0,6	3,5	9,0	13,0	17,8	22,0	23,8	19,8	13,8	8,2	2,9	11,3
				mm	37	44	62	95	100	155	167	136	191	133	61	50	1232
Aschchabad	37 58 N	58 20 E	230	°C	2,1	4,7	8,8	16,3	23,3	28,6	31,2	29,3	23,5	15,9	7,7	2,8	16,2
				mm	22	21	44	38	28	6	2	1	3	11	15	19	210
Diyarbakir	37 55 N	40 12 E	677	°C	1,5	3,6	7,9	13,8	19,2	25,7	31,0	30,5	24,9	17,2	9,9	3,8	15,7
				mm	79	65	63	73	42	8	1	1	3	29	58	68	489
Konya	37 52 N	32 30 E	1022	°C	-0,2	1,6	5,0	11,0	15,9	19,8	23,1	22,9	18,2	12,5	6,5	1,6	11,5
				mm	41	32	31	31	39	26	6	4	11	27	31	37	316
Isparta	37 45 N	30 33 E	1043	°C	1,7	2,7	5,4	10,6	15,3	19,6	23,0	23,0	18,6	13,2	7,9	3,6	12,1
				mm	93	76	67	51	63	38	13	13	18	37	47	99	615
Kangnyng	37 45 N	128 54 E	27	°C	-1,0	0,3	4,7	11,5	16,7	19,7	23,5	24,3	19,7	14,4	8,8	2,4	12,1
				mm	37	73	73	70	64	135	212	191	197	88	88	53	1282
Inchon	37 29 N	126 38 E	70	°C	-4,0	-1,6	3,4	9,7	15,3	19,6	23,9	25,1	20,6	14,2	7,2	-0,4	11,1
				mm	16	18	50	66	73	139	304	180	137	45	35	50	1093

Station	Geographische Breite ° ′	Länge ° ′	Höhe m		I	II	III	IV	V	VI	VII	VIII	IX	X	XI	XII	Jahr
Wajima	37 23 N	136 54 E	7	°C	2,4	2,2	4,7	9,8	14,7	19,1	23,4	24,7	20,6	14,9	10,1	5,4	12,7
				mm	270	167	154	144	111	141	197	133	251	184	214	313	2278
Adana	36 59 N	35 18 E	66	°C	9,1	10,2	12,7	16,9	21,2	25,0	27,6	28,0	25,2	20,8	15,5	10,9	18,6
				mm	111	93	66	45	47	18	4	5	17	42	62	102	612
Kanazawa	36 33 N	136 39 E	29	°C	2,5	2,5	5,5	11,0	16,1	20,2	24,5	25,9	21,7	15,6	10,5	5,6	13,5
				mm	309	191	173	164	135	170	223	154	248	217	225	353	2559
Maebashi	36 24 N	139 04 E	113	°C	2,4	2,9	6,1	11,6	16,4	20,4	24,4	25,3	21,2	15,3	10,1	5,1	13,4
				mm	21	33	49	77	99	166	198	199	196	138	48	24	1246
Mosul	36 19 N	43 09 E	222	°C	6,5	8,6	12,0	17,3	23,9	30,2	33,7	32,7	26,9	20,1	13,1	7,9	19,4
				mm	70	67	65	55	20	1	0	0	0	7	43	62	390
Antakya	36 12 N	36 10 E	3	°C	10,0	10,6	12,6	16,2	20,5	25,0	28,2	28,1	24,9	20,3	15,5	11,6	18,6
				mm	255	143	86	41	26	10	2	3	10	53	115	284	1028
Choshi	35 43 N	140 51 E	28	°C	5,7	6,0	8,5	12,9	16,5	19,4	23,0	24,9	22,8	18,2	13,5	8,4	15,0
				mm	84	113	129	139	138	167	119	131	196	250	159	91	1715
Tokio	35 41 N	139 46 E	6	°C	3,7	4,3	7,6	13,1	17,6	21,1	25,1	26,4	22,8	16,7	11,3	6,1	14,7
				mm	48	73	101	135	131	182	146	147	217	220	101	61	1563
Nagoya	35 10 N	136 58 E	56	°C	2,9	3,6	7,1	12,7	17,5	21,5	25,7	26,6	22,7	16,5	10,9	5,6	14,4
				mm	49	64	100	137	145	204	178	155	212	160	86	57	1546
Pusan	35 06 N	129 02 E	71	°C	1,8	3,5	7,3	12,5	16,7	19,8	23,7	25,4	21,6	16,6	11,1	5,0	13,8
				mm	25	44	89	114	139	198	248	165	205	73	44	39	1383
Mokpo	34 47 N	126 23 E	33	°C	1,0	2,0	5,9	11,5	16,5	20,6	24,8	26,1	21,7	16,1	10,3	4,3	13,4
				mm	37	40	58	83	102	136	183	188	156	55	44	43	1126
Izuhara	34 12 N	129 18 E	22	°C	4,7	5,6	8,6	13,1	17,2	20,5	24,9	26,1	22,4	17,5	12,6	7,5	15,1
				mm	56	95	129	187	208	316	296	226	322	125	93	73	2128
Leh	34 09 N	77 34 E	3514	°C	-8,5	-5,5	0,1	5,6	10,0	13,9	17,4	16,9	13,1	6,7	0,6	-4,8	5,5
				mm	12	9	12	7	7	4	16	19	12	7	3	8	116
Srinagar	34 05 N	74 50 E	1586	°C	1,1	3,5	8,5	13,4	17,9	21,7	24,7	23,9	20,5	14,1	7,7	3,5	13,4
				mm	73	72	104	78	63	36	61	63	31	28	20	36	665
Peshawar	34 01 N	71 35 E	359	°C	10,7	13,2	17,4	22,9	29,1	33,1	32,6	30,9	28,9	23,7	17,5	12,5	22,7
				mm	39	41	65	42	40	7	39	41	14	10	10	15	363
Murree	33 54 N	73 24 E	2168	°C	2,8	4,3	8,2	13,3	18,4	21,2	19,8	18,7	17,5	14,3	10,1	5,7	12,9
				mm	116	108	155	103	61	106	360	348	133	53	21	54	1618
Rayack	33 52 N	36 00 E	911	°C	5,1	6,2	9,0	12,9	17,5	21,3	23,8	24,2	21,5	17,4	11,9	6,9	14,8
				mm	159	123	76	34	16	0	0	0	1	16	66	113	603
Parachinar	33 52 N	70 05 E	1729	°C	4,2	6,2	9,9	15,3	20,6	24,7	24,8	23,8	21,7	16,8	10,9	6,5	15,5
				mm	82	78	136	104	64	47	122	112	54	17	13	31	860

Monat

Station	Geographische Breite ° '	Länge ° '	Höhe m		I	II	III	IV	V	VI	VII	VIII	IX	X	XI	XII	Jahr
Fukuoka	33 35 N	130 23 E	4	°C	5,1	5,7	8,7	13,5	17,8	21,7	26,3	26,8	22,8	16,9	12,2	7,6	15 4
				mm	69	83	98	129	127	270	253	171	244	102	80	78	1703
Kochi	33 34 N	133 33 E	2	°C	5,2	6,3	9,6	14,4	18,5	21,8	25,7	26,3	23,5	18,0	12,9	7,8	15,8
				mm	55	97	177	261	279	344	369	344	350	184	108	80	2646
Shionomisaki	33 27 N	135 46 E	75	°C	7,4	7,8	10,5	14,9	18,5	21,5	25,2	26,3	23,9	19,1	14,9	10,2	16,7
				mm	95	105	186	229	223	324	270	266	325	282	278	101	2581
Oita	33 14 N	131 37 E	6	°C	5,1	5,5	8,0	12,8	17,2	21,2	25,6	26,0	22,7	17,0	12,4	7,7	15,1
				mm	41	79	96	127	146	252	258	172	243	139	66	47	1655
Hachijo-Jima	33 06 N	139 47 E	81	°C	10,2	10,2	12,2	15,9	19,0	21,8	25,3	26,5	25,0	20,9	17,1	12,9	18,1
				mm	192	207	254	239	267	323	180	238	365	515	370	193	3343
Rutbah	33 02 N	40 17 E	615	°C	6,8	8,8	12,5	18,2	23,8	26,9	30,3	30,1	26,6	21,1	13,8	8,3	18,9
				mm	16	13	20	20	10	1	0	0	1	5	16	21	121
Amman	31 57 N	35 57 E	771	°C	8,2	9,3	11,7	16,2	20,9	23,6	25,2	25,6	23,4	20,7	15,3	10,1	17,5
				mm	68	59	44	13	5	0	0	0	1	4	31	48	273
Miyazaki	31 55 N	131 25 E	8	°C	6,8	7,9	11,0	15,2	19,1	22,5	26,5	26,7	23,9	18,3	13,8	9,1	16,7
				mm	53	112	154	223	264	407	350	289	286	239	129	67	2571
Dera Ismail Khan	31 49 N	70 55 E	174	°C	12,1	15,1	20,2	26,3	32,1	34,8	33,6	32,6	30,9	25,6	18,9	12,7	24,6
				mm	14	18	27	20	9	9	65	36	14	2	3	6	223
Jerusalem	31 47 N	35 13 E	810	°C	8,6	9,4	11,8	15,9	20,2	21,9	23,3	23,5	21,8	20,0	15,4	10,8	16,9
				mm	128	106	85	17	4	0	0	0	1	8	61	82	492
Kagoshima	31 34 N	130 33 E	5	°C	6,6	7,7	10,8	15,1	19,0	22,6	26,8	27,1	24,4	18,9	14,0	9,0	16,8
				mm	75	116	149	228	249	454	343	220	213	120	90	79	2337
Lahore	31 33 N	74 20 E	214	°C	12,2	15,3	20,5	26,6	31,8	33,9	32,1	31,2	29,9	25,4	18,8	13,8	24,3
				mm	31	23	24	16	12	38	122	123	80	9	3	11	492
Ft. Sandeman	31 21 N	69 28 E	1406	°C	5,9	9,1	14,1	19,9	25,7	30,0	30,3	29,4	26,5	20,1	13,9	8,7	19,5
				mm	24	30	42	27	21	13	49	47	6	1	6	14	280
Ludhiana	30 56 N	75 52 E	247	°C	13,0	15,7	21,1	27,3	32,7	34,1	31,3	30,3	29,5	25,6	19,5	14,6	24,6
				mm	35	35	29	11	9	54	191	173	136	35	3	14	725
Multan	30 12 N	71 26 E	123	°C	13,1	16,5	21,9	28,4	33,4	36,1	34,5	33,4	31,8	27,4	19,8	15,1	25,9
				mm	7	10	13	6	8	8	45	33	20	10	2	5	167
Muktesar	29 28 N	79 39 E	2311	°C	5,8	7,1	11,1	15,5	18,7	19,1	17,6	17,3	16,5	14,1	11,2	7,9	13,5
				mm	56	56	45	34	51	143	332	285	200	79	4	23	1308
Kalat	29 02 N	66 35 E	2017	°C	2,8	5,2	9,2	13,9	18,3	22,3	24,4	23,2	18,9	13,3	8,3	4,6	13,7
				mm	54	46	38	15	6	3	30	14	2	0	3	19	230
Dalbandin	28 53 N	64 42 E	849	°C	9,2	12,5	17,4	23,1	28,4	31,9	33,4	31,6	26,8	21,0	14,8	10,3	21,7
				mm	25	18	12	5	2	1	7	0	0	0	1	13	84

Station	Geographische Breite ° '	Länge ° '	Höhe m	Monat	I	II	III	IV	V	VI	VII	VIII	IX	X	XI	XII	Jahr
Naze	28 23 N	129 30 E	4	°C	14,3	14,7	16,5	19,3	22,3	25,2	28,1	27,7	26,4	23,0	19,8	16,4	21,1
				mm	163	184	220	221	362	443	231	281	297	247	224	160	3033
Jacobabad	28 17 N	68 28 E	56	°C	14,7	18,3	23,9	29,9	34,9	36,8	35,2	33,6	32,2	28,1	22,0	16,6	27,2
				mm	8	8	7	2	4	6	37	22	1	0	1	3	99
Mohanbari	27 29 N	94 01 E	111	°C	15,2	17,7	20,6	23,3	25,3	27,3	27,8	28,1	27,6	24,8	20,2	16,5	22,8
				mm	39	61	100	204	356	507	523	419	352	166	27	21	2775
Agra	27 10 N	78 02 E	169	°C	14,8	18,0	23,8	29,7	34,5	35,0	30,9	29,3	28,9	26,2	20,6	16,1	25,7
				mm	16	9	11	5	10	60	210	263	154	23	2	4	767
Darjeeling	27 03 N	88 16 E	2127	°C	6,4	7,7	11,2	14,3	15,7	17,0	17,5	17,5	17,2	15,1	11,3	8,1	13,3
				mm	22	27	53	109	187	522	713	573	419	116	14	5	2760
Panjgur	26 58 N	64 06 E	968	°C	10,4	13,3	17,8	22,2	28,2	31,2	31,2	30,2	26,6	21,8	16,4	11,9	21,8
				mm	24	18	17	8	3	3	27	8	1	0	1	11	121
Jodhpur	26 18 N	73 01 E	224	°C	17,1	19,9	25,2	30,3	34,4	34,3	31,3	29,2	29,4	27,7	22,7	18,7	26,7
				mm	8	5	2	2	6	31	122	146	47	7	3	1	380
Darbhanga	26 10 N	85 54 E	49	°C	16,8	19,1	24,0	28,7	30,5	30,3	29,3	29,3	29,0	26,8	21,9	18,0	25,3
				mm	20	14	10	20	57	190	330	291	247	70	7	2	1258
Gauhati	26 06 N	91 35 E	54	°C	16,4	18,6	22,3	25,5	26,7	27,9	28,4	28,5	28,2	25,7	21,4	17,6	23,9
				mm	11	18	53	171	274	292	301	263	190	90	11	5	1679
Dhubri	26 01 N	89 59 E	35	°C	17,7	19,8	24,1	26,6	26,4	27,2	28,1	28,3	27,8	26,1	22,3	18,9	24,4
				mm	11	19	45	154	481	644	448	305	328	145	12	1	2593
Allahabad	25 27 N	81 44 E	98	°C	16,4	19,1	25,1	30,7	34,7	34,3	30,1	29,1	29,0	26,5	21,1	17,1	26,1
				mm	20	22	14	5	8	100	283	333	195	40	6	6	1032
Hyderabad	25 23 N	68 25 E	29	°C	17,2	20,6	26,0	30,8	34,1	34,3	32,5	31,3	30,9	29,3	24,3	19,1	27,5
				mm	4	5	1	2	4	6	69	44	15	3	1	3	157
Pasni	25 16 N	63 29 E	9	°C	18,6	20,0	23,3	26,7	29,5	30,5	29,7	28,4	27,5	26,6	23,5	20,3	25,4
				mm	43	32	8	6	2	6	12	3	1	0	2	12	127
Cherrapunji	25 15 N	91 44 E	1313	°C	11,7	13,3	16,7	18,6	19,2	20,0	20,3	20,5	20,5	19,1	15,9	12,9	17,4
				mm	20	41	179	605	1705	2875	2455	1827	1231	447	47	5	11437
Kotah	25 11 N	75 51 E	257	°C	17,9	20,8	26,3	31,8	36,2	34,9	30,0	28,6	28,9	27,7	22,9	19,0	27,1
				mm	9	4	5	3	7	79	311	268	135	15	6	3	845
Taipei	25 02 N	121 31 E	9	°C	15,2	15,4	17,5	20,9	24,5	26,8	28,4	28,3	26,9	23,3	20,5	17,2	22,1
				mm	91	147	164	182	205	322	269	266	189	117	71	77	2100
Bogra	24 51 N	89 22 E	20	°C	18,3	20,4	25,2	28,9	28,9	28,8	28,8	28,8	28,8	27,1	23,0	19,5	25,5
				mm	14	17	27	63	195	322	317	351	275	180	13	2	1776
Silchar	24 49 N	92 48 E	29	°C	18,6	20,3	24,0	26,1	27,0	27,9	28,5	28,5	28,3	26,9	23,4	19,9	24,9
				mm	15	46	131	313	493	594	547	488	378	207	44	7	3263

Station	Geographische		Höhe		Monat												Jahr
	Breite ° '	Länge ° '	m		I	II	III	IV	V	VI	VII	VIII	IX	X	XI	XII	
Karachi	24 48 N	66 59 E	4	°C	18,9	21,2	24,3	26,9	29,2	30,4	29,3	28,2	27,6	27,1	24,9	21,3	25,8
				mm	7	11	6	2	0	7	96	50	15	2	2	6	204
Ishigaki-Jima	24 20 N	124 10 E	7	°C	17,9	18,4	19,9	22,4	25,4	27,5	28,8	28,3	27,5	24,9	22,4	19,6	23,6
				mm	140	118	157	170	240	230	174	215	233	171	197	183	2196
Srimangal	24 19 N	91 44 E	21	°C	17,2	19,5	24,3	27,3	27,7	28,2	28,5	28,3	28,2	26,4	22,2	18,4	24,7
				mm	13	34	84	225	437	518	340	340	280	192	43	3	2509
Dumka	24 16 N	87 15 E	149	°C	17,9	20,5	26,2	30,3	31,7	30,5	28,5	28,3	28,3	26,5	21,9	18,5	25,8
				mm	20	27	14	29	81	207	370	349	274	125	15	3	1514
Daltonganj	24 03 N	84 04 E	221	°C	16,9	19,3	24,5	28,7	33,9	33,0	29,0	28,3	28,2	25,7	20,5	16,9	25,5
				mm	31	28	21	9	13	140	346	358	223	57	7	4	1237
Hwalien	23 58 N	121 37 E	19	°C	17,4	17,8	19,5	21,9	24,6	26,3	27,6	27,4	26,4	23,9	21,6	19,0	22,8
				mm	59	84	112	106	180	210	203	244	362	255	174	89	2078
Sagar	23 51 N	78 45 E	551	°C	18,1	20,7	25,5	30,3	33,9	31,3	26,3	25,3	25,6	24,9	21,7	19,1	25,2
				mm	30	13	10	4	8	145	463	418	228	44	24	7	1394
Narayanganj	23 37 N	90 30 E	8	°C	19,8	22,2	26,6	28,7	29,1	29,0	28,7	28,8	29,2	28,2	24,5	20,9	26,3
				mm	14	27	46	161	245	346	348	364	242	171	29	19	2012
Penghu	23 32 N	119 33 E	11	°C	16,4	16,3	19,0	22,5	25,7	27,5	28,4	28,2	27,6	25,0	22,1	18,5	23,1
				mm	23	44	65	76	98	189	195	178	128	47	19	28	1090
Jessore	23 10 N	89 13 E	7	°C	18,2	20,7	25,9	29,6	29,9	29,3	28,5	28,6	28,7	27,2	22,7	18,9	25,7
				mm	14	23	35	88	182	275	313	307	197	136	22	16	1608
Ahmedabad	23 04 N	72 38 E	55	°C	20,3	22,8	27,1	31,3	33,5	32,7	29,4	28,3	28,7	28,4	24,5	21,1	27,3
				mm	4	0	1	2	5	81	316	213	163	13	5	1	804
Indore	22 43 N	75 48 E	567	°C	17,9	19,9	24,5	29,1	32,3	30,1	26,1	25,1	25,1	24,1	20,5	18,3	24,4
				mm	85	1	3	3	13	145	316	267	221	48	22	3	1127
Calcutta	22 32 N	88 20 E	6	°C	20,2	23,0	27,9	30,1	31,1	30,4	29,1	29,1	29,2	27,9	24,0	20,6	26,8
				mm	13	24	27	43	121	259	301	306	290	160	35	3	1582
Dwarka	22 22 N	69 05 E	11	°C	20,5	22,1	24,9	27,2	29,1	30,1	28,5	27,7	27,5	27,3	25,7	22,3	26,1
				mm	2	2	1	0	0	49	220	77	42	5	19	2	419
Chittagong	22 21 N	91 50 E	14	°C	19,9	23,6	25,6	27,7	28,3	27,8	27,5	27,6	27,8	27,3	24,1	20,7	25,7
				mm	10	23	58	116	285	507	642	572	344	228	56	17	2858
Macao	22 12 N	113 33 E	55	°C	15,1	15,4	18,2	21,8	26,0	27,8	28,5	28,2	27,6	24,5	20,8	16,5	22,5
				mm	26	54	83	156	263	346	292	293	205	57	43	28	1846
Hengchun	22 00 N	120 45 E	24	°C	20,6	21,2	22,8	25,0	27,1	27,7	27,8	27,6	27,1	25,7	23,9	21,6	24,8
				mm	17	26	21	53	151	466	584	538	357	137	87	25	2462
Veraval	20 54 N	70 22 E	8	°C	21,5	22,3	24,7	26,7	28,5	29,5	27,9	27,1	27,1	27,5	25,9	23,1	26,0
				mm	1	1	0	5	5	135	305	146	65	28	7	1	699

Station	Breite ° '	Länge ° '	Höhe m		I	II	III	IV	V	VI	VII	VIII	IX	X	XI	XII	Jahr
Cuttack	20 48 N	85 56 E	27	°C	22,3	24,9	29,0	31,8	32,9	31,1	28,6	28,6	28,9	27,9	24,5	21,9	27,7
				mm	10	27	19	26	70	207	355	365	252	168	41	5	1545
Akola	20 42 N	77 02 E	282	°C	22,0	24,0	28,3	32,5	35,3	31,8	27,7	27,1	27,3	26,7	23,1	21,1	27,2
				mm	9	8	7	7	11	146	261	170	178	46	28	6	877
Jagdalpur	19 05 N	82 02 E	553	°C	20,2	22,8	26,5	29,5	31,5	28,7	25,1	25,3	25,8	24,8	21,4	19,3	25,1
				mm	5	15	17	51	65	212	396	380	246	115	24	4	1530
Bombay	18 54 N	72 49 E	11	°C	24,3	24,9	26,9	28,7	29,9	29,1	27,5	27,1	27,4	28,3	27,5	25,9	27,3
				mm	2	1	0	3	16	520	709	419	297	88	21	2	2078
Poona	18 32 N	73 51 E	559	°C	21,3	23,1	26,5	29,3	29,9	27,5	24,9	24,6	25,0	25,5	22,9	21,1	25,1
				mm	2	0	3	18	35	103	187	106	127	92	37	5	715
Vishakhapatnam	17 43 N	83 14 E	3	°C	23,4	25,3	28,1	30,6	31,9	31,3	29,3	29,5	29,0	28,1	25,7	23,7	28,0
				mm	7	15	9	13	53	88	125	99	167	261	90	17	944
Begumpet	17 27 N	78 28 E	545	°C	21,6	24,0	27,2	30,3	32,3	28,9	26,0	25,7	25,5	25,0	22,3	20,7	25,8
				mm	2	10	13	23	30	107	165	147	163	71	25	5	761
Masulipatnam	16 11 N	81 08 E	3	°C	23,6	25,2	27,4	29,9	32,3	31,9	29,1	29,0	28,7	27,9	25,1	23,3	27,8
				mm	1	11	9	18	36	106	199	152	156	264	110	15	1077
Belgaum	15 51 N	74 32 E	753	°C	22,1	23,7	26,5	27,7	27,3	24,1	22,5	22,5	23,0	24,3	23,3	21,5	24,0
				mm	1	2	12	57	87	211	505	284	120	168	38	7	1492
Goa	15 29 N	73 49 E	48	°C	26,0	26,1	27,6	29,2	29,8	27,2	26,4	26,6	26,5	27,4	27,3	26,4	27,2
				mm	2	0	1	18	87	869	923	456	253	119	36	3	2767
Madras	13 00 N	80 11 E	16	°C	24,5	25,8	27,9	30,5	32,7	32,5	30,7	30,1	29,7	28,1	25,9	24,6	28,6
				mm	24	7	15	25	52	53	83	124	118	267	308	157	1233
Bangalore	12 58 N	77 35 E	921	°C	20,9	23,1	25,7	27,3	26,9	24,3	23,2	23,3	23,3	23,3	21,7	20,5	23,6
				mm	3	10	6	46	117	80	117	147	143	185	54	16	924
Mangalore	12 52 N	74 51 E	22	°C	26,5	26,9	28,1	29,3	29,1	26,7	26,0	26,1	26,1	26,8	27,1	26,9	27,1
				mm	5	2	9	40	233	980	1059	577	279	206	71	18	3479
Pochentong	11 33 N	104 51 E	10	°C	26,1	27,5	28,9	29,4	28,8	28,1	27,6	27,7	27,3	27,2	26,7	25,4	27,6
				mm	9	8	28	73	146	129	129	147	231	250	134	36	1320
Fort Cochin	09 58 N	76 14 E	3	°C	26,9	27,5	28,5	28,7	28,3	26,5	25,9	26,1	26,3	26,7	27,0	26,9	27,1
				mm	10	34	50	145	364	756	572	386	235	333	184	37	3106
Pamban	09 16 N	79 18 E	11	°C	26,0	26,6	27,9	29,5	30,1	29,0	28,9	28,8	28,1	27,0	26,0	28,1	
				mm	66	19	24	68	24	9	12	16	175	308	196	922	
Mannar	08 59 N	79 55 E	3	°C	26,0	26,7	27,9	29,0	29,5	29,1	28,3	28,4	27,8	26,7	26,0	27,8	
				mm	87	34	44	77	44	7	16	23	168	242	202	949	
Trincomalee	08 35 N	81 15 E	7	°C	25,6	26,2	27,3	28,7	29,8	29,9	29,7	29,4	29,3	27,8	26,3	25,7	28,0
				mm	211	95	48	77	68	18	54	103	89	235	355	374	1727

Station	Geographische		Höhe		Monat												Jahr
	Breite ° ′	Länge ° ′	m		I	II	III	IV	V	VI	VII	VIII	IX	X	XI	XII	
Trivandrum	08 29 N	76 57 E	64	°C	26,9	27,3	28,3	28,3	28,3	26,5	26,1	26,3	26,7	26,7	26,6	26,8	27,1
				mm	19	21	44	122	249	331	211	164	123	271	207	73	1835
Minicoy	08 18 N	73 00 E	2	°C	26,1	26,7	27,7	28,7	28,8	27,7	27,3	27,3	27,3	27,1	26,6	26,5	27,3
				mm	35	25	16	52	200	293	212	200	144	185	141	76	1579
Colombo	06 54 N	79 52 E	6	°C	26,2	26,4	27,2	27,7	28,0	27,4	27,1	27,2	27,2	26,6	26,2	26,1	26,9
				mm	88	96	118	260	353	212	140	124	153	354	324	175	2397
Hambantota	06 07 N	81 08 E	20	°C	26,1	26,3	27,1	27,8	28,0	27,6	27,7	27,6	27,4	27,1	26,6	26,1	27,1
				mm	101	58	66	109	121	55	43	42	45	126	187	121	1074
Jakarta	06 11 S	106 50 E	8	°C	26,2	26,3	27,1	27,2	27,3	27,0	26,7	27,0	27,4	27,4	26,9	26,6	26,9
				mm	335	241	201	141	116	97	61	50	78	91	151	193	1755
Pazifischer Ozean																	
Lihue	21 59 N	159 21 W	45	°C	21,6	21,5	21,7	22,5	23,6	24,8	25,3	25,8	25,6	24,9	23,6	22,3	23,6
				mm	140	135	116	85	66	37	49	62	53	102	115	132	1092
Honolulu	21 21 N	157 56 W	5	°C	22,5	22,4	22,7	23,4	24,4	25,5	26,0	26,3	26,2	25,7	24,4	23,1	24,4
				mm	96	84	73	33	25	8	11	23	25	47	55	76	556
Hilo	19 43 N	155 04 W	11	°C	21,6	21,4	21,4	22,0	22,8	23,5	23,8	24,3	24,2	23,9	22,9	21,9	22,8
				mm	300	329	373	303	237	172	249	291	216	274	340	386	3470
Wake Island	19 17 N	166 39 W	4	°C	25,2	25,1	25,4	25,8	26,5	27,4	27,8	28,0	28,1	27,6	26,9	26,1	26,7
				mm	29	34	37	47	52	48	117	180	133	134	78	46	936
Johnston Island	16 44 N	169 31 W	5	°C	25,0	24,9	25,1	25,5	26,2	26,8	27,2	27,5	27,6	27,2	26,4	25,6	26,3
				mm	99	39	59	58	25	21	33	57	60	83	52	76	663
Guam	13 34 N	144 45 E	162	°C	25,6	25,7	25,9	26,6	26,8	26,8	26,4	26,3	26,3	26,2	26,3	25,9	26,2
				mm	118	89	67	77	106	149	228	326	339	333	261	155	2249
Eniwetok	11 21 N	162 21 E	6	°C	27,3	27,2	27,4	27,8	28,0	28,2	28,2	28,3	28,5	28,3	28,1	27,8	27,9
				mm	26	47	47	33	116	86	164	173	158	231	160	67	1307
Yap	09 31 N	138 08 E	17	°C	26,9	26,9	27,2	27,6	27,7	27,7	27,4	27,4	27,4	27,5	27,5	27,2	27,4
				mm	200	118	137	162	242	272	350	373	356	335	283	258	3086
Kwajalein	08 43 N	167 44 E	8	°C	26,7	26,7	26,9	27,1	27,3	27,4	27,6	27,7	27,7	27,7	27,4	27,1	27,3
				mm	92	55	164	128	208	220	226	242	259	276	308	228	2407
Truk	07 28 N	151 51 W	2	°C	27,1	27,0	27,1	27,1	27,1	27,1	26,9	26,9	26,9	27,0	27,1	27,1	27,0
				mm	213	160	197	313	359	301	313	325	320	342	314	336	3493
Koror	07 20 N	134 29 W	33	°C	26,8	26,8	27,1	27,4	27,4	27,3	27,1	27,2	27,2	27,3	27,3	27,2	27,2
				mm	298	181	194	264	372	330	385	400	364	332	328	298	3746
Majuro	07 05 N	171 23 E	3	°C	26,8	26,9	26,9	26,9	26,9	26,8	26,7	26,7	26,8	26,9	26,9	26,8	26,8
				mm	177	217	298	313	324	326	318	297	306	385	404	282	3648

Station	Geographische		Höhe		Monat												Jahr
	Breite ° ′	Länge ° ′	m		I	II	III	IV	V	VI	VII	VIII	IX	X	XI	XII	
Ponape	06 58 N	158 13 E	46	°C	26,9	26,9	26,9	26,9	26,9	26,7	26,5	26,3	26,4	26,4	26,6	26,7	26,7
				mm	281	247	370	509	516	424	412	415	402	406	428	466	4875
Canton Island	02 46 S	171 43 W	3	°C	28,4	28,3	28,4	28,7	28,8	28,8	28,7	28,6	28,7	28,7	28,7	28,4	28,6
				mm	66	54	63	92	110	67	66	64	31	28	41	65	748
Atlantischer Ozean																	
Horta	38 31 N	28 38 W	62	°C	14,4	14,3	14,3	15,2	16,8	19,2	21,6	22,8	21,6	19,2	16,9	15,4	17,6
				mm	125	106	122	68	70	68	32	44	81	110	109	113	1028
Ponta Delgada	37 45 N	25 43 W	36	°C	14,4	14,2	14,4	15,1	16,5	18,8	20,8	22,0	21,0	19,0	16,8	15,3	17,4
				mm	120	100	105	67	62	42	27	29	81	103	120	102	958
Funchal	32 38 N	16 54 W	56	°C	15,8	15,6	16,0	16,7	17,7	19,6	21,0	21,9	21,8	20,7	18,6	16,7	18,5
				mm	84	85	71	44	21	5	2	2	29	82	97	94	616
Santa Cruz de Tenerife	27 29 N	16 15 W	46	°C	17,4	17,5	18,2	19,2	20,4	22,2	24,2	24,7	24,1	22,7	20,5	18,4	20,8
				mm	36	39	27	13	6	1	0	0	3	31	45	51	252

Bild 1. Cirren (Ci). Wolken von faseriger Struktur, die aus Eisteilchen bestehen

Bild 2. Cirrostratus (Cs). Eine schleierartige Schicht hoher Wolken bedeckt mehr oder weniger vollständig den Himmel. Es kann zur Halobildung kommen

Bild 3. Cirrocumulus (Cc). Feine Wolkenbällchen sind in Streifen oder Bänken angeordnet (Schäfchenwolke)

Bild 4. Cirren (Ci unc). Infolge hoher Windgeschwindigkeit sind die Wolken hakenförmig ausgebogen (Hakencirren)

Bild 5. Altostratus (As). Mittelhohe Schichtwolke hier zusammen mit Ac

Bild 6. Altocumulus (Ac). Mittelhohe Wolken in Form von Ballen, die in Bänken oder Streifen angeordnet sind (grobe Schäfchenwolke)

Bild 7. Stratus (St). Einförmige graue Wolkenschicht, die nur geringe Helligkeitsunterschiede aufweist

Bild 8. Stratus (St). Wolke aufliegend, so daß die Berge in Wolken gehüllt sind

Bild 9. Stratocumulus (Sc). Haufenschichtbewölkung. Neben der horizontalen Ausdehnung der Bewölkung ist die vertikale Erstreckung kennzeichnend

Bild 10. Stratocumulus (Sc). Die Oberseite der Wolkenschicht zeigt deutliche Quellungen

Bild 11. Stratocumulus (Sc cas). An der Oberseite der Wolke zeigen sich türmchenartige Gebilde, die auf stärkere Vertikalbewegungen hinweisen (Stratocumulus castellanus)

Bild 12. Stratocumulus (Sc). Beim Nachlassen der täglichen Einstrahlung kommt es zur Abflachung der Quellbewölkung, so daß aus den Cumuli ein Stratocumulus cumulogenitus entsteht

Bild 13. Cumulus (Cu). Im Gegensatz zum Stratus überwiegt bei der Cumulus-Bewölkung die vertikale Entwicklung der Wolke. Kennzeichnend ist die scharfe, einheitliche Untergrenze der einzelnen Wolken

Bild 14. Cumulonimbus (Cb). Die vertikale Weiterentwicklung von Quellwolken führt dazu, daß der Oberteil der Wolke vereist und faserige Struktur annimmt (Amboß). Mit dieser Wolke sind Schauer oder auch Gewitter verbunden

Bild 15. Cumulus (Cu). Stärkere Erwärmung des Untergrundes führt zu größerer vertikaler Ausdehnung der Quellwolke (Cumulus congestus)

Bild 16. Cumulonimbus (Cb). Die Unterseite der Wolke ist stark gegliedert und läßt die Aufwärtsbewegung innerhalb der Wolke erkennen

Bild 17. Chaotischer Himmel. Starke Quellbewölkung (Cu, Cb) sowie die Ablösung der Oberteile von Cumulonimben führt zu einem chaotischen Aussehen des Wolkenbildes bei vorherrschender Quellbewölkung

Bild 18. Klimastation, Wetterhütte, Regenmesser. Windmast mit Windfahne

Bild 19. Nebel. Flache Nebelschicht über einer Wasserfläche nach starker nächtlicher Auskühlung der Luft

Bild 20. Dunst. Bei einer winterlichen Hochdruckwetterlage zeigt sich in den Tälern eine Dunstschicht mit scharfer Obergrenze, die auf eine Temperaturinversion hinweist

Bild 21. Schauer. Aus Wolken mit starker vertikaler Entwicklung gehen Schauer nieder

Bild 22. Cirren und Cumulonimbus (Ci, Cb). Die bis ins Niveau der Cirren reichenden Oberteile des Cb werden von ihrer Basis gelöst und bleiben längere Zeit als Ci erhalten

Bild 23. Cirren, Cirrostratus, Cumulus (Ci, Cs, Cu). Über flacher Quellbewölkung deutet sich das Herannahen von Warmluft in der Höhe durch Ci und Cs an

Bild 24. Cirren, Cumulus (Ci, Cu). Über einer stärker quellenden Cumulusdecke befinden sich Cirren, die aus Cumulonimben entstanden sind

Bild 25. Cirren (Ci) und Windflüchter. Einzeln stehende Bäume an der Küste kennzeichnen durch ihre Form die vorherrschende Windrichtung

Bild 26. Altocumulus und Cumulus (Ac, Cu)

Bild 27. Kondensstreifen. Verhältnismäßig hohe Luftfeuchtigkeit in Flughöhe ist Vorbedingung für Kondensstreifen, die sich gegebenenfalls schichtförmig ausbreiten können

Bild 28. Rauhfrost. Nebelfrostablagerung bei höherer Windgeschwindigkeit; er zeigt im Gegensatz zum Rauhreif kompakte Formen

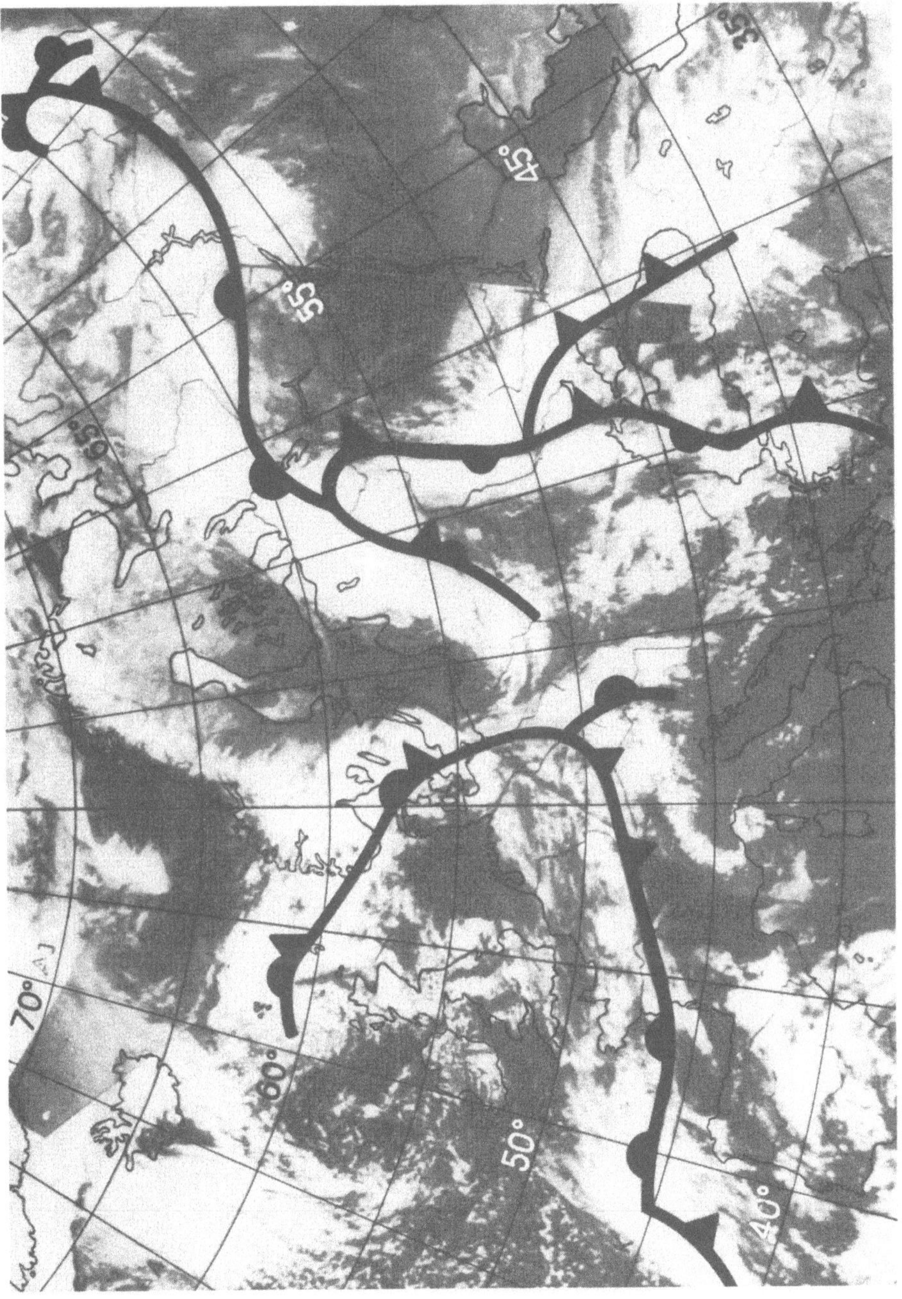

Bild 31. Wettersatellitenfotos von ESSA 8 vom 25.4.1969 (von der Hauptwetterdienststelle des Meteorologischen Dienstes der Deutschen Demokratischen Republik freundlichst zur Verfügung gestellt). Die Aufnahme zeigt über Europa ausgedehnte Wolkenfelder (hell), die mit den – nachträglich in die Aufnahme eingezeichneten – Fronten in Zusammenhang stehen. Die Verteilung der Bewölkung weist auf das Vorhandensein von Fronten hin

Bild 29. Cumulonimbus (Cb). Die Unterseite der Wolke ist an mehreren Stellen beutelförmig ausgebuchtet, was an den Helligkeitsunterschieden erkennbar ist (Cumulonimbus mamma)

Bild 30. Fallstreifen (Virga). Der aus der Wolke ausfallende Niederschlag erreicht nicht die Erde. Die faserige Struktur der Fallstreifen kann u. U. Cirren vortäuschen, doch befinden sich die Fallstreifen erheblich unter dem Cirrenniveau

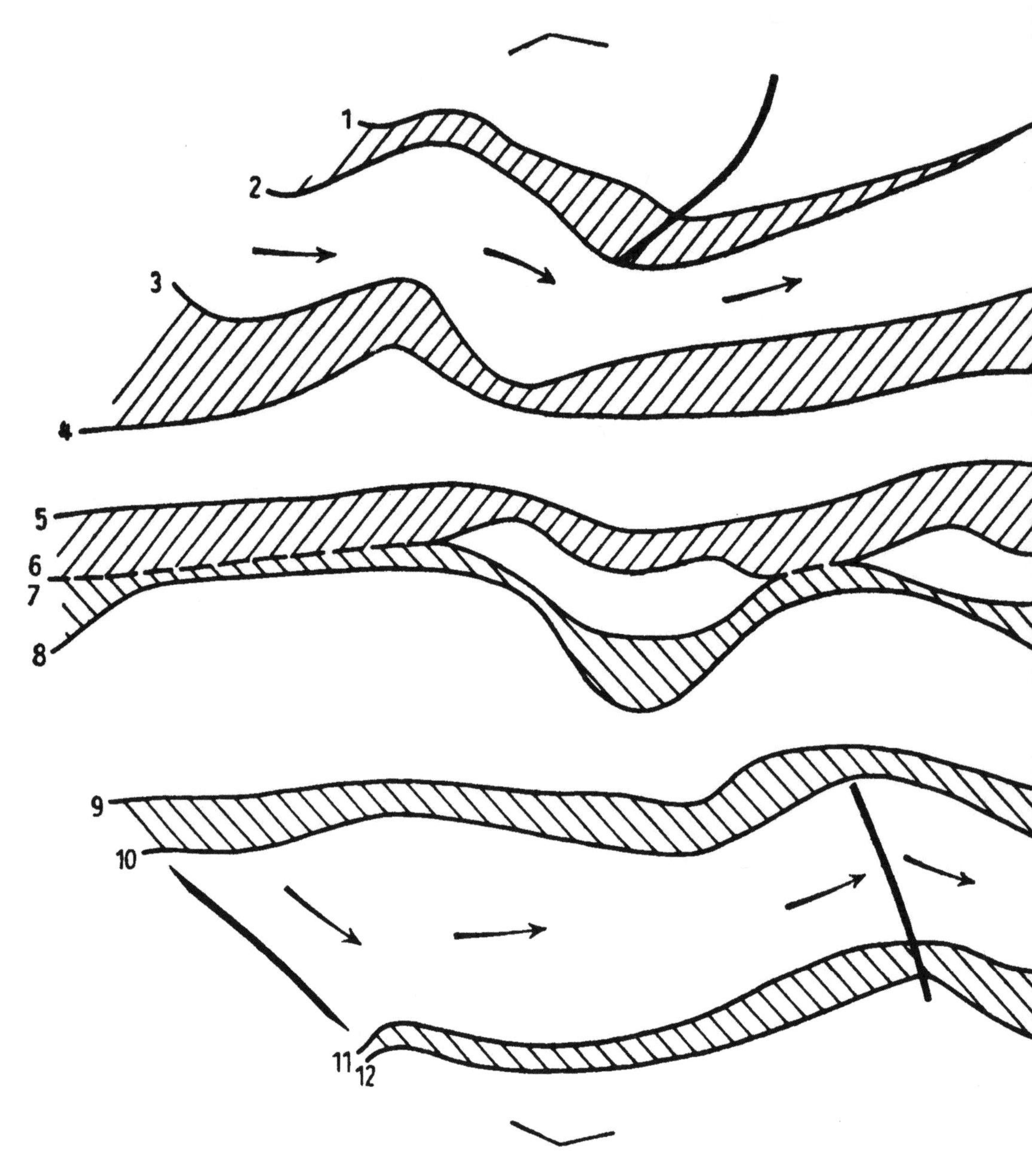

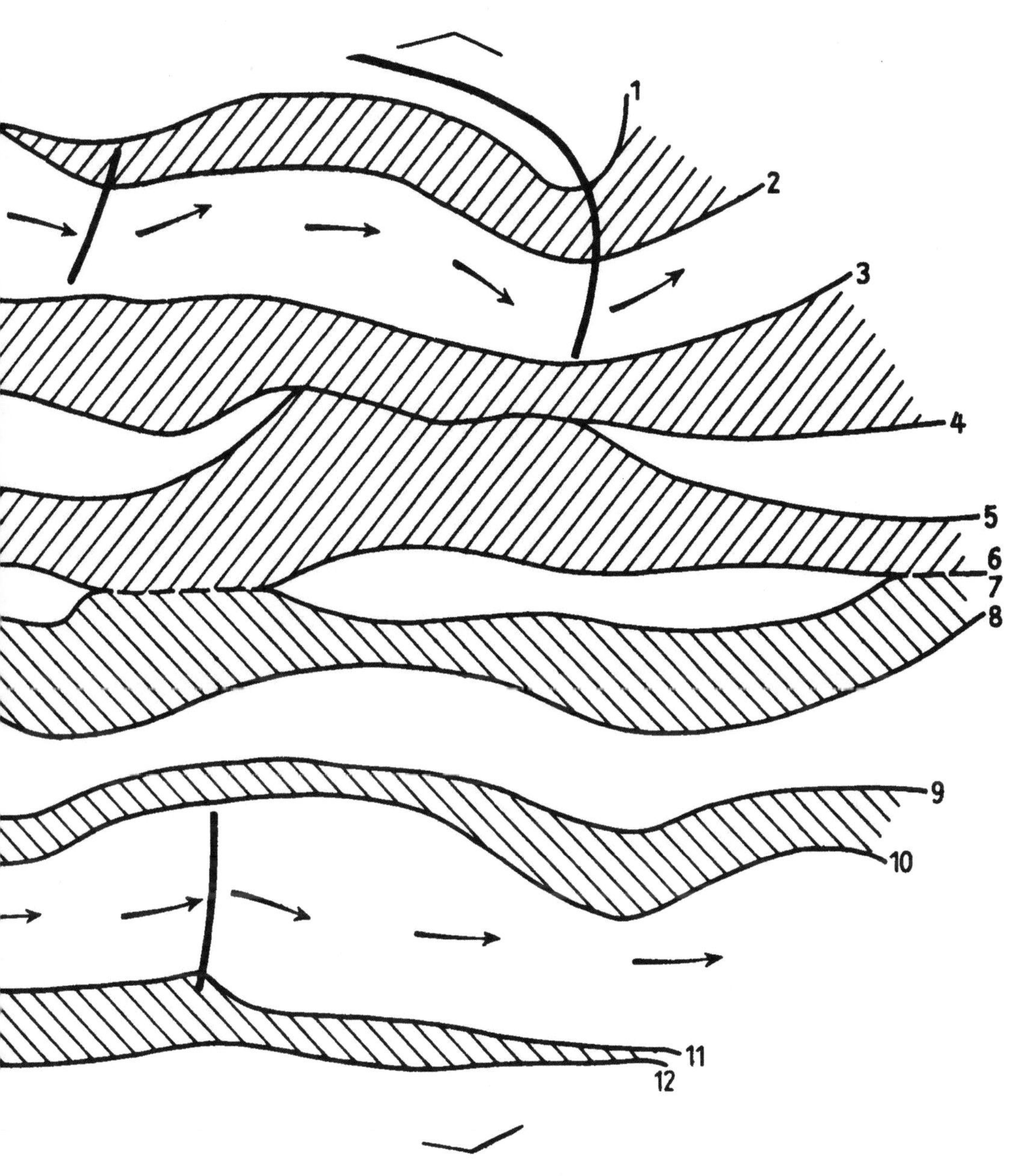

1 und 11 Polargrenze der außertropischen Westwinde Juli
2 und 12 Polargrenze der außertropischen Westwinde Januar
3 und 9 Polargrenze der Passate Juli
4 und 10 Polargrenze der Passate Januar

5 N I T C Juli
6 N I T C Januar
7 S I T C Juli
8 S I T C Januar

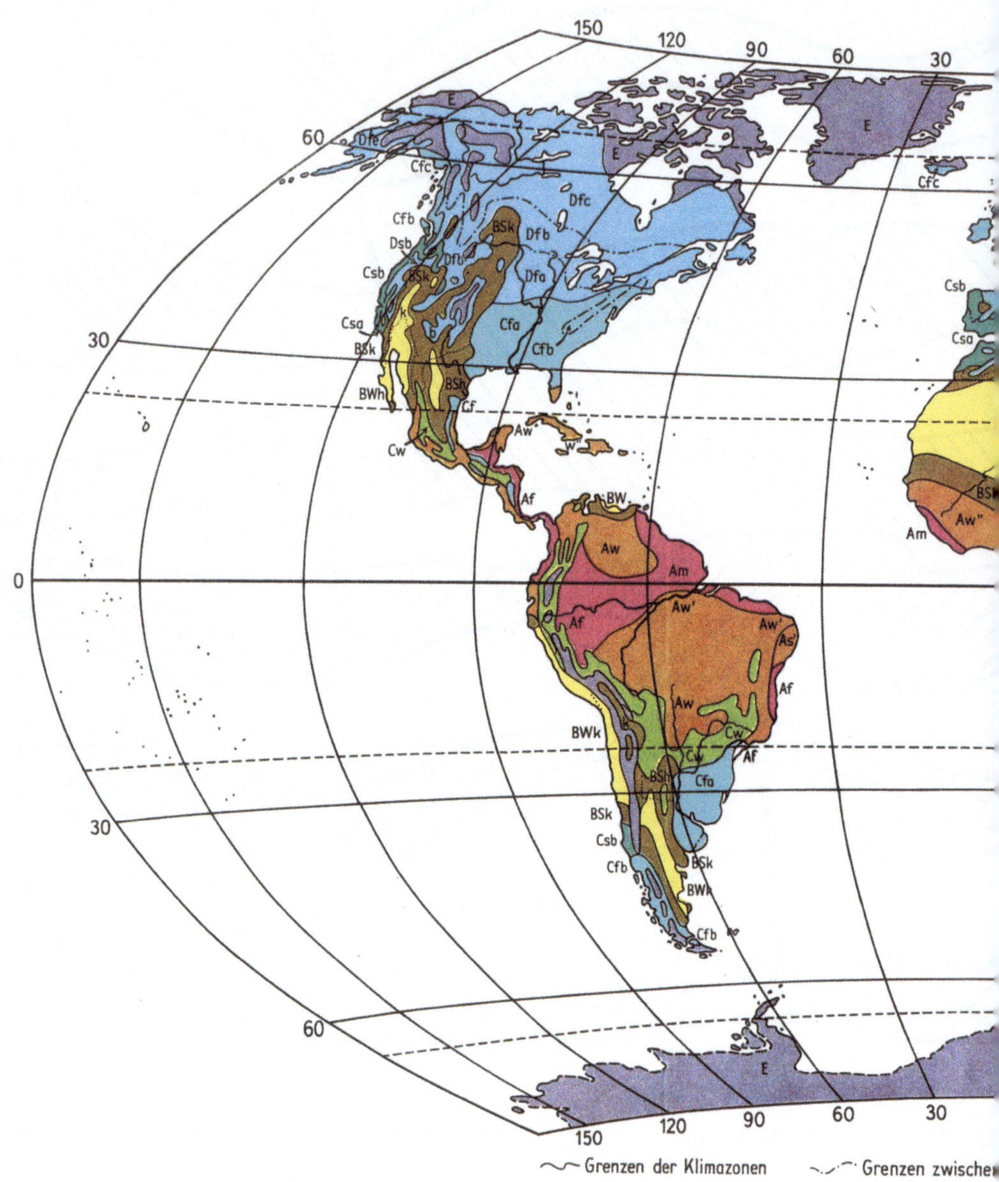

Die Klimate der Erde nach KÖPPEN·GEIGER

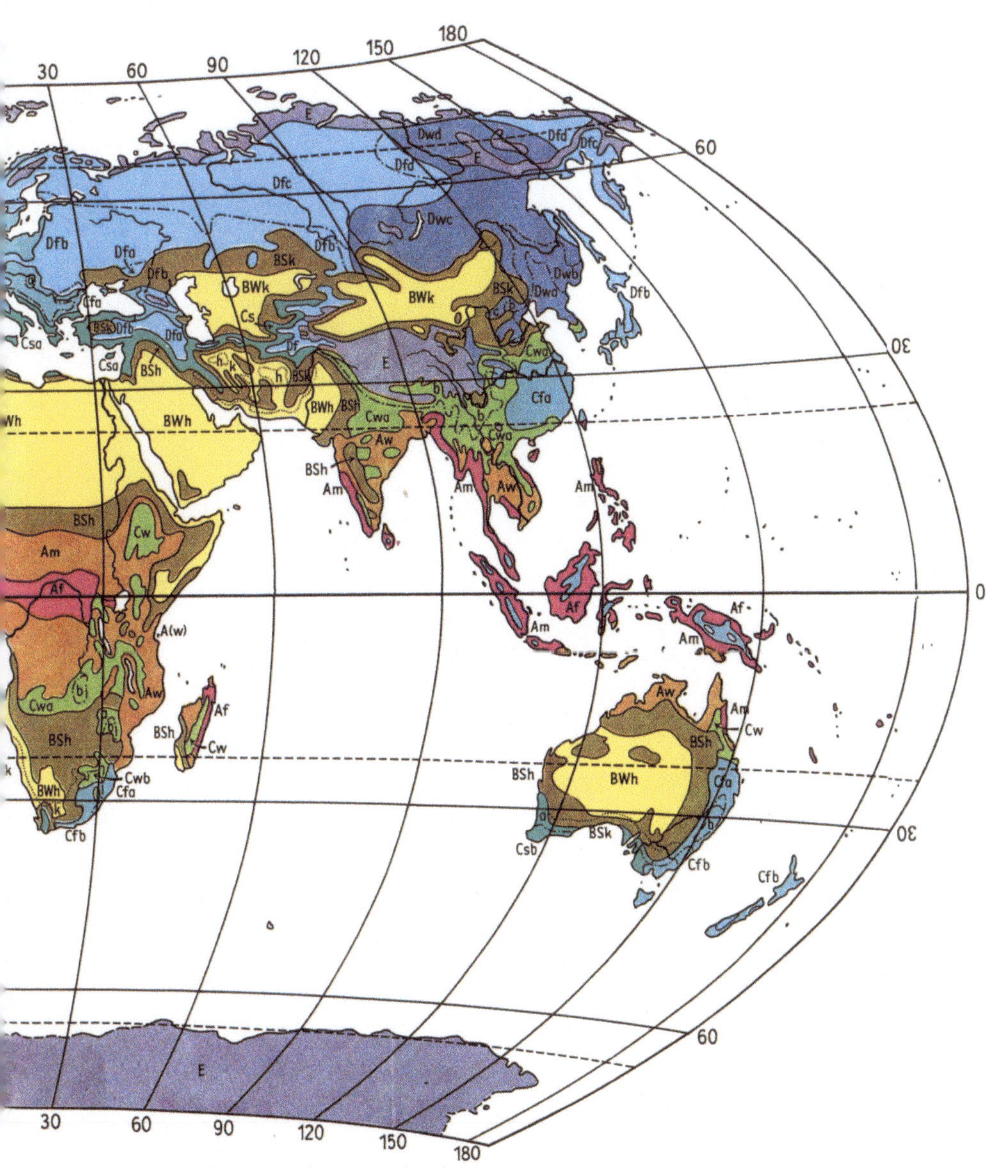
30 60 90 120 150 180 60
E Dwd Dfd Dfc
Dfd
Dfc
Dfb Dfa Dwc
Dfb Dfb
BSk Dwb
Cfa BWk Dwb Dfb
Cs BSk Dwd
BSk Dfb Dfa Df Cwa
Csa E Cfa
Csa BSh h k h BSh Cwa
BWh BWh b Cwa
Cwa Cfa
Am Aw Cwa
BSh Am Aw Am
Am
Cw Af Af
Am Am
BSh Am Am
Am Aw
Af A(w) Af
Cwa b Aw Aw Am
Df b Am Cw
Cwa BSh Af Cw BSh
BSh BWh
k Cw Cfa BSh BWh
BWh Cwb Cfa Cfa
Cfb Csb BSk Cfb
Cfb Cfb
60
E
30 60 90 120 150 180

d innerhalb
D.
Grenzen zwischen h und k der B-
Klimate